国际制造业先进技术译丛

钢热加工数值模拟手册

Handbook of Thermal Process Modeling of Steels

［土耳其］杰米尔·哈坎·吉尔（Cemil Hakan Gür） 编著

潘健生

顾剑锋 译

机 械 工 业 出 版 社

本书全面系统地介绍了钢热加工工艺过程的数学建模和计算机模拟技术，主要内容包括：钢的热加工过程建模的数学基础、建模方法和基本原则、钢的热/温加工模型、铸造模拟、工业热处理作业模拟、淬火模拟、感应硬化过程模拟、激光表面硬化模拟、表面硬化数值模拟、热处理和化学热处理计算机模拟的工业应用、钢热加工过程建模的展望。本书由世界各国热加工领域具有丰富经验的学者和专家共同撰写。本书聚焦于热加工工艺过程的模拟原理、实现方法和工程应用，包含了大量工业应用案例。

　　本书适合于从事钢铁热加工工艺和装备设计的工程技术人员阅读，也可供相关专业在校师生和研究人员参考。

译 丛 序

一、制造技术长盛永恒

先进制造技术是在 20 世纪 80 年代提出的，它由机械制造技术发展而来，通常可以认为它是机械、电子、信息、材料、能源和管理等方面的技术的交叉、融合和集成。先进制造技术应用于产品全生命周期的整个制造过程，包括市场需求、产品设计、工艺设计、加工装配、检测、销售、使用、维修、报废处理、回收利用等，可实现优质、敏捷、高效、低耗、清洁生产，快速响应市场的需求。因此，当前的先进制造技术是以产品为中心，以光机电一体化的机械制造技术为主体，以广义制造为手段，具有先进性和时代感。

制造技术是一个永恒的主题，与社会发展密切相关，是设想、概念、科学技术物化的基础和手段，是所有工业的支柱，是国家经济与国防实力的体现，是国家工业化的关键。现代制造技术是当前世界各国研究和发展的主题，特别是在市场经济高度发展的今天，它更占有十分重要的地位。

信息技术的发展及其被引入到制造技术，使制造技术产生了革命性的变化，出现了制造系统和制造科学。制造系统由物质流、能量流和信息流组成，物质流是本质，能量流是动力，信息流是控制；制造技术与系统论、方法论、信息论、控制论和协同论相结合就形成了新的制造学科。

制造技术的覆盖面极广，涉及机械、电子、计算机、冶金、建筑、水利、电子、运输、农业以及化学、物理学、材料学、管理科学等领域。各个行业都需要制造业的支持，制造技术既有普遍性、基础性的一面，又有特殊性、专业性的一面，既具有共性，又具有个性。

目前世界先进制造技术沿着全球化、绿色化、高技术化、信息化、个性化和服务化、集群化六个方向发展，在加工技术方面主要有超精密加工技术、纳米加工技术、数控加工技术、极限加工技术、绿色加工技术等，在制造模式方面主要有自动化、集成化、柔性化、敏捷化、虚拟化、网络化、智能化、协作化和绿色化等。

二、图书交流源远流长

近年来，国际间的交流与合作对制造业领域的发展、技术进步及重大关键技术的突破起到了积极的促进作用，制造业科技人员需要及时了解国外相关技术领域的最新发展状况、成果取得情况及先进技术的应用情况等。

国家、地区间的学术、技术交流已有很长的历史，可以追溯到唐朝甚至更远一些，唐玄奘去印度取经可以说是一次典型的图书交流佳话。图书资料是一种传统、永恒、有效的学术、技术交流的载体，早在 20 世纪初期，我国清代学者严复就翻译了英国学者赫胥黎所著的《天演论》，其后学者周建人翻译了英国学者达尔文所著的《物种起源》，对我国自然科学的发展起到了很大的推动作用。

图书是一种信息载体，虽然现在已有网络通信、计算机等信息传输和储存手段，但图书仍将因其具有严谨性、系统性、广泛性、适应性、持久性和经济性而长期存在。纸质图书有更好的阅读优势，可满足不同层次读者的阅读习惯，同时它具有长期的参考价值和收藏价值。当然，技术图书的交流具有时间上的滞后性，不够及时，翻译的质量也是个关键问题，需要及时、快速、高质量的出版工作支持。

机械工业出版社希望能够在先进制造技术的引进、消化、吸收、创新方面为广大读者做出贡献，为我国的制造业科技人员引进、吸纳国外先进制造技术的出版资源，翻译出版国际上优秀的先进制造技术著作，从而提升我国制造业的自主创新能力，引导和推进科研与实践水平的不断进步。

三、选译严谨质高面广

（1）精品重点高质　本套丛书作为我社的精品重点书，在内容、编辑、装帧设计等方面追求高质量，力求为读者奉献一套高品质的丛书。

（2）专家选译把关　本套丛书的选书、翻译工作均由国内相关专业的专家、教授、工程技术人员承担，充分保证了内容的先进性、适用性和翻译质量。

（3）引纳地区广泛　主要从制造业比较发达的国家引进一系列先进制造技术图书，组成一套"国际制造业先进技术译丛"。当然其他国家的优秀制造科技图书也在选择之内。

（4）内容先进丰富　在内容上应具有先进性、经典性、广泛性，应能代表相关专业的技术前沿，对生产实践有较强的指导、借鉴作用。本套丛书尽量涵盖制造业各行业，如机械、材料、能源等，既包括对传统技术的改进，又包括新的设计方法、制造工艺等技术。

（5）读者层次面广　面对的读者对象主要是制造企业、科研院所的专家、研究人员和工程技术人员，高等院校的教师和学生，可以按照不同层次和水平要求各取所需。

四、衷心感谢不吝指教

首先要感谢许多热心支持"国际制造业先进技术译丛"出版工作的专家学者，他们积极推荐国外相关优秀图书，仔细评审外文原版书，推荐评审和翻译的知名专家，特别要感谢承担翻译工作的译者，对各位专家学者所付出的辛勤劳动表示深切的敬意，同时要感谢国外各家出版社版权工作人员的热心支持。

希望本套丛书能对广大读者的学习与工作提供切实的帮助，希望广大读者不吝指教，提出宝贵意见和建议。

机械工业出版社

译 者 序

钢铁材料热加工是制造业的重要领域，而数值模拟技术基于可靠的数学模型和高效精确的科学计算，能显著提高热加工技术水平。《钢热加工数值模拟手册》一书由世界各国热加工领域的具有丰富经验的学者和专家共同撰写。内容包括热加工过程涉及的基础知识、数理方程、建模方法和原则、各种数值模拟方法、具体热加工工艺过程的数值模拟和大量工业应用案例。

该书于 2009 年由美国 Taylor & Francis 集团，CRC Press 出版。由于其特色鲜明，聚焦于模拟原理、实现方法和工程应用，同时反映了该领域的新近成果和进展，因此它不仅被用作高年级大学生和研究生的专业参考书，也被许多材料科学与工程领域和机械制造领域，尤其是从事钢铁热加工工艺和装备设计的研究人员用作参考书。

全书由顾剑锋组织和主持翻译，翻译过程中得到了团队师生韩利战、熊凯、李传维、余燕、晏广华、陈志辉、周澍、陈睿恺、陶新刚等的大力支持。由于译者水平有限，错误或不妥之处在所难免，敬请读者批评指正。

译 者
于上海交通大学

前　言

　　钢铁热加工技术范围涉及铸造、塑性成形、焊接和热处理，通过它不仅要制造出具有要求形状的工件，而且也要优化最终产品的微观组织。因此，热加工在工程零部件的质量控制、服役寿命和最终可靠性等方面发挥着关键作用，其技术水平当前也是代表了一个公司竞争力的基本要素。

　　大量研究工作的推进使得对热加工所制造工件的微观组织和性能的预测精度不断提高，这主要基于对温度、浓度、电磁性能、应力、应变等物理量的偏微分方程的求解。在高性能计算机得到广泛使用之前，偏微分方程解析解是描述这些参数的唯一方法，组织与性能预测的工程应用受到极大限制，也使得热加工工艺的发展依赖于经验和传统实践。计算机预测存在内在的不精确性，其阻碍了材料性能的提高和制造成本的降低。

　　20世纪70年代以来，计算机技术的快速发展使得有效求解偏微分方程成为可能，这些复杂计算涉及边界条件和初始条件，以及非线性和多变量。数学模型和计算机模拟技术迅速发展。完备的数学模型除集成了材料科学和工程领域基本理论之外，还包括传热学、热弹塑性力学、流体力学和化学等，能描述热加工过程中发生的物理现象。此外，现在利用最新的可视化技术可直观生动地显示温度、应力、应变、浓度、微观组织和流体的演变，进而获知单个工艺参数的作用。因而，计算及模拟为工艺的优化、工厂和设备的设计提供了额外的决策工件，加速了热加工技术借助于坚实科学计算基础之上的发展。

　　逐渐引入的热加工模拟基本数学模型到目前为止，在一些工程应用方面取得了巨大优势。这个方向的继续研究现在吸引了越来越多的关注，显然它是未来发展的前沿，而全球范围内正在开展日益深入研究。该领域重要研究论文的数量在过去30年中急剧上升。尽管如此，现有模型与真实热加工过程相比仍被认为是高度简化的。这意味着计算机模拟的应用到目前为止相对有限，正是因为这些简化的假设和它们导致的计算精度限制，广泛和持续的研究仍然是必要的。

　　本书不仅是对上述局限性研究的一个贡献，同时也是对热加工模型和模拟技术的理解和使用的一个帮手。

　　因此，本书的主要目标是为钢的热加工提供一个有用的资源，包括：

- 一个学习热加工建模基本理念的指南。
- 一个工艺优化的向导。
- 一个理解实时过程控制的帮助。
- 一些材料行为物理起源的见解。
- 实际工业条件下实验室不易复制的材料响应的预测。

　　其他相关目标还包括：

- 一个当前在热加工中实际使用的最先进数学建模方法的总结。
- 一本实用的参考书（包括工业实例和必要的预防措施）。

希望本书能发挥如下作用：

- 增加当前和未来从事热加工的工程师和技术人员对计算机模拟的潜在使用。
- 强调需要进一步研究的问题，并有助于促进热加工的研究和应用。

这个项目在很多人的努力下得以实现，我们感谢各章作者的勤奋和贡献，感谢在本书准备过程中每一个人的贡献、帮助、鼓励和建设性的批评。

在这里，我们对乔治·爱德华·托顿博士［Totten Associates 公司，热处理与表面工程国际联合会（IFHTSE）前主席］和罗伯特·伍德（热处理与表面工程国际联合会秘书长）表示衷心的感谢，正是他们最初的鼓励使得这本书成为可能。对 CRC Press/Taylor & Francis 员工在出版本书过程中的耐心和帮助也表示感谢。

C. Hakan Gür
中东技术大学
潘健生
上海交通大学

目 录

第1章 钢热加工过程建模的数学基础

1.1 热加工过程的偏微分方程及其求解

1.1.1 导热和扩散偏微分方程

热加工计算机模拟的第一步是建立正确的数学模型，也就是要给出定量描述有关现象的偏微分方程及其边界条件。例如，描述固体内部的温度场的三维瞬态非线性偏微分方程为

$$\frac{\partial}{\partial x}\left(\lambda \frac{\partial T}{\partial x}\right) + \frac{\partial}{\partial y}\left(\lambda \frac{\partial T}{\partial y}\right) + \frac{\partial}{\partial z}\left(\lambda \frac{\partial T}{\partial z}\right) + Q = \rho c_p \frac{\partial T}{\partial \tau} \tag{1-1}$$

式中，T 是温度；τ 是时间；x、y、z 是空间坐标系的三个坐标；λ 是热导率；ρ 是密度；c_p 是比热容；Q 是内热源强度。

式（1-1）具有明晰的物理概念，如图 1-1 所示，式（1-1）等号左边的第一项是从 x 轴方向进入微元体的净热流，即从 x 轴方向流入的热流 $\delta Q_{x进}$ 与流出的热流 $\delta Q_{x出}$ 之差，第二项和第三项分别是从 y 轴方向和 z 轴方向进入微元体的净热流。Q 是内热源强度，包括如相变潜热、应变热或电流所产生的热量等。式（1-1）等号右边是在单位时间内由于温度的变化而引起的微元体的蓄热量变化。式（1-1）表明在单位时间内由于热量的传播而进入微元体的热量和内热源所产生的热量之和等于由于温度变化而引起的微元体蓄热量的变化。因此式（1-1）符合能量守恒定律。由于热导率 λ、密度 ρ、比热容 c_p 和内源强度 Q 等通常是温度的函数，因此式（1-1）是一个非线性偏微分方程。

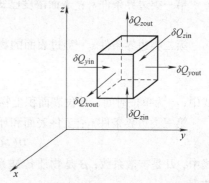

图 1-1 微元体沿着三个坐标方向的热流

在所有热加工技术中涉及的换热边界条件有以下三类。

第一类边界条件 S_1：温度已知边界，可以是定值或时间的函数。

$$T_s = C(\tau) \tag{1-2}$$

第二类边界条件 S_2：表面热流密度已知边界。

$$\lambda \frac{\partial T}{\partial n} = \dot{q} \tag{1-3}$$

式中，$\dfrac{\partial T}{\partial n}$ 是外法线方向的温度梯度；$\dot{q}$ 是表面热流密度。

第三类边界条件 S_3：工件与环境之间的换热系数已知的边界。

$$\lambda \frac{\partial T}{\partial n} = h_\Sigma (T_a - T_s) \qquad (1\text{-}4)$$

式中，T_a 是环境温度；T_s 是工件表面温度，h_Σ 是综合系换热数，表示当表面温度与环境温度之差为 1℃时，在单位表面积上单位时间内工件表面与环境之间交换的热量，它是对流换系数 h_c 与辐射换热系数 h_r 之和，即

$$h_\Sigma = h_c + h_r \qquad (1\text{-}5)$$

辐射换热系数 h_r 可通过下式计算得到。

$$h_r = \varepsilon \sigma (T_a^2 + T_s^2)(T_a + T_s) \qquad (1\text{-}6)$$

式中，ε 是工件的辐射系数；σ 是玻尔兹曼常数。

工件内部随时间而变化的温度场称为瞬态温度场，可通过将具体的边界条件代入式 (1-1) 求得。如果工件内部温度场不随时间而改变，则称为稳态温度场，其特点是式 (1-1) 的右侧等于零。

气体渗碳渗氮过程中，渗层中的瞬态浓度场可用下式所示的扩散偏微方程描述。

$$\frac{\partial}{\partial x}\left(D\frac{\partial C}{\partial x}\right) + \frac{\partial}{\partial y}\left(D\frac{\partial C}{\partial y}\right) + \frac{\partial}{\partial z}\left(D\frac{\partial C}{\partial z}\right) = \frac{\partial C}{\partial \tau} \qquad (1\text{-}7)$$

式中，C 是工件中渗入元素的浓度；D 是扩散系数。

边界条件同样也可以分为三类。

第一类边界条件 s_1：表面浓度已知。

$$C_s = C \qquad (1\text{-}8)$$

第二类边界条件 s_2：穿过表面的物质流密度为已知。

$$D\left(\frac{\partial C}{\partial n}\right) = q \qquad (1\text{-}9)$$

式中，q 为单位时间、单位表面积上物质流通量。

第三类边界条件 s_3：工件表面和环境（如渗碳气氛）之间的物质传递系数已知。

$$-D(\partial C/\partial n) = \beta(C_g - C_s) \qquad (1\text{-}10)$$

式中，D 是扩散系数；β 是物质传递系数；C 为浓度；C_g 为环境浓度；C_s 为工件表面浓度。

扩散偏微分方程与导热偏微分方程所描述是两种不同的物理现象，但它们的数学表达式和求解方法是相同的。

1.1.2　求解偏微分方程的方法

求解偏微分方程的方法分为解析解法和数值解法两大类。

解析解法是根据特定的边界条件，用数学推导的方法（例如分离变量法）求出一个描述物理场的数学式，清晰地表达待求的函数与坐标和时间的关系。解析解的优点是简洁、精确，因此又称为精确解。在基础理论研究中偏微分方程的解析解起着十分重要的作用。然而，至今只有少数相对简单的边界条件和初始条件能够得出解析解，远不足

以描述在实际生产条件所遇到的比较复杂的边界条件和大量非线性问题。

数值解是一种近似解，可以适用于各种不同的边界条件，并可以处理非线性问题，成为各种工程问题的数值模拟的基本方法。目前在热加工数值模拟中最常用的数值解法是有限元法和有限差分法，两者共同的特点是将连续函数离散化，将偏微分方程转换成大型的联立代数方程组，然后用计算机求解。

1.2　有限差分法

1.2.1　有限差分法原理简介

将 $f(x)$ 离散化如图 1-2 所示，用各个节点上的函数值 f_i，替代连续函数 $y = f(x)$。f_{-1}、f_0、f_1 分别是 x_{-1}、x_0、x_1 上的函数值，$f(x_1) = f(x_1 + \Delta x)$，$\Delta x = x_1 - x_0$ 按泰勒级数展开

$$f_1 = f_0 + \Delta x f_0' + \frac{(\Delta x)^2}{2!} f_0'' + \frac{(\Delta x)^3}{3!} f_0''' + \frac{(\Delta x)^{(4)}}{4!} f_0^{(4)} + \cdots \tag{1-11}$$

$$f_{-1} = f_0 - \Delta x \cdot f_0' + \frac{(\Delta x)^2}{2!} f_0'' - \frac{(\Delta x)^3}{3!} f_0''' + \frac{(\Delta x)^{(4)}}{4!} f_0^{(4)} - \cdots \tag{1-12}$$

去掉 $(\Delta x)^2$ 以后各项，由式（1-11）得：

$$\frac{\partial f}{\partial x} \bigg|_{x = x_0} = f_0' = \frac{f_1 - f_0}{\Delta x} - \frac{\Delta x}{2} f_0'' \approx \frac{f_1 - f_0}{\Delta x} \tag{1-13}$$

式（1-13）是向前差分格式，误差在（Δx）数量级，记作 $\Omega(\Delta x)$。

同样，由式（1-12）得：

$$\frac{\partial f}{\partial x} \bigg|_{x = x_0} = f_0' = \frac{f_0 - f_{-1}}{\Delta x} + \frac{\Delta x}{2} f_0'' \approx \frac{f_0 - f_{-1}}{\Delta x} \tag{1-14}$$

式（1-14）是向后差分格式，误差为 $\Omega(\Delta x)$。

式（1-11）和式（1-12）相减得：

$$\frac{\partial f}{\partial x} = f_0' = \frac{f_1 - f_{-1}}{2} + 2 \cdot \frac{(\Delta x)^2}{3!} f_0''' \approx \frac{f_1 - f_{-1}}{2} \tag{1-15}$$

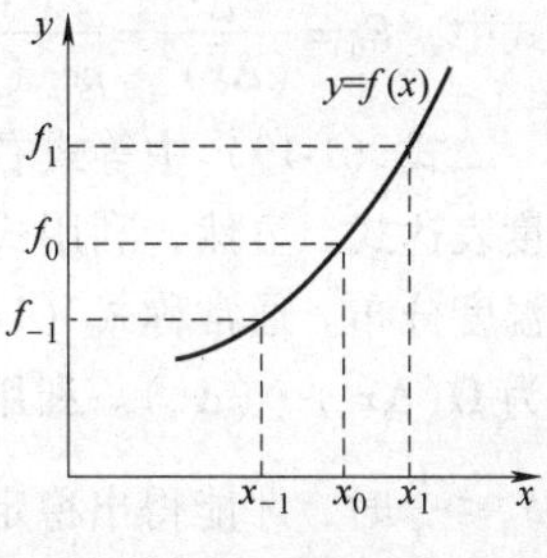

式（1-15）是中间差分格式，误差为 $\Omega(\Delta x^2)$。

式（1-11）和式（1-12）相加得：

图 1-2　连续函数离散化

$$\frac{\partial^2 f}{\partial x^2} = f_0'' = \frac{f_1 - 2f_0 + f_{-1}}{(\Delta x)^2} + 2 \cdot \frac{(\Delta x)^2}{4!} f_0^{(4)} \approx \frac{f_1 - 2f_0 + f_{-1}}{(\Delta x)^2} \tag{1-16}$$

式（1-16）是二阶差分格式，误差为 $\Omega(\Delta x^2)$。

从以上分析可以看出，用差分替代微分求数值解是近似的，缩小步长可以提高数值解的精确性。

1.2.2　一维传热和扩散偏微分方程的有限差分求解

本节分别用两个简单例子说明有限差分法解偏微分方程在工程上的应用。第一

个例子是无内热源一维非稳态导热的求解，其温度函数的时间和空间离散化如图1-3所示。

无内热源一维非稳态导热的偏微分方程可以表示为如下简洁形式。

$$a \frac{\partial^2 T}{\partial x^2} = \frac{\partial T}{\partial \tau} \qquad (1\text{-}17)$$

式中，$a = \dfrac{\lambda}{\rho c_p}$，称为热扩散系数。式（1-17）中有两个独立的自变量，位置 x 和时间 τ。

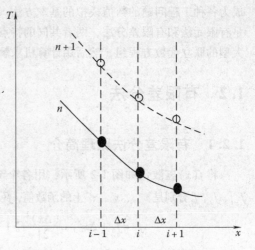

图1-3 温度函数的时间和空间离散化

用差分方程替代偏微分方程可得：

$$\frac{T_{i-1}^n - 2T_i^n + T_{i+1}^n}{(\Delta x)^2} = \frac{1}{a} \cdot \frac{T_i^{n+1} - T_i^n}{\Delta \tau} \qquad (1\text{-}18)$$

式中，T_{i-1}^n、T_i^n、T_{i+1}^n分别为 n 时刻 $i-1$、i 和 $i+1$ 节点上得温度值，T_i^{n+1} 为 $n+1$ 时刻 i 节点的温度。

整理后可得：

$$T_i^{n+1} = F_0 T_{i+1}^n + F_0 T_{i-1}^n + (1 - 2F_0) T_i^n \qquad (1\text{-}19)$$

式中，$F_0 = \dfrac{a\Delta t}{(\Delta x)^2} = \dfrac{\lambda \cdot \Delta t}{\rho c_p (\Delta x)^2}$。

式（1-19）中等式右边是 n 时刻温度的表达式，左边则是 $n+1$ 时刻某一节点的温度表达式。显然，利用式（1-19）可以由 n 时刻已知的温度分布直接得到 $n+1$ 时刻的温度分布。通常称式（1-19）为显示格式，可根据时间的离散来逐层求解，其截断误差为 $\Omega(\Delta x^2) \cdot (\Delta \tau)$。利用该格式来求解温度场是有条件稳定的，只有符合稳定性判据 $F_0 \leqslant \dfrac{1}{2}$ 时，才能得出稳定解，因此用显式求解时的时间步长必须足够小。

以 $n+1$ 时间层的温度代入方式（1-17）的左边可得隐式格式。

$$a \cdot \frac{T_{i-1}^{n+1} - 2T_i^{n+1} + T_{i+1}^{n+1}}{(\Delta x)^2} = \frac{T_i^{n+1} - T_i^n}{\Delta \tau} \qquad (1\text{-}20)$$

式（1-20）整理后得

$$F_0 T_{i-1}^{n+1} - (2F_0 + 1) T_i^{n+1} + F_0 T_{i+1}^{n+1} = T_i^{n} \qquad (1\text{-}21)$$

式（1-21）右边为已知的 n 时刻的某一节点的温度值，左边为未知的 $n+1$ 时刻的几个节点温度的线性组合。显然需要所有线性方程联立后求解方程组，同时解得到所有节点的温度。通常称式（1-21）为隐式差分格式，是无条件稳定的，其截断误差同样为 $\Omega(\Delta x^2) \cdot (\Delta \tau)$。

如果式（1-17）的左边用 n 和 $n+1$ 二个时刻二阶差分的中间加权值代入，则可得中间加权差分格式的式（1-22），式（1-22）又称为 Crank-Nicolson 格式，它也是无条件稳定的，截断误差为 $\Omega\,(\Delta x)^2\cdot(\Delta\tau)^2$。

$$a\left[\frac{T_{i-1}^n-2T_i^n+T_{i+1}^n}{2\,(\Delta x)^2}+\frac{T_{i-1}^{n+1}-2T_i^{n+1}+T_{i+1}^{n+1}}{2\,(\Delta x)^2}\right]=\frac{T_i^{n+1}-T_i^n}{\Delta t} \tag{1-22}$$

$$-F_0T_{i-1}^{n+1}+2(1+F_0)T_i^{n+1}-F_0T_{i+1}^{n+1}=F_0T_{i-1}^n+2(1-F_0)T_i^n+F_0T_{i+1}^n$$

无限大平板式可作为无内热源一维传热的典型例子。假设板厚为 δ，第三类边界条件如下。

$$h(T_a-T_s)=-\lambda\left.\frac{\partial T}{\partial n}\right|_{x=0} \tag{1-23}$$

一维导热差分格式的结点划分如图 1-4 所示，得到 $m+1$ 个节点，表面为节点 0，心部为节点 m。计算中仅仅考虑无限大平板的一半，中心节点设为满足绝热条件。

对于表面节点（$i=0$），引入边界条件（1-23），可得 Crank-Nicolson 离散格式为

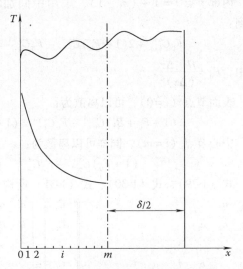

图 1-4　一维导热差分格式的结点划分

$$h\Big[T_a-\frac{1}{2}(T_0^{n+1}+T_0^n)\Big]-\frac{\lambda}{2\Delta x}(T_0^{n+1}-T_1^{n+1}+T_0^n-T_1^n)=\frac{\Delta x\rho c_p}{2\Delta t}(T_0^{n+1}-T_0^n) \tag{1-24}$$

整理后可得：

$$(1+F_0+Bi)T_0^{n+1}-F_0T_1^{n+1}=(1-F_0-Bi)T_0^n+F_0T_1^n+2BiT_a \tag{1-25}$$

式中，$Bi=\dfrac{h\cdot\Delta t}{\Delta x}$，称为毕欧数。

在 $i=m$ 处（板的中心），满足绝热边界条件，即 $\dfrac{\partial T}{\partial x}=0$，离散可得：

$$(1+F_0)T_{m-1}^{n+1}-F_0T_{m-1}^{n+1}=(1-F_0)T_m^n+F_0T_{m-1}^n \tag{1-26}$$

式（1-22）、式（1-25）、式（1-26）组成无限大平板瞬态导热的有限差分方程组，由平板表面至中心划分 $m+1$ 个结点，共有 $m+1$ 个未知数 T_i。其中 $i=1\sim i=m-1$ 按式（1-22）的形式建立差分格式共有 $m-1$ 个方程。表面节点 $i=0$ 的差分格式为式（1-25）。中心节点 $i=m$ 的差分格式为式（1-26）。共有 $m+1$ 个代数方程，求解 $m+1$ 个未知数，因此这一联立线性方程组有唯一解。

一维扩散的偏微分方程 [式（1-27）] 及其中间加权有限差分格式在数学上与一维无内热源线性导热方程完全一致，这里简单介绍一下。

$$D\frac{\partial^2C}{\partial X^2}=\frac{\partial C}{\partial\tau} \tag{1-27}$$

表面节点和中心节点的边界条件分别为第三类边界条件和绝热边界条件：

$$\begin{cases} -D \dfrac{\partial C}{\partial X}\bigg|_{x=0} = \beta(C_g - C_s) \\ D \dfrac{\partial C}{\partial X}\bigg|_{x=m} = 0 \end{cases} \tag{1-28}$$

内部节点 $i = 1 \sim (m-1)$，采用中间加权的 Crank-Nicolson 有限差分格式离散，得到：

$$-F_0 C_{i-1}^{n+1} + 2(1+F_0) C_i^{n+1} - F_0 C_{i+1}^{n+1} = F_0 C_{i-1}^n + 2(1-F_0) C_i^n + F_0 C_{i+1}^n \tag{1-29}$$

式中，$F_0 = \dfrac{D \cdot \Delta\tau}{(\Delta x)^2}$。

表面节点 $(i = 0)$，可以离散为：

$$(1 + F_0 + Bi) C_0^{n+1} - F_0 C_1^{n+1} = (1 - F_0 - Bi) C_0^n + F_0 C_1^n + 2Bi C_g \tag{1-30}$$

中心节点 $(i = m)$，同样可以离散为：

$$(1 + F_0) C_m^{n+1} - F_0 C_{m-1}^{n+1} = (1 - F_0) C_m^n + F_0 C_{m-1}^n \tag{1-31}$$

式 (1-29)、式 (1-30)、式 (1-31) 所构成的联立方程组可写成下述矩阵形式。

$$\begin{bmatrix} d_0 & a_0 & & & & & \\ b_1 & d_1 & a_1 & & & & \\ & \ddots & \ddots & \ddots & & & \\ & & b_i & d_i & a_i & & \\ & & & \ddots & \ddots & \ddots & \\ & & & & b_{m-1} & d_{m-1} & a_{m-1} \\ & & & & & b_m & d_m \end{bmatrix} \begin{bmatrix} C_0 \\ C_1 \\ \vdots \\ C_i \\ \vdots \\ C_{m-1} \\ C_m \end{bmatrix} = \begin{bmatrix} d_0' & a_0' & & & & & \\ b_1' & d_1' & a_1' & & & & \\ & \ddots & \ddots & \ddots & & & \\ & & b_i' & d_i' & a_i' & & \\ & & & \ddots & \ddots & \ddots & \\ & & & & b_{m-1}' & d_{m-1}' & a_{m-1}' \\ & & & & & b_m' & d_m' \end{bmatrix} \times \begin{bmatrix} C_0 \\ C_1 \\ \vdots \\ C_i \\ \vdots \\ C_{m-1} \\ C_m \end{bmatrix}_n + \begin{bmatrix} 2iC_0 \\ 0 \\ \vdots \\ 0 \\ \vdots \\ 0 \\ 0 \end{bmatrix}$$

$$\tag{1-32}$$

式中，$d_0 = 1 + F_0 + Bi$；$d_1 = d_2 = \cdots = d_{m-1} = 2(1 + F_0)$；$d_m = 1 + F_0$；$b_1 = b_2 = \cdots = b_m = -F_0$；$a_0 = a_1 = \cdots = a_{m-1} = -F_0$；$d_0' = 1 - F_0 - Bi$；$d_1' = d_2' = \cdots = d_{m-1}' = 2(1 - F_0)$；$d_m' = 1 - F_0$；$b_1' = b_2' = \cdots = b_m' = F_0$；$a_0' = a_1' = \cdots = a_{m-1}' = -F$。

当 n 时刻渗层各点的浓度已知，式 (1-32) 右边都是已知数，可简化为一个简单的列矩阵，于是式 (1-32) 可用三对角矩阵法求解，可以方便地求出 $n+1$ 时刻渗层中每一点的浓度值。式 (1-32) 可简化为式 (1-33)。

$$\begin{bmatrix} d_0 & a_0 & & & & & \\ b_1 & d_1 & a_1 & & & & \\ & \ddots & \ddots & \ddots & & & \\ & & b_i & d_i & a_i & & \\ & & & \ddots & \ddots & \ddots & \\ & & & & b_{m-1} & d_{m-1} & a_{m-1} \\ & & & & & b_m & d_m \end{bmatrix} \begin{bmatrix} C_0 \\ C_1 \\ \vdots \\ C_i \\ \vdots \\ C_{m-1} \\ C_m \end{bmatrix}_{n+1} = \begin{bmatrix} F_0 \\ F_1 \\ \vdots \\ F_i \\ \vdots \\ F_{m-1} \\ F_m \end{bmatrix} \tag{1-33}$$

式 (1-33) 中的系数矩阵称三对角矩阵，对于这种带有稀疏矩阵的大型联立方程组，用高斯消元法求解是适宜的，其算法如下：

首先是消元过程，通过式（1-34）和式（1-35）把式（1-33）变成上三角方程：

$$d_i^* = d_i - \frac{b_i}{d_{i-1}^*} a_{i-1} \quad (i = 1, 2, 3, \cdots, m-1, m) \tag{1-34}$$

$$F_i^* = F_i - \frac{b_i}{d_{i-1}^*} F_{i-1}^* \quad (i = 1, 2, 3, \cdots, m-1, m) \tag{1-35}$$

其中带 * 的元素表示经过消元后的元素，于是得到一个上三角矩阵。

$$\begin{bmatrix} d_0 & a_0 & & & & & \\ & d_1^* & a_1 & & & & \\ & & \ddots & \ddots & & & \\ & & & d_i^* & a_i & & \\ & & & & \ddots & \ddots & \\ & & & & & d_{m-1}^* & a_{m-1} \\ & & & & & & d_m^* \end{bmatrix} \begin{bmatrix} C_0 \\ C_1 \\ \vdots \\ C_i \\ \vdots \\ C_{m-1} \\ C_m \end{bmatrix}_{n+1} = \begin{bmatrix} F_0^* \\ F_1^* \\ \vdots \\ F_i^* \\ \vdots \\ F_{m-1}^* \\ F_m^* \end{bmatrix} \tag{1-36}$$

然后将式（1-36）中各个方程从节点 m 开始逐个回代，回代求解过程如下：

$$C_m^{n+1} = \frac{F_m^*}{d_m^*} \tag{1-37}$$

$$C_i^{n+1} = \frac{(F_i^* - a_i C_{i+1}^{n+1})}{d_i^*} \quad (i = m-1, m-2, \cdots, 2, 1) \tag{1-38}$$

而表面节点的浓度值 C_0^{n+1} 为

$$C_0^{n+1} = \frac{(F_0 - a_0 C_1^{n+1})}{d_0} \tag{1-39}$$

最终，求得在 $n+1$ 时刻渗层中所有结点的浓度值。如果用活度 a 替代浓度 C，上述算法同样适用。

1.2.3　小结

有限差分法的优点在于其数学推导严密，可以准确估算离散化的误差，用于求解一维问题时计算比较简单。有限差分法也可以用于求解二维或三维问题，但只能应用于一些边界形状简单的物体，对形状复杂的边界的处理十分困难，目前在形状复杂的温度场和浓度场计算中大多采用有限元法。

1.3　有限单元法

有限元法（FEM），亦称有限元分析法（FEA），是工程中常用的一种获得边值问题解析解的计算技术。边值问题是一个数学问题，简单地说，就是确定一个或者多个因变量，它们在已知自变量求解域内满足微分方程，且边界上满足特定条件。通常，有限元法通过假设把定义域分成合理定义的子域（单元），并假设每个单元内未知的状态变量函数被近似地定义，从而确定边值和初值问题的近似解。由于这些分别定义的函数在单元节点或交接处的某些点能够协调，因此未知函数可近似表达于整个定义域。

由于单元的划分非常灵活，其边界单元既可以处理曲面边界，也适用于各种复杂形状的物体边界，因此有限元法是热处理计算机模拟技术中目前应用最广的数值分析方法。

关于有限元法，在众多相关专著中已有详尽的论述，本节仅作简略的介绍。

1.3.1　简介

不管研究对象的物理性质如何，标准的有限元法基本上包括下列步骤。根据研究对象的物理性质和数学模型的不同，每一个步骤的方式和运算不同。

第一步，问题及其定义域的定义。

第二步，定义域的离散化。

第三步，各种状态变量的确定。

第四步，问题的公式表示。

第五步，建立坐标系。

第六步，构造单元的近似函数。

第七步，求单元矩阵和方程。

第八步，坐标变换。

第九步，单元方程的组合。

第十步，边界条件的引入。

第十一步，最终联立方程组的求解。

第十二步，结果的解释。

利用计算机对特定工程问题进行有限元分析时，上述步骤通过有限元软件包得到具体化，通常包括可以分为三个阶段：前处理、求解和后处理。

1. 前处理

前处理涉及有限元分析的数据准备，包括节点坐标、节点连接、边界条件、载荷和材料信息等，通常称为模型定义，它包括以下内容：

1）定义问题的几何域。

2）定义单元类型。

3）定义单元的材料属性。

4）定义单元的几何属性（长度、面积和厚度等）。

5）定义单元的连接（模型的网格）。

6）定义物理约束（边界条件）。

7）定义载荷。

2. 求解

求解包括建立和更新刚度矩阵、解方程组等，目的是获得节点变量值。其他进一步推导的数据，如应力梯度，也在该阶段评估。也就是说，有限元软件组装矩阵形式的代数方程组，并计算未知的主要场变量，然后回代计算附加的衍生变量，如反作用力、单元应力和热流等。

3. 后处理

对解的分析和评估称为后处理，该阶段主要涉及解的表达。变形后的构型、振型、温度和应力分布等的计算和显示是典型的后处理内容。后处理软件是由一系列复杂的程序构成的，它们从有限元解中选择相关结果进行分类、打印和画图等。可以完成的操作包括：

1）依据单元应力幅值排序。

2）平衡校验。

3）计算安全因子。

4）显示变形结构形状。

5）动画显示动态模型行为。

6）制作颜色编码的温度云图。

尽管有限元解的数据在后处理中有多种处理方式，最重要的目的是利用可靠的工程判据来确定求解结果在物理上是否合理。

1.3.2　伽辽金法二维瞬态温度场有限元分析

加权余量法，特别是伽辽金法是非常有用的数学工具，可用于任何由控制偏微分方程和边界条件的工程问题的有限元推导。本节以二维非稳态传热问题为例来推导基于伽辽金加权余量法的有限元。

有内热源二维瞬态温度场控制偏微分方程为

$$\lambda\left(\frac{\partial^2 T}{\partial x^2}+\frac{\partial^2 T}{\partial y^2}\right)+Q-\rho c_p\frac{\partial T}{\partial \tau}=0 \tag{1-40}$$

假定初始温度场为已知的，可以写成：

$$\tau=0：\quad T=T_0 \tag{1-41}$$

三类边界条件如式（1-2）、式（1-3）、式（1-4）所示。

如果 T 是式（1-40）的精确解，则将 T 代入式（1-40）左边应等于零；如果 T 是近似解，T 代入式（1-40）则左边不等于零，余量值为

$$R=\lambda\left(\frac{\partial^2 T}{\partial x^2}+\frac{\partial^2 T}{\partial y^2}\right)+\dot{Q}-\rho c_p\frac{\partial T}{\partial \tau} \tag{1-42}$$

用加权余量法求解偏微分方程的基本思路是选择适当的权函数 W_i，使乘积的加权积分为零。对于离散后的求解域，则针对各个离散的单元选择合适的权函数，使得余值和权函数的乘积在整个区域上的积分值为 0，这样就得到了偏微分方程的近似的解。

$$\iint_D W_i\left(\lambda\left(\frac{\partial^2 T}{\partial x^2}+\frac{\partial^2 T}{\partial y^2}\right)-\rho c_p\frac{\partial T}{\partial \tau}+\dot{Q}\right)\mathrm{d}x\mathrm{d}y=0 \tag{1-43}$$

式中，W_i 是权函数。

加权余量法有多种形式，主要区别在于权函数的选取或构造不同。最常用的几种包

括配点法、最小二乘法和伽辽金法等。

为了降低积分号中的二阶微分项的阶数以便于求解，需要对式（1-43）积分号中的二阶微分进行分部积分

$$\iint_D W_i\left(\lambda\left(\frac{\partial^2 T}{\partial x^2} + \frac{\partial^2 T}{\partial y^2}\right)\right)dxdy = -\iint_D \lambda\left(\frac{\partial W_i}{\partial x}\frac{\partial T}{\partial x} + \frac{\partial W_i}{\partial y}\frac{\partial T}{\partial y}\right)dxdy + \int_C W_i\lambda\frac{\partial T}{\partial n}ds \quad (1-44)$$

右端第二项包括三类边界条件，展开如下式。

$$\int_C W_i\lambda\frac{\partial T}{\partial n}ds = \int_{C_1} W_i\lambda\frac{\partial T}{\partial n}ds + \int_{C_2} W_i\lambda\frac{\partial T}{\partial n}ds + \int_{C_3} W_i\lambda\frac{\partial T}{\partial n}ds \quad (1-45)$$

由于 C_1 边界为强制性边界，其上 T 为已知，故 $\int_{C_1} W_i\lambda\frac{\partial T}{\partial n}ds = 0$，将式（1-45）代入式（1-44）可得，

$$\iint_D \lambda\left(\frac{\partial W_i}{\partial x}\frac{\partial T}{\partial x} + \frac{\partial W_i}{\partial y}\frac{\partial T}{\partial y}\right)dxdy + W_i\left(\rho c_p\frac{\partial T}{\partial \tau} - \dot{Q}\right)dxdy = \int_{C_2} W_i\lambda\frac{\partial T}{\partial n}ds + \int_{C_3} W_i\lambda\frac{\partial T}{\partial n}ds$$

$$(1-46)$$

单元分析旨在建立有限元分析的基本公式，使得在子域 ΔD（单元）内的待求连续函数表示为函数在节点上的值。设求解域被划分为 n 个单元，每个单元有 m 个节点，T_i（$i = 1, 2, \cdots, m$）是节点上的温度，将单元内的待求函数值 $T^e_{(x,y,z)}$ 作为各节点 T_i 的插值函数。

$$T^e_{(x,y,z)} = N_1 T_1 + N_2 T_2 + \cdots + N_m T_m = [N_i]\{T_i\} \quad (1-47)$$

式中，N_i 是形函数，它是子域内每一点的坐标 (x, y, z) 和各节点的坐标 (x_i, y_i, z_i) 的函数。

例如，对于最简单的平面问题的三节点三角形单元，可用几何方法求得形函数为

$$N_i(x, y) = \frac{1}{2A}(a_i + b_i x + c_i y)$$

$$N_j(x, y) = \frac{1}{2A}(a_j + b_j x + c_j y) \quad (1-48)$$

$$N_m(x, y) = \frac{1}{2A}(a_m + b_m x + c_m y)$$

式中，$A = \frac{1}{2}(b_i c_j - b_j c_i)$；$a_i = x_j y_m - x_m y_j$；$a_j = x_m y_i - x_i y_m$；$a_m = x_i y_j - x_j y_i$；$b_i = y_j - y_m$；$b_j = y_m - y_i$；$b_m = y_i - y_j$；$c_i = x_m - x_j$；$c_j = x_i - x_m$；$c_m = x_j - x_i$。

其他类型单元的形函数虽然比三角形单元复杂，但都有其同的特点，都可以通过几何方法求出，而且形函数中的所有系数只与单元中各个节点的坐标有关。

$$N_i(x, y, z) = F(x_i, y_i, z_i, x, y, z) \quad i = 1, 2, \cdots, m \quad (1-49)$$

由于所有节点的坐标都是确定的，所以在每一子域中的未知数只包括各个节点的温度值。因此，单元内任意点的温度可以表示为该单元内节点温度值的函数，即式（1-47）中的温度列矢量 $\{T_i\}$ 的函数。

每个单元，即子域 ΔD 是整个求解域 D 中的一部分，式（1-46）必然在 ΔD 内成

立，于是在单元内有

$$\iint\limits_{\Delta D}\lambda\left(\frac{\partial W_i}{\partial x}\frac{\partial T}{\partial x}+\frac{\partial W_i}{\partial y}\frac{\partial T}{\partial y}\right)\mathrm{d}x\mathrm{d}y+W_i\left(\rho c_p\frac{\partial T}{\partial \tau}-\dot Q\right)\mathrm{d}x\mathrm{d}y=\int\limits_{\Delta C_2}W_i\lambda\frac{\partial T}{\partial n}\mathrm{d}s+\int\limits_{\Delta C_3}W_i\lambda\frac{\partial T}{\partial n}\mathrm{d}s$$

$$(1-50)$$

在伽辽金加权余量法中，权函数与试探函数是相同的。这里，取形函数作为权函数，即，$W_i=N_i(x,y)$，可得：

$$\iint\limits_{\Delta D}\lambda\left(\frac{\partial N_i}{\partial x}\frac{\partial T}{\partial x}+\frac{\partial N_i}{\partial y}\frac{\partial T}{\partial y}\right)\mathrm{d}x\mathrm{d}y+N_i\left(\rho c_p\frac{\partial T}{\partial \tau}-\dot Q\right)\mathrm{d}x\mathrm{d}y=\int\limits_{\Delta C_2}N_i\lambda\frac{\partial T}{\partial n}\mathrm{d}s+\int\limits_{\Delta C_3}N_i\lambda\frac{\partial T}{\partial n}\mathrm{d}s$$

$$(1-51)$$

将式（1-47）代入式（1-51）以及加入边界条件式（1-2）、式（1-3）、式（1-4），可得：

$$\iint\limits_{\Delta D}\Big[\lambda\frac{\partial N_i}{\partial x}\Big(\frac{\partial N_i}{\partial x}T_i+\frac{\partial N_j}{\partial x}T_j+\frac{\partial N_m}{\partial x}T_m\Big)+\lambda\frac{\partial N_i}{\partial y}\Big(\frac{\partial N_i}{\partial y}T_i+\frac{\partial N_j}{\partial y}T_j+\frac{\partial N_m}{\partial y}T_m\Big)+N_i\rho c_p$$

$$\Big(N_i\frac{\partial T_i}{\partial \tau}+N_j\frac{\partial T_j}{\partial \tau}+N_m\frac{\partial T_m}{\partial \tau}\Big)-N_iQ\Big]\mathrm{d}x\mathrm{d}y=\int\limits_{\Delta C_2}qN_i\mathrm{d}s-\int\limits_{\Delta C_3}hN_i(N_iT_i+N_jT_j-Ta)\,\mathrm{d}s$$

$$(1-52)$$

同理，分别取 $W_j=N_j(x,y)$ 和 $W_m=N_m(x,y)$，可得：

$$\iint\limits_{\Delta D}\Big[\lambda\frac{\partial N_j}{\partial x}\Big(\frac{\partial N_i}{\partial x}T_i+\frac{\partial N_j}{\partial x}T_j+\frac{\partial N_m}{\partial x}T_m\Big)+\lambda\frac{\partial N_j}{\partial y}\Big(\frac{\partial N_i}{\partial y}T_i+\frac{\partial N_j}{\partial y}T_j+\frac{\partial N_m}{\partial y}T_m\Big)+N_j\rho c_p$$

$$\Big(N_i\frac{\partial T_i}{\partial \tau}+N_j\frac{\partial T_j}{\partial \tau}+N_m\frac{\partial T_m}{\partial \tau}\Big)-N_iQ\Big]\mathrm{d}x\mathrm{d}y=\int\limits_{\Delta C_2}qN_j\mathrm{d}s-\int\limits_{\Delta C_3}hN_j(N_iT_i+N_jT_j-Ta)\,\mathrm{d}s$$

$$(1-53)$$

$$\iint\limits_{\Delta D}\Big[\lambda\frac{\partial N_m}{\partial x}\Big(\frac{\partial N_i}{\partial x}T_i+\frac{\partial N_j}{\partial x}T_j+\frac{\partial N_m}{\partial x}T_m\Big)+\lambda\frac{\partial N_m}{\partial y}\Big(\frac{\partial N_i}{\partial y}T_i+\frac{\partial N_j}{\partial y}T_j+\frac{\partial N_m}{\partial y}T_m\Big)+N_m\rho c_p$$

$$\Big(N_i\frac{\partial T_i}{\partial \tau}+N_j\frac{\partial T_j}{\partial \tau}+N_m\frac{\partial T_m}{\partial \tau}\Big)-N_iQ\Big]\mathrm{d}x\mathrm{d}y=\int\limits_{\Delta C_2}qN_m\mathrm{d}s-\int\limits_{\Delta C_3}hN_m(N_iT_i+N_jT_j-Ta)\,\mathrm{d}s$$

$$(1-54)$$

对于内部单元，式（1-52）～式（1-54）各式的右侧均等于零；而对于边界单元，由于有限元中规定 i 和 j 节点在边界上，而 m 节点不在边界上，所以式（1-54）右侧也等于零。

显然，式（1-52）～式（1-54）构成一组只包括 T_i、T_j 和 T_m 三个未知数的联立方程，经整理后用矩阵形式表示为

$$[K]^e\{T^e\}+[C]^e\frac{\partial}{\partial \tau}\{T\}^e=\{p\}^e$$

$$(1-55)$$

式中，$[K]^e$ 为单元刚度矩阵；$\{T\}^e$ 为单元节点上温度（未知数）矢量；$[C]^e$ 为单元热容矩阵；$\{p\}^e$ 为单元常数项矢量。

从式（1-52），式（1-53），式（1-54）中可得到单元刚度矩阵，如下：

$$[K]^e = \iint\limits_{\Delta D} \lambda \begin{bmatrix} \dfrac{\partial N_i}{\partial x} \cdot \dfrac{\partial N_i}{\partial x} + \dfrac{\partial N_i}{\partial y} \cdot \dfrac{\partial N_i}{\partial y} & \dfrac{\partial N_j}{\partial x} \cdot \dfrac{\partial N_i}{\partial x} + \dfrac{\partial N_j}{\partial y} \cdot \dfrac{\partial N_i}{\partial y} & \dfrac{\partial N_m}{\partial x} \cdot \dfrac{\partial N_i}{\partial x} + \dfrac{\partial N_m}{\partial y} \cdot \dfrac{\partial N_i}{\partial y} \\[2mm] \dfrac{\partial N_i}{\partial x} \cdot \dfrac{\partial N_j}{\partial x} + \dfrac{\partial N_i}{\partial y} \cdot \dfrac{\partial N_j}{\partial y} & \dfrac{\partial N_j}{\partial x} \cdot \dfrac{\partial N_j}{\partial x} + \dfrac{\partial N_j}{\partial y} \cdot \dfrac{\partial N_j}{\partial y} & \dfrac{\partial N_m}{\partial x} \cdot \dfrac{\partial N_j}{\partial x} + \dfrac{\partial N_m}{\partial y} \cdot \dfrac{\partial N_j}{\partial y} \\[2mm] \dfrac{\partial N_i}{\partial x} \cdot \dfrac{\partial N_m}{\partial x} + \dfrac{\partial N_i}{\partial y} \cdot \dfrac{\partial N_m}{\partial y} & \dfrac{\partial N_j}{\partial x} \cdot \dfrac{\partial N_m}{\partial x} + \dfrac{\partial N_j}{\partial y} \cdot \dfrac{\partial N_m}{\partial y} & \dfrac{\partial N_m}{\partial x} \cdot \dfrac{\partial N_m}{\partial x} + \dfrac{\partial N_m}{\partial y} \cdot \dfrac{\partial N_m}{\partial y} \end{bmatrix} \mathrm{d}x\mathrm{d}y$$

$$+ \int\limits_{\Delta S_2} q \begin{bmatrix} N_i \\ N_j \\ 0 \end{bmatrix} \mathrm{d}s + \int\limits_{\Delta S_3} h \begin{bmatrix} N_i N_i & N_j N_i & 0 \\ N_i N_j & N_j N_j & 0 \\ 0 & 0 & 0 \end{bmatrix} \mathrm{d}s$$

$$(1\text{-}56)$$

将式（1-48）代入式（1-56）并积分，可得

$$[K]^e = \frac{\lambda}{4A} \begin{bmatrix} b_i^2 + c_i^2 & b_i b_j + c_i c_j & b_i b_m + c_i c_m \\ b_j b_i + c_j c_i & b_j^2 + c_j^2 & b_j b_m + c_j c_m \\ b_m b_i + c_m c_i & b_m b_j + c_m c_j & b_m^2 + c_m^2 \end{bmatrix} + \frac{h l_{ij}}{6} \begin{bmatrix} 2 & 1 \\ 1 & 2 \\ 0 & 0 \end{bmatrix} \tag{1-57}$$

式中，A 是单元（ΔD）的面积；l_{ij} 是该单元外边界长度，对于内部单元 $l_{ij} = 0$；b_i、b_j、b_m、c_i、c_j、c_m 是决定于节点坐标的中间参数。显然，$[K]^e$ 中每一个元素的值都是确定的。

对于单元热容矩阵，有

$$[C]^e = \iint\limits_{\Delta D} \rho c_p \begin{bmatrix} N_i N_i & N_j N_i & N_m N_i \\ N_i N_j & N_j N_j & N_m N_j \\ N_i N_m & N_j N_m & N_m N_m \end{bmatrix} \mathrm{d}x\mathrm{d}y \tag{1-58}$$

将式（1-48）代入式（1-58）可得

$$\iint\limits_{\Delta D} N_i N_j \mathrm{d}x\mathrm{d}y = \iint\limits_{\Delta D} N_i N_m \mathrm{d}x\mathrm{d}y = \iint\limits_{\Delta D} N_j N_m \mathrm{d}x\mathrm{d}y = \frac{A}{12}$$

$$\iint\limits_{\Delta D} N_i N_i \mathrm{d}x\mathrm{d}y = \iint\limits_{\Delta D} N_j N_j \mathrm{d}x\mathrm{d}y = \iint\limits_{\Delta D} N_m N_m \mathrm{d}x\mathrm{d}y = \frac{A}{6}$$

$$(1\text{-}59)$$

因此，式（1-58）可改写为

$$[C]^e = \frac{\rho c_p A}{12} \begin{bmatrix} 2 & 1 & 1 \\ 1 & 2 & 1 \\ 1 & 1 & 2 \end{bmatrix} \tag{1-60}$$

式（1-55）中的 $\{p\}^e$ 项可表示为

$$\{p\}^e = \{p_Q\}^e + \{p_q\}^e + \{p_h\}^e \tag{1-61}$$

这三项分别来自内热源项、第二类边界条件的热流密度和第三类边界条件的换热系数。

其中，$\{p_Q\}^e$ 可表示为

$$\{p_Q\}^e = \int\limits_{\Delta D} \dot{Q} N_i \mathrm{d}x\mathrm{d}y + \int\limits_{\Delta D} \dot{Q} N_j \mathrm{d}x\mathrm{d}y + \int\limits_{\Delta D} \dot{Q} N_m \mathrm{d}x\mathrm{d}y \tag{1-62}$$

当内热源 $\dot{Q}$ 在单元内是常数时，有

$$\{P_Q\}^e = \frac{A\dot{Q}}{3}\begin{Bmatrix} 1 \\ 1 \\ 1 \end{Bmatrix} \tag{1-63}$$

当 $\dot{Q}$ 在单元内呈线性分布时，有

$$\{P_Q\}^e = \frac{A}{12}\begin{bmatrix} 2\dot{Q}_i & \dot{Q}_j & \dot{Q}_m \\ \dot{Q}_i & 2\dot{Q}_j & \dot{Q}_m \\ \dot{Q}_i & \dot{Q}_j & 2\dot{Q}_m \end{bmatrix} \tag{1-64}$$

其中，$\dot{Q}_i$、$\dot{Q}_j$、$\dot{Q}_m$ 分别为三个节点 i，j 和 m 上的内热源强度。

$\{p_q\}^e$ 项由边界上热流密度引起，可以表示为

$$\{p_q\}^e = \int_{\Delta C_2} qN_i\mathrm{d}s + \int_{\Delta C_2} qN_j\mathrm{d}s + \int_{\Delta C_2} qN_m\mathrm{d}s \tag{1-65}$$

若 q 在边界上是常数，有

$$\{p_q\}^e = \frac{l_{ij}}{2}q\begin{Bmatrix} 1 \\ 1 \\ 0 \end{Bmatrix} \tag{1-66}$$

若 q 在边界上呈线性变化，有

$$\{p_q\}^e = \frac{l_{ij}}{6}q\begin{Bmatrix} 2q_i + q_j \\ q_i + 2q_j \\ 0 + 0 \end{Bmatrix} \tag{1-67}$$

$\{p_h\}^e$ 项由边界上的换热系数引起，可以表示为

$$\{p_h\}^e = \int_{\Delta C_3} hT_aN_i\mathrm{d}s + \int_{\Delta C_3} hT_aN_j\mathrm{d}s + \int_{\Delta C_3} hT_aN_m\mathrm{d}s = \frac{l_{ij}}{2}hT_a\begin{Bmatrix} 1 \\ 1 \\ 0 \end{Bmatrix} \tag{1-68}$$

经过单元分析就将子域内的连续函数 $T^e_{(x,y,\tau)}$ 转化为只包括节点上温度值的代数联立方程组，因为函数 $T^e_{(x,y,\tau)}$ 采用了积分形式，整个求解域 D 的积分可表示为各子域积分之总和，于是只要把所有单元的联立方程组集合在一起就可以得到整个求解域全部节点温度值的联立方程组。

$$[K]\{T\} + [C]\frac{\partial}{\partial\tau}\{T\} - \{P\} = 0 \tag{1-69}$$

式中，刚度矩阵 $[K] = \sum[K]^e$；热容矩阵 $[C] = \sum[C]^e$；热流量矩阵 $\{P\} = \sum\{P\}^e$。

解式（1-69）即可获得二维瞬态温度场的解。通过记录每一时间节点温度可以观察到温度场的演变过程，也可以从结果文件中抽取特殊点的加热或冷却曲线。

1.3.3 三维瞬态导热的有限元分析

三维问题的有限元分析的原理和步骤和二维问题完全相同，只是因为每一单元中的节点数目比较多，三维问题的推导比较烦琐一些，读者可参阅有关专著，在本书中只列出推导的结果。

导热偏微分方程

$$\lambda\left(\frac{\partial^2 T}{\partial x^2} + \frac{\partial^2 T}{\partial y^2} + \frac{\partial^2 T}{\partial z^2}\right) + \dot{Q} = \rho c_p \frac{\partial T}{\partial \tau} \tag{1-70}$$

将求解域 V 划分为 n 个单元，每个单元有 m 个节点，整个域内共有 p 个节点，经过离散化后式（1-70）转化为下列大型联立方程

$$[K]\{T\} + [C]\left\{\frac{\partial T}{\partial \tau}\right\} - \{P\} = 0 \tag{1-71}$$

式中，$[K] = \sum [K]^e$；$[C] = \sum [C]^e$；$\{P\} = \sum \{P\}^e$；$[K]^e = \iiint\limits_{V^e} [B]^T [D] [B] dv$

$+ \iint\limits_{S^e} h [N]^T [N] ds$；$[C]^e = \iiint\limits_{V^e} \rho c_p [N]^T [N] dv$；$[p]^e = \iiint\limits_{V^e} Q [N]^T dv + \iint\limits_{S^e} h T_a [N]^T ds$；$[D]$

$$= \begin{bmatrix} \lambda & 0 & 0 \\ 0 & \lambda & 0 \\ 0 & 0 & \lambda \end{bmatrix}; \quad [B] = \begin{bmatrix} \dfrac{\partial N_1}{\partial x} & \dfrac{\partial N_2}{\partial x} & \cdots & \dfrac{\partial N_P}{\partial x} \\ \dfrac{\partial N_1}{\partial y} & \dfrac{\partial N_2}{\partial y} & \cdots & \dfrac{\partial N_P}{\partial y} \\ \dfrac{\partial N_1}{\partial z} & \dfrac{\partial N_2}{\partial z} & \cdots & \dfrac{\partial N_P}{\partial z} \end{bmatrix}; \quad [N] = [N_1 N_2 \cdots N_P]$$

式中，V^e 为单元体积；S^e 为单元的外部边界。

在非稳态温度场中温度 $T_{(x,y,z,\tau)}$ 是空间位置的函数和时间的函数。用式（1-71）实现了空间域的离散化之后还需要用有限差分格式将其在时间域上离散。式（1-71）中的偏微分项 $\dfrac{\partial T}{\partial \tau}$ 的差分格式可统一用式（1-72）表示。

$$\theta \left(\frac{\partial T}{\partial \tau}\right)_\tau + (1-\theta)\left(\frac{\partial T}{\partial \tau}\right)_{\tau-\Delta\tau} = \frac{1}{\Delta\tau}(T_\tau - T_{\tau-\Delta\tau}) \tag{1-72}$$

当 $\theta = 1$ 时，得向后差分格式为

$$\left(\frac{\partial T}{\partial \tau}\right)_\tau = \frac{1}{\Delta\tau}(T_\tau - T_{\tau-\Delta\tau}) \tag{1-73}$$

将式（1-73）代入式（1-71）得

$$\left([K] + \frac{1}{\Delta\tau}[C]\right)\{T_\tau\} = \frac{1}{\Delta\tau}[C]\{T_{\tau-\Delta\tau}\} + \{P\} \tag{1-74}$$

当 $\theta = 1/2$ 时，得 Crank-Nicolson（中间）差分格式为

$$\frac{1}{2}\left[\left(\frac{\partial T}{\partial \tau}\right)_\tau + \left(\frac{\partial T}{\partial \tau}\right)_{\tau-\Delta\tau}\right] = \frac{1}{\Delta\tau}(T_\tau - T_{\tau-\Delta\tau}) \tag{1-75}$$

将式（1-75）代入式（1-71）得

$$\left([K] + \frac{2}{\Delta\tau}[C] \right)\{T_\tau\} = \left(\frac{2}{\Delta\tau}[C] - [K] \right)\{T_{\tau-\Delta\tau}\} + \frac{1}{\Delta\tau}(\{P\}_\tau + \{P\}_{\tau-\Delta\tau}) \quad (1-76)$$

Crank-Nicolson（中间）差分格式同等考虑了 $\tau - \Delta\tau$ 和 τ 时刻的作用，因此比向后差分格式更为优越。

当上一时刻（$\tau - \Delta\tau$）的温度场 $\{T_{\tau-\Delta\tau}\}$ 为已知时就可以通过求解式（1-74）或式（1-76）所示的大型联立方程组求出 τ 时间所有节点的温度 $\{T_\tau\}$，进而求得三维非稳态温度场的数值解。节点温度在每一个时刻都可以存储起来，从而得到三维瞬态温度场的演变过程。

1.4 相变量的计算

1.4.1 相变与温度的耦合作用

相变发生时，产生的相变潜热作为固体中内热源项引入。因此，相变动力学过程一方面依赖于工件的温度变化过程，另一方面又显著影响工件内部的温度场。相变与温度的作用是双向的，这增加了热加工过程精确数值模拟的复杂性。

单位时间内释放的相变潜热，作为热传导方程［式（1-1）］中的内热源项，通常用式（1-77）计算。

$$Q = \Delta H \frac{\Delta V}{\Delta\tau} \quad (1-77)$$

式中，ΔH 是单位体积新相与母相的热焓差；ΔV 是时间步长 $\Delta\tau$ 内新相（与母相）体积分数的变化。

相变量的计算是预测热加工过程中温度和微观组织演化，以及最终相组成和大致力学性能的关键。热加工过程涉及的固态相变可以分为扩散型相变（如珠光体相变）和非扩散型相变（即马氏体相变），它们相变动力学的数学模型有根本的差异。

本节中主要介绍相变所形成新相的体积分数的计算，以及应力对不同相变的动力学过程影响的量化模型。

1.4.2 扩散型相变

等温转变图，即 TTT（Time-Temperature – Transformation）曲线，描述的是在不同温度下的等温保持过程中，相变开始、终了的时间及转变量之间的关系。对于扩散型相变，等温相变动力学方程，即 Johnson-Mehl 方程，为热加工过程相变的数值模拟提供了依据。然而，实际的加热、冷却是非等温过程，因此不能直接采用等温动力学方程计算连续加热和冷却过程中的相变量。目前，广泛采用 Fernades 等人提出的方法，即如图 1-5 所示，通过时间离散将实际连续冷却过程近似看作阶梯冷却，获得许多个微小时间段的等温过程，然后根据希尔叠加法则（Scheil's additivity rule）将它们的等温作用叠加起来。

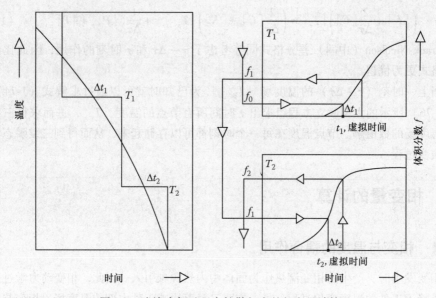

图 1-5 连续冷却过程中扩散相变的相变量计算

由于 Johnson-Mehl 方程的推导有严格的假设，Avrami 提出了如下经验型的方程并得到了广泛应用。

$$f = 1 - \exp(-bt^n) \tag{1-78}$$

式中，f 是新相体积分数；t 是等温时间；b 是与等温温度、母相成分和晶粒尺寸有关的常数；n 是一个与相变种类相关的常数，取值范围为 $[1 \sim 4]$。

系数 b 和 n 随温度变化，不同温度下的数值可以利用测试获得的等温转变图计算获得，具体的计算方法如下：

$$n_{(T)} = \frac{\ln[\ln(1-f_1) - \ln(1-f_2)]}{\ln t_1 - \ln t_2} \tag{1-79}$$

$$b_{(T)} = \frac{\ln(1-f_1)}{t_1^{n(T)}} \tag{1-80}$$

因此，在某一温度下新相体积分数和等温时间之间的关系可以用式（1-78）～式（1-80）来定量表达，大量试验数据与 Avrami 方程吻合较好。

连续冷却（或加热）过程的相变起始时间，也就是所谓的孕育期，可以借助希尔叠加法则来确定。孕育期叠加法则的一般形式为

$$\int_0^{t_s} \frac{\mathrm{d}t}{t_i^{\mathrm{TTT}}} = 1 \text{ 或 } \sum_{i=1}^{n} \frac{\Delta t_i}{t_i^{\mathrm{TTT}}} = 1 \tag{1-81}$$

式中，t_s 是需要确定的连续冷却过程中的相变开始时间，即孕育期；在时间离散情况下，Δt_i 表示第 i 步的时间步长，t_i^{TTT} 是对应第 i 个时间步的温度下等温转变图上的相变开始时间。

通常认为从高温冷却的过程中，当不同时间点，即不同温度下，相应的孕育期分数

$\dfrac{\Delta t_i}{t_i^{\text{TTT}}}$ 累加达到 1 时，式（1-81）成立，连续冷却过程中的相变开始发生。

通常相变量的计算也用到希尔叠加法则。例如，按照时间-温度路径（T_t）的连续冷却过程中，可以用式（1-82）来确定获得一定体积分数（ξ_{m}）新相所需时间（t_{m}）。

$$\int_0^{t_{\text{m}}} \frac{\text{d}t}{t_{\xi_{\text{m}}}(T)} = 1 \tag{1-82}$$

式中，$t_{\xi_{\text{m}}}(T)$ 是在当前温度 T_t 下等温获得体积分数为 ξ_{m} 新相所需的时间。

由式（1-82）可知，完成相变所需的总时间可以通过累加一系列的等温时间步长 Δt，直到等温时间相对分数 $\Delta t/t_{\xi_{\text{m}}}(T)$ 达到 1。等温下获得相变分数 ξ_{m} 对应的时间 $t_{\xi_{\text{m}}}(T)$ 可以由式（1-78）的 Avrami 方程求得。

要将上述思想体现在算法上，必须借助虚拟转变时间（t^*）和虚拟转变量（f_i^*）的概念，它们分别可以用式（1-83）和式（1-84）计算获得。

$$t_i^* = \left[\frac{-\ln(-f_{i-1})}{b_i} \right]^{1/n_i} \tag{1-83}$$

$$f_i^* = 1 - \exp\left[b_i \left(t_i^* + \Delta t \right)^{n_i} \right] \tag{1-84}$$

而实际转变量为

$$f = f_i^* \left(f_{i-1}^\gamma + f_{i-1} \right) f_{\max} \tag{1-85}$$

式中，f_{i-1}^γ 和 f_{i-1} 是在前一时间步长结束时的奥氏体分数和已转变新相的分数；$f_{\max}$ 是在 T_i 温度下该类型相变的最大转变量。

式（1-78）～式（1-85）建立了热处理数值模拟中相变量计算的基本框架，但针对具体工艺过程进行模拟时需加小心，并进行必要修正。

1.4.2.1　孕育期叠加法则的修正

徐祖耀通过理论分析及非等温转变的试验结果指出，孕育期叠加法则并不是在所有条件下都能成立。Hawbolt 等人、Reti 与 Felde 持相同的观点，他们认为叠加法则有时会严重高估孕育期。

用共析钢为例，t_s^{CCT} 是按照一定冷速冷却的实际孕育期，t_s^{TTT} 等温条件下不同温度的孕育期，两者都可以从等温转变图和连续冷却转变图上获得。按照式（1-86）将每一个微小时间步的孕育期相对分数 $\dfrac{\Delta t}{t_s^{\text{TTT}}}$ 从 0 开始到 t_s^{CCT} 进行累加，以检验公式（1-81）所示的孕育期叠加法则。结果发现，孕育期累加的分数 χ 远远小于 1（见表 1-1）。

$$\chi = \sum_0^{t_s^{\text{CCT}}} \frac{\Delta t}{t_s^{\text{TTT}}} \tag{1-86}$$

表 1-1　共析钢连续冷却的孕育期累加

平均冷却速度/（℃/s）	孕育期累加分数
7.5	0.2
2.0	0.23
38.5	0.24

（续）

平均冷却速度/（℃/s）	孕育期累加分数
5.3	0.43
21.2	0.31
47.6	0.28

为了解决这个问题，相关学者提出了一种同时利用等温转变和连续冷却转变图信息对孕育期叠加法则进行修正的方法。首先，精确测试经过相同条件奥氏体温化的同一钢种的等温转变图与连续冷却转变图，将它们各自的相变开始曲线 t_s^{TTT} 和 t_s^{CCT} 与连续冷却曲线叠绘在时间-温度坐标上，如图1-6所示。

在任意时间步长 Δt_i 的中点处作切线 dd，并利用下式计算其平均冷却速度，即为

$$V_i = \frac{T_{i-1} - T_i}{\Delta t_i} \qquad (1\text{-}87)$$

然后，以 A_{c1} 临界点为起点作冷却速度为 V_i 的等速冷却曲线，与 t_i^{CCT} 交于 $t_{s(i)}^{ccT}$。我们定义修正因子 φ_i，用它对该时间步长内的孕育期分数进行修正。φ_i 可由式（1-88）计算得到。

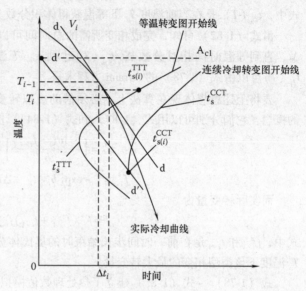

图1-6 利用等温转变图和连续冷却转变图
进行孕育期叠加法则修正

$$\varphi_i = \int_0^{t_{s(i)}^{CCT}} \frac{dt}{t_s^{TTT}} \qquad (1\text{-}88)$$

修正因子 φ_i 反映了连续冷却转变图和等温转变图上孕育期的差异。当其等于1时，表示差异很小。通常 φ_i 大于1，这与连续冷却转变图上的相变开始线滞后于等温转变图上的相印证。为此，时间步 Δt_i 对应的相对孕育期分数 $\frac{\Delta t_i}{t_{s(i)}^{TTT}}$ 可以修正为 $\frac{\Delta t_i}{t_{s(i)}^{TTT}} \cdot \frac{1}{\varphi_i}$。

综上，连续冷却过程中相变开始时间（即孕育期）的判据可修改为式（1-89）。

$$\sum \frac{\Delta t_i}{t_{s(i)}^{TTT}} \times \frac{1}{\varphi_i} = 1 \qquad (1\text{-}89)$$

上述修正方法的理论依据和物理意义不明确，其推广应用和精度尚需进一步验证。

1.4.2.2 Avrami 方程的修正

从 Avrami 方程［式（1-78）］的推导过程可以看出，其时间项从相变发生时刻开始计算，即不包括孕育期。Hawbolt 等建议将 Avrami 方程表达为

$$f = 1 - \exp\left[-b\left(t - t_s\right)^n\right] \tag{1-90}$$

方程中两个参数 n 和 b 的计算也分别改为

$$n(T) = \frac{\ln\left[\ln(1 - f_1) - \ln(1 - f_2)\right]}{\ln(t_1 - t_s) - \ln(t_2 - t_s)} \tag{1-91}$$

$$b(T) = \frac{\ln(1 - f_1)}{(t_1 - t_s)^{n(T)}} \tag{1-92}$$

式中，t_s 是某等温温度下的相变开始时间，即孕育期。

再次以共析钢为例比较两种方法，即式（1-78）和式（1-90）的差异。从 T8 钢等温转变图读得表 1-2 的数据进行以下计算。

算法 1 基于 Avrami 方程，相变开始时间 t_s（近似于 $t_{0.01}$）和结束时间 t_e（近似于 $t_{0.99}$）可直接从等温转变图读取，然后输入到式（1-78）~ 式（1-80）计算获得系数 n、b 和 $t_{0.25}$（获得体积分数为 25% 新相所需的时间）。算法 2 基于修正的 Avrami 方程，$t_{0.5}$ 和 $t_{0.75}$ 分别为包含了孕育期 t_s 的完成 50% 和 75% 新相转变所需的时间，它们也可直接从等温转变图上读取，借助于式（1-90）~ 式（1-92），同样计算系数 n、b 和 $t_{0.25}$ 所有数据列于表 1-2 中，显然修正的 Avrami 方程更为合理，并与实际值更为接近。

表 1-2　按不同方法计算参数 n、b 和转变量达 25% 所需时间 $t_{0.25}$

温度/℃	等温转变图读出的数据 共析钢（T8 钢）					算法 1：Avrami 方程			算法 2：修正 Avrami 方程		
	t_s/s	$t_{0.25}/s$	$t_{0.5}/s$	$t_{0.75}/s$	t_e/s	$n(T)$	$b(T)$ /10^{-5}	$t_{0.25}/s$	$n(T)$	$b(T)$ /10^{-5}	$t_{0.25}/s$
700	12.5	39	63	90	120	2.71	1.07	43.1	1.62	121	41.9
650	2.7	6.5	8.8	11.5	18.5	3.18	42.5	7.7	1.89	2271	6.5
450	1.4	5.5	8.0	11	20	2.13	463	6	2.05	1460	5.7
400	3	30	4.3	65	100	1.75	147	20.5	1.58	200	26

1.4.2.3　先共析铁素体与珠光体分数的计算

根据图 1-7 所示的铁碳相图来说明亚共析钢中的相变过程。当以较快冷速冷却到 SE' 线以下时，铁素体 α 和渗碳体 Fe_3C 两相同时析出，过冷奥氏体转变成伪共析组织。而当冷速较低时，例如仅冷却到 a' 点相变开始，铁素体 α 的晶核首先在奥氏体晶界上析出，随着时间的延长，铁素体沿晶界长大。同时，由于碳在 α 相中的固溶度极低，碳原子将向相邻的奥氏体扩散，使奥氏体碳含量不断增加，当奥氏体中的碳含量富集达到 b 点，即进入到 $\alpha + Fe_3C$ 两相区，则尚未分解的奥氏体将转变为珠光体。

这个相变过程的机理研究已经非常深入而详尽，并且达成了共识。但是先共析铁素体和珠光体分数的计算仍是一个没有解决的问题。

从理论上分析，先共析铁素体的形核位置和方式都不同于共析组织，它们的长大虽同为扩散控制，但生长的方式和碳的扩散途径也不同，这些理由都支持用两个独立的 Avrami 方程分开计算先共析铁素体和珠光体分数的观点。因此，相关学者提出 1025 钢中的先共析铁素体和珠光体体积分数应该用如下两个 Avrami 方程来计算。

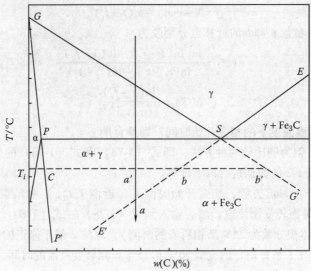

图 1-7　铁碳系准平衡相图

$$f_F = 1 - \exp\left[-b_F \left(t - t_{SF} \right)^{n_F} \right] \tag{1-93}$$

$$f_P = 1 - \exp\left[-b_P \left(t - t_{SP} \right)^{n_P} \right] \tag{1-94}$$

但从另一方面考虑，先共析铁素体沿奥氏体晶界析出，其生长前沿在初期尚有很充裕的空间。随着新相的生长，体积分数增加，并且相变速率因新相互碰撞而下降。通常当先共析转变还在进行中，珠光体相变已经开始。因此，用一个独立的 Avrami 方程描述先共析铁素体等温转变的观点也缺乏充分的理由。

再则，在连续冷却时珠光体转变开始点很难确定，因为奥氏体的含碳量随铁素体析出而不断改变，并且连续冷却时生成的珠光体是伪共析组织，其含碳量随温度的下降而减少。这二种情况都不符合叠加法则的适用条件。

根据以上分析，相关学者发展了一套利用一个复合 Avrami 方程来计算亚共析钢冷却过程中先共析铁素体和珠光体总量的新方法。假设亚共析钢过冷奥氏体等温相变时不发生随后的珠光体相变，铁素体相变将一直进行到全部奥氏体转变结束，即 f_{end}^F，那么描述铁素体相变的 Avrami 方程的定义域为 $\left[0, f_{end}^F \right]$。但实际情况是，铁素体相变到一定阶段珠光体相变开始，因此铁素体相变存在一个最大转变量，即 f_{max}^F。某一温度 T_i 下，f_{end}^F 及 f_{max}^F 可以根据杠杆定律求出。

$$f_{end}^F = \frac{a'b'}{cb'} \tag{1-95}$$

$$f_{max}^F = \frac{ba'}{cb} \tag{1-96}$$

当铁素体的体积分数达到 f_{max}^F，剩余的奥氏体的含碳量达到了伪共析的成分范围，奥氏体的分解由先共析铁素体相变转入到珠光体相变阶段。由此可见，奥氏体分解的精确动力学，即图 1-8 中的实线，可以分成两个部分：第一部分是先共析铁素体相变，其 Avrami 方程定义在 $\left[0, f_{max}^F \right]$，其后半部分被珠光体相变所淹没；第二部分是珠光体相变，其 Avrami 方程定义在 $[f_{\max}^F, 1]$。整个过程的相变动力学曲线还是 S 形的，可以用一个统一的 Avrami 方程描述。

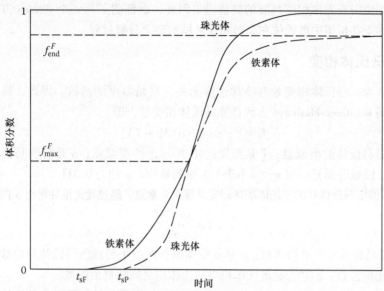

图 1-8　亚共析钢在铁素体-珠光体区域的等温转变

先共析铁素体分数 f_{F_i} 和珠光体分数 f_{P_i} 之和可以按照上面所述求得，并可以进一步按照下面的方法进行分离。

$$\text{若 } f_i < f_{\max}^F，\qquad \text{则} \begin{cases} f_{F_i} = f_i \\ f_{P_i} = 0 \end{cases} \tag{1-97}$$

$$\text{若 } f_i \geqslant f_{\max}^F，\qquad \text{则} \begin{cases} f_{F_i} = f_{\max}^F \\ f_{P_i} = f_i - f_{\max}^F \end{cases} \tag{1-98}$$

为了验证整个方法，用 45 钢的等温转变图和连续冷却转变图计算先共析铁素体分数 f_{F_i} 和珠光体分数 f_{P_i}，进而输入到式（1-99）进行相变量叠加法则的验证。

$$x_i = \sum_{t_s^{CCT}}^{t_e^{CCT}} \frac{\Delta t_i}{t_{ei}^{TTT} - t_{si}^{TTT}} \tag{1-99}$$

计算结果列在表 1-3 中。表中数据显示在不同的冷却速率下 x_i 均接近于 1，从而证明用一个 Avrami 方程描述铁素体相变和珠光体相变是可行的，它可以使用叠加法则进行连续冷却过程中的相变量计算。

表 1-3　45 钢叠加法则验证计算的结果

平均冷速/（℃/s）	t_s^{CCT}/s	T_s^{CCT}/℃	t_e^{TTT}/s	x_i
0.6	113.3	717	288.3	0.98
8.1	9.5	689	635	0.97
25	2.7	670	625	0.94

相关的试验结果和计算结果也为采用一个 Avrami 计算先共析铁素体和珠光体的总量提供了依据，在实测的膨胀量、转变量随时间变化的曲线上并未观测到标志着从先共析铁素体相变向珠光体相变过渡的转折点。因此，也证明了用一个 Avrami 方程可以很合理地描述亚共析钢中奥氏体在高温相变区域的整个分解过程。

1.4.3　马氏体相变

一般认为，马氏体相变量与冷却速度无关，只是温度的函数。因此，热处理模拟中，多采用 Koistinen-Marburge 方程计算马氏体相变量，即

$$f_M = 1 - \exp\left[-\alpha(Ms - T) \right] \tag{1-100}$$

式中，f_M 是马氏体的生成量；T 是温度；Ms 是马氏体点温度；α 是反映马氏体相变速率的常数，随成分而异，对 $w(C)$ 小于 1.1 % 的碳钢，α 约为 0.011。

Magee 假定马氏体片的平均体积在相变过程中为常数，经过理论推导得出 α 的表达式为

$$\alpha = \overline{V}\varphi \frac{\partial \Delta G_v^{\gamma \to M}}{\partial T} \tag{1-101}$$

式中，$\overline{V}$ 是马氏体片的平均体积；φ 是单位体积奥氏体中形成新马氏体片的数目和驱动力之间的比例常数；$\Delta G_v^{\gamma \to M}$ 是奥氏体相与马氏体相之间的自由能差。

相关文献认为，Koistinen-Marburger 方程（K-M 方程）仅仅适用于马氏体相变过程中碳元素不发生扩散的中高碳钢，而对于低碳钢及形成条间残留奥氏体的中碳钢，合金元素会影响碳扩散。因此，对于低碳钢的马氏体相变，K-M 方程可修正为如下形式。

$$f = 1 - \exp\left[\beta(C_1 - C_0) - \alpha(Ms - T_q) \right] \tag{1-102}$$

式中，C_0、C_1 分别为奥氏体、马氏体中的碳浓度；α、β 是常数，因材料不同而异。

α 可由式（1-101）计算得到，而 β 可由式（1-103）计算得到。

$$\beta = \overline{V}\varphi \frac{\partial \Delta G_v^{\gamma \to M}}{\partial C} \tag{1-103}$$

式中，C 为碳浓度。

一般情况下，对于碳钢和合金钢来说马氏体分数可分别按式（1-100）和式（1-102）计算，Ms 可以通过试验测定或根据下面的经验公式估算。

$$Ms = 520 - w(C) \times 320 \tag{1-104}$$

$$Ms = 512 - 453w(C) - 16.9w(Ni) + 15w(Cr) - 9.5w(Mo) + 217w(C) \times w(C) -$$
$$71.5w(C) \times w(Mn) - 67.6w(C) \times w(Cr) \tag{1-105}$$

K-M 方程中描述马氏体相变时，不考虑 Ms 点发生变化。事实上如果在马氏体转变之前发生其他相变如珠光体、贝氏体相变，会改变母相成分或核胚被消耗，从而使 Ms 点改变。从连续冷却转变图可以反映出，在马氏体相变之前发生其他相变其转变量越多，Ms 下降也越多。但是一般用叠加法则根据等温转变图进行相变量的计算时，不能反映上述现象。由此可见，目前所采用的马氏体相变量的计算模型需要从马氏体相变的机理出发并进行合理的修正，使之具有普适性、准确性。

1.4.4　应力状态对相变动力学的影响

应力状态对扩散型相变和非扩散型相变的动力学都有显著的影响。虽然开展了大量旨在澄清其中机理和建立用于精确模拟的有效模型的研究，但是尚未取得满意的结果。不同学者提出的数学模型有的仅仅适合于具体的钢种，有的还需要进一步的验证。本节简单介绍具有代表性的模型及其处理方法。

1.4.4.1　扩散型相变

对于珠光体相变，Inoue 发展了应力作用下的相变动力学。他认为，无应力作用时，仍采用 John-Mehl 模型，即

$$f = 1 - \exp\left(- \int_0^t F(T)\ (t - \tau)^3 \mathrm{d}\tau \right) \tag{1-106}$$

而在应力作用时，将 John-Mehl 模型修正为

$$f = 1 - \exp\left(- \int_0^t \exp(c\sigma_m) F(T)\ (t - \tau)^3 \mathrm{d}\tau \right) \tag{1-107}$$

式中，$F(T)$ 为温度函数；σ_m 为平均应力；c 为常数。

Denis 在 Avrami 方程系数（n 和 b）中引入了应力的作用。无应力作用下仍可采用 Avrami 方程计算相变量，而在应力作用条件下，则需要修正方程中的系数。

$$n_\sigma = n \tag{1-108}$$

$$b_\sigma = \frac{b}{(1 - C\sigma_e)^n} \tag{1-109}$$

式中，σ_e 为等效应力；n 和 b 为相变动力学方程的系数，C 为常数。

1.4.4.2　马氏体相变

对于马氏体相变来说，应力状态对相变过程的有着更为显著的影响。K-M 方程 [式 (1-100)] 中的系数 α 和 Ms 点均强烈依赖于应力状态。

由式 (1-101) 可知，α 与马氏体相变驱动力有关，因此应力将会对 α 值有影响。徐祖耀给出了 α 与等效应力 σ_i 之间关系的经验公式：

$$\alpha = \alpha_0 + \alpha_1 \sigma_i \tag{1-110}$$

式中，系数 $\alpha_0 = 1.2430 \times 10^{-2}$，$\alpha_1 = 6.9752$。

Inoue 把无应力作用下的 K-M 方程表示为

$$f = 1 - \exp(\phi(T)) \tag{1-111}$$

而有应力作用时，马氏体相变动力学方程修正为

$$f = 1 - \exp\left[(A\sigma_m + BJ_2^{1/2}) + \phi(T) \right] \tag{1-112}$$

式中，σ_m 为平均应力，即静水压力；J_2 为应力偏量的第二不变量；A、B 为材料常数。

同样，Denis 优化了应力作用下马氏体相变模型，其计算马氏体体积分数的公式为

$$f = 1 - \exp\left[-\alpha(Ms + A\sigma_m + B\sigma_i - T) + (A\sigma_m + B\sigma_i^{1/2}) \right] \tag{1-113}$$

式中，σ_m 为平均应力；σ_i 为等效应力；A、B 为常数；α 为马氏体相变动力学方程系数；T 为温度；Ms 马氏体开始转变的温度。

与式 (1-112) 相比，该公式考虑了应力对 Ms 点的影响，可以进一步抽取出马氏体

点的增量 ΔMs，即

$$Ms^{\sigma} = Ms + \Delta Ms \tag{1-114}$$

$$\Delta Ms = A\sigma_{m} + B\sigma_{i} \tag{1-115}$$

1.5 固体材料的本构方程

1.5.1 弹性本构方程

1.5.1.1 线弹性本构方程

固体材料发生弹性变形时，其应力仅取决于当前的应变状态，是应变的单值函数。当载荷卸载后，弹性变形可以恢复，即弹性变形是可逆的。当应变很小时，一般材料仅发生弹性变形。弹性应力应变关系一般可视为线性的。

1. 各向同性弹性

在温度不变的条件下固体材料发生小变形时，应力分量是小变形张量分量的线性函数，即有

$$\sigma_{ij} = C^{e}_{ijkl}\varepsilon^{e}_{kl} \tag{1-116}$$

式中，C^{e}_{ijkl} 为弹性张量，上标 e 表示弹性。

这种材料模型称为线性弹性体。式（1-116）的增量形式为

$$\mathrm{d}\sigma_{ij} = C^{e}_{ijkl}\mathrm{d}\varepsilon^{e}_{kl} \tag{1-117}$$

工程中所采用的金属材料一般可当作各向同性的线性弹性体，这种材料模型称为理想弹性体。这时弹性张量为四阶各向同性张量，其中仅包含两个独立参数，并可表示为

$$C^{e}_{ijkl} = 2G\left(\delta_{ik}\delta_{jl} + \frac{v}{1-2v}\delta_{ij}\delta_{kl}\right) \tag{1-118}$$

式中，G 为弹性模量；v 为泊松比。G 与弹性模量 E 的关系为

$$G = \frac{E}{2(1+v)}$$

在有限变形情况下，为了满足客观性要求，采用具有客观性的柯西应力的久曼速率张量和应变速率张量，将弹性本构方程写为

$$\hat{\sigma}_{ij} = C^{e}_{ijkl}d^{e}_{kl} \tag{1-119}$$

为了便于有限元列式，通常把应力和应变由二阶张量改写成矢量，例如

$$\boldsymbol{\sigma} = [\,\sigma_{11}\,\sigma_{22}\,\sigma_{33}\,\sigma_{12}\,\sigma_{23}\,\sigma_{31}\,]^{\mathrm{T}}$$

$$\boldsymbol{\varepsilon} = [\,\varepsilon_{11}\,\varepsilon_{22}\,\varepsilon_{33}\,2\varepsilon_{12}\,2\varepsilon_{23}\,2\varepsilon_{31}\,]^{\mathrm{T}}$$

而把四阶张量 $\boldsymbol{C}^{e}$ 改写成矩阵

$$\boldsymbol{C}^{e} = \frac{2G}{1-2v}\begin{bmatrix} 1-v & v & v & 0 & 0 & 0 \\ v & 1-v & v & 0 & 0 & 0 \\ v & v & 1-v & 0 & 0 & 0 \\ 0 & 0 & 0 & (1-2v)/2 & 0 & 0 \\ 0 & 0 & 0 & 0 & (1-2v)/2 & 0 \\ 0 & 0 & 0 & 0 & 0 & (1-2v) \end{bmatrix} \tag{1-120}$$

于是，弹性应力应变关系（即广义胡克定律）可以写成矩阵形式

$$\boldsymbol{\sigma} = \boldsymbol{C}^e \boldsymbol{\varepsilon}$$

对于矩阵运算，一般不写点积符号。在本章中，σ 即用于表示应力张量，也用于表示其矢量写法。对于 $\boldsymbol{\varepsilon}$ 和 $\boldsymbol{C}^e$ 也用类似的约定。我们将在上下文中具体指明其含义。

弹性变形可分解为体积变化 ε_m^e 和形状变化 $\varepsilon_{ij}^{e'}$，即

$$\varepsilon_m^e = (\varepsilon_{11}^e + \varepsilon_{22}^e + \varepsilon_{33}^e)/3$$

$$\varepsilon_{ij}^{e'} = \varepsilon_{ij}^e - \varepsilon_m^e \delta_{ij}$$

$$\varepsilon_{ij}^{e'} = \frac{1}{2G} \sigma_{ij}'$$

$$\varepsilon_m^e = \frac{1-2\nu}{E} \sigma_m$$

2. 正交各向异性弹性

某些材料，例如单晶体，沿不同方向具有不同的弹性性能。其中较常见且简单的情况是正交各向异性，即它具有相互正交的主轴。考虑其中沿各主轴弹性性能相同的情况，如立方晶系的单晶体，弹性矩阵为

$$\boldsymbol{C}^e = \begin{bmatrix} C_{11} & C_{12} & C_{12} & 0 & 0 & 0 \\ C_{12} & C_{11} & C_{12} & 0 & 0 & 0 \\ C_{12} & C_{12} & C_{11} & 0 & 0 & 0 \\ 0 & 0 & 0 & C_{44} & 0 & 0 \\ 0 & 0 & 0 & 0 & C_{44} & 0 \\ 0 & 0 & 0 & 0 & 0 & C_{44} \end{bmatrix} \tag{1-121}$$

1.5.1.2　超弹性本构方程

橡胶等高分子材料具有高度非线性的应力-应变关系，在极大的应变下仍保持为弹性，这类材料通常采用超弹性本构方程描述。

如果单位质量的物体具有应变能函数 w，它是应变张量的解析函数，且其增量等于应力所做的功，则该物体称为超弹性体。即超弹性体满足

$$w = \frac{1}{\rho_0} S_{ij} \dot{E}_{ij} \tag{1-122}$$

式中，ρ_0 为初始构形中材料的密度；S_{ij} 为克希荷夫应力张量；$\dot{E}_{ij}$ 为格林应变速率张量。

另一方面，由于应变能函数为应变张量的解析函数，又有

$$\dot{w} = \frac{\partial w}{\partial E_{ij}} \dot{E}_{ij} \tag{1-123}$$

$$\left(\frac{1}{\rho_0} S_{ij} - \frac{\partial w}{\partial E_{ij}} \right) \dot{E}_{ij} = 0 \tag{1-124}$$

在 $\dot{E}_{ij}$ 的各分量是完全独立的情况下，由 $\dot{E}_{ij}$ 的任意性知

$$S_{ij} = \rho_0 \frac{\partial w}{\partial E_{ij}} \tag{1-125}$$

式（1-125）即为超弹性体的本构方程。

如果物体为不可压缩材料，$\dot{E}_{ij}$ 的各分量不是完全独立的，而是要满足如下体积不可压缩条件：

$$\varepsilon_{ii} = \frac{\partial X_m}{\partial x_i} \frac{\partial X_n}{\partial x_i} \dot{E}_{mn} = 0 \tag{1-126}$$

对比式（1-124）和式（1-126）可知，此时有

$$\frac{1}{\rho_0} S_{ij} - \frac{\partial w}{\partial E_{ij}} = \frac{\partial X_i}{\partial x_m} \frac{\partial X_j}{\partial x_m}$$

即

$$S_{ij} = \frac{1}{\rho_0} \frac{\partial w}{\partial E_{ij}} + h \frac{\partial X_m}{\partial x_i} \frac{\partial X_n}{\partial x_i} \tag{1-127}$$

式（1-127）即为不可压缩超弹性体的本构方程。其中，h 为静水压力，由边界条件确定。

对各向同性超弹性材料，应变能密度函数可表示为格林变形张量的主不变量的函数

$$w = w(I_1, I_2, I_3)$$

其中

$$\left. \begin{aligned} I_1 &= C_{ii} = 2E_{ii} + 3 \\ I_2 &= (C_{ii}C_{jj} - C_{ij}C_{ji})/2 = 2E_{ii}E_{jj} + 4E_{ii} - 2E_{ij}E_{ij} + 3 \\ I_3 &= \det \boldsymbol{C} = \det\left(\frac{\partial x_m}{\partial X_i} \frac{\partial x_m}{\partial X_j} \right) \end{aligned} \right\} \tag{1-128}$$

于是

$$S_{ij} = \rho_0 \left[\frac{\partial w}{\partial I_1} \frac{\partial I_1}{\partial E_{ij}} + \frac{\partial w}{\partial I_2} \frac{\partial I_2}{\partial E_{ij}} + \frac{\partial w}{\partial I_3} \frac{\partial I_3}{\partial E_{ij}} \right] \tag{1-129}$$

其中

$$\left. \begin{aligned} \frac{\partial I_1}{\partial E_{ij}} &= 2\delta_{ij} \\ \frac{\partial I_2}{\partial E_{ij}} &= 2(\delta_{ij}\delta_{rs} - \delta_{ir}\delta_{js})(2E_{rs} + \delta_{rs}) \\ \frac{\partial I_3}{\partial E_{ij}} &= 2 \frac{\partial X_i}{\partial x_m} \frac{\partial X_j}{\partial x_m} I_3 \end{aligned} \right\} \tag{1-130}$$

对于体积不可压缩超弹性体，不需考虑 I_3，于是

$$S_{ij} = \rho_0 \left[\frac{\partial w}{\partial I_1} \frac{\partial I_1}{\partial E_{ij}} + \frac{\partial w}{\partial I_2} \frac{\partial I_2}{\partial E_{ij}} \right] + h \frac{\partial X_i}{\partial x_m} \frac{\partial X_j}{\partial x_m} \tag{1-131}$$

对应变能密度函数给出不同定义，就能定义不同的超弹性材料模型。下面是几种常用的超弹性材料模型。

1）Neo Hooke 材料模型。

$$w = C_1(I_1 - 3) \tag{1-132}$$

2）Moony 材料模型。

$$w = C_1(I_1 - 3) + C_2(I_2 - 3) \tag{1-133}$$

式中，C_1、C_2 为材料常数。

以上两种材料的应变能密度函数都是利用格林变形张量的不变量来定义的。由式（1-131）可知，$C_{ii} = \lambda_i^2$（λ_i 为主伸长率），所以这两种材料的应变能密度函数也都是 λ_i 的偶次幂的函数，都属于 Rivilin 材料的范畴。Rivilin 材料的应变能密度函数还可以取为 I_1、I_2 的更高次数的多项式，随着次数（项数）的增加，本构方程与实际材料吻合得很好，但待定的材料参数也越多，计算越复杂。同时也可以看到，以上两种材料的应变能密度函数中都不包含 I_3，故均为不可压缩超弹性材料。

3）Ogden 材料模型。

这种材料模型中考虑了体积的变化，其应变能密度函数为

$$w = \sum_{n=1}^{N} \frac{\mu_n}{\alpha_n} \left[J^{\frac{-\alpha_n}{3}} (\lambda_1^{\alpha_n} + \lambda_2^{\alpha_n} + \lambda_3^{\alpha_n}) - 3 \right] + 4.5K(J^{\frac{1}{3}} - 1)^2 \tag{1-134}$$

式中，μ_n 和 α_n 为材料常数；K 为体积模量；J 为体积率且定义为 $J = \lambda_1 \lambda_2 \lambda_3$。

采用式（1-134）进行分析时体积变化的量级应为 0.01。对于体积变化很大的情况，可用广义的压缩 Ogden 式

$$w = \sum_{n=1}^{N} \frac{\mu_n}{\alpha_n} [\lambda_1^{\alpha_n} + \lambda_2^{\alpha_n} + \lambda_3^{\alpha_n} - 3] + \sum_{n=1}^{N} \frac{\mu_n}{\beta_n} (1 - J^{\beta_n}) \tag{1-135}$$

式中，μ_n、α_n 和 β_n 为材料常数。

通常 Ogden 模型中取 $N = 2$ 或 $N = 3$。

1.5.2　弹塑性本构方程

1.5.2.1　概述

常温下金属的塑性变形行为是与变形历史相关的，一般要采用塑性流流动理论，在弹塑性本构方程中建立应力速率（或增量）与应变速率（或增量）的关系。

在建立本构方程时，我们先考虑小变形问题，在本构方程中建立柯西应力和小应变问题，在本构方程中建立柯西应力和小应变之间的增量关系。然后将本构方程推广到有限变形的情况，这时本构方程中要采用具有客观性的应力和应变速率。客观性应力速率可以采用柯西应力的久曼导数 $\hat{\boldsymbol{\sigma}}$，客观性应变速率可采用应变速率张量 $\boldsymbol{d}$。

将物体的弹塑性变形分解为可恢复的弹塑性变形和不可恢复的塑性变形两部分。在小变形时，将应变增量 $d\boldsymbol{\varepsilon}$ 分解如下

$$d\boldsymbol{\varepsilon} = d\boldsymbol{\varepsilon}^e + \alpha d\boldsymbol{\varepsilon}^p$$

相应地，在有限变形时将应变速率 $\boldsymbol{d}$ 分解

$$\boldsymbol{d} = \boldsymbol{d}^e + \alpha \boldsymbol{d}^p$$

式中，上标 e 和 p 分别表示其弹性分量和塑性分量；α 为加载因子，纯塑性变形（材料屈服前的变形和卸载过程）时 $\alpha = 0$，塑性变形时 $\alpha = 1$。

1.5.2.2 屈服准则

对金属试件进行单向加载时，当变形很小时材料处于弹性状态，应力与应变之间呈线性关系。而当单向应力达到初始屈服时的应力时，材料发生屈服，进入塑性状态，应力与应变之间呈非线性关系。

在变形体中，应力分布是不均匀的。在材料中的某质点上，当应力分量符合一定的关系时，质点进入塑性状态，这种关系就叫屈服准则。屈服准则的数学表达式一般可以写成：

$$F = f(\sigma_{ij}) - \sigma_s = 0 \tag{1-136}$$

式中，$f(\sigma_{ij})$ 为应力分量的函数；σ_s 为初始屈服时的应力。

屈服准则在几何上表示为应力空间中的一张曲面，称为屈服面或屈服轨迹。当应力 σ_{ij} 位于此曲面之内，即 $F(\sigma_{ij}) < 0$ 时，材料处于弹性状态；当应力 σ_{ij} 位于曲面之上，即 $F(\sigma_{ij}) = 0$ 时，材料发生屈服而进入塑性状态。应力 σ_{ij} 不可能位于曲面之外，即不能有 $F(\sigma_{ij}) > 0$ 的情况。

1.5.2.3 流动法则

1. 关联的流动法则

一般工程材料在发生塑性变形时，流动应力是塑性应变的增函数，这样的材料称为稳定材料。稳定材料在塑性变形中满足 $\Delta\sigma_{ij}\Delta\varepsilon_{ij} > 0$。因此，若令 Y 代表后继屈服应力，则后继屈服（即加载）曲面 $F(\sigma_{ij}, Y)$ 是外凸的；并且若令应力空间和应变空间重合，则塑性应变增量（或速率）必然指向屈服面 $F(\sigma_{ij}, Y)$ 的外法线方向，即

$$\dot{\varepsilon}_{ij} = \dot{\lambda}\, \frac{\partial F}{\partial \sigma_{ij}} \tag{1-137}$$

式中，偏导数 $\dfrac{\partial F}{\partial \sigma_{ij}}$ 的几何意义就是在应力空间中屈服面 F 的外法线矢量的分量；$\dot{\lambda}$ 为一标量因子。采用塑性势理论的概念，式（1-137）中的 F 可视为塑性势函数。当屈服函数为塑性势函数时，就称为关联（或相关）的流动法则。采用不同的屈服函数，可由关联流动法则导出不同的塑性流动规律。若塑性势函数 F 为屈服函数以外的其他函数，则称为非关联的流动法则。对金属材料通常采用材料关联的流动法则。

2. 加载-卸载准则

常温下金属材料在塑性变形中会产生应变硬化，导致后继屈服应力或流动应力增加。材料的后继屈服准则可一般地写为

$$F = f(\sigma) - Y(\overline{\varepsilon}^{p}) = 0$$

其中后继屈服应力 Y 一般视为累积塑性应变 $\overline{\varepsilon}^{p}$ 的函数，它可以描述材料的加工硬化程度。小变形情况下，硬化材料的加载、卸载准则为

加载：

$$F = 0, \quad dF = 0, \frac{\partial F}{\partial \sigma_{ij}}d\sigma_{ij} > 0$$

卸载：

$$F = 0, \quad dF < 0 \tag{1-138}$$

中性变载：

$$F = 0, \quad \mathrm{d}F = 0, \frac{\partial F}{\partial \sigma_{ij}} \mathrm{d}\sigma_{ij} = 0$$

式（1-138）中 $\left(\dfrac{\partial F}{\partial \sigma_{ij}}\right) \mathrm{d}\sigma_{ij}$ 的几何意义是应力增量 $\mathrm{d}\sigma$ 在屈服面外法线矢量 $\dfrac{\partial F}{\partial \sigma}$ 上的投影。在加载状态，这个投影的值大于零。加载时要求满足 $F = 0$ 和 $\mathrm{d}F = 0$，这称为一致性条件。由一致性条件可得

$$\frac{\partial F}{\partial \sigma_{ij}} \mathrm{d}\sigma_{ij} - \mathrm{d}Y = 0$$

由于加载时 $\overline{\sigma} = Y$、$\mathrm{d}\overline{\sigma} = \mathrm{d}Y$，上式又可写成

$$\frac{\partial F}{\partial \sigma_{ij}} \mathrm{d}\sigma_{ij} - \mathrm{d}\overline{\sigma} = 0$$

1.5.2.4　强化规则

1. 两种强化假说

对于硬化材料，可以认为其后继屈服仍然服从前文所述的初始屈服准则，但要用后继屈服应力取代其中的初始屈服应力，其中后继屈服面也称为加载面。

后继屈服轨迹的变化十分复杂，目前最常用的假说有两种。一种是各向同性硬化假说，它的要点有：①材料在硬化后仍然保持各向同性；②硬化后屈服轨迹的中心位置和形状都不变，但其大小则随变形的进行不断地扩大。另一种是随动硬化假说，其要点包括：硬化后屈服轨迹的大小和形状都不变，仅在应力空间中刚性地移动。这两种假说也可以结合起来应用。

2. 等效应力-等效应变关系的函数形式

流动应力是累积塑性应变或塑性功的函数，其变化规律一般采用单一曲线假定来确定，通常采用单向拉伸中真实应力和对数应变的关系来确定一般应力状态下的等效应力-等效应变关系。

常用的描述等效应力-等效应变关系的函数包括如下一些形式，这些方程通常仅描述塑性的等效应力-等效应变关系，弹性与塑性应力应变关系的协调一般可通过初始屈服应力 $\overline{\sigma}_{s0}$ 的一致性实现。

1）理想塑性。

$$\overline{\sigma} = \sigma_s$$

即忽略应变强化。

2）线性强化。

$$\overline{\sigma} = \sigma_s + K\overline{\varepsilon}$$

式中，K 是切线模量。

3）幂函数。

$$\overline{\sigma} = K\overline{\varepsilon}^n$$

式中，K 为强度系数；n 为硬化指数。

4）包含初应变的幂函数。

$$\overline{\sigma} = K(\overline{\varepsilon}_0 + \overline{\varepsilon})^n$$

3. 包辛格效应

一般金属材料在经过一定塑性变形后，如果受到相反方向的载荷而再次屈服，则反向屈服时屈服应力低于初始屈服应力，如图1-9所示，这种现象称为包辛格效应。采用随动硬化假说能较好地描述包辛格效应。

1.5.2.5 常用的塑性本构关系

1. J_2 流动理论

假设材料是塑性各向同性的，由于塑性屈服是一种客观的物理规律，因此屈服条件可以表示为应力不变量的函数；又由于静水压力不影响材料的塑形屈服，因此屈服条件仅与应力偏量有关。于是屈服条件可以一般地表示为

$$F(J_2', J_3') = 0$$

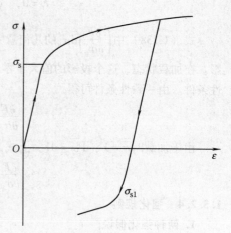

图 1-9　真应力-真应变曲线

其中 J_2' 和 J_3' 分别是应力偏张量 σ_{ij}' 的第二和第三不变量（注意 $J_1' = 0$）。

对于各向同性硬化材料，可采用如下形式的密西斯屈服准则

$$F = \sqrt{\frac{3}{2}\sigma_{ij}'\sigma_{ij}'} - Y = \sqrt{3J_2'} - Y = 0 \tag{1-139}$$

由于该屈服准则为应力偏张量第二不变量 J_2' 的函数，利用它推导得到的关联流动法则又被称为 J_2 流动理论。

密西斯（Mises）屈服准则的几何意义是主应力空间以等倾线为对称轴、以 $\sqrt{\dfrac{2}{3}}Y$ 为半径的圆柱面，主应力空间的 Mises 屈服面如图1-10所示。在主应力空间中，称过原点并垂直于等倾线的平面为 π 平面，在 π 平面内密西斯屈服轨迹是一个圆周。

将密西斯屈服准则代入关联的流动法则得

$$\dot{\varepsilon}_{ij}^{p} = \dot{\lambda}\,\sigma_{ij}' \tag{1-140}$$

将上式两端自乘求和，并引入如下的等效应力 $\overline{\sigma}$ 和等效应变速率 $\dot{\overline{\varepsilon}}$

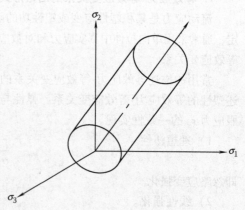

图 1-10　主应力空间的 Mises 屈服面

$$\overline{\sigma}^2 = \frac{3}{2}\sigma_{ij}'\sigma_{ij}'$$

$$\dot{\overline{\varepsilon}}^2 = \frac{2}{3}\dot{\varepsilon}_{ij}\dot{\varepsilon}_{ij}$$

解得

$$\dot{\lambda} = \frac{3}{2} \frac{\dot{\bar{\varepsilon}}^{\mathrm{p}}}{\bar{\sigma}}$$

将上式代入式（1-140），得到圣维南（Saint-Venant）塑性流动方程

$$\dot{\varepsilon}_{ij}^{\mathrm{p}} = \frac{3}{2} \frac{\dot{\bar{\varepsilon}}^{\mathrm{p}}}{\bar{\sigma}} \sigma_{ij}'$$

写成增量形式为

$$d\varepsilon_{ij}^{\mathrm{p}} = \frac{3 d \bar{\varepsilon}^{\mathrm{p}}}{2 \bar{\sigma}} \sigma_{ij}' \tag{1-141}$$

2. 随动硬化理论

假设材料的初始屈服准则为

$$F = \sqrt{3 J_2'} - \sigma_{s0} = 0$$

材料屈服后，随着塑性变形的进行，其屈服面的大小和形状不发生改变，只是在应力空间中发生刚性移动，即上式中的 σ_{s0} 为常数，这种模型称为 J_2 随动硬化模型。它可以用来描述包辛格效应。该屈服面中心移动到了 θ_{ij}，则后继屈服准则为

$$F = \sqrt{\frac{3}{2} (\sigma_{ij}' - \theta_{ij}') (\sigma_{ij}' - \theta_{ij}')} - \sigma_{s0} = 0 \tag{1-142}$$

式中，θ_{ij}' 是 θ_{ij} 的偏量；θ_{ij} 被称为背应力。

$$\frac{\partial F}{\partial \sigma_{ij}} = \frac{3 (\sigma_{ij}' - \theta_{ij}')}{2 \sigma_{s0}}$$

定义等效应力为

$$\bar{\sigma}'^2 = \frac{3}{2} (\sigma_{ij}' - \theta_{ij}') (\sigma_{ij}' - \theta_{ij}')$$

当 $(\sigma_{ij}' - \theta_{ij}') \hat{\sigma}_{ij} > 0$，且 $\bar{\sigma}' = \sigma_{s0}$ 时，$\alpha = 1$；当 $(\sigma_{ij}' - \theta_{ij}') \hat{\sigma}_{ij} \leqslant 0$ 或 $\bar{\sigma}' < \sigma_{s0}$ 时，$\alpha = 0$。

屈服中心的移动可根据齐格勒（Ziegler）法则确定。该法则认为，塑性变形过程中屈服面移动速度 θ 的方向与屈服面中心到屈服面上当前应力所在点所构成的矢量 $\boldsymbol{\sigma} - \boldsymbol{\theta}$ 的方向一致，于是

$$\hat{\theta}_{ij} = \hat{\mu} (\sigma_{ij} - \theta_{ij})$$

式中，$\hat{\theta}_{ij}$ 为 θ_{ij} 的久曼导数。

由一致性条件可解得

$$\hat{\mu} = \frac{3 (\sigma_{ij}' - \theta_{ij}')}{2 \sigma_{s0}^2} \hat{\sigma}_{ij}$$

研究表明，将这种采用久曼速率的随动硬化本构方程用于分析简单剪切变形时，当剪切应变超过 1 以后，会发生切应力振荡的不合理现象。为了防止发生这种情况，可在本构方程中采用 Green-Naghdi 速率代替久曼速率，即用 $\boldsymbol{W}_{\mathrm{R}} = \dot{\boldsymbol{R}} \cdot \boldsymbol{R}^{\mathrm{T}}$ 代替旋转速率 $\boldsymbol{\omega}$。

3. 正交各向异性材料

希尔（Hill）于 1948 年提出的正交各向异性材料屈服准则可表达为

$$F(\sigma_{22} - \sigma_{33}) + G(\sigma_{33} - \sigma_{11})^2 + H(\sigma_{11} - \sigma_{22})^2 + 2L\sigma_{23}^2 + 2M\sigma_{31}^2 + 2N\sigma_{12}^2 = 1 \qquad (1\text{-}143)$$

式中，F、G、H、L、M、N 是各向异性参数；x_1、x_2 和 x_3 为材料各向异性主轴。

令 $\bar{\sigma}$ 为等效应力，Y 为流动应力，则有

$$\bar{\sigma} = \sqrt{\frac{3}{2} \frac{F(\sigma_{22} - \sigma_{33})^2 + G(\sigma_{33} - \sigma_{11})^2 + H(\sigma_{11} - \sigma_{22})^2 + 2L\sigma_{23}^2 + 2M\sigma_{31}^2 + 2N\sigma_{12}^2}{F + G + H}}$$

$$Y = \sqrt{\frac{3}{2(F + G + H)}}$$

可将式（1-143）写成为

$$\bar{F} = \bar{\sigma} - Y = 0$$

根据关联流动法则

$$d\varepsilon_{ij}^p = d\lambda \frac{\partial \bar{F}}{\partial \sigma_{ij}} = d\lambda \frac{Y^2}{\bar{\sigma}} A_{ij}$$

其中，$A_{11} = G(\sigma_{11} - \sigma_{33}) + H(\sigma_{11} - \sigma_{22})$；$A_{22} = F(\sigma_{22} - \sigma_{33}) + H(\sigma_{22} - \sigma_{11})$；$A_{33} = G(\sigma_{33} - \sigma_{11}) + F(\sigma_{33} - \sigma_{22})$；$A_{12} = A_{21} + N\sigma_{12}$；$A_{23} = A_{32} = L\sigma_{23}$；$A_{31} = A_{13} = M\sigma_{31}$；$d\lambda = d\bar{\varepsilon}^p$

$$= \frac{Y C_{mnpq}^e A_{mn} d\varepsilon_{pq}}{E_t + Y^2 C_{mnpq}^e A_{mn} A_{pq}}。$$

对于平面应力问题，例如板材成形问题，屈服准则简化为

$$\bar{F} = \frac{3}{2(F + G + H)} \left[(G + H)\sigma_{11}^2 + (F + H)\sigma_{22}^2 - 2H\sigma_{11}\sigma_{22} + 2N\sigma_{12}^2 \right] - Y^2 = 0$$

上式中各系数可利用单向拉伸中横向与厚向应变之比 $r = \dfrac{\varepsilon_t}{\varepsilon_z}$ 求得，令 r_0、r_{45} 和 r_{90} 分别代表沿轧向及轧向夹角为 $0°$、$45°$ 和 $90°$ 方向拉伸情况下的应变比值，σ_{s1}、σ_{s45} 和 σ_{s2} 分别为相应方向上的单向拉伸屈服应力，则

$$G = \frac{1}{(1 + r_0)\sigma_{s1}^2}$$

$$F = \frac{1}{(1 + r_{90})\sigma_{s2}^2}$$

$$H = \frac{r_0}{(1 + r_0)\sigma_{s1}^2} = \frac{r_{90}}{(1 + r_{90})\sigma_{s2}^2}$$

$$N = (G + H)\left(\frac{1}{2} + r_{45}\right)$$

若令 $r = r_0 = r_{45} = r_{90}$，即板材仅具有各向异性，而在板面内是各向同性的，且 x、y 坐标方向与应力主轴方向一致，则屈服准则可进一步简化为

$$\bar{F} = \frac{3}{2(2 + r)} \left[(1 + r)(\sigma_1^2 + \sigma_2^2) - 2r\sigma_1\sigma_2 \right] - Y^2 = 0$$

令 $\sigma_{s1} = \sigma_{s2} = \sigma_s$，这时各向异性系数之间有如下关系

$$F = G = \frac{1}{(1 + r)\sigma_s^2}$$

$$H = rF$$

$$N = (1 + 2r)F$$

$$L = M = \frac{(5 + r)}{2}F$$

$$Y^2 = \frac{3(1 + r)\sigma_s^2}{2(2 + r)}$$

由于以上屈服准则不能描述当 $r > 1$ 时，板材的双向拉伸屈服应力 σ_b 与单向拉伸屈服应力 σ_u 之比 $\dfrac{\sigma_b}{\sigma_u} < 1$ 的"异常行为"，Hill、Bassani 等人又提出了形式更复杂的屈服准则，不过，还是原来形式的屈服准则应用更方便，也更常用。

4. 可压缩材料

在金属粉末等材料中，存在许多空隙，韧性材料在经受较大塑性变形时，材料内部会发生微裂纹和微空洞的形核、长大和合并。这些材料的变形过程中伴随着体积的改变，除应力偏量外，静水应力也会影响这些材料的屈服。它们的屈服准则一般的可写成如下函数形式：

$$F = AJ_2' + BJ_1^2 - CY^2 = 0 \tag{1-144}$$

式中，J_2' 为应力偏张量的第二不变量；J_1 为应力张量的第一不变量；Y 为基体材料的流动应力；A、B、C 为空洞体积分数 $f = V_{\text{cavity}}/(V_{\text{matrix}} + V_{\text{cavity}})$ 或密度 ρ 的函数，要根据试验确定。

由关联流动法则可解得

$$\dot{\varepsilon}_{ij}^{\text{p}} = \frac{3}{2}\frac{\dot{\bar{\varepsilon}}}{\bar{\sigma}}(A\sigma_{ij}' + 2BJ_1\delta_{ij})$$

$$\dot{\varepsilon}_{kk} = \frac{3}{\bar{\sigma}}\dot{\bar{\varepsilon}}BJ_1$$

等效应力和等效应变分别定义为

$$\bar{\sigma}^2 = 3(AJ_2' + BJ_1^2)$$

$$\dot{\bar{\varepsilon}}^2 = \frac{2}{3}\left[\frac{1}{A}\dot{\varepsilon}_{ij}'\dot{\varepsilon}_{ij}' + \frac{1}{18B}(\dot{\varepsilon}_{kk})^2\right]$$

当材料的可压缩性充分小时，$B \to 0$，同时令 $A \to 1$、$C \to 1/3$，则含空洞材料的屈服准则、等效应力和等效应变与密西斯准则情况下的定义是一致的。A、B 之间应满足关系式为 $A + 3B = 1$。

1.5.2.6　弹塑性问题

前文已分别给出了弹性本构方程和塑性流动法则的一些具体形式，下面根据弹塑性分解将两者结合起来，建立弹塑性问题的本构方程。小变形时的弹塑性本构方程可推导如下：取适当形式的屈服准则，使公式中的屈服应力 Y 为一次项，可使用关联流动法则表达式中的 $d\lambda = d\bar{\varepsilon}^{\text{p}}$，即关联流动法则表达为 $d\varepsilon_{kl}^{\text{p}} = d\bar{\varepsilon}^{\text{p}}(\partial F/\partial\sigma_{kl})$，将此式代入弹性本构方程式（1-117）中可得

$$\mathrm{d}\sigma_{ij} = C_{ijkl}^{e}(\mathrm{d}\varepsilon_{kl} - \mathrm{d}\varepsilon_{kl}^{p}) = C_{ijkl}^{e}\left(\mathrm{d}\varepsilon_{kl} - \mathrm{d}\overline{\varepsilon}^{p}\frac{\partial F}{\partial\sigma_{kl}}\right)$$

上式两边同乘 $\partial F/\partial\sigma_{ij}$，并求和得

$$\frac{\partial F}{\partial\sigma_{ij}}\mathrm{d}\sigma_{ij} = \frac{\partial F}{\partial\sigma_{ij}}C_{ijkl}^{e}\left(\mathrm{d}\varepsilon_{kl} - \mathrm{d}\overline{\varepsilon}^{p}\frac{\partial F}{\partial\sigma_{kl}}\right)$$

由一致性条件 $(\partial F/\partial\sigma_{ij})\mathrm{d}\sigma_{ij} = \mathrm{d}\overline{\sigma}$，令 $H = \mathrm{d}\overline{\sigma}/\mathrm{d}\overline{\varepsilon}^{p}$，则上式可写为

$$H\mathrm{d}\overline{\varepsilon}^{p} = \frac{\partial F}{\partial\sigma_{ij}}C_{ijkl}^{e}\left(\mathrm{d}\varepsilon_{kl} - \mathrm{d}\overline{\varepsilon}^{p}\frac{\partial F}{\partial\sigma_{kl}}\right)$$

由上式解得 $\mathrm{d}\overline{\varepsilon}^{p}$ 为

$$\mathrm{d}\overline{\varepsilon}^{p} = \frac{\dfrac{\partial F}{\partial\sigma_{ij}}C_{ijkl}^{e}\mathrm{d}\varepsilon_{kl}}{H + \dfrac{\partial F}{\partial\sigma_{ij}}C_{ijkl}^{e}\dfrac{\partial F}{\partial\sigma_{kl}}}$$

于是得到小变形条件下关于应力增量的弹塑性本构方程的一般形式为

$$\mathrm{d}\sigma_{ij} = \left[C_{ijkl}^{e} - \alpha\frac{C_{ijmn}^{e}\dfrac{\partial F}{\partial\sigma_{mn}}\dfrac{\partial F}{\partial\sigma_{rs}}C_{rskl}^{e}}{H + \dfrac{\partial F}{\partial\sigma_{mn}}C_{mnrs}^{e}\dfrac{\partial F}{\partial\sigma_{rs}}}\right]\mathrm{d}\varepsilon_{kl} \tag{1-145}$$

$$= (C_{ijkl}^{e} - \alpha C_{ijkl}^{p})\mathrm{d}\varepsilon_{kl} = C_{ijkl}^{ep}\mathrm{d}\varepsilon_{kl}$$

式中，α 为加载因子。

例如，将密西斯屈服准则代入式（1-145），就得到小变形条件下 J_2 流动理论的弹塑性本构方程为

$$\mathrm{d}\sigma_{ij} = \left(C_{ijkl}^{e} - \frac{2G\alpha}{g}\sigma_{ij}'\sigma_{kl}'\right)\mathrm{d}\varepsilon_{kl} = C_{ijkl}^{ep}\mathrm{d}\varepsilon_{kl}$$

式中，G 为剪切模量；$g = 2\overline{\sigma}^{2}[1 + h/(2G)]/3$；$h = 2H/3$。

令 E 为单向拉伸时应力-应变曲线的斜率，设材料不可压缩，则有

$$1/H = \mathrm{d}\varepsilon^{p}/\mathrm{d}\sigma = (\mathrm{d}\varepsilon - \mathrm{d}\varepsilon^{e})/\mathrm{d}\sigma = 1/E_{t} - 1/E$$

于是，

$$1/h = 3/(2H) = (3/2)(1/E_{t} - 1/E)$$

在有限应变条件下，应将加载-卸载准则、塑性流动法则和弹塑性本构方程式中的 $\mathrm{d}\sigma_{ij}$ 替换为 $\hat{\sigma}_{ij}$，$\mathrm{d}\varepsilon_{ij}^{p}$ 替换为 ε_{ij}^{p}。

1.5.2.7 热弹塑性问题

1. 热弹性本构关系

在弹性区内，应变用矢量表示为

$$\mathrm{d}\varepsilon = \mathrm{d}\varepsilon^{e} + \mathrm{d}\varepsilon^{T} = \mathrm{d}\varepsilon^{e} + \alpha\mathrm{d}T \tag{1-146}$$

式中，$\mathrm{d}\varepsilon^{T}$ 为热膨胀引起的温度应变增量，仅正应变分量不为零；α 为线胀系数矢量，$\alpha = \alpha[1\ \ 1\ \ 1\ \ 0\ \ 0\ \ 0]^{T}$。

由胡克定律

$$\boldsymbol{\varepsilon}^{\text{e}} = (\boldsymbol{C}^{\text{e}})^{-1}\boldsymbol{\sigma}$$

由于弹性矩阵依赖于温度 T，对上式微分得

$$\text{d}\boldsymbol{\varepsilon}^{\text{e}} = \frac{\text{d}(\boldsymbol{C}^{\text{e}})^{-1}}{\text{d}T}\boldsymbol{\sigma}\text{d}T + (\boldsymbol{C}^{\text{e}})^{-1}\text{d}\boldsymbol{\sigma}$$

将上式代入式（1-146），并解得 $\text{d}\boldsymbol{\sigma}$，得到

$$\text{d}\boldsymbol{\sigma} = \boldsymbol{C}^{\text{e}}\left[\text{d}\boldsymbol{\varepsilon} - \left(\boldsymbol{\alpha} + \frac{\text{d}(\boldsymbol{C}^{\text{e}})^{-1}}{\text{d}T}\boldsymbol{\sigma}\right)\text{d}T\right]$$

当弹性常数随温度的变化可忽略时，可得到

$$\text{d}\boldsymbol{\sigma} = \boldsymbol{C}^{\text{e}}(\text{d}\boldsymbol{\varepsilon} - \text{d}\boldsymbol{\varepsilon}^{\text{T}})$$

2. 热弹性本构关系

在塑性区，由于流动应力 Y 依赖于温度 T，将密西斯后继屈服准则写成

$$F = \overline{\sigma} - Y\left(\int\text{d}\overline{\varepsilon}^{\text{p}}, T\right) = 0$$

将上式写成微分形式为

$$\frac{\partial F}{\partial \boldsymbol{\sigma}}\text{d}\boldsymbol{\sigma} = H\text{d}\overline{\varepsilon}^{\text{p}} + \frac{\partial Y}{\partial T}\text{d}T$$

$$H = \frac{\text{d}Y}{\text{d}\overline{\varepsilon}^{\text{p}}}$$

$$\frac{\partial F}{\partial \boldsymbol{\sigma}} = \left[\frac{\partial F}{\partial \sigma_{11}} \quad \frac{\partial F}{\partial \sigma_{22}} \quad \frac{\partial F}{\partial \sigma_{33}} \quad \frac{\partial F}{\partial \sigma_{12}} \quad \frac{\partial F}{\partial \sigma_{23}} \quad \frac{\partial F}{\partial \sigma_{33}}\right]^{\text{T}}$$

在塑性区域内有

$$\text{d}\boldsymbol{\varepsilon} = \text{d}\boldsymbol{\varepsilon}^{\text{e}} + \text{d}\boldsymbol{\varepsilon}^{\text{p}} + \text{d}\boldsymbol{\varepsilon}^{\text{T}}$$

把式（1-146）和塑性流动法则代入，并解出 $\text{d}\boldsymbol{\sigma}$ 为

$$\text{d}\boldsymbol{\sigma} = \boldsymbol{C}^{\text{e}}\left[\text{d}\boldsymbol{\varepsilon} - \frac{\partial F}{\partial \boldsymbol{\sigma}}\text{d}\overline{\varepsilon}^{\text{p}} - \left(\boldsymbol{\alpha} + \frac{\text{d}(\boldsymbol{C}^{\text{e}})^{-1}}{\text{d}T}\boldsymbol{\sigma}\right)\text{d}T\right]$$

将上式两端左乘 $\dfrac{\partial F}{\partial \boldsymbol{\sigma}}$，并求和后可得

$$\text{d}\overline{\varepsilon}^{\text{p}} = \frac{\left(\dfrac{\partial F}{\partial \boldsymbol{\sigma}}\right)^{\text{T}}\boldsymbol{C}^{\text{e}}\text{d}\boldsymbol{\varepsilon} - \left(\dfrac{\partial F}{\partial \boldsymbol{\sigma}}\right)^{\text{T}}\boldsymbol{C}^{\text{e}}\left(\boldsymbol{\alpha} + \dfrac{\text{d}(\boldsymbol{C}^{\text{e}})^{-1}}{\text{d}T}\boldsymbol{\sigma}\right)\text{d}T - \dfrac{\partial Y}{\partial T}\text{d}T}{H + \left(\dfrac{\partial F}{\partial \boldsymbol{\sigma}}\right)^{\text{T}}\boldsymbol{C}^{\text{e}}\dfrac{\partial F}{\partial \boldsymbol{\sigma}}}$$

于是得到塑性区域中的增量应力应变关系

$$\text{d}\boldsymbol{\sigma} = \boldsymbol{C}^{\text{ep}}\left[\text{d}\boldsymbol{\varepsilon} - \left(\boldsymbol{\alpha} + \frac{\text{d}(\boldsymbol{C}^{\text{e}})^{-1}}{\text{d}T}\boldsymbol{\sigma}\right)\text{d}T\right] + \text{d}\overline{\boldsymbol{\sigma}}^{\text{T}}$$

$$\approx \boldsymbol{C}^{\text{ep}}(\text{d}\boldsymbol{\varepsilon} - \text{d}\boldsymbol{\varepsilon}^{\text{T}}) + \text{d}\overline{\boldsymbol{\sigma}}^{\text{T}}$$

（1-147）

其中 $\text{d}\overline{\boldsymbol{\sigma}}^{\text{T}}$ 是由温度对塑性模量的影响而引起的附加应力

$$\text{d}\overline{\boldsymbol{\sigma}}^{\text{T}} = \frac{\boldsymbol{C}^{\text{e}}\dfrac{\partial F}{\partial \boldsymbol{\sigma}}\dfrac{\partial Y}{\partial T}\text{d}T}{H + \left(\dfrac{\partial F}{\partial \boldsymbol{\sigma}}\right)^{\text{T}}\boldsymbol{C}^{\text{e}}\dfrac{\partial F}{\partial \boldsymbol{\sigma}}}$$

3. 相变问题

当材料中有多相共存时，各性能参数，如弹性模量 E、流动应力等，应取各相的加权平均值，即

$$A = \sum_{i=1}^{n} m_i A_i$$

式中，A 为加权平均后的参数值；n 为相数；m_i 为该时刻 i 相所占的百分比；A_i 为 i 相该参数的数值。

材料发生相变时会引起比容变化，其影响与热膨胀是类似的，可转化为线胀系数来计算。记 β_j 为与 j 相组织转变时比容变化对应的线胀系数，则

$$\alpha = \sum_{j=1}^{n} m_j \alpha_j$$

式中，α 为多相转变并存时的平均线胀系数，它是温度 T 的函数；n 为发生相变的相数；m_j 为在此计算中 j 相的增量。

由此引起的应变增量为

$$\Delta \boldsymbol{\varepsilon}_{tr}^{e} = \alpha \begin{bmatrix} 1 & 1 & 1 & 0 & 0 & 0 \end{bmatrix}^{T} \Delta T$$

4. 加载-卸载准则

考虑温度对流动应力和等效应力-等效应变的影响，将准则修改为

$$\left. \begin{aligned} \text{加载：} & \quad \left(\frac{\partial F}{\partial \boldsymbol{\sigma}} \right)^{T} \mathrm{d}\boldsymbol{\sigma} + \frac{\partial F}{\partial T} \mathrm{d}T > 0 \\[2mm] \text{卸载：} & \quad \left(\frac{\partial F}{\partial \boldsymbol{\sigma}} \right)^{T} \mathrm{d}\boldsymbol{\sigma} + \frac{\partial F}{\partial T} \mathrm{d}T < 0 \\[2mm] \text{中性变载：} & \quad \left(\frac{\partial F}{\partial \boldsymbol{\sigma}} \right)^{T} \mathrm{d}\boldsymbol{\sigma} + \frac{\partial F}{\partial T} \mathrm{d}T = 0 \end{aligned} \right\} \tag{1-148}$$

1.5.3 黏塑性本构方程

受冲击载荷以及高温下成形的金属材料，其屈服应力和塑性模量随着应变速率的增加而提高，这种性质称为黏性，其应力-应变曲线如图 1-11 所示。黏塑性材料的永久变形是与时间有关的。对于黏塑性材料，其应变速率也可分解为弹性部分和黏塑性部分，这里我们仅分析其黏塑性部分，用上标 vp 表示。对于弹性部分的处理参照先前章节，我们忽略了材料的黏弹性响应。

1.5.3.1 一维黏塑性模型

一般黏塑性材料的力学模型可以用图 1-12 所示的弹性、塑性和黏性元件的组合表示，图中的上标 e、p 和 vp 分别表示弹性、塑性和黏塑性。这种仅在塑性部分包括黏性，弹性部分不包含黏性的模

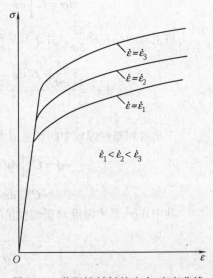

图 1-11 黏塑性材料的应力-应变曲线

型称为弹/黏塑性模型。

弹性元件的本构关系为 $\sigma = E\,\dot{\varepsilon}$。令 Y 代表塑形元件的静态屈服应力，当 $\sigma < Y$ 时，塑性元件不变形；当 $\sigma > Y$ 时，塑性元件承受的应力恒为 Y。黏性元件的本构关系为 $\sigma^{vp} = \mu\,\dot{\varepsilon}^{vp}$，其中 μ 为黏性系数。

总的应力和应变速率满足如下关系：

$$\sigma = \sigma^{p} + \sigma^{vp}$$

$$\dot{\varepsilon} = \dot{\varepsilon}^{e} + \dot{\varepsilon}^{vp}$$

这种材料的本构方程为

$$\left.\begin{aligned}\dot{\varepsilon} &= \frac{1}{E}\dot{\sigma}, && 若\ \sigma \leqslant Y \\ \dot{\varepsilon} &= \frac{1}{E}\dot{\sigma} + \frac{1}{\mu}(\sigma - Y), && 若\ \sigma > Y\end{aligned}\right\}$$

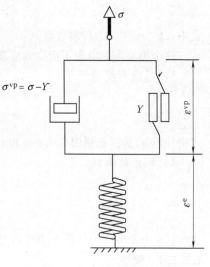

图 1-12　一维弹性-黏弹性模型

黏性元件承受的应力称为过应力 σ^{vp}，$\sigma^{vp} = \sigma - Y$。当过应力不为零时，$\dot{\varepsilon}$ 也不为零，应变 ε 将随时间而增加。

1.5.3.2　一般应力状态下的黏塑性本构方程

波兹那（Perzyna）利用塑性势理论中关联的流动法则导出了一般应力状态下的黏塑性本构方程

$$\dot{\varepsilon}^{vp}_{ij} = \gamma \langle \phi(F) \rangle \frac{\partial F}{\partial \sigma_{ij}} \tag{1-149}$$

式中，γ 为材料的黏性系数；F 为静态屈服函数。记号 $\langle\ \rangle$ 的含义是

$$\left.\begin{aligned}\langle \phi(F) \rangle &= 0, && 若\ F \leqslant 0 \\ \langle \phi(F) \rangle &= \phi(F), && 若\ F > 0\end{aligned}\right\}$$

$\phi(F)$ 是过应力的函数，其具体形式要由材料试验确定。例如，可取为 $\phi(F) = \left(\dfrac{F}{Y}\right)^{n}$。当把取为密西斯屈服函数时，最终可以得到

$$\dot{\varepsilon}^{vp}_{ij} = \frac{3}{2}\frac{\dot{\bar{\varepsilon}}^{vp}}{\bar{\sigma}}\sigma'_{ij}$$

1.5.3.3　常用的黏塑性模型

黏塑性材料的流动应力是应变、应变速率和温度的函数，工程中常用的等效应力表达式有如下一些形式。

1）Backofen 模型。

$$\bar{\sigma} = c\,\dot{\bar{\varepsilon}}^{m}$$

式中，c 和 m 为材料常数。

2）Rosserd 模型。

$$\overline{\sigma} = k\,\overline{\varepsilon}^{\,m}\,\dot{\overline{\varepsilon}}^{\,n}$$

式中，k、m 和 n 为材料常数。

这个模型同时考虑了应变和应变速率对流动应力的影响。

3）过应力模型。

$$\overline{\sigma} = Y(\overline{\varepsilon}) \left[1 + \left(\frac{\dot{\overline{\varepsilon}}^{\,\mathrm{vp}}}{r} \right)^{n} \right]$$

式中，$Y(\overline{\varepsilon})$ 为静态屈服应力；n 和 r 为材料常数。

4）幂函数模型。

$$\overline{\sigma} = g \left(\frac{\dot{\overline{\varepsilon}}^{\,\mathrm{vp}}}{\dot{a}} \right)^{m}$$

式中，g 为参考应力；$\dot{a}$ 为参考应变速率；m 为材料常数。

1.5.3.4　蠕变

材料在载荷作用下，经历很长的时间后会发生永久变形，尤其是在高温环境下，即使所受应力低于屈服应力，也会发生随着时间的变化持续不断的永久变形。如果材料所受的载荷是由于材料本身的弹性变形而产生的（如预应力或残余应力），则随着时间的变化会持续不断的发生应力松弛，这种现象称为蠕变。蠕变与黏塑性是类似的，区别在于有无屈服点和时间的尺度不同。一种典型的单轴蠕变曲线如图 1-13 所示。

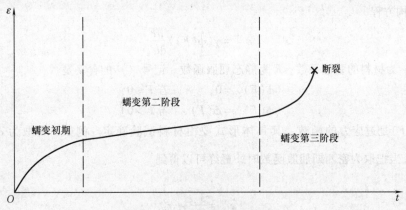

图 1-13　典型的单轴蠕变曲线

蠕变初期和蠕变第三阶段经历的时间都很短，通常人们关心的是蠕变第二阶段。研究退火过程中残余应力的松弛可以采用蠕变模型。

在分析蠕变问题时，在弹性或者塑性阶段都要考虑黏性，这种模型称为黏弹塑性模型。将应变增量分解如下

$$\Delta \boldsymbol{\varepsilon} = \Delta \boldsymbol{\varepsilon}^{\mathrm{e}} + \Delta \boldsymbol{\varepsilon}^{\mathrm{p}} + \Delta \boldsymbol{\varepsilon}^{\mathrm{T}} + \Delta \boldsymbol{\varepsilon}^{\mathrm{c}} \tag{1-150}$$

式中，上标 e、p、T、c 分别表示该应变为弹性应变、塑性应变、温度应变、蠕变应变。

蠕变应变 $\Delta \boldsymbol{\varepsilon}^{\mathrm{c}}$ 可用蠕变应变速率 $\dot{\boldsymbol{\varepsilon}}^{\mathrm{c}}$ 表述，在计算第 i 步时，有

$$\Delta \boldsymbol{\varepsilon}_i^c = \dot{\boldsymbol{\varepsilon}}_i^c \Delta t_i (1 - \theta) + \theta \dot{\boldsymbol{\varepsilon}}_{i+1}^c \Delta t_i$$

式中，Δt_i 为第 i 步的时间步长；$\dot{\boldsymbol{\varepsilon}}_i^c$ 和 $\dot{\boldsymbol{\varepsilon}}_{i+1}^c$ 为当前时刻和下一时刻的蠕变速率；θ 为表示差分格式的参数，$0 \leqslant \theta \leqslant 1$，一般取 $\theta = 1/2 \sim 2/3$。

设 $\dot{\bar{\varepsilon}}^c$ 是 $\bar{\sigma}$ 的函数，由 Taylor 展开取前两项得

$$\dot{\boldsymbol{\varepsilon}}_{i+1}^c = \dot{\boldsymbol{\varepsilon}}_i^c + \frac{\partial \dot{\boldsymbol{\varepsilon}}^c}{\partial \boldsymbol{\sigma}} \bigg|_i \Delta \boldsymbol{\sigma}_i = \dot{\boldsymbol{\varepsilon}}_i^c + \boldsymbol{H}_i \Delta \boldsymbol{\sigma}_i$$

式中，

$$\boldsymbol{H}_i = \frac{\partial \dot{\boldsymbol{\varepsilon}}^c}{\partial \boldsymbol{\sigma}} \bigg|_i$$

它是一个矩阵，可根据黏塑性本构关系

$$\dot{\boldsymbol{\varepsilon}}^c = \dot{\bar{\varepsilon}}^c (\partial F / \partial \boldsymbol{\sigma}) = \dot{\bar{\varepsilon}}^c (\partial \bar{\sigma} / \partial \boldsymbol{\sigma})$$

求得。于是

$$\Delta \boldsymbol{\varepsilon}_i^c = \dot{\boldsymbol{\varepsilon}}_i^c \Delta t_i + \theta \Delta t_i \boldsymbol{H}_i \boldsymbol{\sigma}_i \tag{1-151}$$

1）黏弹性本构方程。

将式（1-150）和式（1-151）代入弹性本构方程，并令 $\Delta \boldsymbol{\varepsilon}^p = 0$，可解得

$$\Delta \boldsymbol{\sigma}_i = \hat{\boldsymbol{C}}^e (\Delta \boldsymbol{\varepsilon}_i - \Delta \boldsymbol{\varepsilon}_i^T - \dot{\boldsymbol{\varepsilon}}_i^c \Delta t_i)$$

式中

$$\hat{\boldsymbol{C}}^e = \left[(\boldsymbol{C}^e)^{-1} + \theta \boldsymbol{H}_i \Delta t_i \right]^{-1}$$

2）黏塑性本构方程。

在黏弹性本构方程中计入 $\Delta \boldsymbol{\varepsilon}^p$，并表达为塑性流动法则的形式，可解得

$$\Delta \boldsymbol{\sigma}_i = \hat{\boldsymbol{C}}^{ep} (\Delta \boldsymbol{\varepsilon}_i - \Delta \boldsymbol{\varepsilon}_i^T - \dot{\boldsymbol{\varepsilon}}_i^c \Delta t_i) + \Delta \bar{\boldsymbol{\sigma}}_i^T \tag{1-152}$$

式中，$\Delta \bar{\boldsymbol{\sigma}}_i^T$ 含义参见式（1-147）。

$$\hat{\boldsymbol{C}}^{ep} = \hat{\boldsymbol{C}}^e - \hat{\boldsymbol{C}}^p$$

$$\hat{\boldsymbol{C}}^p = \frac{\hat{\boldsymbol{C}}^e \frac{\partial F}{\partial \boldsymbol{\sigma}} \left(\frac{\partial F}{\partial \boldsymbol{\sigma}} \right)^T \hat{\boldsymbol{C}}^e}{H + \left(\frac{\partial F}{\partial \boldsymbol{\sigma}} \right)^T \hat{\boldsymbol{C}}^e \frac{\partial F}{\partial \boldsymbol{\sigma}}}$$

对于不同的材料在不同条件下发生的蠕变现象，由试验确定的蠕变方程具有不同的形式，这里给出两个常用的形式。

1）单轴试验中的蠕变规律。

$$\varepsilon_c = A \sigma^n t^m$$

或

$$\dot{\varepsilon}_c = m A \sigma^n t^{m-1}$$

式中，m、n 和 A 为材料常数；t 为时间。

2）Anand 模型。

$$\dot{\bar{\varepsilon}} = A_0 \left(\mathrm{sh} B \, \bar{\sigma} \right)^n e^{\frac{\Omega}{T+273}}$$

式中，$\bar{\sigma}$ 为等效应力；T 为温度（℃）；A_0、B、Ω、n 为材料常数。

3）幂函数形式的第二阶段蠕变方程。

$$\dot{\bar{\varepsilon}}^e = k_1 \, \bar{\sigma}^{k_2} e^{-\frac{k_3}{T}}$$

式中，k_1、k_2 和 k_3 为材料常数。

1.6 热加工中的计算流体动力学基础

1.6.1 简介

流体流动现象大量出现在热加工过程中，其具体的表现形式多种多样。例如铸造和注塑成形过程中，液态的材料通过流动完成充型；热处理炉中，气体流动有助于保证炉膛炉温均匀性和气氛均匀性；淬火冷却过程中，流动的淬火介质更是普遍使用以提高冷却能力。在这些宏观尺度的工程问题中，可以采用连续介质模型，它认为描述流体运动的一系列参数（如压强、速度、密度、温度等）是连续分布的，也就是说这些参数是坐标和时间的连续可微函数。而所有这些千变万化的流体流动过程都受到最基本的三个物理定律的支配，即质量守恒定律、动量守恒定律和能量守恒定律。

本节的基本目的是从流体力学角度，介绍流体流动问题中这些定律的数学表达式——偏微分方程（称为控制方程）、使一个过程区别于另一个过程的单值性条件（初始条件和边界条件）、不同形式的控制方程对数值计算结果的影响以及对偏微分方程进行求解的基本思想和常用的数值方法。

1.6.2 流体微分控制方程

计算流体动力学（CFD）的理论基础是流体流动过程中的连续性方程、动量方程和能量方程，这三个方程统称为控制方程。这三个方程的数学表达形式分别基于以下三个定律：

1）质量守恒定律。

2）牛顿第二定律：$F = ma$。

3）能量守恒。

1.6.2.1 广义牛顿定律

一般工程问题所涉及的范围内黏性流体的应力张量与应变率张量之间的关系，可用广义牛顿定律描述，其本构方程为

$$[\tau] = 2\eta[\varepsilon] - (p - \lambda \, \nabla \cdot V)[I] \tag{1-153}$$

式中，$[\tau]$ 是应力张量；η 是动力黏度系数；p 是流体静压强；V 是速度矢量；$[I]$ 是单位矢量；$[\varepsilon]$ 是应变率张量；$\lambda\left(\lambda = -\dfrac{2}{3}\eta\right)$ 是第二黏度系数。

在直角坐标系中，应变率张量表示为

$$[\varepsilon] = \begin{bmatrix} \varepsilon_x & \varepsilon_{xy} & \varepsilon_{xz} \\ \varepsilon_{yx} & \varepsilon_y & \varepsilon_{yz} \\ \varepsilon_{zx} & \varepsilon_{zy} & \varepsilon_z \end{bmatrix} = \begin{pmatrix} \dfrac{\partial u}{\partial x} & \dfrac{1}{2}\left(\dfrac{\partial v}{\partial x} + \dfrac{\partial u}{\partial y}\right) & \dfrac{1}{2}\left(\dfrac{\partial u}{\partial z} + \dfrac{\partial w}{\partial x}\right) \\ \dfrac{1}{2}\left(\dfrac{\partial v}{\partial x} + \dfrac{\partial u}{\partial y}\right) & \dfrac{\partial v}{\partial y} & \dfrac{1}{2}\left(\dfrac{\partial w}{\partial y} + \dfrac{\partial v}{\partial z}\right) \\ \dfrac{1}{2}\left(\dfrac{\partial u}{\partial z} + \dfrac{\partial w}{\partial x}\right) & \dfrac{1}{2}\left(\dfrac{\partial w}{\partial y} + \dfrac{\partial v}{\partial z}\right) & \dfrac{\partial w}{\partial z} \end{pmatrix} \quad (1\text{-}154)$$

式中，u、v、w 为 V 沿三个坐标方向 x、y、z 的分量。

本构方程的直角坐标形式为

$$\begin{cases} \sigma_x = -p + \lambda \ \nabla v + 2\eta \dfrac{\partial u}{\partial x} \\[2mm] \sigma_y = -p + \lambda \ \nabla v + 2\eta \dfrac{\partial v}{\partial y} \\[2mm] \sigma_z = -p + \lambda \ \nabla v + 2\eta \dfrac{\partial w}{\partial z} \\[2mm] \tau_{xy} = \tau_{yx} = \eta\left(\dfrac{\partial u}{\partial y} + \dfrac{\partial v}{\partial x}\right) \\[2mm] \tau_{zx} = \tau_{xz} = \eta\left(\dfrac{\partial u}{\partial z} + \dfrac{\partial w}{\partial x}\right) \\[2mm] \tau_{yz} = \tau_{zy} = \eta\left(\dfrac{\partial v}{\partial z} + \dfrac{\partial w}{\partial y}\right) \end{cases} \quad (1\text{-}155)$$

式中，σ_x、σ_y、σ_z 分别是 x、y、z 方向的正应力；τ_{xy}、τ_{yz}、τ_{zx} 是直角坐标系中的切应力。

1.6.2.2　连续性方程（质量守恒方程）

质量守恒基本定律是指流体的质量在流动过程中保持不变，流体单元内增加的质量等于通过单元表面净流出的质量。连续性方程描述为

$$\frac{\partial \rho}{\partial t} + \nabla \cdot (\rho V) = 0 \quad (1\text{-}156)$$

在直角坐标系中可表示为

$$\frac{\partial \rho}{\partial t} + \frac{\partial(\rho u)}{\partial x} + \frac{\partial(\rho v)}{\partial y} + \frac{\partial(\rho w)}{\partial z} = 0 \quad (1\text{-}157)$$

式中，ρ 是流体密度；t 是时间；$\dfrac{\partial \rho}{\partial t}$ 是单位时间内单位体积中质量的增加量；$\left(\dfrac{\partial(\rho u)}{\partial x} + \dfrac{\partial(\rho v)}{\partial y} + \dfrac{\partial(\rho w)}{\partial z}\right)$ 是单位时间内单位体积中质量的净流出量。

1.6.2.3　动量守恒方程

流体的流动符合牛顿第二定律（$F = ma$），也就是流体动量的时间变化率等于作用于其上的外力的总和。因此动量守恒方程表示为

$$\rho \frac{\mathrm{d}V}{\mathrm{d}t} = \rho F + \nabla \cdot [\tau] \quad (1\text{-}158)$$

式中，F 为单位体积流体的质量力。

将式（1-153）代入式（1-158），写成直角分量形式，可以得到动量方程如下表达式

$$
\begin{cases}
\rho\left(\dfrac{\partial u}{\partial t} + u\dfrac{\partial u}{\partial x} + v\dfrac{\partial u}{\partial y} + w\dfrac{\partial u}{\partial z}\right) = \rho F_x - \dfrac{\partial(p - \lambda\ \nabla\cdot V)}{\partial x} + \dfrac{\partial}{\partial x}\left(2\eta\dfrac{\partial u}{\partial x}\right) + \\
\qquad\qquad \dfrac{\partial}{\partial y}\left[\eta\left(\dfrac{\partial v}{\partial x} + \dfrac{\partial u}{\partial y}\right)\right] + \dfrac{\partial}{\partial z}\left[\eta\left(\dfrac{\partial u}{\partial z} + \dfrac{\partial w}{\partial x}\right)\right] \\
\rho\left(\dfrac{\partial v}{\partial t} + u\dfrac{\partial v}{\partial x} + v\dfrac{\partial v}{\partial y} + w\dfrac{\partial v}{\partial z}\right) = \rho F_y - \dfrac{\partial(p - \lambda\ \nabla\cdot V)}{\partial y} + \dfrac{\partial}{\partial y}\left(2\eta\dfrac{\partial v}{\partial y}\right) + \\
\qquad\qquad \dfrac{\partial}{\partial x}\left[\eta\left(\dfrac{\partial v}{\partial x} + \dfrac{\partial u}{\partial y}\right)\right] + \dfrac{\partial}{\partial z}\left[\eta\left(\dfrac{\partial v}{\partial z} + \dfrac{\partial w}{\partial y}\right)\right] \\
\rho\left(\dfrac{\partial w}{\partial t} + u\dfrac{\partial w}{\partial x} + v\dfrac{\partial w}{\partial y} + w\dfrac{\partial w}{\partial z}\right) = \rho F_z - \dfrac{\partial(p - \lambda\ \nabla\cdot V)}{\partial z} + \dfrac{\partial}{\partial z}\left(2\eta\dfrac{\partial w}{\partial z}\right) + \\
\qquad\qquad \dfrac{\partial}{\partial x}\left[\eta\left(\dfrac{\partial u}{\partial z} + \dfrac{\partial w}{\partial x}\right)\right] + \dfrac{\partial}{\partial y}\left[\eta\left(\dfrac{\partial v}{\partial z} + \dfrac{\partial w}{\partial y}\right)\right]
\end{cases}
\tag{1-159}
$$

式（1-159）也叫作纳维-斯托克方程（N-S 方程），式（1-159）左边代表单位体积流体的惯性力；等式右边第一项代表单位体积流体质量力，第二项代表作用于单位流体的压力差，第三项代表黏性流体膨胀力，第四和第五项代表黏性变形力，其中第三到第五项只和流体的黏度系数及应变速率有关。

1.6.2.4　能量守恒方程

根据热力学第一定律，能量方程可表示为：

$$
\rho c_p\frac{\mathrm{d}T}{\mathrm{d}t} = -p(\ \nabla\cdot V) + \nabla\cdot(k\ \nabla T) + \rho q + \Phi
\tag{1-160}
$$

式中，c_p 是定压比热容；T 是流体温度；q 是单位质量流体的热流密度；k 是流体的导热系数。

式（1-160）的左边为系统内能的增加；等式右边第一项为流体体积变化时压力所做的功，（对于不可压缩流体该项等于零），第二项为热传导输入的能量，第三项为内热源产生的能量，第四项为黏性耗散功，其中第四项可表示为

$$
\Phi = \eta\left[2\left(\frac{\partial u}{\partial x}\right)^2 + 2\left(\frac{\partial v}{\partial y}\right)^2 + 2\left(\frac{\partial w}{\partial z}\right)^2 + \left(\frac{\partial v}{\partial x} + \frac{\partial u}{\partial y}\right)^2 + \left(\frac{\partial w}{\partial y} + \frac{\partial v}{\partial z}\right)^2 + \left(\frac{\partial w}{\partial x} + \frac{\partial u}{\partial z}\right)^2\right] + \lambda(\ \nabla\cdot V)
\tag{1-161}
$$

将式（1-161）代入式（1-160）得

$$
\begin{aligned}
\rho c_p\left(\frac{\partial T}{\partial t} + u\frac{\partial T}{\partial x} + v\frac{\partial T}{\partial y} + w\frac{\partial T}{\partial z}\right) &= (-p + \lambda\ \nabla\cdot V)\left(\frac{\partial u}{\partial x} + \frac{\partial v}{\partial y} + \frac{\partial w}{\partial z}\right) + \\
&\quad \eta\left[2\left(\frac{\partial u}{\partial x}\right)^2 + 2\left(\frac{\partial v}{\partial y}\right)^2 + 2\left(\frac{\partial w}{\partial z}\right)^2 + \left(\frac{\partial v}{\partial x} + \frac{\partial u}{\partial y}\right)^2 + \left(\frac{\partial w}{\partial y} + \frac{\partial v}{\partial z}\right)^2 + \left(\frac{\partial w}{\partial x} + \frac{\partial u}{\partial z}\right)^2\right] + \\
&\quad \frac{\partial}{\partial x}\left(k\frac{\partial T}{\partial x}\right) + \frac{\partial}{\partial y}\left(k\frac{\partial T}{\partial y}\right) + \frac{\partial}{\partial z}\left(k\frac{\partial T}{\partial z}\right) + \rho q
\end{aligned}
\tag{1-162}
$$

1.6.3　控制方程的通用形式

对于黏性牛顿流体，在流体流动问题求解中所需求解的主要变量的控制方程都可以表示成以下的通用形式：

$$\frac{\partial}{\partial t}(\rho\boldsymbol{\Phi}) + \frac{\partial}{\partial x_j}(\rho u_j\boldsymbol{\Phi}) = \frac{\partial}{\partial x_j}\left(\varGamma_{\boldsymbol{\Phi}}\frac{\partial\boldsymbol{\Phi}}{\partial x_j}\right) + S_{\boldsymbol{\Phi}} \tag{1-163}$$

式中，$j = 1,\ 2,\ 3$；x_j 为坐标分量；u_j 是 x_j 方向上的速度分量；$\boldsymbol{\Phi}$ 是通用变量；$\varGamma_{\boldsymbol{\Phi}}$ 为传输系数；$S_{\boldsymbol{\Phi}}$ 为源项。

对于不可压缩流体的湍流计算模型，在通用控制微分方程中的系数与源项见表 1-4。

表 1-4　通用控制微分方程中的系数与源项

方　　　程	$\boldsymbol{\Phi}$	$\varGamma_{\boldsymbol{\Phi}}$	$S_{\boldsymbol{\Phi}}$
连续性方程	1	0	0
动量方程	u_j	0	$\rho g_i - \dfrac{\partial p}{\partial x_i} + \eta\ \nabla^2 u_i$
能量方程	T	K/c_p	$\eta\left[2\left(\dfrac{\partial u_i}{\partial x_i}\right)^2 + \left(\dfrac{\partial v}{\partial x} + \dfrac{\partial u}{\partial y}\right)^2 + \left(\dfrac{\partial w}{\partial y} + \dfrac{\partial v}{\partial z}\right)^2 + \left(\dfrac{\partial w}{\partial x} + \dfrac{\partial u}{\partial z}\right)^2\right] + \lambda\ (\ \nabla\cdot V)^2 + \rho q$

由于传热通常有传导、对流和辐射三种形式，上述控制方程只描述了传导和对流传热，对于辐射传热（如流体介质辐射、炉壁辐射等）需另外考虑，辐射传热的数值计算可以参考相关文献。

1.6.4　简化后的热加工过程特定流体力学方程

以上方程描述的是非稳态黏性牛顿流体，其求解过于复杂。在材料制造的工程应用中，需要根据具体问题进行合理的简化。现就几种经常遇到的情况阐述如下。

1.6.4.1　不可压缩流体无源流动场的连续方程

不可压缩流体的无源流动场（例如铸造的充型过程等）的特点是无源、无漏、质量守恒，其连续方程的数学表达式为

$$\frac{\partial u}{\partial x} + \frac{\partial v}{\partial y} + \frac{\partial w}{\partial z} = 0 \tag{1-164}$$

1.6.4.2　理想流体的 Eular 方程

对于理想流体，由于无黏滞力，作用在流场中任一立方微元体上的力只有重力和六个表面所受的压力。按照牛顿第二定律，可得

$$\begin{cases}(\mathrm{d}x\mathrm{d}y\mathrm{d}z)\rho g_x - \mathrm{d}p(\mathrm{d}y\mathrm{d}z) = (\mathrm{d}x\mathrm{d}y\mathrm{d}z)\rho a_x \\ (\mathrm{d}x\mathrm{d}y\mathrm{d}z)\rho g_y - \mathrm{d}p(\mathrm{d}z\mathrm{d}x) = (\mathrm{d}x\mathrm{d}y\mathrm{d}z)\rho a_y \\ (\mathrm{d}x\mathrm{d}y\mathrm{d}z)\rho g_z - \mathrm{d}p(\mathrm{d}x\mathrm{d}y) = (\mathrm{d}x\mathrm{d}y\mathrm{d}z)\rho a_z\end{cases} \tag{1-165}$$

其中，a_x、a_y、a_z 为微元体加速度的三个分量，分别等于相应的速度分量对时间的求导，$a_x = \dfrac{\mathrm{d}u}{\mathrm{d}t}$、$a_y = \dfrac{\mathrm{d}v}{\mathrm{d}t}$、$a_z = \dfrac{\mathrm{d}w}{\mathrm{d}t}$。此处的加速度是指同一微元体在位置移动中的速度变

化，而不是流场中同一位置上流过的不同流体之间的速度变化。同一微元体在位置移动中的速度变化是全导数，同一位置上流过的不同流体之间的速度变化是流场中该点速度对时间的偏导数，二者的关系为

$$
\begin{cases}
\dfrac{\mathrm{d}u}{\mathrm{d}t} = \dfrac{\partial u}{\partial t} + \dfrac{\partial u}{\partial x}\dfrac{\partial x}{\partial t} + \dfrac{\partial u}{\partial y}\dfrac{\partial y}{\partial t} + \dfrac{\partial u}{\partial z}\dfrac{\partial z}{\partial t} \\[2mm]
\dfrac{\mathrm{d}v}{\mathrm{d}t} = \dfrac{\partial v}{\partial t} + \dfrac{\partial v}{\partial x}\dfrac{\partial x}{\partial t} + \dfrac{\partial v}{\partial y}\dfrac{\partial y}{\partial t} + \dfrac{\partial v}{\partial z}\dfrac{\partial z}{\partial t} \\[2mm]
\dfrac{\mathrm{d}w}{\mathrm{d}t} = \dfrac{\partial w}{\partial t} + \dfrac{\partial w}{\partial x}\dfrac{\partial x}{\partial t} + \dfrac{\partial w}{\partial y}\dfrac{\partial y}{\partial t} + \dfrac{\partial w}{\partial z}\dfrac{\partial z}{\partial t}
\end{cases}
\tag{1-166}
$$

将式（1-166）代入式（1-165），可得理想流体的动量方程，也称为理想流体的 Eular 方程为

$$
\begin{cases}
\rho\left(\dfrac{\partial u}{\partial t} + u\dfrac{\partial u}{\partial x} + v\dfrac{\partial u}{\partial y} + w\dfrac{\partial u}{\partial z}\right) = -\dfrac{\partial p}{\partial x} + \rho g_x \\[3mm]
\rho\left(\dfrac{\partial v}{\partial t} + u\dfrac{\partial v}{\partial x} + v\dfrac{\partial v}{\partial y} + w\dfrac{\partial v}{\partial z}\right) = -\dfrac{\partial p}{\partial y} + \rho g_y \\[3mm]
\rho\left(\dfrac{\partial w}{\partial t} + u\dfrac{\partial w}{\partial x} + v\dfrac{\partial w}{\partial y} + w\dfrac{\partial w}{\partial z}\right) = -\dfrac{\partial p}{\partial z} + \rho g_z
\end{cases}
\tag{1-167}
$$

1.6.4.3 体积函数方程

在铸造充型过程的数值模拟中，SOLA-VOF 法采用体积函数法来标识自由表面的位置，利用体积函数 F 来描述整个流场的流动域，体积函数 F 的定义为

$$F = 单元内流体的体积/单元总体积$$

因此，为了确定自由表面的移动，得出自由表面单元的位置，需要求解如下的体积函数方程：

$$
\frac{\partial F}{\partial t} + \frac{\partial(Fu)}{\partial x} + \frac{\partial(Fv)}{\partial y} + \frac{\partial(Fw)}{\partial z} = 0
\tag{1-168}
$$

体积函数的取值范围为 $0 \leqslant F \leqslant 1$。当 $F = 0$ 时，为没有流体的空单元；当 $F = 1$ 时，为充满流体的满单元；当 $0 < F < 1$ 时，表明该单元内有流体流入，但尚未充满，这样的单元就是表面单元。

由此可见，在计算铸件充型流动时，只要计算出每个单元的 F 值就可以得到该铸件在任一时刻的充型及流动状态。

1.6.5 控制方程的求解

上面所讨论的控制方程适用于所有牛顿流体的流动和传热过程，各个不同过程之间的区别是由初始条件和边界条件（通称单值性条件）来规定的。控制方程及相应的初始条件和边界条件组合构成对一个物理过程的完整的数学描述。

初始条件是所研究现象在过程开始时刻的各个求解变量的空间分布，必须分别予以给定。对于稳态问题不需要初始条件。边界条件是求解区域的边界上所求解的变量或其一阶导数随时间及地点的变化规律。

一般来说，控制方程可以分为双曲型偏微分方程、抛物型偏微分方程和椭圆形偏微分方程三大类。如果在整个求解区中，描写物理问题的偏微分方程都属于同一个类型，则该物理问题就可以用偏微分方程的类型来称谓。在有些物理问题中，同一求解区域内的偏微分方程可能属于不同的类型，称为混合型问题。不同类型的偏微分方程在特性上的主要区别是它们的依赖区和影响区不同，进而影响求解的方法和策略。

对前面描述的流动和换热的偏微分方程，数学界已经发展出了不少获得其精确解的数学方法。这些精确解是在整个求解区域内连续变化的函数。但是直到目前，这些精确解还只能在少量简单的情形中得出。对于大量具有工程实际意义的流动和换热问题，数值计算方法越来越广泛地得到应用。

计算流体动力学（CFD）的基本思想是：把原来在空间和时间坐标中连续物理量的场（如速度场，温度场等），用一系列有限个离散点（称为节点）上的值的集合来代替，通过一定的原则建立起这些离散点上变量值之间关系的代数方程（称为离散方程），最后求解所建立起来的代数方程以获得所求变量的近似值。物理问题的数值求解流程如图 1-14 所示。

在过去的几十年内已经发展出了多种数值解法，它们之间的主要差别在于区域离散方式、方程离散方式及代数方程求解方法这三个环节上。在 CFD 中应用较广泛的是有限差分法（FDM）、有限元法（FEM）、有限体积法（FVM）和有限分析法（FAM）。有限差分法和有限元法在本章的前面部分已经做了简单介绍。有限体积法和有限分析法限于篇幅，在本书中不介绍，可以参考相关文献。对不同数值方法的评价常常取决于使用者的习惯和经验。通常来说，就实施的简易性，发展的成熟度及应用的广泛性等方面进行综合评价，有限体积法占优。

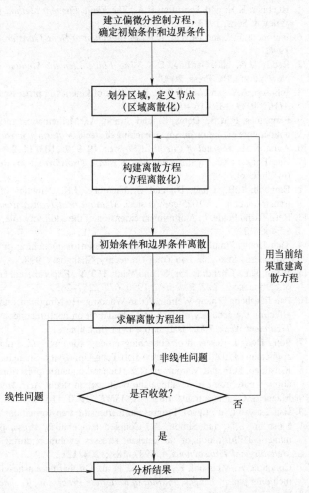

图 1-14　物理问题数值求解的基本流程

参 考 文 献

1. Segerlind, L.J., *Applied Finite Element Analysis*, 2nd ed., New York: Wiley, 1984.
2. Wait, R. and Mitchell, A.R., *Finite Element Analysis and Applications*, New York: Wiley, 1985.
3. Zienkiewicz, O.C. and Taylor, R.L., *The Finite Element Method*, Vol. 2., New York: McGraw-Hill, 1991.
4. Stasa, F.L., *Applied Element Analysis for Engineers*, New York: Holt, Rinehart, & Winston, 1985.
5. Huebner, K.H. and Thornton, E.A., *The Finite Element Method for Engineers*, 2nd ed., New York: John Wiley & Sons, 1982.
6. Incropera, F.P. and DeWitt, D.P., *Introduction to Heat Transfer*, 3rd ed., New York: John Wiley & Sons, 1996.
7. Reddy, J.N. and Gartling, D.K., *The Finite Element Method in Heat Transfer and Fluid Dynamics*, New York: CRC Press, 2000.
8. Johnson, A.W. and Mehl, R.F., Reactions of kinetics in processes of nucleation and growth, *Transactions AIME*, 1939, 135:416–458.
9. Fernandes, F.M.B., Denis, S., and Simon, A., Mathematical model coupling phased transformation and temperature evolution during quenching of steels, *Materials Science and Technology*, 1985, 1(10):838–844.
10. Avrami, M., *Journal of Chemical Physics*, 1939, 7:1103–1112.
11. Hsu Tsuyao (Xu Zuyao), *Principles of Phase Transformation*, Beijing: Science Press, 1988, pp. 408–419 (in Chinese).
12. Hawbolt, E.B., Chau, B., and Brimacombe, J.K., Kinetics of austenite-ferrite and austenite-pearlite transformation in a 1025 carbon steel, *Metallurgical Transactions A*, 1985, 16A:565–577.
13. Reti, T. and Felde, I., A non-linear extension of the additivity rule, *Computational Materials Science*, 1999, 15:466–482.
14. Tian Dong. Simulation and technology design of quenching of steel workpieces with complex shapes, PhD thesis, Shanghai Jiao Tong University, Shanghai, 1998.
15. Wang, K.F., Chandrasekar, S., and Yang, H.T.Y., Experimental and computational study of the quenching of carbon steel, *Steel Research*, 1996, 67(7):257–265.
16. Pan Jiansheng, Zhang Weimin, Yuan Wenqing, Hu Mingjuan, and Gu Jianfeng, Discussions on the factors affecting the accuracy of computer simulation on heat treatment. *The Proceedings of First Chinese Heat Treatment Week*, 2002, Dalian, pp. 1–11 (in Chinese).
17. Song Dongli, Research of quenching process for large-sized plastic die and mould steel blocks and its application, PhD thesis, Shanghai Jiao Tong University, Shanghai, 2005.
18. Koistinen, D.F. and Marburger, R.E., General equation prescribing the extent of the austenite transformation in pure iron-carbon alloys and plain carbon steels, *Acta Metallurgica*, 1959, 7:50–60.
19. Magee, L.C., Phase transformations, *ASME.*, 1970, 115.
20. Hsu Tsuyao (Xu Zuyao), Progress in martensitic transformations (I), *Shanghai Metals*, 2003, 25(3):1–8.
21. Sjöström, S.D. and Simon, A., Coupled temperature, stress, phase transformation calculation model numerical illustration of the internal stresses evolution during cooling of a eutectoid steel cylinder, *Metallurgical Transactions A*, 1987, 18A:1203–1212.
22. Couonna, F., Miassonl, E., Denis, S., et al., On thermo-elastic-viscoplastic analysis of cooling processes including phase changes, *Journal of Materials Processing Technology*, 1992, 34:525–532.
23. Hsu Tsuyao (Xu Zuyao), Progress and perspective of materials heat treatment, *Transaction of Materials and Heat Treatment*, 2003, 24(1):1–13 (in Chinese).
24. Hsu Tsuyao (Xu Zuyao), Fundamentals of the unified technology combining plastic forming and heat treatment of materials, *Engineering Science in China*, 2004, 6(1):16–21 (in Chinese).
25. Denis, S., Archambault, P., Gautier, E., Simon, A., and Beck, G., Prediction of residual stress and distortion of ferrous and non-ferrous metals: Current status and future developments, *Journal of Materials Engineering and Performance*, 2002, 11(1):92–102.
26. Inoue, T. and Wang, Z., Coupling between stress, temperature, metallic structures during processes involving phase transformations, *Materials Science and Technology*, 1985, 1:845–849.
27. Denis, S., Gautier, E., Simon, A., and Beck, G., Stress-phase transformation interactions basic principles, modeling, and calculation of internal stresses, *Materials Science and Technology*, 1985, 1:806–814.

28. Denis, S.P., Archambault, C.A., et al., Modelling of phase transformation kinetics in steels and coupling with heat treatment residual stress production, *Journal of Physics (France)*, 1999(9):323–332.

29. Reese, S., A micromechanically motivated material model for the thermo-viscoelastic material behaviour of rubber-like polymers, *International Journal of Plasticity*, 2003, 19:909–940.

30. Mooney, M., A theory of large elastic deformation, *Journal of Applied Physics*, 1940, 11:582–592.

31. Rivlin, R.S., Large elastic deformations of isotropic materials, *Philosophical Transactions of the Royal Society of London Series A*, 1948, 240:459–490.

32. Rivlin, R.S., Large elastic deformations of isotropic materials. IV. Further developments of the general theory, *Philosophical Transactions of the Royal Society of London Series A*, 1948, 241:379–397.

33. Ogden, R.W., Nonlinear elasticity, anisotropy, material stability and residual stresses in soft tissue, in Holzapfel, G.A. and Ogden, R.W. (Eds.), *Biomechanics of Soft Tissue in Cardiovascular Systems*, Vol. 441, *CISM Courses and Lectures Series*, Wien: Springer, 2003, pp. 65–108.

34. Ogden, R.W., Saccomandi, G., and Sgura, I., Fitting hyperelastic model to experimental data, *Computational Mechanics*, 2004, 34:484–502.

35. Fields D.F. and Backofen, W.A., Determination of strain-hardening characteristics by torsion testing, in *Proceedings of the 60th Annual Meeting of the American Society for Testing and Materials*, Vol. 57, 1957, pp. 1259–1272.

36. Khoddam, S. and Hodgson, P.D., Conversion of the hot torsion test results into flow curve with multiple regimes of hardening, *Journal of Materials Processing Technology*, 2004, 153(special issue):839–845.

37. Chan, K.C. and Gao, L., On the susceptibility to localized necking of defect-free metal sheets under biaxial stretching, *Journal of Materials Processing Technology*, 1996, 58(2–3):251–255.

38. Perzyna, P., Fundamental problems in viscoplasticity, in Kuerti, G. (Ed.), *Advances in Applied Mechanics*, Vol. 9, New York: Academic Press, 1966, pp. 243–377.

39. Lenard, J.G., *Modeling Hot Deformation of Steels*, Berlin: Springer-Verlag, 1989, pp. 101–115.

40. Xing, H.L., Wang, C.W., Zhang, K.F. et al., Recent development in the mechanics of superplasticity and its applications, *Journal of Materials Processing Technology*, 2004, 151(1–3):196–202.

41. Colak, O.U. and Krempl, E., Modeling of uniaxial and biaxial ratcheting behavior of 1026 Carbon steel using the simplified viscoplasticity theory based on overstress (VBO), *Acta Mechanica*, 2003, 160:27–44.

42. Colak, O.U. and Krempl, E., Modeling of the monotonic and cyclic swift effects using an isotropic, finite viscoplasticity theory based on overstress (FVBO), *International Journal of Plasticity*, 2005, 21:573–588.

43. Chaboche, J., Constitutive equations for cyclic plasticity and cyclic viscoplasticity, *International Journal of Plasticity*, 1989, 5:247–302.

44. Hart, E.W., Constitutive relations for the non-elastic deformation of metals, *ASME. Journal of Engineering Material and Technology*, 1976, 98:193–202.

45. Weber, G. and Annand, L., Finite deformation constitutive equations and a time integration procedure for isotropic, hyperelastic–viscoelastic solids, *Computer Methods in Applied Mechanics and Engineering*, 1990, 79:173–202.

46. Miller, A.K., *Unified Constitutive Equations for Creep and Plasticity*, London: Elsevier Applied Science, 1987.

47. Anand, L., Constitutive equations for hot working of metals, *Journal of Plasticity*, 1985, 1:213–231.

48. Frost, H.J. and Ashby, M.F., *Deformation Mechanism Maps: The Plasticity and Creep of Metals and Ceramics*, Oxford: Pergamon Press, 1982.

49. Patankar, S.V., *Numerical Heat Transfer and Fluid Flow*, New York: McGraw-Hill, 1980.

50. Yu Qizheng, *The Principles of Radiation Heat Transfer*, Harbing: Press of Harbing Institute of Technology, 2000, pp. 116–132 (in Chinese).

51. Fan Weicheng and Wan Yuepeng, Models and calculation of flow and combustion, Hefei: University Press of Science and Technology, China, 1992, pp. 202–243 (in Chinese).

52. Hirt, C.W. and Nichols, B.D., Volume of fluid (VOF) method for the dynamics of free boundaries, *Journal of Computational Physics*, 1981, 39:201–225.

53. Stoehr, R.A., Wang, C., Hwang, W.S., and Ingerslev, X., Modeling the filling of complex foundry molds, in Kou, S. and Mehrabian, R. (Eds.), *Modeling and Control of Casting and Welding Process*, 1986, pp. 303–313.

54. Torrey, M.D., Mjolsness, R.C., and Stein, L.R., NASA-VOF3D: A three-dimensional computer program

for incompressible flows with free surfaces, Los Alamos National Laboratory Report LA-11009-MS, 1987.

55. Kim, W.-S. and Im, I.-T., Analysis of a mold filling using an implicit SOLA-VOF, *Numerical Heat Transfer. Part A*, 1999, 35(3):1040–7782.

56. Kuo, J.H. and Hwang, W.S., Development of an interactive simulation system for die cavity filling and its application to the operation of a low-pressure casting process, *Modeling and Simulation in Materials Science and Engineering*, 2000, 8(4):583–602.

57. Babaei, R., Abdollahi, J., Homayonifar, P. et al., Improved advection algorithm of computational modeling of free surface flow using structured grids, *Computer Methods in Applied Mechanics and Engineering*, 2006, 195(7–8):775–795.

58. Manole, D.M. and Lage, J.L., Nonuniform grid accuracy test applied to the natural convection flow within a porous medium cavity, *Numerical Heat Transfer, Part B*, 1993, 23:351–368.

59. Tan Weiyan, *Computational Shallow Water Dynamics*. Beijing: Tsinghua University Press, 1998 (in Chinese).

60. Tao Wenquan, *Computational Heat Transfer*, Xi'an: Xi'an Jiao Tong University Press, 1988 (in Chinese).

61. Versteeg, H.K. and Malalsekera, W., *An Introduction to Computational Fluid Dynamics*, The Finite Volume Method, Essex: Longman Scientific & Technical, 1995, p. 4.

62. Wei, L.I., *Hybrid Finite Analytic Method for Viscous Flow*, Beijing: Science Press, 2000 (in Chinese).

63. Chen, C.J., Bernatz, R., Carlson, K.D., and Lin, W.L., *Finite Analytic Method in Flows and Heat Transfer*. New York: Taylor & Francis, 2000.

第 2 章 建模方法和基本原则

金属热加工的数学建模和计算机模拟已成为模拟、理解、优化、控制现有工艺，以及在实际建设新的物理样机前测试新工艺一样必不可少的环节。

本章首先对建立数学模型的一般方法进行了讨论，接着详细介绍了常用的热加工数学模型的数值方法。

2.1 数学建模

在过去的数十年中，材料加工工程发展为帮助设计、优化和检测制造业生产工艺的学科。在前人经验的基础上 Brimacombe 确定了冶金/材料工艺工程师们在提取和制造过程中理解、模拟和预测材料运行方式的 5 个工具。这些工具是：①工厂的测量；②中试工厂的测量；③物理模型；④数学模型；⑤实验室测量。一方面，第一步执行的工厂的测量是为了理解过程的运行方式。工厂的测量还可以为模型验证提供宝贵的数据，但由于条件不容易控制通常情况下很难进行。另一方面，中试厂的测量在一项新工艺处于设计阶段时进行。中试工厂是一个按比例缩小的完整工厂。花费时间和精力去做中试厂测量是为了展示了一项新工艺的技术和经济可行性，以及它提供所需产品的能力。因此，它们必须准确地反映这个工艺在物理和化学方面的特征。物理模型也是全尺寸原型按比例缩小的版本，但是要比中试工厂完善，而且通常适用于模拟工艺的某些方面。举例来说，虽然在现实过程中会存在热梯度，但等温模型已经被广泛地用于连铸中间包的流体流动规律的研究。物理模型是用替代材料建造的，这是为了用更方便的方式进行测量。相比之下，数学模型是系统物理行为的数学陈述。方程组是建立在守恒原理和本构方程以及边界条件和/或初始条件基础上而构成。最后，受控制的测量是在实验室中进行，用来确定参数（热物理，热力学和热机械性能；数学模型中需要的边界条件，以及化学反应和相变动力学的参数）和系统的响应。系统的响应被用来验证数学模型。

正如 Brimacombe 指出的，工具的能力在于它们之间的结合运用。然而，在本章中，我们将集中于数学模型的建立，尤其强调常用来解决这些问题的数值方法。

建立数学模型的流程图如示意图 2-1 所示。在准备阶段，明确制定整体工作的目标。要着重考虑的一点是，研究本身的性质是基本原则所需的不同方法的研究，而不是应用研究。此外，也需要考

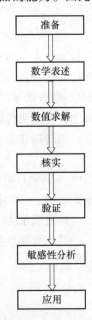

图 2-1 建立数学模型的流程图

虑到该领域早先的工作。为了成功应用该方法，数学建模工作的目标必须附带一个说明来指定其适用范围，它要考虑到必要的条件（人力、物力、技术资源和最后期限），根据这些来完成该项目。因此，为了使问题易于处理，相关学者提出了很多假设。这些假设与以下话题有关，比如是否考虑稳态或非稳态，一维、二维或三维领域，常量或变量的属性，耦合或耦合的现象等等。这些假设决定了数学模型能在何种程度上重现加工过程的实际行为，它们也决定了模型的复杂程度，因此，需要（通过技术和计算的）努力来建立假设。有了所有这些信息，数学模型就能被制定出来，例如从算术上描述系统反应的差分方程⊖、包括初始条件和/或边界条件。

为了准确建立工业规模的热加工模型，保持在最低限度的假设几乎总是产生高度非线性的差分方程。因此，事实上不可能求得数学模型的解析解，所以我们必须求助于数值解。为了有效地计算数值解，需要在电脑上执行相应的算法。一旦数值解法被编码，必须采取核查和验证两个步骤来确保代码的准确性和可靠性。在验证步骤，数值预测与所关注系统中简化数学公式的解析解进行比较。如果代码通过该测试，将数值解与现有实验测量进行比较。如果顺利通过这个阶段，可以认为代码是有效的。一旦通过验证，代码可以被用来进行灵敏度（参数）的研究，最后，用来达到该项目的目标。

2.2　控制方程

一个数学模型的基本单元是控制方程。这个方程是系统采样体积内输运属性（动量，质量，能源等）守恒的数学表述：

$$变化率 = 净流量 + 界面流量 + 生成/分解率 \tag{2-1}$$

在式（2-1）中，净流量（输入减去输出）在系统中可能会出现扩散和对流两种作用机制；对传热来讲第三种机制（辐射）也可能会发生。界面流是指与周围环境中输运性质的交换，因此，它发生在系统与环境的交互界面上，适用于传热与传质。变化率和生成/分解率都是与体积相关的量。可见，给定系统中会用到不止一个控制方程。事实上，在对流传输为主的热问题中至少需要三个控制方程（能量、连续和动量）。

当转向守恒方程的各种形式，扩散通量在数学上用所谓的本构方程来表述：

$$\text{Diffusive flux} = -\nabla \cdot \Gamma(\vec{x}, t)\, \nabla \Phi(\vec{x}, t) \tag{2-2}$$

式中，$\Gamma(\vec{x}, t)$ 是系统的物理属性，与系统通过扩散机制转换输运性质的能力有关；$\phi(\vec{x}, t)$ 是特定的输运性质，即输运性质/传质。

对流通量的出现是由于系统的宏观运动，因此它伴随着输运性质。

另一方面，界面通量是由性质转换系数来表征的，大部分周围环境介质的原始属性⊖值：

$$\text{Interphase flux} = \lambda(x_i, t) \times \left[\pm \left(\psi_B(t) - \psi_\infty(t)\right)\right] \tag{2-3}$$

⊖　数学方程也可以选择其他的表达形式：比如积分、积分微分、随机等。

⊖　原始属性，比如温度和浓度。

式中，$\lambda(x_i,t)$是沿着系统特定边界的界面转换系数；ψ是初始属性，下标 B 和 ∞ 分别代表边界和实体。

式（2-3）的符号取决于界面通量是导向单元内的（界面通量必须是正的），还是远离单元的（界面通量必须是负的）。界面通量不应与后面给出的边界条件相混淆，前者包含在守恒方程中只是为了说明，而不是那些扩散和/或对流来传输的地方。

当考虑到固定在空间⊖中的无穷小样本容积时，把右边的对流和变化率归类后的控制方程是：

$$\nabla \cdot \Gamma(\vec{x},t)\, \nabla \phi(\vec{x},t) + S_\phi(\vec{x},t) + \lambda(x_i,t)\left[\pm(\psi_B(t)-\psi_\infty(t))\right] = \frac{\partial(\rho(\vec{x},t)\phi(\vec{x},t))}{\partial t}$$
$$+ \nabla \cdot (\rho(\vec{x},t)\vec{v}(\vec{x},t)\phi(\vec{x},t))$$

$$(2\text{-}4)$$

式中，$S_\phi(\vec{x},t)$是输运性质的生成/分解的体积速率（也称为原项）；$\rho(\vec{x},t)$是密度；$\vec{v}(\vec{x},t)$是速度场。

式（2-4）的控制方程形式称为守恒形式，它在计算传输现象时是最为有用的。非守恒形式是建立在单元随流而动的基础上。虽然在数学形式上是不同的，但是两者都代表了同样的物理原理，它们之中的任一个都可以经数学推导而得出另一个。

应变量 ϕ 可以是标量（比热能、体积/摩尔分数），也可以是矢量（单位质量的动量，及速度）。在后一种情况中，控制方程最多有三个组成部分，对应直角坐标系的每个方向。实际上，变量 Γ，S_ϕ，λ 和 ρ 是一个或多个应变量的函数；然而，由于应变量本身是空间和时间的函数，上列的变量尽可能描述为空间坐标和时间坐标的函数。

可以结合热过程中关注的特定应变量写出控制方程，比如纯流体的质量守恒定律由连续方程给出：

$$\frac{\partial(\rho(\vec{x},t))}{\partial t} + \nabla \cdot (\rho(\vec{x},t)\vec{v}(\vec{x},t)) = 0 \qquad (2\text{-}5)$$

牛顿流体的动量守恒定律被描述成：

$$\nabla \cdot \mu(\vec{x},t)\, \nabla u(\vec{x},t) + S_u(\vec{x},t) = \frac{\partial(\rho(\vec{x},t)u(\vec{x},t))}{\partial t} + \nabla \cdot (\rho(\vec{x},t)\vec{v}(\vec{x},t)u(\vec{x},t))$$

$$(2\text{-}6)$$

式中，μ是黏度；u是速度场的 x 方向分量（即 x 方向的具体动量）；S_u包括 x 方向动量的所有可能来源。对于其他方向也可以给出类似的方程。

在不考虑相间流动的情况下，内能守恒⊖方程可以表示为

$$\nabla \cdot \left[\frac{k(\vec{x},t)}{\hat{c}_p(\vec{x},t)}\right] \nabla e(\vec{x},t) + S_e(\vec{x},t) = \frac{\partial(\rho(\vec{x},t)e(\vec{x},t))}{\partial t} + \nabla \cdot (\rho(\vec{x},t)\vec{v}(\vec{x},t)e(\vec{x},t))$$

$$(2\text{-}7)$$

⊖ 这被称为欧拉方法，而不是拉格朗日方法。
⊜ 能量方程的其他形式可以写成：a）总能量和 b）动能。

式中，k 是热导率；$\hat{c}_p$ 是定压比热容，e 是具体的内能，内能所有可能的来源都包括在 S_e 里。

由于在热过程中关注的是温度而不是内能，式（2-7）可以写成温度[⊖]的形式：

$$\nabla \cdot k(\vec{x},t) \ \nabla T(\vec{x},t) + S_e(\vec{x},t) = \rho(\vec{x},t) \hat{c}_p(\vec{x},t) \frac{\partial T(\vec{x},t)}{\partial t} + \rho(\vec{x},t) \hat{c}_p(\vec{x},t) \ \nabla \cdot (\vec{v}(\vec{x},t) T(\vec{x},t))$$

（2-8）

值得注意的是，源头项还是与内能相关的，虽然写成了适用于计算热温场演变的形式，式（2-8）中每一项还是能量/（时间×体积）的单位。

在热化学过程中，比如渗碳，各个化学物质守恒的控制方程需要添加到能量方程中。不考虑相间流的控制方程是：

$$\nabla \cdot D_k(\vec{x},t) \ \nabla g_k(\vec{x},t) + S_{g_k}(\vec{x},t) = \frac{\partial (\rho(\vec{x},t) g_k(\vec{x},t))}{\partial t} + \nabla \cdot (\rho(\vec{x},t) \vec{v}(\vec{x},t) g_k(\vec{x},t))$$

（2-9）

式中，D_k 是化学物质的扩散系数；g_k 是物质 k 的质量分数；S_{g_k} 包括了系统中物质 k 的来源。

2.3　边界条件和初始条件

完整的数学公式必须设定边界和/或初始条件。稳态系统只需要边界条件；相应的数学公式称为边值问题。另一方面，如果在非稳态系统中关注的属性不存在梯度，只需要定义初始值，这就产生了初值问题。更普遍的情况是随时间变化的场变量有显著的梯度，这就需要同时定义边界条件以及初始条件，这种方程称为混合边界与初值问题。

初始条件代表了模拟开始时系统的状态；在多数情况下假定为均匀属性场。

另一方面，边界条件反映了系统和环境之间，在扩散和对流传输方向上已知的相互作用。有一些边界条件沿着边界曲面范围是适当的。对于热加工系统而言，典型的边界条件可以归类为：

1）规定热场（Dirichlet）。

$$T = f_i(x_i, t) \text{ 在特定的边界表面}$$

（2-10a）

2）规定温度或热流的法向导数（Neumann）。

$$\frac{\partial T}{\partial \hat{n}} = f_i(x_i, t) \text{ 在边界表面的特定区域}$$

（2-10b）

3）规定与环境的能量交换（第三类）[⊖]。

$$k_i \frac{\partial T}{\partial \hat{n}} + \bar{h}_i T = f_i(x_i, t) \text{ 在边界表面的特定区域}$$

（2-10c）

⊖　具体的内能是 $e = \hat{c}_p T$。
⊖　注意第三类边界条件是其他两种的线性组合。

式中，$\hat{n}$ 是边界面 i 的外法线方向；$\overline{h}_i$ 是综合热传导和辐射的换热系数。如果式（2-10）中的三个方程的右边都等于 0，那么边界条件被认为是均匀的。

2.4　控制方程的数值解

如前文提到的，控制方程和边界条件在关注的所有问题中都是高度非线性的，这阻碍了解析解法的运用。因此，需要借助数值技术（如有限差分、有限元、边界元、控制体积、蒙特卡罗和相场等）来获得控制方程的近似解。通过数值算法，非线性问题被转化为一系列线性问题，它们或许还需要迭代求解或进一步逼近。线性代数方程组解的构成可能是显性或隐性的。后者需要执行高效的数值方法技术来解带状矩阵。控制方程的特殊形式将会导致解法的不同。在这方面，关注的偏微分方程可以归类为椭圆偏微分方程（与纯边界值问题相关）、抛物线偏微分方程（与混合初始边界值问题相关）和双曲线偏微分方程。

由偏微分方程向代数方程的转变是通过将连续方程转化为与其等效的离散形式这一离散化步骤来实现的。离散化以不同的形式被应用于问题域和偏微分控制方程。

域的离散化需要将连续系统分割为一系列离散体积。这一操作是通过布置包含大量点（又被称为节点）的方格（又称网格）来实施的。对于二维问题，相互分离的离散体积就是面积；对于一维域，离散体积简化为线。通过域的离散化，相关的函数变成分离的，即在计算域中仅存在于节点上。

虽然同样的普遍原理被用在任何常用的数值方法中生成网格，但是每一种网格有它自己的不同特征，这点我们将在后面看到。同样，规则网格，即那些建立在笛卡尔坐标、柱坐标或球坐标系上的，并不完全适用于不规则的几何体。在那样的情况下，非正交体积匹配网格的使用提供了很多有利条件，即使它需要进一步操作控制方程的离散化$^{\ominus}$。

控制方程的离散化考虑了这一事实，应变量的数值只能在网格的节点位置计算得到（或已知边界和初始条件的情况下）；在分离时间间隔内的非稳态问题，对于混合边值和初值问题的控制方程包含了时间和空间两者的导数 [见式（2-4）]，它的离散化，不考虑使用特定的数值方法，而是应该首先应用空间离散，产生一系列一阶微分方程，然后再将它们在时间上离散化。提到的每个数值方法相关步骤的细节将会在本章的后文中给出。一个数值方法，只有当显示出其收敛性和稳定性时，才是可靠的，然而由于篇幅的限制，这些议题将不在本章中讨论。

建立的复杂几何模型以及由数学模型产生的庞大数据，为了方便使用，相关人员和组织推动建立了在商业和内部软件包中强大的前、后处理能力。前处理允许使用者输入想要的几何体，建立网格，设置热物理属性和边界条件以及数值方法本身涉及的参数

$\ominus$　这套方法是建立在处理两个截然不同的领域上：物理的和计算的。尤其是用于离散物理域的曲线网格和计算域的正交网格之间的数学转变。

（类似于松弛因子、收敛判断准则等）。后处理涉及结果的显示形式（如等值图），这使得用户能更好地识别流型图和关注变量（温度、浓度、速度等）的动态响应。

考虑到数值方法在工艺工程中的重要性，本章目的是制定出应用于热加工建模的几个数值方法的基本原理，包括有限元、有限体积、蒙特卡罗和相场。希望这给那些有兴趣编写自主程序代码者以及商业软件包的使用者都提供一个良好的开端。由于该学科的文献资料相当庞大，所以本章只会提及每个方法的特征。

泰勒级数展开的一阶近似被广泛应用于本章出现的各种数值方法中，如下所示。若函数 $f(x)$ 在区间 $[x_0, x_0 + \Delta x]$ 内连续且可导，那么该函数可被表示为泰勒级数：

$$f(x_0 + \Delta x) = f(x_0) + \Delta x \frac{f'(x_0)}{1!} + (\Delta x)^2 \frac{f''(x_0)}{2!} + \cdots \tag{2-11}$$

其中 $f'(x_0)$ 表示在点 (x_0) 处估算出的一阶导数，以此类推。如果这个级数是有限的，即当高阶导数为零时，那么该级数就能够准确地估算函数值。另一方面，如果二阶导数不为零，此时如果选择取到级数的一阶导数项为止，那么近似 $(\Delta x)^2$ 大小的误差会在建模中产生，并作为结果存在于所有的导出量中。显然，当 $\Delta x \to 0$，模型误差减小。

当使用泰勒级数展开时，一些表达式源自于连续函数（比如温度、压力、质量分数、速度矢量的分量等）的一阶近似。那么向前差分、向后差分和中心差分近似分别为：

$$\frac{\partial f(x_i, \cdots)}{\partial x_i} = \frac{f(x_i + \Delta x_i, \cdots) - f(x_i, \cdots)}{\Delta x_i} + O[\Delta x_i] \tag{2-12}$$

$$\frac{\partial f(x_i, \cdots)}{\partial x_i} = \frac{f(x_i, \cdots) - f(x_i - \Delta x_i, \cdots)}{\Delta x_i} + O[\Delta x_i] \tag{2-13}$$

$$\frac{\partial f(x_i, \cdots)}{\partial x_i} = \frac{f(x_i + \Delta x_i, \cdots) - f(x_i - \Delta x_i, \cdots)}{2\Delta x_i} + O[(\Delta x_i)^2] \tag{2-14}$$

式中，x_i 是时间或空间坐标；$O[\Delta x_i]$ 指与 Δx_i 近似的量。所以，由中心差分近似引入的误差比向前或向后差分的误差小。

另一个用来开发求解热加工过程控制方程数值方法的工具是高斯散度定理：

$$\int_{\nabla V} \nabla \kappa dV = \oint_S \hat{n} \kappa dS \tag{2-15a}$$

$$\int_V \nabla \cdot \vec{A} dV = \oint_S \hat{n} \cdot \vec{A} dS \tag{2-15b}$$

式中，κ 是一个标量函数；$\vec{A}$ 是任意的矢量函数；$\hat{n}$ 是向外的标准正交矢量。这一定理允许减少等式左边的体积分，把它变成等式右边的面积分。

2.5　有限单元法

有限单元法（FEM）已经被广泛用于结构问题中来计算给定机械载荷下的机械响应。在诸如铸造和热处理等热加工过程中，载荷实际上通常不是固定的，而是与热场和组织场变化以及热力学性能变化有关。

　　具有二次形函数的二维有限元网格示意图如图 2-2 所示。区域被离散成 N 个有限单元，每个包含了确定数量的节点，节点位置沿着每个单元的边界，并且网格之间没有间隙和重叠。

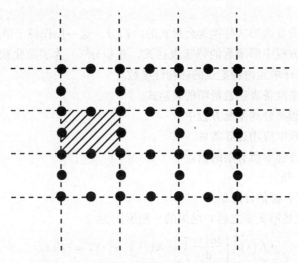

图 2-2　具有二次形函数的二维有限元网格示意图

　　有限元法的基础是在给定单元中用分段误差 $\tilde{\phi}(\vec{x}, t, \{a(t)\})$ 来近似表示连续函数 $\phi(\vec{x}, t)$。其中 $\tilde{\phi}(\vec{x}, t, \{a(t)\})$ 被定义为简单函数的有限之和。因此单元面上的近似解是：

$$\phi^e(\vec{x}, t) \approx \tilde{\phi}^e(\vec{x}, t, \{a(t)\}) \tag{2-16}$$

　　和

$$\tilde{\phi}^e(\vec{x}, t, \{a(t)\}) = a_1(t) N_1^{(e)}(\vec{x}) + \cdots + a_N(t) N_N^{(e)}(\vec{x}) = \sum_{i=1}^{N} a_j(t) N_j^{(e)}(\vec{x}) \tag{2-17}$$

式中，$N_j^{(e)}(\vec{x})$ 是被称为单元形函数（或测试函数）的已知函数；$a_j(t)$ 是待定的系数（称为自由度）。值得注意的是形函数是位置的函数，而节点自由度仅是时间的函数。每一单元形函数的个数取决于所需要的近似程度。例如在一维计算域中，线性单元需要 2 个形函数，而二次单元需要 3 个形函数。每一节点的自由度数目取决于问题本身，如果模拟的是热场，那么只有 1 个自由度（温度）与节点相关。另一方面，在每个节点上的位移场可以包含最多 3 个自由度（例如 x、y、z 方向位移）。整个系统的自由度总数是每个节点的自由度数量乘以网格中节点的总数。

　　在有限元法中，描述系统的控制方程的离散化可以通过三个方法实现：①虚功原理；②变分法；③加权余量法。下面我们将关注加权余量法。

在加权余量发法中，伽辽金法是建立有限元法的首选。基本的步骤如下

1）用控制方程通过把所有项转移到等式左边和取代试探解来定义余量。

2）通过使用加权平均值使余量最小。对伽辽金法来说权函数就是形函数本身。

3）通过分部积分使高次被积函数的次数降低。这一步骤也会产生类似扩散通量的项。

4）将试探解的普通形式替换为余量式的内积分。这一操作源于单元方程。

5）取代单元方程中形函数的特殊表达式，并积分⊖。为了简化积分而不是让方程随变量变化，要估计单元内特定点的热物性参数。

6）用形函数来准备表达通量项的表达式。

7）把单元方程集合到系统方程中。

8）在系统方程中应用边界条件。

9）估计系统方程中所有项的值。

10）解系统方程。

11）如果需要，需估计通量。

系统方程（上述第9步之后）结果的一般形式为

$$[C(t)]\left\{\frac{da(t)}{dt}\right\}+[K(t)]\{a(t)\}=\{F(t)\} \tag{2-18}$$

式中，$[C(t)]$是随时间变化的热容矩阵；$[K(t)]$是随时间变化的刚度矩阵；$\{F(t)\}$是随时间变化的载荷矢量；$\{a(t)\}$是随时间变化的自由度矢量，即要求的解。

上述方法将导出一方程组，其中需要估计形函数的微分和积分。因此，形函数要尽量简单。最常见的形函数形式是多项式函数。对一维的笛卡尔计算域，形函数可以被定义为

$$N_i^{(e)}(x;\{A\})=A_1+A_2x+A_3x^2+\cdots \tag{2-19}$$

然而，为了充分利用有限元法，在特例中必须要用到插值多项式。为了把式（2-19）写成插值多项式形式，形函数在单元内给定的节点处必须设为1，而在同一单元内其他节点处设为0。这一插值性质在数学上被表示成

$$N_j^{(e)}(x_i)=\delta_{ji} \tag{2-20}$$

其中 δ_{ij} 是克罗内克符号，因此，单元面的试探解 $\tilde{\phi}^e(\vec{x},t)$ 在单元内的 i 节点处取值为

$$\tilde{\phi}^{(e)}(x_i;\{a(t)\})=a_i(t) \tag{2-21}$$

用式（2-20）或式（2-21），形函数可以重写成特定形式。例如，一维笛卡尔计算域中的线性形函数可写为

$$N_1^{(e)}(x)=\frac{x_2-x}{x_2-x_1} \tag{2-22a}$$

⊖ 积分可以用解析或数值法给出。

$$N_2^{(e)}(x) = \frac{x - x_1}{x_2 - x_1} \tag{2-22b}$$

其中 x_1 和 x_2 为局部节点 1 和节点 2 的坐标。请注意每个形函数仍是它本身的线性插值。另一特点是单元形函数是局部的，在这个意义上，它们仅在特定的单元中是非零的。

按照上述同样的步骤，二次形函数可以用二次函数来定义：

$$N_1^{(e)}(x) = \frac{(x - x_2)(x - x_3)}{(x_1 - x_2)(x_1 - x_3)} \tag{2-23a}$$

$$N_2^{(e)}(x) = \frac{(x - x_1)(x - x_3)}{(x_2 - x_1)(x_2 - x_3)} \tag{2-23b}$$

$$N_3^{(e)}(x) = \frac{(x - x_1)(x - x_2)}{(x_3 - x_1)(x_3 - x_2)} \tag{2-23c}$$

虽然使用上述形函数的有限单元对分析常规的几何体很有帮助，但是非常规几何形状的模拟需求推动了另外一种强大的形函数类型的发展，即等参形函数。等参形函数是将母单元映射到实际单元上。其中母单元拥有常规的几何模型（比方说三角形或四边形）而实际单元拥有可调整形状来很好地适应非常规边界⊖。关于等参单元的讨论超出了本章的范畴，有兴趣的读者可以查阅相关文献。

一旦建立好所有的单元方程，下一步主要是将它们汇总成方程组。为了完成这一任务，先要整合好局部的试探解，从而在计算机程序中通过使用局部位置符号来应用到任一单元：

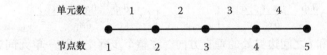

$$\tilde{\phi}^e(\vec{x}, t, \{a(t)\}) = a_1(t) N_1^{(e)}(\vec{x}) + \cdots + a_N(t) N_N^{(e)}(\vec{x}) \tag{2-24}$$

式中，下标代表局部位置节点数。该标记方法的好处是只需要展开一次形函数，然后便可重复地应用到所有的单元中。然而，为了使局部节点数与全局节点数相关联，必须建立一个连接表，这一步骤见图 2-3 和表 2-1。

图 2-3　使用线性形函数的一维问题有限元网格

表 2-1　图 2-3 所示有限元网格的连接表

单　　元	对应于局部节点 1 的全局节点号	对应局部节点 2 的全局节点号
1	1	2
2	2	3
3	3	4
4	4	5

⊖　显然这一有限单元形式与前面提到的体自适应单元的概念有直接关系。

在单元间的边界处实际属性是连续的。这一事实可以被用于通过强制单元边界上的连续性设定集合局部试探解。对两个邻近的单元：

$$\tilde{\phi}^{(k)}\big|_{\text{boundary}} = \tilde{\phi}^{(l)}\big|_{\text{boundary}} \tag{2-25}$$

考虑到形函数的插入性质，它可以简化为

$$a_i = a_j \tag{2-26}$$

式中，全局节点 i 和 j 位于单元 k 和 l 的单元间边界上。为了在计算机程序的框架内把单元方程集合到系统方程中，使用以下规则：首先添加单元刚度 $K_{ij}^{(e)}$ 项到系统刚度矩阵的第 i 行第 j 列；再添加单元载荷项 $F_i^{(e)}$ 到系统载荷矢量的第 i 行，其中下标代表全局节点数。

集成步骤将产生带状矩阵，除非采用适当的节点编号方法使大部分非零项都位于主对角线周围。这是想得到的特性，因为它将大大降低计算成本。对于一维问题，最优化的节点编号方法是按顺序从系统的一端开始到另一端结束；对于二维问题，基本原则是按顺序从一边到另一边沿着节点数最少的路径编号节点。这些准则建立在矩阵带宽最小的基础上。

一旦整合好系统方程，下一步就是限制边界条件。因为在建立系统方程方面的应用取决于它的数学形式，可以方便地把边界条件分类成合适的二次偏微分方程（热问题中最常见的控制方程），例如

1）本质边界条件：规定边界上 ϕ 的值。

2）自然边界条件：规定 ϕ 的一阶偏微分值。

鉴于系统已经被离散为许多有限元体，自动生成额外的内部边界（单元之间的）。所以，内部边界条件需要定义并应用到系统方程中。这些内部边界条件有与前文描述相同形式的系统边界条件。见式（2-26），整个步骤已经把本质边界条件引入到系统方程中，通过强制单元间边界通量的连续性来使用内部自然边界条件：

$$-\Gamma(\vec{x},t)\frac{\partial\tilde{\phi}^{(k)}(\vec{x},t;\{a\})}{\partial x_1}\bigg|_{\text{boundary}} = -\Gamma(\vec{x})\frac{\partial\tilde{\phi}^{(v)}(\vec{x},t;\{a\})}{\partial x_1}\bigg|_{\text{boundary}} \tag{2-27}$$

式中，x_1 是单元 k 和 l 之间边界处的垂直方向。在整个步骤中，这一单元间边界处通量连续性的可以强制连接两个符号相反的单元，从而使由余量分部积分而来的载荷向量的所有内部通量分量为零$^{\ominus}$。

有两个方法可以将本质边界条件应用到系统方程中。两个方法都要引入每个时间步长内已知的自由度值，维持系统方程特性（诸如对称性）。第一种方法主要出现在所有的方程中，替代每个已知的自由度值。如果 a_i 是给定的，那么使用以下的运算法则：

1）用 F_i 第 i 行的值代替 a_i 的值。

2）在第 i 行中若 $j \neq i$，设置 $K_{ij} = 0$。

3）在所有其他 a_i 出现的行中，将 $K_{ki}a_1$ 移到等式的右边。

$\ominus$　载荷向量的每个单元也可能从应用于系统内部的载荷中获得。

再来看当 a_i 是给定的时，第二种方法的运算法则：

1）添加一个极大的数，比方说 β，到 K_{ii} 项中。

2）用 βa_i 替代 F_i 的第 i 行。

如前文所提到的，由分部积分产生的载荷矢量的边界项具有扩散通量的形式。所以，直接使用自然边界条件，用它们的值取代相应的载荷矢量的边界项。为了得到计算所关注的物理场的演变，求解系统方程。请注意式（2-18）代表耦合一阶常微分方程组，它需要用数值方法解。系统方程的解可以通过时间步长法得到，使用有限差分格式或有限单元法对式（2-18）的时间进行积分。这些方法将把常微分方程组转变为通过时间递推方式求解的线性代数方程组。这些方程在本质上可以认为是递推的和线性的。虽然它们可以使用一些时间步的信息建立（多步法），但是通常只用一个时间步的信息（单步法）。

最常用的单步法是 Crank-Nicolson 方法（一种有限差分格式），该方法通过有限中心差分来近似时间的微分从而将式（2-18）离散化（即假定在任意给定的时间步中 $\{a(t)\}$ 是线性的[⊖]）：

$$\left\{\frac{\mathrm{d}a(t)}{\mathrm{d}t}\right\}_{n-1/2} \cong \frac{\{a\}_n - \{a\}_{n-1}}{\Delta t_n} \tag{2-28}$$

其中下标表示特定的时间。

在时间步的中间步长的估算方程可由式（2-18）给出：

$$[C]_{n-1/2}\left\{\frac{\mathrm{d}a(t)}{\mathrm{d}t}\right\}_{n-1/2} + [K]_{n-1/2}\{a\}_{n-1/2} = \{F\}_{n-1/2} \tag{2-29}$$

由 $\{a(t)\}$ 的线性假设可以推出

$$\{a\}_{n-1/2} \approx \frac{\{a\}_{n-1} + \{a\}_n}{2} \tag{2-30}$$

因此，式（2-29）可以改写为

$$\left(\frac{1}{\Delta t_n}[C]_{n-1/2} + \frac{1}{2}[K]_{n-1/2}\right)\{a\}_n = \{F\}_{n-1/2} + \left(\frac{1}{\Delta t_n}[C]_{n-1/2} - \frac{1}{2}[K]_{n-1/2}\right)\{a\}_{n-1} \tag{2-31}$$

其中

$$[C]_{n-1/2} \cong \frac{[C]_{n-1} + [C]_n}{2} \tag{2-32}$$

$$[K]_{n-1/2} \cong \frac{[K]_{n-1} + [K]_n}{2} \tag{2-33}$$

$$\{F\}_{n-1/2} \cong \frac{\{F\}_{n-1} + \{F\}_n}{2} \tag{2-34}$$

式（2-31）可用到每一时间步中计算 $\{a\}_n$ 的递推关系；它是线性代数方程组。鉴于等号左边的矩阵是非对角型的，并且该系统是隐式的，它可以用任何常规解法来解，

⊖ 时间步可以是固定的，也可以是随时间变化的。

比如高斯消元法。

作为有限元法应用的例子，让我们来考虑铝合金的端淬试验。物理环境如图 2-4 所示。假设 Z 方向有一维瞬时热流，但相间流在分析中不予考虑，不包含热源。

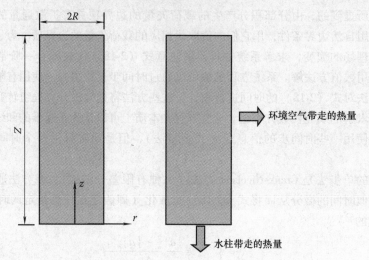

图 2-4　铝合金的端淬试验示意图

使用能量方程的温度形式，数学表达式是：

$$\frac{\partial}{\partial z}\left(k(z,t)\frac{\partial T(z,t)}{\partial z}\right) + h_2(z,t)\left[T(z,t) - T_f\right]\frac{P}{A_{\perp,1}} = \rho\hat{c}_p(z,t)\frac{\partial(T(z,t))}{\partial t} \quad 0 \leqslant z \leqslant Z, \quad t > 0$$

$$(2-35)$$

式中 $A_{\perp,1}$ 是 r 方向上热流的法线区域；$\hat{c}_p$ 是常压下的比热容；h_2 是与静止空气接触的侧面的综合换热系数；k 是热导率；P 是侧面的边缘；t 是时间；T 是热场；T_f 是流体平均温度；z 是沿纵轴的坐标；ρ 是密度，请注意 ρ 和 $\hat{c}_p$ 被归纳为乘积 $\rho\hat{c}_p$。

初始条件和边界条件是：

初始条件 $\qquad\qquad T(z,0) = T_0 \quad 0 \leqslant z \leqslant Z$ $\qquad\qquad$ (2-36)

边界条件 1 $\qquad -k(z,t)\dfrac{\partial T(z,t)}{\partial z} = q_1(t) \quad z = 0, t > 0$ $\qquad$ (2-37)

边界条件 2 $\qquad -k(z,t)\dfrac{\partial T(z,t)}{\partial z} = 0 \quad z = Z, t > 0$ $\qquad$ (2-38)

式（2-36）至式（2-38）中，T_0 是初始温度；$q_1(t)$ 是水体积提取的热流通量。

剩余的控制方程是将式（5-35）代入 RHS 方程所得到的近似解。

$$T^{(e)}(z,t) \cong \tilde{T}^{(e)}(z,t;\{a\}) = \sum_{j=1}^{N} a_j(t)N_j^{(e)}(I) \qquad (2-39)$$

单元尺度的有限元方程由以下步骤得到。第一，热场在单元尺度的演化通过试探解来近似：

$$R(z,t;a) = \frac{\partial(\rho c_p(z,t)\,\tilde{T}^{(e)}(z,t;\{a\}))}{\partial t} - \frac{\partial}{\partial z}\Big(k(z,t)\frac{\partial\,\tilde{T}^{(e)}(z,t;\{a\})}{\partial z}\Big)$$

$$+ h_2(z,t)\big[\,\tilde{T}^{(e)}(z,t;\{a\}) - T_f\,\big]\frac{P}{A_{\perp,1}} \tag{2-40}$$

应用伽辽金法可以得到:

$$\int_{V_e}\rho c_p(z,t)\frac{\partial\,\tilde{T}^{(e)}(z,t;\{a\})}{\partial t}N_i^{(e)}(z)\,\mathrm{d}V - \int_{V_e}\frac{\partial}{\partial z}\Big[k(z,t)\frac{\partial\,\tilde{T}^{(e)}(z,t;\{a\})}{\partial z}\Big]N_i^{(e)}(z)\,\mathrm{d}V$$

$$+ \int_{V_e}\overline{h}_2(z,t)\,\tilde{T}^{(e)}(z,t;\{a\}) * \frac{P}{A_{\perp}}N_i^{(e)}(z)\,\mathrm{d}V$$

$$- \int_{V_e}\overline{h}_2(z,t)\,T_f * \frac{P}{A_{\perp}}N_i^{(e)}(z)\,\mathrm{d}V = 0 \quad i=1,2,\cdots n \tag{2-41}$$

由于 $\mathrm{d}V = r\mathrm{d}\theta\mathrm{d}r\mathrm{d}z$:

$$\pi R^2\int_{z_1}^{z_2}\rho c_p(z,t)\frac{\partial\,\tilde{T}^{(e)}(z,t;\{a\})}{\partial t}N_i(z)\,\mathrm{d}z - \pi R^2\int_{z_1}^{z_2}\frac{\partial}{\partial z}\Big[k(z,t)\frac{\partial\,\tilde{T}^{(e)}(z,t;\{a\})}{\partial z}\Big]N_i(z)\,\mathrm{d}z$$

$$+ \pi R^2\int_{z_1}^{z_2}\overline{h}_2(z,t)\,\tilde{T}^{(e)}(z,t;\{a\})\frac{P}{A_{\perp}}N_i(z)\,\mathrm{d}z$$

$$- \pi R^2\int_{z_1}^{z_2}\overline{h}_2(z,t)\,T_f\frac{P}{A_{\perp}}N_i(z)\,\mathrm{d}z = 0 \quad i=1,2,\cdots,n \tag{2-42}$$

将高次项分部积分,再整理得:

$$\pi R^2\int_{z_1}^{z_2}\rho c_p(z,t)\frac{\partial\,\tilde{T}^{(e)}(z,t;\{a\})}{\partial t}N_i^{(e)}(z)\,\mathrm{d}z + \pi R^2\int_{z_1}^{z_2}\frac{\partial N_i^{(e)}(z)}{\partial z}k(z,t)\frac{\partial\,\tilde{T}^{(e)}(z,t;\{a\})}{\partial z}\mathrm{d}z$$

$$+ \pi R^2\int_{z_1}^{z_2}\overline{h}_2(z,t)\,\tilde{T}^{(e)}(z,t;\{a\})\frac{P}{A_{\perp}}N_i^{(e)}(z)\,\mathrm{d}z = \pi R^2\int_{z_1}^{z_2}\overline{h}_2(z,t)\,T_f\frac{P}{A_{\perp}}N_i^{(e)}(z)\,\mathrm{d}z$$

$$- \pi R^2\big[\,\tilde{q}_{k,z}^{(e)}(z,t;\{a\})N_i^{(e)}(z)\,\big]_{z_1}^{z_2} \quad i=1,2,\cdots,n \tag{2-43}$$

其中热流通量[⊖]定义为:

$$\tilde{q}_{k,z}^{(e)}(z,t;\{a\}) = -k(z,t)\frac{\partial\,\tilde{T}^{(e)}(z,t;\{a\})}{\partial z} \tag{2-44}$$

把试探解的普遍形式代入余量方程的中间项:

$$\pi R^2\sum_{j=1}^{n}\Big(\int_{z_1}^{z_2}N_i^{(e)}(z)\rho c_p(z,t)N_j^{(e)}(z)\,\mathrm{d}z\Big)\frac{\mathrm{d}a_j(t)}{\mathrm{d}t}$$

$$+ \pi R^2\sum_{j=1}^{n}\Big(\int_{z_1}^{z_2}\frac{\mathrm{d}N_i^{(e)}(z)}{\mathrm{d}z}k(z,t)\frac{\mathrm{d}N_j^{(e)}(z)}{\mathrm{d}z}\mathrm{d}z\Big)a_j(t)$$

⊖　这一项由分部积分产生。

$$+ \pi R^2 \sum_{j=1}^{n} \left(\int_{z_1}^{z_2} N_i^{(e)}(z) \bar{h}_2(z,t) \tilde{T}^{(e)}(z,t) \frac{P}{A_\perp} N_j^{(e)}(z) \, dz \right)$$

$$= \pi R^2 \int_{z_1}^{z_2} \bar{h}_2(z,t) T_f \frac{P}{A_\perp} N_i^{(e)}(z) \, dz - \pi R^2 \left[\tilde{q}_{k,z}^{(e)}(z,t;\{a\}) N_i^{(e)}(z) \right]_{z_1}^{z_2} \quad i = 1,2,\cdots N$$

$$(2\text{-}45)$$

其可以表述为矩阵形式：

$$[C]^{(e)} \left\{ \frac{da(t)}{dt} \right\} + [K]^{(e)} \{a(t)\} = \{F(t)\}^{(e)} \tag{2-46}$$

其中

$$C_{ij}^{(e)} = \pi R^2 \int_{z_1}^{z_2} N_i^{(e)}(z) \rho c_p(z,t) N_j^{(e)}(z) \, dz \tag{2-47a}$$

$$K_{ij}^{(e)} = \pi R^2 \left[\int_{z_1}^{z_2} \frac{dN_i^{(e)}(z)}{dz} k(z,t) \frac{dN_j^{(e)}(z)}{dz} dz + \int_{z_1}^{z_2} N_i^{(e)}(z) \bar{h}_2(z,t) * \frac{P}{A_\perp} N_j^{(e)}(z) \, dz \right]$$

$$(2\text{-}47\text{b})$$

$$F_i^{(e)}(t) = \pi R^2 \left[\int_{z_1}^{z_2} N_i^{(e)}(z) \bar{h}_2(z,t) T_f * \frac{P}{A_\perp} dz \right] - \pi R^2 \left\{ - \left[N_i^{(e)}(z) \tilde{q}_{k,z}^{(e)}(z,t;\{a\}) \right]_{z_1}^{z_2} \right\}$$

$$(2\text{-}47\text{c})$$

$C_{ij}^{(e)}$、$K_{ij}^{(e)}$ 和 $F_i^{(e)}(t)$ 分别是热容矩阵、刚度（或热导率）矩阵和载荷矢量。请注意，分部积分以后，热导率矩阵是对称的，并且产生类热流通量项。形函数与一维问题一致，可以从任何标准参考项中提取并插入到整体中，如上述方程所示。完成积分以后，执行数值方法或解析解法的集合步骤，并且所有载荷矢量的中间项为零。对这一问题而言，计算域的边界条件是本质边界条件，因此，通过直接取代载荷矢量中的相应项来应用。导出的系统方程可以用前文提到的 Crank-Nicolson 方法来解。

如果有相变发生（例如钢的端淬实验），控制方程将包含热量产生项。在有限单元公式中这一项产生额外积分。因此在系统方程中仅需要调整的一项是载荷矢量，它将包含附加项：

$$F_{i,\text{gen}}^{(e)}(t) = \pi R^2 \int_{z_1}^{z_2} N_i^{(e)}(z) \rho(z,t) \Delta H \frac{\partial f(z,t)}{\partial t} dz \tag{2-48}$$

式中，f 是新相的转变分数；ΔH 是转变的比焓。

从式（2-48）可以明显看出，热场取决于转变分数的变化进程。反过来，转变分数也是热场演变的函数。所以当系统在相变区域时需进行下面的迭代算法：

1）将源项设成零，估算出热场 T^*。

2）估算转变分数 f^*，和载荷矢量的相应项。

3）再估算热场 T^{**}。

4）再估算转变分数 f^{**}，以及载荷矢量的相应项。

5）再估算热场 T^{***}。

6）如果 T^{**} 和 T^{***} 之差的绝对值小于预设的收敛判据，那么解为收敛。移到下一时间步。

7）否则，将 T^{**} 设为 T^{***} 并回到第 4 步。

为了减少迭代次数，在所有相应时间步的转变分数演化之前，上述所提到的算法需要对估算所得的热场使用低松弛技巧计算。而且对于小的时间步长，在迭代过程中给定节点的温度并不会剧烈变化，所以材料的热物性（尤其是热导率矩阵）在每一时间间隔内只需要估算一次。

2.6　有限体积法

有限体积法（FVM）是当前解决流体动力学的传热和/或传质问题的主要数值方法。如果速度场是未知的，计算域的离散化结合了常规控制体积⊖和按速度矢量分量控制体积的两种方式。图 2-5 所示为二维笛卡尔计算域的典型有限体积法网格，它通过在计算域内布置节点来建立。请注意速度矢量的节点与坐标节点是向后错开的交错排列，即建立两组网格而后移到标量网格的左边（速度场的 u 分量）或下面（速度场的 v 分量），然后每一变量的控制体积通过在相邻节点间画出边界形成，计算域的边界也是所控制体积的边界。

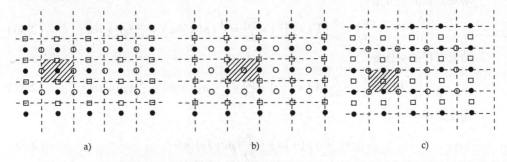

图 2-5　二维笛卡尔计算域的典型有限体积法网格

图 2-5 所示为笛卡尔坐标中二维计算域的典型有限体积法网格的三个组成部分，其中事先为之的速度场可分为：a）常规的（标量）；b）速度场 u 分量；c）速度场 v 分量。图中实心圆表示标量节点；空心圆表示速度 u 分量节点；空心方块表示速度 v 分量节点。

若已知速度场，离散控制方程的基本步骤是：

1）把控制方程对典型的内部控制体积进行符号化积分。

2）将扩散和对流通量相关的导数进行近似。

3）将标量控制体积表面的物性参数进行近似。

⊖　亦称为标量或压力控制体积。

4）将源项线性化。

5）重组1）~4）步后的导出方程从而得到普通离散化方程。

6）调整临近计算域边界的控制体积的普通离散化方程使其包含边界条件。

7）求解导出的隐性线性代数方程组，计算所需的物理场。

8）如果需要，估算通量值。

以上步骤的总体目标是将控制方程从微分形式转变为线性代数方程组。对于稳态系统，它的形式为

$$a_{\mathrm{P}}\phi_{\mathrm{P}} = \sum a_i\phi_i + S_0 \tag{2-49}$$

其中求和是对所有临近节点进行的。

将详细展开下面这个运算法则，计算不可压缩牛顿流体中耦合速度与压力场所需要的离散化方程。因为物理场是耦合的，而且不存在压力场的守恒方程，所以前面的运算法则中不需要添加步骤。系统将会假设为稳态或类稳态，而且二维笛卡尔计算域中动量是通过对流和扩散机制传递的，但是除了压力梯度外不会考虑其他源项。另外，将采用层流假设[⊖]，该推导过程很大程度上遵照参考文献。

对于二维流体，除了连续方程外，还需要考虑动量方程的两个分量。因此，对于上述系统：

动量方程的 x 分量：

$$\frac{\partial}{\partial x}\left(\Gamma(\vec{x})\frac{\partial u}{\partial x}\right) + \frac{\partial}{\partial y}\left(\Gamma(\vec{x})\frac{\partial u}{\partial y}\right) - \frac{\partial p}{\partial x} = \frac{\partial}{\partial x}(\rho(\vec{x})uu) + \frac{\partial}{\partial y}(\rho(\vec{x})vu) \tag{2-50}$$

动量方程的 y 分量：

$$\frac{\partial}{\partial x}\left(\Gamma(\vec{x})\frac{\partial v}{\partial x}\right) + \frac{\partial}{\partial y}\left(\Gamma(\vec{x})\frac{\partial v}{\partial y}\right) - \frac{\partial p}{\partial y} = \frac{\partial}{\partial x}(\rho(\vec{x})uv) + \frac{\partial}{\partial y}(\rho(\vec{x})vv) \tag{2-51}$$

连续方程：

$$\frac{\partial}{\partial x}(\rho(\vec{x})u) + \frac{\partial}{\partial y}(\rho(\vec{x})v) = 0 \tag{2-52}$$

式（2-50）~式（2-52）需要假定 $u = u(\vec{x})$，$v = v(\vec{x})$ 以及流体为牛顿流体[⊖]。

这些是求解速度场和压力场需要的 3 个控制方程。接着考虑到前两个方程可以直接使用，而最后一个方程将要改写成压力场的形式。

有限体积法中偏微分控制方程的离散化是以控制方程对每一控制体积的积分为基础的。然而，动量方程将对后交错控制体积积分，同时标量所控制的体积将被用来积分连续方程。前一方程将导出两个隐性代数方程组（速度场的每个分量各一个），而后者将产生一个压力场的隐性代数方程组。

二维笛卡尔计算域中内部 u 分量向后交错控制体积如图 2-6 所示。在图 2-6a 中，大写字母表示将被计算的位置速度场的 u 分量，小写字母指出了交错控制体积的边界；这

⊖ 对湍流而言，改进的动量守恒方程和湍流辅助方程可被处理成相同的形式。

⊜ 为了使方程尽可能的普通，流体的黏滞性用 Γ（而不是 u）来表征。

一标记方法对建立相应控制方程的积分是有益的。为了计算的目的，图 2-6b 中采用矩阵表示法，两个大写字母与一个标量位置联系，其中大小写字母的排列将表示速度分量的位置，其中速度分量位置的索引是向后交错的。

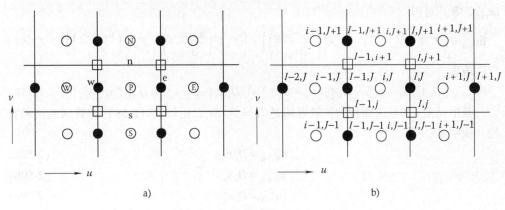

图 2-6　二维笛卡尔计算域中内部 u 分量向后交错控制体积

a）标准表示法　b）矩阵表示法

注：1. 实心圆——标量节点。
　　2. 空心圆——速度场 u 分量节点。
　　3. 空心方块——速度场 v 分量节点。

式（2-50）中，等式左边的头两项代表动量场的 x 分量的扩散传递；第三项表示压力梯度是这种情况下仅有的动量来源；等式右边项包含对流对动量流。

扩散项用以下的形式积分，得

$$\text{Int}_{\text{diff}} = \iint_{\text{CV}} \left[\frac{\partial}{\partial x}\left(\Gamma(\vec{x})\, \frac{\partial u}{\partial x} \right) + \frac{\partial}{\partial y}\left(\Gamma(\vec{x})\, \frac{\partial u}{\partial y} \right) \right] \mathrm{d}V \tag{2-53}$$

或者，对扩散项分裂积分并应用散度定理，得

$$\text{Int}_{\text{diff}} = \int_{A_x} \hat{n} \cdot \frac{\partial}{\partial x}\left(\Gamma(\vec{x})\, \frac{\partial u}{\partial x} \right) \mathrm{d}A_x + \int_{A_y} \hat{n} \cdot \frac{\partial}{\partial x}\left(\Gamma(\vec{x})\, \frac{\partial u}{\partial y} \right) \mathrm{d}A_y \tag{2-54}$$

式中，$\hat{n}$ 是控制体积表面的外法线方向单位矢量；A_x 和 A_y 分别是与流场 u 和 v 分量正交的控制体积面，即与图 2-6a 中的控制体积的 w 和 e 以及 n 和 s 边界相一致。

对式（2-54）进行积分可以得到以下结果[⊖]：

$$\text{Int}_{\text{diff}} = \left[\left(\Gamma(\vec{x})\, \frac{\partial u}{\partial x} A_x \right)_e - \left(\Gamma(\vec{x})\, \frac{\partial u}{\partial x} A_x \right)_w \right] + \left[\left(\Gamma(\vec{x})\, \frac{\partial u}{\partial y} A_y \right)_n - \left(\Gamma(\vec{x})\, \frac{\partial u}{\partial y} A_y \right)_s \right] \tag{2-55}$$

该结果在这里通过中间差分格式被离散化。参考图 2-6a，例如，在等距的网格（$\Delta x = \delta x_{\text{WP}} = \delta x_{\text{PE}}$）中节点 P 处中间差分公式的一般形式是[⊖]：

⊖　请注意这个结果保留了净扩散通量的形式（当前态乘以面积）在控制方程中。

⊖　该区域的残余部分，标记 δx_{KL} 或 δx_{kl} 分别表示两点之间的距离，以及网格节点或控制体积边界。

$$\left(\frac{\partial \phi(\vec{x},t)}{\partial x}\right)\Bigg|_{\mathrm{P}} = \frac{\phi(\vec{x},t)\mid_{\mathrm{E}} - \phi(\vec{x},t)\mid_{\mathrm{W}}}{2\Delta x} + O(\Delta x^2) \tag{2-56}$$

该式具有二阶精度，应用中间差分公式到式（2-55）的空间导数中（注意 $\delta x_{\mathrm{Pe}} = \delta x_{\mathrm{PE}}/2$ 等）可得

$$\mathrm{Int}_{\mathrm{diff}} = \left[\Gamma_{\mathrm{e}}A_{\mathrm{e}}\left(\frac{u_{\mathrm{E}}-u_{\mathrm{P}}}{\delta x_{\mathrm{PE}}}\right) - \Gamma_{\mathrm{w}}A_{\mathrm{w}}\left(\frac{u_{\mathrm{P}}-u_{\mathrm{W}}}{\delta x_{\mathrm{WP}}}\right)\right] + \left[\Gamma_{\mathrm{n}}A_{\mathrm{n}}\left(\frac{u_{\mathrm{N}}-u_{\mathrm{P}}}{\delta y_{\mathrm{PN}}}\right) - \Gamma_{\mathrm{s}}A_{\mathrm{s}}\left(\frac{u_{\mathrm{P}}-u_{\mathrm{S}}}{\delta y_{\mathrm{SP}}}\right)\right] \tag{2-57}$$

或者

$$\mathrm{Int}_{\mathrm{diff}} = \left[D_{\mathrm{e}}A_{\mathrm{e}}(u_{\mathrm{E}}-u_{\mathrm{P}}) - D_{\mathrm{w}}A_{\mathrm{w}}(u_{\mathrm{P}}-u_{\mathrm{W}})\right] + \left[D_{\mathrm{n}}A_{\mathrm{n}}(u_{\mathrm{N}}-u_{\mathrm{P}}) - D_{\mathrm{s}}A_{\mathrm{s}}(u_{\mathrm{P}}-u_{\mathrm{S}})\right] \tag{2-58}$$

其中元面 i 的单位面积的扩散导率是 $D_i = \Gamma_i/\delta x_i$。比较式（2-58）与普通的离散方程，很明显：

$$a_{\mathrm{W,diff}} = D_{\mathrm{w}}A_{\mathrm{w}} \tag{2-59a}$$

$$a_{\mathrm{E,diff}} = D_{\mathrm{e}}A_{\mathrm{e}} \tag{2-59b}$$

$$a_{\mathrm{S,diff}} = D_{\mathrm{s}}A_{\mathrm{s}} \tag{2-59c}$$

$$a_{\mathrm{N,diff}} = D_{\mathrm{n}}A_{\mathrm{n}} \tag{2-59d}$$

$$a_{\mathrm{P,diff}} = a_{\mathrm{W,diff}} + a_{\mathrm{E,diff}} + a_{\mathrm{S,diff}} + a_{\mathrm{N,diff}} \tag{2-59e}$$

必须控制体积边界上 Γ_i 的值，但是它们只有在标量节点处是已知的。本离散方程中只有 Γ_{w} 和 Γ_{e} 是已知；其他 Γ_i 的值是用线性插值法估计而得到的。把 $A_u = \Delta y \times 1$ 和 $A_v = \Delta x \times 1$ 分别当作正交于速度场 u 和 v 分量的面，然后参照图 2-6b 所示，对于一般离散方程的扩散变为[⊖]

$$a_{i-1,J,\mathrm{diff}} = D_{I-1,J}\Delta y \tag{2-60a}$$

$$a_{i+1,J,\mathrm{diff}} = D_{I,J}\Delta y \tag{2-60b}$$

$$a_{i,J-1,\mathrm{diff}} = \frac{(\Gamma_{I-1,J} + \Gamma_{I,J} + \Gamma_{I-1,J-1} + \Gamma_{I,J-1})/4}{(y_J - y_{J-1})}\Delta x \tag{2-60c}$$

$$a_{i,J+1,\mathrm{diff}} = \frac{(\Gamma_{I-1,J+1} + \Gamma_{I,J+1} + \Gamma_{I-1,J} + \Gamma_{I,J})/4}{(y_{J+1} - y_J)}\Delta x \tag{2-60d}$$

$$a_{i,J,\mathrm{diff}} = a_{i-1,J,\mathrm{diff}} + a_{i+1,J,\mathrm{diff}} + a_{i,J-1,\mathrm{diff}} + a_{i,J+1,\mathrm{diff}} \tag{2-60e}$$

对流的产生的影响与扩散的产生的影响存在如下差异性：对流产生的影响有优先的传递方向（流体的方向）而扩散产生的影响关注在各个方向的传递性质（针对各向同性材料）。因此，中间差分格式不能用来离散在积分形式的控制方程中的对流项。

为了解决这个问题发展了迎风、混合、幂律和快速等各种格式。这里将给出混合格式，它是中间差分格式与迎风格式的结合。首先，控制方程中的对流项对控制体积积分：

$$\mathrm{Int}_{\mathrm{conv}} = \int_{\mathrm{CV}}\left[\frac{\partial}{\partial x}(\rho(\vec{x})uu) + \frac{\partial}{\partial y}(\rho(\vec{x})vu)\right]\mathrm{d}V \tag{2-61}$$

⊖ 即使没有必要，x 和 y 方向的网格均一。

或者，分裂积分并采用散度定理，

$$\text{Int}_{\text{conv}} = \int_{A_x} \hat{n} \cdot \frac{\partial}{\partial y}(\rho(\vec{x})uu)\,\mathrm{d}A_x = \int_{A_y} \hat{n} \cdot \frac{\partial}{\partial y}(\rho(\vec{x})vu)\,\mathrm{d}A_y \tag{2-62}$$

可得到（参见图 2-6a）：

$$\text{Int}_{\text{conv}} = \left[(\rho(\vec{x})uuA_x)_e - (\rho(\vec{x})uuA_x)_w\right] + \left[(\rho(\vec{x})vuA_y)_n - (\rho(\vec{x})vuA_y)_s\right] \tag{2-63}$$

为了将式（2-63）线性化，速度的点乘被分成两项，其中一项假定为已知的（从先前的迭代中得到），而另一项将要计算获得。结果是：

$$\text{Int}_{\text{conv}} = \left[\rho_e u_e A_e(u_e) - \rho_w u_w A_w(u_e)\right] + \left[\rho_n v_n A_n(u_n) - \rho_s v_s A_s(u_s)\right] \tag{2-64}$$

或者

$$\text{Int}_{\text{conv}} = \left[F_e A_e(u_e) - F_w A_w(u_w)\right] + \left[F_n A_n(u_n) - F_s A_s(u_s)\right] \tag{2-65}$$

其中元面 i 处的单位面积对流质量通量为 $F_i = \rho_i u_i$（或 $F_i = \rho_i v_i$）。

在中间差分格式中每一控制体积内的线性插值被用来代表元面处所关注的物理场。因此[⊖]

$$u_w = \frac{u_W + u_P}{2} \tag{2-66a}$$

$$u_e = \frac{u_P + u_E}{2} \tag{2-66b}$$

$$u_s = \frac{u_S + u_P}{2} \tag{2-66c}$$

$$u_n = \frac{u_P + u_N}{2} \tag{2-66d}$$

比较式（2-65）［导出式（2-66）式之后］与普通的离散方程［式（2-49）］可得

$$a_{W,\text{conv}} = \frac{F_w}{2}A_w \tag{2-67a}$$

$$a_{E,\text{conv}} = -\frac{F_e}{2}A_e \tag{2-67b}$$

$$a_{S,\text{conv}} = \frac{F_s}{2}A_s \tag{2-67c}$$

$$a_{N,\text{conv}} = -\frac{F_n}{2}A_n \tag{2-67d}$$

$$a_{P,\text{conv}} = a_{W,\text{conv}} + a_{E,\text{conv}} + a_{S,\text{conv}} + a_{N,\text{conv}} + (F_e - F_w) + (F_n - F_s) \tag{2-67e}$$

因为迎风格式考虑了流体的方向，所以关注的属性值不再是通过假设控制体积内的线性变化计算得到的；而是取离它最近的上游节点的属性值。对于图 2-6a 中自东向西的流体以及自南向北的流体，有

$$u_w = u_W \tag{2-68a}$$

$$u_e = u_P \tag{2-68b}$$

⊖　即使没有必要，x 和 y 方向的网格均一。

$$u_s = u_S \tag{2-68c}$$

$$u_n = u_P \tag{2-68d}$$

当流体方向相反时，可以得到同样的表达形式。通常写作

$$a_{W,conv} = \max(F_w A_w, 0) \tag{2-69a}$$

$$a_{E,conv} = \max(0, -F_e A_e) \tag{2-69b}$$

$$a_{S,conv} = \max(F_s A_s, 0) \tag{2-69c}$$

$$a_{N,conv} = \max(0, -F_n A_n) \tag{2-69d}$$

$$a_{P,conv} = a_{W,conv} + a_{E,conv} + a_{S,conv} + a_{N,conv} + (F_e A_e - F_w A_w) + (F_n A_n - F_s A_s) \tag{2-69e}$$

混合格式结合了中间差分和迎风格式。在给定元面上，局部的 Peclet 数（用于衡量对流和扩散机制的相对重要性）被定义为

$$Pe_i = \frac{F_i}{D_i} \tag{2-70}$$

如果局部 Peclet 数较小，那么两种机制都重要；如果局部 Peclet 数较大，那么对流机制占主导作用。当 $|Pe_i| < 2$ 时，混合格式对扩散和对流部分使用中间差分；当 $|Pe_i|$ ≥2 时，混合格式对扩散和对流部分使用迎风格式（并且消除对流项）。数学式为：

$$a_W = \max\left[F_w A_w, \left(a_{i-1,J,diff} + \frac{F_w}{2}A_w\right), 0\right] \tag{2-71a}$$

$$a_E = \max\left[-F_e A_e, \left(a_{i+1,J,diff} - \frac{F_e}{2}A_e\right), 0\right] \tag{2-71b}$$

$$a_S = \max\left[F_s A_s, \left(a_{i,J-1,diff} + \frac{F_s}{2}A_s\right), 0\right] \tag{2-71c}$$

$$a_N = \max\left[-F_n A_n, \left(a_{i,J+1,diff} - \frac{F_n}{2}A_n\right), 0\right] \tag{2-71d}$$

$$a_P = a_W + a_E + a_S + a_N + (F_e - F_w) + (F_n - F_s) \tag{2-71e}$$

接下来考虑怎样计算 F_i 项。参考图 2-6a，速度场的 u 分量在元面处是未知量，单位面积的流量同样也是未知量，而且在不同于标量节点位置的 ρ_i 值是需求量。因此，用周围节点的平均值表示这些量。参考图 2-6b 的标记法有

$$F_w = \frac{(F_{i,J} + F_{i-1,J})}{2} = \frac{(\rho_{i,J}u_{i,J} + \rho_{i-1,J}u_{i-1,J})}{2} \tag{2-72a}$$

$$F_e = \frac{(F_{i+1,J} + F_{i,J})}{2} = \frac{(\rho_{i+1,J}u_{i+1,J} + \rho_{i,J}u_{i,J})}{2} \tag{2-72b}$$

$$F_s = \frac{(F_{I,j} + F_{I-1,j})}{2} = \frac{(\rho_{I,j}v_{I,j} + \rho_{I-1,j}v_{I-1,j})}{2} \tag{2-72c}$$

$$F_n = \frac{(F_{I,j+1} + F_{I-1,j+1})}{2} = \frac{(\rho_{I,j+1}v_{I,j+1} + \rho_{I-1,j+1}v_{I-1,j+1})}{2} \tag{2-72d}$$

还有

$$\rho_{i,J} = \frac{(\rho_{I,J} + \rho_{I-1,J})}{2} \tag{2-73a}$$

$$\rho_{i-1,J} = \frac{(\rho_{I-1,J} + \rho_{I-2,J})}{2} \tag{2-73b}$$

$$\rho_{i+1,J} = \frac{(\rho_{I+1,j} + \rho_{I,J})}{2} \tag{2-73c}$$

$$\rho_{I-1,j} = \frac{(\rho_{I-1,J} + \rho_{I-1,J-1})}{2} \tag{2-73d}$$

$$\rho_{I,j+1} = \frac{(\rho_{I,J+1} + \rho_{I,J})}{2} \tag{2-73e}$$

$$\rho_{I-1,j+1} = \frac{(\rho_{I-1,J+1} + \rho_{I-1,J})}{2} \tag{2-73f}$$

由压力梯度产生的动量得到另一积分$^{\ominus}$：

$$\mathrm{Int}_{\mathrm{p}} = \iint_{\mathrm{CV}} \left[-\frac{\partial p}{\partial x} \right] \mathrm{d}V \tag{2-74}$$

在控制体积内，压力梯度近似假定为线性行为满足：

$$\frac{\partial p}{\partial x} \approx \frac{(p_{\mathrm{e}} - p_{\mathrm{w}})}{\Delta x} \tag{2-75}$$

所以

$$\mathrm{Int}_{\mathrm{p}} \approx -\frac{(p_{\mathrm{e}} - p_{\mathrm{w}})}{\Delta x} \Delta V_{\mathrm{u}} = -(p_{\mathrm{e}} - p_{\mathrm{w}}) A_{\mathrm{u}} \tag{2-76}$$

其中 $\Delta V_{\mathrm{u}} (= A_{\mathrm{u}} \Delta x)$ 是速度场 u 分量的交错控制体积的值，以矩阵符号的形式表达为：

$$\mathrm{Int}_{\mathrm{p}} \approx -(p_{I,J} - p_{I-1,J}) A_{i,J} = -(p_{I,J} - p_{I-1,J}) \Delta y \tag{2-77}$$

结合所有积分项，x 分量的动量方程的离散化方程可写成：

$$a_{i,J} u_{i,J} = a_{i-1,J} u_{i-1,J} + a_{i+1,J} u_{i+1,J} + a_{i,J-1} u_{i,J-1} + a_{i,J+1} u_{i,J+1} + (p_{I-1,J} - p_{I,J}) \Delta y \tag{2-78}$$

二维笛卡尔计算域中 v 分量的动量方程的可以建立在图 2-7 所示的向后交错控制体积的基础上，并给出

$$a_{I,j} v_{I,j} = a_{I-1,j} v_{I-1,j} + a_{I+1,j} v_{I+1,j} + a_{I,j-1} v_{I,j-1} + a_{I,j+1} v_{I,J+1} + (p_{I,J-1} - p_{I,J}) \Delta x \tag{2-79}$$

由于压力场通常是未知的，因此式（2-78）和式（2-79）现有的形式是无法解的。将它们近似求解的策略是用连续方程来产生一个校正的压力场方程，并用它来迭代求解速度场。

在 SIMPLE（Semi-Implicit Method for Pressure-Linked Equations，压力链接方程的半隐式方法）法则中，压力场的猜测值，p^*，应用于速度场的 u 和 v 分量的初步估算：分别是 u^* 和 v^*。然后，式（2-78）和式（2-79）可重写为

$$a_{i,J} u_{i,J}^* = a_{i-1,J} u_{i-1,J}^* + a_{i+1,J} u_{i+1,J}^* + a_{i,J+1} u_{i,J+1}^* + a_{i,J-1} u_{i,J-1}^* + (p_{I-1,J}^* - p_{I,J}^*) \Delta y \tag{2-80}$$

和

$$a_{I,j} v_{I,j}^* = a_{I-1,j} v_{I-1,j}^* + a_{I+1,j} v_{I+1,j}^* + a_{I,j-1} v_{I,j-1}^* + a_{I,j+1} v_{I,j+1}^* + (p_{I,J-1}^* - p_{I,J}^*) \Delta x \tag{2-81}$$

$\ominus$　动量的其他来源可以被考虑和联系到源项中。

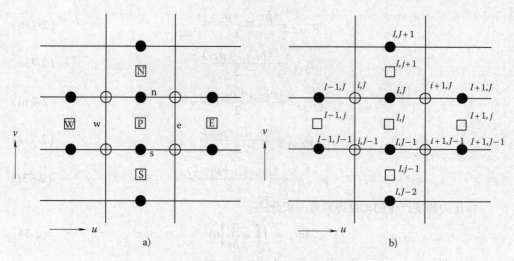

图 2-7 二维笛卡尔计算域中 v 分量向后交错控制体积

a）标准标记法 b）矩阵标记法

注：1. 实心圆——标量节点。

2. 空心圆——速度场 u 分量节点。

3. 空心方块——速度场 v 分量节点。

修正方程然后被定义为

$$p = p^* + p' \tag{2-82}$$

$$u = u^* + u' \tag{2-83}$$

$$v = v^* + v' \tag{2-84}$$

通过式（2-78）~式（2-84），可得到以下经校正的速度公式[⊖]：

$$u'_{i,J} = u^*_{i,J} + \frac{(p'_{I-1,J} - p'_{I,J})\Delta y}{a_{i,J}} = u^*_{i,J} + (p'_{I-1,J} - p'_{I,J})d_{i,J} \tag{2-85}$$

$$v'_{I,j} = v^*_{I,j} + (p'_{I,J-1} - p'_{I,J})\frac{\Delta x}{a_{I,j}} = v^*_{I,j} + (p'_{I,J-1} - p'_{I,J})d_{I,j} \tag{2-86}$$

其中 $d_{i,j} = A_{i,J}/a_{i,J}$，以此类推。相似的表达式应用于每一个控制体积的所有临近节点，其中压力校正场仍是未知量。

对压力而言没有传递方程，但是连续方程可以被离散并重组来提供压力校正场方程。采用如图 2-8 所示的内部常规（标量）控制体积。

对连续方程应用控制体积积分：

$$\int_{CV}\left[\frac{\partial}{\partial x}(\rho(\vec{x})u) + \frac{\partial}{\partial x}(\rho(\vec{x})v)\right]\mathrm{d}V = 0 \tag{2-87}$$

⊖ 其中 $(a_{i-1,J}u'_{i-1,J} + a_{i+1,J}u'_{i+1,J} + a_{i,J-1}u^*_{i,J-1} + a_{i,J+1}u'_{i,J+1})$ 和 $(a_{I-1,j}v'_{I-1,j} + a_{I+1,j}v'_{I+1,j} + a_{I,j-1}v'_{I,j-1} + a_{I,j+1}v'_{I,j+1})$ 已经暂时被设置为零。当求解接近收敛时，这些项将接近于零。同样的方法考虑所有临近节点。

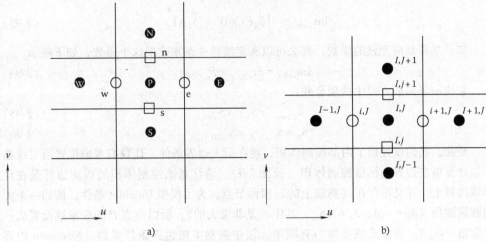

图 2-8　内部常规（标量）控制体积

a）标准标记法　　b）矩阵标记法

注：1. 实心圆——标量节点。

　　2. 空心圆——速度场 u 分量节点。

　　3. 空心方块——速度场 v 分量节点。

或者，分解积分并应用散度定理，

$$\int_{A_x} \hat{n} \cdot \frac{\partial}{\partial x}(\rho(\vec{x})u)\,\mathrm{d}A_x + \int_{A_y} \hat{n} \cdot \frac{\partial}{\partial y}(\rho(\vec{x})u)\,\mathrm{d}A_y = 0 \tag{2-88}$$

可导出

$$\left[(\rho u A_x)_e - (\rho u A_x)_w\right] + \left[(\rho v A_y)_n - (\rho v A_y)_s\right] = 0 \tag{2-89}$$

用矩阵符号表示：

$$\left[(\rho u A_x)_{i+1,J} - (\rho u A_x)_{i,J}\right] + \left[(\rho v A_y)_{I,j+1} - (\rho v A_y)_{I,j}\right] = 0 \tag{2-90}$$

用速度的猜测值和校正值取代速度，并重新排列，压力校正因子用以下的方法计算：

$$a_{I,J}p'_{I,J} = a_{I+1,J}p'_{I+1,J} + a_{I-1,J}p'_{I-1,J} + a_{I,J+1}p'_{I,J+1} + a_{I,J-1}p'_{I,J-1} + b'_{I,J} \tag{2-91}$$

还有

$$a_{I+1,J} = (\rho d)_{i+1,J}\Delta y \tag{2-92a}$$

$$a_{I-1,J} = (\rho d)_{i,J}\Delta y \tag{2-92b}$$

$$a_{I,J+1} = (\rho d)_{I,j+1}\Delta x \tag{2-92c}$$

$$a_{I,J-1} = (\rho d)_{I,j}\Delta x \tag{2-92d}$$

$$a_{I,J} = a_{I+1,J} + a_{I-1,J} + a_{I,J+1} + a_{I,J-1} \tag{2-92e}$$

$$b'_{I,J} = (pu^*)_{i,J}\Delta y - (\rho u^*)_{i+1,J}\Delta y + (\rho v^*)_{I,j}\Delta x - (\rho v^*)_{I,j+1}\Delta x \tag{2-92f}$$

其中 $d_{i+1,J} = A_{i+1,J}/a_{i+1,J}$，以此类推。

一般源项（而不是压力梯度）可以由另一控制体积积分组成⊖：

⊖　重申一下，源项是一个与体积有关的项，而扩散和对流项是与表面有关的。

$$\text{Int}_{\text{source}} = \int_{CV} S_u(\vec{x})\,dV = \bar{S}_u \Delta V \tag{2-93}$$

如果来源是应变量的函数，那么可以假定线性关系来建模这个函数，如下所示

$$\text{Int}_{\text{source}} - S_{(u,0),P} + S_{u,P} u_P \tag{2-94}$$

它使一半离散方程中两项合并：

$$a_{P,\text{source}} = S_{u,P} = S_{u,(i,J)} \tag{2-95}$$

$$S_0 = S_{(u,0),P} = S_{(u,0),(i,J)} \tag{2-96}$$

至此，我们仅处理了内部控制体积，现在引入边界条件。让我们考虑位置沿二维笛卡尔计算域左边界的标量控制体积（见图 2-9）。请注意该控制体积的西面边界是在计算域边界上，并且不存在（物理上的）西面节点。为了模拟 Dirichlet 条件，添加一个大的数到源项（$S_p = -A$，$S_u = A\phi_{\text{fix}}$，其中 A 是非常大的），所以节点 P 的变量被设置成一个定值（ϕ_{fix}）。请注意该步骤与有限单元法中强制本质边界条件类似。Neumman 边界条件需要把西面边界系数设置成零，并通过源项引入已知的通量值。

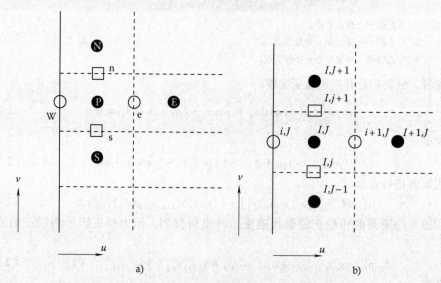

图 2-9　二维笛卡尔计算域中边界处的标量控制体积

a）标准标记法　b）矩阵标记法

注：1. 实心圆——标量节点。

　　2. 空心圆——速度场 u 分量节点。

　　3. 空心方块——速度场 v 分量节点。

为了确保合适的收敛速率以及稳定的数值计算，低松弛因子应用如下：

$$p^{new} = p^* + \alpha_P p' \tag{2-97}$$

$$u^{new} = \alpha_u u + (1 - \alpha_u) u^{n-1} \tag{2-98}$$

$$v^{new} = \alpha_v v + (1 - \alpha_v) v^{n-1} \tag{2-99}$$

其中低松弛因子的范围是：$0 < \alpha_P < 1$，$0 < \alpha_u < 1$，$0 < \alpha_v < 1$；变量 u^{n-1} 和 v^{n-1} 代表

前一次迭代之后的数值。

在强制对流情况下，控制体积法运用到稳态传热（传质）问题是建立在先计算速度场再计算热（或种）场这一相同构架的基础上的，即现象之间是非耦合的。解决这类问题的一般算法是：

1) 初始化压力、速度和温度场的估算值。

2) 解动量方程来计算猜测的压力和速度场。

3) 计算压力校正场。

4) 计算经校正的压力和速度场（采用低松弛）。

5) 解能量方程来计算温度场（采用低松弛）。

6) 如果未达到收敛准则，那么用校正值替换猜测值，并回到第 2) 步。

7) 否则，输出结果并停止。

二维笛卡尔计算域中标量场的非稳态模拟将以相应的控制方程开始：

$$\frac{\partial}{\partial x}\left(\Gamma(\vec{x})\,\frac{\partial\phi}{\partial x}\right) + \frac{\partial}{\partial y}\left(\Gamma(\vec{x})\,\frac{\partial\phi}{\partial y}\right) - \frac{\partial p}{\partial x} = \frac{\partial}{\partial t}(\rho(\vec{x})\phi) + \frac{\partial}{\partial x}(\rho(\vec{x})u\phi) + \frac{\partial}{\partial y}(\rho(\vec{x})v\phi)$$

$$(2\text{-}100)$$

变化率项引入了一个新的独立变量：时间。因此，时间变化场的求解涉及控制方程对控制体积和时间间隔的积分：从 t 到 $t + \Delta t$。继续通过对时间间隔积分，控制体积的近似值已经使扩散、源和对流项的守恒方程发展如下：

$$\text{Int}_{\text{diff}} = \int_{t}^{t+\Delta t}\left\{\left[\Gamma_e A_e\left(\frac{\phi_E - \phi_P}{\delta x_{PE}}\right) - \Gamma_w A_w\left(\frac{\phi_P - \phi_W}{\delta x_{WP}}\right)\right] + \left[\Gamma_n A_n\left(\frac{\phi_N - \phi_P}{\delta y_{PN}}\right) - \Gamma_s A_s\left(\frac{\phi_P - \phi_S}{\delta y_{SP}}\right)\right]\right\}\mathrm{d}t$$

$$(2\text{-}101)$$

$$\text{Int}_{\text{source}} = \int_{t}^{t+\Delta t}\left\{\bar{S}_u \mathrm{d}V\right\}\mathrm{d}t$$

$$(2\text{-}102)$$

$$\text{Int}_{\text{conv}} = \int_{t}^{t+\Delta t}\left\{\left[(\rho(\vec{x})u\phi A_x)_e - (\rho(\vec{x})u\phi A_x)_w\right] + \left[(\rho(\vec{x})v\phi A_y)_n - (\rho(\vec{x})v\phi A_y)_s\right]\right\}\mathrm{d}t$$

$$(2\text{-}103)$$

因为积分的阶数可能被交替变换，积累（变化率）项可以由下式计算

$$\text{Int}_{\text{accum}} = \int_{\text{CV}}\left[\int_{t}^{t+\Delta t}\frac{\partial\rho\phi}{\partial t}\mathrm{d}t\right]\mathrm{d}V$$

$$(2\text{-}104)$$

使用积分均值定理，暂时假设 P 点处标量场的数值是整个控制体积的代表值并应用向后差分格式：

$$\text{Int}_{\text{accum}} = \rho_P\left(\phi_P^{t+\Delta t} + \phi_P^{t}\right)\Delta V$$

$$(2\text{-}105)$$

式（2-101）~式（2-103）的积分可以用显式的、完全隐式的或 Crank-Nicolson 格式来估算，其中扩散和对流项分别取它们前一时间步、后一时间步或者两者线性组合的数值计算出来。概括来说，式（2-101）~式（2-103）的场值使用以下公式计算：

$$\phi_i = \theta\phi_i^{t+\Delta t} + (1-\theta)\phi_i^{t}, \quad i = E,W,N,S$$

$$(2\text{-}106)$$

其中，$0 < \theta < 1$。

2.7 蒙特卡罗法

蒙特卡罗法是一种得到数学问题近似解的数值方法，该方法是建立在概率模拟和取样的基础上的统计过程。我们将会通过二维笛卡尔计算域中无源稳态扩散的例子来说明蒙特卡罗法中固定的随机游动的变体，而且我们假定其具有常量属性，其控制方程是：

$$\nabla \phi(\vec{x}) = \frac{\partial^2 \phi(x,y)}{\partial x^2} + \frac{\partial^2 \phi(x,y)}{\partial y^2} = 0 \tag{2-107}$$

计算域的离散化由分配系统的节点完成，其中包括计算域的边界。控制体积与每一节点相联系，笛卡尔计算域中二维扩散问题的蒙特卡罗计算域离散化如图 2-10 所示。为了利用已得到的近似值$^{\ominus}$，我们保留了有限体积法的东-西-南-北标记法。

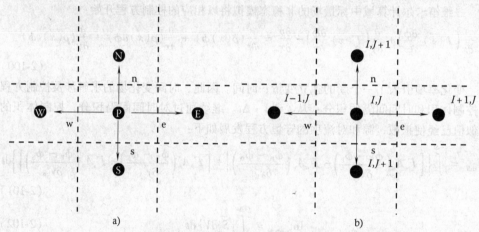

图 2-10　笛卡尔计算域中二维扩散问题的蒙特卡罗法计算域离散化
a）东-西-南-北标记法　b）矩阵标记法

注：箭头指示了节点 P 处场变量的估计的第一步的随机游动的四个可能的未来路径。

控制方程对控制体积积分并应用中间差分格式来近似偏微分，可得到：

$$\left[A_e \frac{\phi_E - \phi_P}{\delta x_{PE}} - A_w \frac{\phi_P - \phi_W}{\delta x_{WP}} \right] + \left[A_N \frac{\phi_N - \phi_P}{\delta y_{PN}} - A_S \frac{\phi_P - \phi_S}{\delta y_{SP}} \right] = 0 \tag{2-108}$$

如果网格是均匀的，而且两个方向上的步长大小相同（即每块面积相等），那么节点 P 的场变量可由下式给出：

$$\phi_P = \frac{1}{4}(\phi_E + \phi_W + \phi_N + \phi_S) \tag{2-109}$$

蒙特卡罗法是建立在式（2-109）的概率解释基础上。为了估计节点 P 的场变量，一个抽象的粒子（或随机游动）从这点出发，通过网格漫游。如图 2-10a 所示的离散化计算域仅在东西南北这些方向之一允许这样的游动。而且，如果材料是各向同性，拥有

$\ominus$　接下来的表达式通常在蒙特卡洛发文献中是从有限差分推导出，然而与这里列出的结果相同。

不变的属性和均匀的网格，那么在这四个方向中任一方向游动的概率是相同的，均等于
1/4。请注意这是通过控制方程离散化［见式（2-109）］获得的精确数字。因此，单一
粒子的离散化方程可解释为

$$\phi_P = P_E\phi_E + P_W\phi_W + P_N\phi_N + P_S\phi_S \tag{2-110}$$

其中 P_i 是向方向 i 游动的可能性，每一种可能性必须为正（在这个例子中等于
1/4），而且所有可能性之和必须等于 1。

现在考虑 N 个粒子从节点 P 出发，可能到达点 E、点 N、点 W 或点 S。由于向其中任
何方向移动的可能性是相同的，蒙特卡罗法第一步之后在 P 点处的场变量估计值应该是：

$$\phi_P = \frac{1}{N}(NP_E\phi_E + NP_N\phi_N + NP_W\phi_W + NP_S\phi_S)$$
$$= \frac{1}{N}\left(\frac{N}{4}\phi_E + \frac{N}{4}\phi_N + \frac{N}{4}\phi_W + \frac{N}{4}\phi_S\right) \tag{2-111}$$

用矩阵来表示：

$$\phi_{I,J} = \frac{1}{N}\left(\frac{N}{4}\phi_{I+1,J} + \frac{N}{4}\phi_{I,J+1} + \frac{N}{4}\phi_{I-1,J} + \frac{N}{4}\phi_{I,J-1}\right) \tag{2-112}$$

普遍情况下，式（2-112）右边是未知量，并需要接下来几步。在特例中，仅考虑
有 N/4 个粒子在第一步之后将会到达每个临近点。所以，在第二步中，只有 N/4 个粒
子被允许离开每一临近的节点。参考图 2-11，现在有 16 个可能的将来位置，同时有 4
个粒子随机游动到达节点 P。

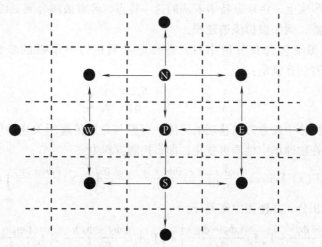

图 2-11　在节点 P 处场变量第二步估计值随机游动的 16 种可能路径（箭头所示）

接着，第二步之后节点 P 处应变量的估计值为：

$$\phi_{I_{i,J}} = \frac{1}{N}\left(\frac{N}{4}\phi_{I,J} + \frac{N}{8}\phi_{I+1,J+1} + \frac{N}{8}\phi_{I-1,J+1} + \frac{N}{8}\phi_{I-1,J-1} + \frac{N}{8}\phi_{I+1,J-1}\right.$$
$$\left. + \frac{N}{16}\phi_{I+2,J} + \frac{N}{16}\phi_{I,J+2} + \frac{N}{16}\phi_{I-2,J} + \frac{N}{16}\phi_{I,J-2}\right) \tag{2-113}$$

如果它到达点的应变量值是已知的，那么随机游动就停止。因此，诸如等式（2-112）和式（2-113）是由连续行走直到随机游动停止推导出。

随机游动可以通过选择每一步需要的结果来取样，换言之，朝哪个方向走是建立在一定范围内随机数字的基础上。举个例子，为了决定粒子是否在给定方向行走，一个在 0 和 1 之间的随机数$\ominus$（RN）用法如下：

如果 $0 < RN < P_E$，粒子的移动方向为从 P 到 E；　　　　　　　　　（2-114a）

如果 $P_E < RN < P_E + P_N$，粒子的移动方向为从 P 到 N；　　　　　（2-114b）

如果 $P_E + P_N < RN < P_E + P_N + P_W$，粒子的移动方向为从 P 到 W　（2-114c）

如果 $1 - P_S < RN < 1$，粒子的移动方向为从 P 到 S　　　　　　　（2-114d）

所以，对于任意给定的行走粒子在数字上建立一条从关注节点开始到计算域边界结束的随机路径是可行的。如果 N 个随机行走粒子被允许从 (I, J) 点通过网格开始随机移动，那么它们中的每一个最终会到达边界上的节点，那里应变量的值是已知的。对于随机行走 i，用 $\phi_B(i)$ 表示边界上应变量的值，那么由蒙特卡罗法估计的考虑 N 个随机行走的 $\phi_{I,J}$ 的值是：

$$\phi_{I,J} = \frac{1}{N} \sum_i^N \phi_B(i) \tag{2-115}$$

很明显，上述过程不需要整个未知场的计算（对有限元、控制体积和有限差分法是这样的情况）；因此，当人们对计算网格中指定节点的应变量感兴趣时，蒙特卡罗法是非常有效的。事实上，由于蒙特卡罗法的这一特点，经常被耦合到更传统的数值方法中来改善计算性能，例如虚拟浇铸建模。

当一个常数源项包含在分析中时，需要记录到达边界所需的步数 m_i。对节点 (I, J) 的蒙特卡罗估算就是：

$$\phi_{I,J} = \frac{1}{N} \sum_i^N \phi_B(i) + \frac{S_\phi \Delta x^2}{4\Gamma} \frac{1}{N} \sum_{i=1}^N m_i \tag{2-116}$$

随机行走在网格中任意方向移动的可能性可能与介质传递所关注性质的能力相关。举例来说，如果在物理场中性质可变化，那么控制方程为：

$$\nabla \cdot \Gamma(\vec{x}) \, \nabla\phi(\vec{x}) = \frac{\partial}{\partial x}\left(\Gamma(\vec{x}) \frac{\partial \phi(x,y)}{\partial x}\right) + \frac{\partial}{\partial y}\left(\Gamma(\vec{x}) \frac{\partial \phi(x,y)}{\partial y}\right) = 0 \tag{2-117}$$

对控制体积积分，并使用中间差分：

$$\left[\Gamma_e A_e \frac{(\phi_E - \phi_P)}{\delta x_{PE}} - \Gamma_w A_w \frac{(\phi_P - \phi_W)}{\delta x_{WP}}\right] + \left[\Gamma_n A_n \frac{(\phi_N - \phi_P)}{\delta x_{PN}} - \Gamma_s A_s \frac{(\phi_P - \phi_S)}{\delta x_{SP}}\right] = 0$$
$$\tag{2-118}$$

再次考虑均匀的网格和 x-、y-方向相同的步长（因此，相同的扩散面积）并重新排列，可以得到：

$$\phi_P = P_E \phi_E + P_W \phi_W + P_N \phi_N + P_S \phi_S \tag{2-119}$$

$\ominus$　大多数程序设计语言都包括了函数或者程序来产生随机数或伪随机数。

其中

$$P_E = \frac{\Gamma_e/\delta x_{PE}}{(\Gamma_e/\delta x_{PE}) + (\Gamma_n/\delta y_{PN}) + (\Gamma_w/\delta x_{WP}) + (\Gamma_s/\delta y_{SP})} \tag{2-120a}$$

$$P_W = \frac{\Gamma_w/\delta x_{WP}}{(\Gamma_e/\delta x_{PE}) + (\Gamma_n/\delta y_{PN}) + (\Gamma_w/\delta x_{WP}) + (\Gamma_s/\delta y_{SP})} \tag{2-120b}$$

$$P_N = \frac{\Gamma_n/\delta y_{PN}}{(\Gamma_e/\delta x_{PE}) + (\Gamma_n/\delta y_{PN}) + (\Gamma_w/\delta x_{WP}) + (\Gamma_s/\delta y_{SP})} \tag{2-120c}$$

$$P_S = \frac{\Gamma_s/\delta y_{SP}}{(\Gamma_e/\delta x_{PE}) + (\Gamma_n/\delta y_{PN}) + (\Gamma_w/\delta x_{WP}) + (\Gamma_s/\delta y_{SP})} \tag{2-120d}$$

式（2-120）中每个等式右侧的分子是给定流向的单元面扩散导率，而分母是所有四个可能流向的单元面扩散导率之和。在各向异性的介质中，由于扩散流的择优取向，概率将较高。另一方面，随着两个给定节点间距离的增加，单元面的扩散导率将减小，这将会导致随机行走粒子进入特定方向的概率减小。相似的观察结果将应用于考虑非均匀网格情况下控制体积面对扩散导率的作用。

现在让我们考虑边界条件的施加。在蒙特卡罗命名法中 Dirichlet 型的边界条件被认为是吸收壁垒。如前文提到，当随机行走到达这样一个边界时随机行走就停止。另一方面，Neumann 边界条件被认为是反射壁垒。参考图 2-12，对于沿二维笛卡尔计算域右边界的节点（属性不变，x、y 步长大小不等），它离散后的方程式是：

$$\phi_P = P_E\phi_E + P_W\phi_W + P_N\phi_N + P_S\phi_S + P_\infty\phi_\infty \tag{2-121}$$

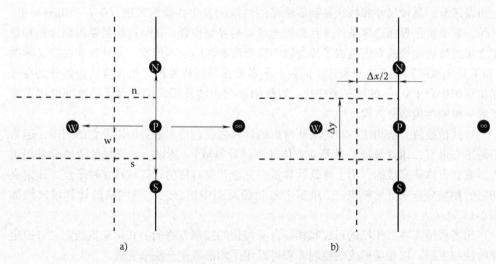

图 2-12 对于接近笛卡尔计算域边界的二维扩散问题的蒙特卡罗离散化计算域

a）东-西-南-北标记法 b）控制体积的侧面尺寸

注：箭头指示了随机游动的四个可能未来路径。

其中

$$P_E = 0 \tag{2-122a}$$

$$P_{\mathrm{W}} = \frac{\Delta y / \Delta x}{(\Delta y / \Delta x) + (\Delta x / (2 \Delta y)) + (\lambda \Delta y / \Gamma)} \qquad (2\text{-}122\mathrm{b})$$

$$P_{\mathrm{N}} = \frac{\Delta x / (2 \Delta y)}{(\Delta y / \Delta x) + (\Delta x / (2 \Delta y)) + (\lambda \Delta y / \Gamma)} \qquad (2\text{-}122\mathrm{c})$$

$$P_{\mathrm{S}} = \frac{\Delta x / (2 \Delta y)}{(\Delta y / \Delta x) + (\Delta x / (2 \Delta y)) + (\lambda \Delta y / \Gamma)} \qquad (2\text{-}122\mathrm{d})$$

$$P_{\infty} = \frac{\lambda \Delta y / \Gamma}{(\Delta y / \Delta x) + (\Delta x / (2 \Delta y)) + (\lambda \Delta y / \Gamma)} \qquad (2\text{-}122\mathrm{e})$$

式中，λ 是界面转换系数常数；P_{∞} 是向周围介质移动的概率。

二维笛卡尔计算域中，非稳态定步长随机游动的概率函数概括可参考相关资料。

2.8 相场法

热加工以后金属材料最终结构确定产品的力学性能。因此，对于热加工中相变产物结构特点演变过程，加工条件效果的数学建模和计算机模拟成为工艺设计和优化的有力工具。热场和浓度场的演化规定了相变动力学和热加工过程的结构特点。因此，合适的数学模型需要在母相、新相以及它们之间的过度区域内解出质量、能量、浓度（如果对流效应重要的话）和动量的控制方程。然而，结构特点存在于不同的长度尺度中，这使算法变得复杂。举例来说，在凝固过程中，液槽轮廓和两相区的几何形状是由宏观的尺度（1mm～1m）来描述；树枝状形态和微观析出物是在介观（10～1000μm）尺度上加以区分；晶粒尺寸和柱状晶到等轴晶的过渡则发生在微观尺度（0.1～10μm）上。另外，需要满足界面边界条件并且必须连续监测界面位置。正是这种需要跟踪母相和新相之间的微观尖锐的界面造成了传统数学模型所面临的根本困难。相场法通过定义弥散（而不是尖锐的）界面来克服这个问题，不需要保留结构参数，相场被认为是分别在母相和新相中介于 0～1 的值平滑变化。数学问题就由涉及跟踪尖锐界面的演变变成了需要解一组刚性偏微分方程。

与其他数值方法相比，相场法所考虑的计算域仅包括弥散界面以及它的周围，通常不是正方形（二维计算域）就是立方体（三维计算域）。所以，计算域的离散化是用正方形或立方体来完成的。为了降低计算量，完全开发对称的计算域存在种子点，即定义初始的相场分布来开始模拟。二维笛卡尔相场模型中四分之一圆网格的计算域离散如图 2-13 所示。

相场模型需要以相场的形式和相场自身演化的控制方程的公式化来重新定义守恒定律的控制方程。以相场形式的控制方程可以用平均法或变分法来完成。

平均法主要由固相和液相的守恒方程加和组成。使用这一方法，可以推导出以下同时考虑扩散和对流传递的质量、能量和类型控制方程⊖：

$$\nabla \cdot [(1 - \phi) \vec{v}_{\mathrm{L}}] = 0 \qquad (2\text{-}123)$$

⊖ 修正的相场动量控制方程可在相关文献中找到。

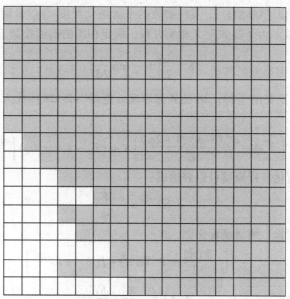

图 2-13　二维笛卡尔相场模型中四分之一圆的计算域离散

$$\frac{\partial}{\partial t}(\rho h) + \nabla \cdot \left[(1 - \phi)\rho \vec{v}_L h_L \right] = \nabla \cdot \left[\phi k_S \ \nabla T_S + (1 - \phi) k_L \ \nabla T_L \right] \qquad (2\text{-}124)$$

$$\frac{\partial}{\partial t}\left[\phi C_S + (1 - \phi) C_L \right] + \nabla \cdot \left[(1 - \phi)\vec{v}_L \ \nabla C_L \right] = \nabla \cdot \left[\phi D_S \ \nabla C_S + (1 - \phi) D_L \ \nabla C_L \right]$$

$$(2\text{-}125)$$

式中，ϕ 是相场（$1 - \phi = \phi_L$）；$\vec{v}_L$ 是液体平均本征速度；ρ 是混合物体积；h 是混合物焓；k 是热导率；T 是温度场；C 是浓度场；D 是扩散系数；下标 L 和 S 分别代表液体和固体项。通常的积累项、对流通量项和扩散通量项可以用先前的等式来定义。请注意每个方程都明确包含了相场变量。

另一方面，举例来说，i 类型经修正后的相场守恒方程的变化形式是：

$$\frac{\partial C_i}{\partial t} = \nabla \cdot \left[M_{C_i} \nabla \frac{\delta F}{\delta C_i} \right] \qquad (2\text{-}126)$$

式中，M_{C_i} 是适当的流动项；F 是用来定义系统自由能的局部泛函$^{\ominus}$。浓度方程和相场之间的耦合是通过 F 隐式定义的。

应该提到的是虽然相场变量通常与新相的分数相关，但是它也代表了晶体取向和其他的结构场。

相场是非守恒量，这暗示了控制方程不能由相平衡建立。基于各向同性表面能的 Gibbs-Thomson 方程，简单二元合金的相场演变的等式由下给出：

$$\frac{\partial \phi}{\partial t} = \mu_k \Gamma \left[\nabla^2 \phi - \frac{(\nabla \phi \ \nabla) | \nabla \phi |}{| \nabla \phi |} \right] + \mu_k (T_m - T + m_L C_L) | \nabla \phi | \qquad (2\text{-}127)$$

$\ominus$　泛函是函数或函数集合。

式中，μ_k 是线性动力学系数；T_m 是纯物质的平衡熔化温度；m_L 是液相线的斜率；Γ 是 Gibbs-Thomson 系数。为了显式定义相场方程，假定相场的剖面按如下变化：

$$\phi = \frac{1}{2}\left(1 - \tanh\frac{\vec{n}}{2\delta}\right) \tag{2-128}$$

式中，$\vec{n}$ 是与界面正交的坐标；2δ 是界面厚度。把式（2-128）代入式（2-127），相场的演化如下：

$$\frac{\partial \phi}{\partial t} = \mu_k \Gamma\left[\nabla^2 \phi - \frac{\phi(1-\phi)(1-2\phi)}{\delta^2}\right] + \mu_k(T_m - T + m_L C_L)\left[\frac{\phi(1-\phi)}{\delta}\right] \tag{2-129}$$

或者，相场演化方程模型可以表达成：

$$\tau(\vec{n})\frac{\partial \phi}{\partial t} = -\frac{\delta F}{\delta \phi} \tag{2-130}$$

对于树枝状生长，用泛函定义为：

$$F = \iint\left[\frac{[W(\vec{n})]^2}{2}|\nabla\phi|^2 + f(\phi) + b\lambda\frac{u^2}{2}\right] \tag{2-131}$$

在这个模型中：

$$f(\phi) = -\frac{\phi^2}{2} + \frac{\phi^4}{4} \tag{2-132}$$

在式（2-130）和式（2-131）中，τ 是界面上附属原子的特征时间；W 是界面厚度；b 是正交化常数；λ 是与相场和扩散场之间耦合强弱相关的无量纲参数；u 是无量纲温度场。

相场的演化和修正的相场守恒方程一起构成了用来描述相变过程中结构特点演变偏微分方程组。假定在所有的偏微分方程中存在相场参数，系统是完全耦合的。另一方面来讲，相场近似允许整个计算空间的演化方程不考虑特殊相。每一个偏微分方程的数值解通常是用显性有限差分近似［见式（2-12）至式（2-14）的有限差分公式］给出的，虽然其他的数值格式已经实施。由于最大的扩散界面厚度具有毛细管长度数量级（10^{-10}m），再加上 $100\,\mu m \times 100\,\mu m$ 的计算域，需要十分庞大的计算时间来保持显式数值格式，所以使用有限差分得到的计算结果有非常高的计算要求。克服这一问题的方法是使用很大数值的界面厚度。Karma 和 Rappel 给出了相场法计算极限的详细讨论，并图示说明了使用薄界面极限的便利之处。

2.9 结束语

热加工过程的有效设计和优化依赖于数学模型和计算机模拟，建立在代表了所关注物理场演化的控制方程、初始和边界条件的基础之上。为了对工业体系建模，数学问题是高度非线性的，并需要配合数值方法的运用。有限元、有限体积、蒙特卡罗和相场四种方法已经在这章中予以简要地介绍。由于篇幅有限，关于收敛性和稳定性的议题并没有加以讨论。

读者必须意识到热加工过程数学建模的数值分析这一领域并非停滞不前。受到创造高效数值解法需求的驱动，数值方法本身和它所使用的硬件正得到持续的发展。

第 3 章 钢的热/温加工模型

3.1 微观组织概述

钢的热加工过程中涉及各种微观组织的演变，包括静态或动态转变。这些过程的模拟已经达到了基础研究和实际应用水平，并且发展到一定阶段，即设计和控制轧机，从而预测材料的力学性能，促进基础性研究。便于更好的预测性能和控制精度的提高，目前的发展倾向于融合多尺度模型的机理。

在钢铁行业，常见的模型描述微观组织的平均状态及其对力学性能的影响，包括热加工、温加工和最终室温的力学性能。在这些模型中需要考虑的主要微观反应包括：

1）加工硬化。

2）动态和静态回复。

3）动态、静态和亚动态再结晶。

4）动态和静态析出。

5）晶粒长大。

6）相变。

这些工艺过程的模拟涉及微观尺度下的一系列反应（例如再结晶晶粒大小和体积分数的改变）。由于位错密度对高温强度和再结晶驱动力具有一定量的影响，所以在很多模型中也包括一些位错密度的测定方法。然而，这些模型更多的是关注平均位错密度，并没有考虑位错类型及其相互之间的影响。

这些相对简单的微观模型的优点在于很容易积分成加工过程中热力耦合模型。在大多数在线轧机的模型中，它们将一个简单的用来计算温度的有限差分模型与计算力与力矩的力学方程结合起来。通过观察整个加工过程和冷却过程中微观组织的演变来预测材料的力学性能是可行的。

为了更准确地理解钢的横截面上的温度—应变—应变速率场，有必要在热力耦合方面使用有限元模型。特别是对于型钢的轧制，采用简单的力学分析是不够的。

可以将有限元模型与更先进的微观组织模拟技术相结合，产生了所谓的多尺度模型。

本章的重点是证明基本原理、重要数据的获取以及微观尺度模型的分析。上述提及的其他建模方法的当前适用能力和局限性也会有所提及。

3.2 流动曲线建模——单道次

3.2.1 热加工行为

奥氏体应力应变行为的特点是加工硬化到某一极限，然后随着应变的增加，应力逐渐减小直到达到一个稳定的状态（见图 3-1 和图 3-2）。峰值应力及其对应的应变随着应变速率的增加和温度的减小而增加。同时，应力和峰值应力相对应的应变也增加，例如图 3-2 所示的 304 不锈钢在不同温度、应变速率为 $0.01s^{-1}$ 的情况下的应力应变曲线。

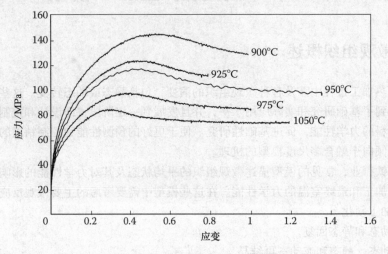

图 3-1　C-Mn 钢在不同温度，应变速率为 $0.1s^{-1}$ 的情况下的应力应变曲线

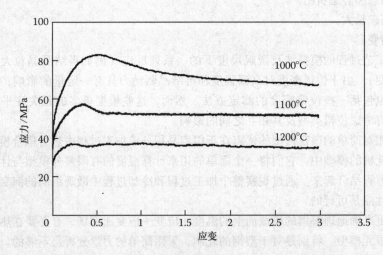

图 3-2　304 不锈钢在不同温度，应变速率为 $0.01s^{-1}$ 的情况下的应力应变曲线

　　图 3-2 中的曲线特性是由于加工硬化，动态回复和动态再结晶的共同影响而产生的。奥氏体钢比铁素体钢经历（这在后来的温加工章节中会提到）更少的动态回复，并且基体应变的建立可以导致在变形过程中再结晶的产生，这称为动态再结晶。动态再结晶的真正发生时刻是很难评估的，目前主要采用 5% 体积分数的应变来判断是否发生了动态再结晶。虽然淬火金相组织能为动态再结晶的发生提供明确的证据，但实际上这也是非常困难的。商业化的低碳低合金钢除外，因为它们能够足够快地淬火至室温来避免奥氏体组织在转变为马氏体组织之前产生任何变化。虽然对于现代化的纯净钢来说是

困难的，但是如果纯净钢是完全的马氏体组织，先前的奥氏体晶界则可以观察到。另外，淬透性较弱的钢较难得到完全淬火马氏体。因此，最普遍的方法是分析应力-应变曲线，讨论如下。

对于大多数钢而言，动态再结晶大约在应力应变曲线中的应变极限的 50% ~ 80% 之间发生。在峰值应力处，由于无畸变晶粒的引入产生了加工软化，从而平衡奥氏体加工硬化的峰值应力。在峰值位置的动态再结晶数量随着合金和变形条件的变化而变化，但是其数量通常在 20% 左右。过了峰值位置，更多无畸变晶粒的产生导致流动软化。随后，动态再结晶晶粒也会变形，并且会产生加工硬化，达到应力应变曲线平稳的状态，即完全的动态再结晶，此状态下其软化与硬化速率达到平衡状态。

图 3-3 所示为 304 不锈钢在温度为 900℃应变速率为 $0.01s^{-1}$ 的变形条件下不同应变对应的微观结构的演化，图 3-2 所示为不锈钢变形的应力应变曲线。图 3-3 清楚地显示了在原奥氏体晶粒较大的晶界上，早期出现新等轴晶的形核。随着变形的进行，首先奥氏体晶界被完全覆盖，其次是在最初晶粒中形核的晶粒体积分数增加。很明显，新的再结晶晶粒完全覆盖在晶界上，但是对于其他晶粒，再结晶现象不明显。

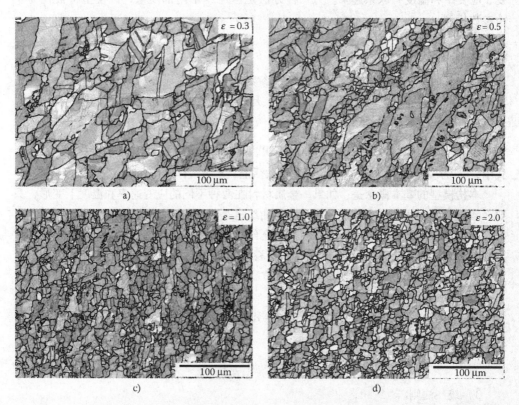

图 3-3　304 不锈钢在温度为 900℃、应变速率为 $0.01s^{-1}$
的变形条件下，不同应变对应的微观结构的演化

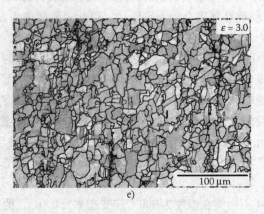

图 3-3　304 不锈钢在温度为 900℃、应变速率为 0.01s^{-1}
的变形条件下，不同应变对应的微观结构的演化（续）

　　这里所讨论的建模方法是以经验为依据。经验式的模型将应力与变形参数（即应变、应变率和温度）联系起来。另一种方法是考虑一个内部变量，该模型将被视为单一参数模型。

3.2.2　热加工本构模型

　　热加工的经验模型试图将应力与变形参数（即应变、应变速率和温度）直接联系起来。Zener Hollomon 参数（简称 Z 参数）是热加工中重要的参数之一，它的物理意义是温度补偿应变速率因子。

$$Z = \dot{\varepsilon} \exp(Q_{\mathrm{def}}/RT) \tag{3-1}$$

式中，$\dot{\varepsilon}$ 为应变速率（s^{-1}）；Q_{def} 为变形激活能；R 为气体常数；T 为变形温度（K）。

　　本构模型的基本概念是：如果一金属材料在两种不同的应变速率和温度下变形，只要 Z 参数相同，那么两种情况的应力应变曲线也是相同的。

　　在给定微观结构状态的应力，例如有充分的动态再结晶的稳态应力，可以通过各种方程与 Z 参数联系起来。一般很少能确定稳态应力的数值，而峰值应力比较好测量，因此通常取峰值应力的数值。提出了三个方程：

　　1）低应力法则。

$$\sigma = A Z^{\alpha} \tag{3-2}$$

　　2）高应力法则。

$$\sigma = A' Ln\left(\frac{Z}{\beta}\right) \tag{3-3}$$

　　3）统一法则。

$$\sigma = A'' \sinh^{-1}(Z/\beta)^{m} \tag{3-4}$$

低应力法是为了研究蠕变条件而建立的，但也被应用在许多用于热加工的经验性模型。很少使用高应力法，即使它适合一系列的带钢热精轧。现在有一些用统一法则的例子，通常由等价的反双曲正弦函数来表达：

$$\sinh^{-1}x = \ln(x + \sqrt{x^2+1})\tag{3-5}$$

这些公式的应用也需要考虑应变硬化。最简单的模型是幂函数硬化模型，适用于低应变到中等应变（例如：最大的应变为 0.5）的情况。应变硬化的低应力公式为：

$$\sigma = \sigma_0 \varepsilon^a Z^\alpha \tag{3-6}$$

或将 Z 参数代入得到

$$\sigma = \sigma_0 \varepsilon^a \dot\varepsilon^{\,\alpha} \exp(\alpha Q_{def}/RT)\tag{3-7}$$

这种形式的方程已广泛应用于热加工在线模拟。该形式的方程的一个优点是容易获得模型参数，也可以通过对等式两边取对数使其线性化。然而，因为该形式的方程只适用于一个有限范围条件，对于粗轧机，模型应有不同的模型系数（更接近低应力条件）和精轧机（更接近高应力条件）。

更复杂的加工硬化定律可以被纳入这些方法中。由动态再结晶产生的应变软化效应也是可能被纳入的。首先，我们将讨论怎样确定动态再结晶的开始点。

3.2.3　动态再结晶的开始

由于上述原因，直接测量动态再结晶的开始是非常困难的。因此，通常是检查流动曲线，更重要的是检查随着应变增加的加工硬化率（$d\sigma/d\varepsilon$）。

众所周知，仅仅在较低的温度下才能观察到"线性硬化"现象，因此要低于那些采用热（或甚至温）加工的温度。在温加工的较高的温度下，流变曲线总是向下凹。这种偏离线性现象与动态回复机制有关，动态回复能消除位错行为，从而减少加工硬化率。当动态再结晶开始发挥作用时，曲线的基本形状不偏离其向下凹的趋势。相反，由于额外的软化机制的作用，曲率本身开始发生改变。检测动态再结晶开始发生的方法是检测加工硬化率（一个额外的软化机制的效果）的改变，现在将描述这个方法。

在不同温度和应变速率下，铝镇静钢（AK 钢）的流变曲线，如图 3-4 所示。为了方便的描述动态再结晶开始发生的方法，必须将这些曲线微分以便获得加工硬化率，并对数值进行平滑处理，例如使用九阶多项式即可达到该目的。计算导数 $\theta = d\sigma/d\varepsilon$ 并绘制应力曲线，便可得到铝镇静钢（AK）钢的应变硬化如图 3-5 所示。三条曲线的拐点对应着附加软化机制（动态再结晶）发生的开始点。因为通常观察到的动态回复是唯一的软化机理，否则曲线只会继续呈现向下的趋势，但没改变其曲率。

通过二次求导可以更准确地确定在拐点处的应力（或应变）水平。图 3-5 的插图显示了 $-d\theta/d\sigma$ 的数值与应力的关系。采用这种方法确定的 AK 钢与铌微合金钢的临界峰值应力与应变的关系曲线如图 3-6 所示。正如上述所提到的，这应力与应变的关系曲线和再结晶的开始点相关。图 3-6 也给出了铌微合金钢的数据，同样也给出了峰值应力和应变的数值。可以看出，发生动态再结晶的临界应变大约是峰值应力所对应的应变的一半。

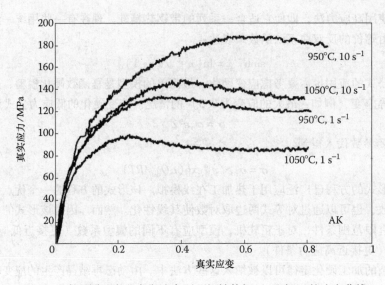

图 3-4　在不同温度和应变速率下，铝镇静钢（AK 钢）的流变曲线

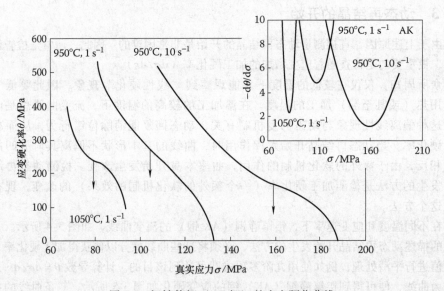

图 3-5　铝镇静钢（AK 钢）的应变硬化曲线

3.2.4　包含动态再结晶的高级本构模型

当可能将动态再结晶嵌入到简单的模型中，常见的方法是在加工硬化期中考虑一个内部结构参数（例如平均位错密度），使用唯象学本构模型。在这些方法中，假定在变形过程中应力趋于饱和，结果使非热变形的加工硬化（位错的累积）和热激活软化（位错的消失）达到动态平衡。可能使发生动态再结晶的高应变行为更接近于真实情况。

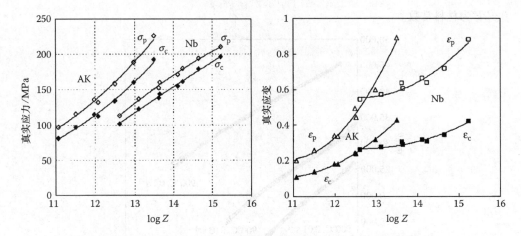

图 3-6　AK 钢与铌微合金钢的临界峰值应力与应变的关系曲线

在该方法中，假设应变硬化过程中的任意时刻对应的流动应力 σ_{wh} 与平均位错密度有关，可表示为：

$$\sigma_{wh} = \sigma_0 + Gb\alpha\sqrt{\rho} \tag{3-8}$$

式中，σ_0、α 是材料常数；G 是剪切模量；b 是伯格斯矢量的数量级。

两种受到推崇的位错密度演化的建模方法分别是 Kocks & Mecking 模型和 Estrin &Mecking 模型。很多作者赞成 Kocks & Mecking 提出的方法，因为这一模型方程的物理基础似乎更适合热加工。现在已经发现 Estrin & Mecking 模型与宽范围条件下的许多钢种更佳匹配。

在 Estrin & Mecking 模型中，变形过程中平均位错密度的演化可由下式表示：

$$\frac{d\rho}{d\varepsilon} = k' - k''\rho \tag{3-9}$$

式中，ε 为应变；k' 为与移动位错的绝热储能相关因子，该值在移动位错运动一定距离后固定不变；k'' 是热激活的动态回复系数的相关因子，依赖于温度和应变率。

联立式（3-8）和式（3-9）得：

$$\sigma_{wh}\theta = k' - k''\sigma^2 \tag{3-10}$$

式中，$\theta = \dfrac{d\sigma_{wh}}{d\varepsilon}$ 为加工硬化率；k'、k'' 为材料常数。

因此，$\sigma_{wh}\theta$ 与 σ^2 呈线性关系。图 3-7 所示为不同变形条件下，不锈钢 $\sigma_{wh}\theta$ 与 σ^2 的函数关系。虽然有些数据偏离线性关系，但对于一级近似来说是合理的，而且对 Kocks & Mecking 模型有着明显的改进，这个模型的 θ-σ 图应呈线性关系，但对于所有应力，显示出明显的曲率。

整理式（3-10）得

$$\sigma_{wh} = \left[\sigma_{ss}^{*2} + (\sigma_0^2 - \sigma_{ss}^{*2})\exp(-\beta\varepsilon) \right]^{1/2} \tag{3-11}$$

式中，σ_{wh} 为加工硬化区域下的流动应力；$\sigma_{ss}^* = \sqrt{\dfrac{k'}{k''}}$ 为假设饱和应力；σ_0 为屈服应力；

$\beta = 2k''$为材料常数。

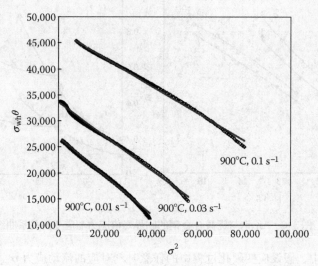

图 3-7　在不同变形条件下，不锈钢的 $\sigma_{wh}\theta$ 与 σ^2 的函数关系

　　假设饱和应力 σ_{ss}^* 对应于在加工硬化和动态回复过程中得到的饱和应力。这可以使用双曲正弦规律，即式（3-12）。在 $\sigma_{wh}\theta - \sigma^2$ 例子中，令 $\sigma_{wh}\theta = 0$ 进行外推就可以得到：

$$Z = A_0 \left[\sinh(\alpha\sigma_{ss}^*) \right]^n \tag{3-12}$$

　　联立式（3-11）和式（3-12），就能得到整个加工硬化曲线。动态再结晶引起的流动软化通过结合一种软化机制就能得到。这里使用应变而不是时间，由 Avrami 等式给出流动软化率：

$$X_{dyn} = 1 - \exp\left[-k\left(\frac{(\varepsilon - \varepsilon_c)}{(\varepsilon_{ss} - \varepsilon_c)}\right) \right]^n \tag{3-13}$$

式中，ε_c 为开始动态再结晶的临界应变；ε_{ss} 为到达稳态区域的应变。

　　为了得到该方程等式，使用软化处理方法：

$$X_{dyn} = (\sigma_{wh} - \sigma)/(\sigma_{wh} - \sigma_{ss,DRX}) \tag{3-14}$$

式中，$\sigma_{ss,DRX}$ 为完全动态再结晶的稳态应力；σ_{wh} 为未发生动态再结晶的应力。因此，可以得到下式：

$$\sigma = \sigma_{ss}^* + X_{dyn}(\sigma_{ss}^* - \sigma_{ss,DRX}) \tag{3-15}$$

式中，X_{dyn} 由式（3-13）给出。

3.3　静态再结晶

　　变形后，储存在钢中的能量提供了回复和再结晶的驱动力。由于奥氏体的高堆垛层错能，回复量很小，大多数组织由于静态再结晶发生软化。对于动态再结晶，形核主要在原奥氏体晶界（见图3-8）和再结晶前沿晶粒成长为畸变的晶粒。

有两种静态再结晶过程，其中形核和新晶粒的长大过程称为传统静态再结晶；亚动态再结晶涉及晶粒的生长，该晶粒是在动态再结晶过程中形核。在早期研究中，卸载过程中当少量动态再结晶发生时再结晶行为出现明显的行为改变。例如当逐渐增大的应变超出再结晶的临界应变时，再结晶速率并没有增加，再结晶速率对应变率和温度的改变也比较敏感。这支持了传统的静态再结晶机理明显改变。然而，正如下文所阐述的，最近更多研究表明再结晶行为存在更复杂的改变。应变依赖和应变独立的再结晶是现在使用的更方便的描述方法。

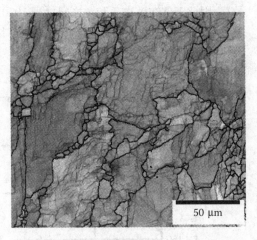

图 3-8　奥氏体晶粒晶界上再结晶形核

　　在下文中，将使用应变依赖和应变独立的再结晶定义模拟变形过程中的再结晶。首先，介绍一种简单的实验方法来加深对轧制道次间（层间）再结晶的理解。

3.3.1　T_{nr} 方法

　　在高温轧制时，工件通常在连续下降的层间间隔发生再结晶。随着工件冷却，其温度通常达到再结晶停止的温度，这个温度称为再结晶停止温度或未再结晶温度，统称之为 T_{nr}。在设计轧制计划中该温度是相当重要的。所以设计一个方便的方法来确定这个温度，该方法是基于使用扭转试验模拟得出时间-温度-变形的关系。

　　在描述这个试验之前，必须指出给定钢种所对应的 T_{nr} 不是固定的温度（例如熔点和相变温度），它取决于包括冷却速度和间隔时间在内的过程细节。这样由于层间时间较长（如 $10 \sim 20s$），如板轧制，实际上可能达不到 T_{nr}，除非存在另一种机制，如碳氮化物析出或干预（如下文）。相反，当层间时间很短如棒料轧制（少于 $0.1s$），在相对较高的温度再结晶将停止，甚至没有碳氮化物析出，在这种情况下，溶质的存在对于阻碍再结晶的发生起着重要的作用。

　　下面介绍铌微合金钢在斯特克尔式轧机（带炉内卷取机，用于热轧带材）上轧制的扭转模拟例子，平均扭转模拟的应力-应变曲线如图 3-9 所示。在该例中，试样以 $1℃/s$ 的速度冷却，共 $30s$ 的层间时间进行冷却，总变形应变为 0.3。模拟轧制的初始温度大约为 $1200℃$，当作用在每个连续的道次时材料下降 $30℃$。该图的几个特征：第一，虽然温度范围从 $1200℃$ 下降到 $1020℃$，相当多的加工硬化出现在前七个孔型，进入屈服后，流动应力加倍（如果使用较大的应变甚至可达到三倍）；第二，卸载后有相当大的软化，这明显是由静态再结晶造成的；第三，在近似水平的每一个曲面上，应力逐步增加 $50 \sim 100MPa$，且完全与工件的冷却有关。

　　当转到 $8 \sim 12$ 个道次时，曲线形发生明显改变。在道次之间不再发生软化（即再结晶）。因此工件在道次 7 和 8 之间（即 1020℃至 990℃）温度超过了 T_{nr}。另一个区别是随着 T_{nr} 温度以上的温度降低，应力水平（以轧制载荷的比例）的增加更为迅速，这是因为没有发生再结晶保留下来的加工硬化。残余应变增加了流动应力的第二个分量，这个应力分量随着温度的降低而增加。

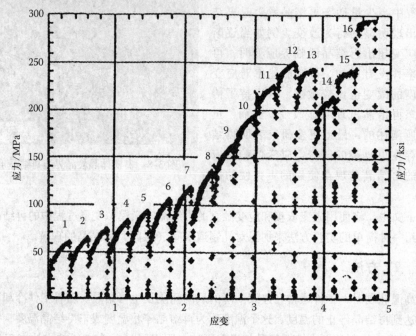

图 3-9 平均扭转模拟的应力-应变曲线（最终道次温度为 745℃）

可以看出冷却到第 12 道次的流动应力下降了，这与两相（奥氏体区和铁素体区）的变形有关，应力下降的直接原因是在相同变形温度下铁素体比奥氏体软。经过第 13 和 14 道次的变形发生在两相区之间（即 Ar_3 和 Ar_1 之间）。例如在道次 16，相变完成后只有铁素体发生变形。

平均流动应力与 $1000/T$ 的函数关系如图 3-10 所示，该方法是在扭转模拟中测量得 T_{nr}、Ar_3 和 Ar_1。由第一次计算获得每一道轧制有关的平均流动应力构建该图谱，由下式表示：

$$\mathrm{MFS} = \frac{1}{\varepsilon} \times \int \sigma d\varepsilon \tag{3-16}$$

ε 在这里表示累积应变，在这累积应变上对流动应力 σ 进行积分。作出与每个轧制道次有关的平均流动应力的数值与特殊道次的逆向绝对温度的关系图形。为了得到平滑的曲线，一些模拟结果一般都是显示在同一个图形中（见图 3-9 中的 4 个试验）。

在图 3-10 中，在 I 区域的左上方和 II 区的右下方变形的数据点拟合得两条直线的交点定义为 T_{nr}。因为从完全再结晶到无再结晶的实际转变是一种渐进的过程，涉及部分再结晶的温度区间，T_{nr} 也是不确切的温度。明显背离区域 II 的冷却曲线上的点定义

为 Ar_3。以类似的方式，该点的临界区（Ⅲ区）行为明显背离外推的处于区域Ⅳ的升温行为与区域Ⅲ的临界交点定义为 Ar_1。

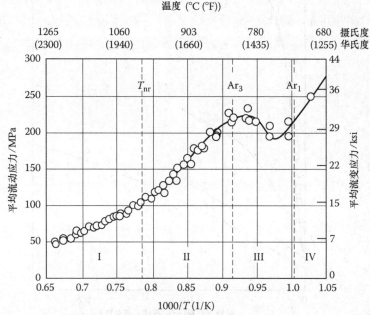

图 3-10 平均流动应力与 $1000/T$ 的函数关系

许多研究人员已经测量了各种钢的 T_{nr}。由于这个参数在设计轧制过程时极其重要，特别是对于板料的轧制而言，所以已经结合实验值与钢的化学成分建立了关系。一种关系表达式如下所示：

$$T_{nr} = 887 + 464C + 890Ti + 363Al - 357Si + 6445Nb - 644\sqrt{Nb} + 732V - 230\sqrt{V}$$

$$(3-17)$$

比较铌、钛、铝、钒对 T_{nr} 的影响如图 3-11 所示。在这里可看到，铌的加入对 T_{nr} 的影响最大，其次是钛和铝，钒的影响最小。

值得注意的是，图 3-10 涉及的 T_{nr} 试验和所使用的分析获得的该类型图是基于高应力法则的 $\left(\sigma \propto \dfrac{1}{T}\right)$，甚至在一些试验中的完全再结晶可能观察到斜率的变化。然而，通过仔细检验结合该分析和实际多次流变应力曲线是有可能消除这个问题的。

3.3.2 静态再结晶建模

在与应变有关和应变无关的区域，静态再结晶的动力学方程遵循经典的与时间相关的 Avrami 模型：

$$X = 1 - \exp(-kt^n)$$

$$(3-18)$$

式中，X 为再结晶体积分数；t 为再结晶持续时间；k，n 为材料常数。这个模型与实验数据拟合的例子如图 3-12 所示。

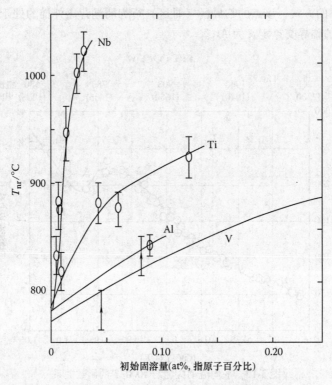

图 3-11　不同合金元素对 T_{nr} 的影响

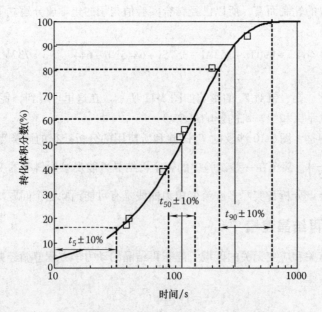

图 3-12　304 不锈钢在变形温度为 900℃，应变速率为 0.1s^{-1}
的条件下变形到应变为 1 时软化体积分数与时间的函数关系

该情况的 k 是一个与应变、应变率、温度和化学成分有关的复杂函数。Sellars 在等式中引入时间常数概念，该时间常数往往是再结晶完成 50% 的时间。其他人将再结晶完成 5% 所用时间作为再结晶开始时间，将完成 95% 的再结晶所用时间作为再结晶结束时间，这些通常是我们所想知道的，但是用实验来确定这些是比较困难的。测量再结晶完成 50% 的时间比较容易，在测量完成再结晶数量的误差对测量时间影响的误差很小，这在图 3-12 清楚的显示出来了，正负 10% 的再结晶数量的误差导致的时间误差要比5% 和 95% 这两个再结晶数量的误差导致的时间误差要小得多。

如果考虑各种钢的再结晶时间 t（即 $t_{0.5}$）的共同的特点是存在两个不同的区域（见图 3-13）。如上所述，最初提出了再结晶速率随着应变增加而增加的较低应变行为称为传统静态再结晶，而高应变行为是亚动态再结晶。早期定义的亚动态再结晶是指核心长大或者变形过程中小颗粒的形成（即动态再结晶）。因为接近峰值应变的变形行为发生变化（在图 3-13 中用 ε^{*} 标注）。在 Z 值较低时，这些许多实验室用于测试的典型行为均出现这种情况。然而，在 Z 值更高和合金元素含量高的情况下，ε^{*} 明显比 ε_{p} 大。因此，与应变有关的区域必须包含传统的静态再结晶、亚动态再结晶和在应变 ε^{*} 以上不确定的变形行为。所以建议称这两个区域为应变独立区域和应变依赖区域，而不是对于每种变形行为均确定一种单一的机制。

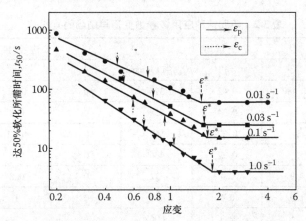

图 3-13 304 不锈钢在 900℃ 恒温时软化 50% 所对应的应变速率对时间的影响

用完成 50% 的再结晶时间作为式（3-18）的时间常数：

$$X = 1 - \exp\left(-0.693 \left(\frac{t}{t_{0.5}} \right)^{n} \right) \tag{3-19}$$

其中

$$t_{50} = A\varepsilon^{-p} \dot{\varepsilon}^{-q} d_{0}^{r} \exp\left(\frac{Q_{\text{rex}}}{RT} \right) \tag{3-20}$$

以上公式可以适用于应变依赖和应变独立的机制。例如，表 3-1 所列是在热扭转试验中得到的钢的参数，该表中需要注意的是应变依赖区域对应变、温度具有较强的敏感性，受应变速率影响不大，而在应变独立区域情况正好相反。

表 3-1　不同钢种变形再结晶的 t_{50} 公式

钢　种	应变依赖			应变独立		
	p	q	Q_{app}（kJ/mol）	p	q	Q_{app}（kJ/mol）
SS 304	1.48	0.42	207	0	0.61	48
C-Mn	2	0.34	215	0	0.8	83
HSLA	2	0.37	330	0	0.83	97
IF	2	0.37	250	0	0.8	70
IF	1.9	0.4	192	0	0.8	89
IF（B）	1.9	0.4	293	0	1	89
X65	2.5	0.3	390			

假设这些方程与应变率和温度无关。然而，早期文献表明热加工工艺的应变率效应可通过参数 Z 求得。如果把这嵌入方程（3-20）中，就能得到下面的公式和表 3-2 中的常数：

$$t_{0.5} = A' \varepsilon^{-p} Z^{-q} d_0^r \exp\left(\frac{Q_{rex}}{RT}\right) \tag{3-21}$$

表 3-2　不同钢种应用 Z 参数变形再结晶的 t_{50} 公式

钢　种	应变依赖			应变独立		
	p	q	Q_{rex}（kJ/mol）	p	q	Q_{rex}（kJ/mol）
SS 304	1.48	0.42	375	0	0.61	292
C-Mn	2	0.34	354	0	0.8	222
HSLA	2	0.37	567	0	0.83	334
IF	2	0.37	436	0	0.8	255
IF	1.9	0.4	372	0	0.8	269
IF（B）	1.9	0.4	497	0	1	293
X65	2.5	0.3	606			

该情况下的 Q_{rex} 很可能是更接近真正的 Q_{rex}。然而，需要一个更复杂的试验过程才能得到真正的 Q_{rex}，样品只有获得热效应才能在给定的温度下变形和发生再结晶。该方法用于冷轧后再结晶，在热加工条件下不实用。因为热加工过程中的变形和退火温度一般是相同的。所以在这些类型的方程中的 Q_{rex} 仅是一种表观激活能。

使用该方法会使应变依赖区域和应变独立的区域之间产生一些有趣的变化。现在 C-Mn 钢的两种再结晶表观激活能更加紧密联系在一起，尽管与最初提出的值不一样。这些区别的重要性目前还不清楚。

从元素（例如铌、钼和钛）中产生的溶质拖曳效应都是通过常数 A 和活化能表观。不存在考虑所有溶质拖曳效应的完全的综合模型，一般倾向于根据相近钢的牌号将模型系数进行分类。w（Nb）为 0.01% ~0.03% 的铌合金钢的模型如下所示：

$$t_{50} = (-5.24 + 550[\text{Nb}]) \times 10^{-18} \varepsilon^{-4.0 + 77[\text{Nb}]} d_0^2 \exp\frac{330000}{RT} \qquad (3-22)$$

该情况下的铌也是通过应变敏感度起作用。因为溶质拖曳效应影响加工硬化率和动态回复率，所以以希望改变应变敏感度。

溶质的拖曳作用阻碍再结晶的动力学如图 3-14 所示，w（Ti）为 0.083% 的 IF 钢的再结晶速率比普通碳钢的再结晶速率要慢约 2 倍速度，而含 w（Nb）为 0.024% 的铌微合金钢的再结晶速率比普通碳钢的再结晶速率要慢三倍。另一有趣的特点是应变依赖机制的再结晶对化学成分的敏感度比应变独立机制的再结晶要强很多。如下文所述，建立溶质元素对再结晶行为影响的模型非常重要，溶质元素对析出行为也有间接的影响。

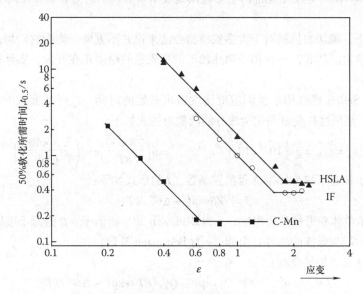

图 3-14　溶质拖曳作用阻碍再结晶的动力学

再结晶也使微观组织的晶粒尺寸发生改变。有两个关于应变依赖和应变独立的再结晶晶粒尺寸的基本方程：

$$d_{\text{rex}} = \varepsilon^{-0.5} d_0^{0.4} \exp\left(\frac{45000}{RT}\right) \text{应变依赖} \qquad (3-23)$$

$$d_{\text{md}} = 2.6 \times 10^4 Z^{-0.23} \text{应变独立} \qquad (3-24)$$

因为得到的数据有限，目前还不清楚在相同的应变下，从应变依赖机制到应变独立机制的再结晶晶粒大小是否会发生改变。有趣的是，就动态再结晶晶粒大小而言，在应变独立区域的晶粒大小是稳态晶粒大小和动态晶粒大小的 1.5 倍和 2 倍，并且晶粒大小只取决于 Z 参数。由此表明该机制在高应变率下有可能导致晶粒非常细小。

化学成分产生的影响还未得到广泛的研究，尽管存在利于溶质拖曳的元素，如铌，在应变依赖区，倾向于导致更细小的再结晶晶粒尺寸。在应变独立区域，因为 Z 参数中的激活能不同，所以很难确切比较再结晶。用这些方程式比较不同钢牌号的晶粒尺寸时，将会再次强调其中的困难之一；改变 Q_{def} 引入的任何影响将间接影响到这些方程其他项。

3.3.3　应变诱发析出模型

现在普遍认为变形期间的再结晶的完全滞后是由于应变诱发析出的结果。在位错结构处形成细小的析出相，有效地阻止了晶粒的形核和长大。关于发生的确切机制仍然有争论，一段时间内公认的看法是，在晶界或亚晶界上形成的析出物产生足够大的牵制力阻止原始晶粒晶界处形成的再结晶界面的迁移。然而，Sellars 和他的同事提出了阻碍的主要原因是析出物在晶粒内网状位错上形成，从而减少回复量，而回复量是发生再结晶的前提条件。Sellars 等使用先进的电子显微镜技术来展现出这些在位错上非常细小的析出相。

至今为止，确切的机制对于大多数模型方法来说并不重要，因为它们均是基于预测析出相的驱动力。然而，一些用于钢热加工的更先进的模型正在开发，实际机制将变得越来越重要。

Dutta 和 Sellars 模型用来预测应变诱发析出开始的时间，t_{ps}（或完成 5% 的析出的时间 $t_{0.05ps}$），使用过程变量和化学成分的函数表达式如下：

$$t_{ps} = t_{0.05} = 3 \times 10^{-6} [\text{Nb}]^{-1} \varepsilon^{-1} Z^{-0.5} \exp\left(\frac{270000}{RT}\right) \exp\left(\frac{2.5 \times 10^{10}}{T^3 (\ln k_s)^2}\right) \quad (3\text{-}25)$$

这是基于稳态形核率标准方程的逆函数，J 的形式如下：

$$J = NZ\beta\exp(-\Delta G^*/kT) \quad (3\text{-}26)$$

式中，N 为单位体积形核位置密度；Z 为 Zeldovich 非平衡因子；β 为原子吸附到主要核心的速率；ΔG^* 为形核的临界自由能；k 为 Boltzmann 常数。

这个表达式可推导得到：

$$J = (N/a^2) [\text{Nb}] D_0 \exp(-Q_{diff}/RT)\exp(-\Delta G^*/kT) \quad (3\text{-}27)$$

式中，[Nb] 为铌的摩尔浓度；D_0 为铌在奥氏体中的扩散系数；Q_{diff} 为铌在奥氏体中扩散激活能；a 为点阵参数。

临界形核自由能可分为形核化学的驱动力能和形核的体积应变能。Dutta 和 Sellars 提出形核的体积应变能可以被忽略，因为铌（碳，氮）与基体不共格。在这种情况下，$\Delta G*$ 与形核的化学驱动力 ΔG_v 的平方成反比。反过来，这可以与溶度积有关系：

$$\Delta G_v = -(RT/V)\ln k_s \quad (3\text{-}28)$$

$$k_s = [\text{Nb}][C + 12N/14]_{sol}/10^{2.26 - 6770/T} \quad (3\text{-}29)$$

式中，V 为摩尔体积；k_s 为如上定义的溶度积。

作者在建立等式（3-22）中的完成了另外一个工作，在等式（3-25）前面的那个常数加倍，这是在由 Dutta 和 Sellars 得到的数据范围内。

图 3-15 所示为典型含铌 0.03 的微合金钢和简单的 C-Mn 钢在应变为 0.3 时的析出开始及再结晶开始曲线。析出和再结晶开始线的交点与由溶质拖曳（主要的再结晶发生在析出之前）所控制的再结晶以上的温度和由析出和析出晶粒粗大控制的再结晶温

度以下的温度相一致，并且在析出控制和析出相粗化的温度之下（即析出在主要的再结晶之前发生）。

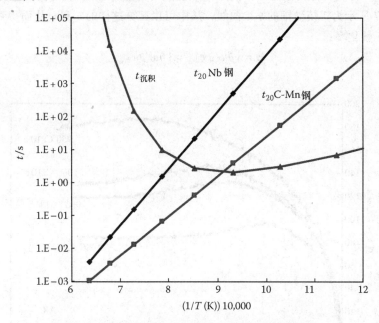

图 3-15　钢在应变为 0.3 时的析出和再结晶开始曲线

重要的是，如果没有溶质拖曳效应（即如果钢再结晶速率与 C-Mn 钢的类似，如图 3-15 中 t_{20}C-Mng 钢曲线），交点处对应的温度将是 840℃ 而不是铌钢的 950℃。这部分解释了为什么钒和钛在轧制的过程中并不能有效地阻止再结晶，这是因为他们与铌相比，有着非常低的拖曳效应。因此，即使这些元素有一个类似于铌（CN）的析出驱动力，再结晶仍可迅速发生，并在成形之前绕过它们，这在含钒钢中已经得到证实。

3.3.3.1　变形和再结晶建模的另一种方法

能够预测任意工业上感兴趣的应变、温度、应变率下的应力值，这是非常有用的。这可以使用下面介绍的正交过程：首先，在一系列的温度、应变速率确定的应力应变曲线中，应该标注峰值应力及其相关的应变。温度和应变率只取决于 Z 参数，$Z = \dot{\varepsilon}\exp(Q/RT)$，式中，$\dot{\varepsilon}$ 为应变速率；Q 为变形激活能；T 为温度；R 为气体常数。因此，峰值应力 σ_p 是由 $\sigma_p = \Phi(Z)$ 和峰值应变的 $\varepsilon_p = \psi(Z)$。通过 σ 除以给定的值 σ_p 的和 ε 除以给定的值 ε_p 就能得到归一化的应力-应变曲线。

提出 $u = \sigma/\sigma_p$ 和 $w = \varepsilon/\varepsilon_p$ 两个参数，这两个参数的取值范围在 0 到 1 之间，并独立于 Z 参数。因此 $u = \sigma(Z,w)/\sigma_p = f(w)$ 描述在这种方法下的流动曲线。通过交叉相乘和代换得到 $\sigma(Z,w) = \Phi(Z) \cdot f(w)$，这适用于达到峰值应力之前的任何应力。用这个表达方式，任何给定时刻的流动应力是一个热分量 $\Phi(Z)$ 的乘积，这个热分量 $\Phi(Z)$ 指定了在温度和应变速率的选择性条件下控制机制的速率，并且对流动应力 $f(w)$ 有一个非加热贡献，这个流动应力 $f(w)$ 描述了温度独立的硬化行为。

借助这一形式，得到如图 3-16 所示的应变速率与温度对 AK 钢的流变应力曲线的影响。图 3-17 所示为铝镇静钢的 u-w 曲线，从中可以区分这样的 u 和 w 从而得到独立于 Z 参数的加工硬化率：

$$\Theta = \{ \partial u / \partial w \}_{\varepsilon} = \{ \partial u / \partial w \}_{w}$$

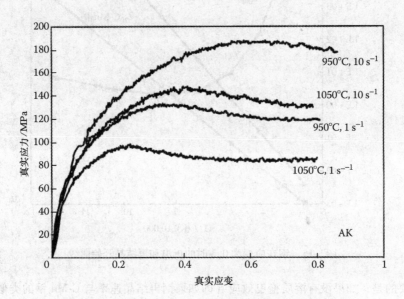

图 3-16　应变速率与温度对 AK 钢的流变应力曲线的影响

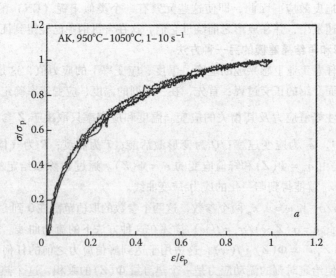

图 3-17　铝镇静钢的 u-w 曲线图

因为在常应变率下 $w = \varepsilon / \varepsilon_p$，式中的导数 $\{\partial u / \partial w\}_\varepsilon$ 和 $\{\partial u / \partial w\}_w$ 是相同的。用这样的方法，以上阐明的 θ 与 σ 的图可以由 Θ 与 u 的图所取代，其归一化形式是等效的。这里转折点处的 Θ 值 Θ_c，可以由动态再结晶的开始点再次确定。这种加工硬化的标准化描述对于板带轧制的建模特别有用，因为该工艺下的温度和应变率是不断变化的，即使是一个单一的轧辊咬入。应用到工业轧制中的这个方法的进一步细节可以在相关参考资料中找到。

3.3.3.2 道次间软化的归一化方法的应用

归一化应力-应变曲线不仅适用于在不同温度和应变速率下的加工硬化，而且可以扩展到发生在道次间的软化，为此，必须忽视静态回复的影响。在轧制条件下，这很大程度上得到了证实，因为是平均流变应力来确定而不是屈服应力来确定轧制载荷。当静态回复影响屈服应力时，它对平均流变应力影响很小，因为层间间隔的可回复位错降低，该位错量在下一道次的初始 2% 或 3% 的变形下得到快速补充。

在归一化流变曲线中的部分软化效应如图 3-18 所示。由图可知，随着持续时间的增加，材料的流变应力减小，一步一步地逐渐回到曲线起点。适用于实际轧制软化率的测定可以在实验室中进行，在简化条件下和代数表达式拟合的结果与实际观察所得的结果相吻合。由此产生的方程可以在轧机模拟中使用。

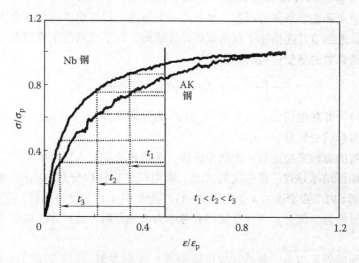

图 3-18 归一化流变曲线中的部分软化

为提高轧机的连轧速度的效应，应变速率随着道次切换而改变时使用归一化曲线来确定铝镇静钢的部分软化如图 3-19 所示，这个实验在温度 950℃、应变率为 1s^{-1}（第一道轧制）和 5s^{-1}（第二道）的情况下进行的。可以看出，当使用合适的应变率，归一化过程使应变速率为 5s^{-1} 的曲线与首个应变速率为 1s^{-1} 道次曲线一致。因此，适用于道次间的真正的（归一化的）软化实际上是 53% 而不是 37%，该方法特别是适用于静态再结晶的过程，进一步的细节可以在相关参考文献中找到。

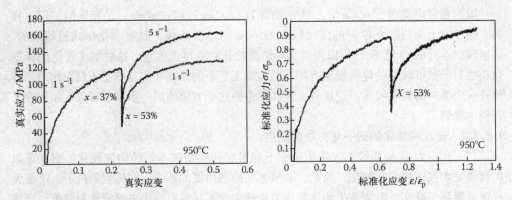

图 3-19　应变速率随着道次切换而改变时使用归一化曲线来确定铝镇静钢的部分软化

3.3.4　结合动态再结晶的先进本构模型

许多研究人员正在开发基于更接近的物理现象的再结晶模型。在这种情况下，再结晶速率将与一些因素有关，例如位错密度，亚晶取向误差，成核密度和晶界流动性。pietrzyk 和他的同事们已经开发出一些复杂性程度不同的模型。

该模型是基于 Sandstrom 和 Lagneborg 提出的方法，他们开发了一个方程用来描述了位错密度的演变和变形条件的函数。如下面一节所述，根据更多的最新发展，这方面已被修改，从其他细节方面描述了该模型和计算结构，以下总结的主要特点。

描述位错总数的演变过程的总方程为：

$$\frac{dG(\rho,t)}{dt} = \phi(\Delta\varepsilon) - g(\varepsilon) - \frac{v\gamma}{D}m\tau p(\rho,t) \tag{3-30}$$

式中，$\phi(\Delta\varepsilon)$ 为非热位错储能（硬化）；$g(\varepsilon)$ 为热激活软化（回复）；此时当最后一项代表再结晶引起的变化量，$\tau = \mu b^2/2$。

有一系列的方程来描述每一个物理现象，这些现象都嵌入这个模型中。由于位错的储能，回复和再结晶导致位错密度的波动，能用位错在体内分布$(G(\rho,t)d\rho)$的演变所描述，在时间 t 内位错密度从 ρ 变化到 $\rho + d\rho$，其中 $G(\rho,t)$ 为分布函数。在演化模型中，考虑位错数量的每个部分；一些变量只有考虑为平均分数，这样才能提供更快速的计算时间。

变形行为的处理与单一参数（如位错密度）模型类似，如上述的 Estrin 和 Mecking 模型。一旦变形停止，位错储能也将停止，位错密度的演变由回复和再结晶控制。位错数量、晶粒细化、晶粒生长的方程能作为每个区间的位错密度与时间的函数来解决。

使用位错数量而不是单一的平均密度同样也引起计算阶数的麻烦。例如，在加工硬化过程中，首先用最高位错密度来计算位错数量的硬化是很有必要的，否则在计算中会有正反馈出现。对于再结晶，位错密度的计算顺序不是很重要，因为这一过程将位错密度的当前值变为零，不会影响邻近的位错密度区间。

这些模型的困难在于获得允许调整的模型系数的数据。其中一个原因是，在很多情况下，某些参数可以耦合。例如，在大多数情况下，在单一的变形试验中位错密度会增加，而亚晶粒尺寸会减小。

目前，这个模型仍然有很多局限性，例如：

1）使用一个单一的位错类型的模型来描述在变形与再结晶过程中材料的内部状态。其他学者则声称主要有两种主要的位错数量，它们对微观结构有着不同的演变速率和影响。

2）没有关于跨过晶界和亚晶界的取向差的信息。再结晶的储能和驱动力也依赖于跨晶界取向差的角度。异质性的储能分布和随着亚晶增加而增加的取向差的分布影响再结晶的形核和长大。

3）假设亚晶粒结构是在变形早期阶段建立的。亚晶粒的尺寸最初是依赖于 $\sqrt{\rho}$，然后达到稳定状态大小，这是由与 Z 参数有关的经验方程得到。

4）该模型并没有考虑到材料内的不同取向以及取向差异对力学行为（即应力-应变）的作用结果。它假设所有的晶粒遵循相同的硬化规律以及一种晶粒尺寸与一种位错密度有关。

重要的是，假定该模型在变形期间和变形之后，所有位错数量的演化方程及晶粒尺寸是相同的。因此，动态回复或静态回复机制以及动态，静态或亚动态再结晶机制均被认为是相同的。然而值得引起注意的是，该模型能够适用于动态和静态微观结构的变化，包括一组单一参数从应变依赖到应变独立的再结晶过程，这些参数中的常数是从文献资料中得数据，拟合曲线和应变依赖再结晶的数据中得到的（见图 3-20）。这一重要成果强调构建更合理的物理模型的能力、考察模型评估中分辨哪些因素是重要的能力和超出有限的实验数据后进一步预测行为的能力。

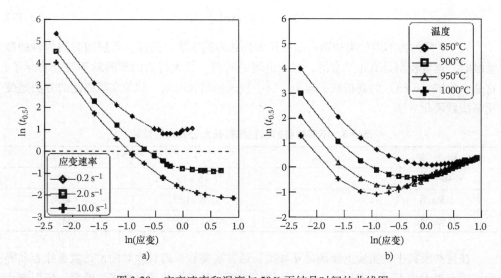

图 3-20　应变速率和温度与 50% 再结晶时间的曲线图

a）应变速率与 50% 再结晶时间的曲线图　b）温度与 50% 再结晶时间的曲线图

3.4　晶粒长大

在完全再结晶之后，晶粒会发生正常或异常长大。异常晶粒长大仅发生在热加工过程中罕见的变形条件下。当微观组织中的一些晶粒快速长大为非常大的尺寸（如 100 + μm）时，从而产生混合的微观组织。含析出相的钢重新加热和轧制过程中的压下量很小这两种情况可能会发生。轧制过程中的压下量很小会在型钢轧制的最后完成的精整阶段过程中发生，然而，这种结果是非常罕见的，在钢中尚未充分建模。

因此，本节的重点是完全再结晶后正常晶粒的长大。控制晶粒长大的经典方法是来自 Burke 和 Turnball 的工作，他们认为晶粒尺寸与再结晶后的保温时间有关：

$$d = kt^n \tag{3-31}$$

在理想的长大条件下，建议 n 取 2，该方程普遍表达为：

$$d^2 = d_0^2 + kt \tag{3-32}$$

完全再结晶后，最初的晶粒尺寸是再结晶晶粒尺寸，计算时间是指从完全再结晶结束到下一个变形开始的时间，或是转变开始的时间。

然而，钢中含有许多杂质和颗粒，它们能提供晶界运动的阻力。如果我们忽视这些颗粒的影响，那么在式（3-31）中的指数 n 远远大于 2。然而，这种方法有一些需要注意的地方。获得指数的一般方法是用式（3-32），假设 $d^m \gg d_0^m$，绘出 $\log(d)$ 与 $\log(t)$ 的关系图。遗憾的是，虽容易满足较高的 m 值，但仍要进行更合理的测试确定是否满足 $d^m \gg d_0^m$，如果满足这个条件，m 值的取值有更大的范围，在相关文献中 m 的取值范围是 6 ~ 10。

晶粒长大的温度敏感性可由式（3-32）扩展得到如下式子：

$$d^m = d_0^m + k_s t \exp\left(\frac{Q_g}{RT}\right) \tag{3-33}$$

表 3-3 所列为不同种类的钢在晶粒长大公式内的常数。然而，当层间时间为秒的数量级时，这些模型是真正适合的。对于更短的时间，长大行为的预测就不符合实际了，这是由于式（3-33）的高指数引起的。对于较短的增长时间，相关文献概述的方法是使用幂指数硬化方法。

表 3-3　不同种类的钢在晶粒长大公式内的常数

钢　　种	m	k_s	Q_g（kJ/mol）
C-Mn-（V）	7	1.45×10^{27}	-400
C-Mn-Ti	10	2.6×10^{28}	-437
C-Mn-Nb	4.5	4.1×10^{23}	-435

在这些模式中，实验上要满足 $d^2 \gg d_0^2$，通常需要较长的长大时间，这就意味着晶界的性质有很大的不同。本质上，我们往往使用很小的长大的数据来建立模型，采用细小的再结晶晶粒尺寸和较短时间来预测较高的长大速率。

3.5　相变和最终的力学性能

奥氏体转变为铁素体、珠光体、贝氏体和马氏体的模拟过程非常复杂，超出了本章的范围。有一系列方法能解决这个问题，从简单 Avrami 方法到更复杂的热力学和动力学模型。从 20 世纪 90 年代开始，英属哥伦比亚大学的研究小组已经建立了很多适用的杠杆定理。对于目前最全面的型钢和热轧带材轧机的模型，对于目前最全面的工业模型，读者可以直接参考他们的相关研究成果。

然而，本章末会讨论相变研究涉及先进的建模技术，因为他们有能力结合热力学和几何方面。然而，在针对各个方面的模型用于常规预测之前，该领域需要更多的研究。

针对奥氏体向铁素体转变的许多主要特征，已经建立了简单的经验性模型。例如，在中厚板轧制中，相变开始温度（Ar_3）可由下式给出：

$$Ar_3(℃) = 910 - 310C - 80Mn - 20Cu - 15Cr - 55Ni - 80Mo \tag{3-34}$$

式中，C，Mn，Cu，Cr，Ni 和 Mo 表示成分中各种合金元素的质量分数，当相变后铁素体晶粒尺寸能用下面的 C-Mn 钢和 Nb 微合金钢方程来估计：

$$d_\alpha = d_{\alpha 0}(1 - 0.45\sqrt{\varepsilon_r}) \tag{3-35}$$

$$d_{\alpha 0} = (\beta_0 + \beta_1 C_{eq}) + (\beta_2 + \beta_3 C_{eq})\dot{T}^{-0.5} + \beta_4(1 - \exp(\beta_5 d_\gamma)) \tag{3-36}$$

式中，$C_{eq} = C + Mn/6$；$\dot{T}$ 为冷却速率（℃/s）；d_γ 为奥氏体晶粒尺寸（μm）和

$$d_\alpha = d_{\alpha lim} + A(1.6 - \varepsilon_r) + B\dot{T}^{-0.5} \tag{3-37}$$

式中，$d_{\alpha lim}$ 为铁素体最小晶粒尺寸。

热轧钢材的最终室温力学性能（LYS 表示低屈服应力，TS 表示抗拉强度），可通过 Hall-Petch 方程进行预测得到，该方程结合了化学成分和铁素体晶粒尺寸的影响：

$$LYS(MPa) = 62.6 + 26.1[Mn] + 60.2[Si] + 759[P] + 212.9[Cu] + 3286[N] + 19.7d_\alpha^{-0.5}$$
$$\tag{3-38}$$

$$TS(MPa) = 164.9 + 634.7[C] + 53.6[Mn] + 99.7[Si] + 651.9[P] + 472.6[Ni] + 3339.4[N] + 11d_\alpha^{-0.5}$$
$$\tag{3-39}$$

3.6　温加工

虽然热加工过程中的大多数情况是在完全奥氏体区发生的，但也有一些情况的变形是在奥氏体和铁素体双相区发生，或主要是在铁素体区。其中在奥氏体和铁素体双相区发生的热加工过程一般称为临界区轧制，而主要在铁素体区发生的热加工过程则称为温加工。临界区轧制已被用来为钢板提供附加的强度，这是通过铁素体相变形和保留变形至室温实现的。温加工可被用来生产一个经过加工的结构或在室温下完全再结晶的结构。

临界区轧制建模极其复杂和困难。图 3-9 所示为在低于 Ar_3 以下钢变形的应力应变行为。一旦奥氏体向铁素体转变开始，就会产生明显的流动软化行为。该行为已使用简单混合定律方法来建模，通过模拟奥氏体和铁素体相的强度来预测整体强度：

$$\sigma = \sigma_\alpha V_\alpha + \sigma_\gamma (1 - V_\alpha) \tag{3-40}$$

式中，σ_α 为铁素体强度；V_α 为铁素体体积分数；σ_γ 为奥氏体强度。

奥氏体的强度肯定包括先前任何道次的加工硬化。第一个临界变形之后，情况却会变得更加复杂。随着温度的降低，会有进一步的奥氏体转变为铁素体；因此将有一部分未加工的铁素体含量和一部分在以前道次中留下变形的铁素体。加工后的铁素体也有再结晶的可能，这在接下来的道次中将会变得更为复杂。

这样的复杂程度几乎不可能建模，尤其在较硬相与较软相之间有应变分配的可能。大多数轧机将倾向于用一个简单经验模型来分析这样的问题，该模型将流动应力和温度联系起来，忽略了应变硬化的效应。这是不合理的，因为奥氏体相有很大的变形，所以不会有较强的应变效应，铁素体相比奥氏体相表现出更低的加工硬化率。图 3-10 所示的数据强调平均流变应力如何以一种较简单的方式在温度低于 Ar_3 的情况下变化，并有可能为这样的变形行为建立简单的经验性方程。

有一系列方法来针对温加工。最近，轧钢厂已经能够在最终操作温度低于 Ar_3 时加工低碳钢。这些钢在一个非常小的温度范围，发生了奥氏体相转变为铁素体相，通过模拟铁素体相的变形行为可以预测整体变形行为。但对于更高碳的钢，如温锻的中碳钢，建模又变得非常复杂。然而，在这种情况下，目的是在小的显微组织转变的温度下锻造，因此可以建立经验型模型来预测流变应力。

3.7 多道次条件的应力-应变和组织建模

上述建模是用来处理发生在一个单一的变形或在两次变形之间的加工过程的模型。轧制是一种多次形变的过程，涉及许多在完全再结晶、部分再结晶、非再结晶和温加工区域的变形。T_{nr} 试验是一个检验该行为的方便方法，但它受条件的限制，典型运用于板料的轧制。表 3-4 所列为不同类型的轧机正常范围内的应变、应变率和温度。同时也给出了间隔变形的时间范围。对于连续轧制，例如杆、棒料和热轧带钢精轧机组，应变率和间隔变形时间进行耦合；每道连续的道次具有更高的应变速率和更短的时间间隔。对于可逆式轧机，如平板轧机，沿着板长间隔时间会有所不同，这是因为在每道次的开始部位将成为下道次的尾端。随着板料越来越长，由于轧制速度并不会变化，在轧制过程中间隔时间可能会增加。

当要开发整个轧制的模型，目标的理解是很重要的。在建立基础性的理解，获得力和性能的预测以及在线模型的控制，这三者存在显著的差异。随着计算性能的不断增加，将所有方面集成在一个单一的模型中，这将是很有吸引力的建议。在线模型必须是非常强大的，在许多情况下需要线性化。这就是为什么许多轧机在它们的轧机设定及在线控制模型中仍然使用简单幂函数硬化的低应力法则。

表 3-4　不同类型的轧机正常范围内的应变、应变率和温度

轧 机 机 型	每次的应变	应　　变	应变率/s⁻¹	温度/℃	层间时间/s
轧板机	0.05 ~ 0.4	1 ~ 4.5	0.3 ~ 30	1300 ~ 700	5 ~ 20
带材轧机					
粗轧机	0.1 ~ 0.5	~ 2.5	0.5 ~ 10	1300 ~ 900	~ 10
精轧机	0.1 ~ 1.3	1.5 ~ 3.2	10 ~ 100	1050 ~ 700	1 ~ 5
总装轧机		4 ~ 5.7			
钢梁轧机	0.05 ~ 0.8	1 ~ 4.5	0.3 ~ 30	1250 ~ 800	~ 10
小型轧机	0.3 ~ 0.6	2 ~ 5	0.5 ~ 300	1200 ~ 900	0.07 ~ 3
线材轧机	0.3 ~ 0.6	4 ~ 7	到达 2000	1200 ~ 900	0.01 ~ 3

如果目的是预测最终的力学性能，则通常是不必要耦合微观组织结构和热力学模型，而是在整个轧制过程中运用热力耦合模型，得到温度、时间、平均道次应变和应变率，并保存为一个文件，然后成为微观组织结构模型的输入文件，特别是板带轧制和平板轧制。对于在横截面上不均匀应变分布的轧制，可能有必要在某些不同的区域记录更多的信息；该方法已应用于多道次型钢轧制的模拟中。

多道次模型中争论的主要领域之一是如何处理部分再结晶。大多数建模者仍用 Sellars 建立的第一个模型的方法。如果在两道次之间有部分再结晶，用这种方法会产生两部分：一部分是由式（3-23）得到的晶粒尺寸的完全再结晶；另外一部分是等效于施加应变的残余应变的完全未再结晶。在随后道次变形中，继续保持这个过程，有可能产生大量含有不同残余应变和奥氏体晶粒尺寸的微观组织，这些用来计算不同部分的铁素体晶粒尺寸，然后通过体积平均并用 Hall-Petch-type 方程计算强度。

然而，这种方法存在一些问题。首先，使用这个简单的混合定律方法来预测再结晶动力学与实际所观察的结果并不符合。相反，使用残余应变（微观组织的平均应变）和下一道应变来预测再结晶速率是最准确的。尽管似乎并不总是如此，一些研究表明，在下一道轧制时，只有一小部分的残余应变有助于再结晶过程。这种复杂性的简单解释是有助于再结晶的真正因素不能被建模。在第一道变形期间，再结晶最强烈的地方将被激活；在下一道变形前的间隔中，新的再结晶的地方将被激活，这可能在经历两次变形的最初晶粒中，或在新的晶粒中，抑或在两个晶粒的界面处。精确地模拟这种情况仍然需要更多的研究。幸运的是，大多数轧制方案不会导致这种复杂的微观组织状态；在控制轧制的情况下，铌的加入是用来阻止再结晶，因此部分再结晶往往限制于低温 C-Mn 钢的平板轧制和热轧带钢。

对于在线受力的预测模型，模拟再结晶来准确预测受力是很有必要的，但据作者所知，没有模型用上述方法将微观组织分解成不同部分。在这种情况下大多数模型使用应变平均方法，这里也提到了。简单的幂函数定律模型的例子用幂函数硬化来考虑，将得到以下等式：

$$\sigma = \sigma_0 \, \dot{\varepsilon}^{\,\alpha} \, (\varepsilon + \varepsilon_{\text{ret}})^{\,a} \exp(Q/RT) \tag{3-41}$$

式中，ε_{ret} 为先前道次轧制变形的残余应变。

在 T_{nr} 温度下铌微合金钢变形，仅仅是在低于这个温度下以前道次变形的总和。对 C-Mn 钢或其他钢，它们有一种再结晶的能力，这将更为复杂。在这种情况下，使用 Avrami 式方程来模拟残余应变。在这里，部分残余应变（即不是再结晶引起的）很重要，除非有完全的微观结构模型在后台运行，它往往会简化掉一个 t_{50} 的方程，这个方程不包含晶粒尺寸这个物理量。尽管其中有一个有趣的问题，即残余应变的部分与再结晶的部分不同，并且应变越大，这种差异也越大。不同再结晶部分的残余应变示意图如图 3-21 所示，例如，80% 软化导致的残余应变（ε_{t50}）要比 50% 的要少。一种方法是在再结晶和残余应变两者之间建立一个经验型的关系；另一种方法是建立残余应变的模型。这些方法相当有限，许多轧机经常用 T_{nr} 并假设在 T_{nr} 以上发生完全再结晶，低于 T_{nr} 没有再结晶发生，这可能是一个更健全的方法，特别是对于平板轧制。

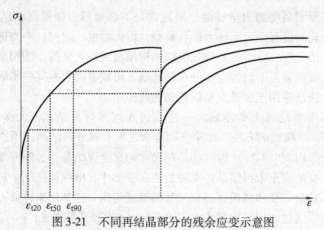

图 3-21　不同再结晶部分的残余应变示意图

热轧带钢也有一系列的使用策略。这些平板轧制的轧机的一个优点是，给定牌号、最终厚度和宽度，轧制方案就锁定了，除非使用自由轧制的方案。这允许逐渐适应去记录模型的未知信息。然而，甚至在这里也有一种增加的趋势，即更多地依靠轧机模式，而非适应策略。

最后，为了非常准确地理解发生的过程，有必要完全耦合各种热力学和微观结构方面。这是因为发生在不同区域不同的微观结构事件可能会影响整体的变形行为。另外，如果通过应变积累的额外加工量没有被合并，那么将被低估变形产生的热量。有趣的是，当有人试图将这些类型的模型与有限元模型结合起来，一般策略是转向多尺度模型而不是在给定的节点上引入平均微观组织状态并跟踪它们的演变。这些多尺度方法最近的发展将在下面的部分概述。

3.8　先进模拟和建模技术

以上内容是处理物理现象的建模，实际上不需要跟踪真正的组织演化。该方程表示微观组织结构的平均状态；甚至当对一给定的状态考虑不同体积分数时，仍然是那状态的平均状态。为了充分理解整个过程，预测晶粒形状和跟踪单个晶粒的形核和长大以及晶粒间相互作用等这些过程均是很有必要的。这提供了更多的信息是关于整个物理过程和控制演变的特征。

　　但毫无疑问的是，模拟得益于快速运算的计算机和高效的编程环境，实验技术的改进也有助于模拟的改善。扫描电子显微镜（SEM）的电子背散射衍射（EBSD）已经改变了金相学的形貌，给研究者提供了拓扑和晶体的信息。推广这一方法中，使用聚焦离子束和电子背散射衍射技术（EBSD）能提取三维连续数据集。实验设备允许原位测试，即在高温或负载下，或两者同时存在时进行测试。实现设备是由中子，同步加速器和传统的 X 射线源设计而成，并可以捕获连续的时间与变形、再结晶、晶粒长大及相变的关系。对于复杂的模拟，由这些实验技术得到的丰富的数据集提供了丰富的输入数据和参数。反过来，模拟需要进行新的实验，以便获得必要的物理参数来实现模拟。

　　尽管不断发展更为复杂的模拟和实验技术，这一切存在的固有风险是我们以映射试验为结束点，而不是推进我们更深层次理解现象。因此，在尽我们的所有努力重现物理世界之后，我们需要一个事实来验证，即我们是否比刚开始接触这个问题时了解更多的现象？这个问题说明模拟需求比用经验或半经验模型更为重要，因为基本上我们希望模拟是被用来作为一种解释性的方式，而不是数据驱动的模型。这使我们认识到模型和模拟之间的差异。在计算机程序中，我们使用"模拟"术语试图重现微观组织行为，随着它的发展，更普遍地使用模型来说明模拟或预测方程的框架。

　　在热加工和温加工过程中，有几种方法可用于模拟钢的微观组织结构的演化，但不是所有的升温现象都能用所有的方法进行模拟。经常被用来模拟微观组织演化的三种方法分别是 CA 方法、MCP 方法和相场方法。其中，MCP 方法得到了最广泛地使用，并最早应用于模拟铁的晶粒长大。在钢的冷加工中，MCP 方法已被用来模拟再结晶和晶粒长大以及奥氏体-铁素体相变。用 CA 方法模拟高温加工的静态再结晶和动态再结晶，模拟无缝钢冷加工的静态再结晶和奥氏体-铁素体相变。相场技术开始应用于奥氏体分解，并已应用于其他体系的晶粒长大。第四种方法，正面跟踪或顶点模拟以有限的方式应用于铁素体不锈钢的再结晶和晶粒长大中，但这些与实验数据的耦合仍然存在重大障碍，而且顶点模型主要是用来验证拓扑理论的晶粒长大与 Zener 钉扎。希望探索顶点模型的读者需要获得表面演化软件的复本。

　　下面将分别考虑 CA 方法、MCP 方法和相场方法。它们存在一些共同的问题，诸如如何用实验数据对模拟进行初始化，在温加工和热加工状态中如何获得演变的规律，这些均要进行讨论。我们也看到耦合模拟的趋势，使用同一方法耦合不同的物理现象，或利用每种方法的优势，耦合两种或更多的方法获得更完整的工艺模拟，也进行讨论模拟中新的方面。

3.8.1　CA 元胞自动机模拟

　　元胞自动机的历史可以追溯到 20 世纪 40 年代，但是在 20 世纪 90 年代才首次被应用在材料工程中模拟再结晶和凝固。自那以后，应用于金属中的代码和方法已有相当快速的发展，但 CA 方法的基本前提是一样的：有一局部法则管理排列在一个数组中的元胞间的相互作用，该法则可代表所建立的系统，并且整体行为是一种演生现象。该方法有吸引力的地方是它可以反映我们对物理系统的感知能力；再结晶的金属不"知道"Avrami 动力学的存在，但 Avrami（JMAK）动力学出现了，这是由于再结晶晶粒移动前端会发生局部的相互作用。在模拟的局部尺度中确定法则，即在模拟中，相同元胞重复相同步骤得到相同结果。但这些法则的应用由概率控制，给出物理系统输出仿真结果，在这个物理系统中，我们不期望微观结构的演变是确定性的，除非是为了平均测量。CA 方法是一种典型的介观尺度的模拟，意味着我们调节元胞自动机的范围，使其包含数十到几百个晶粒。

　　正式地来说，CA 技术是一维、二维、三维有限状态的排列，这些空间维数受法则控制来改变元胞在阵列中的状态。下面介绍 CA 技术一个简单例子，将 20 个（或更多）硬币放在桌上，排成一条线或一个方形网格。如果硬币是随机放在桌上，一些硬币正面朝上，一些正面朝下。我们现在可以制定规则，并将硬币翻转。例如，如果一个硬币的两个相邻的硬币正面朝上，那么将这个硬币也翻转为正面朝上。那么随之产生几个问题：①我们如何界定在方形网格上的相邻硬币？②在一行的末尾或正方形网格的边缘将发生什么？③我们是否抛硬币来决定，还是我们抛硬币记录向上的次数并且在每个要检查的阵列中的硬币只改变一次？我们将参考我们想要模拟的材料现象解决这些问题。

　　在材料科学与工程领域，我们最感兴趣的是二维或三维 CA 技术。一个元胞随着它状态的改变可以携带一个或多个属性，这些属性可以独立或以耦合的方式变化。双元胞自动机制（即抛硬币自动机制）包括相变 CA（固体/液体，铁素体/奥氏体）和再结晶CA，而更复杂的 CA 可能包括从各种可能的状态中择优选择晶体。每一元胞的大小是按晶粒粒度级大小的顺序排列，并需要不断调节以便长大的晶界曲率可以充分逼近后续组织结构（这意味着，在模拟过程中 CA 必须重新调节）。所获取的局部位错密度、温度和溶质含量也可作为元胞的属性，但这些变量并不总是自动机的严格状态，元胞的状态通常是由连续的本构关系和传热传质方程所控制。这也给了我们提示，我们应该能够耦合 CA 和其他类型的模型，这些模型可以提供更大尺度的信息，如有限元模拟。

　　为了能运行 CA，要求满足两套法则。其一为每一元胞的附近元胞必须被指定；其二为在阵列中元胞之间相互作用的程度以及元胞过渡状态的规则必须被编码。

　　在二维 CA 中，有三种常见的元胞相邻状态，每种状态会产生一种特征晶粒形状以及在仿真和实验之间的误差，这两者可能都需要修正。冯诺依曼邻域是最简单的，只需要考虑最近的元胞（见图 3-22a），未修正的晶粒在接触前是菱形的。摩尔邻域是检

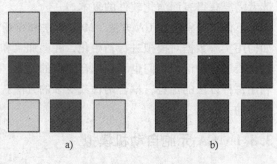

a)　　　　　　　　b)

图 3-22　二维 CA 邻域

a) von Neumann 冯诺依曼　b) Moore 摩尔

查元胞周围的八个邻近元胞（见图3-22b）并产生平面六边形晶粒。摩尔领域的变化轮流地检查六个对角线元胞并在接触前产生八边形晶粒。三维模拟中也可能执行这种变化，并适当增加任意一步元胞数量和对角线审查。最近引进 CA 技术的随机网格概念来模拟冶金现象，这似乎可以克服基于网格邻域的内在的冶金问题。

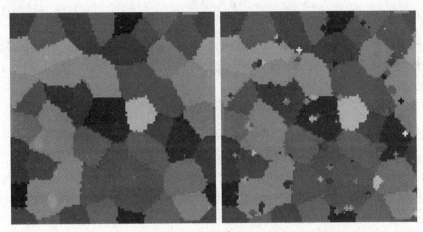

图 3-23　使用冯诺依曼邻域的再结晶二维 CA 模拟

　　除了邻域的类型，还必须指定处于 CA 边缘的晶界条件。在二维或三维中，这些通常是周期性的，但在温度、压力或溶质梯度的情况下，至少有一对边界（二维）必须是对称，在这些边缘处的元胞对称于相邻层的元胞。如果与所模拟目标的尺度相比，CA 不足够大，在模拟输出结果中，边界类型可能导致重大错误。在热轧模拟中，表面和中心线之间的变化需要对称边界，但我们也可以在轧制材料前后端使用镜面对称边界。

　　转变法则是指那些控制晶粒形核和晶粒长大的法则，但应用这些法则之前，CA 必须初始化，通过分配状态到每个元胞上，这个状态对应于微观结构特征。二维的 CA 可以通过读入一个数字化显微图像并测量，CA 模型从显微图像中得到每个像素信息对元胞进行初始化。建立该长度尺度的 CA 具有良好效果。然而，该情况下所建立的是一个盲目的模型，金相学形貌外其他特征不包含在模拟中。这可能通过使用 EBSD 软件输出的像素数据而得到解决，该像素数据耦合了取向信息和空间坐标。另一问题是周期性边界条件不能适用于这些基于真实组织的图像。模拟初始化的另一方法是使用基于微观组织结构和取向分布数据的布种子算法，该方法更可能用来模拟低碳钢的高温变形。在任何情况下，低碳钢的微观组织结构和取向信息数据都是推导出来的而不是直接测量的。

　　各个织构类别的形核和长大的规律由软件 EBSD 数据确定并在模拟中使用。此外，在热加工温度，特别是在高温试验和室温数据的采集之间插入相转变的温度，可能不能直接获取这个信息，奥氏体组织必须使用已知的晶体学转变关系从铁素体中计算获得；奥氏体晶粒尺寸数据也必须间接获得。虽也可以直接测量奥氏体相的织构，但这并不常见，因为它需要高温织构测角器。

　　一个新相或再结晶晶粒的形核阶段可以根据实验确定的形核率来处理。在温加工条件下，这些可以和钢的微观组织结构直接关联。在等温条件下，CA 中单个元胞的状态基于事件发生的概率改变成一个核心：

$$P_N = \frac{\dot{N}\,dt}{N_{CA}} \tag{3-42}$$

　　对于形核率 $\dot{N}$，是指在一微小时间 dt 内，CA 中的总元胞数为 N_{CA}。在非等温条件下，形核率依赖于温度，并需要运用 Scheil 方法。

　　新生成的晶粒的长大由概率来控制：

$$P_G = \frac{\int_{t_1}^{t_2} v\,dt}{s_{CA}} \tag{3-43}$$

式中，v 为界面移动速率；s_{CA} 为 CA 中元胞的尺寸。

　　校准，长大速度依赖于织构组分，并呈现各向异性。使用 Cahn-Hagel 方法计算长大速度，这个方法最初为奥氏体分解开发的，并由 Jensen 针对单一织构类型进一步进行研究，或在中断实验中通过测量最大的晶粒使用该方法。再结晶晶粒（对于每一种定义织构类型）的界面迁移率 v_i 由下式表达：

$$v_i = \frac{1}{S_i}\frac{dX_i}{dt} \tag{3-44}$$

式中，S_i 为将未再结晶晶粒和再结晶晶粒隔开的界面面积密度；i 为所考虑的织构类型。

　　界面面积 S_i 可以使用 Saltykov 的立体测量学的关系，并由样线截取测量方法推算得到，

$$S_i = 2N_L^i \tag{3-45}$$

式中，N_L^i 为每单位长度测试线与再结晶或未再结晶晶界相交的次数。

　　如果要求更高的精度，dX_i/dt 可由下式表示：

$$\frac{dX_i}{dt} = \frac{(1-X_i)\ln\left(\dfrac{1}{1-X_i}\right)}{t}m' \tag{3-46}$$

式中，m' 为 $\log\{\ln(1/[1-X_i])\}$ 与 $\log(t)$ 关系曲线的瞬时斜率。因而形核率也能确定下来。

　　基于长大的概率，能获得在一个核心附近的元胞。每一个元胞的状态被储存，所以只有在前一时间步（$t-1$）的元胞的状态才会影响当前时间步 t 的元胞的状态。

　　一个更广泛适用的体系要求独立计算界面速度的两个分量，即晶界迁移率 M 和驱动压力 P，并从这两个量中计算出速度：

$$v = MP \tag{3-47}$$

　　晶界迁移率遵循扩散控制过程的普遍规律：

$$M = M_0\exp\left(\frac{-Q}{RT}\right) \tag{3-48}$$

式中，M_0 为迁移常数；Q 为表观的晶界迁移激活能；R 和 T 分别为气体常数和温度。

平均晶界迁移率可能由已知值 M_0 和 Q 来确定，但这忽略了取向对迁移率的影响以及这些参数对成分的敏感性。然而，有可能利用逆向模拟来测试含有一定数量取向类别的界面迁移率。

驱动压力由位错密度 ρ、剪切模量 μ 和柏氏矢量 b 来决定：

$$P = \frac{1}{2}\rho\mu b^2 \tag{3-49}$$

对于奥氏体和铁素体，温度相关的剪切模量和柏矢量可参考相关文献。在更有弹性的模拟中，模拟结果包含位错密度，通过位错密度的本构方程可以计算局部储能，并且包含在形核准则中（见图3-24）。由于晶界流动性，通过比较模拟结果的结构与实验数据，模拟可以用来调试形核准则。此外，可以通过模拟的位错密度和变形模拟进行耦合。微小颗粒形核和颗粒增长或溶解的函数也可以包含在 CA 中，只要得到经验关系。

图 3-24　晶粒间位错密度的演化

据我们所知，没有任何商业 CA 软件来模拟固态相变，而存在凝固的商业包，这为有兴趣的研究者带来了一个限制。为了获得第一个加工模拟，大多数研究人员将不得不从头开始编码。使用编程环境，例如 Matlab⊖或 Octave⊖通常会减少这个时间，并利用许多内置的可视化的输出功能的优点和许多图形用户界面输入功能的优点。本章中 CA 和 MC 模拟是在 Matlab 中编码的。

3.8.2　MCP 模拟

CA 模拟是相当有效的，因为一旦元胞转变，只要热力学参数是单调的，它便不再参与模拟。位于再结晶晶粒或者转变相中心元胞都需要加上标记，他们邻近的元胞不需要检查。与此相反的方法是在第二相或者一个正在长大的晶粒晶界需要计算，基本的 MC 方法，在晶格中随机选择位置，与明确说明的微观组织结构无关。因此，随着晶粒长大，在晶粒中心的计算点与在晶粒边缘的计算点的比例增加，CA 在每个仿真时间步测试更少的位置，而 MC 模拟在每个取向顺利变化后需要更多的计算。在实践中，算法

⊖　Matlab is a trademark of The Mathworks Inc；© 1994-2007 The MathWorks, Inc.

⊖　Octave is distributed under the GNU General Public License；www. octave. org.

的变化可以减轻效率的降低，这个算法尝试重新调整取向来代替晶界。

虽然术语略有不同，微观组织重叠处的点阵是以 CA 阵列的模式进行构建。三角形晶格（二维）是最常用的（见图 3-25），但有时会使用四边形的晶格（见图 3-26）。使用三角形晶格产生六个元胞邻域，并具有元胞中心等间距的优势。然而，对于一个四边形晶格，存储阵列尺寸可以用来定义的晶格的网格点，必须计算三角形晶格的坐标。对于单位中心距的晶格点的系列，在笛卡尔（x,y）坐标系网格中，在 x 轴上为单元间距，在 y 轴上为 $\sqrt{3}/2$ 单元间距，在 x 方向上的连续网格点被替换一半。晶格对模拟结果有强烈的影响，并有可能会产生不好的模拟现象，例如晶粒钉扎（见图 3-26）和各向异性地长大。基本算法如下。

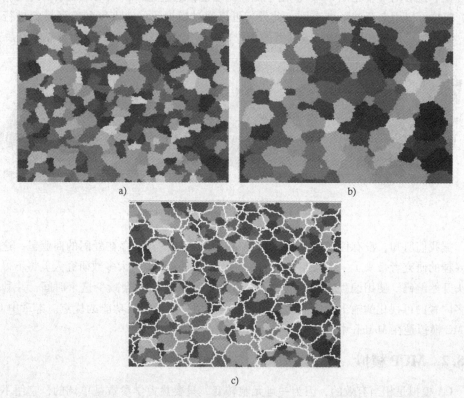

图 3-25　在 200×200 三角形点阵上初始化的 300 晶粒蒙特卡罗模拟单次运行的微观组织
a) 100MCS　b) 10000MCS　c) 在 10000MCS 时的晶粒原始态

在晶格中随机选择的位置，这个位置的状态会改变到一个新的状态，这个状态可以是模拟中允许的可能状态。可供选择的可能状态的数量是变化的，但通常大于 36；最常用的是 48 个取向，因为这代表了一个合理的权衡，该权衡是在由不同取向的晶粒分开的需要和每次迭代后成功翻转的数量（这影响了模拟进展的速度）之间。紧接着临时状态的改变，要计算与状态改变相关的能量变化。有几种方程可用于晶格上位置的能量计算，相互作用方程的一种形式为：

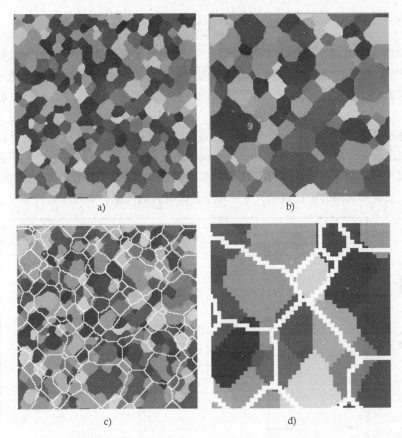

图 3-26　以 300 个晶粒在 200 × 200 的四边形点阵初始化的 MC 模拟单一运行的微观结构
a）1 000MCS　b）10 000MCS　c）初始晶粒为 10 000MCS　d）不能移动的晶界

$$E = -J \sum_{j=1}^{z} (\delta_{s_i s_j} - 1) + H_{s_i} \qquad (3\text{-}50)$$

式中，J 为界面能量；z 为位置 i 的坐标值；s_i 为所检查位置的取向；s_j 为相邻位置的取向；H_{s_i} 为体积能量；$\delta_{s_i s_j}$ 为克罗内克符号，当 $s_i = s_j$ 时，该值取 1，当 $s_i \neq s_j$ 时，该值取 0，其效果是，取向相同的位置（即相同的晶粒或相位于同一个地方），总数不增加。

可能较容易概念化的另外一个方程是：

$$E = \sum_{j=1}^{z} \gamma_{s_i s_j} + H_{s_i} \qquad (3\text{-}51)$$

式中，$\gamma_{s_i s_j}$ 为晶格上相邻位置的可变化的晶界能量。含有晶粒的临近位置（即有相同取向的位置）$\gamma_{s_i s_j}$ 为 0；但是对于不同取向的位置，$\gamma_{s_i s_j}$ 为单位晶界能量。然而，更多详细的能量计算例子在相关文献中能够找到。

体积能量分量可以是变形储能或晶格位置的化学自由能。这些参数可以通过分析方程计算并用晶格位置信息存储。

确保状态发生变化需要减少总晶界能量，可接受的变化概率一般由下式给出：

$$p(\Delta E) = \begin{cases} 1 & \Delta E \leq 0 \\ \exp(-\Delta E/kT) & \Delta E > 0 \end{cases} \tag{3-52}$$

式中当 $\Delta E > 0$ 时，会生成一个随机数，并与表达式比较决定状态的改变是否接受。我们观察到的温度 T 是晶格温度，与测量温度不同，这不具备优先衡量系统的物理温度。在实践中，经常是这样的情况即当 $\Delta E \leq 0$ 时，概率减少到 1；当 $\Delta E > 0$ 概率减少到 0。

在每次评估之后，仿真时间递增。当尝试性的状态变化的数目等于的晶格位置数时，模拟进行一个单位的时间（MCS：Monte Carlo step）。合成的模拟产生了逼真的微观结构（见图 3-25）并提出了晶粒度的分布（见图 3-27）、拓扑信息和动力学。MC 模拟再现了实验所观察的拓扑现象，并已用于验证有关的现象，如粒子效应。

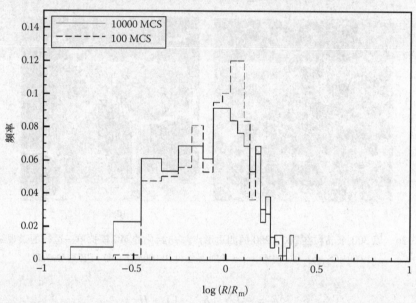

图 3-27　在 200×200 的三边形点阵上有 300 个晶粒初始化的 MC 模拟单一运行的晶粒大小分布

尽管模拟的拓扑特性比较逼真，但 MC 模拟一个主要的局限性是很难将模拟的范围和时间尺度与实验数据连接起来。Saito 和 Enomoto 利用铁的晶界扩散系数来调节 MC 时间，在再结晶模拟中，Radhakrishnan 等人直接将物理界面能量与式（3-49）中的晶界能量项以及将概率与式（3-50）中晶界取向差联系起来。Baudin 等人用实验数据来初始化 Fe-3% Si 钢板的再结晶模拟。Raabe 表明，MC 模拟可以通过晶界迁移来调节，然而很难校准时间尺度及能量中的一个或两个。混合的 CA、MC 模型似乎能抓住两种方法的最佳特征。虽然 MC 和 CA 类似，在研究领域存在一些较复杂的插件，但是缺乏商用软件。

3.8.3　相场模拟

与由 CA 和 MC 方法处理的明锐界面相反，相场模拟的界面是分散的。这是因为相场方法归因于一个有序参数，并非是整数自旋/定位/状态变量，例如，这个参数可以在

-1~1 之间变化，并且在界面上可以连续变化。在模拟奥氏体-铁素体相变中，奥氏体可能由一个有序参数 -1 表示，而铁素体由 +1 表示，界面由一个沿着厚度不断变化的参数表示。然而在大多数 CA 和 MC 模拟中，晶界是由一个取向变化来定义的，结果它不能清楚地建模，有序参数的影响在解决晶界问题时显的极为重要。这方面的优势在于能模拟平稳的冲击。随着商业软件的到来，相场模拟变得越来越常见。与 CA 和 MC 模拟相比，这些软件大大减少了第一次模拟的生产周期。另外的一个好处是，相场软件可以很容易地与常见的商业热力学软件耦合起来。

3.8.4　耦合模拟

大多数冶金过程涉及多个同时发生的或者随后发生的物理现象，所以我们想对耦合过程进行模拟，该过程耦合所有的变形、回复、再结晶与相变的热机械过程。"有限元或晶体塑性输出"与"MC 或 CA 的再结晶模拟"的耦合模拟是很常见的，并且一些模拟已扩大到包括神经网络程序在内，虽然这些当中未有模拟应用于钢铁冶金中。同样的，变形模型已耦合相变模拟。但在原则上，组件模型应该能够被耦合，通过模型自身和软件设计控制实验，这将受益于由 Abbod 等人证明的跨学科方法和 Aachen 团队有先见的工作。面向对象进行编程的方法似乎有优势。

3.8.5　常见问题

无论采用什么模拟方法，都会遇到类似的问题。对于再结晶和相变，目前形核率模型过于依赖经验关系，这些关系可能足够讨论介观尺度的模拟。在温加工情况下，再结晶晶粒的核心分布是基于变形的组织结构。更详细的形核模型需要原子尺度的模拟，但原子尺度的模拟无法直接进行，我们必须平衡时间、成本同确保这些信息是包含在我们的介观尺度模拟中之间的关系。

在热加工和温加工温度下，得不到晶界迁移率数据，我们必须依靠平均值。再者，这些平均数可能足够用来模拟了，但有时需要更多的细节来改进。就像铝和铜的确定一样，带有晶界取向差的迁移率变化是不连续的，基于取向关系的类别的迁移率数据可能证明是足够的。这些取向关系有高流动性晶界、低流动性晶界和平均流动性晶界。

模型初始化也要求高温组织的特性，不同温度制度可能得用不同的方法。无论使用哪种方法，直接输入二维或三维实验数据或使用统计数据构建一个虚拟微观组织，还存在尚未完全解决的问题。直接输入数据执行模拟中的非周期边界条件意味着更大区域（和阵列）需要更多的模拟时间。假定输入模拟中的数据是清晰的，但我们知道，事实上 EBSD 中不是所有的像素都有标定，而且没有标定或误标点的比例随着变形的进行而提高。因此，数据输入或模拟编译之前数据必须清晰化。另一方面，使用统计方法很难接近正确的组织和晶界取向差分布。就敏感度分析而言，这些缺陷带来的影响必须量化。

最后，如同所有的统计模拟情况一样，如果使用模拟结果被定量地描述的微观结构的演变，或定性地验证微观组织定律，那么则要求多次运行模拟计算。

参 考 文 献

1. Doherty R.D., Hughes D.A., Humphreys F.J., Jonas J.J., Jensen D.J., Kassner M.E., King W.E., McNelley T.R., McQueen H.J., and Rollett A.D. *Materials Science and Engineering A* 1997; A238:219.
2. Poliak E.I. and Jonas J.J. *Acta Metallurgica et Materialia* 1996; 44:127.
3. Poliak E.I. and Jonas J.J. *ISIJ International* 2003; 43:684.
4. Mecking H. and Kocks F. *Acta Metallurgica* 1981; 29:1865.
5. Estrin Y. and Mecking H. *Acta Metallurgica* 1984; 32:57.
6. Petkovic R.A., Luton M.J., and Jonas J.J. *Canadian Metallurgical Quarterly* 1975; 14:137.
7. Jonas J.J. *Steel Research International* 2005; 76:392.
8. Boratto F., Barbosa R., Yue S., and Jonas J.J. *International Conference on Physical Metallurgy of Thermomechanical Processing of Steels and Other Metals*, Tamura I., Ed., vol. 1. Tokyo, Japan: The Iron and Steel Institute of Japan, 1988, p. 383.
9. Pickering F.B. *Physical Metallurgy and the Design of Steels*. London, UK: Applied Science Publishers Ltd., 1978, p. 275.
10. Cuddy L.J. *International Conference on Thermomechanical Processing of Microalloyed Austenite*, DeArdo A.J., Ratz G.A., and Wray P.J., Eds. Pittsburgh, P.A.: The Metallurgical Society of AIME, 1981, p. 129.
11. Sellars C.M. *Hot Working and Forming Processes*, Davies G, and Sellars CM, Eds. London: The Metals Society, 1980, p. 3.
12. Doghan-Manshadi A., Jonas J.J., Hodgson P.D., and Barnett M.R. ISTJ International 2007; 48:1478.
13. Cartmill M.R., Barnett M.R., Zahiri S., and Hodgson P.D. *ISIJ International* 2005; 45:1903.
14. Zahiri S.H., Byon S.M., Kim S.I., Lee Y., and Hodgson P.D. *ISIJ International* 2004; 44:1918.
15. Hodgson P.D., Zahiri S.H., and Whale J.J. *ISIJ International* 2004; 44:1224.
16. Hodgson P.D., Jonas J.J., and Yue S. *Materials Science Forum* 1993; 113–115:473.
17. Hodgson P.D. *Materials Forum* 1993; 17:403.
18. Hodgson P.D. and Gibbs R.K. *ISIJ International* 1992; 32:1329.
19. Dutta B., Valdes E., and Sellars C.M. *Acta Metallurgica and Materialia* 1992; 40:653.
20. Dutta B. and Sellars C.M. *Materials Science and Technology* 1987; 3:197.
21. Pussegoda L.N, Hodgson P.D., and Jonas J.J. *Materials Science and Technology* 1991; 7:129.
22. Poliak E.I and Jonas J.J. *ISIJ International* 2003; 43:692.
23. Poliak E.I and Jonas J.J. *ISIJ International* 2004; 44:1874.
24. Sandstrom R. and Lagneborg R. *Acta Metallurgica* 1975; 23:387.
25. Roucoules C., Pietrzyk M., and Hodgson P.D. *Materials Science and Engineering* 2003; A339:1.
26. Burke J.E and Turnbull D. *Progress in Metal Physics* 1952; 3:220.
27. Maccagno T., Jonas J.J, and Hodgson P.D. (1996) II, pp. 36:720–728, The Iron and Steel Institute of Japan, Japan [CN]. *ISIJ International* 1996; 36:720.
28. Militzer M. *ISIJ International* 2007; 47:1.
29. Ouchi C., Sampei T., and Kozasu I. *Transactions ISIJ* 1982; 22:214.
30. Barnett M.R. and Jonas J.J. *ISIJ International* 1999; 39:856.
31. Lee H.W., Kwon H.C., Im Y.T., Hodgson P.D., and Zahiri S.H. *ISIJ International* 2005; 45:706.
32. Sellars C.M. *Materials Science and Technology* 1990; 6:1072.
33. Saito Y. and Enomoto M. *ISIJ International* 1992; 32:267.
34. Choi S.H. and Cho J.H. *Materials Science and Engineering A* 2005; 405:86.
35. Okuda K. and Rollett A.D. *Computational Material Science* 2005; 34:264.
36. Tong M., Li D, and Li Y. *Acta Materialia* 2004; 52:1155.
37. Das S., Palmiere E.J., and Howard I.C. *Materials Science Forum* 2004; 467–470:623.
38. Qian M. and Guo Z.X. *Materials Science and Engineering A* 2004; 365:180.
39. Raabe D. and Hantcherli L. *Computational Material Science* 2005; 34:299.
40. Lan Y.J., Li D.Z, and Li Y.Y. *Computational Material Science* 2005; 32:147.
41. Rollett A.D. and Raabe D. *Computational Material Science* 2001; 21:69.
42. Meccozzi M.G., Sietsma J., Zwaag S.vd., Apel M., Schaffnit P., and Steinbach J. *Metallurgical and Materials Transactions A* 2005; 36:2327.

43. Huang C.J., Browne D.J., and McFadden S. *Acta Materialia* 2006; 54:11.
44. Nakajima K., Apel M., and Steinbach I. *Acta Materialia* 2006; 54:3665.
45. Militzer M., Mecozzi M.G., Sietsma J., Zwaag Svd. *Acta Materialia* 2006; 54:3961.
46. Humphreys F.J. *Materials Science and Technology* 1992; 8:135.
47. Nakashima N., Nagai T., and Kawasaki K. *Journal of Statistical Physics* 1989; 57:759–787.
48. Sinclair C.W., Weygand D., Lepinoux J., and Brechet Y. *Materials Science Forum* 2004; 467–470:671.
49. Harun A., Holm E.A., Clode M.P., and Miodownik M. *Acta Materialia* 2006; 54:3261.
50. http://www.susqu.edu/facstaff/b/brakke/evolver/ (accessed March 2007).
51. Hesselbarth H.W. and Gobel I.R. *Acta Metallurgica and Materialia* 1991; 39:2135.
52. Pezzee C.F. and Dunand D.C. *Acta Metallurgica and Materialia* 1994; 42:1509.
53. Davies C.H.J. *Scripta Metallurgica and Materialia* 1995; 33:1139.
54. Davies C.H.J. and Hong L. *Scripta Materialia* 1999; 40:1145.
55. Rappaz M. and Gandin C-A. *Acta Metallurgica and Materialia* 1993; 41:345.
56. Spittle J.A. and Brown S.G.R. *Acta Metallurgica and Materialia* 1994; 42:1811.
57. Goetz R.L. and Seetharaman V. *Scripta Materialia* 1998; 38:405.
58. Davies C.H.J. *Scripta Metallurgica and Materialia* 1997; 36:35.
59. Janssens K.F. *Modelling and Simulation in Materials Science and Engineering* 2003; 11:157.
60. Yazdipour N., Davies C.H.J, and Hodgson P.D. *Computer Methods in Materials Science* 2007; 7:168.
61. Lischewski I. and Gottstein G. *Solid-to-Solid Phase Transformations in Inorganic Materials*, Howe JM, Ed., vol. 2. Warrendale, PA: TMS, 2005, p. 577.
62. Barnett M.R. *ISIJ International* 1998; 38:78.
63. Cahn J.W. and Hagel W.C. *Decomposition of Austenite by Diffusional Processes*, Zackey Z.D. and Aaronson H.I., Ed., vol. 1. New York: Interscience Publication, 1960, p. 131.
64. Cahn J.W. and Hagel W.C. *Acta Metallurgica* 1963; 11:561.
65. Jensen D.J. *Scripta Metallurgica and Materialia* 1992; 27:533.
66. Gokhale A.M. and DeHoff R.T. *Metallurgical Transactions A* 1985; 16:559.
67. Sun W.P. and Hawbolt E.B. *ISIJ International* 1995; 35:909.
68. Militzer M., Sun W.P., and Jonas J.J. *Acta Metallurgica and Materialia* 1994; 42:133.
69. Mukhopadhyay P., Loeck M., and Gottstein G. *Acta Materialia* 2007; 55:551.
70. http://www.esi-group.com/SimulationSoftware/Die_Casting_Solution/Products/Continuous_Casting/index_html (accessed March 2007).
71. Rollett A.D., Manohar P., Roters, F., Barlat, F., and Chen, L.Q. *Continuum Scale Simulations of Engineering Materials: Fundamentals, Microstructures, Process Applications*, Raabe D., Roters F., Barlat F, Chen L.Q, Eds. Weinheim: V.C.H. Verlag, GmbH & Co. Wiley, 2004, p. 77.
72. Holm E.A. and Battaile C.B. *JOM* 2001; 53:20.
73. Srolovitz D.J., Anderson M.P., Sahni P.S., and Grest G.S. *Acta Metallurgica* 1984; 32:793.
74. Radhakrishnan B., Sarma G.B., and Zacharia T. *Acta Materialia* 1998; 46:4415.
75. Gao J. and Thompson R.G. *Acta Materialia* 1996; 44:4565.
76. Srolovitz D.J., Grest G.S., Anderson M.P., and Rollett A.D. *Acta Metallurgica* 1988; 36:2115.
77. Baudin T., Juillard F., Paillard P., and Penelle R. *Scripta Materialia* 2000; 43:63.
78. Raabe D. *Acta Materialia* 2000; 48:1617.
79. Ivasishin O.M., Shevchenko S.V, Vasiliev N.L., and Semiatin S.L. *Materials Science and Engineering A* 2006; 433:216.
80. Chen Q. and Wang Y. *JOM* 1996; 48:13.
81. Mecozzi M.G., Sietsma J, Zwaag Svd, Apel M, Schaffnit P, and Steinbach I. *Metallurgical and Materials Transactions A* 2005; 36.
82. http://www.micress.de.
83. Grafe U., Böttger B., Tiaden J., and Fries S.G. *Scripta Materialia* 2000; 42:1179.
84. Raabe D. and Becker R. *Modelling and Simulation in Materials Science and Engineering* 2000; 8:445.
85. Abbod M.F., Howard I.C., Linkens D.A., and Mahfouf M. *Sixth International Conference on Computational Science*, Heidelberg, Germany: Springer Verlag, 2006, p. 993.
86. Lan Y.J., Xiao N.M., Li D.Z., and Li Y.Y. *Acta Materialia* 2000; 53:991.

第 4 章 铸 造 模 拟

4.1 引言

4.1.1 冶金过程的数值模拟总则

铸件的性能是由一系列冶金和微观组织特性来决定的。这些特性决定于从制造过程源头开始贯穿的整个过程，这包括合金熔炼、装卸和运输、浇注和凝固以及最终热处理。

最初，数值计算主要集中在凝固机制和微观组织预测算法的发展上。后来，针对铸造过程中的波动和各种类型缺陷的生长的模拟也逐渐增多。

例如，在众所周知的热加工过程中，热等压成形可以在不改变铸件微观组织的前提下大幅减少或去除铸件中的微孔，从而可以使铸件的抗疲劳性能得到普遍提高。此外，部件在铸造过程中会产生缺陷，该缺陷在塑性变形过程中会部分或全部去除，所以锻造过的部件可以获得更好的力学性能。

铸造过程的数值模拟的目的是评估凝固所产生的组织结构，它取决于冷却的过程。与此同时，要考虑铸件上每一点上可能存在的由于不同类型缺陷所导致的危险。只有这样，才有可能对铸件最终的力学性能做出评估（更多是定性评估而不是定量评估）。

下面列出了铸件中可能出现的缺陷：

1）熔融合金的表面氧化层和自由表面下夹带的氧化膜。这个问题普遍存在于各个步骤，从合金制备开始，到保存和处理，直到浇注。

2）在浇注过程中带入铸件的空气和其他气体。这个问题的临界点出现在从钢包倾倒过程中熔体前沿的紊流，浇模成形时，在铸件中心形成被液体淹没的气泡。

3）冷隔和冷缝，即由于大面积表面氧化物的形成而造成金属基体的不连续。这些问题一般发生在浇模成形中熔体前沿变成固相时或者在中心两个温度氧化的熔体前沿的连接处（低温下）。

4）微观和宏观孔隙的产生以及溶质气体的形核。产生这些缺陷是由于多方面因素的影响，包括凝固收缩和在熔液中存在高浓度的氢（其浓度可能比偏析时更高）。

5）成分缺陷，例如粗大的微观组织和由于在凝固过程中存在对流而产生的缩孔。产生这些缺陷的本质原因是冷却时温度较低的熔体在上部，温度较高的熔体在下部时而导致的熔体组分不稳定（这往往是由特定的铸造系统决定的）。

6）热裂，这是由于在冷却过程中过多边界限制所产生的应力。

7）凝固和热处理时产生的残余应力。

对于每种类型的潜在缺陷，数值模拟都有助于确定风险水平，进而设计尽量避免这些缺陷的工艺。另一方面，不是所有的已发现的现象在商业软件中都有同样精度的模拟。这是由其复杂的固有特性决定的，例如自由表面的氧化和氧化物的夹杂。

这些问题之所以复杂的另一个显而易见的原因是由于缺陷之间存在相关性（不同形状，大小和分布），进而使力学性能下降。例如，屈服强度的降低一般与任何形状的体积空隙率成正比，而且疲劳强度对铸件某些特定区域的缺陷的形状和尺寸很敏感。这种相关性适用于所有材料的研究中，包括试验以及特殊区域的数值模拟，这里的数值模拟是指微观组织尺度的塑性应变模拟。

暂不考虑可预先获得的力学性能（一些性能可能是例外的，如硬度，也有一些可能是不感兴趣的），数值模拟依然能再现大部分的物理和化学现象，包括很难在铸造设计过程中处理和理解的现象。

但在分析哪种数值模拟更合适所研究的铸造过程之前，为了所选择合适的软件有必要明确一个很简单但很关键的问题，即由输入模拟中的数据质量直接决定获得的信息质量。数值模拟的输入信息是由以下几种类型组成的：

1）铸件和模具的几何形状。
2）合金和模具的物理特性。
3）动力学边界条件。
4）热力学边界条件。

其中第一种输入信息不是特别关键，因为模具的相关参数是预先设定的，往往是通过组件设计中使用的固有建模代码直接传送得到。另一方面是随着几何形状越来越复杂，计算的单元数量相应增加，解矩阵的维度和计算时间也同样增加。这样的情况并不少见，有时一个高性能工作站的模拟时间可以持续一个多星期。然而，这样的情况是可以避免的，因为获取有用信息的时间要少得多。在任何情况下，模拟运行的策略必须同所解决方案所需的精度水平相适应。第二种输入信息必须得到合金和模具的物理特性。为了实现这个目的，代码数据库有很多工业标准所需要的数值，因此这种类型的数据输入一般不是问题。

此外，必须指出的是所采用的合金和模具的特点可能与实际情况完全不同。通常，当数据库中没有所需合金时，可以采用在生产上有效使用而且最相近的合金代替，这样最终结果会产生一个未知比例的系统误差。奇怪的是，该误差往往会被忽略，这可能是由于代码已给出了求解，所以需要时间找到更好的输入数据，该时间被推迟到了下一项。

另一个关键参数是临界固体分数，它代表在失去自身流入能力的凝固合金中的固相分数。这个参数是决定缩孔数的至关重要参数，所以一般建议采用开发的材料类代码，但是在实际运用中作为对熔体进行特殊处理的合金元素或者在一些铸造环节放入的合金元素的功能可能大不相同。对于这个原因，最好是通过试验或者其他方法确定这个关键参数，至少能通过调整该参数来有效地发现在铸件中的孔隙度。

第三种输入信息是将熔体转移至模具的特定模型中的有关参数。为了简单起见，用恒定简单截面的垂直流代替从钢包倒入漕中熔体的复杂形状，并且在整个浇注过程中采用恒定平均的流速和流量。此简化的假设由多步骤决定，并且需要一个分离界面。这里只能通过精确的浇注分析，即以最精确的方式再现进口行为，从而分析上述现象如自由表面氧化和空气夹杂。因此，上述提到的广泛使用的简化假设会妨碍工艺设计者对这些问题进行关键性的评定。

然而，以上论述不代表浇注分析不能运用这个方法。在填充结束时由于在模具内的合金的温度分布不均匀，设定一个有高度参考价值的恒温边界条件可以避免分析填充相，这样对缩孔预测要比进行填充分析的准确性要高得多。第四个有关精确数值模拟的重大影响因素是传热边界条件。本质上包括模具的温度和传热系数（HTC）这两个问题。

对于模具内的温度分布我们必须知道，在金属铸模内从初始预热时到一些部位已经凝固后的温度分布会有相当大的变化。这样在铸件内不同温度分布决定不同的冷却过程，从而在不同位置产生缩孔。所以，许多铸造过程和固化周期必须要事先进行数值模拟，直到假定在实际生产上的铸造系统情况已经接近稳定状态。仅这点上，数值模拟就可提供模具内一些接近真实发生的情况。有时仅仅通过 10～15 次模拟运行，就能看到补给口开始正常运行。

一旦模具温度设定，也必须设定传热系数。这种情况下，目前一般设定选用商业软件数据库的传热系数。这些数据一般独立于表面温度，并且开始传热系数很高，随着时间的推移它会迅速下降。这两种情况（模拟时极度简化的恒定传热系数和现实中极速变化的传热系数）的巨大区别可以完全阻碍任何一个模拟的运行。相反，对缩孔位置的预测却有着惊人的准确度。这意味着平均传热系数通常能决定铸件内部热传导规律；而当低估凝固时间时，平均传热系数不能确定铸件表面局部冷却情况。一般来说，数值模拟器用户必须意识到在数值分析中需要一定程度的近似。

由于某些原因，一些特殊过程分析时数据会和现有的数据库的不同，例如插入铜器、铝材冷却等，因为商业软件不一定可以保证模拟的准确度，就只能通过试验得到这些具体传热系数的数据。

需要特别注意模具（特别是金属型）内的铸件的具体收缩模型。事实上，铸件的收缩决定铸件和模具之间的空气间隙，这极大改变了传热系数，不均匀分布的空气间隙决定热传导的方式，其传热系数和通过铸件表面传导的传统 HTC 有很大不同。

为了处理以上问题，最近针对铸件和模具之间空气间隙决定的传热系数开发了商业软件，这大大提高了模拟的准确度。特别是对高压压铸过程，施压开始时传热系数会很高，当铸件和模具间有空气间隙出现时，其传热系数就会骤降接近零。

4.1.2　铸造工艺模拟的原因及潜力

总的来说，铸造过程数值模拟的关键因素有以下两个：

（1）目前为止，不是对铸件所有类型的缺陷分析都有同等的可靠性　某些类型的缺陷没有相应的处理方法，例如氧化物的形成。随着新软件的开发和运算速度的提高，这个潜在问题可能会逐渐得到解决。

（2）精密良好的解决方案的获得只能通过同等精密的数据输入 无论是对加工条件的准确理解，还是计算过于复杂的物理问题如简化传热系数的评估，通过模拟都可以简化实际情况。

然而，使用数值模拟的原因不变，因为方案的重要性不仅取决于所给出的特别反应（好的或不好的部分），还取决于铸造工艺师对他们工作中潜在问题的考虑程度。由此看来，即使数值分析不能预测问题（无法预测在后期生产阶段出现的问题），但它还是能给出解决方案的参考指导的。

在用户们的经验基础上，数值分析的特别有用之处已经被他们广泛接受。另外，他们知道十次分析平均有九次是可以实现的。初学者的主要问题是要求完美的解决方案，但这样的方案却从不被任何专家需要。

一旦数值模拟工具使用以下这些最低条件，它可以回馈大量的优势和潜力。

1）安装、废弃、更正的减少可以大大减少生产时间和降低工具的成本。

2）可以通过避免无效冒口和降低有效冒口增加铸件产量。

3）对相关关键因素的优化可以提高生产率，例如铸造效率最大化、准确界定凝固时间（准确定位已冷却和正冷却的通道位置）和提取次数。

4）通过最优化和调整来减少时间，可以处理几何形状高度复杂的铸件。

5）耦合组件的凝固分析和结构分析，一旦在铸件的特定区域发现缺陷就可以对缺陷评估。有时，可以接受已转移到不关键区域的缺陷。

6）如果已知一个铸件的关键区域，在产品的控制水平方面可以开发更加简单和有效的检查列表。

7）更好的工艺和临界点知识的更新，可以生产更加复杂的铸件。数值分析开辟了减少制造商开发时间和成本的新领域。

8）数值分析提供了直接解释废弃原因的途径。这就决定了在生产要素质量控制和提高质量运作方式的情况下保持普遍生产能力。

9）数值分析是一个可以促使设计和生产功能在保证质量及其自身因素上来考虑生产数量的工具；这决定了在设计和生产之间一个更大的信息通量。所以，可以让设计师了解在选择几何形状后的产品质量。换句话说，数值模拟是一个旨在强化和简化产品开发研究阶段的强大工具。

10）数值分析可以提高企业文化质量和帮助培训员工。

4.1.3 解析模型和数值方法

4.1.3.1 解析模型

解析模型倾向于描述在确定范围内的物理现象，并且此范围内不含任何有关变量的近似值。在传统方法中通过限定边界条件整合一些描述自然现象的微分方程。随着系统需要研究的范围和边界条件情况越来越复杂，传统方法解决问题的能力也越来越有限。

通常情况下，数值分析很容易解决凝固中基本构型问题，比如一个柱状或细条状构型，又或者一个半无限空间。此外，即使对于基本的几何形状，边界条件以最简单的方式进行设定，例如恒定界面温度、恒定传热系数以及预定传热规律等。

因此在任何工业生产过程中解析模型的共同特点是无法处理复杂情况。制造中的零件几何形状一般都很复杂而且细节丰富，并且必须对整个铸造设备系统的相互关联做出相应的考虑以得到令人信服的结果。

一旦指明解析模型的内在局限性，也就很容易明确它的优点。首先，解析模型可以方便快捷地给出高水平的反应，也就是说它可以在给定条件时预测一个肯定现象的发生；第二，通过一个甚至有时几个条件就能得到惊人准确的分析结果；第三，解析模型直接揭示各种实验和物理参数的影响，这比传统数值方法更准确。通过数值分析非常灵活，可以适用于很多问题。

Kurz 和 Fisher 收集和开发了非常有用的解析法描述，用来描述以下主要工艺参数对铸件的影响。

1）宏观热通量模型。

2）有关微观组织形成的溶质和热通量计算。

3）固-液界面的局部平衡。

4）纯物质的形核动力学。

5）固-液界面的原子结构。

6）快速凝固的热力学。

7）界面的稳定性分析。

8）枝晶尖端扩散。

9）枝晶尖端半径和间距。

10）共晶生长。

11）溶质扩散的瞬态。

12）固态枝晶偏析的均质化作用。

含有某些近似值的解析模型对学者和研究人员是非常有用的，可以让他们更好地理解物理过程并预测改变重要变量的影响，如加工材料或者热提取率；另一方面，他们不能给出复杂几何图形的定量表述，即使是在离散化和收敛方法的基础上，铸造工程师为了使他们的工作更接近实际，也很少用近似值。

4.1.3.2　数值方法

工业问题通过数值模拟方法来解决的手段可以分为有限差分法（FDM）、有限体积法（FVM）和有限元法（FEM）。

有限差分法（FDM）采用了结构化网格，用差分逼近的方法来解微分方程。通过二阶式来表述公式的准确性。运用 FDM 方法时，因为偏导数和有限差分描述之间的差异而会产生截断误差。离散方程描述的是网格中的每个单元或者网格节点，而代数方程的结果设定是通过求解每个单元或者网格节点的未知应变量而进行的。这些未知值通常与单元联系在一起，并且代表单元的平均值，而不是某个特殊点的值。

通过集成控制体积的模型方程，在 FVM 法上可以使用一种简单的概念，由此产生的离散化结果可以完全类似于 FDM 法，这两种方法基本相同。FVM 法的主要特点是建立在控制体积表面的通量集成的基础上的。执行该方法的主要方式是确保通量守恒，忽视网格结构。

FDM 法和 FVM 法都采用了结构化单元，这意味着每个单元都是简单的立方体，它们具有相同尺寸，在铸件中有相同的方向。通过思考，这个特点决定了一个相当直接和快速离散的几何结构，但在另一方面，也会带来如下很多影响：

1）在描述曲面时有些困难，除非增加大量单元（见图 4-1）。由于这个原因，通过定义不同网格（一套粗大，另一套细小）之间的边界平面，开发更先进的商业软件，然后提供两者之间的特定集成路径。

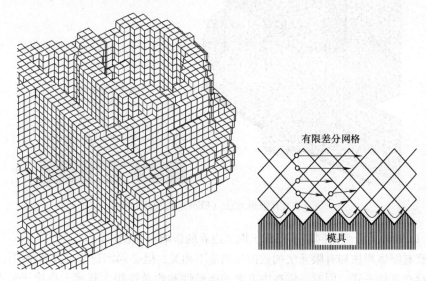

图 4-1　有限元差分法（FDM）应用示例

2）铸件和模具之间的界面组成单元不平行于边界（除非边界的方向和网格的方向平面恰巧相同）。这就决定了表面区域比有效区域（已通过适当路径纠正）更大，而且在这些区域波动的速度矢量与边界不平行（见图 4-1）。

3）在浇注分析过程中结构化网格在某种程度上影响流体流动方案的准确度。如果熔体流正交到达水平面上，然后在各方向自由扩大，将很容易观察到其将扩展为一个非圆形的熔池。

4）不支持所有的应力计算。为了完成在铸件中的应力计算，在体积域中必须建立一个全新的有限元网格。

当有限差分法、有限体积法和有限元法应用到一个简单的一维扩散方程中时，描述一个有规律网格的某些恒定属性时，它们会给出几乎相同的离散方程。然而，当可变化的属性和网格运用到多维度问题时，这些方法通常会给出不同的代数方程组。

特别的是，在 FEM 法中做了以下考虑：

1）在体积域中在某些地方有限元法网格要比有限体积法更复杂。这取决于是否有足够强大到能生成和适应有效网格的商业软件，它们其中一些代码可以非常有效地建立复杂几何形状的网格。此外，通常设计师已经建立好网格，用来执行组件的结构分析（除了铸造系统）。

2）FEM法通常能更好地描述产品的几何形状。这样只要通过较少的单元和节点就可以更好地描述薄片和复杂的形状（见图4-2），所以，由此可以使用较少的内存、磁盘空间和更短的运行时间。

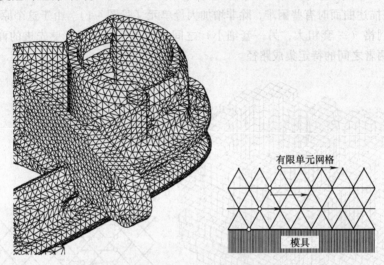

图4-2　有限单元法（FEM）的应用示例

3）FEM法不会受到网格不平行于模型边界的影响（见图4-2）。

尽管有限体积法和有限元法的数值代码毫不相关，但必须牢记节点数和模拟计算运行之间存在直接关联；同时，铸造中方案的准确性和收敛性很大程度上取决于节点数。例如，沿着一个薄型铸件模型中垂直壁厚方向应至少存在三个单元（或者网格），这是为了在该特定区域上有个可靠的解决方案。由于应用于铸造工业中常见的铸件形状复杂，导致这些方法需要有很多的节点和很长的运行时间。为了观察复杂几何图形的浇注和凝固，如发动机缸盖，模拟计算要运行两三天是很普遍的情况。如果模拟计算要对应力进行分析，那么CPU的运行时间会更多。

4.2　凝固机制

固体可以通过原子在空间上的布局进行分类，特别是通过原子的周期性排列方式。材料可以分为晶态、非晶态或者是两者的混合态。短程有序考虑单个原子和其附近的原子组之间的构型。如果短程有序的基本结构可以通过一些明确定义的矢量解释从而构建完整的固体，该结构就定义为长程有序，典型代表是金属的原子构型。玻璃态材料的特点是短程有序，长程无序，而准晶材料具有周期性的长程有序。

凝固是指从金属液态冷却转变为结晶金属或合金的相变过程。这是在冷却状态下，其转变动力是热力学过程的自由能变化。在铸造中，固液转变发挥着重要作用，因为它在很大程度上决定了材料的微观组织结构。

凝固分为形核和长大两个过程。形核过程是指熔体中开始结晶，其表现为新相的首次出现。形核影响许多微观属性，如晶粒大小、形态、偏析大小和成分均匀性。晶粒长大是指晶核生长至液相耗尽为止。形核可分为均匀形核和非均匀形核。均匀形核发生在无其他粒子存在的纯液体中，而非均匀形核依附于液相的杂质或外来表面形核。

4.2.1　均匀形核

将纯金属的熔点定义为 T_m，其在熔化时的体积自由能变化为

$$\Delta G_v = G_v^S - G_v^L = H_S - H_L - T_m(S_S - S_L) = 0 \tag{4-1}$$

$$\Delta G_v = \Delta H_f - T_m \Delta S = 0 \tag{4-2}$$

$$\Delta H_f = \frac{\Delta S}{T_m} \tag{4-3}$$

式中，G_v^S 和 G_v^L、H_S 和 H_L、S_S 和 S_L 分别表示单位体积固体和液体的自由能、焓、熵。自由能变化 ΔH_f 是指单位体积的融化潜热 L_v。

结合式（4-1）和式（4-2）可得

$$\Delta G_v = \frac{\Delta H_f(T_m - T)}{T_m} = \frac{\Delta H_f(\Delta T)}{T_m} = \frac{L_v \Delta T}{T_m} = \Delta S_f \Delta T \tag{4-4}$$

因此，结晶的驱动力是和过冷度 ΔT 成正比的，这表明融化潜热和融化熵与温度没有多大关系。

假定晶胚为球形，半径为 r，单位体积从纯液体形成固体的总的自由能变化量为

$$\Delta G = \Delta G_v + \Delta G_i = \frac{4\pi r^3 \Delta H_f \Delta T}{3 T_m} + 4\pi r^2 \gamma_{SL} \tag{4-5}$$

式中，ΔG_v 和 ΔG_i 为体积变化自由能（对 ΔG 有负贡献）和表面自由能（见图 4-3）；γ_{SL} 为固-液界面自由能（图 4-3）。

当 ΔG 取最大值时，临界形核半径 r^* 为

$$r^* = \frac{2\gamma_{SL}}{\Delta G_v} = \frac{2\gamma_{SL} T_m}{L_v \Delta T} \tag{4-6}$$

图 4-3 所示为在 $T < T_m$ 下，自由能随晶胚半径的变化情况，ΔG_v 由于亚稳液相为负值，ΔG_i 是单调递增的。

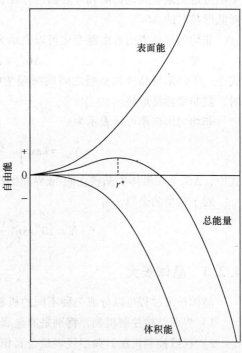

图 4-3　熔点以下系统的自由能随晶胚半径的变化

当晶胚半径大于 r^* 时能成为稳定的晶核，因为晶胚的长大使体系自由能降低，从而它们能自发的长大；而当晶胚半径小于 r^* 时，其长大将通过固体的溶解导致体系自由能降低，故这种尺寸晶胚不稳定。

在纯熔液中一个半径为 r^* 的球形晶核形核的激活能为

$$\Delta G^* = \Delta G^*_{\text{hom}} = \frac{16\pi\gamma_{\text{SL}}^3}{3\Delta G_{\text{v}}^2} = \frac{16\pi\gamma_{\text{SL}}^3 T_{\text{m}}^2}{3L_{\text{v}}^2\Delta T^2} \tag{4-7}$$

对于金属，形核率表示成单位体积液体内，在单位时间所形成的晶核数为

$$\dot{N} = k_2 \exp\left[-\frac{K_3}{T(\Delta T)^2}\right] \tag{4-8}$$

式中，k_2（通常为 $10^{42}\text{m}^{-3}\text{s}^{-1}$）和 K_3 为常数。

通过式（4-8）可以很清楚地看出当过冷度达到 $0.2T_{\text{m}} \sim 0.4T_{\text{m}}$ 时 $\dot{N}$ 增加得很快。假设临界晶核的平衡浓度不变，可以将形核率定义为

$$\dot{N} = k_4 N_{\text{L}} \exp\left[\frac{\Delta G^*}{kT}\right] \tag{4-9}$$

式中，k_4 表示扩散的指数因子常数；N_{L} 表示单位体积液体的总原子数。

4.2.2　非均匀形核

因为需要较少活化能，在结晶过程中最常见的是非均匀形核。事实上，在实际熔液中不可避免地有其他物质和外表面的存在，如杂质、夹杂物、氧化物等，它们可以帮助降低形核时的 ΔG^*。

非均匀形核中的自由能变化可以表示为

$$\Delta G^*_{\text{het}} = \Delta G^*_{\text{hom}} f(\theta) \tag{4-10}$$

式中，$f(\theta)$ 是与晶核和型壁之间的润湿角的系数项。当型壁和晶核之间的接触角很小时，就非常容易形核。

非均匀形核率可以表示为

$$\dot{N}_{\text{het}} = k \exp\left[-\frac{f(\theta)\Delta G^*_{\text{hom}} + \Delta G_{\text{D}}}{kT}\right] \tag{4-11}$$

式中，ΔG_{D} 是在液体中晶核在固-液界面的扩散激活能。

对于典型的金属，有

$$\dot{N} = 10^{30} \exp\left[\frac{16\pi\gamma_{\text{SL}}^3 T_{\text{m}}^2 V_{\text{m}}^2 f(\theta)}{3k\Delta H_{\text{f}}^2 T\Delta T^2}\right] \tag{4-12}$$

4.2.3　晶体长大

晶体长大过程可以分成三种不同的机制：
1）界面结构控制机制，特别是非金属相。
2）扩散控制机制，典型代表是金属相。
3）混合控制机制。

在扩散控制机制中长大率取决于原子扩散流量。金属材料长大方式可以用来区分纯金属与合金。在纯金属中固-液界面的移动一般通过随机的原子依附进行（粗糙界面），而合金的界面由于优先侧向生长而表现出光滑和清晰。侧向生长发生在特定的区域，例如二维晶核、螺旋位错长大以及由于孪晶界和层错相交形成的凹角。侧向长大比连续长大需要更大的过冷度。

其实，纯金属凝固要经过一系列转变，在凝固开始时是平面晶，然后在较高的凝固速率下为胞状晶，如果以更高的速率凝固则会形成枝晶。

对于合金，也会出现以上三种长大形式。因为溶质的参与、温度波动以及机械振动都会造成区域小形态扰动，从而导致固-液界面的不稳定，更加容易出现胞状晶和枝晶（见图4-4）。

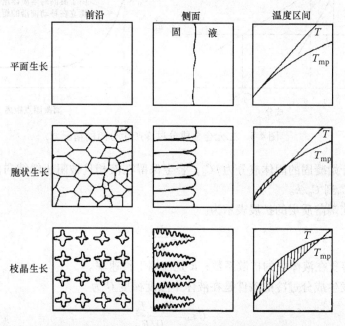

图4-4　生长形貌从平面到胞状再到枝晶的过渡

对于不稳定界面的驱动力是成分过冷，它是由于开始时合金元素分离产生的（见图4-5）。成分过冷的发生原因是液体的熔点降低，如果熔点降到足够低于实际温度时，液体就会发生持续的局部成分过冷。

图4-5中所示为合金成分过冷产生分离的情况。当液体温度下降到 T_L 时，熔体开始结晶；最开始结晶的固体溶质分数为 kC_0，这里 k 定义为平衡凝固时固相分数和液相分数之比

$$k = \frac{C_S}{C_L} \tag{4-13}$$

当 $k \approx 1$ 时，只有很小的趋势会发生分离；当 $k \ll 1$ 时，凝固时重新分布的溶质成分与原合金成分相差越大。

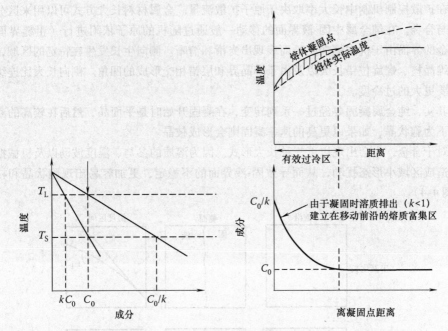

图 4-5　二元合金成分过冷产生分离的情况

如果刚开始凝固的固体成分为 kC_0，合金保留在液相且被阻止继续向前推进，直到熔液成分从 C_0 到 C_0/k。

可以将前端溶质层的扩展表示为

$$d = \frac{D}{R} \tag{4-14}$$

式中，D 是溶质在液体中的扩散系数；R 是前端生长速率。

所以，发生成分过冷的条件是在液体中温度梯度 G 为

$$G \leqslant -\frac{T_L - T_S}{D/R} \tag{4-15}$$

式中，T_L 和 T_S 分别表示液体温度和固体温度。

在平衡图上假设为直线，这里用 C_0、k、m 代替 T_L 和 T_S 可以被消除；m 代表液相线的斜率，上式可表示为

$$G \leqslant -\frac{mC_0(1-k)}{kD} \tag{4-16}$$

长大条件稳定度可以通过 G 和 R 的比率估算，G/R 可以表示长大稳定度和控制生长前方类型的因素。

4.2.4　枝晶长大

枝晶长大是三种的非平面凝固方式之一，它是因为形态上不稳定程度的增加。另外两种长大方式是胞状晶长大方式和混合长大方式。

定义原熔体成分为 C_0，温度梯度为 G_L，随着长大速率 V 的增加，晶体的长大方式从平面晶到胞状晶、从胞状晶到枝晶、从枝晶到胞状晶、从胞状晶到平面晶的转变。当生长速度过小或者过大时会出现胞状晶结构；当温度梯度小而毛细效应高时可以促进胞状晶生长。

枝晶结构是由许多系列的枝晶组成的，这种类型金属结构是在较小热量或者浓度梯度的情况下凝固形成的。金属锭、合金铸件、焊接件中一般都能观察到枝晶结构。

枝晶长大涉及两个主要过程：

1）尖端区域的稳态增殖，这个过程生成主要枝晶。

2）与时间相关的其他分支结晶。

图 4-6 所示为许多枝晶形成晶粒的示意图。柱状的枝晶在模具壁上形核，向前或向侧面长大，然后二次臂在一次臂上长出；在凝固过程中这些晶臂会连接在一起形成晶粒。一个晶粒可能是由上千个枝晶组成的，又或者在只由一个单独的主干组成。

晶界是由不同方向的枝晶组产生，而这些枝晶组又是由不同形核产生的（见图 4-7）。一个枝晶形成开始于破坏一个不稳定的固-液界面。这个小的扰动被扩大直到遇到另一个不同的尖端长大或者凹坑。尖端的长大比凹坑更快速，因为尖端长大可以抵制侧向溶解，而这些溶解会积累到凹坑中。

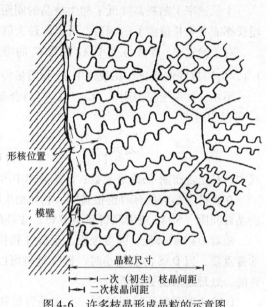

图 4-6 许多枝晶形成晶粒的示意图

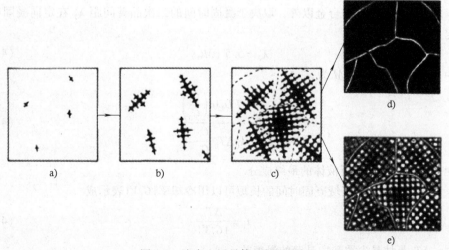

图 4-7 液态金属晶体的枝晶生长

固态纯金属（见图 4-7d）因为所以原子都是完全相同的，因而没有枝晶的迹象，但是不纯的金属（见图 4-7e）在枝晶间夹带着杂质，所以可以看出开始的枝晶相貌。

这个扰动适用于胞状晶的形成，而且如果条件允许枝晶的生长，胞状晶可以很快变成枝晶。所有的枝晶倾向于朝一个方向生长，例如在立方晶体材料里的（001）方向，这个各向异性的特征已经被应用在一些工业过程中，如用来生产太阳能电池基板的单晶或者铸造合金的柱状区域等。

生长速率 V 的提高降低了初生枝晶的间距值 λ_1。当液体中的温度梯度为 G_L 时，λ_1 增长率或者生长速度 V 的函数，可以取最大值。

对于给定 V，固液界面中 λ_1 随着 G_L 的增加而降低。λ_1 与冷却速度平方根的倒数 $1/|\sqrt{G_L V}|$ 成线性增长，在液体中 λ_1 和质量传递的关系非常相似。

不止一种理论模型用 V、G_L、$|G_L V|$ 与合金特点的函数来表述 λ_1。根据 Hunt 模型，λ_1 可以表述成

$$\lambda_1 = \left\{ \frac{64 D_L \Gamma \left[m C_0 (k_0 - 1) - k_0 G_L D_L V^{-1} \right]}{G_L^2 V} \right\}^{1/4} \tag{4-17}$$

式中，Γ 是吉布斯-汤姆逊系数；D 是液体中溶质扩散率。

在铸件中晶粒度有时也很重要，它和初生枝晶臂间隔有关。然而，通常情况下，二次晶臂间距（SDAS 或者晶臂间距 DAS）才是最重要的参数。

随着 DAS 的降低，强度极限、延展性和伸长率均会提高。对热处理来讲这个参数非常重要，当 DAS 的值较小时，铸件材料可以更容易的均匀化，铸件因此具有较好的性能，处理起来也更快捷。

DAS 主要受凝固时间控制。二次晶臂最初在靠近的枝晶尖端形成，这可能是因为某些噪声出现在枝晶尖端的原因。实际二次晶臂间距在充分固化的材料中往往比刚开始凝固时更粗。这是由于较大的晶臂会长大而较小的晶臂会熔化或者溶解，从而来满足在枝晶和相邻枝晶相互靠近的过程中具有最小的表面能。

对于除极低浓度的合金以外，取决于凝固时间的二次晶臂间距 λ_2 在定向凝固中可以定义为

$$\lambda_2 = 5.5 \, (M t_f)^{1/3} \tag{4-18}$$

式中，t_f 是凝固时间，M 为

$$M = \frac{\Gamma D_L \ln \left(\dfrac{C_f}{C_0} \right)}{k_0 \Delta T_0 \dfrac{C_f}{C_0} - 1} \tag{4-19}$$

式中，C_f 是主晶臂附近液体的最终成分。

对于定向凝固，区域凝固时间的长短可以用冷却率 $|G_L V|$ 表示成

$$t_f = \frac{\Delta T_f}{|G_L V|} \tag{4-20}$$

式中，ΔT_f 是枝晶尖端和主晶臂的温度差。

通过提高铸件的冷却率可以降低 λ_2，从而降低铸件的显微偏析，进而更易生产出均质的铸件。

4.2.5 铸锭的组织和缺陷

铸锭中至少一个横向有较大的厚度，液芯的深度很小，凝固发生在一个固定的空间里（见图4-8）。

在普通铸锭中的凝固组织比连铸产品的组织更复杂，这是由于普通铸造缺乏稳定的状态，凝固的时间是根据铸锭的大小来确定的，可从一个小时到几天不等。例如对于一个180t的铸锭，从它液相温度开始降温到其中心凝固需要花费35h。

通过铸件中晶粒的大小、形状和晶轴方向可以确定激冷晶层、柱状晶区域和等轴晶区域三个特征区域。

图4-8所示铸锭总高2.05m，底部直径0.51m。图4-8a所示为刨面简化图。浅色区域1、2、3的宏观结构分别在图4-8b中表示出来。其中，H是顶部，CZ是柱状晶区，CEZ是粗等轴晶区，FEZ是细等轴晶区，SZ是由于枝晶球化形成的等轴晶区。

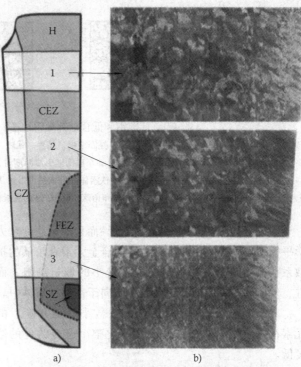

a) b)

图4-8 330kg钢锭的宏观结构和剖面示意图

激冷晶区域是由许多优良的随机方向的等轴晶组成的。柱状区（枝晶）在激冷晶层表面垂直方向以下，其厚度从铸件顶部到底部是变化的，在大型钢件中柱状晶粒可以达到200mm或者更长。等轴晶中有各种各样大小和形态的晶粒。等轴晶累积在铸锭的底部，那是因为液体和固体的不同密度。图4-8中的SZ区域是最开始形成枝晶的区域，这些枝晶失去其原本形状成为球状；CEZ和H区域是当液相最后消失时晶粒交叉在一起的区域。

当金属和合金为单相时，从熔点冷却至室温时（奥氏体不锈钢、铁素体不锈钢）得到的最终铸件的微观结构可能不会和凝固时有太大的差别。反之，如低碳钢和低合金钢在冷却过程存在相变，其过程可能更加复杂，如图4-9b所示。

可以将偏析定义为合金中各组成元素在结晶时分布不均匀的现象。所有铸件都会有不同程度地偏析，宏观偏析由于对流会发展到整个铸件中，而微观偏析则发生在微观尺度上的枝晶臂间。

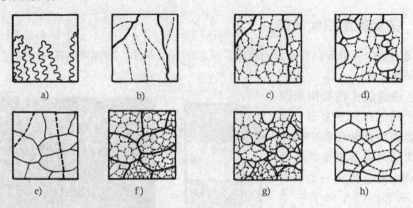

图 4-9　低碳钢和低合金钢凝固过程中的相变示意图

a）从熔体向 δ 铁素体的凝固过程　b）凝固结束，晶界、偏析、杂质示意图　c）由于冷却过程中的弹性应变及收缩，形成了位错　d）当冷却至奥氏体形成温度时，奥氏体晶粒开始形核　e）铁素体向奥氏体转变结束。由于偏析线的存在，δ 铁素体晶粒依然可以辨认　f）在继续冷却过程中形成新的亚晶　g）奥氏体开始向铁素体转变，通常在晶界和角落　h）最终的铁素体组织，新的晶界代替了原奥氏体及晶界

　　碳、氮和氧在固体中容易扩散，而且不用达到热力学平衡就可以很容易地进行。置换合金元素有较低的扩散系数，例如锰、铬和镍表现出较小的偏析趋势，而硅、硫、磷有较低的分配系数，倾向于富集在液体中。

　　对于溶质，那些元素的分配系数小（硫和碳）的元素在先结晶的枝晶中的浓度就比整个合金铸件的浓度低。

　　图 4-10 所示为铸锭中碳含量比初始熔液低或者高的区域中，钢锭中碳的偏析示意图。等轴晶最先出现的沉降锥形中的碳含量比理论含量低（负偏析）。

　　微观偏析可以通过匀质化热处理消除，但是宏观偏析并不能很容易消除。铸锭中中间尺度的偏析，称为介观偏析。这些偏析有细长的形状，这些偏析狭长而有规律且长为数毫米。

　　细观偏析可以分成三组：

1）A 形偏析（在柱状晶区外）。

2）V 形偏析（在等轴晶区中心）。

3）轴向偏析（沿着铸件的对称轴）。

通道偏析可以通过以下途径来控制：

1）提高凝固率，从而减少提供给偏析形成的时间。

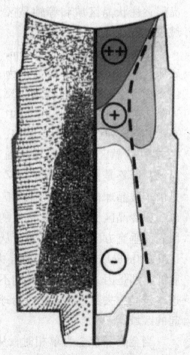

图 4-10　钢锭中碳的偏析

注：＋和＋＋表示比理论含量高；－表示比理论含量低。

2）调整合金化学成分，这是为了在结晶温度条件下在凝固区产生是浮性较好的溶质富集熔体。

杂质是用以描述不希望出现铸锭中的非金属颗粒。夹杂分为外生夹杂和内生夹杂。外生夹杂夹带到液体中，这些是从耐火内衬和熔渣层中脱落产生的。在铸造过程中可以通过适当的措施避免出现外生夹杂（特别是倾倒结构、挡渣坝、撇渣器、过滤器等）。内生夹杂是从液体中沉析出来的，这是因为在液体中有杂质存在，特别是氧化物以及硫、磷和氮。大的夹杂可以对疲劳强度有极不利的影响。通过好的熔炼操作可以降低夹杂物的含量（见图4-11）。

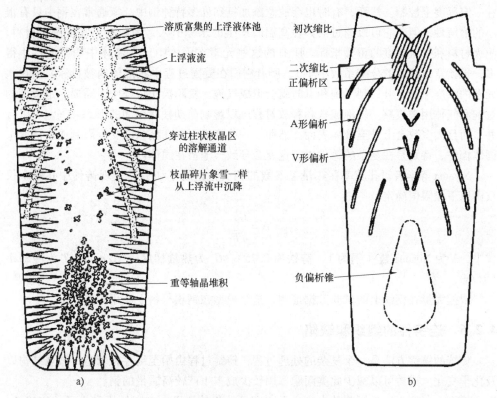

溶质富集的上浮液体池
上浮液流
穿过柱状枝晶区的溶解通道
枝晶碎片象雪一样从上浮流中沉降
重等轴晶堆积

初次缩比
二次缩比
正偏析区
A形偏析
V形偏析
负偏析锥

a)　　　　　　　　　　　　　　b)

图4-11　镇静钢铸锭偏析在凝固过程中演变
a）部分凝固的铸锭　b）最终的铸锭

由于大多数夹杂相的密度比金属小，在浇注前会富集于熔渣中。由于绝大多数夹杂是氧化物，通常情况下，加入还原剂（铝和硅）形成其氧化物，然后将其排入渣中，从而减小氧含量。另外一个主要杂质是硫，它可以通过增加锰、钙和镁的元素比例控制。

普碳钢铸件的延展性对硫化物夹杂形式非常敏感。可以将其类型分类为：

1）一类夹杂物，球形。

2）二类硫化物，在晶界上成细条型，它们可以很严重的脆化钢材。

3）三类硫化物，有密实的结构，它们对钢材没有特别严重的破坏。

由于氧含量的降低可以将一类硫化物转变为二类硫化物。

导致孔隙的主要原因是金属在由液态转变为固态时的体积下降。孔隙是通过液体被已形成的固体孤立而形成，例如枝晶间的空隙。纳米级的小孔隙通常无害。大的空隙可以通过后续铸件的热加工来消除。

许多孔隙是由于在凝固过程中排斥某些溶质元素而形成的气泡。这些气体大多数是一氧化碳、氮气和氢气，这些气体随着熔炼和提炼而出现。

最终氧含量是主要由在最终提炼步骤中的添加剂（如 Si、Al）决定的。氮主要是通过和空气反应引入的，它可以通过液体提炼的一些方法（如气体冲洗、真空处理等）在一定程度上控制。然而，有时也会故意添加氮到许多特种钢中。氢通常在钢中只有很小的溶解性，但是它可以通过液体在高温时产生的水分引入，因此它是常规测定材料、耐火材料和气氛湿度的重要指标。所有的这些元素在固体中比在液体中的可溶性小得多，也就意味相应的分配系数小于 1，所有它们在凝固过程中在液体内被排斥。当这些元素的浓度不断上升，到了饱和点时就会形成气泡。实际操作过程中，需要一定程度的过饱和气体用来成核。气泡成核和释放过程可以影响前期柱状凝固的形态。气泡可以合并，而且大多数会上升至液体表面。然而，一些气泡可能在糊状区受到限制或者被两个固体挡住，特别是在复杂的铸件中，这就会导致气泡留在固体内。

Niyama 等学者对孔隙率在热量上参数的相关性进行了研究，发现铸件中孔隙率仅仅由以下极限值确定：

$$N = \frac{G_s}{\sqrt{T}}$$

式中，N 为 Niyama 数（钢为 1，铸铁为 0.75）；G_s 为热量梯度（℃/cm）；T 为冷却率（℃/s）。

根据大量在钢铁上的试验数据证明，这个模型在钢铁材料上应用很好。

4.2.6 连铸件的组织和缺陷

传统的铸锭方法是一个复杂的处理过程，铸锭过程由始至终存在管道、微观结构以及化学变化。连铸可以减少此类问题，用较少成本生产较高质量的钢。

熔融金属倒入一个铜制的水冷式无底模具的起始块里。在起始块和模子的连接处，铸钢形成一个实心蒙皮，这对钢液来说起到一个容器的作用。起始块和凝固铸锭以一个可控的速率从模子里面退出。在凝固的初期阶段，一系列的轧辊支持着表层，接着通过喷水迅速冷却。

图 4-12 所示为连铸钢锭的轴向剖面图，它显示了液态部分和液态 + 固态混合部分的轴向剖面形状。其中液态 + 固态混合区域，以暗灰色显示，由一个充满液体的凝固态树突状骨架组成。除了在过热的顶部区域，液池中含有悬浮的固态晶体。

图 4-13 所示为方形连铸不锈钢横截面，它显示了一个连铸不锈钢坯的宏观组织，可以看到两个不同的区域：

1）中间区域是等轴细晶。

2）外部区域是柱状晶体，垂直于铸锭表面生长，从表面到中心区域宽度逐渐增加。

这里应该还存在一个第三区域，对应非常细小的冷淬细晶，出现在最表面区域，但不能明确区分。

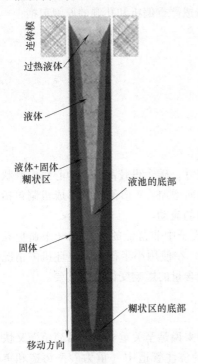

图 4-12　连铸钢锭的轴向剖面图

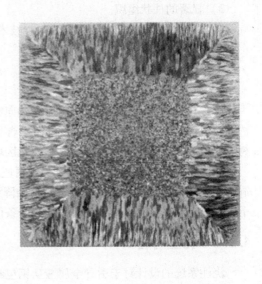

图 4-13　方形连铸不锈钢横截面

注：由于在铸造过程中使用了电磁搅拌技术，外层的柱状区域和中心的等轴晶区明显分离。

在凝固过程中，首先凝固的晶体贴着模壁形核，产生一层薄薄的细晶粒，称为冷淬晶。冷淬晶在柱状区晶体在冷淬层形核，垂直于固相前沿生长。等轴晶随机取向生长，没有择优的宏观生长方向，其生长最终会阻止柱状区域的延伸。柱状区域和等轴区域深度的特点取决于如下几个因素：

1）固体和液体之间的温度范围。

2）过热的程度。

3）冷却速率。

4）流体的动力条件（自然对流、搅拌等）。

一般说来，液相线以上过热量越大，柱状区域越厚。采取降低和均匀液池的温度可减少柱状区域的厚度，这是通过搅拌实现的。

缺陷裂纹、偏析（包括孔隙度）、和夹杂是在铸锭中三个主要的问题。纵向表面裂纹是其中一个使得高速铸造金属变得困难的重要原因。表面裂纹可能是由于坯壳的粗糙度引起的，因此使初始凝固均匀化是非常重要的。

高的冷却速度对应高的生产率，但同样对应高的不均匀性和高度不一致的外壳。

连铸钢坯的凝固主要看树突状结构，它会导致严重的中心偏析和孔洞。然而，轴向偏析、中空和V形偏析在连铸钢坯中并不显著。钢坯中得轴向偏析和中空常常会周期性的沿着钢绞线出现，这会造成严重的质量问题。造成严重偏析和孔洞的原因包括：

1）最小的等轴晶组织。

2）严重过热。

3）显著的柱状组织。

4）在钢绞线顶端没有使用电磁搅拌技术。

5）剖面尺寸的增加。

6）较高的纵横比。

7）碳含量较高。

碳含量影响中间偏析区域的宽度和轴向空隙的尺寸。碳含量较高时，中心线由管状的偏析区域组成。V形偏析的程度随着碳含量的增加而增加。V形偏析的形成机制包括树枝状沉淀、体积收缩以及在较长的糊状区域枝晶间的流动。

在连铸过程中，生产高质量的低碳钢坯取决于模子中非常低的氧活度（来避免孔洞的发生）以及尽量低的氧含量（将夹杂降到最低）。在使用小半径方铸连坯机的情况下，钢坯上方夹杂物聚集，使得最后一个条件，即碳含量的影响变得尤为重要。

4.2.7　充型与冒口

浇注系统的设计对于引导金属液从钢包到达铸型来说是至关重要的。最简单而又快捷的铸造方法是在重力的作用下将金属液倒入开放的浇注管道中（重力砂型铸造和重力铸型铸造）。

当金属液进入型腔，由于表面张力的存在，会有排斥力来阻止金属液的流动。即使金属液进入后，这种表面张力引起的阻碍也会导致金属液的倒流，甚至当填充压力减小时，金属液会完全被排挤出来。

拉普拉斯方程定义了金属液内压力（p_i）与外压力（p_e）之差同表面张力（γ）之间的关系，当界面上的压力差相对于有效压力出于平衡状态之时，它们的关系式为

$$\Delta p = p_i - p_e = \gamma \left(\frac{1}{r_1} + \frac{1}{r_2} \right) \tag{4-21}$$

式中，r_1 和 r_2 为曲率半径。

当填充压力超过表面张力的阻力，例如，当金属液填充入半径为 r 的圆形截面管时，关系式变为

$$\Delta p = p_i - p_e > \frac{2\gamma}{r} \tag{4-22}$$

当金属液填充入厚度为 $2r$ 的窄平面时，r_2 半径趋向于无穷大，因此关系式变为

$$\Delta p = p_i - p_e > \frac{\gamma}{r} \tag{4-23}$$

对于在标准大气压力下的重力铸造，方程则变为

$$\Delta p = (p_a + \rho g h) - (P_a + P_m) > \frac{\gamma}{r} \tag{4-24}$$

式中，h 为金属液压力头；ρ 为金属液密度；g 为重力加速度；P_a 为大气压力；P_m 为铸型气体的压力。

因此 $\rho g h$ 为在高度 h 时的静压力。方程式的第一部分是金属液内的全部压力（包括静压力和大气压），与此同时第二部分则是铸型中的压力（包括大气压力和铸型中气体的压力）。

方程式也可简化为

$$\rho g h - p_m > \frac{\gamma}{r} \tag{4-25}$$

从以上方程式可以得出：

1）对于狭窄的铸型部分，有必要使用通气口来减少由于铸造中产生气体而导致的负压。

2）大气压力并不影响金属液在空气中填充较薄的型腔。

因此填充前抽真空并不能克服金属液填充时的阻力，尽管能在铸造前减少逸出气体产生的压力 p_m。一个良好的浇注系统应当维持较高的利用率和低的报废率。另一个重要的因素则是浇注系统的好坏还取决于它所带来的经济效益的大小，提高最终铸件与全部填充料的质量比，在金属熔体供应量固定的条件下生产出更多的铸件。

填充铸型应当设定好金属液流动的速度，避免空气被卷入到整个浇注系统中，因此金属液的流动速度要小于一个临界值，这个临界值会因为合金种类的不同而不同。

另一个判定浇注系统质量的因素为是否仅有金属液被输送到铸型的型腔之中，而不含有任何的其他杂质，如矿渣、氧化物、型砂和杂质气体等。如果有气泡被卷入，会急剧抬高液体表面，特别是在内浇道的上表面，会导致表面紊流以及铸件中产生空洞。

碎屑和炉渣不应进入到铸型型腔内。

图 4-14 所示为一个设计不良的浇注系统，该系统为一个浇道位于上砂箱，浇口位于下砂箱的浇注系统，这样的设计金属液流动很快，没有足够的时间沉积，以及脱离浮渣、氧化物以及气泡。因此，这样的浇注系统并不是最好的减少铸件的缺陷的方法。

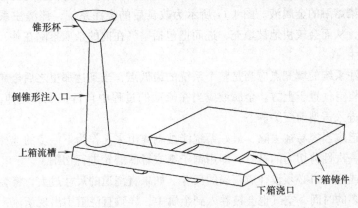

图 4-14　设计不良的浇注系统

图 4-15 所示为一个改良后的浇注系统，这里浇道位于下砂箱，浇口位于上砂箱。系统中浇道将先被填充，浇口其次。因此，金属液有少量但是有价值的时间来摆脱气泡和浮渣，大部分的杂质都会被在浇道中被阻隔不会进入铸件中。

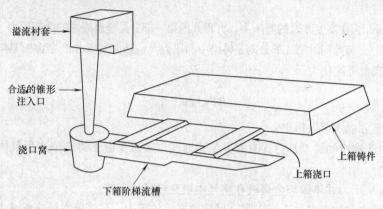

溢流衬套

合适的锥形
注入口

浇口窝

下箱阶梯流槽

上箱铸件

上箱浇口

图 4-15　改良后的浇注系统

在这个浇注系统中，表面紊流会被避免；由表面紊流带来的金属液流碎片的飞溅得到控制，会被聚集起来，以至于金属液金属铸型中，金属液流的前端会始终保持一种分散的、低速的流动，前端液流飞溅的危险也会被大大降低。

顶浇注式浇注系统（除了非常薄的铸件壁厚，因为表面张力控制住了表面紊流）一直是不被提倡的，因为当金属液进入后，会自由向下坠落，然后飞溅入铸型的空洞中。因此采纳底浇注式系统来减少表面紊流。

底浇注系统顾名思义浇道位于底部，从而金属液直接进入铸型之中，不良的底浇注系统如图 4-16 所示，但往往会提高铸件的报废率，因此不是经济的解决方案。由高速的金属液在底部产生的影响并没有包括在内；紧接着形成的金属铸件并不整洁，混杂着空气和铸型空气，而且弹到远处的铸型壁上。当气泡上升到熔融金属液表面时，气泡的破碎会导致飞溅从而产生更多的液滴。这些液滴，与空气一旦接触，就会形成氧化物，回炉时会污染熔融的金属液。图 4-17 所示为改良后的浇注系统，该浇注系统有一个下浇道的设计，从而会较快地被填充，进而把包括空气在内的杂质排除在外，可以减轻初始飞溅的产生。

这种浇注系统的填充点应当是整个系统的最低点，当到达那里之后金属液的流动都是上坡的，将空气置于上方。金属液应当在流动的过程中自行扩展和延伸，逐渐减速，尽可能地在进入铸型前变为静态。

至少浇道应当容易被去除，最好系统能被剥离出来。作为下一步的选择，浇道的分离可以通过一次性剪切力的敲打，即用锯子锯或者研磨轮进行切割。

直浇道或注入口必须设计成正确的尺寸。如果直浇道的尺寸过大，将会导致金属液填充需要更多的时间，空气也会被卷入到金属中，导致直浇道中出现紊流；如果直浇道的尺寸合理得当，金属液填充快而不会卷入气体。直浇道出口的面积是一个重要的参数，因为它决定了金属液填充型腔的速度。若要计算所需直浇道的尺寸，首要的任务就是找出铸件填充的平均速度。这个速度可以通过检查铸件最薄部位的厚度，找到相对应的凝固时间来得知。另一个解决方案则是测量金属液在铸型中上升的速率，然后计算平均填充速率，平均填充速率是充填时间与铸件质量的比值。

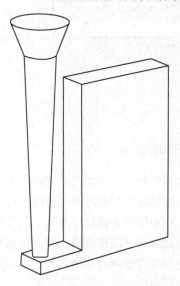

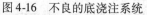

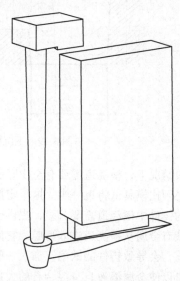

图 4-16　不良的底浇注系统　　　　图 4-17　改良后的底浇注系统

当液体从高度为 h 的位置倾倒时流速和高度的关系式为

$$v^2 = 2gh \tag{4-26}$$

从容器中倒下的液体初始速度近似为零，经过 h_1 的距离进入竖浇道，最后到达竖浇道的底部，总共的高度为 h_2，以上等式变形为

$$v_2^2 - v_1^2 = 2g(h_2 - h_1) \tag{4-27}$$

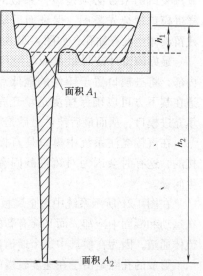

这里速度低的 v_1 和面积 A_1 有关，而速度高的 v_2 和面积 A_2 有关。且液体是连续注入的，$v_1 A_1 = v_2 A_2$，则

$$\left(\frac{h_2}{h_1}\right) = \left(\frac{A_1}{A_2}\right)^2 \tag{4-28}$$

总结以上规律，我们可以通过改变竖浇道口的大小来调整铸件浇注的速率。

准确设计下沉横浇道底部是非常必要的，从而可以减小一开始时铸造的金属液体接触竖浇道底部飞溅引起的湍流（见图 4-19）。这是在竖浇道底部上最广泛的应用之一，在浇注初期金属到达竖浇道内部时它可以阻止熔体沿着横浇口的飞溅。一个合适的设计尺寸应该比竖浇道口直径大

图 4-18　液体下落的几何学示意图

两倍，深度比横浇道深两倍。

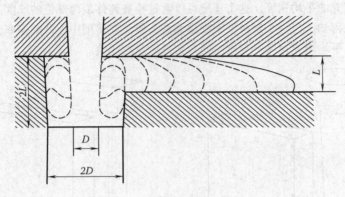

图 4-19　下沉横浇道底部的合适尺寸

一般情况下，横浇道需要有至少竖浇道出口两倍和一半进模口的面积大小，在完全浇注后必须比模具低将近一半。这个定位可以让熔体有沉积和溢出气泡的时间。在多个进模口的铸件中横浇道需要分级，提供少量压力从而帮助进模口填充时达到平衡。进模口引导液态金属从横浇道进入型腔。它们不能直接放在下沉横浇道，因为从这里进入的速率过高，会导致铸件的缺陷。加入一些合适的角度改变液态金属进入的方向并且运用得当，可以使金属溶液自身混合着的大量气体上浮溢出。

在设计进模口时有个很重要的规则，进模口的面积不能太小，避免因此导致的金属填充型腔的速度增加。事实上横浇道系统需要设计成使金属速度保持在临界水平之下。为了避免在连接型腔的进模口上形成热点，其进模口的系数必须是铸件系数的一半。这样进模口就会先凝固，保证而后阶段的凝固残留液体中没有缩孔，如图 4-20 所示。

最好的设计应尽量避免将空气带入型腔内部，将进模口置于铸件的最低点，而横浇道在其下方可以确保横浇道填充完全，接着填充进模口，从而最后铸件最后是填满的。

在直接浇注系统中模口是直接和型腔连接的，这有时会因为对铸件凝固有影响而产生问题。

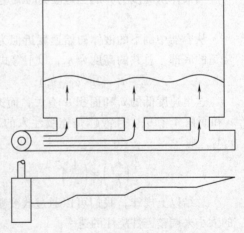

图 4-20　多重进模口平衡系统

在图 4-21 所示系统中对金属板填充时金属液体从进模口流进金属板模具里，液体在运动和凝固中冷却，而又会有新的热金属液体从进模口到达。所以最后凝固的是这个流体通道，因为在模具中这个通道会再加热，从而导致自身结构中存在很多气孔。

形成的孔隙是由于在速度较慢的冷却过程中沉积的气体导致的，而缩松是由于其所在位置离金属供给来源过远而填充不足造成的。尽管由于冷却速度慢导致缩孔和结构粗糙的问题，但是从凸台开始的进模口可以对填充路径有好处（见图 4-22）。这样在大型铸件中由于冷却速度慢产生的缺陷可以通过快速填充减少。

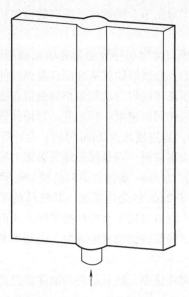

图 4-21　带凸台的直接浇注系统

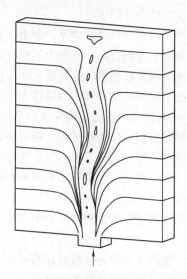

图 4-22　直接浇注系统

　　底部进模的另一个问题是最冷的金属在顶端，而最热的在底部。当填充物到达铸件中的顶部时，其中重的部分就会因为对流倒流产生不利的温度梯度，但是铸件中的中间部分的对流就没有足够有效的去完成倒流的温度梯度使填充物真正有作用。一个不适当的热传递体系可能导致在铸件中普遍存在缩孔和结构粗糙等缺陷。

　　冒口是解决流动通道问题的出口，因为冒口可以使热的金属在填充铸件时直接进入铸件并且到达铸件中的所有部分。有了冒口主要的流动通道被创造性地保持在铸件外边而不是内部。

　　通过冒口熔体可以从铸件顶部释放，从而被新的到达的金属液体取代。

　　新的熔体将液体推高到顶部的冒口，确保冒口保持高温，而温度最高的液体会在型腔的顶部释放。

　　图 4-23 所示的系统有特殊的性质，即冒口和直接进模口结合，该入口不仅可以填充而且也供给。由于冒口和直接进模口系统的进模口通常在铸件表面外部。其中一个缺点是要考虑截止和完成问题。

　　普通进模口需要在铸件部分之前凝固从而避免接口处的热点问题，从而进模口

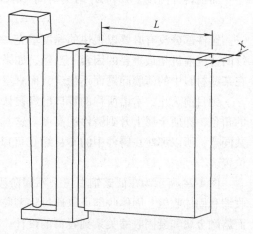

图 4-23　冒口和直接进模口为同一入口填充垂直金属板

的厚度是铸件厚度的一半或者更少。在这个情况下进模口和进料颈相等，并且贯穿从而提供熔液直到铸件凝固。如果进模口的厚度是铸件的两倍，则在相同的初始温度下会避免接口处的热点，而当进模口比铸件部分窄一半时由于金属流过进模口的再加热效应也可以提供持续有效的供给。

如果是合理而快速地填充，会由于直接进模口太窄而导致金属在填充满型腔之前，冒口的填充上升到过高，而产生了对流体的阻力，金属液体就从进模口溢到铸件中，因此在填充时液体以较慢的速度进入从而使对金属流体的阻力达到最小值是最合适的。在这种情况下金属液体在冒口和铸件中可以大致以相同的速度一起上升。当铸件壁厚减少大致 4mm 时进模口不能比铸件薄是十分重要的。当进模口为 2mm 厚时，会由于表面张力在金属熔体朝冒口前进过程中会增强而阻止金属前进。当金属最终突破阻力时，液体会如同喷嘴一样溅入型腔内。如果铸件部分厚度为 4mm 或者更薄时进模口必须至少和其厚度一样。对于在常压下填充的铸件厚度小于 2mm 的浇注系统，其较薄的部分可能会被忽视，一些热点的问题也可能被忽略，而内浇道可以平衡铸件的厚度。表面张力控制金属液体穿过进模口和在型腔中的前进方式，降低表面湍流的现象，因而填充速度可以上升。

为了使浇注系统运行得最好需要有合适的浇注速率，这对最初始液体流过进模口和进入型腔的过程的稳定性非常有用。

假设 L 代表从进模口开始的距离，金属在该截面厚度时的凝固时间是 t_f，则在此限制条件下该金属凝固时间可以定义为

$$t_f = L/v \tag{4-29}$$

式中，v 表示金属流体的流动速度。

相应的流体速率 Q（单位为 kg/s）对于密度为 ρ 时为

$$Q = vH\rho = LH\rho/t_f \tag{4-30}$$

而当铸件高度上升到 H_c 时的时间 t 可以表示为

$$t = t_f(H_c/H) \tag{4-31}$$

铸件部分没有必要以很快的速度填充，以避免过早凝固，保持固液界面稳定。以持续的速度前进是最重要的因素。当然，如果填充速度过慢，其液体的前进速度便会因为在某些材料中的薄膜问题而不稳定，而真空铸造可以帮助解决这个问题。

到目前为止，术语所称的冒口已经被认为是一种特殊的进料器，扮演着上升横浇道的角色，即使金属上升到铸件的高度。这与常见的进料器如同冒口一样置于铸件顶端有共同点，所以那些在铸件中的不良缩孔可以消除或者转移到铸件中一些可以被接受的位置。

图 4-24 所示为在低碳钢中三个不同阶段的体积收缩，分别为熔融金属收缩、凝固收缩和固体收缩。固体收缩可以通过将型腔制造成比最终铸件的理想尺寸大来解决，然而熔融金属和凝固收缩关系到冒口的设计。

冒口提供熔融金属来补偿在铸件中的凝固收缩，减少如内部缩孔、表面变形或者凹陷、表面穿刺等缺陷。所以，在冒口/铸件系统中的收缩会集中在冒口上，而冒口会在

铸造完成后被去除。

因为必须持续供给金属直到铸件凝固，冒口通常必须比铸件供料管大。如果减小冒口尺寸，可能过使铸件冷却而减少凝固时间或者使冒口与铸件隔离。

冒口的设计必须满足铸件对液体和固体收缩的需求。

综述对填充的要求需要依靠以下几点：①合金的特点；②过热的总数；③铸件的几何形状；④制作模具的材料。

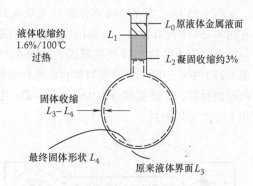

图 4-24　在低碳钢中三个不同阶段的体积收缩

铸件的形状会影响冒口的尺寸，因为铸件凝固所花的时间越长，冒口必须维持金属为液体的时间也越长。

对于铸件中薄的部分中的液体和固体收缩部分会被从进模口进入的液体金属补给，从而需要提供的金属的量可能比通常计算的量小。钢铁铸件中冒口的最小体积见表 4-1。

表 4-1　钢铁铸件中冒口的最小体积

铸件的类型	冒口的最小体积/铸件的体积（V_r/V_c）（%）			
	保温冒口		型砂冒口	
	$H/D = 1:1$	$H/D = 2:1$	$H/D = 1:1$	$H/D = 2:1$
极厚实型（立方体等）：三维尺寸比 1：1.33：2	32	40	140	198
厚实型：尺寸比 1：24	26	32	106	140
普通型：尺寸比 1：3：9	19	22	58	75
较宽广型：尺寸比 1：10：10	14	16	30	38
宽广型：尺寸比 1：15：30	9	10	13	15
极宽广型：尺寸比 1：>15：> 30	8	8	11	13

正确的冒口位置可以避免铸件中的缩孔现象。为了减少缩孔，开始凝固的部位要是铸件中离冒口最远的位置，然后凝固穿过铸件的中间位置，最后到达冒口。

在同一厚度部分供给器的距离取决于合金的特性和模具的构型，从而决定需要保持凝固距离。随着中间部分的逐渐凝固会发生和模壁聚合、在所供给金属能移动的情况下进料槽分离和缩窄、轴线收缩的过程。一旦一部分供给距离扩大，轴线收缩就不能通过增大冒口尺寸来克服。

铸件是由不同厚度和结构的部分构成的，在厚的部分会凝固得较慢，而且会被较薄而迅速凝固的部分分开。较厚的部分扮演着冒口的角色，为较薄的部分提供金属。

冒口的工艺必须将铸件划分成几个部分，划分这些部分的根据是通过确定供给路径从而使凝固方向从需要早凝固的部分到需要晚凝固的部分。供给的路径一般被冷却或者绝热材料合适应用所限制，从而使所需的冒口最小化。

图 4-25 所示为在较细部分的加入隔离较重部分使冒口数量和收缩最小化的方法。在图 4-25a 中没有冒口，收缩出现在厚的两端；在图 4-25b 中收缩依然在没有冒口的部分产生，因为连接部分最先凝固；如图 4-25c 所示，有两个冒口的型腔没有收缩；在图 4-25d 中对于两个冒口的可替代的选择方法是在另一端安装急冷装置，降低厚的部分的凝固时间，比连接部分的少；在图 4-25e 中，给出的另外一个解决方法是在连接部分用上一个绝热内衬。

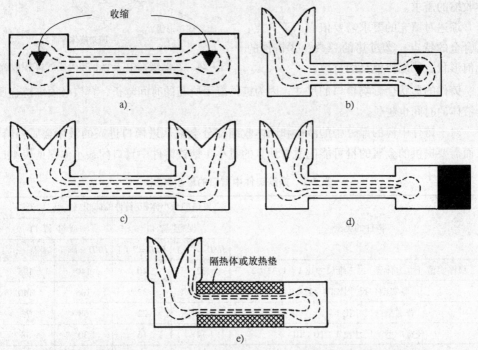

图 4-25　在较细部分的加入隔离较重部分使冒口数量和收缩最小化的方法
a）工件没有冒口　b）冒口在一端　c）冒口在两端　d）两端分别为冒口和激冷装置
e）冒口在一端，绝热或放热装置在另一端

对于在整个铸件凝固时间内冒口需要确保液体供给有效。这里有几种计算最佳冒口尺寸的方法：

1）形状因素法。

2）几何学法。

3）系数法。

4）计算机方法。

4.3　工业铸造钢锭和钢坯

4.3.1　连铸

连铸是已建立的相对现代的方法，可以直接生产出如钢坯、钢锭和钢板等半成品。

在铸造过程中与模铸相比连铸提供了以下优点：

1）连铸以接近连续塑形的方法生产出半成品的现状（小方坯、大方坯或板坯）或者近终型铸件，这与铸锭生产未完成的大截面形状不同。

2）连铸提高了生产率和产量，降低了能源和人力的消耗，提高了产品质量，并且其产品质量统一性超过了传统模铸工艺。

3）连铸是首选的铸造工艺，它降低废气排放从而减少对环境和工厂操作人员的危害、降低库存水平、缩短交货时间并降低新钢铁厂的资金成本。

连铸工艺的其他优点是彻底弃掉了初级轧机，连铸机直接连接加热炉和轧机，将铸造部件指向最终产品规格，从而进一步降低了运营和投资成本。

相比普通铸锭生产，在连铸中其液体核心深度可以很容易达到 20m 或者更深，这比普通铸锭生产大很多。凝固是发生在移动过程中，其时间是从参考框架移动进入连铸链的角度来看的。此外，连铸链通常是在连铸机运作时从垂直到水平来改变它的方向。在连铸中深度浇注管和电磁搅拌的应用比普通铸锭要多。这些差异中绝大部分会影响液体中心流体流动状态，这些状态会显著影响铸件结构和偏析情况。

从以往经验来看，当速度达到 5m/min 时，在连铸中使用较短模具（700～1500mm）有明显的成本优势。然而，目前有向高板、厚板的趋势发展，这需要更长的模具。更长的模具可以提高在瞬态条件下运行的安全性，在黏连警报的情况下允许更长的加热周期。

在连铸过程中，钢液首先从钢包或者熔化炉倒入有耐火内衬的中间包（用于储备金属液）中，然后钢液在塞棒水口和滑门的控制下会流到一个固定的、垂直的振荡水冷铜模（由钢衬板包裹）中（见图 4-26）。合成氧化渣和惰性气体层用来保护钢液表面不被氧化。

至于对模具的设计和材料要求，已经使用了不同的设计，模具板提供优良的模具寿命而且避免表面使用实心铜板模具。生产模具最合适的材料是纯铜，可通过添加少量元素来促进沉淀硬化和提高再结晶温度，从而提高模具寿命。

在铸造开始阶段之前，使用可移动的启动器或者引锭杆，并且焊死在模具底部，避免最初流动的钢液在模具中形成坚实的钢壳。当浇铸开始后，引锭杆以与钢液添加速度成正比的速度逐步撤出。钢液在短暂的时间内冷却成为半固体（由已凝固的厚钢壳包裹这液芯），它要比连铸机要长得多。

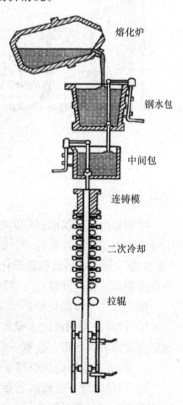

熔化炉

钢水包

中间包

连铸模

二次冷却

拉辊

图 4-26 钢的连铸工艺示意图

模具长度和铸造速度的参数要保证模具壳厚度能维持铸件受到中心熔融金属的压力而可以从铜模中退出。为了避免黏连，通常在向下传送过程中设置一个往复叠加运动，并且将润滑剂添加到模具中。

通常振动式正弦波，频率是每分钟 50 ~ 300 个周期。每个振动周期都采用相当短的行程，并且提供一个较短的负速铸坯，这意味着模具向下运动的速度大于铸件在铸造链方向的撤离速度。

在模具下方一些轧辊支持着钢绞线，在钢坯表面通过喷洒冷却水进行二次冷却从而完成凝固过程。在二次冷却期间需要完成最大量的冷却过程；但是必须避免过冷和温度上升过高。

通过喷洒冷却水来去除热量取决于各种参数，包括水量、冷却水温度以及喷射压力。凝固阶段完成后，用焊枪将钢绞线剪成想要的长度。

图 4-27 所示为连铸机的基本类型，表示生产钢板的连铸装置；连铸机类型包括垂直（V）、纵向弯曲（VB）、纵向持续弯曲（VPB）、圆弧与直线模具（CAS）、圆弧弯曲模具（CAC）、渐进弯曲模具（PBC）和水平（H）。

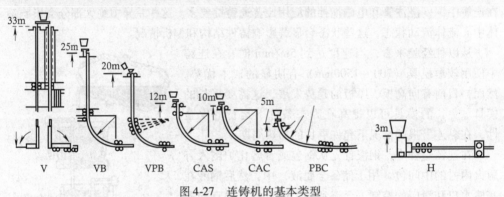

图 4-27　连铸机的基本类型

4.3.2　模铸

模铸是由单一横断面产生的铸造类型，通常适合用于轧制、挤压和锻造，这些常用于钢铁和铜工业。在模铸中，钢液从铸件的顶部或者底部倒入模具中。模具通常装配着"保温帽"包括绝热板和放热化合物从而大大降低凝固过程中形成深度缩孔。经过一个铸造周期后，模具从铸锭上移除然后置于均热炉内，准备用于轧制成品。

模铸分三个步骤运行：

1）浇注，即钢液注入模具内。熔融的金属液体从钢包底部一个孔流出，钢锭通常是正方形或者长方形，且有一定的圆角。

2）剥离，使铸锭尽快部分冷却。由吊车将铸锭从模具中分开。

3）均热处理，在剥离之后铸锭要放在 1200℃下 6 ~ 8h，这个温度达到整个铸锭的平均温度。该目的是防止铸锭外表面比内部先完成凝固；在实际过程中碳、硫、磷趋向于最后凝固，并且在钢锭的中心部分聚集。均热处理完成后，铸锭从均热炉中移至轧机内。

与连铸的半成品相比，模铸至少在一个横向下有较大的厚度，液芯深度较小，凝固发生在固定的空间内，固定观察者衡量该时间。

　　钢铁模铸可以根据脱氧方法或者在凝固过程中气体的变化来分类。事实上，相当多的氧气和其他气体在炼钢时进入熔融金属里，而且这些气体的溶解度随着温度的下降而降低。钢的类型分为镇静钢、半镇静钢、加盖钢和沸腾钢。

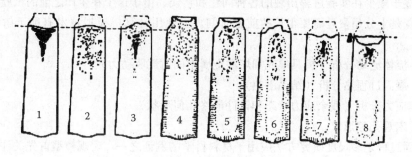

图 4-28　根据脱氧实施状况进行钢锭分类

　　气体主要有碳和氧反应产生而溶于钢液中，热力学上该反应容易在低温下进行。

　　没有气体变化的钢锭称为镇静钢，这是因为它在模具中安静地凝固。镇静钢要经过充分脱氧，在凝固时只有轻微或者几乎没有气体变化。这样的铸锭通常在"热顶、连杆头模具"中铸造，目的是减少缩孔的深度。镇静钢的特点是均匀的结构、均匀分布的化学成分和均匀的性质，而在铸锭中间上端形成的管道会在后面切断。$w(C)$ 超过 0.3% 的钢为镇静钢，合金钢、锻造钢和渗碳钢通常都是镇静钢。

　　镇静钢中最常见的脱氧剂有铝、铁锰和铁硅合金；有时也会用钙硅化物和其他特殊的强脱氧剂，如 V、Ti 和 Zr 等。

　　半镇静钢是指加入脱氧剂后仅部分脱氧且气体变化不完全的钢材。半镇静钢中的气体变化的程度比镇静钢大，但是比加盖钢或者沸腾钢低。在气体变化之前铸锭形成相当厚的壳。半镇静钢准确的脱氧方式是在铸件顶部中心较好地分散着大孔洞，而不是管道，但这些孔洞在铸件轧制过程中闭合。半镇静钢的 $w(C)$ 在 0.15% ~ 0.30%。

　　半镇静钢主要特点是：

　　1）其成分均匀化程度在镇静钢和沸腾钢之间，比沸腾钢的偏析小。

　　2）在铸件顶部中心化学成分有明显的正偏析趋势。

　　沸腾钢铸锭的特点是在凝固时只有少量脱氧而有较大的气体变化，从顶部到底部的化学成分显著不同。这导致铸件外壳或者高纯铁边缘部分以及铸锭内部液体部分有合金元素正偏析/集中的现象，特别是在较低熔融温度下碳、氮、硫、磷较容易产生偏析。

　　加盖钢和沸腾钢的特征相近，但一定程度上介于沸腾钢和半镇静钢之间。加盖钢比半镇静钢使用更少的脱氧剂，这会在模铸中引入可控的沸腾行为，例如芯部更薄的区域和更小的偏析。在凝固过程中引入的气体超过抵消缩孔所需的量，这会导致模具中钢铁上升的趋势。加盖钢通常适用于 $w(C)$ 高于 0.15% 的钢，这些钢常用于生产板材、带材、镀锡板、管坯、线材和钢筋。

4.4　铸造模拟的展望

在设计新的铸件过程中，为了获得的最佳工艺设计，铸造厂需要经过无数次试验和测试来逐步减少在实验过程出现的各种问题和错误，由于这个在生产之前的试验和优化设计过程是十分昂贵且需要很长的前置时间。但使用计算机模拟技术有助于解决这些问题：

1）流体流动分析（模具填充和熔融金属中的对流驱动力）。

2）凝固过程热分析（结晶潜热）。

3）应力分析（残余应力状态和铸件最终几何形状）。

4）宏观孔隙形成。

凝固过程是多尺度研究方法应用于材料科学的例证之一。宏观模型首先关注于如温度、压力、应变、速度场等宏观存在。在凝固过程建模中，与这些宏观存在工艺参数有关。然而，也需要预测一些微观结构/缺陷以及最终力学性能/功能性能等其他因素，从尺度上来说也即工艺尺寸（cm，m），晶粒尺寸（mm），枝晶/共晶晶间距（μm），原子尺寸（<nm）。

铸造过程的计算机模拟能力远远超过了对温度场和流畅的模拟，事实上很多商业软件能对晶粒结构、孔隙度、热裂、固态转化等进行耦合计算。例如 MAGMASOFT、Pro-CAST、NovaCAST、MAVIS2000、FLOW-3D、CAPCAST、PAM-CASTSIMULOR、AOLIDCast、ConiferCAST、PAS-SAGE/PowerCAST、CalcoSOFT、SUTCAST、dieCAS、ADSTEFAN、MI-CRESS 等。利用已经存在的商业 CAD 软件如 AutoCAD、DUCT 和 I-DEAS 可以节省大量几何建模的时间，因为这些软件与模拟软件有较好的转换接口和界面。

4.4.1　充型计算

为了研究铸件填充过程，在进行计算机模拟时，假设如下的标准方程式是成立的。

1）流体是不可压缩的，这意味着流体的密度不随时间变化或者压力的改变而改变。这种假设对于真实金属熔体并不成立，但在数学模型中做如此设定的目的是为了保持液体成分不变并且变化是连续的，即材料密度的实质导数为零。

$$\frac{\mathrm{d}\rho}{\mathrm{d}t} = \frac{\partial \rho}{\partial t} + v \cdot \nabla \rho = 0 \tag{4-32}$$

2）该流体遵循牛顿黏性定律。对牛顿流体，通过定义，黏度仅随温度和压力变化（也包括非纯组分的流体的化学成分），而与所施加的外力无关。这种情况下，单位面积上的切应力与局部速度梯度成反比。一维情况下，可用下列方程表示：

$$\tau_{yx} = -\mu \frac{\partial v_x}{\partial y} \tag{4-33}$$

式中，τ_{yx} 为沿连续的 y 平面施加 x 方向的切应力；v_x 为 x 方向的流体速度；μ 为流体的黏度。

这些数据可以用材料数据库查到。有时，例如在压铸过程中，流体对局部剪应变率很敏感。这种情况下可以采用几个黏度模型，这取决于不同的商业计算软件。比如，Carreau-Yasuda 模型可应用于 ProCast 软件

$$\mu = \mu_\infty + (\mu_0 - \mu_\infty)\left[1 + (\lambda \dot{\gamma})^a\right]^{\frac{n-1}{a}} \tag{4-34}$$

式中，$\dot{\gamma}$ 为应变率；μ_0 为零应变率的黏度；μ_∞ 为无限大应变率的黏度；λ 为松弛时间；a 和 n 分别表示相对浇注料系数及加工时间。

3）流体服从傅里叶导热方程，即通过传导的热通量与温度梯度成正比。在一维中，可用下述等式表达，其中 q_x 表示 x 方向的热通量，T 为温度，k 定义为热导率。

$$q_x = -k \frac{\partial T}{\partial x} \tag{4-35}$$

4）流体是各向同性，这意味着流体是各向同性的。在此假设下，傅里叶定律在广义坐标下可表示，其中 q 为热通量矢量，∇ 是梯度算子。

$$q = -k \ \nabla T \tag{4-36}$$

5）连续性方程是质量守恒定律应用于流体运动的基本描述。它表示在某一时刻微小体积元内密度的增率与质量通量的增加是相等的，其中 ρ 是流体的密度，v 是液体的流动速率

$$\frac{\partial \rho}{\partial t} = -\nabla \cdot (\rho v) \tag{4-37}$$

通过求导，右侧的分量可以变形为

$$\frac{\partial \rho}{\partial t} + v \cdot \nabla \rho = -\rho \cdot \nabla v \tag{4-38}$$

所以此连续性方程可以写成一个物质导数

$$\frac{\mathrm{d}\rho}{\mathrm{d}t} = -\rho(\nabla \cdot v) \tag{4-39}$$

如果我们假设流体是不可压缩的，则此物质导数等于零，而且连续性方程可以缩写成下列速率分量

$$(\nabla \cdot v) = 0 \tag{4-40}$$

6）运动方程是应用牛顿第二定律得出的。它表示微小体积元在体积力，减去压力和黏性力作用后随流体流动

$$\rho \frac{\mathrm{d}v}{\mathrm{d}t} = -\nabla p - (\nabla \cdot T) + f \tag{4-41}$$

方程右边是一个体积力的总和，其中，∇p 表示压力梯度，并且可在任何流动状况下出现；$\nabla \cdot \tau$ 代表流体的剪应力（通常指黏性效应所引起的），f 代表其他力的作用，例如重力。如果我们假设：

1）流体具有恒定的黏度（$\mu \nabla = \nabla \mu$）。

2）体积力是重力（$f = \rho g$）。

3）流体是不可压缩的［见式（4-32）］。

4）流体是牛顿流体［见式（4-33）］。

对于一般的铸造，此运动方程可写成如下形式

$$\rho \frac{\mathrm{d}v}{\mathrm{d}t} = \rho g - \nabla p + \mu \nabla^2 v \qquad (4\text{-}42)$$

上式称为 Navier-Stokes 方程，严格表述了动量守恒。

能量方程是应用能量守恒而获得，它表示每单位体积的能量增加率等于任何源项获得的能量，减去传导的能量损失，再减去单位时间内流体压力和黏滞力的工作率：

$$\rho \frac{\mathrm{d}E}{\mathrm{d}t} = S - (\nabla \cdot q) - (\nabla \cdot pv) - (\nabla \cdot |\tau \cdot v|) \qquad (4\text{-}43)$$

式中，E 为总能量；S 为任意源项；q 为热通量；P 为压力；τ 是黏度应力张量；v 为流体的速率。

因为流体的总能量一般情况下为机械能（K）和内能（U）的总和，所以总的能量减去机械能就是内能，方程表示如下：

$$\rho \frac{\mathrm{d}U}{\mathrm{d}t} = S - (\nabla \cdot q) - P(\nabla \cdot v) - (\tau : \nabla v) \qquad (4\text{-}44)$$

如果我们假设：

1）流体是各向同性且遵循傅里叶定律（式4-34）。

2）流体是不可压缩的且服从连续性方程（式4-40）。

3）流体的传导率是恒定的（$\nabla \cdot k \nabla T = k \nabla^2 T$）。

4）黏性发热可以忽略的（$\tau : \nabla v = 0$）。

然后，内能方程可以简化成下式：

$$\frac{\mathrm{d}U}{\mathrm{d}t} = -k \nabla^2 T + S \qquad (4\text{-}45)$$

如果内能表示成体积和温度的函数，

$$\mathrm{d}U = \left(\frac{\partial U}{\partial V} \right)_{\mathrm{T}} \mathrm{d}V + \left(\frac{\partial U}{\partial T} \right)_{\mathrm{V}} \mathrm{d}T \qquad (4\text{-}46)$$

并且给出的假设流体是不可压缩是成立的，则体积的改变为零且流体的比热容定义为：

$$C_{\mathrm{V}} = \left(\frac{\partial U}{\partial T} \right)_{\mathrm{V}} \qquad (4\text{-}47)$$

因此在恒容条件下，流体的比热容几乎与恒压下流体的比热容相等，所以内能方程可以简化为熟知的热传导方程：

$$\rho c_p \frac{\mathrm{d}T}{\mathrm{d}t} = k \nabla^2 T + S \qquad (4\text{-}48)$$

4.4.2 边界条件

在解决能量和动量方程时需要考虑边界条件。这些边界条件的重要性是不可低估的。边界状态能够推动液体流动，而且它还能影响模拟计算的稳定性和收敛度。

对于动量方程我们需要考虑三种边界状态：

1）液体流动速率能够确定。

2）液体所受压力能够确定。

3）边界的表面力能够确定。

对于能量方程我们也需要考虑三种边界状态：

1）边界的温度是确定的。

2）边界的热流是确定的。

3）边界的热流与温度差相关。

这些条件所确定的特别方法取决于特定的商业软件。其他的条件必须根据模具中气体存在与否、流体运动结论的存储频率、参考压力、驱动入口的压力、最终的充填率以及其他许多因素根据实际情况由研究者来给定。

在数值计算中得到的典型结果如下：

1）填充行为。

2）自由表面的演化。

3）自然对流和强制对流。

4）液体的动态压力。

5）滞留气体。

6）过滤行为。

对于低压压铸，我们有可能通过注入空气增加压力来将金属液导入模型之中（为了使金属流向模具之中）。为了使得空气注入量具体化，有时注射边界条件的某些类型是有用的。这些方法对于获得完好的铸件是有利的。

4.4.3　无量纲分析

无量纲分析的优势在于这些无量纲数能够描绘出系统的某些特性。表 4-2 所列说明了这一问题，熔融铝以速度为 1.0m/s 流过细管（直径为 5 厘米）时，我们可以计算其一些无量纲数。

表 4-2　速度为 1m/s 的熔融铝通过窄管时的无量纲数

密度 2690kg/m³	雷诺数 32000
黏度 4.5×10^{-3} Pa·s	弗劳德数 2
电导率 95 W/mK	佩克莱特数 1.5×10^3
比热 1060 J/kgK	布林克曼数 9.0×10^{-9}

雷诺数 $\mathrm{Re} = \dfrac{\rho DV}{\mu}$；弗劳德数 $\mathrm{Fr} = \dfrac{V^2}{gD}$；佩克莱特数 $\mathrm{Pe} = \dfrac{DVc_p\rho}{k}$；布林克曼数 $\mathrm{Br} = \dfrac{\mu V^2}{k\Delta T}$；普朗特数 $\mathrm{Pr} = \dfrac{c_p\mu}{k}$

雷诺数是指惯性力与黏性力的比值。在这种情况下，雷诺数的值特别大，在动量方程中惯性力起主要作用。这就意味着黏度大小的变化对液流前表面的影响很小。因此，即使黏度发生变化，也不会对溶液的流动产生影响。当然，如果黏度发生数量级变化时这一假设就不成立了。

弗劳德数是指惯性力与重力的比值。这种情况下，当弗劳德数接近惯性力与重力平衡值时，这就导致密度的微小变化将会对流体液流前表面巨大影响，因此如果密度发生变化，假定密度不变这个论据也就毫无根据了。不过在熔融金属凝固过程中，其密度会发生 5% ~ 10% 的变化。为了修正这一无效的假设，与其去修改原始的数学模型，对动量方程添加一个修正项反倒是更加简单。使用这一修正方法的正确性可以在模拟之后得到评估。

佩克莱数是指对流的热交换与传导的热交换的比值。在这种情况下，当佩克莱数值很大时，热交换由对流起主导作用。这就意味着传导性的微小变化对温度曲线影响不大，因此假设由传导引起的热交换为常数是完全合理的，即使它并不是不变的。

布林克曼数测量的是黏性发热与导热所产生的热流之间的重要关系。在这种情况下，当布林克曼数值很小时，假定黏性发热影响可以忽略不计是可以接受的。

无量纲分析也能够用于对两个独立系统进行比较。例如，如果这两个系统具有同样的弗劳德数和雷诺数，那么这两个系统就能够用完全相同的无量纲动量方程来描述。此外，如果两个系统具有相同的初始和边界条件，那么这两个系统从数学角度上说是动态相似的。

如果在水和熔融金属之间出现这种情况，就意味着水的流动能够被用来预测熔融金属的流动特点。我们已经发现当雷诺数超过 2200 时流过管道的水是紊流，而铸造系统的大部分的雷诺数是超过这个数值的，进而我们可以得出结论，对于大多数铸造系统，熔融金属的流动都将是紊乱的。换句话说就是，当雷诺数值很大时，模具壁很难提供有效的约束来阻碍离器壁较远的那部分的熔融金属从层流向紊流转变。

液态金属暴露于空气之中就会发生氧化。在液体受到处理和转移时，由于浇注，飞溅，搅拌等操作，氧化层可能会破碎并分散到液体之中。如此大量的氧化物分布在铸件中会产生很严重的问题。尽管可以在浇流道或者浇注系统中设置过滤器来除去这些氧化物，但是它并不能去除一些在已经经过过滤器熔体里的氧化物。这些氧化物的聚集与分散主要是由其自身的液体表面的褶皱所引起的。这一性能是与液体表面紊流相关的。值得我们注意的是，与雷诺数相关的紊流仅仅指的是大部分液体，而且要使液体表面保持稳定也是有可能的。为了预测何时产生氧化物层，有必要预测表面紊乱何时发生。这与韦伯数相关，它就是被定义为液体的惯性压力与可以阻止紊乱的表面张力的比例。

$$We = \frac{v^2 \rho R}{\sigma} \tag{4-49}$$

式中，σ 为表面张力；R 为表面曲率。

尽管已经发现表面紊流发生于韦伯数值为 0.2 ~ 0.8，我们仍然很难提前确定表面曲率。为了确保安全，建议液态铝的流动速率不超过 0.5m/s。

4.4.4 应力分布预测

由于铸造过程中的冷却不均匀，相变和热机械交互作用引起了组分分布不均匀，同时在铸件内部积累了相当的残余应力。应力分布的预测对模具的设计和耐用性以及铸造产品的质量都是十分重要的。

Thomas 等发明了一种二维 FE 模型来预测铸锭中形成的内应力。Grill 等通过 FDM 计算出热流量，并且通过 FEM 对平板的应力分布做出评估。Tszeng 和 Kobayashi 对连铸得到的低碳钢进行了二维应力分析，他们通过温度复原在凝固过程中测出瞬态温度分布，然后，通过 MARC 软件测出了了应力分布状态。Song 等开发使用了一种 FE 模型来模拟铸造过程，提出了一种数字信号编码方法来解决黏塑性问题和塑性变形。Williams 等分析了一系列连续的铸造坯，通过具有相变和考虑蠕变关系的模型而慢慢地从熔融状态凝固而来的。Morgan 等使用 FE 模型来预测铸锭铸造过程中的热流动和热应力场，这是一种能够考虑在初始阶段铸锭与模具接触的应力以及其后出现的气隙、润滑剂类型和蠕变的模型。Thomas 评论了这个模型在铸造过程中的基本方程、熔体模型以及现象。Si 等提出了一种混合模型，这里由 FDM 所获得的温度历史被用于测量热应力，该热应力是由 FEM 通过插入热传递测量的有限差异节点温度来获得的。对于组合计算，他们提出采用在 FDM 和 FEM 两种模型之间的三维温度插值算法来转换数据。

我们仍然需要通过考虑热流、相变、弹塑性变形、模型与铸件的接触以及与温度相关的材料性能等来分析铸造过程以及模型中得到三维应力分布。

4.4.5 组织模拟

设计一个铸造工艺的目的是减少成形孔隙度、控制变形和控制组织（如果可能的话）。在经典方法中，优先考虑的是在满足铸件的完好程度和几何公差的前提下，尽量减少后续加工。现在，对设计、过程和产品、在保证产品高质量的同时做到最低成本的要求使得铸造过程中组织的预测成为一个具有挑战性的问题。

FM，FE 和 FV 方法的使用使得在瞬时或固定状态下计算二维或者三维尺度下的热和物质的转移成为可能。另外，各种各样的微观凝固模型也得到发展，这些模型都考虑了合金晶粒的形核和长大机理，以及这些合金在凝固时具有等轴枝晶或共晶显微组织的特征。

由于这些微观模型分别基于某一个确定性方法（该方法忽略了结晶效应），所以显微模型不能预测模壁周围的组织由等轴晶向柱状晶的过渡。一些研究者已经发展了一种类似适合 Monte-Carlo 步骤的概率论方法，该方法是基于不同点的界面能的最小化和通过使这些点间的转变随即发生。这种方法的主要缺点是缺少各种物理现象的定量分析的物理基础。

Oldfield 已经提出了一个共晶晶粒形核的指数法则。该模型是通过以下等式来描述的：

$$N_{ent} = A_e (\Delta T)^n$$

$$\frac{dN_{ent}}{dt} = -nA_e (\Delta T)^{n-1} \frac{dT}{dt} \tag{4-50}$$

式中，A_e 和 n 为形核常数。该模型也提出过冷提供二次能以满足共晶相的长大：

$$\frac{\mathrm{d}R_{\mathrm{ent}}}{\mathrm{d}t} = \mu_e(\Delta T)^2 \tag{4-51}$$

式中，μ_e 是共晶生长系数。

　　树枝状的初晶相会和等轴晶粒一样形核并长大。Rappaz 和 Thevoz 提出的模型定义了晶核的数目和过冷的关系。假设晶核的分布是成高斯分布的。S 形曲线的积分可以通过以下等式来描述。

$$n(\Delta T(t)) = \frac{n_{\max}}{\sqrt{2\pi} \cdot \Delta T_\delta \displaystyle\int_0^{\Delta T(t)} \exp\left(-\frac{(\Delta T(t) - \Delta T_{\mathrm{n}})^2}{2\Delta T_\sigma^2}\right) \mathrm{d}(\Delta T(t))} \tag{4-52}$$

式中，$n_{\max}$ 是最大的晶核密度；ΔT_δ 是标准晶核密度；ΔT_δ 是平均过冷度。

　　Rappaz 和 gandin 已经提出了一个单一模型，该模型结合了确定性方法和概率方法的优点以更准确地预测铸造过程中的晶粒结构。他们开创了一种基于树突形核和长大的物理机理的二维细胞自动化模拟。后来，Bailey 等已经做了一个详细的文献调查，然后描述了一个铸造过程中的多物理模型。他们的模型已经通过使用新型有限体积非结构网格技术，然后，把他们的模型应用到凝固部件中变形、多孔和成形等现象中去。

　　Vanaparthy 和 Srinivasan 已经建议用宏观与微观的分析模型来预测连续铸钢的微观结构，这是非常重要的近终成形加工。宏观部分是基于有限元，而微观部分是由预测过冷的溶质扩散模型和枝晶模型组成。Mazumdarc 和 Gutherie 对连铸过程进行了广泛的文献检索、讨论以及对大量的物理和数学建模进行研究和分析。后来，发表了连铸的模拟的综述。Fachinotti 和 Cardona 也讨论了钢在高温条件下的情况，并提出了一系列在热力学框架内的本构方程。Trindade 等人基于 OPERA-3d/ELEKTRA 软件提出了一个有限元模型，用来分析电磁旋转搅拌在连续铸钢中的影响，以提高连铸钢坯质量。Ramirez 等人使用连续铸造过程中的数据来描述了数学模型中模拟枝晶的生长。结合确定性和随机性模式已被用来作为对每个节点的凝固时间进行排布，以重建一个有关铸铁的结构形态。Kolenko 等人开发出一种连续铸造钢坯的数学模型，是基于不同的边界条件下使用 FDM 的热传导偏微分方程解决方案。Zhang 等研究了无网格有限元法，并且应用于模拟连铸中金属凝固过程。纽曼边界作为一个稳定计算的方法被引入。潜热的计算采用焓方法，还构建计算非线性材料的迭代方法。

　　Donelan 描述了模拟铁素体球磨铸铁的微观结构（球状石墨粒数，结节状态，铁素体晶粒尺寸和百分比铁氧体）和力学性能（屈服应力，拉伸强度，伸长率，断裂韧性）的分析模型，大型厚壁铸件可采用这种方法。Zhao 等模拟了稳定的和亚稳定的球墨铸铁共晶转变，偏析和潜热转换的耦合。Celenatano 等提出亚共晶灰铸铁凝固过程的热微观结构分析。Pedersen 等人考虑到过共晶奥氏体枝晶在凝固中析出，并在线性尺度中模拟过共晶薄壁球墨铸铁的生长。Stefanescu 详细回顾了铁基材料数学模拟的模型和方法，显微组织演变的模拟，力学性能的预测和最新的不规则共晶铸铁的分析模型如铸铁微观结构的可视化模型。

Kurian 和 Sasikumar 模拟了不同的冷却条件下的热性能和随之而来的偏析变化以及凝固过程中枝晶臂间距的问题。微观分离计算对间距比枝晶臂间距更小的情况有效。2006 年，Stefanescu 已经回顾了钢在凝固过程中微观机构演化的实验和模拟研究，特别是通过相场和元胞自动机方法模拟包晶和树突状阶段的显微组织演变。他总结说，未能得到解决的问题仍然存在，主要是枝晶生长过程的建模，尚未得到令人满意的可以定量计算的结果。

关于铸造的微观结构模拟研究的最新成果中。微观结构的模拟是由基于多相场模型进行模拟的 MICRESS 软件来完成。这一软件与热力学数据库有良好的数据接口。提出了一种基于实验研究的成核机制，其发现 MnS 的存在有助于石墨形核及析出。在薄界面限制条件下对铁的自由枝晶生长进行了三维相场分析。稳定性参数是用来确定不同的各向异性界面能。同时它也被 Lipton 和 Kurz 的数值模型所证明，Trivedi 给出了当参数值使用时精确的预测。

对单个核粒子的演变和自由粒子运动增长成枝状晶体的进行了模拟。这个公式是基于在两个不同的网格来建立的。一个是固定网格覆盖全域，另一种是自适应网格，其中标记点也随着固体颗粒的运动平动和旋转。在后者中，通过半尖相场法模拟枝晶生长。17-4PH 不锈钢在熔模铸造中的微观结构演变模拟技术已经发展。元胞自动机方法已经适用于晶粒生长的模拟。

今天，瞬态和多相流体流动模拟、温度场模拟和应力分布模拟在各自领域都有了新的更进一步的见解。由于工厂大型实验的花费变得越来越高，数值模拟将有可能在复杂铸造工艺的未来发展中发挥越来越大的作用。从实际的角度来说，计算机模型建立的相关假设，验证都与实验是密不可分的，并与不同来源的知识建立计算机的联系是非常重要的。应该说明的是，随着计算机运算能力的增加，在铸造工艺模拟中有可能发现比试验中更重要的现象。

参 考 文 献

1. Kurz W. and Fisher D.J. (Eds.), *Fundamentals of Solidification*, Trans Tech Publications Ltd., Rockport, 1984.
2. Campbell J., *Castings*, Butterworth Heinemann Ltd., Oxford, UK, 1991.
3. Higgins R.A., *Engineering Metallurgy*, 6th edn., Edward Arnold, London, 1998.
4. Hunt J.D. and Lu S.Z., Numerical modeling of cellular/dendritic array growth: Spacing and structure predictions, *Metall. Mater. Trans. A*, 27A, 1996, 611–623.
5. Durand-Charre M., *Microstructure of Steels and Cast Irons*, Springer, New York, 2004.
6. Niyama E., Uchida T., Morikawa M., and Saito S., A method of shrinkage prediction and its application to steel casting practice, *AFS Int. Cast. Metals J.*, 7, 1982, 52–63.
7. Stefanescu, D.M. and ASM, *ASM Metals Handbook, Vol. 15: Casting*, ASM International, Metals Park, OH, 1988.
8. Rappaz M. and Gandin Ch.-A., Process modelling and microstructure, *Phil. Trans. R. Soc. Lond. A*, 351, 1995, 563–577.
9. Zang Y. and Carreau P.J., A correlation between critical end-to-end distance for entanglements and molecular chain diameter of polymers, *J Appl. Polym. Sci.*, 42, 1991, 1965–1968.

10. Thomas B.G., Samaraeskera I.V., and Brimacombe J.K., Mathematical model of the thermal processing of steel ingots: Part II. Stress model. *Metall. Trans. B*, 18, 1987, 131–147.

11. Grill A., Brimacombe J.K., and Weinberg F., Mathematical analysis of stresses in continuous casting of steel, *Ironmak. Steelmak.*, 3, 1976, 38–47.

12. Tszeng T.C. and Kobayashi S., Stress analysis in solidification process: Application to continuous casting, *Int. J. Mach. Tools Manuf.*, 29, 1989, 121–140.

13. Song R., Dhatt G., and Cheikh A.B., Thermomechanical finite element model of casting systems, *Int. J. Numer. Meth. Eng.*, 30, 1990, 579–599.

14. Williams J.R., Lewis R.W., and Morgan K., An elasto-viscoplastic thermal stress model with applications to the continuous casting of metals, *Int. J. Numer. Meth. Eng.*, 14, 1979, 1–9.

15. Morgan K., Lewis R.W., and Seetharamu K.N., Modelling heat flow and thermal stress in ingot casting, *Simulation*, 36, 1981, 55–63.

16. Thomas B.G., Stress modeling of casting process: An overview, in *Proceedings of the Modeling of Casting, Welding and Advanced Solidification Process VI*, 1993, pp. 519–534.

17. Si H.-M., Cho C., and Kwahk S.-Y., A hybrid method for casting process simulation by combining FDM and FEM with an efficient data conversion algorithm, *J. Mater. Process. Technol.*, 133, 2003, 311–321.

18. Oldfield W., A quantitative approach to casting solidification: Freezing of cast iron, *ASM Trans.*, 598, 1966, 945–961.

19. Rappaz M. and Thévoz P., Solute diffusion model for equiaxed dendritic growth: Analytical solution, *Acta Metall.*, 35, 1987, 2929–2933.

20. Rappaz M. and Gandin Ch.-A., Probabilistic modeling of microstructure formation in solidification processes, *Acta Metall. Mater.*, 41, 1993, 345–360.

21. Bailey C., Chow P., Cross M., Fryer Y., and Pericleus K., Multiphysics modelling of the metals casting process, *Proc. R. Soc. Lond. A*, 452, 1996, 459–486.

22. Vanaparthy N.M. and Srinivasan M.N., Modelling of solidification structure of continuous cast steel, *Modell. Simul. Mater. Sci. Eng.*, 6, 1998, 237–249.

23. Mazumdar D. and Gutherie R.I.L., The physical and mathematical modelling of continuous casting tundish system, *ISIJ Int.*, 39, 1999, 524–547.

24. Thomas B.G., Continuous casting, in Dantzig J. and Greenwall M. (Eds.), *The Encyclopedia of Advanced Materials*, Vol. 2, Pergamon Elsevier Science, Oxford, UK, 2001, pp. 1–8.

25. Fachinotti V.D. and Cardona A., Constitutive models of steel under continuous casting conditions, *J. Mater. Process. Technol.*, 135, 2003, 30–43.

26. Trindade L.B., Vilela A.C.F., Filho A.F.F., Vilhena M.T.M.B., and Soares R.B., Numerical model of electromagnetic stirring for continuous casting billets, *IEEE Trans. Magn.*, 38, 2002, 3658–3660.

27. Ramirez A., Carrillo F., Gonzalez J.L., and Lopez S., Stochastic simulation of grain growth during continuous casting, *Mater. Sci. Eng. A*, 421, 2006, 208–216.

28. Kolenko T., Jaklic A., and Lamut J., Development of a mathematical model for continuous casting of steel slabs and billets, *Math. Comput. Modell. Dyn. Syst.*, 13, 2007, 45–61.

29. Zhang L., Rong Y.-M., Shen H.-F., and Huang T.-Y., Solidification modeling in continuous casting by finite point method, *J. Mater. Process. Technol.*, 192–193, 2007, 511–517.

30. Donelan P., Modelling microstructural and mechanical properties of ferritic ductile cast iron, *Mater. Sci. Technol.*, 16, 2000, 261–269.

31. Zhao H. and Baicheng L., Modeling of stable and metastable eutectic transformation of spheroidal graphite iron casting, *ISIJ Int.*, 41, 2001, 986–991.

32. Celentano D.J., Cruchaga M.A., and Schulz, B.J., Thermal microstructural analysis of grey cast iron solidification: Simulation and experimental validation, *Int. J. Cast Metals Res.*, 18, 2005, 237–247.

33. Pedersen K.M., Hattel J.H., and Tiedje N., Numerical modelling of thin-walled hypereutectic ductile cast iron parts, *Acta Mater.*, 54, 2006, 5103–5114.

34. Stefanescu D., Modeling of cast iron solidification—The defining moments, *Metall. Mater. Trans. A*, 38, 2007, 1433–1447.

35. Kurian L. and Sasikumar R., Computer simulation of solidification and microsegregation in presence of particles, *Mater. Sci. Technol.*, 12, 1996, 1053–1056.

36. Stefanescu D.M., Microstructure evolution during the solidification of steel, *ISIJ Int.*, 46, 2006, 786–794.
37. Sommerfeld A., Böttger B., and Tonn B., Graphite nucleation in cast iron melts based on solidification experiments and microstructure simulation, *J. Mater. Sci. Technol.*, 24, 2008, 321–324.
38. Oguchi K. and Suzuki T., Three-dimensional phase-field simulation of free dendrite growth of iron, *ISIJ Int.*, 47, 2007, 277–281.
39. Do-Quang M. and Amberg G., Simulation of free dendritic crystal growth in a gravity environment, *J. Comput. Phys.*, 227, 2008, 1772–1789.
40. Li Y.Y., Tsai D.C., and Hwang W.S., Numerical simulation of the solidification microstructure of a 17-4PH stainless steel investment casting and its experimental verification, *Modell. Simul. Mater. Sci. Eng.*, 16, 2008, 1–15.

FURTHER READING

Yu K.-O. (Ed.), *Modeling for Casting and Solidification Processing*, CRC Press, New York, 2001.

38. Serdanesh D.M., Non et agave problem during the solidification of steel. JOM, 1998, 50(2): 16~21.

39. Mandal A, Gupta P, and Tomm B. One-phase nucleation of a 2-d lattice gas with lattice-gas-parameter and second-order. ... 1985...

In J.M, 50(2): 16~21.

39. Mendi, M and Ahou Q. Occurrence of free-damping events under a general on-proximity in Ceerge. Phys. 2002, 178~31.

第 5 章　工业热处理作业模拟

工业热处理作业中的工艺参数经常采用经验方法来设计，从而导致欠佳的作业。数学模型为工艺流程设计和作业的最优化提供了一个确定的工具。虽然热加工的数学模型已经流行了几十年，但是这些数学模型在复杂工业环境中的实施仍然是一个巨大的挑战。在这一章中，通过工厂中已经成功应用的案例分析，详细地阐述了数学模型对工业热处理作业的重要性及相关的挑战。这些案例分析突出了工艺模型相对于经验工艺设计的优势，阐明了模型升级（从单个的传热模型到有能力预测显微组织和性能的集成模型）的好处。最后，概述了工艺模型在工业作业中在线应用的构想。

5.1　引言

5.1.1　热处理作业数学模型的必要性

在金属成形制造作业中，工业加热和热处理过程是一个关键的步骤。热处理作业的主要目的是提高材料的成形性能，或者保证最终产品期望的力学性能。材料成形性能的提高主要是通过将原材料或零部件加热到材料更容易成形的较高的温度来实现。然而，调控材料的力学性能通常涉及材料中的相变过程（例如，淬火和回火）、微观结构的变化（例如，再结晶和球化）及表面改性（例如，渗碳和碳氮共渗）。由于这些步骤可以使材料达到期望的力学性能，因此这些步骤对产品的最终质量具有强烈的影响。为了加快这些热激活过程的动力学，热处理作业通常在高温情况下进行，钢铁的热处理作业温度范围一般在 700～1000℃。由于所需温度较高且固态相变动力学比较缓慢，使热处理行业成为高能源密集型行业，这已成为生产力的瓶颈。此外，热处理炉的排放也是一个主要的环境问题。最后，高温作业过程中的表面氧化和导致的产量损耗也是值得关注的问题。由于工业加热和热处理作业对所有重要的工厂性能参数（如产品质量、能源损耗、工厂生产能力、环境影响和材料产量）的影响，所以优化工业加热和热处理作业就显得尤为重要。

在传统的工业生产中，采用经验制订的热处理工艺一旦能使工件达到期望的性能，之后就很少再做修改。这种试探性的工艺设计方法很难实现热处理工艺的最优化，伴随生产率的低下和高的能耗。不同的方法得到不同的工艺设计，所以流程效率参差不齐的现象也比较普遍。例如，在印度采用不同的加热操作对钢坯进行重新加热时，能源消耗一般在 35～60 L/t，而对于相同尺寸和钢种的钢坯而言理论极限值为 20 L/t。由于工业生产的高资本风险和产品损耗，通过工厂级别的实验来优化热处理工艺并不是一个可行的方法。

　　热处理工艺的数学模型为分析和优化热处理工艺提供了一个具有吸引力的工具。这种方法的优点在于可以显著节约昂贵的工厂实验费用和时间，同时可以保证给出最优的工艺条件。这在多个工业生产中已经获得了实实在在的利益，例如能源消耗的降低和生产力的提高。

5.1.2　工业过程模拟和优化：挑战和方法

　　工业过程模型发展的前景是创造一个能够模拟真实作业单元的工具或方针环境。这些模拟器可作为一个虚拟的工业炉，输入产品参数（例如，尺寸和钢种）和工艺参数（例如，时间-温度设定值）得到最终产品质量（例如，硬度、晶粒尺寸和硬化层深度）作为输出。随着这种工具实用性的增强，可以在计算机上通过设计一系列的模拟来优化热处理工艺，而不是通过昂贵的工厂实验。

　　描述或代表一个作业单元的数学模型通常是一系列方程或数学公式。一般情况下，热处理工艺数学模型从本质上属于以一些基本定律为基础的现象学模型，例如，质量和能量守恒，热传导律，冶金热力学、动力学和化学反应（见图 5-1）。值得注意的是，过程模型可以采用各种技术来创建，例如，简单的归回分析，现象学或机械模型，神经网络（NN）和高级统计方法。一个好的工业过程模型可能需要这些技术的合理组合。

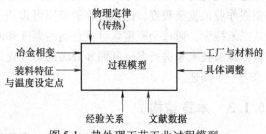

图 5-1　热处理工艺工业过程模型

　　工业过程模型带来几个新的挑战，这些挑战在模拟实验室或中型实验设备中不曾遇到。与模拟孤立的实验室或小规模实验截然相反，工业化作业单元需要在更复杂的环境中进行模拟。在构建模型的过程中必须要考虑相互联系的上游和下游工序。此外，在开发适合于工业规模作业的模型过程中，采用工厂数据对模型的验证是一个比较关键的步骤。虽然数学模型的基本框架是建立在这些基本定律之上，但对于数学模型的工程实现必须使用一些具体到炉子或工艺的条件参数，例如，热传导系数、气体辐射系数和材料性能。实际上，这些参数数值是各厂特定的，因此随工厂而异。这些用来矫正模型的数值来自于受控实验数据。因此需要认识到的是，在缺少特定模型矫正和验证的情况下，任何模型都不能对工业热处理工艺做出有效的预测。

　　在特定的工业场景中，过程模型的有效性需要一个多层次验证策略。此工作的全部目标应该是能够将产品结构（例如，等级，大小和吨位）和过程参数（例如温度设定值和碳势）输入到过程模型中，预测和验证定期测得的产品特性（例如硬度，拉伸强度，微结构尺寸或形状参数）。然而，在进行宏观层次验证之前，在工厂中进行一些具体实验来进行微观层次的验证很重要。例如，通常情况下，在热处理作业过程中并没有评估工件温度或微观结构。在热处理过程中，可通过在工件内嵌入热电偶获得工件的精确温度。热处理作业过程中工件内部温度随着空间和时间的变化信息，对温度模型的验证非常有用。除了精确验证温度分布以外，热处理之后的工件产品质量（例如微观结构、硬化深度、硬度和拉伸性能）同样被测量并与模型预测结果相互验证。必须注意的是，虽然这种对工件温度梯度和性能准确跟踪的验证为模型提供了一个严格的检验，但是实验和数据收集过程相当复杂、昂贵和繁琐。在生产环境中，能进行这种验证的情况很少。在进行详细验证以后，验证的第二个层次可能是模型的应用：通过模型，将产品质量和带状炉炉温、连续操作时的炉床速度及批次热处理炉的热梯度建立联系。这些信息更容易获得，并且验证工作主要要求对工件的准确跟踪。在工业作业的不同验证层次上，最终的验证测试是能够从过程的变化预测产品质量的变化。例如，从过程参数的变化（例如，分区温度和碳势变化）预测和验证每月产品质量的变化（例如，不同工件硬化深度或性能的变化），以成为模拟的最终挑战。这种验证方面的努力迫使模型从确定性模型转变到随机性模型。

在使用工业数据严格验证过程模型以后，模型可有效用于分析和优化热处理工艺。然而，为了得到可实现的解，在优化过程中必须识别可控参数和采用操作限制。例如，在过程优化过程中必须考虑可用的温度范围，炉子对温度变化的响应时间和品质公差。根据作业的复杂程度，优化过程的范围可以为一维搜索，例如模型基础过程实时测定，或二维搜索，通过全程搜索寻找合适的温度和时间组合，或经典的梯度搜索方法或采用遗传算法技术来进行多分区循环分布的最优化。这些方法在本章中通过工业例子的研究来进一步阐述。

5.1.3 本章结构

本章在随后的几节中，通过几个工业案例研究来阐述工业过程模型的公式、模型的工业数据验证及其在过程优化中的有效性。5.2节将介绍一个复杂的工艺，例如棒材在连续式加热炉中的退火，如果采用经验方法很可能会出错，并以一个欠佳的工艺而告终。将阐述采用过程模型进行分析和最优化的有效性。5.3节介绍现代箱式炉退火工艺，其过程模型已经用于工业级别的工艺设计。在这个例子中可以看出，如果提升模型层次，采用可以检测潜在相变的集成模型来替代现行的传热模型，过程效率将进一步提高。5.4节运用一个渗碳作业的案例，采用更高集成阶梯的模型，进一步详尽阐述成本模型的概念。成本模型提供一个统一的方法，同时考虑所有性能指标，例如生产率、能源、质量、收益和排放，以分析和优化工业过程。在5.5节中，将会列出工业热处理工艺过程模型可能的在线运用。

5.2 工业案例研究：棒材连续退火的工艺模型

5.2.1 连续退火作业的背景

由于不同的尺寸、多钢种、不一致的装料模式以及原位传感器的不适用性等导致的多方面的复杂性，导致了工业热处理作业过程中温度-时间工艺的设计采用了经验设计的方法。这往往导致高能耗、低生产率的欠佳产品质量。最近，一个工艺模型已被用于设计一捆不同填充密度和直径的填充棒材在连续热处理炉中退火时的退火工艺。在这一作业中，单一尺寸的棒束通过炉底的滚轴穿过连续热处理炉的多重炉区，并经历所要求的加热和冷却工艺过程。此过程模型具有预测棒束横穿炉子时温度和硬度随时间和空间变化的能力。有趣的是，与至今工厂仍然使用的，采用经验设计的工艺相比，按模型得出的工艺结果在本质上是与直觉相反的。模型表明，工业上通常的采用基于棒直径进行工艺设计的方法应该替换为以棒束特征为基础的工艺设计，例如棒束的直径和堆积密度。随后的几个小节将阐述过程模型在分析和优化退火作业中的运用。

5. 2. 2 棒束退火的工艺模型

集成工艺模型在一个嵌入式热导率模型的辅助下，可以获得棒束径向的热传导。从传热模型得到的不同棒位置处的温度-时间分布，转而输入到包含恰当的退火动力学的硬度模型中。

棒束的有效径向热传导系数（k_e）与棒束中的填装系数（η）、棒直径（d_r）、随温度变化的钢棒的热导率（k_r）和空气空隙（k_a）有关。描述为

$$\frac{k_e}{k_a} = \frac{\beta\eta}{\gamma\left(\frac{k_a}{k_r}\right) + \cfrac{1}{\cfrac{1}{\phi} + \cfrac{d_r h_s}{k_a}}} + (1-\eta)\left(1 + \beta\frac{d_r h_v}{k_a}\right) \tag{5-1}$$

式中，h_s 和 h_v 分别为固-固和固-空之间辐射传热的热传导系数（$\mathrm{Wm^{-2}K^{-1}}$）；β 为近邻棒中心有效长度与棒直径之比；γ 为热传导有关的固体有效长度与棒直径之比；ϕ 为两个棒接触面附近流体薄膜的有效厚度与棒直径之比；ε 为棒的辐射系数；T 为温度（K）。圆柱形棒束的填充系数（η）与棒束中棒的数目（n）、棒的直径（d_r）和棒束的直径（d_b）有关。采用上述公式，可以计算给定棒束直径、棒直径、棒束中棒的数目和温度条件下的有效径向热导率。必须注意的是，模型包括棒间界面处的接触阻碍作用，因此层数在有效径向热导率中起着重要作用。实际上，采用不同直径的棒材填装棒束直径和填装系数相同的两棒束，将表现出不同的有效径向热导率，即，对于棒的直径较小的棒束，其有效热导率较低。

通过求解柱坐标系中的热传导方程可得到棒束中不同位置横穿连续热处理炉时的热梯度分布。由于棒束具有大的长径比，这个问题可以简化为一维热传导的能量方程

$$\rho_m C_m \frac{\partial T}{\partial t} = \frac{1}{r}\frac{\partial}{\partial r}\left(rk_e\frac{\partial T}{\partial r}\right) \tag{5-2}$$

式中，ρ_m 为密度；C_m 和 k_e 分别为与温度有关的比热和热导率；$T(r)$ 为棒束中径向距离为 r 处的温度。棒束的有效径向热传导系数通过式（5-1）得到。一维热传导方程再加上边界条件可通过 TDMA 算法采用控制体积法进行隐式求解，以得到棒束中温度分布及不同位置处随时间变化的 $T(r,t)$。温度梯度可作为硬度模型的输入，该模型用来描述退火动力学。可能注意到，棒束中不同位置处的热分布是非等温的，而退火动力学是在等温条件下应用的。通过将非等温温度梯度分割成多个等温过程并在全部时间内对退火动力学积分，将等温动力学应用到非等温温度梯度中。此方法假设忽略任何具体的非

等温影响。

从这一节可以得出，给定棒束直径、堆积密度和棒直径，在给定停留时间（循环时间）和区域温度的条件下，棒束穿过连续热处理炉时，集成模型有能力预测棒束中不同棒的硬度。

模型预测已通过基准问题和实验数据的验证。图 5-2 所示为棒直径对棒中心和表面温度的影响。从图 5-2 中可以看出在加热和均热段表面温度高于心部温度，而在冷却段表面温度变低。此外，棒直径的增加导致径向热导率增加，这是因为棒束内横截面上的接触点的数目减少。因此，在棒直径较大的棒束中，棒心部的温度更高（见图 5-2）。

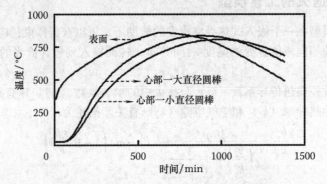

图 5-2　棒直径对棒中心和表面温度的影响

5.2.3　工艺设计：棒束与棒的考虑

如果凭直觉回答棒直径较大的棒束所需的退火时间是否比棒直径较小的棒束所需的退火时间长，答案将会是肯定的。让我们考虑单根棒在炉中退火的情况，单根棒的退火分析可以很直观的得到。单根棒退火时，由于热质量和工艺时间将随着棒直径的增加而增加（见图 5-3），直径较小的棒所需的时间较短。可能将这种过于简单的分析扩展到复杂的情况，例如整个棒束的退火。实际上，可以发现在很多工厂中，相同的原理被用于棒束的退火，即，循环时间随棒直径的增加而增加。这些工艺仅通过有限的工厂经验试验来设计，而这些试验主要关注的是否能达到要求的质量规范，而不是过程效率。

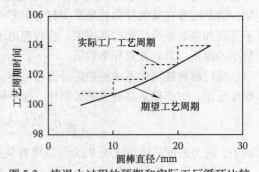

图 5-3　棒退火过程的预期和实际工厂循环比较

然而，前面给出的过程模型分析和模拟结果表明，除了棒直径以外，棒束特征，例如棒直径、填充系数以及棒束直径在退火作业中同样起着重要作用（见图 5-4）。此外，给定棒束直径和填充系数，模型模拟表明，循环时间实际上是随着棒直径的增加而减小。与单根棒退火相比，这一结果明显与直觉判断相反，但是却可以从热导率的增加来进行解释，棒的直径越大，棒束中棒的接触点数量和气体间隙越少,从而导致热导率的增加。因此,对于棒直径较大的棒束,棒心部的温度增加,棒心部硬度减小,将导致较短的循环时间。图 5-5 中所示的两条曲线的差别在于由现行的基于棒直径的经验工艺设计转变为基于模型的工艺设计所带来的生产力提高的潜在机会。前面已经给出详细的模型验证和模拟结果,这些建立在模型基础上的过程循环设计理念已经运用于工业上连续式退火作业中,大约可以提高 15% 的生产率并降低 20% 的能量损耗。

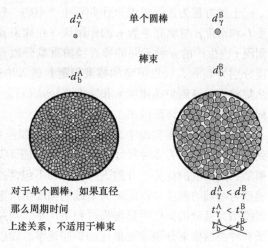

图 5-4　堆积棒束退火过程中棒直径与退火时间关系

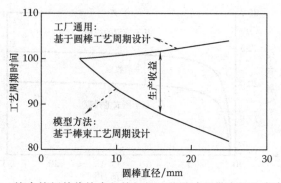

图 5-5　棒束特征替代棒直径特征的工艺设计所带来的生产率提高

5.2.4　基于模型调度提高生产率

冶金作业的宏观层次分析通常采用独立的调度算法来进行,主要集中在通过管理调度来提高过程效率。例如,连续铸造作业、连续再加热炉、热轧和箱式炉退火作业的效率通过优化调度已得到显著增强。多数情况下,在这些独立的调度方法中,过程信息(如停留时间)一般按照需要处理工件的不同尺寸从保守的作业图中查得。合适的过程模型与调度算法的集成极有可能为动态估算具体过程作业的过程参数提供很大的帮助,并大大提高热处理炉的利用率。最近相关学者已对这种耦合调度算法和过程模型的集成方法的效率进行了阐述。耦合过程模型和调度算法的方法已经进行了详细的介绍,其中已经给出不同的作业条件下的分析以及产品结构和调度频率之间的关系。

炉子的年生产量(W_y)可以通过调度时间(t)、年生产时间(t_y)和在调度时间内处理的棒的重量(W_t)计算得出:

$$W_y = \frac{t_y W_t}{t} = \frac{t_y}{t}\left(t - L_h \sum_{i=1}^{n_r} \frac{x_i}{v_i}\right)\left(\frac{\pi \eta \rho L_r}{4(L_r + L_g)}\right)\left(1 \bigg/ \sum_{i=1}^{n_r} \frac{f_i}{d_b(i)^2 v_i}\right) \tag{5-3}$$

　　上述方程为连续式退火作业年生产率的一般公式。在上述方程中，单一尺寸棒的长度 L_r 和密度 ρ 与填充系数 η 的作用统一在棒束直径 d_b 中。整个产品结构，即在调度时间间隔 t 内生产的 n_r 种不同的棒直径的重量分数 f_i。炉子包含加热区和冷却区两个区，长度分别为 L_h 和 L_c。以恒定的棒束间距 L_g 送入炉子，棒的顺序与约束条件（x）有关。可从集成模型得到炉底速度 v_i 和棒束直径 $d_b(i)$。上述模型的公式和各种特殊情况下的不同作业条件已经详细给出。

　　在传统的调度实践中，工艺周期（例如停留时间和炉底速度）可从作业标准中得到，产品结构分为多种尺寸类型（例如，图 5-3 中的点线）。为了说明退火作业与过程模型共同调度的优势，分别进行包含和不包含过程模型的调度模拟。图 5-6 中比较了以模型为基础的调度和以图表为基础的调度生产率随调度时间的变化。从图 5-6 可以看出以模型为基础的调度明显增强过程生产率。当过程模型和调度算法一起使用时，可以对所有种类的棒束分别设置最优的炉底速率，而以图表为基础的调度，仅能使用离散的炉底速率，导致低生产率的欠优化作业。

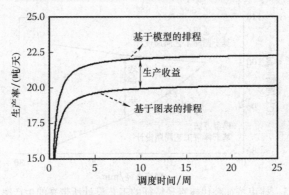

图 5-6　　通过从图表基调度转变到模型基调度潜在生产率的增强

5.3　工业案例研究：冷轧钢卷箱式炉退火的集成模型

5.3.1　箱式炉退火的背景

　　冷轧带钢具有高附加值的运用，例如汽车外壳面板和大型家用电器，要求具有光滑的表面和优秀的质量。为了使冷轧钢方便后续的成形作业（例如，汽车车体的深冲压），通常对其进行箱式炉退火处理。典型的箱式炉退火过程有 4~5 个钢卷（每个约 20~30 t）在炉底堆垛而成，用一个圆柱形保护罩和炉体罩住。保护罩通过辐射换热和对流换热方式在炉外由循环氢气进行加热。钢卷的外表面和内表面通过循环氢气对流传热及罩和钢卷间的辐射传热进行加热。钢卷内部通过热传导进行加热。在冷却阶段，炉罩采用冷却罩来代替，循环气体通过冷却旁路来进行冷却。箱式退火炉的示意图如图 5-7 所示。高温要求（600~725℃）和长时间的退火周期（40~60 h）使这一作业的

能耗非常大，所需能量大约 175 ~ 225 kJ/t。由于
大的热质量和通过钢卷外壳的径向热导率非常慢，
导致较长的工艺时间 (40 ~ 60 h)，使得这一作业
的生产率成为整个材料流程和冷轧作业能否顺利
进行的关键问题。同样，钢卷的最终产品质量存
在差异，这也是关注的主要问题之一。

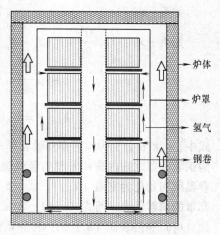

　　由于对整个工业性能的影响，相关人员对箱
式退火作业的自动化过程已经进行了大量的工作。
实际上，箱式退火是少数几个可以实现三级控制
的工业热处理作业之一。例如，在一个具有年生
产能力为一百万吨的现代工厂中，采用有效率的
算法，每月向大约 50 个箱式炉以及其他部件（例
如炉罩及加热和冷却帽）分配和调度超过 3000 个

图 5-7　箱式退火炉的示意图

钢卷。在对每个带钢堆进行退火之前，采用一个箱式退火作业模型来对钢卷的温度分布
进行优化，并下载在线监控系统，以确保炉子符合预期的热分布。必须注意的是，箱式
退火工艺设计是一个最优化问题。例如，较长的均热时间将减小冷点和热点之间的温度
差异，因此能得到更均匀的微观组织和力学性能。但是，较长的均温时间也使炉子生产
率下降。因此，任何工业箱式炉退火作业必须在生产率和力学性能均匀性之间进行最优
化，以选择恰当的均温时间。随后几节将详细介绍箱式炉退火控制系统中用于过程循环
设计的现行传热模型。

5.3.2　箱式炉退火控制的传热模型

　　箱式炉退火作业的数学模型在 20 世纪 90 年代就已经创立。但是，这些模型主要是
传热模型，仅限于预测箱式退火过程中的温度变化。在传热模型的帮助下，计算出热点
和冷点之间的温度差，随后用于控制现代箱式炉退火作业。

　　在箱式炉退火传热模型中，考虑到了炉子不同部件间的相互作用。三个传热模型
（即，热传导、对流和辐射）均需要考虑，以确定钢卷和不同炉子部件的瞬态温度变
化，例如，烟道气、炉壁、保护罩、冷却罩、氢气和对流散热板。此模型的输出是钢卷
不同位置处加热和冷却循环过程中完整的瞬态温度历史记录。此外，其他部件的温度也
可以进行分析。

　　由于钢卷具有圆柱形对称性，仅对径向 ($r-z$) 平面进行分析。随着炉子轴向温度
的变化，所有炉子中堆垛的四个（某些情况下或者是五个）钢卷均需要考虑。钢卷的
能量方程可表示为

$$\rho_m C_m \frac{\partial T_m}{\partial \tau} = \frac{\partial}{\partial z}\left(k_z \frac{\partial T_m}{\partial z}\right) + \frac{1}{r}\frac{\partial}{\partial r}\left(r k_r \frac{\partial T_m}{\partial r}\right) \tag{5-4a}$$

式中，ρ_m 为密度；C_m 和 k_z 分别为与温度有关的比热和热导率；T_m 为钢卷温度；钢卷径
向热导率 k_r 与薄板厚度和薄板间的气体间隙有关。上述方程的边界条件为

如果 $\tau \leqslant 0$ ：
$$T_m(r,z) = T_{amb} \tag{5-4b}$$

如果 $\tau > 0$ ： $\quad k_r \dfrac{\partial T_m}{\partial r} = h_o(T_m - T_{go}) + \varepsilon_m F\sigma(T_m^4 - T_c^4) \quad$ 当 $\quad r = \dfrac{D_o}{2} \tag{5-4c}$

$$-k_r \frac{\partial T_m}{\partial r} = h_i(T_m - T_{gi}) \quad 当 \quad r = \frac{D_i}{2} \tag{5-4d}$$

$$k_z \frac{\partial T_m}{\partial z} = h_{\nu b}(T_m - T_{\nu b}) \quad 当 \quad z = z_{max}/0 \tag{5-4e}$$

式中，ε 和 α 分别为辐射率和吸收率；F 为形状因子；T_c 为保护罩的温度；T_{gi} 和 T_{go} 分别为钢卷和罩之间内核和外檐的氢气温度；σ 为 Stefan-Boltzmann 常数。式（5-4b）将钢卷温度初始化为室温（T_{amb}），式（5-4c）考虑了钢卷外表面与氢气的对流传热和与机套罩的辐射传热，而式（5-4d）和式（5-4e）考虑了钢卷心部的对流传热。钢卷外表面（h_o）和内表面（h_i）的热传导系数从环形管流量与圆柱形管流量间的关系中得到，而流过对流散热板的热传导系数（$h_{\nu b}$）从融合矩形管的流量相关性中得到。

除钢卷以外，仍需考虑炉子的其他部件。例如，考虑到圆柱形罩的一维本质，其控制方程可用下列常微分方程（ODE）表示

$$\begin{aligned} \rho_c c_{p,c} l \frac{dT_c}{d\tau} = &\sigma(\varepsilon_f T_f^4 - \alpha_f T_c^4) - \sigma F_1 \varepsilon_c(T_c^4 - T_m^4) + h_f(T_f - T_c) \\ &- h_g(T_{go} - T_c) + \sigma F_2 \varepsilon_c(T_w^4 - T_c^4) \end{aligned} \tag{5-5}$$

式中，ρ_c 为密度；$c_{p,c}$ 分别为与温度有关的罩的比热容和热导率；l 为罩的厚度。上述方程考虑了罩和不同炉子部件间的相互作用，即与炉壁的辐射换热、与流体气体的辐射和对流换热、与钢卷外表面的辐射换热和与氢气的对流换热。

同样，氢气轴向温度的一维变化考虑了机套罩和钢卷外表面以及钢卷内表面间氢气流动作用。相应的常微分方程为

$$\rho_g c_{p,g} UA \frac{dT_g}{dz} = -Ph_i(T_m - T_g) \quad 当 \quad r = \frac{D_i}{2}$$

$$= -Ph_o\left[(T_m - T_g) + (T_c - T_g)\right] \quad 当 \quad r = \frac{D_o}{2} \tag{5-6}$$

式中，U 为氢气速度；P 为周长；A 为钢卷外直径和罩壁间的横截面积。

将钢卷沿径向和轴向划分成网格。气体、炉壁和机套罩在轴向上的网格由堆垛钢卷轴向网格重复得到。钢卷的二维方程通过逐行求解方法采用控制体积公式求解来实现，逐行求解方法是三对角矩阵算法（TDMA）和 Gauss-Seidel 方法的综合。炉罩或气体的常微分方程采用四阶 Runge-Kutta 方法求解。所有部件的控制方程按顺序求解，并进行迭代直至得到一个较好的全局收敛温度，随时间顺序得到瞬态分布。图 5-8 所示为热电偶、热点和冷点的典型温度分布图。此温度分布与工业上的箱式退火作业相似。

如 5.1.2 中详细介绍的那样，数学模型的工程实现，要求工厂进行特定的调整。相应的，模拟器中的传热模型也需要通过工厂实验来进一步的调整，使之适用于实际的工业热处理炉。

工厂实验可通过在炉内钢卷堆中插入一些热电偶，实时监控退火过程中穿过钢卷温

度的变化。模型预测结果已经采用
一些工厂实验数据进行了验证。

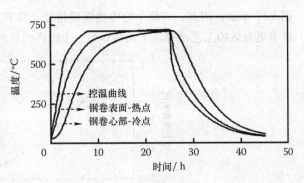

　　多数现代箱式炉退火作业是在
均热过程结束时热点和冷点温度差
（ΔT）的基础上进行控制。取决于
等级和允许的过程变化，温度差通
常在 20 ~ 40℃内变化。通常认为通
过控制温度差可以控制质量参数，
即晶粒尺寸、拉伸强度、韧性和
硬度。

图 5-8　控制热电偶、热点和冷点的典型温度分布图

5.3.3　传热模型的限制：集成模型的必要性

　　如前所述，大多数现代箱式退火作业是通过在均热循环结束时热点和冷点之间温度
差的基础上来进行控制的。本质上，这种方法计算退火所需的总时间是通过速率限制冷
点的温度-时间曲线积分来得到的，所用方程如式（5-7）所示。

$$\text{Cycle index} = 10^{4}\Big(-\frac{R}{Q}\Big)\ln\Big(\int\exp\Big(-\frac{Q}{RT}\Big)\mathrm{d}t\Big) \tag{5-7}$$

式中，Q 为退火的激活能；R 为气体常量；T 为温度；t 为时间。在采用温度对炉子进
行控制过程中，工艺设计时其"工艺指数"是平等的。在这个公式中，当加热速率减
小时，总工艺时间增加。图 5-9 所示为根据传热模型得到的加热速率减小导致工艺时间
增加的示意图，其中对具有不同加热速率 $\dot{T}_1$ 和 $\dot{T}_2$ 的两个工艺过程进行比较。由于加
热速率 $\dot{T}_2$ 大于 $\dot{T}_1$，所以工艺时间 t_2 小于 t_1。这已经通过传热模型的模拟所证实。如
图 5-10 所示，随着加热速率的减小，传热模型中给出的总工艺时间增加。

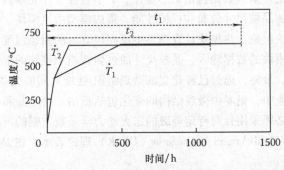

图 5-9　根据传热模型得到的加热速率减小导致工艺时间增加的示意图

　　以温度为基础的炉子控制算法其主要缺点之一就是不能反映相变动力学特性。例
如，加热速率对 AIK 级钢的退火动力学和最终性能具有深远的影响。通过实验已经证
明，当加热速率下降时，由于析出动力学、再结晶动力学和晶粒长大动力学之间复杂的
相互作用，退火动力学得到加速，由于加热速率的减小导致晶粒尺寸增加的实验趋势如

图 5-11 所示。因此,与单个的传热模型相比,具有反应相转变作用的集成模型可以设计出更有效的工艺过程。下面将介绍一个这样的集成模型。

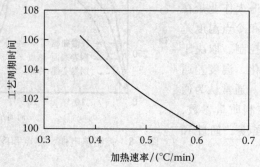

图 5-10　根据传热模型预测由于加热速率的减小而导致工艺时间增加

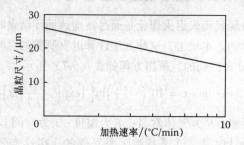

图 5-11　由于加热速率的减小导致晶粒尺寸增加的实验趋势

5.3.4　箱式退火集成模型:公式和优势

集成的工艺模型以热传导、析出-再结晶-晶粒长大和微观结构-性能关系为基础。建立在过程输入基础上,输入数据包括钢卷直径、炉子直径、作业参数和热循环,此模型可预测退火后钢卷的晶粒尺寸分布和机械性能。集成模型由热模块、微观结构模块和机械性能模块三个模块组成。热模块计算钢卷中不同位置处的瞬态温度。热模块的输出结果再作为微观组织模块的数据输入,晶粒尺寸通过微观组织模块的重结晶和晶粒长大动力学关系计算得到,最终,通过已经建立的微观组织-性能之间的关系来估算机械性能。

在箱式退火作业中,钢卷中微观结构的变化包括析出、再结晶和晶粒长大。为了精确反映这些现象,必须采用针对特定等级的退火动力学系数。钢的再结晶动力学按照惯例可以采用 Johnson-Mehl-Avrami-Kolmogorov(JMAK)理论表示。在 JMAK 理论中,再结晶百分数为

$$X = 1 - \exp(-k_{rex} t^{n_{rex}}) \tag{5-8}$$

式中,X 为时间 t 时的再结晶体积分数;k_{rex} 为与温度有关的常数;n_{rex} 为 Avrami 指数;与温度相关的常量 k_{rex} 是形核和长大速率的函数,遵循 Arrhenius 关系:

$$k_{rex}^{\frac{1}{n_{rex}}} = k_o \exp\left(-\frac{Q^*_{rex}}{RT}\right) \tag{5-9}$$

式中，Q_{rex}^* 为经验激活能，是相变过程的一个特征。再结晶完成后，晶粒开始长大，晶粒长大平均速率通常采用公认的 Beck 型关系表示

$$d_{gg} = k_{gg} t^{\frac{1}{n_{gg}}} \tag{5-10}$$

温度相关常量 k_{gg} 遵循 Arrhenius 型关系

$$k_{gg}^{n_{gg}} = k_{go} \exp\left(-\frac{Q_{gg}}{RT}\right) \tag{5-11}$$

冷轧钢卷的最终用户最终感兴趣的是产品的机械性能。因此，将微观结构信息（晶粒大小）转换为机械性能显得非常重要。不同钢卷的机械性能如应变硬化指数（n）、拉伸强度（σ_y，σ_{UTS}）、硬度和延伸率百分比（%EI）通过恰当的微观组织-性能关系来导出。例如，晶粒尺寸对钢的屈服强度的影响由 Hall-Petch 关系给出

$$\sigma_Y = \sigma_o + \frac{k_{hp}}{\sqrt{D}} \tag{5-12}$$

式中，σ_Y 为屈服应力；σ_o 为位错运动所需的摩擦应力；k_{hp} 为 Hall-Petch 斜率；D 为晶粒尺寸。必须注意的是，这些微观结构变化系数是通过在相应等级的温度-时间区域进行动力学实验来确定的。此外，机械性能与晶粒尺寸之间的关系是通过对很大晶粒尺寸范围内样品进行拉伸和硬度测试建立的。这些实验的结果早已给出。图 5-12 到图 5-14 分别是热点及冷点位置处的再结晶分数、平均晶粒尺寸和性能随时间的变化曲线。在这些图中，热点和冷点处微观组织和性能的差异是由图 5-8 中所示的两位置的热梯度差异引起的。

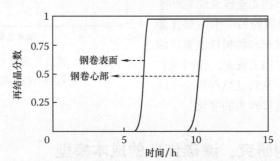

图 5-12　根据集成模型预测钢卷中不同位置处的再结晶过程

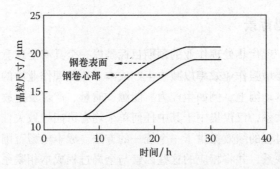

图 5-13　根据集成模型预测钢卷中不同位置处的微观结构演化

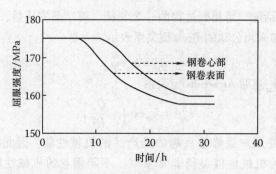

图 5-14　根据集成模型预测钢卷中不同位置处的性能演化

　　在深拉伸级铝镇静钢中，由于析出-再结晶-晶粒生长之间复杂的相互作用，导致加热速率减小时退火动力学加快。因此，一个忽略动力学加速现象的传热模型将会使循环时间随加热速率的减小而增加。相反，一个具有预测微观组织和最终机械性能的集成箱式炉退火模拟器，可以预测转变动力学的加速，从而导致循环时间随加热速率的减小而减小。图 5-15 所示的差异为箱式炉退火作业从现行的传热模型转变为集成模型带来了机遇。最近的相关研究工作表明，采用集成模型设计箱式退火循环周期与传热模型相比，可使工业作业的生产率提高 9%。此集成模型的另一个主要优势是可以直接在微观组织和机械性能要求的基础上，设计箱式炉退火周期，预测钢卷间的性能变化，而不是通过热点与冷点间的温度差异间接的估算性能的变化。

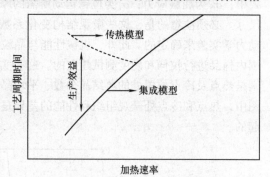

图 5-15　通过集成模型根据加热速率的影响可减小循环时间

5.4　工业案例研究：渗碳作业的成本模型

5.4.1　成本模型背景

　　着眼全球竞争，现代热处理作业的预期目标是以一个具有全球竞争力的成本生产高质量的产品，这需要增强作业效率以减少生产成本。热处理作业中的成本控制一般将关注点放在单个的成本动因上，例如生产力、能源、质量、产量及排放量。然而，由于这些性能指标的相互联系，仅仅集中于其中任何单个均有可能导致欠佳的作业。成本模型为分析和优化工业过程的绩效提供了一个统一的方法。成本模型范围较广，将过程参数和工厂性能指标相联系，并将相应的这些因素与全局过程成本相联系。然后成本模型可用于优化过程参数，达到最低的运营成本的目的。过去成本模型曾被用于量化优点、在多种产品设计或技术中帮助做出选择。成本模型在过程优化中的应用同样是一个降低工业过程成本的强大工具。必须指出的是，由于过程参数微观尺度的细化，一般情况下，工艺模型的增值仅仅局限于单个操作单元的业主。但是，由于作业在性能标准和成本方面宏观尺度的抽象化，上乘的企业管理同样可以重视、利用和支持成本模型在工厂中的实现。本节将介绍成本模型在一个渗碳工艺中的运用。

为了得到性能稳定的产品，许多现代气体渗碳工艺都安装了基于模型的在线控制系统。这种系统的重点主要在于通过在线估算碳需求和在线控制碳势来控制渗碳作业过程中的扩散。此方法在估算达到预期渗碳深度所需时间方面非常有用，并且为基于渗碳不同阶段碳需求动态估算碳势提供了一个方法。然而，这种方法并不能确保一个最优的工艺具有最小成本，而成本是与能源损耗、天然气损耗、排放量和生产率同样重要的参数。

渗碳过程成本最小化要求同时考虑所有质量参数，即碳分布、最终的微观结构和变形以及其他成本因素（例如能源、天然气损耗和生产率）。此外，随着越来越严格的环境法规的推行，碳交易利益的实用性、对违规行为的从重处罚以及炉子的排放量均成为影响成本的因素，在未来几年内可能成为最重要的限制因素。

5.4.2　模型公式

图 5-16 所示为成本模型方法给出的热处理工艺基于成本的最优化整体框架。该方法可描述为采用工艺模型根据输入参数和可控参数量化成本动因；采用成本公式将成本动因转变为总成本；以及通过优化可控参数使归一化的成本总计最小化。在气体渗碳情况中，相关的输入参数包括炉料尺寸、装入量和品级；可控参数包括温度时间周期和碳势；而此过程的重要成本因素是能量、生产率、天然气损耗量、排放量和产品质量。其中产品质量通过渗碳层深度、晶粒尺寸和变形大小来量化。

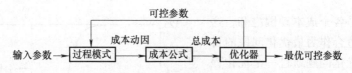

图 5-16　热处理工艺基于成本的最优化整体框架

图 5-17 给出气体渗碳作业相应的工艺模型网络图，将相关的输入和可控参数与重要的成本动因相联系。重要工艺模型包括：①气体模型，采用化学平衡来计算气体流量和炉子排放量；②能量模型，通过炉子的整体热平衡来计算能源能耗；③传热模型，计算工件内的温度梯度；④生产率模型，在循环周期基础上计算炉子生产率；⑤扩散模型，在炉内碳势和温度基础上计算工件内的碳分布；⑥微观结构模型，在温度分布基础上计算晶粒尺寸；⑦残余应力模型，在热分布基础上计算由热应力和相变应力引起的产品变形。这些模型在相关文献中已经进行详细的介绍。图 5-17 中的工艺模型是相互依存的，大多数均需要数值解。例如，能量和 Fick 扩散方程的求解给出工件内的热分布和碳分布：

$$\frac{\partial C}{\partial t} = \frac{\partial}{\partial x}\left(D(T)\frac{\partial C}{\partial x} \right) \tag{5-13}$$

式中，C 为含碳量；D 为扩散系数。

如图 5-17 所示，采用工艺模型网络可以量化所有渗碳工艺过程中相关的成本动因。成本功能模块将从过程模型得到的成本动因，通过 Taguchi 型成本函数转变为各自的成本。Taguchi 型成本函数通过成本来合并最优化问题的约束条件，而成本惩罚是由硬化层深度不足引起的返工及过于粗大的晶粒和变形引起的报废所导致的。图 5-18 所示阐述了这些成本公式的本质，其中给出渗碳层深度的成本公式。在此情况中，当达到目标渗碳层深度时控制停止。当渗碳层深度远低于设定值时，需要进行返工，返工成本不变。而当渗碳层深度稍低于目标值时，可以适当降低规格。归一化成本服从图 5-18 中所示的成本函数，这个方程由质量下降成本或部分返工成本得到。这些函数在相关文献中已有详细介绍。

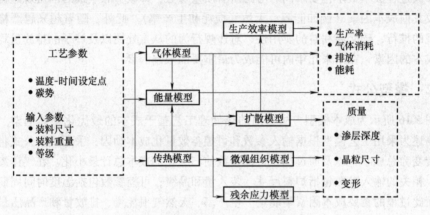

图 5-17　用于渗碳工艺的相关模型网络

总成本是各个成本动因之和，这些成本动因适合作为最优化问题的目标函数。最优化问题通过一个优化程序进行求解，这个优化程序将过程模型和成本函数模块整合到一个闭循环中，并找到使总成本最小化的可控参数的数值。目标函数为

$$\sum C_i = \min \tag{5-14}$$

其中 C_i 为各种成本动因的归一化成本，例如由于晶粒过度粗化造成的

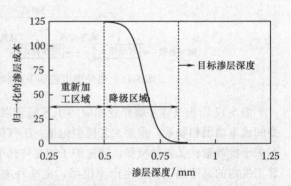

图 5-18　典型的质量成本函数和成本区域

废料成本、由于渗碳层深度不足造成的返工成本，变形成本，能量成本，生产率成本和排放成本。必须注意的是，在此研究中仅考虑短期可控的成本因素。关于长期成本因素，例如资本成本、劳动力成本、折旧和利息并不服从短期控制，所以假设为常量。此

外，这里考虑的总成本是服从短期控制的主要成本动因对成本贡献的总和。虽然不能被当作是真实情况下的渗碳成本，但是这确实是为最优化提供了一个可运行的公式，并且成本中关于可控参数的变化比实际数值更重要。从本质上看这具有一般性，在具有多个阶段的分层式热处理炉和多区域的连续式热处理炉中也适用。

5.4.3　渗碳作业的最优化

在工业渗碳作业中，可控的重要过程参数为温度-时间工艺以及碳势和炉压。渗碳工艺自身由升温阶段、强渗阶段和扩散阶段组成。在强渗阶段，炉内气氛采用大量的天然气。在此阶段，通过调整天然气的流速来控制碳势，以满足瞬时碳需求。扩散阶段在强渗阶段之后，在扩散阶段炉温和碳势逐渐降低，以增加渗碳层深度。采用成本模型对强渗阶段在可行温度和时间区间执行大量模拟，使强渗阶段达到最优化。根据渗碳作业强渗阶段以成本为基础的最优化结果，得出四种特定的操作规程。过高的强渗温度会使晶粒尺寸极度粗化，报废率升高，最终导致成本的显著增加；而当强渗温度很低或强渗时间很短时，达不到预期的渗碳层深度，所以返工成本增加导致总成本的增加。然而，返工成本比报废成本低，返工所带来的成本增幅比过高温度导致报废所带来的成本增幅低。最佳的强渗规范被恰当的强渗温度和时间界限限制在较窄的范围内。

此最佳规范被欠佳规范所包围，强渗温度和强渗时间的线性增长将导致能量成本、燃气成本和生产力成本的线性增加。因为这些成本的增加或多或少均与时间呈线性关系，过程成本的增加不像报废或返工成本增加那么严重。相关规范包括：①防止生长过大的晶粒尺寸导致报废；②防止渗碳层深度不足导致返工；③防止高能耗、低生产率及高的燃气消耗导致欠佳的作业；④最低作业成本下达到所有质量要求的最优的规范可参考图 5-19 所示的操作规程图。以上一部分理念已经成功运用于工业作业中，明显降低了能源消耗并显著提高了生产率。

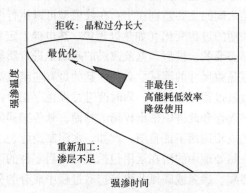

图 5-19　以成本模型为基础的渗碳作业操作规程

5.5　过程模型的在线运用

无论是离线应用（过程优化和产品开发）还是在线应用（控制/最优化），过程模型在热处理作业中的运用正在增加。本节将概述过程模型在线运用的一些例子。

5.5.1　过程模型作为软传感器

多数热处理作业通过间接调整炉温或炉内气氛来进行控制。热处理作业过程中的一个主要缺陷就是缺少原位传感器来检测潜在的相变过程以及微观组织和性能的演化。考虑到不利的温度或气氛环境以及部件中存在难以达到的部位（如心部），采用物理传感器直接监测是一个不可行的方案。过程模型的在线应用作为一个软传感器，是检测过程参数的一个可行的选择，如果不考虑原位监测这些过程参数不仅非常困难而且代价昂贵的话。在热处理作业中，软传感器可用于探测箱式退火过程或球化退火过程中微观结构的变化、退火过程中硬度的变化、渗碳过程中碳分布的变化，以及再加热作业中平均温度的变化。在实际生产中，所有这些物理测试只能在热处理作业完成后进行，因此，仅对后续作业控制的可追溯性及缺陷的因果分析有用。仅适用于下一次作业的回顾性控制或缺陷的因果分析。

软传感器的概念可描述为采用过程模型来检测或监控过程参数，而这些过程参数至今还不可能或由于费用较高而无法得到。然而，为了认识软传感器的明显优势，过程模型的在线实现与多个操作的复杂性相联系。软传感器发展的第一步为过程模型的开发，这种过程模型将感应到的参数（如温度、碳势）映射到所测得的过程参数上（如硬化层深度）以及预测期待得到的过程参数上（如工件中的碳分布）。过程模型可以具有具体的公式，如渗碳过程的 Fick 扩散方程，或以数据为基础的模拟技术，例如神经网络。当模型应用于在线方案时，必须解决如下问题，例如模型的运行时间应比所要求的预测频率快，过程在线运用的可行性以及模型参数。作为软传感器，离线过程模型和在线模型之间的主要差别在于：在线模型可以执行模型更新以及调优有效的过程数据。为说明长期的过程变化（如热处理炉、热电偶、定氧探针的老化），周期性的模型调整及改进是必要的。模型调整及改进的基础是进行质量测试，例如对热处理产品进行硬化层深度或晶粒尺寸的测试。必须注意的是有些测试需要花费大量的时间，因此追溯模型调整及改进过程是必要的，同时改进过程也存在很多难题，例如模型改进的频率和原则，需在准确性和改进中做出权衡。然而，软传感器的有效性和实用性已通过在大量工业过程中的成功运用不证自明，例如，水泥制造业、二次炼钢业和汽车发动机制造业。软传感器在热处理中的潜在运用包括热处理后零件的微观结构和性能随空间和温度的演变，以及渗碳、渗氮或碳氮共渗等扩散过程中成分的分布。这些质量参数的在线应用对作业的有效控制是非常有用的，同时可以潜在的提高过程效率和质量稳定性。

5.5.2　以模型为基础的过程控制解

以模型为基础的在线控制系统为过程模型在热处理作业中的使用提供下一个逻辑步骤，这种可以检测热处理炉动态的过程模型可以用来控制热处理炉。图 5-20 所示为这种系统概念的示意图。以模型为基础的在线控制系统已成功运用于重新加热、渗碳和箱式退火炉中。原则上，以模型为基础的炉子控制系统可安装在大多数热处理炉上。

以模型为基础的在线热处理炉控制系统的主要优点在于通过过程标准的一贯执行来显著提高质量稳定性并降低过程的变化。例如，在重新加热热处理炉过程中，如果钢种频繁变化（在小型钢厂中较常见），操作人员很难手动控制已达到不同钢种所要求的过程设定值（例如，温度），因而导致不连贯性，造成产品质量差异。带有以模型为基础的在线控制系统的热处理炉，设定值随钢种的变化是可以保证实现的。

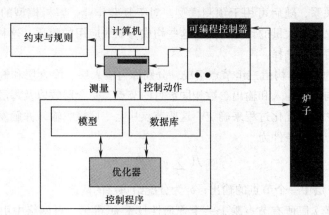

图 5-20　以模型为基础的热处理作业在线控制系统示意图

此外，通过在线控制系统可满足以参数设置为基础的瞬态过程要求。例如，在气体渗碳过程中，热处理部件需要的碳势在工艺过程中持续减少。因此，渗碳过程中富碳气体流量的控制应该以渗碳工件瞬态的碳需求为基础，瞬态的碳需求随时间延长应该是逐渐降低的。这在预定的循环程序中是不可能的，因为瞬态的碳需求并不是预设的。如果在整个周期内采用固定碳势，在渗碳作业的后期碳需求低于碳势水平时，则容易产生黑烟。这一问题在以模型为基础的控制系统中很容易解决，因为这一系统可以连续追踪过程中的瞬态碳需求。

以模型为基础的控制系统同样可以实现高效的延迟管理和异常情况的处理。基于模型的计算机控制系统中的延迟管理策略是以热处理炉的动态特性和炉子的装料历史为基础的。通过这样一种策略，按照每种预期的延迟时间、钢种的敏感性以及热处理炉中不同的坯料历史，设置点的变化可以动态完成。此外，基于模型的控制系统可以对非常短的延迟时间做出恰当的控制反应，而这一点手工操作是不可能实现的，而这是经常发生延迟的重新加热炉的一个关键问题。

因此，当过程模型作为在线控制系统的一部分时，可用于动态估计常规热处理工艺过程中的所有关键过程参数。降低能耗、达到生产率目标的同时，为确保热处理炉可以持续生产预期质量的产品，无论在正常还是反常情况下系统均可以做出正确的控制反应。

5.5.3　基于数据的过程模型

必须指出本章的案例分析中用到了基于表象的过程模型。这种模型已广泛应用于热处理及其他工业生产。但是这并没有降低基于数据的模型技术的重要性，例如网络节点技术（NN）。特别是由于配备复杂数据管理系统的现代工业过程越来越多，这些技术变得越来越重要，这些复杂数据管理系统记录并存储了大量的过程数据和质量数据，系统中可靠过程和质量数据的可用性为开发基于数据的过程模型提供了良机。基于数据的模型技术 NN 越来越受到多种现代工程过程系统的欢迎。NN 方法在输入和输出数据间提供一种非线性关系，随后可用于预测模型。对于复杂作业，解析模型的公式化非常困难，过程模型又需要大量的计算时间，这些均成为在线应用的障碍，这种情况下 NN 模型则成为一种可行的选择。

一个典型的 NN 结构由三组节点组成，分别称为输入层、隐含层和输出层。输入层和输出层具有与系统输入和输出参数相同数目的节点。隐含层数以及每层中的节点数可通过尝试校验法或最优化过程来确定。这些节点从上一层接收输入并触发输出，输入到下层节点。节点激活条件为

$$O_j^p = f\left(\sum_i w_{ij} \cdot I_i^p + b_j \right) \tag{5-15}$$

式中，O_j^p 为第 j 层中一个节点的输出；b_j 为分配给每层的阈值。

输入通过第 i 层所有节点乘上一个连通性权重 w_{ij} 得到，对网络中引入的所有模式（p）进行重复计算。激活函数 $f(x)$ 通常看作是反曲线函数。NN 模型的开发包括采用一组典型的输入-输出组合来构建网络，这是较典型的最优化问题，通过最优化方法（如经典的最大梯度法和 Levenberg-Marquardt 算法）来优化连通性权重，以减小实际输出值和预测输出值间的均方根误差。根据可用的数据组，一部分数据用来构建网络，剩下的部分用来对模型进行验证和测试。

在 5.3.3 节中给出的集成箱式退火模型的主要缺陷是其计算速率，需要通过有限差分法确切地求解多层钢卷退火过程的热、相变和微观结构模型。对在线情景而言，一个控制终端需要控制多个炉子，这就变成一个重要问题。最近的研究表明，NN 模拟方法可以有效地预测特定工艺设计参数，即给定堆垛构型钢卷的均热时间。NN 模型比集成模型的计算速度快 100 倍，这使其成为在线控制的有效工具。

NN 模型明显的优点在于其不需要破坏现有的现象学模型。必须注意的是，NN 模型可以有效地为规程工艺设计预测具体的参数（如均热时间），但集成模型可做出更加详细的预测（如完整的温度/组织随时间空间的演变），这对离线分析是非常有用的。此外，对于过程最优化，只有在作为过程数据来源的现行作业条件下，基于数据的模拟方法方能确定最佳规范。如果由于箱式退火中的非等温效应或由于棒退火中的径向热导率等导致的最佳状态远远偏离现有的作业条件甚至与之相反，在这种情况下，仅有现象学模型才能解决问题。NN 和现象学模拟技术的恰当组合在模拟和优化工业热处理作业中非常有效。

5.5.4　显微组织介观模型

必须注意的是，本章中给出的大多数显微组织模型主要关注宏观尺度，反映平均显微组织参数，例如平均晶粒尺寸、再结晶分数或相变体积分数［例如，式（5-10）］。这是因为与力学、光学、磁学及电学性能有关的显微组织参数中，多晶材料的平均晶粒尺寸是使用最多的。此外，在钢的工业热过程中平均晶粒尺寸是唯一一个常规的显微组织表征手段。因此，工业过程中显微组织模拟的大多数工作也都集中在平均晶粒尺寸

上。除了平均晶粒尺寸以外，更进一步的介观尺度显微组织特征（例如晶粒尺寸分布、晶粒形状和织构），对材料性能也存在影响。固态相变过程涉及的复杂显微组织随时间/空间变化的拓扑结构（如晶粒长大）已经通过多种技术得到模拟，这些技术包括顶点模型（vertex model）、相场模型、Monte Carlo（MC）模型和元胞自动机（cellular automata，CA）模型。在 MC 方法中，近邻的胞状组织间的固态相变本质上是随机的，通过计算相变引起的自由能的变化来判断相变过程能否进行。MC 方法被广泛用于再结晶、晶粒长大、析出及奥氏体向铁素体的转变。CA 算法在模拟具有时间/空间演变特征（如再结晶、晶粒长大和凝固）的物理系统时被使用的越来越多。在 CA 算法中，对物理系统进行空间、时间和状态离散化以后，在每个时间增量，确定性或随机性的规则集控制着元胞状态的转变。规则集合及正面追踪可以确定下面用于精细的模拟实验观察到的结果。晶粒生长过程中的拓扑排列，即大晶粒通过吞并小晶粒而长大，微观结构向稳定六边形晶粒的演变，近邻晶粒的曲率驱动转换以及三边或四边晶粒的收缩。

在描述晶粒长大的 CA 模型中，微观结构区域分解为规则的方形元胞，每个元胞代表材料中的一个有限空间。这些元胞即可以表示单个晶粒的一部分，具有相同的性能和晶体取向，也可以由两个晶粒的一部分及中间的晶界构成。根据已建立的晶界迁移率（M）和作用在晶粒边界上的网格压力（P）间的相互关系可得到控制晶界位移（x）的规则集：

$$\Delta x = M \cdot P \cdot \Delta t \tag{5-16}$$

$$P = \frac{2\gamma}{R} \tag{5-17}$$

式中，γ 为晶界能；R 为晶界的局部曲率半径；t 为计算时间间隔。

晶界上的网格压力以下述方式作用在晶界上，即迫使晶粒边界向着曲率中心运动，具有凸晶界的晶粒长大，而凹晶界的晶粒收缩。晶界迁移率 M 和晶界能 γ 为两晶粒间位相差的函数。此外，晶界迁移率是温度的函数，遵循 Arrhenius 方程。图 5-21 所示给出了 CA 晶粒长大模型得到的结果，并给出三个时间阶段的微观结构演变。晶粒长大拓扑特征（例如，大晶粒的长大消耗小晶粒以及近邻晶粒的曲率驱动转换），以及抛物线定律的定量结构，晶粒尺寸分布的不变性特征得到广泛的证实。

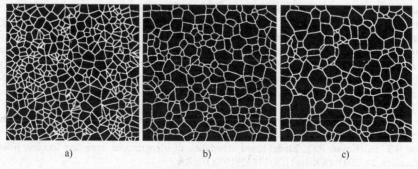

图 5-21　通过 CA 算法模拟常规晶粒生长微观结构演变

a）初始状态　　b）40000 s　　c）80000 s

注：区域大小为 100μm（Courtesy Dr. S. Raghavan）

5.6 总结

综上所述，热处理作业属于大规模作业，工件被加热的目的是为接下来的工件成形做准备或发生相变使工件得到预期的显微组织或物理性能。然而，由于缺少原位传感器来监控工件内期望的相变和微观结构的变化，使这些复杂的作业难以进行试探性分析和有效操作。在本工作中，通过案例分析阐述了数学模型在分析和优化工业热处理作业中的有效性。模拟这种大尺度工业作业的主要挑战是保持清晰的模型公式、采用在工业上复杂的工作数据来调整和检验模型，随后通过模型模拟提取可实现的解。这些工业案例分析的大多数均带来了巨大的收益，例如生产力的提高以及能耗的降低。随着热处理作业自动化程度的提高，过程模型将会有更多的应用，例如用作软传感器、为热处理作业的有效性和一致性提供在线控制解等。虽然最近介观尺度模拟技术有所发展，例如元胞自动机模型，但工业微观结构模拟以及工厂级别的表征主要还是在宏观尺度上，通常采用平均微观结构参数来表征，例如晶粒尺寸、再结晶分数或相变的体积分数。

参 考 文 献

1. Jaluria, Y., Thermal processing of materials: From basic research to engineering, *J. Heat Transfer*, 125, 957, 2003.
2. Sahay, S.S., Opportunities and challenges for process modeling in surface and heat treatment operations, *Surf. Eng.*, 20, 401, 2004.
3. Sahay, S.S. and Krishnan, K., Model-based optimisation of a continuous annealing operation for a bundle of packed rods, *Ironmaking Steelmaking*, 34, 89, 2007.
4. Yagi, S. and Kunii, D., Studies on effective thermal conductivities in packed beds, *AIChE J.*, 3, 373, 1957.
5. Kunii, D. and Smith, J.M., Heat transfer characteristics of porous rocks, *AIChE J.*, 6, 71, 1960.
6. Patankar, S.V., *Numerical Heat Transfer and Fluid Flow*, McGraw Hill, New York, 1980, pp. 71–72.
7. Incropera, F.P. and Dewitt, D.P., *Fundamentals of Heat and Mass Transfer*, 3rd ed., Wiley, New York, 1990, p. 504.
8. Jiao, S., Penning, J., Leysen, F., Houbaert, Y., and Aernoudt, E., The modeling of the grain growth in a continuous reheating process of a low carbon Si-Mn bearing trip steel, *ISIJ Int.*, 40, 1035, 2000.
9. Sahay, S.S., Malhotra, C.P., and Kolkhede, A.M., Accelerated grain growth behavior during cyclic annealing, *Acta Mater.*, 51, 339, 2003.
10. Sahay, S.S. and Krishnan, K., Analysis of the nonisothermal crystallization kinetics in three linear aromatic polyester systems, *Thermochim. Acta*, 430, 23, 2005.
11. Ouelhadj, D., A multi-agent system for the integrated dynamic scheduling of steel production, PhD thesis, The School of Computer Science and Information Technology, The University of Nottingham, UK, 2003.
12. Tang, L., Liu, J., Rong, A., and Yang, Z., A review of planning and scheduling systems and methods for integrated steel production, *Eur. J. Operation. Res.*, 133, 1, 2001.
13. Sahay, S.S. and Kapur, P.C., Model-based scheduling of a continuous annealing furnace, *Ironmaking Steelmaking*, 34, 2007, DOI 10.1179/174328107X165708.
14. Sahay, S.S. and Kumar, A.M., Applications of integrated batch annealing furnace simulator, *Mater. Manufact. Process.*, 17, 439, 2002.
15. Sahay, S.S., Kumar, A.M., and Chatterjee, A., Development of integrated model for batch annealing of cold rolled steels, *Ironmaking Steelmaking*, 31, 144, 2004.

16. Sharma, S., Gupta, A., Kumar, A.M., Bhaduri, R., and Narang, P., ProOpt optimization tools for BAF – Philosophy, experience and results at Tata Steel CRM, *LOI International Customer Convention on Heat Treatment of Steel Strip and Wire*, 5.1, 2004.

17. Rao, T.R.S., Barth, G.J., and Miller, J., Computer model prediction of heating, soaking and cooling times in batch coil annealing, *Iron Steel Eng.*, 9, 22, 1983.

18. Jaluria, Y., Numerical simulation of the transport processes in a heat treatment furnace, *Int. J. Numer. Methods Eng.*, 25, 387, 1988.

19. Ramasamy, S., Simmons, R.L., DeVito, A.P., and Brickner, K.G., Development of a theoretical annealing model for hydrogen annealing of steel sheets, in *Developments in the Annealing of Sheet Steels*, Pradhan, R. and Gupta, I., (Eds.), TMS-AIME, Warrendale, PA, 1992, p. 463.

20. Rohsenow, W.M., Hartnett, J.P., and Ganic, E.N., *Handbook of Heat Transfer Fundamentals*, McGraw-Hill, New York, 1985, p. 28.

21. Burmeister, L.C., *Convective Heat Transfer*, Wiley, New York, 1983, pp. 484–486.

22. Thibau, R., Masounave, J., and Piperni, L., Recrystallization model for controlling mechanical properties of batch-annealed cold-rolled low-carbon aluminium-killed steel sheets, *Mater. Sci. Technol.*, 2, 1038, 1986.

23. Sahay, S.S. and Joshi, K.M., Heating rate effects during non-isothermal annealing of AlK steel, *J. Mater. Eng. Perform.*, 12, 157, 2003.

24. Kozeschnik, E., Pletenev, V., Zolotorevsky, N., and Buchmayr, B., Aluminum nitride precipitation and texture development in batch-annealed bake-hardening steel, *Metall. Mater. Trans. A*, 30A, 1663, 1999.

25. Hutchinson, W.B., Development and control of annealing textures in low-carbon steels, *Int. Met. Rev.*, 29, 25, 1984.

26. Humphreys, F.J. and Hatherly, M., *Recrystallization and Related Annealing Phenomenon*, Pergamon, Elsevier Science, Oxford, UK, 1996, pp. 173–325.

27. Jena, A.K. and Chaturvedi, M.C., *Phase Transformation in Materials*, Prentice Hall, 1992, pp. 272–294.

28. Beck, W., Bode, R., and Hahn, F.-J., in *Interstitial-Free Steel Sheet: Processing, Fabrication and Properties*, Collins, L.E. and Baragar, D.L., (Eds.), CIM, Ottawa, ON, 1991, pp. 73–90.

29. Meyers, M.A. and Chawla, K.K., *Mechanical Behavior of Materials*, Prentice-Hall, London, 1999, p. 268.

30. Sahay, S.S., Krishnan, K., Kulthe, M., Chodha, A., Bhattacharya, A., and Das, A.K., Model-based optimization of a highly automated industrial batch annealing operation, *Ironmaking Steelmaking*, 33, 306, 2006.

31. Sahay, S.S., Krishnan, K., Kulthe, M., Chodha, A., Bhattacharya, A., and Das, A.K., In pursuit of cycle time reduction of a highly automated industrial batch annealing operation, *Tata Search*, 2, 387, 2006.

32. Sahay, S.S., An integrated batch annealing furnace simulator, *J. de Physique IV*, 120, 809, 2004.

33. Ashby, M.F., Multi-objective optimization in material design and selection, *Acta Mater.*, 48, 359, 2000.

34. Szekely, J., Busch, J., and Trapaga, G., The integration of process and cost modeling—A powerful tool for business planning, *J. Met.*, 48, 43, 1996.

35. Malhotra, C.P., Pedanekar, N.R., and Sahay, S.S., Cost model for the steel reheating operation, *Ind. Heating*, March, 67, 2002.

36. Sahay, S.S. and Malhotra C.P., Cost model for gas carburizing, *ASM Heat Treat. Prog.*, March 2, 29–32, 2002.

37. Sahay, S.S. and Mitra, K., Cost model-based optimization of carburizing operation, *Surf. Eng.*, 20, 379, 2004.

38. Stickels, C.A., Analytical models for the gas carburizing process, *Met. Trans*, 20B, 535, 1989.

39. Campanella, J., *Principles of Quality Costs*, 3rd ed., ASQ Quality Press, 1999.

40. Sardar, G. and Sahay, S.S., Soft sensors for heat treatment operations, *ASM Heat Treat. Prog.*, January, 57, 2004.

41. Hollander, F. and Zuurbier, S.P.A., Design, development and performance of on-line computer control in a three-zone reheating furnace, *Iron Steel Eng.*, 59, 44, 1982.

42. Leden, B., A control system for fuel optimization of reheating furnaces, *Scand. J. Metall.*, 15, 16, 1986.

43. Otsuka, Y., Konishi, M., Hanaoka, K., and Maki, T., Forecasting heat levels in blast furnaces using a neural network model, *ISIJ Int.*, 39, 1047, 1999.

44. Yang, Y.Y., Linkens, D.A., Mahfouf, M., and Rose, A.J., Grain growth modelling for continuous reheating process—a neural network-based approach, *ISIJ Int.*, 43, 1040, 2003.

45. Datta, A., Hareesh, M., Kalra, P.K., Deo, B., and Boom, R., Adaptive neural net models for desulphurization of hot-metal and steel, *Steel Res.*, 65, 466, 1994.

46. Pal, D., Datta, A., and Sahay, S.S., An efficient model for batch annealing using a neural network, *Mater. Manufact. Process.*, 21, 556, 2006.

47. Fletcher, R., *Practical Method of Optimization*, 2nd ed., John Wiley & Sons, New York, 1987, p. 100.

48. Militzer, M., Computer simulation of microstructure evolution in low carbon sheet steels, *ISIJ Int.*, 47, 1, 2007.

49. Weaire, D. and Glazier, J.A., Modeling grain growth and soap froth coarsening: Past, present and future, *Mater. Sci. Forum*, 94–96, 27, 1992.

50. Raabe, D., Cellular automata in materials science with particular reference to recrystallization simulation, *Annu. Rev. Mater. Res.*, 32, 53, 2002.

51. Raghavan, S. and Sahay, S.S., Modeling the grain growth kinetics by cellular automaton, *Mater. Sci. Eng. A*, 445–446, 203, 2007.

第 6 章 淬 火 模 拟

6.1 引言

"淬火"通常是指快速冷却。在高分子化学和材料学中，淬火用于阻止低温（高温）相变。淬火通过快速冷却过程为可能的热力学和动力学反应提供短暂的时间。

在冶金方面，常常通过淬火来控制合金的微观组织。大多数合金的热处理过程均能涉及淬火阶段，例如，从具有广泛运用的钢到钛和铝的热处理过程都涉及淬火工艺。淬火工艺不仅能够避开某些相变，获得亚稳定结构相，而且还能控制淬火后各微观组织含量及形貌。在工业上，淬火工艺最常用、最主要的用途是对钢进行硬化处理。在钢的淬火过程中能够得到较硬的组织，称为马氏体组织。本章将介绍不同合金淬火模拟的相关知识，内容的重点主要集中在钢部件的淬火硬化上。

淬火硬化在钢部件的生产过程中是一种非常普遍的制造工艺，能够生产出可靠的、服役性能好的合格产品。通过控制淬火过程中的冷却速度能够获得广泛力学性能的钢部件。除了传统的整体淬火硬化工艺，在很多表面热处理和热-化学处理（例如渗碳、渗氮）过程中也涉及淬火过程。然而，表面热处理（例如感应、火焰或激光硬化）过程同样涉及采用淬火冷却介质进行直接淬火或者通过试样的热传导进行间接淬火。

在淬火之前，部件的温度需要达到设置温度并均匀化，然后直接通过液体浸泡法、喷液法或压缩气体吹风法（气体淬火）使部件快速冷却。浸泡淬火法是目前运用最为广泛的淬火技术。此外，喷液淬火技术也是非常流行的淬火技术，它能够很好地控制传热、变形和残余应力。当今，气体淬火被认为是一种非常有前途的淬火技术。相比于其他淬火技术，气体淬火具有环境污染少、易于控制等特点。

虽然淬火硬化是钢件生产过程中至关重要的一部分，但它也是导致不合格产品、生产损失的一个重要原因。在钢的淬火过程中，位错、裂纹和微观组织的分布和性能（比如硬度）长期被认为是钢铁淬火最重要的问题。而残余应力的分布对随后的制造和服役也非常重要，例如表面残余应力状态对钢部件的疲劳、磨损和腐蚀行为非常重要，并影响部件的服役寿命。此外，残余应力不仅仅产生于淬火过程，生产制备过程当中也会产生一定量的残余应力，例如，金属的锻造及切削过程都有可能产生残余应力。如果钢部件来源于不同熔炼厂、轧钢厂和锻造厂，那么它们淬火后的性能也会有所差别。在热处理之前，如果金属部件内含有残余应力，那么热处理将会导致金属部件的变形。即便对无应力和组织均匀的部件进行淬火硬化，也可能由于不均匀的塑性流动和内应力而导致变形。

　　由于这些原因，在淬火前将部件加工到允许容差范围内可能存在危险。另一方面，部件的切削性在硬化处理后通常变差，此外降低硬度也非常危险（例如，马氏体碾磨加工中的局部热影响）。

　　基于这些事实，热处理工业需要对淬火过程进行计算机模拟来控制和优化过程参数。淬火过程的计算机模拟需要考虑如下问题：

1）避免开裂。

2）减少变形。

3）获得所需的组织分布。

4）获得所需的残余应力分布。

5）获得所需的性能分布，例如硬度。

6）通过控制微观组织和残余应力的分布获得所需的疲劳/蠕变/腐蚀/耐性。

　　提出这些原因是为了减少生产损耗、获得合格产品。零件淬火状态的预测和控制对达到这一目的起着至关重要的作用。

　　淬火是一个多物理过程，涉及不同物理事件间复杂的耦合模式，例如：传热、相变和应力演化。由于问题的复杂性、耦合和非线性特性，使淬火问题不存在解析解。而严格的热处理问题需要热-力学-冶金理论间的相互耦合。例如，Ziegler 提出热传导-弹塑性理论之间的耦合问题。至今尚未提出被普遍认可的包含相变热力学的耦合理论。然而，已经存在许多算法来求解这些问题的"不确定数值解（staggering numerical solution）"。求解过程包括数值方法的应用，例如有限差分法（FDM）、有限体积法（FVM）和有限单元法（FEM）。由于 FEM 的适用性和易用性较好，使其成为了模拟淬火过程最流行和最适用的数值方法。所以本章的内容范围将着眼于 FEM 法。

　　从科学的角度看，淬火模拟研究是一个获取和深化如下知识的良好锻炼过程：

1）传热。

2）相变。

3）材料力学。

4）流体动力学。

5）多物理场耦合，多尺度过程。

6）实现淬火计算机模拟的数值方法。

6.2 淬火过程中的相变

　　在淬火硬化过程中，传热、相变和相互作用力同时发生。而物理场之间通过共享状态变量或相互耦合来实现彼此间的相互作用。图 6-1 所示为淬火过程中涉及的物理场和耦合相互耦合。

　　虽然淬火过程是一个复杂的多物理场问题，其中传热为驱动物理事件，正如其在其他过程中起到的触发作用。从工程上看，工程师可以根据不同的淬火状态选择不同的淬火介质。淬火冷却介质在淬火过程中起着至关重要的作用，淬火技术通常采用浸没淬火

（水、油等）、喷射淬火或气体淬火，牵涉到淬火介质的类型和使用方法。

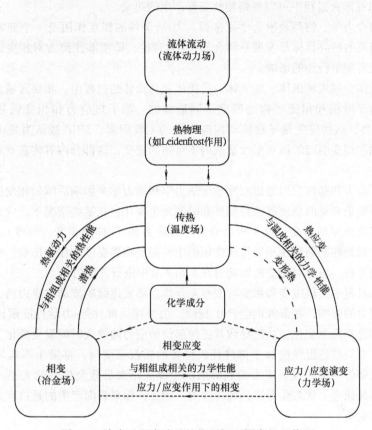

图 6-1　淬火过程中涉及的物理场和耦合相互作用

　　淬火部件表面的传热主要依靠流体流动、热-物理性能和发生在界面上的热-化学过程。例如，在浸没淬火的情况下，淬火过程包括三个不同的冷却阶段：蒸汽相阶段、泡核沸腾阶段和对流阶段，而每个阶段具有不同的热通量。其中很多物理和化学过程可用基础知识进行解释。然而，尽管已开展了大量的研究工作，但能够定量预测这些事件开始的理论以及相应的热传导系数仍然无法获取。

　　部件任意一点的温度变化是相变的主要驱动力。在淬火冷却过程中，母相的热力学稳定性发生改变，将导致奥氏体分解为其他相。而相变速率主要是依靠温度淬火冷却速度。此外，在相变过程中也发生与环境之间的热交换过程。由于淬火过程中的相变是放热过程，相变过程中释放的相变潜热使温度场发生改变。研究表明，忽略相变潜热将显著影响温度场测定的精确度。由于淬火部件在淬火过程中具有很大的温度梯度，而部件的力学性能随着温度而发生变化，导致淬火部件内部有热应力产生。

　　在淬火过程中，由于温度梯度较大且力学性能随温度的变化而变化，在淬火部件内出现热应力。部件不同部位冷却速度的变化可能形成产生不同的热收缩率，内应力必须处于平衡态。当任意点处应力的大小超过局部屈服强度时可能导致非均匀塑性流动。另一方面，虽然塑性变形产生热量，但在淬火部件中产生的塑性变形量相对较小（2% ~ 3%），所以在淬火过程中可以忽略塑性变形产生的热量。

对于当今力学、物理及冶金学家来说，力-冶金场的相互作用是一个非常流行的研究领域。研究的最终目标是发展一种金属-热-力理论，即能够预测力对相变的影响，也能预测相变对变形行为的影响。

在奥氏体分解成铁素体、珠光体、贝氏体和马氏体的过程中，相变区域发生体积膨胀，这是由于母相和相变产物的密度不同造成的。除了热应力和相变诱导塑性变形（TRIP）以外，这些应变是导致波动内应力场的主要因素。TRIP 被认为是由于宏观应力相互作用和相变引起的微观塑性造成的不可逆的应变。这部分内容将在 6.6.8 节中详细讨论。

此外，应力和塑性变形通过改变相变热力学和动力学来影响后续的相变过程。应力对相图的影响最常见的是使其临界温度和时间发生变化。在某些情况下，应力可以引起相变也可以完全抑制相变。这个概念通常称为应力诱导/抑制相变（SIPT）。同样，有研究表明，母相的初期塑性相变可改变相图中的相变临界温度和相变速率，从而影响了随后的相变过程。应力对相变的影响将在 6.5.7 节中进行详细讨论。

在淬火过程中，热应变和相变应变相互合作，形成连续的波动内应力场。在极端情况下由于应力的影响，在部件内会产生裂纹。由于淬火部件热-力学性能随淬火过程中温度和冷却速率发生变化，从而导致其任何部位的应力随淬火时间发生变化，在某个温度条件下，当局部屈服强度高于部件任何位置的屈服强度时，将发生不均匀的塑性流动。而淬火部件内部的残余应力的利弊取决于淬火结束后残余应力的大小、正负和分布。表面的最佳应力状态是最终达到压应力。相反，如果表面产生的是拉应力，疲劳性能将会严重受损。

6.3 淬火模拟技术现状

在过去的三十年间，已采用数值方法对淬火和其他热处理过程进行了模拟。数值模拟方法有，有限差分法（FDM）、有限体积法（FVM）和有限单元法（FEMs），其中有限单元法使用最广泛。如今，热处理模型及其模拟工具的发展因其具有科学和工程研究价值，对工程师、冶金学家、物理学家、机械技师和数学家来说仍是一个非常流行的研究领域。

总的来说，淬火是常见的热处理工艺。为了让淬火模拟结果更加精确及有效，急需开发新的淬火模拟模型、方法和工具。然而，在现在的淬火模拟的研究过程中，研究者主要使用已有的模拟工具进行淬火模拟，同时测试它们在淬火模拟中的适用性。从另一个角度来看，为了建立淬火模拟中任一方面的理论知识（例如热传导、相变、材料的力学性能和相变与其他方面的相互作用），不同学科的科学家需要进行合作。此外，为了准确、快速地获取淬火模拟过程所需的输入数据，一些科学家着重研究获取这些数据的方法。由于淬火模拟过程对输入数据高度敏感，同时，通过普遍的实验方法获取这些数据比较费时费力。所以，一些科学家正在研究并建立新的数学模型。这数学模型需要的输入数据较少，且所需的输入数据又比较容易获取。

最早应用计算机模拟预测淬火过程中组织及残余应力分布的研究可追溯到 20 世纪 70 年代。这些计算机模拟预测结果甚至忽略了相变的影响。由于当时计算机的计算能力有限，所以大部分的模拟研究主要实施在比较简单的实体模型上，例如实心棒、空心筒等。将计算机模拟的残余应力分布结果与 XRD 测量的结果进行比较发现：由于淬火模拟过程仅仅考虑了热-力之间的耦合，因此淬火模拟不能全面准确地预测淬火过程中的残余应力状态。

在 20 世纪 80 年代初期，大量研究工作试图将淬火过程中的相变影响因素加入到之前开发的模型中。在 21 世纪以来也进行了类似的研究。但这些研究主要集中在简单一维和二维的实体模型上。但因淬火模拟的数学模型不够成熟，常常忽略相变塑性的影响。研究发现，忽略相变塑性将显著影响残余应力和变形的预测精度。

在 20 世纪 80 年代后期，许多研究组对模拟钢铁淬火过程中描述材料行为的本构模型进行改进。开发出首个考虑应力对相变和 TRIP 行为影响的成熟模型。以前在淬火模拟过程中被忽略的影响因素全部加入到现在的数学模型中去了，例如相变过程中塑性记忆的丧失、应力对相变热力学和动力学的影响及相变塑性。Inoue 等第一次尝试模拟了渗碳和激光硬化，并提出了淬火过程中的热传导理论、淬火冷却介质的选择和强烈淬火的基本原理。

在 20 世纪 90 年代，由于计算机的计算能力的提升和有限元软件的开发，加速了淬火模拟的发展。另一方面，从科学的角度来看，等温转变图和连续冷却转变图的计算和 TRIP 概念变得更加成熟。从淬火及淬火技术中的热传导观点来看，关于冷却条件的优化的相关研究及评论被发表。除了淬火模拟，其他热处理模拟的基础知识初步累积工作也开始进行着，例如渗碳、感应硬化。已经有些可获得的商用 FEA 软件具有淬火模拟功能，例如 DANTE®、HEARTS®，对于一些普遍的商用 FEA 软件包（例如 ABAQUS®、ANSYS®和 MSC. Marc®），研究人员可以在其基础上开发适合热处理模拟的子程序，无须开发更有效的 FE 代码以及前－后处理程序。所以，这些商业软件一直都在被二次开发。

2000 年以来，热处理模拟研究的增长速度比前十年还要快。目前已经开发出激光硬化、碳氮共渗等热处理模拟。对渗碳和感应硬化的研究已得到改进。从新技术发展观点到控制淬火，已经发表了很多相关的文章和综述。气体淬火模拟和淬火模拟与计算流体动力学耦合成为一个重要的研究方向。目前，在这个领域，很多研究人员主要研究单相气淬。虽然 CFD 计算要求具备很强的计算能力，就单相计算来说，计算机还是能够满足的。这些模拟结果能够让工程师选择和优化气体淬火，从而使变形最小化并得到最佳的组织及残余应力的分布。虽然浸没淬火在很多工厂里是非常普遍，但是并没对浸没淬火过程中的液体流动模拟进行研究。主要原因在于，浸没淬火过程中的液体流动模拟至少需要计算两相的 CFD，大大地超过了计算机的计算能力。然而，计算解不是目前的主要问题，主要问题在于缺乏定量描述淬火过程中热-物理模型。

表 6-1　目前适于进行热处理模拟的一些软件

软件代码	2D/3D	相变	机械模型		耦合	特殊应用		
			弹塑性	弹黏塑性		回火	感应淬火	渗碳
SYSWELD	√	√	√	√	T-S T-M S-M	√	√	√
HEARTS	√	√	√	√	T-S T-M	√	√	√
FORGE	√		√		T-S T-M S-M			
ANSYS	√		√		T-S			
ABAQUS	√		√		T-S			
MSC. MARC	√		√		T-S			
DANTE (ABAQUS)	√	√	√	√	T-S T-M S-M	√	√	√
DEFORM (HT)	√	√	√	√	T-S T-M S-M			

　　淬火模拟对输入参数非常敏感。不幸的是，淬火模拟需要输入大量的参数，而这些参数（材料性能参数及过程数据）的获取比较困难，例如力、热、相变数据和在淬火槽中的热边界条件。目前，几乎所有当前发展的模型都需要输入与温度和化学成分相关的数据，而这些数据的获取是一个乏味且昂贵的过程，并且使输入数据的数量急剧增加。一个解决这问题的方法是通过国际合作共同开发热处理模拟所需的数据库。

　　上述方法来源于日本的材料科学协会，他们在 2002 年为计算机模拟建立了材料数据库"MATEQ"。解决这问题的另外一个方法是发展一种新的数学模型，该数学模型需要输入的数据比较少，即使需要输入的数据也是能够通过标准测试方法准确获得。另一个的解决方案是发展一种热力学模型或者采用低尺度（原子尺度或亚尺度）模型去计算需要的数据，低尺度计算过程中使用的数据都是材料的一些物理性能参数。不幸的是，淬火模拟过程中需要的很多材料性能不能通过这样的模型进行预测，同时预测的准确性也不能满足定量评价。

　　目前，多尺度模拟是一个重要的研究方向，它在许多研究领域促进了多学科交叉。

　　在淬火模拟中也认识到了多尺度模拟发展的重要性，因为连续介质模型在预测材料的物理性能几乎是不可能的，例如，应力对相变、相变塑性和多相混合的力学行为的影响。通过元胞或相场等方法对相变的原子或介观尺度进行相变的模拟属于低尺度模型。而宏观塑性和热传导过程采用连续尺度模型进行模拟，特别是 FEM 法。

　　而不同长度尺度之间的连接采用尺度转换法（scale shifting methods）或代表体积元

（representative volume element，RVE）法的。虽然这些初期的研究工作有一定的成果，但是它们还不够成熟，没有工业实际意义，多尺度建模的理念被认为是解决热处理模拟缺陷的基本解决方法。

总而言之，自 20 世纪 80 年代以来，许多研究人员采用数值模拟工具去预测淬火部件的最终状态，并取得了很大的进步。如今进行热处理模拟研究的人员主要是工程师，他们采用商用 FEA 软件致力于热处理模拟。淬火模拟现有的缺陷和下一步的发展可以简要的概括如下。

从工业的角度来看：

1）发展需要较少实验数据的模型。

2）开发材料数据库、材料数据采集的标准测试方法。

从科学的观点来看：

1）完全严格的热-冶金-力耦合理论的研究。

2）基础多尺度方法的合并。

6.4 传热建模

6.4.1 简介

关于淬火一个常被忽略的事实是，淬火不仅仅是冶金过程，它还依靠于淬火部件和淬火介质之间的传热特性。如果传热无法控制和最优化，就不可能获得所需的材料特性。从工程的角度来看，在不同的情况下向淬火介质的传热过程或许工程师位移可控制的过程。因为传热的至关重要性，所以淬火工艺通常提到浸泡淬火（水、油等）、喷射淬火和气体淬火。同时，淬火工艺与淬火介质的种类和使用方法有关。

准确预测淬火部件的温度变化历史也是淬火模拟的一个重要目的。只有通过深入理解传热现象才能保持淬火模拟的准确性。预测淬火过程中温度变化历程的准确性直接影响相变动力学、热力学和相变应力的计算。即使相变和力学模型是完美的，但一个错误的传热模型或者错误的传热数据将会在组织和残余应力分布的预测上出现严重的错误。

为了理解和建立淬火过程中的传热，必须理解传热机理和获得准确的热物理性能参数。淬火过程中涉及的传热方式包括传导、对流和辐射。从根本上来说，淬火部件表面的热主要是通过淬火介质的对流和辐射进行传递，导致淬火部件形成温度梯度，从而驱动部件内部热导的发生。

淬火可定义为瞬态热传导问题，而对流和辐射的边界条件与内部热源和淬火槽有关。早在 18 世纪以前，法国的物理学家及数学家约瑟夫傅里叶（Joseph Fourier）建立了传热的控制方程。淬火建模的一个重点是在传热的控制方程中添加内热源项。而这个热源项主要来源于相变过程中释放的潜热。如果在传热模型中没有引入内热源项，就无法准确预测淬火部件内的温度场。一些研究者也在研究关于相变和传热耦合的替代方法及其数值解法，目前这些方法已得到科学共同体的认可，关于这一问题是不存在任何争论的。

辐射是淬火过程中的另外一种传热方式。它通常由淬火部件从炉膛中移出到完全浸泡在淬火介质内之间的时间控制。在蒸汽层覆盖淬火部件阶段，辐射传递的影响也非常重要。而此时的对流传递作用是非常有限的，因为淬火部件被蒸汽层所绝缘。

辐射热流量跟淬火槽材料和形状有关。这类热处理需要计算额外辐射换热因子，且计算量较大。

辐射的影响将通过 4 阶 Stephan-Boltzmann 型边界条件引入到傅里叶方程中。在许多情况下，由于辐射机制引起的热流量并非直接通过计算实现，其贡献包含在与对流传热系数有关的表面温度之中。需要注意的是，对流传热系数的计算几乎总与实验温度变化历程的测试有关，且对流传热系数的计算已包含辐射的作用。然而，需要指出的是，辐射热流量高度依赖于淬火系统。因为传热系数的测定必须在实际的淬火系统中进行。

在浸泡淬火过程中，淬火介质的对流对传热的作用非常大。因为钢件与淬火介质之间的表面传热条件是控制组织演变、应力的产生和变形的重要因素。这问题来自于淬火过程中表面传热系数发生的明显变化。因为表面传热系数对淬火浴条件与部件表面状态的微小变化非常敏感。为了深入理解表面传热系数的变化，必须研究部件 – 淬火介质界面的热物理和热化学性能。

由于淬火部件是直接浸泡在淬火介质里，部件的初始温度通常高于淬火介质的沸点。淬火冷却过程中的传热可分为三个不同的阶段，即蒸汽覆盖阶段、沸腾形核阶段和对流阶段。淬火冷却速度的大小范围与所处的阶段有关。淬火过程中还存在一个高度瞬态的初始液体接触阶段。图 6-2 和图 6-3 分别详细的解释了三个不同阶段的临界状态及热流量与传热系数的相关变化。

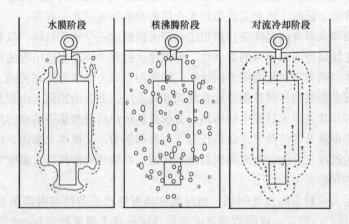

图 6-2　淬火过程各临界阶段的示意图

在初始的短暂沸腾阶段，液体和部件的热表面相接触，导致液体的强烈沸腾。当沸腾产生的大量蒸汽完全覆盖了整个部件表面时，沸腾阶段迅速终止。由于蒸汽层的热导率非常小，部件在沸腾阶段的热量消除速率非常低。在这个阶段，辐射对整个传热作用的贡献非常显著。当部件表面的稳定薄膜破坏以及气泡开始从表面分离的温度称为雷登弗罗斯特（Leidenfrost）温度。G. J. Leidenfrost 在 1756 年描述了润湿过程。

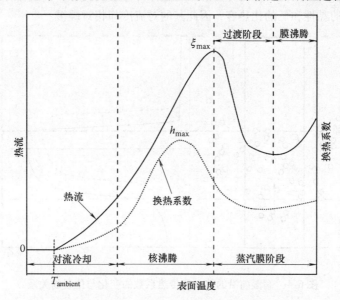

图 6-3　淬火过程各临界中热流和传热系数随温度的变化

Leidenfrost 温度受各种因素的影响，其中部分影响因素即便在当代也无法精确量化。然而，对于一个非稳态过程，例如大部件的淬火，相对表面的侧向热传导引起的形核沸腾从而造成部件表面蒸汽膜的崩溃和浸润，此时的表面温度并非 Leidenfrost 温度。那么，热流量增加并且在燃点时达到最大值。

当低于烧点时，热流量降低，直到表面温度达到淬火介质的沸点。从蒸汽层向形核沸腾的转变并不是突然的，而是当表面传热系数和液/固界接触面积增加时发生转变。在浸泡淬火中，部件表面上转变区域的增加和减少是通过移动隔离蒸汽膜和形核沸腾的"润湿前沿（wetting front）"来实现的。多数情况下，润湿前沿在形核沸腾过程中以很快的速度在冷却表面攀升，而在膜沸腾过程中，润湿前沿在流向上下降。图 6-4 所示为润湿前沿的移动和传热系数的变化与位置的关系。

很长一段时间后才发生润湿的现象称为非牛顿润湿。然而，短时间内或瞬间发生润湿现象的称作牛顿润湿。润湿类型将显著影响淬火介质的冷却行为，牛顿类型的润湿通常促进均匀传热，并且变形和残余应力达到最小化；在非牛顿润湿的极端情况下，由于存在较大的温度差异，可以预料到微观组织和残余应力的变化较大，导致部件扭曲和弱点的出现。因此，可归结如下，淬火烈度不是湿度的单一函数，它也是润湿过程的动力学函数。

在淬火部件冷却的最后阶段，部件温度到达液体的沸点，蒸发率下降且传热迅速降低到与流体对流有关的值，这个阶段称为对流冷却阶段。对流冷却速度与液体的流动速度、黏性和淬火冷却介质的比热容有关。因此，搅拌和使用低黏性的淬火冷却介质有助于增加淬火部件的冷却速度。例如，由于水的低黏性和高比热容，使淬火部件在水中的对流冷却速度很高。因此，对流冷却阶段对整体冷却速度具有非常显著的贡献。由于油具有相对较高的黏性和低的比热容，因此其的对流冷却相对缓慢。

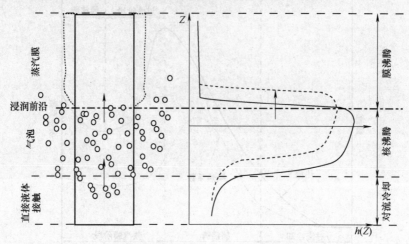

图 6-4　润湿前沿的移动和传热系数的变化与位置的关系

当所需的冷却速度较低时，通常首选淬火油作为淬火介质。各种不同的淬火油倾向于延长第一冷却阶段、缩短低冷速的第二冷却阶段，最终选用适合的冷却速度来延长对流冷却阶段。通过增加油淬的冷却速度来减少蒸汽层破裂的形成和增加传热的形核速率是可取的。在这种情况下，为了提高润湿特性，可以向淬火油内添加一些添加剂。因为淬火油的化学成分显著影响淬火介质的润湿特性，可以通过增大淬火部件表面与淬火介质之间的接触角来提高淬火效果。

也可以选择水性聚合物溶液作为淬火介质，例如，聚亚烷基二醇（Poly Alkylene Glycol，PAG）和聚乙烯吡咯烷酮（Poly Vinyl Pyrolidone，PVP）等。它们与淬火油不同于，均具有低的润湿时间，属于牛顿润湿行为，能够改善冷却的均匀性。从理论上说，与淬火油一样，水性聚合物溶液中添加一种添加剂也能改善冷却特性。然而，到目前为止没有研究出一种专门用于水性聚合物溶液的添加剂。

在选择淬火介质时，还必须考虑其他影响因素。比如，淬火介质的热化学特性随温度和时间而改变，淬火介质的氧化稳定性及污染情况。

在淬火过程的所有阶段，淬火介质的搅拌能够影响淬火部件的冷却速度。同时，搅拌被认为是一种最好的可控参数。例如，流体的质量流速和湍流能够显著影响淬火烈度。增加搅动速率不仅可以降低界面薄膜的稳定性，还可以快速清除淬火介质的热量，最终增强淬火烈度。

考虑到这些概念，可以明确看出，很难定量描述淬火过程中淬火介质的特性。为了描述淬火介质的特征，Grossmann 在早期提出了一个普遍接受的概念，他把这个概念定义为"淬火烈度（quench severity）"因子。"淬火烈度"因子描述的是淬火介质从部件中吸取热量的能力。由于"淬火烈度"因子仅仅考虑了淬火介质，因此并非是一个好的方法。

然而，淬火性能并非仅仅取决于淬火介质的性能，它也依靠于其他因素，例如淬火系统、体积和材料。为了对淬火系统进行充分的分析，很有必要把传热特性的模型与淬火介质和淬火系统联系起来。最近，有研究人员提出了几个冷却曲线的分析方法。包括润湿时期的使用、经验上的硬化功预测器和冷却过程的严格分析。该问题的另一个方法是分析淬火因子析，特别是相变动力学和淬火介质特性的合并，Bates 和 Totten 采用这个方法进行了相关的研究。在他们的研究中，他们根据时间-温度-性能（TTP）曲线和 Scheil 的叠加原理来估算淬火因子。

6.4.2 淬火过程中传热控制方程

在淬火过程中，淬火部件的瞬态传热可选用适当形式的傅里叶热传导公式进行数学描述。考虑到相变潜热改变了部件的温度场，傅里叶热传导公式可表示为最一般的形式，如

$$\rho c \dot{T} = \nabla \cdot (\nabla(\lambda T)) + Q \tag{6-1}$$

式中，ρ、c 和 λ 分别为混合相的密度、比热容和热传导，表示为温度的函数；Q 为由相变潜热引起的内热源，与相变速率和温度有关。

混合相的热性能几乎符合线性叠加规则，即

$$P(T, \xi_k) = \sum_l^N P_k \xi_k \tag{6-2}$$

式中，P 为混合相的整体热性能；P_k 为第 k 相的热性能；ξ_k 为第 k 相的体积分数。

为了简单起见，相变导致的放热通常假设为单位体积内的焓变（ΔH_k）。需要注意的是，相变焓变是恒压条件下系统的热响应。由于淬火过程中的应力演化，在常压条件下不发生相变。然而，在固态条件下，压力对焓的影响可以忽略不计。因此，单位体积内潜热释放率可表示为

$$\dot{Q}^{TR} = \Delta H_k \dot{\xi}_k \tag{6-3}$$

式中，$\dot{\xi}_k$ 为相变速率。需要注意的是，由于绝热膨胀引起能量的变化（例如，温度的降低）

$$\frac{E}{1-2\nu} \frac{\partial \varepsilon^{th}}{\partial T} T \dot{\varepsilon}_{mm} \tag{6-4}$$

和塑性流变引起的能量

$$\sigma_{ij} \dot{\varepsilon}^P \tag{6-5}$$

在淬火模拟过程中常常被忽略。简单的估算表明，热产生率项的贡献小于 1%。

另一个将潜热加入到热传导公式中去的通常做法是定义一个具有如下形式的虚拟比热容，

$$c^* = \sum_{k=1}^{N} c_k \xi_k + \Delta H_k \frac{\mathrm{d}\xi_k}{\mathrm{d}T} = c + \frac{\dot{\xi}_k}{\dot{T}} \Delta H_k \tag{6-6}$$

式中，c^* 是修改后的比热容，包括比热容的变化和相变潜热。该方法通常用在当商业软件仅允许通过子程序而非源程序定义比热容的情况。

最后，初始条件和边界条件将完全由热流量进行定义。而所有节点的初始温度设定为淬火温度。

对流传热边界条件将设定为与淬火介质的接触面。

$$\Psi(T_s, T_\infty) = h(T_s)(T_s - T_\infty) \tag{6-7}$$

式中，Ψ 为表面热流量，与表面及淬火介质的温度有关；$h(T_s)$ 为表面温度，取决于传热系数。

与传热系数有关的表面温度给我们提供了一个简单模型。使用与表面温度有关的传热系数使我们考虑不同淬火阶段不同冷速的影响。然而，该方法不适合于复杂几何形状。因为该模型需要将几何形状的传热定义为温度和位置的函数。

最后，没有与淬火介质接触的表面和淬火系统的表面均定义为绝热。这些表面的热流量通过下面的公式设置为 0。

$$-\lambda \frac{\partial T}{\partial n} = 0 \tag{6-8}$$

式中，$\partial T / \partial n$ 是温度在外法向方向（n）上的导数。

为了方便起见，有限单元公式的推导和求解过程都是在轴对称几何形状上进行。然而，该方法在商业 FEA 软件中的实现过程（见 6.7 节）与几何体无关。因此，对于轴对称部件，热传导公式的一般形式减少了对抛物线微分方程，即

$$\lambda \left[\frac{\partial^2 T}{\partial r^2} + \frac{1}{r} \frac{\partial T}{\partial r} + \frac{\partial^2 T}{\partial z^2} \right] - \rho c \dot{T} + \dot{Q} = 0 \tag{6-9}$$

6.4.3 传热问题的有限单元公式

如果某个函数 f 达到最小，淬火部件传热过程的控制偏微分方程将得到满足。如果 $f^{(e)}$ 为任意单元的函数值，那么

$$f = \sum_{e=1}^{m} f^{(e)} \tag{6-10}$$

6.4.3.1 建立有限元方程

在这个例子中，选择等参四边形轴对称单元建立单元矩阵的公式。在结构分析的有限元程序中，使用该类型单元的形函数表示位移场，而在热分析的有限元程序中，直接使用形函数表示温度场。两者的主要差别在于温度的一阶表示是否为标量。

单元矩阵的推导涉及形状函数的积分、微分或对所有单元的微积分。如果这些函数表达式在局部坐标系（$s-t$）而非采用全局坐标系（$r-z$）中表示，较容易进行积分

$$r(s,t) = \sum_{i=1}^{4} N_i r_i \tag{6-11}$$

$$z(s,t) = \sum_{i=1}^{4} N_i z_i \tag{6-12}$$

其中，形状函数定义为

$$N_i = \frac{1}{4}(1 + s_i s)(1 + t_i t) \tag{6-13}$$

使用 chain 法则进行局部坐标系的转换，

$$\begin{bmatrix} \dfrac{\partial N_i(r,z)}{\partial r} \\ \dfrac{\partial N_i(r,z)}{\partial z} \end{bmatrix} = [J]^{-1} \begin{bmatrix} \dfrac{\partial N_i(s,t)}{\partial s} \\ \dfrac{\partial N_i(s,t)}{\partial t} \end{bmatrix} \tag{6-14}$$

其中，J 是雅可比行列式（Jacobian）矩阵，定义为

$$[J] = \begin{bmatrix} \dfrac{\partial r(s,t)}{\partial s} & \dfrac{\partial z(s,t)}{\partial s} \\ \dfrac{\partial r(s,t)}{\partial t} & \dfrac{\partial z(s,t)}{\partial t} \end{bmatrix} = \begin{bmatrix} \displaystyle\sum_{i=1}^{4} \dfrac{\partial N_i}{\partial s} r_i & \displaystyle\sum_{i=1}^{4} \dfrac{\partial N_i}{\partial s} z_i \\ \displaystyle\sum_{i=1}^{4} \dfrac{\partial N_i}{\partial t} r_i & \displaystyle\sum_{i=1}^{4} \dfrac{\partial N_i}{\partial t} z_i \end{bmatrix} \tag{6-15}$$

采用 Cramer's 法则进行 Jacobian 矩阵的求逆

$$[J]^{-1} = \frac{1}{|J|} \begin{bmatrix} \dfrac{\partial z}{\partial t} & -\dfrac{\partial z}{\partial s} \\ -\dfrac{\partial r}{\partial t} & \dfrac{\partial r}{\partial s} \end{bmatrix} \tag{6-16}$$

其中，Jacobian 矩阵的行列式是

$$|J| = \frac{\partial r}{\partial s} \frac{\partial z}{\partial t} - \frac{\partial r}{\partial t} \frac{\partial z}{\partial s} = \sum_{i=1}^{4} \sum_{j=1}^{4} \left[z_i \left(\frac{\partial N_i}{\partial t} \frac{\partial N_j}{\partial s} - \frac{\partial N_i}{\partial s} \frac{\partial N_j}{\partial t} \right) r_j \right] \tag{6-17}$$

从有限单元求解上来看，控制方程需表示为积分形式。首先，未知温度场的近似表达为

$$T = \sum_{i=1}^{n} N_i T_i \tag{6-18}$$

在式（6-18）中，对单元内的特殊点必须使用恰当的形函数。联立方程，可求解出 n 个 T_i 值。将式（6-18）代入到式（6-9）中，并使等式为 0 得

$$\lambda \iiint N_i \left[\left(\frac{\partial^2}{\partial r^2} + \frac{1}{r} \frac{\partial}{\partial r} + \frac{\partial^2}{\partial z^2} \right) \sum_{j=1}^{4} N_j T_j - \rho c \left(\frac{\partial}{\partial t} \sum_{j=1}^{4} N_j T_j \right) \right] \cdot \mathrm{d}V + \dot{Q} = 0 \tag{6-19}$$

原则上，n 个这样的式子就可得到问题的完全解。为了从式（6-19）中提取单元方程和边界项，需要应用 Green's 理论。

$$-\iiint \left[\lambda \left(\frac{\partial N_i}{\partial r} \sum_{j=1}^{4} \frac{\partial N_j}{\partial r} + \frac{\partial N_i}{\partial z} \sum_{j=1}^{4} \frac{\partial N_j}{\partial z} \right) T_j \right] \cdot \mathrm{d}V + \iiint (N_i \dot{Q}) \cdot \mathrm{d}V -$$

$$\iiint \left(N_i \rho c \sum N_j \frac{\partial T_j}{\partial t} \right) \cdot \mathrm{d}V + \frac{\lambda}{r} \iint \left[N_i \left(\sum_{j=1}^{4} \frac{\partial N_j}{\partial r} \bigg|_r + \sum_{j=1}^{4} \frac{\partial N_j}{\partial z} \bigg|_z \right) T_j \right] \cdot \mathrm{d}A = 0 \tag{6-20}$$

此式可用矩阵表示法进行表达

$$[H]\{T\} + [C]\{\dot{T}\} + \{Q\} = 0 \tag{6-21}$$

其中，

$$[H] = \iiint \left[\lambda \cdot r \cdot \left(\frac{\partial N_i}{\partial r} \frac{\partial N_i}{\partial r}^T + \frac{\partial N_i}{\partial z} \frac{\partial N_i}{\partial z}^T \right) \right] \cdot dV + \iint h_c N_i N_i^T \cdot dA \tag{6-22}$$

$$[C] = r \iiint \rho c N_i N_i^T \cdot dV \tag{6-23}$$

$$\{Q\} = -\iiint (r\dot{Q}N_i) \cdot dV - \iint h_c N_i T_\infty \cdot dA \tag{6-24}$$

式中，$[H]$ 为单元传导矩阵，包括对流边界条件对自由表面的影响；$[C]$ 为单元热容矩阵；$\{Q\}$ 为外部矢量，用于节点的流量。包括相变导致内部热能的产生和温度依靠于表面节点的对流传热。

需要注意的是，包含面积分的项仅适用于与表面温度有关的对流传热边界条件的外表面单元。因此部件内部单元无须计算对流项。

6.4.3.2 积分

从前一节可以看到，求解过程需要对具有以下形式的一系列积分进行求值

$$\iiint f(r,z) \cdot dV = 2\pi \int_{-1}^{1}\int_{-1}^{1} f(s,t) \cdot r(s,t) \cdot | J(s,t) | \cdot ds \cdot dt \tag{6-25}$$

其中体积元为

$$dV = 2\pi r \cdot dA = 2\pi r \cdot dz \cdot dr = 2\pi r|J| \cdot ds \cdot dt \tag{6-26}$$

在有限元法中，这些体积和面积的积分可以采用高斯曲率法进行粗略计算，即

$$\iiint f(r,z) \cdot dV \approx 2\pi \sum_{i=1}^{4} w_i f(s_i,t_i) r(s_i,t_i) | J(s_i,t_i) |_{s=s_i,t=t_i} \tag{6-27}$$

$$\iint g(r,z) \cdot dA \approx 2\pi \sum_{i=1}^{4} w_i g(s_i,t_i) | J(s_i,t_i) |_{s=s_i,t=t_i} \tag{6-28}$$

式中，权函数 w_i 等于1。积分点的坐标为 $s_i = \pm\frac{1}{\sqrt{3}}$ 和 $t_i = \pm\frac{1}{\sqrt{3}}$。

在部件的网格划分过程中，必须考虑高斯积分质量。因为高斯积分依靠于单元的体积和长宽比。因此，在网格的划分过程中应该避免大的长宽比和弯曲形状单元的存在。

6.4.3.3 时间的离散化

淬火过程中的瞬态传热是一个高度非线性问题，包含

1）热源项引起的非线性方程。

2）与温度有关的流传热系数引起的非线性边界条件。

3）与温度有关的热性能引起的非线性。

因此，材料的传导性 $[H]$ 和热容 $[C]$ 以及热载荷矢量 $\{Q\}$ 是依赖于温度的。

处理非线性瞬态问题的技术与时间步进算法高度相关。在 FEM 中，采用时间离散化方案处理瞬态问题是非常等同于采用有限差分法。在这个例子中，采用广义隐式法进行时间推进。

加权残值法用于时间的离散化，目的在于，通过作用在有限时间间隔 Δt 内的已知

$\{T\}_t$ 和 $\{Q\}_t$ 值获得 $\{T\}_{t+\Delta t}$ 的近似值。在这间隔内，假定温度线性变化，即

$$T \approx \hat{T}(\tau) = T_t + \frac{\tau}{\Delta t}(T_{t+\Delta t} - T_t) \tag{6-29}$$

通过标准有限单元扩展法进行转换，得

$$\hat{T}(\tau) = \sum N_i T = \left(1 - \frac{\tau}{\Delta t}\right)T_t + \left(\frac{\tau}{\Delta t}\right)T_{t+\Delta t} \tag{6-30}$$

式中，$T_{t+\Delta t}$ 为未知参数。公式中的参数可通过加权残值的近似公式（6-21）获得，即

$$\int_0^{\Delta t} w([C]\{\dot{T}\} + [H]\{\hat{T}\} + \{Q\}) \cdot d\tau = 0 \tag{6-31}$$

引入 θ 表达基本方程。θ 是一个加权参数，表达式如下

$$\theta = \frac{1}{\Delta t \int_0^{\Delta t} w \cdot d\tau} \int_0^{\Delta t} w\tau \cdot d\tau \tag{6-32}$$

$$[C]\frac{(\{T\}_{t+\Delta t} - \{T\}_t)}{\Delta t} + [H](\{T\}_t + \theta(\{T\}_{t+\Delta t} - \{T\}_t)) + \{\overline{Q}\} = 0 \tag{6-33}$$

式中，$\overline{Q}$ 代表 Q 的一个积分平均值，即

$$\{\overline{Q}\} = \frac{\int_0^{\Delta t}\{Q\}w \cdot d\tau}{\int_0^{\Delta t} w \cdot d\tau} = \{\overline{Q}\}_t + \theta(\{\overline{Q}\}_{t+\Delta t} - \{\overline{Q}\}_t) \tag{6-34}$$

对此公式中的未知项进行求解得，

$$\{T\}_{t+\Delta t} = \frac{([C] - [H](1-\theta) \cdot \Delta t)\{T\}_t - \{\overline{Q}\} \cdot \Delta t}{[C] + [H]\theta \cdot \Delta t} \tag{6-35}$$

因子 θ 的值在 0 ~ 1 之间。如果 θ 等于 0，这算法称为"显式"（欧拉）算法，其他的被称为"隐式"算法。如果 θ 等于 1/2，这算法也称为克兰克 – 尼科尔森（Crank-Nicolson）差分算法。如果 θ 等于 2/3，这算法也称为伽辽金（Galerkin）有限元法算法。

在淬火过程中，选择合适的时间步长需要进行尝试校验法，同时也需要误差的分析方法，因为当热性能的变化与温度有关时，有限差分方程系数在当前时间步长与下一时间步长内会发生变化。因此，必须在合适的平均温度上进行评估，以保证结果的准确度。需要注意的是，当使用的是显式算法时，时间步长是非常有限制的，这种限制与材料性能的变化高度相关。时间步长过小可能会使计算时间显著增加，另一方面，在选择隐式算法之前必须进行特定的考虑，排除选择大的时间步长的可能性。例如，Hughes 指出，采用隐式算法用于瞬态热传导时，无条件满足线性问题，而当应用在非线性问题上时，将会失去隐式算法的特性。为了弥补这一缺点，他提出了一步法，该方法在线性与非线性问题中具有相同的稳定性。Donea 讨论了不同的数值积分与热传导问题中有限单元解法的关系，他总结出伽辽金时间步行方法在快速变化的热传导对时间的积分中是非常方便的。当高频率部分变得不那么重要时，Crank-Nicholson 算法只取了其二阶精

度。然而，根据 Wood 和 Lewis 的结论，Crank-Nicholson 算法具有简单的平均过程，能够得出最小干扰解。

6.4.3.4 时间步长和收敛

数值计算的效率取决于每个时间步内的预测解。当计算出现错误时，需要考虑所有节点的计算值是否低于临界值 e^*，

$$\sqrt{\sum_{j=1}^n \left(\frac{T_i - T_{i-1}}{T_{i-1}}\right)^2} \leqslant e^* \tag{6-36}$$

式中，i，n 和 e^* 分布代表迭代次数、总节点数和收敛极限。

为了获得更好的计算准确性、收敛性和节省运行时间，选择合理的时间步长是非常重要的。如果时间的步进方案无条件稳定，那么时间步长的自动设定能够有效地减少运行时间。此时可以采用自适应方法，当冷却速度高时（例如，淬火的开始阶段等），采用短的时间步长；当冷却速度低时（淬火的最后阶段），采用较长的时间步长。为了实现这一目的，每一时间步长结束之后都要进行误差分析。通过反复的、以一定比例因子减少时间步长的方式计算，直到计算的误差范围达到可接受的程度。

6.5 相变建模

6.5.1 简介

在工件的热处理过程中，许多部件经受连续的加热和冷却循环，其间发生相变。大部分情况下，相变分为以下两大类：

1）扩散相变。相变通过扩散过程进行点阵重排，例如钢中铁素体和珠光体的形成。

2）切变相变。由于晶格变化引起变形的相变，例如马氏体、贝氏体及韦德曼铁素体相变均为此种类型。需要注意的是，马氏体转变只通过切变机制发生和完成；贝氏体和韦德曼铁素体相变通过切变发生，但是在贝氏体和韦德曼铁素体长大的过程中需要内部碳原子的分配，因为尽管从面心到体心的结构转变是通过切变机制完成，但它们的长大过程仍受扩散控制。

因为热力学行为严重影响相变，所以在任何模型中都需要考虑热力学因素。通过计算一系列瞬时温度场和组织演变得到在零件任何位置的组织是时间和温度的函数。组织演变对应力场产生巨大影响，因此在模型中仍需要考虑冶金力学影响。

接着关注钢的淬火，如果部件的初始温度足够高就可得到奥氏体组织，奥氏体会转变成不同的相，例如铁素体、珠光体、贝氏体或马氏体，相变过程与冷却速度有关。

在温度 M_s 以下，马氏体切变转变与时间无关。由于冷却速度的影响使 γ 相中的大部分碳原子保留在 α 相中，所以马氏体是过饱和固溶碳原子的 α-Fe。物理意义上，通过形核和长大发生相变，但是生长速度非常高，相变率几乎完全有形核阶段控制。实际上，奥氏体/马氏体界面的速度几乎达到固体内的声速。M_s 温度与奥氏体到马氏体无扩

散转变所需的驱动力相关。在低碳钢中 M_s 在 500℃左右，但是随着合金元素的增加，M_s 会逐渐降低。间隙型合金元素如碳和硼降低 M_s 温度比替换型元素更有效。除了化学成分，M_s 温度还与应力状态和预形变有关。

铁素体转变在奥氏体晶界处形核，然后向晶内生长。铁素体的体积分数是形核率、铁素体/奥氏体接触区域和铁素体/奥氏体界面速度的函数。形核率是在 A_{e3} 线以下冷却和奥氏体晶粒尺寸的基本函数。由层片结构组成珠光体的层片间距与转变温度相关。温度对层片间距的影响是由于碳和合金元素扩散率的改变造成的。在奥氏体晶界处出现铁素体和渗碳体的耦合形核促使珠光体团簇的形成。通过沿共析结构和基体之间界面的扩散实现铁素体和渗碳体的共同生长。贝氏体转变具有马氏体转变和扩散转变的特征。贝氏体包含一定范围内不同铁素体和碳化物结构，其形核过程牵涉到由切变控制的铁素体的形成。然而，后续混合相的生长是由扩散过程控制。

在连续冷却过程中组织演变计算的大多数直接步骤会简单地将连续冷却转变图导入计算机程序中，一张连续冷却转变图只有在使用了准确的温度下画得才会准确，而且这些冷却曲线被画入曲线图中。

计算连续冷却过程中微观组织演变最直接的方法是在计算程序中引入连续冷却转变图。注意在连续冷却转变图的使用过程中，只有当实验温度变化历程与绘制该连续冷却转变图的温度变化历程相同时，该连续冷却转变图才有效。然而，在淬火过程中任一个点的冷却速度通常情况下不是常数，它不遵循这些曲线，因此连续冷却转变图不再有效。此外，两个冷却速率相同的不同加热过程可能产生相同的转变量，这个结果无法让人满意。作为一种解决方案，通常使用 Scheil 叠加原理将等温转变图与任意连续冷却路径的转变行为相联系。因此，冷却曲线可认为是一系列小的等温时间步连接起来，这种连接遵循等体积分数线的瞬时温度跳跃。然后计算每个等温时间步长内转变体积分数。

6.5.2 临界温度的确定

在对淬火过程中的相变过程进行模拟时，第一步是确定不同相变过程发生时的温度范围。温度范围是指临界温度间的温度区间，这些临界温度可从等温转变图和平衡相图中直接得到，或通过解析表达式计算。在文献中，存在一些关于临界温度作为化学成分的函数。其中一些是基于热动力学的计算，而另一些函数则是纯粹基于回归分析的唯象表达式。

A_{e3} 温度可以通过正交平衡法（ortho-equilibrium approach）计算，正交平衡法假设合金元素完全配分。这个假设在物理上是合理的，因为铁素体转变通常在高温下发生，在高温下替换型和间隙型元素能快速扩散和完成分配。

在另一方面，Lusk 等基于 4000 钢回归分析推导出了纯经验公式

$$A_{e3}(℃) = 883.49 - 275.89\ C + 90.91\ C^2 - 12.26\ Cr + 16.45\ C\ Cr$$
$$- 29.96\ C\ Mn + 8.49\ Mo + 10.80\ C\ Mo - 25.56\ Ni \tag{6-37}$$
$$+ 1.45\ Mn\ Ni + 0.76\ Ni^2 + 13.53\ Si - 3.47\ Mn\ Si$$

Kirkaldy 和 Barganis 提出一个类似的公式，其中包括一些在上述公式中未提到的合

金元素（W，As，Ti，Al，Cu）：

$$A_{e3}(\text{℃}) = 912 - 203\ C^{0.5} + 15.2\ Ni + 44.7\ Si - 104\ V + 31.5\ Mo + 13.1\ W \\ - 30\ Mn - 11\ Cr - 20\ Cu + 700\ P + 400\ Al + 120As + 400\ Ti \tag{6-38}$$

Lust 等采用类似的正交平衡处理得到下列公式，这个对平衡处理回归了 20000 个不同等级的 2000A_{Fe_3C}钢的温度。

$$A_{Fe_3C}(\text{℃}) = 217.50 + 977.65\ C - 417.57\ C^2 - 35.29\ Cr + 21.36\ C\ Cr \\ - 1.50\ Cr^2 - 0.95\ Mn - 1.37\ C\ Mn - 2.76\ Mo - 3.77\ C\ Ni \\ + 30.36\ Si - 8.10\ C\ Si + 2.58\ Cr\ Si \tag{6-39}$$

由于替换型元素在共析转变的过程中无法完全配分，因此无法通过正交平衡法预测 A_{e1}。为了解决这个问题，要采用平衡热动力学模型。这个模型假设均一碳化学势和在转变界面处替换型元素与铁原子摩尔体积比率连续。在这个假设下计算的 A_{e1} 温度用 A_{p1} 表示。然而，大多数 A_{e1} 的实验温度位于 A_{o1} 和 A_{p1} 之间。Kirkaldy 和 Venugopalan 提出下列中间模型，这个模型预测了任意化学成分低合金钢的 A_{e1} 温度：

$$T_{p1} = A_{p1} + (A_{o1} - A_{p1}) \frac{Cr}{Ni + Cr + Mo} \tag{6-40}$$

尽管这个表达式改进了 A_{e1} 的预测，但是它仅包含了 Cr 的完全配分，并没有考虑很普遍的合金元素 Mn 的配分。Lusk 等考虑了 Mn 元素配分，对该模型进行如下改进：

$$T_{p1} = A_{p1} + (A_{o1} - A_{p1}) \frac{P_{Mn}^{(avg)}(13.4\ Mn) + 24.4\ Cr}{13.4\ Mn + 13.4\ Si + 5.0\ Ni + 24.4\ Cr + 4.4\ Mo} \tag{6-41}$$

然而，该公式仍需要通过正交平衡模型和准平衡模型（para-equilibrium models）计算 A_{o1} 温度与 A_{p1} 温度。为了简化等式，基于不同 P_{Mn} 值推导出三个公式。

$$T_{p1}(\text{℃}) = \begin{cases} 726.16 + 17.27\ Cr - 0.39\ C\ Cr - 1.97\ Cr^2 \\ - 11.79\ Mn + 3.95\ Cr\ Mn + 3.76\ Si - 7.46\ Cr\ Si \\ - 4.64\ Mn\ Si + 18.61\ Si^2;\ Ni = Mo = 0 \\ \\ 729.00 - 15.67\ Mn + 1.33\ C\ Mn - 1.46\ Mn^2 - 18.56\ Ni \\ - 2.13\ Mn\ Ni + 1.65Ni^2 + 9.15\ Si - 1.85\ Mn\ Si + 6.63\ Si^2;\ Cr = Mo = 0 \\ \\ 727.37 + 13.40\ Cr - 1.03\ C\ Cr - 16.72\ Mn + 0.91\ C\ Mn \\ + 6.18\ Cr\ Mn - 0.64\ Mn^2 + 3.14\ Mo + 1.86\ Cr\ Mo \\ - 0.73\ Mn\ Mo - 13.66\ Ni + 0.53\ C\ Ni + 1.11\ Cr\ Ni;\ Mn \neq 0 \\ - 2.28\ Mn\ Ni - 0.24\ Ni^2\ 6.34\ Si - 8.88\ Cr\ Si \\ - 2.34\ Mn\ Si + 11.98\ Si^2 \end{cases} \tag{6-42}$$

B_s 值可使用 Steven 和 Haynes 所提出的公式计算，

$$B_s(℃) = 656 - 58\ C - 35\ Mn - 75\ Si - 15\ Ni - 34\ Cr - 41\ Mo \tag{6-43}$$

Andrews 提出下列等式对 M_s 温度进行预测，这个 M_s 温度是化学成分函数。

$$M_s(℃) = 561 - 474\ C - 33\ Mn - 17\ Ni - 17\ Cr - 21\ Mo \tag{6-44}$$

Kirkaldy 和 Venugoplan 推导了另一个等式，

$$M_s(℃) = 512 - 453\ C - 16.9\ Ni + 15\ Cr - 9.5\ Mo + 217\ C^2 - 71.5\ C\ Mn - 67.6\ C\ Cr \tag{6-45}$$

6.5.3 扩散型转变动力学模型

在钢的淬火过程中，热力学稳定性和奥氏体中碳的溶解度随着温度降低而降低，需去除过量的碳和其他合金元素。去除的合金元素会以不同相或混合相的形式聚集。通过形核和长大发生转变。转变动力学通常有三个独立阶段，分别为刚开始形核阶段、稳定形核的核心生长阶段及最后饱和状态和晶粒碰撞阶段。

6.5.4 等温转变模型

已提出一些描述固态转变的等温转变动力学的数学模型，其中大部分是基于同种原理并做了少量修正。在这些模型中，初始转变量可表示为

$$\xi_k = b_k \cdot t^{n_k} \tag{6-46}$$

式中，b 为温度相关时间因子；n 为时间指数。n 与形核率和生长速度的比值有关，b 与形核率与生长速率乘积的绝对值有关。b 和 n 值可以从等温转变图和连续冷却转变图中提取也可通过试验测定，提取方法在下一部分中讨论。

随着转变的进行，可形核体积变少，然后生长相边界彼此碰撞，导致转变速率的降低，这个情况可以用一个更为广义公式如下

$$\dot{\xi}_k = (1 - \xi_k)^{r_k} n_k b_k (b_k t)^{n_k - 1} \tag{6-47}$$

式中，r 是一个与长大模式和温度有关的饱和参数。

选择不同的 r 导致不同的动力学方程。例如，当 $r = 1$ 时得到 Avrami 公式；当 $r = 2$ 时得到 Austin-Rickett 公式。也可能是其他取值。这个速率公式集成为，

$$\xi_k = \begin{cases} 1 - \exp(-b_k t^{n_k}) & ; r = 1\ (\text{Avrami}) \\ 1 - (1 + b_k t^{n_k})^{-1} & ; r = 2\ (\text{Austin-Rickett}) \\ 1 - (1 + (r_k - 1) b_k t)^{\left(\frac{r_k - 1}{n_k}\right)} & ; r \neq 1 \end{cases} \tag{6-48}$$

可对这个公式进行修正，使其能够考虑从混合向和并非 100% 饱和相开始的相变：

$$\xi_k = \xi_k^0 + (\xi_k^{eq} - \xi_k^0)(1 - \exp(b_k t^{n_k})) \tag{6-49}$$

式中，ξ^0 和 ξ^{eq} 分别是开始的浓度和平衡的浓度。

6.5.5 非等温转变模型

淬火过程的相变模拟需要非等温转变的数学模型，这个淬火过程中样品的每个点都有独立的加热历程。对于热激活相变，试样的热加热历程决定了转变的状态。考虑如

图 6-5 中的三个不同热路径，尽管每条路径的开始温度时间和结束温度时间一样，但是每条路径产生不同的产物相含量。因此 T 和 t 不能作为状态变量。所以针对非等温过程必须定义一个新的状态变量 (β)，它取决于加热路径。然后定义一个未指明的动力学方程 $F(\beta)$，这个动力方程将转变分数与加热路径联系起来。

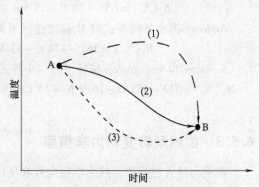

$$\xi_k = F_k(\beta) \tag{6-50}$$

$F(\beta)$ 可以是前面提到的任何等温动力学公式的形式。如果感兴趣区域的转变机制不变，那么新状态变量可能与原子跳动数成比例。温度决定原子迁移，时间定义了该过程的持续性。

图 6-5　产生不同相变量的三种起始温度和结束温度相同的温度历史曲线

$$\beta = \int_0^t c_k(T)\, dt \tag{6-51}$$

式中，$c(T)$ 是温度相关速率常数，$c(T)$ 的温度相关性可以通过 Arrhenius 状态方程来描述，

$$c_k(T) = c_k^0 \exp\left(-\frac{E_k}{RT}\right) \tag{6-52}$$

式中，c_k^0 是前置指数因子，E 是激活能，R 是气体常数。利用这些概念，新状态变量 (β) 中的转变速率可以描述为 ξ 的时间导数，

$$\dot{\xi}_k = \frac{dF(\beta)}{d\beta}\frac{d\beta}{dt} = c(T)\frac{dF(\beta)}{d\beta} \tag{6-53}$$

因此，β、ξ 和 T 是转变速率的状态变量。引入叠加原理的概念，该概念首先由 Scheil 提出，后来被 Cahn 扩展到固态相变中，并被 Christian 推广。叠加原理长期以来被很多学者讨论、评论和采纳。从这些研究中可以得到的普遍结论是传统 Scheil-Cahn-Christian 叠加原理在利用等温动力学数据计算非等温动力学时并不完全准确。本文引用的一些工作对叠加原理进行了改进以使其更好地与实验数据匹配，但是这些方法中大部分都需要进行额外实验。作为另一个选择，Lusk 等发展了全局非叠加动力学模型，该模型也包含在 DANTE（R）软件中。

接下来将焦点放在 Johnson-Mehl-Avrami-Kolmogorov（JMAK）动力学方程和对叠加原理进行分类，不涉及它们的运用。这种处理可以推广到不同的动力学方程和通过考虑近似原则用来改进叠加原则。

根据 Scheil 的叠加原则，如果 $\tau(\xi_k, T)$ 是达到某个特定的转变量 ξ_k 所需要的等温时间，那么可以得到在下列非等温条件下遵循 Scheil 加和等于同一个值的相同转变量：

$$S = \int_0^t \frac{dt}{\tau(\xi_k, T)} = 1 \tag{6-54}$$

为便于计算，这种加和用增量形式表达：

$$S = \sum_{i=1}^{n} \frac{\Delta t_i}{\tau_i(\xi_k, T_i)} \approx 1 \tag{6-55}$$

式中，Δt_i，τ_i 分别是时间步长和在特定步长下达到 ξ_k 的等温时间。这个法则通过联合之前定义的等温动力学方程可以用来计算演变时间和非等温转变动力学。演变时间的计算总结如图6-6所示，用等温演变时间（$\tau_s(T_i)$）替代 $\tau_i(\xi_k, T_i)$ 得到

$$S = \sum_{i=1}^{n} \frac{\Delta t_i}{\tau_s(T_i)} \approx 1 \tag{6-56}$$

当 S 等于接近单位值，可以当成演变完成。在演变时间完成后，需要计算生长动力学。

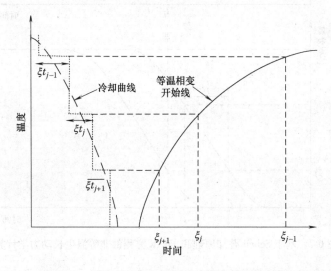

图6-6 运用 Scheil 叠加原理计算非等温孕育期

参考 Avrami 动力学方程，计算了一个假想的时间 τ，这个时间取决于高达之前时间步长的终止点的转变分数：

$$\tau = \left(-\frac{\ln(1 - \xi_k(t))}{b_k} \right)^{\frac{1}{n_k}} \tag{6-57}$$

随后，虚拟时间（fictitious time）的通过时间步长（Δt）来实现，以计算新的虚拟转变分数。然后，进一步考虑可用于转变和反应的奥氏体量对虚拟转变分数进行校正。图6-7所示总结了这个过程并得到下列方程

$$\xi_k^{t+\Delta t} = \xi_k^{\max}(\xi_\gamma^t - \xi_k^t)(1 - \exp(b_k(\tau + \Delta t)^{n_k})) \tag{6-58}$$

式中，$\xi_k^{\max}$ 为生成相的最大分数。对于珠光体或贝氏体转变，在转变开始阶段是奥氏体分数（$\xi_p^{\max} = \xi_b^{\max} = \xi_\gamma^t$）。如果淬火过程开始于100%均质奥氏体，可以假设 $\xi_p^{\max} = \xi_b^{\max} = \xi_\gamma^t = 1$。在先共析转变中，可以在平衡相图中使用杠杆定律计算 $\xi_p^{\max}$。对于先共析铁素体和渗碳体，这处理得到：

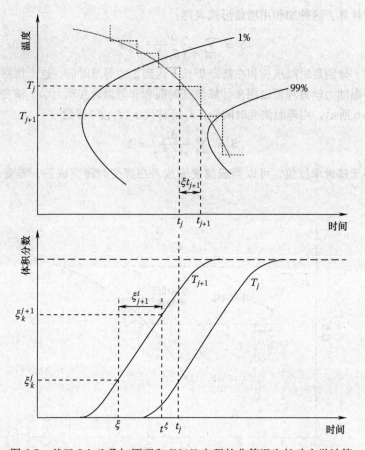

图 6-7　基于 Scheil 叠加原理和 JMAK 方程的非等温生长动力学计算

$$\xi_\alpha^{\max} = \begin{cases} 0 & ; \ T > A_{e3} \\ \xi_\alpha^{eq} \dfrac{A_{e3} - T}{A_{e3} - A_{e1}} & ; \ A_{e1} < T < A_{e3} \\ \xi_\alpha^{eq} & ; \ T < A_{e1} \end{cases} \qquad (6\text{-}59)$$

$$\xi_{Fe_3C}^{\max} = \begin{cases} 0 & ; \ T > A_{Fe_3C} \\ \xi_{Fe_3C}^{eq} \dfrac{A_{Fe_3C} - T}{A_{Fe_3C} - A_{e1}} & ; \ A_{e1} < T < A_{Fe_3C} \\ \xi_{Fe_3C}^{eq} & ; \ T < A_{e1} \end{cases} \qquad (6\text{-}60)$$

计算淬火过程中的组织演变的另一个方法依赖于一个速率等式的推导，这个等式具有可叠加本质。假设保持叠加原理，将转变率和瞬时状态联系起来的动力学函数可定义如下：

$$\dot{\xi}_k = \dot{\xi}_k(\xi_k, T) \qquad (6\text{-}61)$$

然后，通过对方程的最后因子进行 Taylor 展开推导下述近似率方程，对初始因子不为零的转变进行适合的校正，并使平衡分数达到饱和：

$$\dot{\xi}_k = \begin{cases} bn(1-\xi_k)\left(\ln\left(\dfrac{1}{1-\xi_k}\right)\right)^{\left(1-\frac{1}{n}\right)} & ; \ r=1 \ (\text{Avrami}) \\[3mm] bn(1-\xi_k)^{\left(1+\frac{r-1}{n}\right)}\left(\dfrac{1-(1-\xi_k)^{(r-1)}}{r-1}\right)^{\left(1-\frac{1}{n}\right)} & ; \ r\neq1 \end{cases} \tag{6-62}$$

在时间排除等温动力学方程之后，根据速率等式可得到：

$$\dot{\xi}_k \approx bn\left(\frac{\xi_k^{\text{eq}}-\xi_k}{\xi_k^{\text{eq}}-\xi_k^{\circ}}\right)^{\left(1+\frac{r-1}{n}\right)}\left(\frac{\xi_k-\xi_k^{\circ}}{\xi_k^{\text{eq}}-\xi_k^{\circ}}\right)^{\left(1-\frac{1}{n}\right)} \tag{6-63}$$

相变子程序可以使用速率等式的增量形式，并且由于增量形式本身加和特性使之不能使用于传统加和流程中。

6.5.6　马氏体相变模型

通常认为在温度 M_s 以下，马氏体转变是与时间无关的转变。实际上，存在形核和生长阶段，只是生长速率过快致使体积转变速率取决于形核阶段速率。事实上，奥氏体/马氏体界面在固体内部以声速移动。因此，它的动力学不受冷却速度影响，并且不能用 Avrami 动力学方程描述。马氏体形成量常用温度方程计算，这个温度方程使用了 Koistinen 和 Marburger 建立的法则，

$$\xi_m = \xi_\gamma\{1 - \exp[-\Omega(M_s - T)]\} \tag{6-64}$$

式中，Ω 在很多钢中是常数，与化学成分无关，其值为 0.011。

Lusk 等在他们的全局动力学模型（Global Kinetics Model，GMK）中使用一个明确与冷却速率有关的方程对动力学进行描述，然后使用替代方法估算马氏体形成量。

M_s 温度取决于应力状态，预塑性变形和扩散相变。在 6.5.6 节详细讨论了应力和预塑性变形对 M_s 温度的影响，并陈述可能的模拟过程。除了应力和塑性变形外，预扩散转变也对 M_s 温度有影响，因为在预扩散转变过程中会出现奥氏体中碳的富集。但是这种影响不包含在现今任何的淬火模型中。

6.5.7　动力学参数的测定

提出的模型的动力学参数可从等温转变图和连续冷却转变图中得到，也可通过测定任何对相变敏感的性能得到，例如体积、热感应、导电性和磁导率等的变化。本节给出从等温转变曲线和连续冷却转变图中提取动力学参数。

6.5.8　等温转变图中等温动力学参数的提取

在等温转变图中，转变开始和结束曲线均可表示为 C 形曲线。为了定义在上限温度和下限温度之间的 C 形曲线，珠光体开始和完成曲线外推至 A_{e1}，并且贝氏体完成曲线外推至贝氏体转变的上限温度。等温动力学参数可以直接根据开始和完成时间提取。当 $\xi^s = 0.01$，$\xi^f = 0.99$，且考虑 Avrami 动力学时可得到：

$$n_k = \frac{\log\left(\frac{\ln(1-\xi_k^{\mathrm{f}})}{\ln(1-\xi_k^{\mathrm{s}})}\right)}{\log\left(\frac{t_{\mathrm{s}}}{t_{\mathrm{f}}}\right)} \approx \frac{2.611}{\log(t_{\mathrm{f}})-\log(t_{\mathrm{s}})} \tag{6-65}$$

$$b_k = -\frac{\ln(1-\xi_k^{\mathrm{s}})}{(t_{\mathrm{s}})^{n_k}} \approx \frac{0.01}{(t_{\mathrm{s}})^{n_k}} \tag{6-66}$$

在计算一系列温度对应的 b 和 k 后，就可通过曲线拟合算法用于确定温度相关的 b 和 k。例如，Tzitzelkov 提出三阶多项式拟合曲线，

$$n_k(T) = n_k^1 T + n_k^2 T^2 + n_k^3 T^3 \tag{6-67}$$

$$\log b_k(T) = b_k^1 T + b_k^2 T^2 + b_k^3 T^3 \tag{6-68}$$

只要能够精确表示转变曲线，其他拟合方法也可以。

在碳素钢中，在珠光体和贝氏体转变之间存在明显的复叠区。在一定的温度范围内，两个转变同时发生，b 和 n 值无法确定。为了解决这个问题，通常假设温度当达到 B_{s} 时珠光体转变退化为贝氏体转变；如果当温度超过 B_{s} 时仍然存在珠光体，那么假设存在珠光体/奥氏体界面继续转变得到贝氏体。

6.5.9　连续冷却转变图中等温动力学参数的提取

与从等温转变图得到连续冷却转变图的过程相反，反向运用叠加原理可从连续冷却转变图得到等温转变图。虽然从连续冷却转变图得到等温动力学常数可能会感到陌生，但该方法在淬火模拟过程中有其特定的优势。这个方法的第一个优势是提高了模拟的准确性，大部分模拟淬火过程中组织演变的子程序常基于叠加原理。事实上，利用反叠加过程从连续冷却转变图中提取到的等温参数比从等温转变图中提取的参数表现更优。第二个优势在于连续冷却转变图对重叠区的转变不那么敏感。因此可更好地描述转变行为。

Geijsalers 建议遵循从连续冷却转变图中提取到的等温时间表达式为

$$t_\alpha^1 = \frac{\mathrm{d}T_1}{\mathrm{d}\left(\dot{T}_{\mathrm{c}}\,\frac{t_\alpha^1}{t_\alpha^2}\right)} \tag{6-69}$$

$$t_{\mathrm{p}}^2 = \frac{\mathrm{d}T_2}{\mathrm{d}\dot{T}_{\mathrm{c}} + \frac{1}{\xi_\alpha^{\mathrm{eq}}}\int_{T_\alpha^*}^{T_{\mathrm{c}}}\frac{\mathrm{d}\xi_\alpha}{t_{\mathrm{p}}^2}\cdot\mathrm{d}T} \tag{6-70}$$

式中，$\dot{T}_{\mathrm{c}}$ 是恒定冷却速率；t_α^1 和 t_{p}^2 分别为转变开始和结束对应的等温时间，可用于计算 n。需要指出的是计算 t_{p}^2 需要迭代过程。需要知道详细推导过程，请参考相关文献。

6.5.10　应力和塑性对相变的影响

在工程部件的热处理过程中，部件的许多部分经受连续加热和冷却循环，在加热和冷却过程中发生相变。工程热处理过程的另一个重要方面是形成波动内应力场。在零件

中热梯度和相变产生内应力。最具代表性的是，材料在热处理过程中受到涨落三轴应力和小塑性应变（达2%~3%）。这个过程中，力场和相变彼此间发生互相作用。例如，应力（内部或外部）会改变转变温度（如 A_{e3}，A_{e1}，M_s，B_s）或加快/减低奥氏体分解动力。可导致马氏体转变或者使奥氏体稳定不进行马氏体转变。另一方面，相变通过膨胀和转变形变改变应力场，这将在下一部分进行详细讨论。

在应力或预变形条件下发生的相变可作为驱动力作用下材料体系的例子，在这个体系里，通过力学相互作用可改变驱动力和过程的动力学。为了认识力场对相变的影响，需要对储存在材料中的机械能进行研究。在材料中机械能以一些形式储存，例如点阵缺陷的弹性形变能、位错中的塑性形变能和相界及晶界处的界面能。连续形变和相变的一个重要方面是形变导致尺度的变化，例如在扩散控制过程中的位移减小。机械驱动力和相变间的互相作用取决于合金及加载状态。

通过改变母相和生成相的自由能可以改变相变热动力学（如转变温度或改变母相和生成相的化学成分）。由于弹性和塑性形变造成原子移动改变致使转变动力学发生改变，这个转变动力学包括转变速率和转变路径。弹性应变会引起自由体积的变化从而使原子的运动发生改变，进而影响转变动力学。塑性变形通过改变点缺陷的浓度，或通过位错核或非扩散运输机制提供扩散通道，进而使输运过程发生变化。这里的非扩散输运机制是通过位错的几何移动或位错/溶质交互作用所产生的拖曳效应，使原子可以进行对流。

关于不同相变过程的相关机理、实验和模拟，许多学者已对淬火模拟研究进行了综述。

应力和塑性对马氏体转变的影响，在淬火硬化过程中非常重要，许多学者已经进行了广泛的研究。图6-8所示总结了弹性应力对 M_s 温度的全部影响。在液体静压力作用下，会引起膨胀的马氏体相变将向低温区移动，以抑制体积膨胀。在实验、理论和模拟研究的基础上，实际上已经达成共识，通过液体静压力可降低 M_s。然而，在单轴应力中观察到 M_s 升高，这个单轴应力产生母相奥氏体的弹性形变，这个母相奥氏体对应力无感应。此现象可用全局应力状的剪切分量与切变型转变应变相互作用来解释。与弹性形变不同，在奥氏体中的预变形会降低 M_s。这个影响可能与奥氏

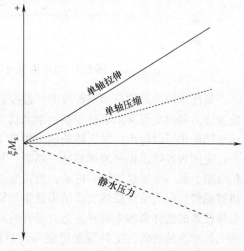

图6-8 弹性应力对马氏体开始温度 M_s 的影响

体形变强化相关。这种由形变转变导致的转变滞后效应可归因于"机械稳定性"，并且可用转变界面结构来解释。置换转变发生在界面处，当这个界面遇到位错碎片时出现位错柄。因此，适当的应力可模拟切变性转变，同样的方法可模拟法向变形，力学稳定会

减缓奥氏体分解。

　　关于应力对钢（铁素体，珠光体等）中扩散型转变的影响，普遍认为施加液体静压力会减缓扩散型相变。液体静压力对 IT 曲线图和连续冷却转变图的影响是使铁素体、珠光体和贝氏体的转变曲线向长时间区域移动（见图 6-9）。实际上，随密度减小的所有转变在液体静压力作用下具有滞后效应，因为液体静压力抑制体积膨胀。液体静压力的影响具有双重性，一方面液体静压力是使自由体积缩小，进而使扩散系数减小，液体静压力影响转变过程中自由能的变化；另一方面，由于单轴应力条件下自由体积和形核率的增大使扩散型转变动力学加速。当存在预塑性形变时，在铁素体和珠光体转变中也可出现类似的行为。同时拉伸应力对扩散相变比压缩应力加速更多。该现象是由于自由体积和缺陷浓度的增加使迁移率增大。

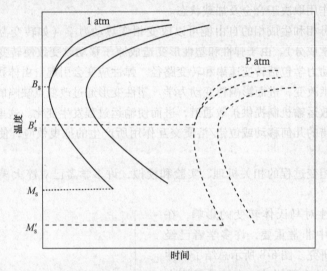

图 6-9　液体静压力对 IT 曲线的影响示意图

　　贝氏体转变是切变形核阶段和扩散控制生长阶段的混合转变模式。因此，有望通过施加应力和预变形来影响转变热力学和动力学。这一期望已被许多学者证实。首先，从这些结论中可以得出，贝氏体的转变温度 B_s 随着静压应力的增加而降低，从本章前面所讨论的内容可以很好地解释这一结果。与马氏体的转变类似，单轴应力使贝氏体转变 B_s 增加。另一个观察到的结论是，当转变开始及转变动力学增加到临界应力值时，相变将被减慢。以上结论虽然实验结果通常相符，但对机理的分析仍不清楚。通常从应力与形核位置的选择影响来解释应力对孕育时间的影响。然而，需要其他机制来解释转化率的大幅增加的现象，这种现象可能是与自催化或自促进形核转变有关。从建模角度考虑，已经建立了若干能定量描述这些影响的模型。大多数模型已临界温度和动力学控制方程的修正为基础。例如，对 Koistinen-Marburger 定理、Johnson-Mehl-Avrami-Kolmogorov（JMAK）动力学和 Scheil 叠加原理进行改进，以包含应力对相变的影响。

6.5.10.1　应力对马氏体相变影响的模拟

　　对该领域的初期观察与研究集中在马氏体转变过程中的应力影响及塑性变形，尤其

是应力作用下 M_s 温度的变化。淬火过程中马氏体相变基本由 Koistinen-Marburger 定律描述，通常认为该定律中唯一的参数只与 M_s 温度的应力及塑性应变有关。实际上，应力将使 M_s 温度升高，而塑性变形会导致 M_s 温度的下降。然而，钢淬火过程中常见的 1% 塑性应变所造成的变化较少，当接近奥氏体屈服强度时引起的温度变化可达到 $30 \sim 50$℃。因此，为了模拟典型的大应力及小塑性变形的淬火过程，可忽略塑性变形对 M_s 温度的影响。

基于以前的观察和假设，Inoue 提出了一个模型，M_s（ΔM_s）温度的变化是平均应力（σ_m）和偏应力张量（J_2）的二次不变量的函数。根据该模型，M_s 点温度的变化可表述为

$$\Delta M_s = A\sigma_m + B J_2^{1/2} \tag{6-71}$$

式中，A，B 为不变常量，可以通过试验确定。Denis 认为马氏体转变开始温度的变化与平均应力（σ_m）与有效应力（$\overline{\sigma}$）的有关，

$$\Delta M_s = A\sigma_m + B\overline{\sigma} \tag{6-72}$$

然而，这两种方法都忽略了相变演化过程中应力的影响，即认为整个转变过程中的 Koistinen-Marburger 方程中的 Ω 值为常数。由于在研究应力对 M_s 温度影响的过程中，仅考虑在开始转变时应力的影响，忽略了转变过程中应力的影响，而转变过程中应力的影响对确定残余应力来说非常重要。基于单轴膨胀仪测试，Liu 等将 Ω 看成有效应力的线性函数从而将转变过程中应力的影响引入到 Koistinen-Marburger 方程：

$$\Omega = \Omega_0 + \Omega_1 \overline{\sigma} \tag{6-73}$$

6.5.10.2 应力对铁素体，珠光体转变影响的模拟

从 1950 年起，许多学者对扩散型（铁素体，珠光体）和扩散控制性（贝氏体）相变过程的应力模型进行了研究。该领域的很多方法都基于 JMA 方程和 Scheil 叠加假设来考虑应力与应变的影响。

就时间尺度上 IT 曲线的偏移而言，模拟该现象的一般性假设是对叠加法则进行修正。假设塑性应变的影响（至少对于淬火过程中的小变形并不明显）和平均应力的影响（至少中型部件的淬火）可以忽略，那么转变开始可表示为

$$D_k = g_k(\overline{\sigma}) \tag{6-74}$$

$$\tau_\sigma^{IT} = \tau^{IT}(1 + D_k) \tag{6-75}$$

式中，τ_σ^{IT} 为等温孕育期中应力的影响；D_k 为 IT 曲线的变化值；g_k 为可由试验确定的方程。

另一方面，对于 IT 曲线随平均应力的变化，Inoue 提出一个不同的模型。

为了忽略长大动力学中应力的影响，很多研究关注的是对 JMA 方程进行修正。例如，Inoue 认为珠光体转变在常规应力状态下的可用修正的 JMA 方程表示

$$\xi_p = \xi_\gamma \cdot \left(1 - \exp\left(-\int_0^t f(T,\sigma)(t-\tau)^3 \cdot d\tau\right)\right) \tag{6-76}$$

$$f(T,\sigma) = \exp(C\sigma_m) \cdot f(T) \tag{6-77}$$

Denis 对 JAM 方程的系数进行了修改，将应力对相变的影响引入到 JMA 方程中，提

出如下形式的方程

$$\xi_k = \xi_\gamma \left(1 - \exp\left(\frac{b_k}{(1 - C\,\overline{\sigma})^n} \tau^{n_k} \right) \right) \tag{6-78}$$

Denis 等人的另一个模型假设反应顺序为有效应力的函数。Denis 等人提出珠光体开始阶段的等温转变图与 10% 和 90% 的珠光体形成以相同的相对量发生偏移。然而，由于孕育期和生成动力学都与应力和塑性变形有关，该假设并非总是合理。

最近，Hsu 对叠加假设进行了综述，提出了应力状态下相变的热力学和动力学模型。另外提出一些预测 A_{e3}、M_s 和 B_s 温度的方法。他还提出了一个修正的 JMAK 方程，其中动力学方程的系数 b 和指数 n 均为应力的函数：

$$\xi_p = \xi_\gamma \cdot \left(1 - \exp\left(-b(\overline{\sigma}) t^{n(\overline{\sigma})} \right) \right) \tag{6-79}$$

$$b(\overline{\sigma}) = b(0)(1 + A\,\overline{\sigma}^B) \tag{6-80}$$

$$n(\overline{\sigma}) = n(0) \tag{6-81}$$

式中，参数 A 和 B 可通过对实验数据进行回归分析来确定，且与材料和相变类型有关；$b(0)$ 和 $n(0)$ 可从等温转变图上得到。

6.5.10.3 塑性对扩散控制转变影响的模拟

从 20 世纪 90 年代的初期开始，对变形奥氏体相变动力学模型的研究十分普遍。然而，很多研究都与实验不符，特别对于奥氏体受到剧烈塑性变形的情况。Hus 等用叠加原理计算铁素体和珠光体孕育期为

$$\frac{1}{v^b} \int_0^{t_x} \frac{\mathrm{d}t}{\tau_x(T)} = 1 \tag{6-82}$$

式中，v^b 值的确定至少需要两个不同冷速的连续冷却试验。尽管试验结果和计算结果吻合，但由于叠加法则并不是在所有情况都能适用，因此该模型并不能广泛的应用。

就应力和塑性对贝氏体转变的影响而言，由于相关机制的知识，因此还没有被广泛认可的模型。淬火过程中，应力和塑性对贝氏体转变的影响通常用铁素体和珠光体转变类似模型表述。应力对 B_s 温度的影响用与马氏体转变相同的方程来表示。这些方法对于残余应力的预测准确性产生了一定影响。然而，由于淬火过程为大应力小塑性变形，这些偏差值可能不是很大。

6.6 力学相互作用建模

6.6.1 简介

尽管存在许多大量定量结果可用于预测淬火后的残余应力，然而其形成机制仍不清楚。淬火过程中残余应力的形成机制通常解释如下：当钢部件淬火时，淬火初期奥氏体逐渐冷却但未发生相变。由于存在较大的热梯度，部件表面冷速较心部快，因此表面收缩比心部快，导致表面形成拉应力。另一方面，为了与表面应力达到平衡，心部产生压应力。此阶段产生的热应力可能在软奥氏体内发生非均匀塑性流变。淬火开始后的第二

个阶段是表面迅速发生马氏体相变。相变引起的膨胀所导致的应变和相变塑性使表面快速卸载和反向加载。未转变心部发生反应以使这些应力达到平衡，在此阶段内，表面形成较大的压应力。当相变到达心部后，淬火进入第三个阶段，在此阶段内，表面完全转变并冷却下来。尽管普遍认为，塑性屈服既不是淬火后残余应力存在的必要条件也不是充分条件。通过对由两根棒组成的简单系统进行物理模拟，Todinov 表明，这种定义不是完全正确的。根据他的研究，淬火也许不仅仅导致残余应力，对淬火物体的所有单元体积，由奇应变偏移和偶应变偏移引起的塑性应变量是相等的。非均匀塑性屈服既不是残余应力存在的必要条件，也非充分条件。

6.6.2 本构模型

迄今提出的模拟材料淬火的模型可分为三大类：

1）弹塑性本构模型。

2）弹性-黏塑性本构模型。

3）统一塑性模型。

用于淬火模拟的大多数本构方程均以应变张量的加法分解为基础。也可进行应变张量的乘法分解。Belytschko 等讨论了加法分解的假设，而 Simo 等对乘法分解进行了讨论。

在大多数淬火研究模拟中，假设总应变率为各种物理事件应变率之和，即温度变化和相变：

$$\dot{\varepsilon}_{ij} = \dot{\varepsilon}_{ij}^{e} + \dot{\varepsilon}_{ij}^{p} + \dot{\varepsilon}_{ij}^{th} + \dot{\varepsilon}_{ij}^{pt} + \dot{\varepsilon}_{ij}^{tr} \tag{6-83}$$

式中，$\dot{\varepsilon}_{ij}$，$\dot{\varepsilon}_{ij}^{e}$，$\dot{\varepsilon}_{ij}^{p}$，$\dot{\varepsilon}_{ij}^{th}$，$\dot{\varepsilon}_{ij}^{pt}$ 和 $\dot{\varepsilon}_{ij}^{tr}$ 分别为总应变率，弹性应变率，塑性应变率，热应变率，相变应变率和转变塑性应变率。

6.6.2.1 弹-塑性材料模型

在淬火模拟中最常用的材料模型是率无关弹塑性模型。定义一个弹塑性问题必须规定三个基本规则：

1）屈服函数。

2）流变规则。

3）硬化规则。

屈服准则决定塑性流变何时出现；流变规则决定流变如何发生；硬化规则决定了屈服表面的演变。

在塑性流变中，应力状态不能位于屈服面之外。应力状态在屈服面内表示弹性过程。另一方面，应力状态在屈服面上意味着塑性流变。

这一领域的多数研究均采用 Von Mises 型屈服表面，当有效应力到达屈服面时发生塑性流变。

$$\overline{\sigma} = \sqrt{\frac{3}{2}(S_{ij} - \alpha_{ij})(S_{ij} - \alpha_{ij})} \tag{6-84}$$

$$S_{ij} = \sigma_{ij} - \frac{1}{3}\delta_{ij}\sigma_{mm} \tag{6-85}$$

式中，S_{ij} 为偏应力；α_{ij} 为运动学硬化引起的背应力张量。虽然对退火模拟来说，Von Mises 屈服面与 Prandtl-Reuss 流动法则非常吻合，但由于相变造成的复杂材料行为使硬化规则的选择仍存在问题。

一般情况下，材料硬化行为具有各向同性和运动学成分。在纯粹的各向同性硬化情况下，应力空间中的屈服面正比于其原来的位置和几何形貌膨胀。而在完全运动学硬化情况下，应力空间进行平移，其大小并不会变化。在联合硬化情况下，两种响应均能观察到。各向同性和运动学硬化法则可分别表示为

$$\sigma_f = \sigma_0 + H \cdot \overline{\varepsilon}^p \tag{6-86}$$

$$\alpha_{ij} = C\varepsilon_{ij}^p \tag{6-87}$$

式中，σ_0、H 和 C 分别为与温度和相分数有关的材料参数。

在文献中，通常采用完全各向同性硬化规则来进行淬火模拟。然而，淬火过程中经常出现的加载、卸载和反向加载的影响，这种情况下，值得考虑运动学硬化。有研究表明，在表面处理过程中，运动学硬化规则能得到更好的结果，例如渗碳和渗氮过程，部件的某些部分发生相变，但部件的大部分并未受到影响。这种情况在大部件的淬火模拟中也有报道，部件表面和心部相变开始时间相差较大。然而，这些报道多是基于试验和模拟结果的比较，没有从微观结构的变化方面对动力学硬化进行讨论。包辛格效应（Baushinger effect）对低合金钢并没有强烈的影响。如果淬火过程中存在这种效应，由于重建性转变（reconstructive transformation）将会导致相变和塑性历程损失。

6.6.2.2 弹性-黏塑性模型

黏塑性或率无关塑性与弹塑性有许多相似之处。然而，黏塑性（率相关塑性）和率无关弹塑性之间的主要差别是来自应变率的影响。对一个黏塑性材料，在应变量相同的情况下，应变率的增加将使应力增加。此外，屈服极限的概念也不再严格适用。例如，蠕变可被认为是没有弹性区的一种特殊的黏塑性材料行为。

在弹性-黏塑性模型中，弹性势能面类似于弹塑性屈服面，用来作为参照。在弹性势能面内的应力状态会产生一个可逆变形。另一方面，弹性势能面外的应力状态被认为是塑性流动面。塑性应变率是弹性势能和当前应力状态之间距离的函数。

在相关文献中，有的研究采用黏塑性模型对热处理进行模拟。然而，这些模型仅针对冷却速较慢的热处理，而非淬火。某些工业产品的空冷，例如热轧钢板和钢轨，可作为黏塑性模型运用的例子。这些模型也可预测工具钢和模具钢在淬火过程中发生的变形。本质上，建议将黏塑性模型用于冷速比较缓慢的高温热处理。由于原子迁移率的增加和扩散时间的延长，高温情况下长时间的热处理使黏塑性的影响比较明显。

6.6.2.3 统一塑性模型

从 20 世纪 70 年代初期开始，本构模型取得了较大进展，使其能够预测一般条件下的非弹性变形。这种方法促进了模型的发展，将塑性和黏塑性包含在一个单独的本构模型集合内。

1968 年，Bodner-Partom 等提出一个模型。他们将硬化张量分解为各向同性硬化张量和定向硬化张量，并不等价于传统的运动学硬化张量。由于这种选择，在主应力空间中，屈服面从原来的圆柱形，硬化后发生扭曲和变平，然后变成非关联流动。

在 20 世纪 70 年代，Miller 等提出 MATMOD 模型。他们试图通过将观察、现象学方法和基本冶金学理论相结合，在此基础上发展一组适应性较广的本构模型。该模型的提出，最初是为了用于金属热成形作业，其中，对塑性的影响主要来自黏塑性。该模型的不足之处在于无法简化成率无关模型。如果存在这方面的要求，率无关仅能采用近似法来获得。这种模型直到 20 世纪 90 年代才出现。模型的另一个问题是，存在大量的独立参数。最初的模型要求不超过 10 个独立参数，而 1990 年版的模型所需的参数数目已达到 26 个。

1975 年，Chaboche 提出一个具有幂次形式的统一本构模型。该本构模型为偏应力（J_2）型而且是弹性的，同时根据屈服极限将弹性区与塑性/黏塑性区分开。这些模型的重要特征是非线性运动学硬化，这种运动学硬化项可包含回复、各向同性硬化和时效的影响。所有材料参数可看成是温度的函数。

6.6.3 混合相整体力学性能预测

在钢的淬火过程中，在任何时间内部件的任何位置处的微观组织都在变化，直至相变完成。微观组织的动力学变化将导致混合相的力学性能发生改变。然后预测混合相的整体力学性能，例如混合相的流变应力，这已成为相关研究的主要问题。

在相关文献中，计算混合相屈服应力的常用方法是采用混合线性法则。虽然该方法在共存相硬度相当的情况下已足够精确，然而淬火后决定最终应力分布的相变是从较软的奥氏体转变为较硬的马氏体。很显然，假设在等应变条件下的混合线性法则对这种混合相不适用。实际上，塑性应变趋向于集中在较软相，形成一个比采用混合法则预测较软的混合相。因此，平均性能模型的有效性受到质疑。Stringfellow 和 Parks 已对其进行了研究。Leblond 等指出，只要硬相的分数足够小，所有相中偏应力分量是相等的。

混合模型线性规则的一个替代模型是 Reuss 模型。Reuss 提出一个均匀应力假设，假设每种相中的应力相同，当施加的宏观均匀应力由微观非均匀组织所导致时，真实应力场中的总平均应力是不均匀的。根据这一假设得到下列本构关系：

$$d\sigma_{ij} = D_{ijkl}(d\varepsilon_{ij} + d\varepsilon_{ij}^{T}) \tag{6-88}$$

$$\overline{S}_{ijkl} = \sum_{m} \xi_m S_{ijkl}^{m} \tag{6-89}$$

$$d\varepsilon_{ij}^{T} = \sum_{m} \xi_m S_{ijkl}^{m} d\sigma_{ij}^{Tm} \tag{6-90}$$

$$D_{ijkl}^{ep} = [S_{ijkl}]^{-1} \tag{6-91}$$

$$d\varepsilon_{ij} = S_{ijkl} d\sigma_{ij} - d\varepsilon_{ij}^{T} \tag{6-92}$$

以上各式中，D_{ijkl} 和 S_{ijkl} 为四阶弹性本构张量和顺度张量。

Voigt 提出了另外一个模型。与等应力模型相类似，在 Voigt 提出的模型中，每种相的应变相同，等于总平均应变。根据他的假设得出下列本构关系：

$$d\sigma_{ij} = D_{ijkl}d\varepsilon_{kl} + d\overline{\sigma}_{ij}^{T} \tag{6-93}$$

其中

$$D_{ijkl} = \sum_{m}\xi_{m}D_{ijkl} \tag{6-94}$$

$$d\sigma_{ij}^{T} = \sum_{m}\xi_{m}d\sigma_{ij}^{Tm} \tag{6-95}$$

Geijsalers 预计混合相的整体力学性能以一组简单假设为基础，即较小的较硬的夹杂物周期性分布在软基体中。合成屈服应力可近似为

$$\sigma_{f} = \sum_{k=1}^{p}f(\xi_{k})\sigma_{f}^{k} \tag{6-96}$$

其中

$$f(\xi_{k}) = \begin{cases} \xi_{m}(C + 2(1-C)\xi_{m} - (1-C)(\xi_{m})^{2}) & ;对于马氏体而言 \\ \xi_{k} & ;对于其他相而言 \end{cases} \tag{6-97}$$

$$C = 1.383\frac{\sigma_{f}^{\gamma}}{\sigma_{f}^{m}} \tag{6-98}$$

式（6-97）中第一项用于马氏体，第二项用于其他相。从该方程得到的结果几乎与 Leblond 等得到的结果相同。然而，此方程仅适用于马氏体和奥氏体硬度相差比较大的情况，将其运用于具有相同屈服应力的两相混合体时将得到错误的结果。

6.6.4　相变引起的塑性记忆损失

包含相变的塑性变形历史的定义并不是那么直接，问题出在真实流动应力计算中。由于刚形成的相被认为没有应变，因此相变（特别是重构）造成塑性记忆损失。请记住塑性变形记忆是通过特定的位错堆积和缠结存储在钢中。在连续性相变过程中，积累在奥氏体相中的塑性变形将部分或全部消失。

在流变应力计算中引入这些影响的方法是定义一个新的硬化参数 κ，替代有效塑性应变（$\overline{\varepsilon}^{p}$），以确定实际应变硬化的量。

$$\dot{\kappa}_{k} \approx \left(\dot{\overline{\varepsilon}}^{p} - \frac{\dot{\xi}_{k}}{\xi_{k}}\kappa_{k}\right)dt \tag{6-99}$$

注意由于从淬火一开始就已经存在奥氏体相，因此 κ 必须等于有效塑性应变。然而，对于其他从奥氏体相变得到的相，可采用下面的关系进行计算和更新。

$$\dot{\kappa}_{k_{(t+\Delta t)}} = \int_{tsk}^{t}\left(\dot{\overline{\varepsilon}}^{p} - \frac{\dot{\xi}_{k}}{\xi_{k}}\kappa_{k_{(t)}}\right)dt \tag{6-100}$$

采用这个新的状态变量，流动应力的定义变为

$$\sigma_{f} = \sum_{k=1}^{p}\xi_{k}\sigma_{k}^{0} + \sum_{k=1}^{p}\xi_{k}\kappa_{k}H_{k} = \sigma_{0} + \sum_{k=1}^{p}\xi_{k}\kappa_{k}H_{k} \tag{6-101}$$

6.6.5　力学行为控制方程

在任何连续模型中，在给定边界 A 的区域 V 内，必须确定位移场 u_{i}，应变场 ε_{ij} 和

应力场 σ_{ij}，该区域表示真实世界中的物体。如果将淬火过程看作具有瞬态温度场中的准静态问题，力必须满足下列平衡公式：

$$\sigma_{ji,j} + F_i = 0 \qquad \text{；在区域 } V \text{ 内} \qquad (6\text{-}102)$$

$$\sigma_{ji} n_j = T_i \qquad \text{；在边界 } A \text{ 上} \qquad (6\text{-}103)$$

式中，F_i 和 T_i 表示指定的体力和边界上每个点的牵引力。如果位移很小，应变和位移的关系为

$$\varepsilon_{ij} = \frac{1}{2}(u_{i,j} + u_{j,i}) \qquad \text{；在区域 } V \text{ 内} \qquad (6\text{-}104)$$

$$u_i = U_i \qquad \text{；在边界 } A \text{ 上.} \qquad (6\text{-}105)$$

式中，U_i 为指定的边界位移。

这些原理与试样的材料和几何形状无关。然而，从现在开始，为了容易进行公式化，将采用轴对称几何进行推导。

对一个轴对称物体，任何径向位移将在圆周方向上自动引入应变。因此，应力和应变场可表示为

$$\varepsilon_i = \{\varepsilon_r \varepsilon_\theta \varepsilon_z \varepsilon_{rz}\}^T \qquad (6\text{-}106)$$

$$\sigma_i = \{\sigma_r \sigma_\theta \sigma_z \sigma_{rz}\}^T \qquad (6\text{-}107)$$

在无限长圆柱体条件下，所有应力关于 z 的导数为 0。由于轴对称几何，所有应力关于 θ 的导数也消失。由于圆柱表面为自由表面，剪切应力也为 0。因此，应力平衡方程简化为

$$\frac{d\sigma}{dr} + \frac{\sigma_r - \sigma_\theta}{r} = 0 \qquad (6\text{-}108)$$

此外，对于无限长圆柱体，假设温度沿径向变化，且假设棒的末端自由移动。这就是一般的平面应变条件，要求轴应变恒定。仅研究远离末端的圆柱部分，这样轴向应变与半径无关。对位移也进行了一些假设，u_r 不是 z 的函数，对于轴对称问题，由于不存在扭曲，因此位移 θ 与无关。在这些假设完成后，应变矢量简化为

$$\{\varepsilon_r \varepsilon_\theta \varepsilon_z\} = \left\{\frac{du_r}{dr} \quad \frac{u_r}{r} \quad \frac{du_z}{dz}\right\} \qquad (6\text{-}109)$$

这些考虑和假设主要与具体的几何情况有关，针对不同的几何体，必须指定应力和应变场的本构方程。在处理载荷和温度同时变化的非等温结构响应过程中，需要对等温程序进行大量的修正。热塑性处理的本构方程需要考虑温度对弹性模量、Poisson 比、屈服应力、塑性硬化系数和热膨胀系数的影响。

6.6.5.1 纯弹性行为的公式化

假设材料是线弹性的，弹性应变增量与应力增量的关系由 Hooke 定律给出

$$\varepsilon_{ij}^e = \frac{1}{E}\left[(1+\nu)\sigma_{ij} - \delta_{ij}\nu\sigma_{ij}\right] \qquad (6\text{-}110)$$

式中，弹性模型（E）和 Poisson 比（ν）与温度和相分数有关。E 和 ν 的关系可采用混合线性规则进行描述。那么，弹性应变率定义为

$$\dot{\varepsilon}_{ij}^{e} = \frac{1}{E} \left[-\left(\frac{(1+\nu)\sigma_{ij} - \delta_{ij}\nu\sigma_{mm}}{E} \right) \dot{E} + (\sigma_{ij} - \delta_{ij}\nu\sigma_{mm}) \dot{\nu} + (1+\nu)\dot{\sigma}_{ij} - \delta_{ij}\nu\dot{\sigma}_{mm} \right]$$

$$(6\text{-}111)$$

6.6.5.2 纯热应变的公式化

由于热膨胀引起的热应变增量定义为

$$\varepsilon_{ij}^{th} = \sum_{k=1}^{P} \xi_k \int_0^T \alpha_k \cdot \mathrm{d}T \tag{6-112}$$

式中，α_k 为 k 相与温度有关的热膨胀系数。如果 0℃ 条件下奥氏体的热应变为零，那么应变率的形式为

$$\dot{\varepsilon}_{ij}^{th} = \sum_{k=1}^{P} \left[\dot{\xi}_k \int_0^T \alpha_k \cdot \mathrm{d}T + \xi_k \alpha_k \dot{T} \right] \tag{6-113}$$

6.6.5.3 膨胀相变应变的公式化

由相变引起的体应变可表示为

$$\varepsilon_{ij}^{pt} = \sum_{k=1}^{P} \frac{1}{3} \delta_{ij} \Delta_k \xi_k \tag{6-114}$$

其中 Δ_k 表示奥氏体分解为第 k 种相而引起的结构膨胀。对时间求导，可得到应变率

$$\dot{\varepsilon}_{ij}^{pt} = \sum_{k=1}^{P-1} \frac{1}{3} \delta_{ij} \Delta_k \dot{\xi}_k \tag{6-115}$$

6.6.5.4 相变塑性的公式化

使用最广泛的相变塑性应变率公式为：

$$\dot{\varepsilon}_{ij}^{tr} = \frac{3}{2} K_k \dot{\xi}_k (1 - \xi_k) S_{ij} \tag{6-116}$$

也可用其他形式表示。TRIP 概念及其模型详见 6.6.8 节。

6.6.5.5 淬火过程中塑性行为的公式化

具有明确历史的任意给定状态，假设存在一个屈服函数 Φ，该函数与应力状态 $F(\sigma_{ij})$ 和可变流动应力 σ_f 有关。对于淬火问题，屈服函数定义为

$$\Phi = F(\sigma_{ij}) - (\sigma_f(T, \xi_k, \overline{\varepsilon}^p))^2 \tag{6-117}$$

其中可变流动应力是温度、微观组织组成和塑性变形历史的函数。

如前节提到的那样，相变造成塑性记忆损失，且 $\overline{\varepsilon}^p$ 不能用作状态变量。然而，类似于热弹塑性问题，为了考虑这一效应，需要对公式进行一些修改。

为了确保发生塑性变形，应力必须限制在屈服面上。对屈服函数求导可得到塑性相容性方程。

$$\frac{\mathrm{d}\Phi}{\mathrm{d}t} = \frac{\partial F}{\partial \sigma_{ij}} \dot{\sigma}_{ij} - 2 \left[\frac{\partial \sigma_f}{\partial T} \dot{T} + \sum_{k=1}^{P} \left(\frac{\partial \sigma_f}{\partial \xi_k} \dot{\xi}_k \right) + \frac{\partial \sigma_f}{\partial \varepsilon^p} \dot{\varepsilon}^p \right] = 0 \tag{6-118}$$

定义弹塑性问题的下一步是定义流动法则。采用塑性势（plastic potential）的概念来定义流动法则。假设存在一个标量应力函数 $F(\sigma_{ij})$，根据该函数，塑性应变增量的

分量正比于 $\partial F/\partial\sigma_{ij}$。假定 von Mises 屈服准则源于弹塑性本构关系，则

$$F(\sigma_{ij}) = \frac{3}{2}S_{ij}S_{ij} \tag{6-119}$$

其中偏应力张量 S_{ij} 定义为

$$S_{ij} = \sigma_{ij} - \frac{1}{3}\delta_{ij}\sigma_{mm} \tag{6-120}$$

函数关于应力的微分为

$$\frac{\partial F}{\partial\sigma_{ij}} = \frac{3}{2}\frac{\partial(S_{kl}S_{kl})}{\partial\sigma_{ij}} = 3S_{kl}\frac{\partial S_{mn}}{\partial\sigma_{ij}} = 3S_{ij} \tag{6-121}$$

上述假设代表了 Drucker 公设的结果。根据此公设，一个完整的加载和卸载循环将导致塑性功，外力所做的净功必须大于零。塑性耗散功为总功中的可逆部分，可表示为

$$d\varepsilon_{ij}^{p}d\sigma_{ij} \geqslant 0 \tag{6-122}$$

在塑性流变过程中遵循下列方程

$$\frac{\partial\Phi}{\partial\sigma_{ij}}d\sigma_{ij} \geqslant 0 \tag{6-123}$$

本节中用于淬火模拟的塑性流变理论具有两个主要特征。首先，假设塑性应变率沿着塑性势函数的外法线方向，服从 Prandtl-Reuss 流变规则。第二，假设塑性势具有与屈服面相同的形式，与线性流变理论相联系。那么，后续方程将根据下式推导

$$\dot{\varepsilon}_{ij}^{p} = d\lambda\frac{\partial F}{\partial\sigma_{ij}} = d\lambda\frac{\partial F}{\partial S_{ij}} \tag{6-124}$$

式中，$d\lambda$ 为塑性因子。

效塑性应变由塑性历史确定。等效塑性应变率由 Von Mises 屈服面和 Rrandtl-Reuss 关系组成

$$\dot{\varepsilon}^{p} = d\lambda\sqrt{\frac{2}{3}\frac{\partial F}{\partial\sigma_{ij}}\frac{\partial F}{\partial\sigma_{ij}}} \tag{6-125}$$

定义弹塑性问题的最后阶段是定义硬化规则。在固体力学中，存在三个主要硬化类型，即各向同性、动力学和复合硬化。在文献中，各向同性硬化和运动学硬化规则都可用于淬火模拟。然而本章将关注各向同性线性硬化规则。

在各向同性硬化过程中，允许屈服面尺寸的变化正比于其初始位置和形状。这意味着拉伸屈服强度的增加也将使压缩屈服强度增加。线性各向同性硬化所需的可变流动应力定义为

$$\sigma_{f} = \sigma_{o} + H\varepsilon^{p} \tag{6-126}$$

式中，σ_{o} 和 H 分别表示屈服强度和塑性硬化模量。

对于淬火模拟，假设仅在计算 σ_{o} 和 H 时需考虑相变和温度变化对塑性材料性能的影响。代入流动公式的导数后，塑性相容性方程具有如下形式：

$$\frac{\partial F}{\partial\sigma_{ij}}\dot{\sigma}_{ij} - 2\sigma_{f}\left[\frac{\partial\sigma_{f}}{\partial T}\dot{T} + \sum_{k=1}^{p}\frac{\partial\sigma_{f}}{\partial\xi_{k}}\dot{\xi}_{k} - H\dot{\varepsilon}^{p}\right] = 0 \tag{6-127}$$

请注意，由于 σ_{o} 和 H 与温度有关，在不同温度条件下，尽管塑性应变相同，应力

也不相同。在计算过程中必须考虑这一条件。

6.6.5.6 塑性变形记忆损失的公式化

为了考虑塑性记忆损失，用一个新的状态变量（κ）替代$\overline{\varepsilon}^p$；屈服函数更新为

$$\Phi = F(\sigma_{ij}) - (\sigma_f(T, \xi_k, \kappa_k))^2 \tag{6-128}$$

因此，塑性相容性条件具有如下形式：

$$\frac{\partial F}{\partial \sigma_{ij}} \dot{\sigma}_{ij} - 2\sigma_f \left[\frac{\partial \sigma_f}{\partial T} \dot{T} + \sum_{k=1}^{p} \frac{\partial \sigma_f}{\partial \xi_k} \dot{\xi}_k + \sum_{k=1}^{p-1} \frac{\partial \sigma_f}{\partial \kappa_k} \dot{\kappa}_k \right] = 0 \tag{6-129}$$

其中求和取遍了除奥氏体以外的所有相。其次，在方程中引入相应的流动应力导数：

$$\frac{\partial F}{\partial \sigma_{ij}} \dot{\sigma}_{ij} - 2\sigma_f \left[\frac{\partial \sigma_f}{\partial T} \dot{T} + \sum_{k=1}^{p} \frac{\partial \sigma_f}{\partial \xi_k} \dot{\xi}_k + \sum_{k=1}^{p-1} \frac{\partial \sigma_f}{\partial \kappa_k} \dot{\kappa}_k \right] = 0 \tag{6-130}$$

稍作修改后，方程可写成

$$\frac{\partial F}{\partial \sigma_{ij}} \dot{\sigma}_{ij} - 2\sigma_f \left(\frac{\partial \sigma_f}{\partial T} \dot{T} + H_\gamma \kappa_\gamma \dot{\xi}_\gamma \right) = 2\sigma_f \sum_{k=1}^{p} \left(\xi_k H_k d\lambda \sqrt{\frac{2}{3} \frac{\partial F}{\partial \sigma_{ij}} \frac{\partial F}{\partial \sigma_{ij}}} \right) \tag{6-131}$$

移项后，方程变为

$$\frac{\partial F}{\partial \sigma_{ij}} \dot{\sigma}_{ij} + C_1 - C_2 d\lambda = 0 \tag{6-132}$$

其中常量 C_1 和 C_2 为

$$C_1 = -2\sigma_f \left[H_\gamma \kappa_\gamma \dot{\xi}_\gamma + \sum_{k=1}^{p} \left((\dot{\sigma}_0)_k + \kappa_k \dot{H}_k \right) \right] \tag{6-133}$$

$$C_2 = 2\sigma_f \sum \xi_k H_k \sqrt{\frac{2}{3} \frac{\partial F}{\partial \sigma_{ij}} \frac{\partial F}{\partial \sigma_{ij}}} \tag{6-134}$$

6.6.6 淬火的热-弹-塑性公式

由于温度的变化和相变，在边界单元内的材料受到由于温度变化和相变引起的初始应变增量 $\{d\varepsilon^0/dt\}$。那么，应力增量可能源于实际应变增量和初始应变之差。通过 Hooke 定律以及式（6-110）和式（6-124）可导出如下关系：

$$\dot{\varepsilon}_{ij} - \dot{\varepsilon}_{ij}^{\circ} = \frac{1}{[D_e]} \dot{\sigma}_{ij} + d\lambda \frac{\partial F}{\partial \sigma_{ij}} \tag{6-135}$$

式中，$[D_e]$ 为弹性本构矩阵，在轴对称情况下可由下式进行计算

$$[D_e] = \frac{E}{(1+\nu)(1-2\nu)} \begin{bmatrix} 1-\nu & \nu & \nu \\ \nu & 1-\nu & \nu \\ \nu & \nu & 1-\nu \end{bmatrix} \tag{6-136}$$

仅当弹性应力倾向于将应力施加于屈服面时，会出现应变塑性增量。另一方面，如果发生卸载，将不会发生塑性应变。应力率可通过将方程（6-135）进行重排得到：

$$\dot{\sigma}_{ij} = [D_e] \left(\dot{\varepsilon}_{ij} - \dot{\varepsilon}_{ij}^{\circ} - d\lambda \frac{\partial F}{\partial \sigma_{ij}} \right) \tag{6-137}$$

弹塑性矩阵 $[D_{ep}]$ 代入方程中得：

$$\dot{\sigma}_{ij} = [D_{ep}](\dot{\varepsilon}_{ij} - \dot{\varepsilon}_{ij}^{\circ}) \tag{6-138}$$

如果 $d\lambda$ 的瞬时值为负，将其值设为零，正确的应力率仅由弹性部分给出。此过程可用来检测塑性卸载。

6.6.6.1 标准切向模量矩阵和一致性切向模量矩阵的推导

采用一致性弹塑性切向模量替换标准切向模量矩阵可以提高收敛率，且可使用较大的时间步长。对时间增量的有限值，采用经典的弹塑性模量 $[D_{ep}]$ 将给牛顿方法二次收敛特征的渐进率带来损失。在本节中，将给出一致性模量和标准模量的推导。

将式（6-132）乘上 $[D_{ep}]\dfrac{dF}{d\sigma_{ij}}$，并代入式（6-138）中，求解 $d\lambda$，即可推导出标准切向模量：

$$d\lambda = \frac{1}{C_2 + \dfrac{\partial F^T}{\partial \sigma_{ij}}[D_e]\dfrac{\partial F}{\partial \sigma_{ij}}}\Big[(\dot{\varepsilon}_{ij} - \dot{\varepsilon}_{ij}^{\circ})[D_e]\frac{\partial F}{\partial \sigma_{ij}} + C_1 \Big] \tag{6-139}$$

对方程进行重排可得到标准切向模量矩阵：

$$S_{ij} = \frac{1}{E}\begin{bmatrix} 1 & -\nu & -\nu \\ -\nu & 1 & -v \\ -v & -\nu & 1 \end{bmatrix} + \frac{1}{C_2}\frac{\partial F}{\partial \sigma_{ij}}\frac{\partial F}{\partial \sigma_{ij}} \tag{6-140}$$

$$[D_{ep}] = [S]^{-1} \tag{6-141}$$

可根据下式推导一致性切向模量矩阵的一般形式

$$\sigma_{ij} = \sigma_{ij}^{B}\Delta\lambda[D_e]\frac{\partial F}{\partial \sigma_{ij}} \tag{6-142}$$

其中 σ^B 为弹性尝试应力。对时间进行求导得到

$$\dot{\sigma}_{ij} = [D_e]\Big(\dot{\varepsilon}_{ij} - \dot{\varepsilon}_{ij}^{\circ} - d\lambda\frac{\partial F}{\partial \sigma_{ij}} - \Delta\lambda\frac{\partial^2 F}{\partial \sigma_{ij}^2} \Big) \tag{6-143}$$

稍加修改后，具有与式（6-138）相似的形式

$$\dot{\sigma}_{ij} = [Q]\Big(\dot{\varepsilon}_{ij} - \dot{\varepsilon}_{ij}^{\circ} - d\lambda\frac{\partial F}{\partial \sigma_{ij}} \Big) \tag{6-144}$$

其中 $[Q]$ 为以径向回归映射为基础的一致性切向模量矩阵

$$[Q] = [D_e]\Big[1 + \Delta\lambda[D_e]\frac{\partial^2 F}{\partial \sigma_{ij}^2} \Big]^{-1} \tag{6-145}$$

6.6.6.2 求解算法

如果已知由热梯度和相变引起的应变率，且假定在每个时间间隔内为常量，那么式（6-136）定义了一个初值问题，其中初始时间增量步的应力、硬化参数、温度和相体积分数已知。求解这一初值问题的最明显的方法是采用向前 Euler 积分框架，其加载历史被分解为许多载荷增量步。在每个增量步，由热梯度和相变引起的力和每个节点的位移可通过全局刚度方程来确定。然后，每个积分点的应变采用应变-位移率关系进行估算。同样地，每个积分点的应力采用弹塑性本构律进行估算。如果出现塑性屈服，将总应变张量进行分解确定弹性和塑性应变增量。通过线性解的迭代顺序得到由塑性流动引起的

非线性行为的解。然而，对于一个不正确的向前 Euler 积分框架，由于误差的积累，将导致屈服面处出现不安全的漂移，除非将应力拉回到屈服面内。为了克服这一问题，可采用如下程序：

1）对向前 Euler 框架增加一个范围屈服面校正。

2）采用亚增量。

3）采用一些向后或中央 Euler 框架。

在每种情况下，我们的目标都是对给定旧应力和应变的 Gauss 点处的应力进行更新。第一步是采用弹性关系更新所有程序的应力。如果新的应力位于屈服面内，材料保持弹性或从屈服面上弹性卸载，在这种情况下，不需要对率方程进行积分。然而，如果应力位于屈服面外，则需要采取一个积分过程。

回归映射算法是塑性率方程的一个有效数值积分过程。对任何凸屈服函数，积分问题可简化为寻找一个与凸集距离最小的标准最小化问题。首先对弹性方程进行积分得到弹性预测指标，在弹-塑性分离基础上，可以很方便地采用回归映射算法进行定义。弹性预测指标作为塑性方程的初始条件。借助定义的塑性预测指标，将弹性预测应力弛豫到已更新的屈服面上。在与流变规则和各向同性硬化有关以及服从 Von Mises 屈服条件的特殊情况下，此过程可看成是"径向回归映射"。此算法常常与标准切向模量矩阵一起使用，然而采用一致性切向模量矩阵可显著提高收敛性。

Ortiz 和 Popov 发展的广义梯形积分法则可用于应变率状态积分，

$$\sigma_D = \sigma_A + [D_e](\Delta\varepsilon - \Delta\varepsilon^P) = \sigma_B - [D_e]\Delta\varepsilon^P \tag{6-146}$$

$$\Delta\varepsilon^P = \Delta\lambda\Big[(1-\eta)\frac{\partial\Phi_A}{\partial\sigma} + \eta\frac{\partial\Phi_D}{\partial\sigma}\Big] \tag{6-147}$$

$$\Delta\varepsilon^P = \Delta\lambda\Big\{\frac{\partial\Phi}{\partial\sigma}\big[(1-\eta)\sigma_A + \eta\sigma_B\big]\Big\} \tag{6-148}$$

式中，A 为开始点，D 为屈服面上的最终点（见图 6-10）。尝试应力矢量被返回到更新的屈服面，部分沿着初始和最终塑性流动方向。在 Von Mises 屈服条件下，依赖于 η 值的三个常用过程被用于对塑性率方程进行积分，与流动法则和各向同性硬化有关。η 值决定了积分的稳定性和精确性。当 η 值为 0 时，此方法被称为显式向前 Euler 法；当 η 值大于零时，积分过程称为隐式，例如，当 η 等于 0.5 时，积分过程称为隐式平均正常方法；当 η 等于 1 时，称为向后 Euler 法（弹性预测-径向回归法）。对于 Von Mises 屈服面，积分过程仅在 η 值大于或等于 0.5 的

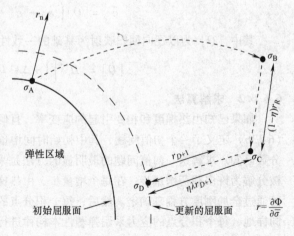

图 6-10　径向回归映射过程的示意图

情况下是无条件稳定的。

6.6.6.3 积分

就 Von Mises 屈服条件、Prandtl-Reuss 流动法则及各向同性硬化而言，当 $\eta = 0$ 时，广义梯形积分法则被看成切向刚度-径向校正方法。接触点 (σ_n) 处的塑性流变方向平行于屈服面法向方向，积分可写成矩阵形式：

$$\{\sigma\}_{n+1} = \{\sigma\}_n + [D_{ep}]\{\Delta\varepsilon\} \tag{6-149}$$

与一阶向前 Euler 方法相对应。如果应变增量矢量平行于接触应力的偏应力分量方向（径向加载），那么此方法是精确的。在其他应变增量矢量方向上，更新的应力矢量的方向和屈服面的半径均会引入误差。积分框架总结如下：

1）初始时所有应力和应变值为零，所有取样点的本构矩阵 $[D]$ 等于弹性矩阵 $[D_e]$。在第一次计算循环中提供这些值。随后，采用首次增量载荷 $\{\Delta f_0\}_1$，在给定的时间增量内根据温度和相变量计算。

2）取样点 $[D]_{i-1} = [D_e]_{i-1}$ 发生屈服（对于当前态 $\{\sigma\}_{i-1}$，$\Phi < 0$）或者卸载（$\{\sigma\}$ 最近发生的变化，$d\Phi < 0$）。否则属于塑性变形。求解塑性变形中每个 Gauss 点的弹塑性切向模量矩阵 $[D_{ep}]_{i-1}$。

3）求解单元刚度矩阵。将 $[K]_{i-1}$ 进行组装得到整体切向刚度矩阵。

4）求解结构位移率，计算 Gauss 点的位移增量 $\{\Delta a\}_{i-1}$ 和应变增量 $\{\Delta\varepsilon\}_{i-1}$。

5）假设一个完整的弹性变形，计算应力增量。

$$\{\Delta\sigma\}_i = [D_e](\{\Delta\varepsilon\}_i - \{\Delta\varepsilon^\circ\}_i) \tag{6-150}$$

然后将这个值加在已存在的应力上，计算有效应力值。其次，检查每个积分点上的有效应力是否大于屈服应力。对处于弹性区域内的 Gauss 点直接跳到第9）步。

6）对于塑性区域内的 Gauss 点，应力比大于屈服极限的必须减去屈服面。为了满足屈服准则以及防止虚假硬化，应力点不能移动到屈服面以外。因此，落在屈服面上的应力点仅是横向的，直至满足平衡条件和本构关系。

$$\{\Delta\sigma\}_D = \{\Delta\sigma\}_B - \Delta\lambda[D_e]\left\{\frac{\partial F}{\partial\sigma}\right\} \tag{6-151}$$

计算过程中必须考虑一个复杂情况。对于弹塑性转变的 Gauss 点（即，开始屈服），接触应力必须保证将应力增量矢量分解为完全弹性 $(1-\omega)$ 和弹塑性 (ω) 部分。对弹性区中的点 A 进行加载，应力点发生弹性移动直至到达屈服面。弹性行为超过这个点将会导致 B 点定义的最终应力状态（见图6-11）。

7）更新解。

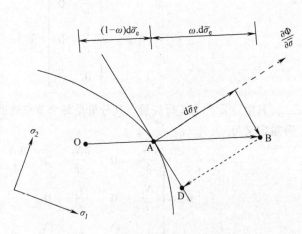

图 6-11 屈服初期的应力状态分解

$$\{u\}_i = \{u\}_{i-1} + \{\Delta u\}_i \tag{6-152}$$

$$\{\sigma\}_i = \{\sigma\}_{i-1} + \{\Delta \sigma\}_i \tag{6-153}$$

8）为了阻止过程漂移引入校正载荷。这样，在下一迭代步 $\{f_0\}_i - \{g\}_i$ 的载荷校正为

$$\{g\}_i = \int [B]^{\mathrm{T}} \{\sigma\}_i \mathrm{d}V \tag{6-154}$$

在第 i 个循环中不存在外载荷。求和取遍结构的所有单元，并反映出应力为 $\{\sigma\}_i$ 的单元对节点施加的载荷。

9）根据式（6-148）更新位移，应用下一载荷增量，并返回到第2）步。

6.6.7　热弹塑性问题的有限元求解

在力学问题的求解过程中，采用相同的有限元进行热学计算。在热计算和力学计算之间，通过前几节给出的原理确定每个节点上的微观组织演变。使用每个单元温度和相变量的平均值进行热应变和相变应变计算。

6.6.7.1　理想化和离散化

单元层次上的近似是将具有运动学上的完全分布替换为位移率矢量，

$$\{\dot{u}\} = [N]\{\dot{a}\} \tag{6-155}$$

其中 $\dot{u}$ 为节点位移率矢量，$[N]$ 为形函数矩阵

$$[N] = \begin{bmatrix} N_1 & 0 & N_2 & 0 & N_3 & 0 & N_4 & 0 \\ 0 & N_1 & 0 & N_2 & 0 & N_3 & 0 & N_4 \end{bmatrix} \tag{6-156}$$

其中形函数定义为

$$N_i = \frac{1}{4}(1 + s_i s)(1 + t_i t) \tag{6-157}$$

线性位移使单元的应变为常量。因此，一个单元内的应变率状态可表示为

$$\{\dot{\varepsilon}\} = \begin{bmatrix} \dfrac{\partial}{\partial r} & 0 \\ \dfrac{1}{r} & 0 \\ 0 & \dfrac{\partial}{\partial z} \end{bmatrix} \{\dot{u}\} = [B]\{\dot{u}\} \tag{6-158}$$

其中 $\{\dot{a}\}$ 为8行矢量，其分量是每个节点处的位移率。$[B]$ 为 3×8 的矩阵，其分量定义为

$$[B] = \begin{bmatrix} \dfrac{\partial N_1}{\partial r} & 0 & \dfrac{\partial N_2}{\partial r} & 0 & \dfrac{\partial N_3}{\partial r} & 0 & \dfrac{\partial N_4}{\partial r} & 0 \\[2mm] \dfrac{N_1}{r} & 0 & \dfrac{N_2}{r} & 0 & \dfrac{N_3}{r} & 0 & \dfrac{N_4}{r} & 0 \\[2mm] 0 & \dfrac{\partial N_1}{\partial z} & 0 & \dfrac{\partial N_2}{\partial z} & 0 & \dfrac{\partial N_3}{\partial z} & 0 & \dfrac{\partial N_4}{\partial z} \end{bmatrix} \tag{6-159}$$

6.6.7.2 单元方程的推导

首先，与传热问题的 FE 公式相似，为了方便起见，将整体坐标系（r,z）转变到局部坐标系（s,t）中。然后将每个单元内的应力和应变状态假设为常数。假设初始应力引起的初始应变矢量 $\{\varepsilon_0\}$ 由 $\{\dot{\varepsilon}^\circ\}$ 定义

$$\{\dot{\varepsilon}^\circ\} = \left\{\begin{array}{c} \dot{\varepsilon}^\circ_r \\ \dot{\varepsilon}^\circ_\theta \\ \dot{\varepsilon}^\circ_z \end{array}\right\} = \left\{\begin{array}{c} \dot{\varepsilon}^e_r + \dot{\varepsilon}^p_r + \dot{\varepsilon}^{th}_r + \dot{\varepsilon}^{pt}_r + \dot{\varepsilon}^{tr}_r \\ \dot{\varepsilon}^e_\theta + \dot{\varepsilon}^p_\theta + \dot{\varepsilon}^{th}_\theta + \dot{\varepsilon}^{pt}_\theta + \dot{\varepsilon}^{tr}_\theta \\ \dot{\varepsilon}^e_z + \dot{\varepsilon}^p_z + \dot{\varepsilon}^{th}_z + \dot{\varepsilon}^{pt}_z + \dot{\varepsilon}^{tr}_z \end{array}\right\} \tag{6-160}$$

其分量为

$$\dot{\varepsilon}^\circ_i = -\frac{1}{E^2}\dot{E}\left[\sigma_i - \nu(3\sigma_{mm} - \sigma_i)\right] - \frac{1}{E}\dot{\nu}(3\sigma_{mm} - \sigma_i) + \frac{C_1}{C_2}\frac{\partial F}{\partial \sigma_{ij}} + \dot{\varepsilon}^{th}_r + \dot{\varepsilon}^{pt}_r + \dot{\varepsilon}^{tr}_r \tag{6-161}$$

那么，初始应变率引起的单元载荷率矢量等于

$$\{\dot{f}^\circ\} = [B]^T[D]\{\dot{\varepsilon}^\circ\}V^e \tag{6-162}$$

其中 $[D]$ 即可看成单元弹性本构矩阵，也可看成单元弹塑性本构矩阵，取决于变形区域。

最后，单元方程写成标准形式

$$[K]^e\{\dot{u}\}^e = \{\dot{f}^\circ\}^e \tag{6-163}$$

根据下式可得到单元本构矩阵

$$[K]^e = [B]^T[D][B]V^e \tag{6-164}$$

式中，V^e 为单元体积。

6.6.7.3 集成

单元的集成以节点的相容性为前提。未知事件必须在节点处进行共享。类似于传热问题的有限元公式，我们采用一个整体系统方程

$$[K]\{\dot{u}\} = \{\dot{f}\} \tag{6-165}$$

其中 $\{\dot{f}\}$ 表示将初始载荷率 $\{\dot{f}_0\}$ 和外加载荷率 $\{\dot{f}_{ext}\}$ 矢量组合起来的整体载荷率矢量。

在这一步骤中，应该注意的是，切向模量公式导致载荷不平衡的问题，即计算得到的应力分布步不等于施加的载荷。这种不平衡是由于在每个求解步骤结束后为了满足屈服条件所做的校正。因此，正确的载荷计算过程中，必须引入更新刚度矩阵计算来防止过程漂移。引入平衡校正项是将漂移减小到可接受程度的行之有效的方法之一，即在增量求解过程中，在有规则的间隔内添加一个载荷矢量。在首个迭代步中，可将载荷率矢量 $\{\dot{f}\}$ 用一个校正载荷率矢量 $\{\dot{R}\}$ 进行替代，即

$$\{\dot{R}\} = \{\dot{f}\} \tag{6-166}$$

然后，开始第二个迭代步时，校正载荷率矢量更新为

$$\{\dot{R}\} = \frac{\{f\} - \{g\}}{\Delta t} \tag{6-167}$$

其中 $\{g\}$ 为迭代步结束时采用应力值结束得到的载荷矢量。每个单元根据下式计算

$$\{g\} = \int [B]^T \{\sigma\} dV \tag{6-168}$$

6.6.7.4 施加边界条件

施加边界条件包括施加两种不同的边界条件。

底线节点的轴向位移为零。因此删除矩阵中相应的行和列。为了引入位移边界条件，将整体刚度方程做如下排列：

$$\begin{bmatrix} [K_{AA}] & [K_{AB}] & [K_{AC}] & [K_{AD}] \\ [K_{AB}]^T & K_{BB} & [K_{BC}] & [K_{BD}] \\ [K_{AC}]^T & [K_{BC}]^T & [K_{CC}] & [K_{CD}] \\ [K_{AD}]^T & [K_{BD}]^T & [K_{CD}]^T & [K_{DD}] \end{bmatrix} \begin{Bmatrix} \{\dot{u}_A\} \\ \dot{u}_B \\ \{\dot{u}_C\} \\ \{\dot{u}_D\} \end{Bmatrix} = \begin{Bmatrix} \{\dot{f}_A\} \\ \dot{f}_B \\ \{\dot{f}_C\} \\ \{\dot{f}_D\} \end{Bmatrix} \tag{6-169}$$

其中 $\{\dot{u}_A\}$ 包含底线上节点的径向位移率，$\{\dot{u}_B\}$ 等于上线节点中心的轴向位移率，$\{\dot{u}_C\}$ 包含上线节点的径向位移率，$\{\dot{u}_D\}$ 包含处中心节点外的上线节点轴向位移率。

由于在连续变形后两端与轴相垂直的线必须保持在平面内，因此上线节点的轴向位移彼此相等。

$$\{\dot{u}_C\} = \dot{u}_B \{1\} \tag{6-170}$$

上线和底线上的节点具有相同的径向位移。

$$\{\dot{u}_D\} = \{\dot{u}_A\} \tag{6-171}$$

进行适当重排后，所有这些方程的插入点遵循如下方程。

$$\begin{bmatrix} [K_{AA}] + [K_{AC}] & \{K_{AB}\} + \{K_{AD}\} \cdot \{1\} \\ [K_{AB}]^T + \{K_{BC}\} & K_{BB} + \{K_{BD}\} \cdot \{1\} \end{bmatrix} \begin{Bmatrix} \dot{u}_A \\ \dot{u}_B \end{Bmatrix} = \begin{Bmatrix} \dot{f}_A^\circ + \dot{f}_A^{ext} \\ \dot{f}_B^\circ + \dot{f}_B^{ext} \end{Bmatrix} \tag{6-172}$$

由于外表面空载且无剪切，因此外节点力没有径向分量。

$$\{\dot{f}_A^{ext}\} = \{\dot{f}_C^{ext}\} = \{0\} \tag{6-173}$$

此外，外力的轴向分量之和必须为零。

$$\dot{f}_B^{ext} + \{\dot{f}_D^{ext}\} = \dot{f}_B - \dot{f}_B^\circ + (\{\dot{f}_D\} - \{\dot{f}_B^\circ\})\{1\} \tag{6-174}$$

将 f_B 代入式（5-85）中得

$$
\begin{bmatrix} [K_{11}] & [K_{12}] \\ [K_{21}] & [K_{22}] \end{bmatrix}
\begin{Bmatrix} \{\dot{u}_A\} \\ \dot{u}_B \end{Bmatrix}
= \begin{Bmatrix} \{\dot{f}_A^\circ\} \\ \dot{f}_B^\circ + \{\dot{f}_D^\circ\} \cdot \{1\} \end{Bmatrix}
\tag{6-175}
$$

其中

$$
[K_{11}] = [K_{AA}] + [K_{AC}] \tag{6-176}
$$

$$
[K_{12}] = \{K_{AB}\} + [K_{AD}] \cdot \{1\} \tag{6-177}
$$

$$
[K_{21}] = \{K_{AB}\}^T + \{K_{BC}\}^T + \{1\}^T \cdot ([K_{AD}]^T + [K_{CD}]^T) \tag{6-178}
$$

$$
[K_{22}] = K_{BB} + \{K_{BD}\} \cdot \{1\} + \{1\}^T \cdot ([K_{BD}]^T + [K_{DD}] \cdot \{1\}) \tag{6-179}
$$

随后，采用如下方程

$$
\{K_{AB}\} + [K_{AD}]\{1\} = \{K_{BC}\}^T + [K_{CD}]\{1\} \tag{6-180}
$$

接下来，得到切向刚度矩阵的简化及对称形式。

$$
\begin{bmatrix} [K_{11}] & [K_{12}] \\ [K_{12}]^T & [K] \end{bmatrix}
\begin{Bmatrix} \{\dot{u}_A\} \\ \dot{u}_B \end{Bmatrix}
= \begin{Bmatrix} \{\dot{f}_A^\circ\} \\ \dfrac{(\dot{f}_B^\circ + \{\dot{f}_D^\circ\}\{1\})}{2} \end{Bmatrix}
\tag{6-181}
$$

其中 K 等于

$$
[K] = \frac{1}{2}(K_{BB} + \{K_{BD}\}\{1\} + \{1\}^T[K_{DD}]\{1\}) \tag{6-182}
$$

可将相关公式表示为整体矩阵方程的形式

$$
[K]^{red}\{\dot{u}\}^{red} = \{\dot{f}\}^{red} \tag{6-183}
$$

6.6.7.5　方程的求解和收敛性

可采用 Gauss-Jordan 消元法来求解整体矩阵方程。然后，采用整体收敛准则对结果进行检验

$$
\sum_{k=1}^{n} \frac{(\{f\}^{red} - \{g\}^{red})^2}{(\{f\}^{red})^2} \leqslant e \tag{6-184}
$$

进行反复迭代，直至误差范数（e）小于特定的临界值。选用较高的误差范围可减少迭代次数。然而，这仅在对一些因素进行检测之后才可使用。例如，淬火过程中的热梯度，确定增量载荷。这些梯度在淬火开始时较为严重。大的热梯度可能导致过度迭代，可能造成应力状态无法回到屈服面。屈服应力的有效应力率标志着切向刚度法的有效性。塑性变形过程单元的有效应力率应该接近 1。因此，淬火过程中应力的精确计算在适当的误差限内采用较小的时间步长。

6.6.8　相变诱导塑性（TRIP）的模拟

在奥氏体分解为相变产物（例如铁素体、珠光体、贝氏体和马氏体）的过程中，由于母相和生成相之间密度不同，在相变区域内出现体积增加。这些应变是内应力场涨落的主要来源，此外还有热应力和 TRIP。淬火过程完成后，TRIP 对应力变化、残余应

力和应力分布均有影响。本节将讨论钢淬火过程中 TRIP 的影响。

根据其经典定义，相变过程中 TRIP 使塑性显著增加。即便在外加载荷的等效应力小于材料正常屈服应力的情况下，也会发生塑性变形。这种现象从应力作用下相变引起的不可逆应变方面进行解释。目前用两种相互竞争的机制对 TRIP 进行解释：

1）塑性调节（Greenwood-Johnson）机制。应力场作用下的相变过程中，载荷应力和几何必须应力的相互作用来协调相变本征应变造成的不可逆应变。对 TRIP 的早期解释由 Greenwood 和 Johnson 提出。这种机制要求位移（马氏体）和重构（扩散）相变都要发生。许多学者对这一概念进行了修正，例如 Abrassart、Leblond、Denis 和 Fischer 等。

2）变体选择（Magee）机制。晶体结构从 FCC 转变为 BCC（和 BCT）的马氏体相变，共具有 24 种可能的变体，每种变体均有其独特的晶体取向关系。在介观尺度上，每种变体根据相变应变进行定义，包括垂直于惯析面的膨胀分量（δ）和惯析面上的剪切分量（γ）。一般情况下，在热-力加载过程中，仅最大的变体可能发生形核，这取决于应力状态。Patel 和 Cohen 最先观察到变体选择机制。后来由于 Magee 对优先变体的形成在铁基合金中重要性的著名研究，这一机制被称为"Magee"机制。此概念已经被很多作者采用和评论，例如 Cherkaoui、Fischer、Jacques、Taleb 和 Turteltaub。

这些机制间的相互竞争与相变过程有关，原则上与热-力加载条件有关。可在不同应力条件下进行冷却测试，定量确定两种机制间的相互作用。一个完全转变试样的相变塑性应变通常称为"相变塑性程度"。在相变塑性范围与 TRIP 应变（ε^{tr}）之间通常观察到线性关系，以及施加的应力低于奥氏体的屈服强度。此外，发现相变塑性随相变过程的变化与铁素体和珠光体相变呈线性关系。然而，对于马氏体相变，通常观察到在相变开始时 TRIP 应变迅速增加，然后随相变过程的进行，TRIP 应变率下降。这种现象与相变过程中每种机制的贡献有关。相变开始时的主要由取向（Magee）机制支配。在此阶段，仅择优取向与施加应力相符的马氏体变体形核。导致各向异性变形，变形在施加应力方向最大。当外加应力到达奥氏体屈服强度时，由于变体取向 TRIP 应变达到最大。可得到如下结论，奥氏体塑性变形导致弛豫过程，两种机制均被激活，而第一种机制也会促进二种机制的发生。随着相变的进行，变体的选择非由外加施加的应力控制，而是由内应力状态主导。Greenwood-Johnson 机制导致在外加应力方向上 ε^{tr} 减少。

淬火过程中 TRIP 对零件力学响应的影响包含两个层次，都对应力的演变和残余应力状态有影响。淬火过程中给定点处应力演变可分解为周期性的加载、卸载和反向加载。特别是相变引起的膨胀，一开始引起卸载，随后是反向加载。在反向加载过程中，通常应力足以引起塑性变形。如果材料处于弹性区，TRIP 的作用是增加额外的应变，使应力发生松弛。如果材料处在塑性区，且 TRIP 应变足以协调变形，这样就不需要额外的塑性应变，造成应力松弛。然而，如果 TRIP 应变不充分，那么由于进一步变形需要额外的塑性应变，因此应力松弛将不会发生。

对于一个具有轴对称几何形状的淬火硬化样品，典型的残余应力状态由表面的残余拉应力和心部的残余压应力组成。这种趋势与不可逆应变历史有很大关系，取决于材料和温度历史（冷却介质、材料和几何形状）。由于其不可逆本质，TRIP 通常使上述的残余应力状态增强。

TRIP 的贡献与晶体塑性和相变塑性二者产生的不可逆应变之比有关。当不可逆应变源于相变塑性而非经典塑性时的贡献较大。这种影响在表面处理情况下比较显著，例如感应加热、激光硬化和渗碳，在这些过程中仅通过相变塑性已经能够协调变形。

淬火过程中相变塑性的贡献与许多因素有关，例如试样的材料、尺寸和形状，以及淬火介质的冷却特征。例如，通常 TRIP 的贡献随试样尺寸的增加而增加。同样，当淬火介质的淬火能力增加时，TRIP 的贡献也增加。此外，在一些涉及高温转变的情况中，可逆的表面残余应力从拉应力转变为轻微的压应力。

预测淬火后的残余应力状态需要开发相变诱导塑性的量化模型。因此，自从 20 世纪 80 年代开始，TRIP 模型已成为一个比较流行的研究领域。在相关文献中，有些模型以 Greenwood-Johnson 或 Magee 机制为基础。为了简单起见，本节对适用于钢铁淬火的模型做一个简短综述。模拟 TRIP 的经典方法的详细综述可见相关文献。

通常采用一个现象学方法推导 TRIP 演变的表达式。在单轴应力条件下，相变塑性应变的一般形式为

$$\varepsilon^{tr} = K \cdot \sigma \cdot \phi(\xi) \tag{6-185}$$

式中，σ 为施加的应力；K 为相变塑性参量；$\phi(\xi)$ 为描述相变塑性过程的函数，$\phi(0)$ 等于 0，$\phi(1)$ 等于 1。K 和 $\phi(\xi)$ 均可通过试验或计算得出。

在三轴应力状态情况下，通常假设经典塑性和相变诱导塑性遵循相同的关系。例如，由于 von Mises 与流变规则有关，假设相变塑性应变率正比于偏应力。然而，即便在很小应力条件下也会发生 TRIP，因此缺乏一个判断 TRIP 是否发生的准则。

6.6.8.1 确定 TRIP 模型的参数

确定 K 的试验过程（对与扩散型相比）涉及不同载荷条件下的等温应力膨胀试验。从 σ 与 ε^{tr} 的回归线斜率给出 TRIP 参数 K：

$$K = \lim_{\sigma \to 0} \frac{\partial \varepsilon^{tr}}{\partial \sigma} \Bigg|_{T = \text{常数}} \tag{6-186}$$

除试验以外，提出了一些从材料物理性能计算 K 的方法。Greenwood 和 Johnson 最早提出计算相变塑性参数的方法：

$$K = \frac{5}{6} \frac{\Delta_k}{\sigma_y^a} \tag{6-187}$$

式中，Δ_k 和 σ_y^a 分别为相变引起的结构膨胀和奥氏体基体的屈服强度。Δ_k 也可以通过母相和生成相的密度近似：

$$\Delta_k = \frac{\rho_a}{(\rho_k - \rho_a)} \tag{6-188}$$

随后，Abrassart 提出一个类似的模型：

$$K = \frac{1}{4} \frac{\Delta_k}{\sigma_y^a} \tag{6-189}$$

然后，Leblond 也提出一个类似的关系，当常数不同时：

$$K = \frac{2}{3} \frac{\Delta_k}{\sigma_y^a} \tag{6-190}$$

这些模型均考虑了相变引起的膨胀和奥氏体屈服强度。主要差别在于常数的选择。因此，K 可描述为最一般的形式：

$$K = k \frac{\Delta_k}{\sigma_y^a} \tag{6-191}$$

式中，k 为一个 $0.25 \sim 0.83$ 之间的常数。

对于切变型相变 Fischer 等提出一个不同的模型，包含晶体取向和变体分布，以及基体和生成相屈服强度（σ_y^*）的影响：

$$K = \frac{5}{6} \frac{\sqrt{\delta^2 + \frac{3}{4}\overline{\gamma}^2}}{\sigma_y^*} \tag{6-192}$$

$$\sigma_y^* = \sigma_y^k \left(\frac{1 - (\sigma_y^a / \sigma_y^k)}{\ln(\sigma_y^k / \sigma_y^a)} \right) \tag{6-193}$$

式中，$\overline{\gamma}$ 代表与变体分布有关的平均相变剪切，并包含一些自适应。

与 K 的计算相似，关于相变塑性（$\phi(\xi)$）的演化也提出了一些模型，部分基于试验，部分基于理论推导。例如 Abrassart 提出一个适用于描述马氏体相变的近似 $\phi(\xi)$：

$$\phi(\xi) = \xi(3 - 2\sqrt{\xi}) \tag{6-194}$$

Desalos 提出了一个既可用于扩散型相变又可用于马氏体相变的模型。在此模型中 $\phi(\xi)$ 可用二阶多项式近似：

$$\phi(\xi) = \xi(3 - 2\sqrt{\xi}) \tag{6-195}$$

Sjöström 提出一个模型，其中 $\phi(\xi)$ 采用 α 阶多项式近似：

$$\phi(\xi) = \frac{\xi}{\alpha - 1}(\alpha - \xi^{\alpha-1}) \tag{6-196}$$

式中，α 为拟合参数。应该注意的是，Sjöström 的公式当 $k = 1.5$ 时简化为 Abrassart 模型，当 $k = 2$ 时简化为 Desalos 模型。

Leblond 在进行相关研究中通常使用对数近似：

$$\phi(\xi) = \xi(1 - \ln(\xi)) \tag{6-197}$$

对于扩散型相变，Fischer 提出一个类似的对数模型：

$$\phi(\xi) = 2\ln\left(1 + \frac{\xi}{\alpha}\right) \tag{6-198}$$

其中 α 为拟合参数。

6.6.8.2 将相变诱导塑性引入本构行为

在实际运用中，例如淬火模拟，总应变率增量可分解为弹性、塑性、热、膨胀以及 TRIP 应变率张量之和：

$$\dot{\varepsilon}_{ij} = \dot{\varepsilon}_{ij}^e + \dot{\varepsilon}_{ij}^p + \dot{\varepsilon}_{ij}^{th} + \dot{\varepsilon}_{ij}^{pt} + \dot{\varepsilon}_{ij}^{tr} \tag{6-199}$$

根据上一节给出的表达式，TRIP 应变率张量表示为最一般的形式

$$\dot{\varepsilon}^{tr} = f(\Delta_k, \sigma_y^a) \cdot g(\xi, \dot{\xi}) \cdot h(S_{ij}, \sigma_y^k) \tag{6-200}$$

式中，f 为结构膨胀和奥氏体屈服强度的函数；g 为相变量和相变率的函数；h 为偏应力和生成相屈服强度的函数。

在实际运用中，此方程通常表述为著名的 Leblond 增量形式：

$$\dot{\varepsilon}_{ij}^{tr} = \frac{3}{2} K \frac{d\phi}{d\xi} S_{ij} \dot{\xi} \tag{6-201}$$

式中，S_{ij} 代表偏应力。

虽然在很多淬火模拟中都用到这个表达式，但也存在一些不足之处。首先，这个表达式的推导假设偏应力恒定。然而，在淬火模拟中，内应力状态随时间变化。另外，这个表达式的推导并未考虑方向的影响。而方向的影响可能与协调变形的影响在同一量级。此外，假设 TRIP（ϕ）仅是相变产物体积分数（ξ）的函数。有明显的证据显示 ϕ 必定与 S_{ij} 有关。由于 ξ 还与应力状态有关，在相变动力学中可以找出引起这种弱耦合的起因。

最后，卸载过程中式（6-201）预测到 TRIP 应变为常量。然而，在钢铁试样经过卸载和冷却过程中连续相变后 TRIP 应变会发生变化。这是由于变体选择机制引起的，在突然移除载荷后，生成哪种变体由内应力状态决定。在以加载-卸载为特征的淬火模拟中，忽略这种影响将会造成很大的误差。为了弥补这一问题，有些作者引入背应力项。

$$\dot{\varepsilon}^{tr}(x, t) = \frac{3}{2} \tilde{K}(T(x, t))(S_{ij}(x, t) - \alpha_{ij}^{tr}(x, t)) \frac{d}{dt} \tilde{\phi}(\xi(x, t)) \tag{6-202}$$

式中，α_{ij}^{tr} 为 TRIP 引起的背应力张量。$\tilde{K}$ 和 $\tilde{\phi}$ 表示与 K 和 ϕ 具有不同的形式。容易注意到，在偏应力为常量时，式（6-202）简化为式（6-201）。Fischer 等建议将背应力张量进一步分解为由塑性调节引起的背应力（α_{ij}^{tr}）和变体选择机制背应力（β_{ij}^{tr}）。

对于 X_{ij}^{tr} 最简单的方案是假设背应力正比于 TRIP 应变：

$$\alpha_{ij}^{tr} = C^{tr} \cdot \varepsilon_{ij}^{tr} \tag{6-203}$$

式中，C^{tr} 为正的材料参数。将式（6-203）代入式（6-202）中，求解初始条件为 $\varepsilon^{tr}(x, 0) = 0$ 的初值问题，相变塑性应变可表示为：

$$\varepsilon_{ij}^{tr}(x, t) = \frac{3}{2} \int_0^t \left[\left(\tilde{K} S_{ij} \frac{d}{dt} \tilde{\phi}(\xi(x, \tau_1)) \right) \cdot \exp \left(-\frac{3}{2} \int_{\tau_1}^t C^{tr} \tilde{K} \frac{d}{dt} \tilde{\phi}(\xi(x, \tau_1)) \cdot d\tau_2 \right) \right] \cdot d\tau_1$$

$$\tag{6-204}$$

应该注意的是，使用该模型所需的材料参数（$\tilde{K}, \tilde{\phi}, C^{tr}$）由实验测定。Wolff 等提出了一种基于阶梯式加载的单轴拉伸-压缩测试方法。他们提出的方法也适用于其他简单的实验例如扭转和扭转-拉伸测试。

6.7 FEA 软件实现指南

6.7.1 ABAQUS 中的实现

采用商业 FEA 软件包 ABAQUS 进行淬火模拟涉及耦合相变影响的热-力分析。

6.7.1.1 热分析过程

一个具有内热源的非线性瞬态热传导问题的控制方程的有限元公式可表示为增量形式

$$\left[\frac{1}{\Delta t}[H] + [C] \right] \{\Delta T_t\} = \frac{1}{\Delta t}\{\Delta T_{t-\Delta t}\} + \{Q\} \tag{6-205}$$

式中，$[H]$ 和 $[C]$ 分别为热熔和热导率矩阵。鉴于与温度有关的对流传热系数和相变潜热对热导率矩阵 $[C]$ 和热流矢量 $[Q]$ 的影响，该表达式可扩展成如下形式：

$$\left[\frac{1}{\Delta t}[H] + ([C_c] + [C_h]) \right] \{\Delta T_t\} = \frac{1}{\Delta t}\{\Delta T_{t-\Delta t}\} + \{Q_h\} + \{Q_l\} \tag{6-206}$$

式中，$\{Q_h\}$ 和 $\{Q_l\}$ 分别为与 $h(T)$ 有关的热流动矢量和相变潜热，$[C_h]$ 为与 $h(T)$ 有关的热导率矩阵的变化，$[C_c]$ 为不受 $h(T)$ 影响时的热导率矩阵。这些矢量和矩阵可采用如下表达式进行计算：

$$[H] = \rho \iiint c[N]^T[N] \cdot dV \tag{6-207}$$

$$[C_c] = \iint \lambda [B]^T[B] \cdot dV \tag{6-208}$$

$$[C_h] = \iint h[N]^T[N] \cdot dS \tag{6-209}$$

$$\{Q_l\} = \iiint \dot{Q}[N]^T \cdot dV \tag{6-210}$$

$$\{Q_h\} = \iint hT_o[N]^T \cdot dS \tag{6-211}$$

$$\{\Delta T_{t-\Delta t}\} = \{T_t\} - \{T_{t-\Delta t}\} \tag{6-212}$$

式中，$[N]$ 和 $[B]$ 分别为形函数矩阵及其空间倒数。

ABAQUS 允许用户在输入文件中采用关键字选项定义与温度有关的密度、比热容和热导率。可采用 FILM. F 子程序指定与表面温度有关的对流传热系数和水槽温度。式 (6-206) 中的 $\{Q_l\}$ 为相变过程中由于潜热释放引起的内热源项。

6.7.1.2 微观组织演变分析

在 ABAQUS 中，容易进行相变计算和热传导分析。在分析结束时可输出温度和微观组织变化历史。将输出数据输入到力学分析中计算应力。图 6-12 所示为此过程的基本流程图。

首先，每个增量步将节点温度与马氏体开始温度进行比较以检测是否发生马氏体相变。如果发生马氏体相变，采用 Koistinen-Marburger 方程计算马氏体分数。根据相变量计算潜热释放率（$\dot{Q}$）。如果马氏体相变没有发生，那么检测是否发生扩散型相变。可采用 Scheil 求和检测孕育期是否结束。如果孕育期结束（$S=1$），那么采用 JMA 方程和叠加原理计算相变量。无论是扩散型还是马氏体相变，均采用式（6-207）~ 式（6-211）对有限元矩阵（$[H]$、$[C_c]$、$[C_h]$、$\{Q_l\}$ 和 $\{Q_h\}$）进行更新。最终通过求解方程确定实际的温度分布。在每个时间步重复此过程，直到所有节点达到淬火温度。

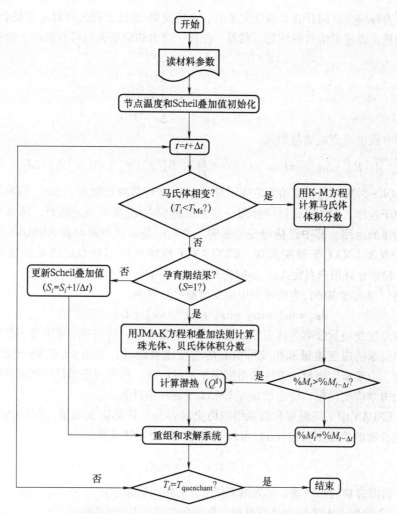

图 6-12 ABAQUS 中微观组织和热分析基本流程图

6.7.1.3 力学分析过程

在热分析完成后立即进行力学分析，将热分析结果作为输入建立耦合。力学分析所用的网格与热分析相同。

在 ABAQUS 中，有限元应力分析的控制方程以体力（F_b）和表面外力（F_t）的平衡为基础，一般控制方程可写成：

$$\iiint [B]^T \{\sigma\} \cdot dV = \iiint [N]^T \{F_b\} \cdot dV + \iint [N]^T \{F_t\} \cdot dS = [K]\{U\} = \{F\}$$

(6-213)

$$[K] = \iiint [B]^T [D][B] \cdot dV$$

(6-214)

式中，$\{F\}$ 和 $\{U\}$ 分别为力和节点位移矢量；$[D]$ 为弹塑性本构矩阵。

当应力和应变之间存在非线性关系时，小应变弹-塑性分析的控制方程是非线性的。通常采用迭代方法求解这种问题。载荷、位移、应力和应变矢量可写成如下增量形式：

$$\{F\}^{m+1} = \{F\}^m + \{\Delta F\}^{m+1} \tag{6-215}$$

$$\{U\}^{m+1} = \{U\}^m + \{\Delta U\}^{m+1} \tag{6-216}$$

$$\{\sigma\}^{m+1} = \{\sigma\}^m + \{\Delta \sigma\}^{m+1} \tag{6-217}$$

$$\{\varepsilon\}^{m+1} = \{\varepsilon\}^m + \{\Delta \varepsilon\}^{m+1} \tag{6-218}$$

控制方程也可写成增量形式：

$$\iiint [B]^{\mathrm{T}} \{\Delta \sigma\} \cdot \mathrm{d}V = \{F\}^{m+1} - \iiint ([B]^{\mathrm{T}})^m \{\sigma\} \cdot \mathrm{d}V = [K]\{\Delta U\} \tag{6-219}$$

ABAQUS 采用一种根据给定应变增量 $\{\Delta \varepsilon\}$ 来计算应力增量 $\{\Delta \sigma\}$ 的算法。如果没有用户子程序，ABAQUS 仅能处理一些常见的应力-应变关系。然而，淬火模拟包含多相本构律的运用，其中包括相变的影响。幸运的是，这些影响在 ABAQUS 中均可采用 UEXPAN 和 UMAT 子程序实现。UEXPAN 子程序允许用户自定义热膨胀行为，而 UMAT 子程序允许用户自定义应力-应变关系。

在钢的淬火过程中，本构模型中应变增量可分解为：

$$\mathrm{d}\varepsilon_{ij} = \mathrm{d}\varepsilon_{ij}^{\mathrm{e}} + \mathrm{d}\varepsilon_{ij}^{\mathrm{p}} + \mathrm{d}\varepsilon_{ij}^{\mathrm{th}} + \mathrm{d}\varepsilon_{ij}^{\mathrm{pt}} + \mathrm{d}\varepsilon_{ij}^{\mathrm{tp}} = \mathrm{d}\varepsilon_{ij}^{\text{热}} + \mathrm{d}\varepsilon_{ij}^{\text{力学}} \tag{6-220}$$

其中总应变增量分解为热应变增量和力学应变增量。热应变增量由热引起的应变增量、膨胀引起的应变增量和相变所引起的应变增量组成，采用 UEXPAN 子程序定义。另一方面，力学应变增量由弹性和塑形应变增量组成。从总应变增量中减去热应变增量即可算出力学应变增量，应力增量在 UMAT 子程序中计算。

在 UEXPAN 中采用温度和微观组织历史很容易计算热应变增量。在 UEXPAN 子程序中，混合物的热膨胀系数（α）可以采用线性混合定律计算：

$$\alpha(T, \xi_k) = \sum_1^N \alpha_k \xi_k \tag{6-221}$$

式中，α 为混合物的热性能，α_k 为第 k 种组分的热膨胀系数。

图 6-13 给出 UMAT 应力计算流程。算法包含以下几个步骤：

1) 采用式（6-219）计算应变增量和应变-位移关系

$$\{\Delta \varepsilon\} = [B]\{\Delta U\} \tag{6-222}$$

2) 仅考虑弹性行为，计算三向应力增量 $\{\Delta \sigma\}$

$$\{\Delta \sigma^{\mathrm{e}}\} = [D]\{\Delta \varepsilon\} \tag{6-223}$$

3) 确定比例因子 ϕ。处于弹性状态的材料在前一增量步结束时，在三向应力增加后，有可能进入弹塑性转变应力状态。根据塑形理论，应力状态不能超过屈服表面。这可通过在当前应力状态基础上增加三向应力后的屈服函数进行检测。如果 $F((\{\sigma\}^m + \{\Delta \sigma^{\mathrm{e}}\}), \sigma_{\mathrm{f}}) > 0$，那么超出屈服面之外的应力状态应该回到屈服面之内。常用的方法是计算比例因子（ϕ），从屈服面上的应力状态（$\{\sigma\} = \{\sigma\}^m + \varphi\{\Delta \sigma^{\mathrm{e}}\}$）得到

$$\phi = \frac{\sqrt{\bar{S}_{ij}^m \Delta \bar{S}_{ij} - (\bar{S}_{ij}^m)^2 ((\Delta \bar{S}_{ij})^2 - \frac{2}{3}(\sigma_{\mathrm{f}})^2)} - \bar{S}_{ij}^m \Delta \bar{S}_{ij}}{(\bar{S}_{ij}^m)^2} \tag{6-224}$$

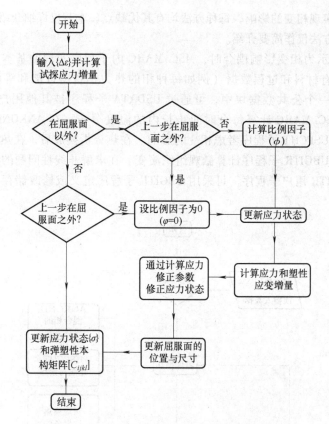

图 6-13　ABAQUS UMAT 子程序力学分析的基本流程

计算应力增量和塑形应变增量

$$\Delta\varepsilon_{ij}^{p} = \Delta\varepsilon_{ij} - \Delta\varepsilon_{ij}^{e} = \Delta\varepsilon_{ij} - S_{ijkl}(\Delta\sigma_{ij}^{e} - \Delta\sigma_{ij}^{T}) \qquad (6\text{-}225)$$

式中，$\Delta\sigma_{ij}^{T}$ 和 S_{ijkl} 分别为由于材料随温度的变化而导致的应力增量和弹塑性顺度张量。

4）促使随后的应力作用在屈服面上。根据塑形理论，必须满足相容性条件（$\mathrm{d}F = 0$）。这迫使随后的应力作用在屈服面上。不幸的是，由于数值解的计算误差，此条件不可能被满足。作为补救措施，可以定义一个矫正矢量（ω）：

$$\omega = \frac{1}{3}\left(\frac{\sigma_{f}}{\sigma_{e}} - 1\right) \qquad (6\text{-}226)$$

然后，最后更新应力和屈服面中心：

$$\{\sigma\} = \{\sigma\} + 3\omega\{\Delta S\} \qquad (6\text{-}227)$$

$$\{\omega\} = \{\omega\} + \{\Delta\omega\} \qquad (6\text{-}228)$$

5）更新 ABAQUS 应力状态和弹-塑性本构张量（D_{ijkl}）。

6.7.2　MSC. MARC 中的实现

采用 MSC. MARC 进行淬火模拟需对耦合热力学分析进行改进以包括相变的影响。

存在多种方法实现相变的影响，每种方法均有其优缺点。本节仅详细介绍其中一种简单的方法，其他方法仅作简要介绍。

图 6-14 所示为相变影响耦合时，MSC. MARC 内子程序实现的基本流程。在分析开始之前，所有材料和过程数据（例如每种相的热力学材料性能和等温相变动力学数据）存储在一个公共数据块中，可通过 USDATA 子程序被其他用户子程序调用。然后，采用 MSC. MARC 计算每个时间步长内的温度分布。在 ANKOND 热分析过程中，通过激活 USPCHT 子程序考虑相变的影响。在热分析换成后，在热计算和力学计算之间，采用 UBGITR 子程序计算微观组织演变。在求解非线性问题的每个迭代步开始时调用 UBGITR 用户子程序。可采用 UBGITR 子程序定义或修改储存在公共数据块中的数据。

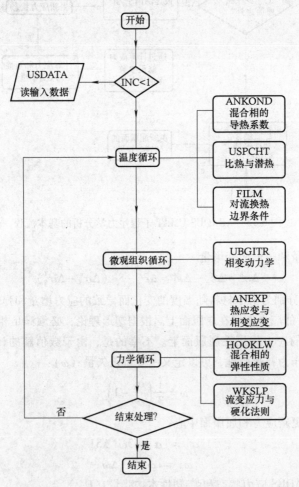

图 6-14　MSC. MARC 内子程序实现的基本流程

也可通过 UBGINC、UBGPASS、UEDINC 或 UEPASS 子程序来实现。详情请参考相关子程序部分的总结。热分析完成后，通过等温动力学数据和 Scheil 叠加原理确定每种相的分数。每种相的分数存储在公共数据块中，采用 PLOTV 子程序进行处理。因此，通过本构子程序可计算相变的应变和潜热。最后，控制返回到 MSC. MARC 中以进行力学计算。在力学计算过程中激活 ANEXP、HOOKLW 和 YIEL 子程序以实现热-金属-力学耦合。在每个时间步长内重复此流程。

6.7.2.1 热分析过程

MSC. MARC 求解非线性瞬态热传导问题与 6.4.1 节中给出的求解过程相似。具有内热源的非线性瞬态传热问题的控制方程具有如下形式：

$$H[C]\{\dot{T}\} + [K]\{T\} = \{Q\} \tag{6-229}$$

式中，$[C]$ 和 $[K]$ 分别为与温度有关的热熔和热导率矩阵，$\{T\}$ 为节点温度矢量，$\{\dot{T}\}$ 为节点冷却率矢量，$\{Q\}$ 为热流矢量。

采用向后差分格式，相同的表达式可表示为增量的形式：

$$\left[\frac{1}{\Delta t}[H] + [C]\right]\{\Delta T_j\} = \{Q_j\} + \frac{1}{\Delta t}[C]\{\Delta T_{j-1}\} \tag{6-230}$$

对于温度相关矩阵的估算，前两个时间步的温度进行线性外插

$$\{T(\tau)\} = \{T(t - \Delta t)\} + \frac{\tau}{\Delta t}(\{T(t - \Delta t)\} - \{T(t - 2\Delta t)\}) \tag{6-231}$$

将此温度用于式（6-230）中，得到时间间隔内材料的平均性能，即

$$\tilde{P} = \frac{1}{\Delta t}\int_{t-\Delta t}^{t} P(T(\tau)) \cdot d\tau \tag{6-232}$$

在迭代过程中，平均性能以前面的迭代结果为基础：

$$\{T(\tau)\} = \{T(t - \Delta t)\} + \frac{\tau}{\Delta t}(\{T^*(t)\} - \{T(t - \Delta t)\}) \tag{6-233}$$

其中 $\{T^*\}$ 为从前面迭代得到的温度矢量。

ANKOND 子程序定义各向异性热导率矩阵。假设相变过程中的热传导为各向同性的。由于在 MSC. MARC 中没有子程序定义各向同性热导率矩阵，因此激活 ANKOND 子程序。实际上任何情况下，在 ANKOND 中计算的矩阵都是各向同性的。

$$[K] = \iiint \lambda [B]^{\mathrm{T}}[B] \cdot dV \tag{6-234}$$

式中，λ 为相混合热导率，可通过矩阵线性规则进行计算。

相变过程中由于潜热释放在内部产生热量，可能定义一个虚拟的比热容进行模拟，包括比热容随温度和相变潜热的变化：

$$c^* = \sum_{k=1}^{N} c_k \xi_k + \Delta H_k \cdot \frac{d\xi_k}{dT} = c + \frac{\dot{\xi}_k}{\dot{T}}\Delta H_k \tag{6-235}$$

式中，c^* 为修正后的相混合比热容。图 6-15 所示为从式（6-235）中导出相变潜热的曲线图。

MSC. MARC 允许用户采用 USPCHT 子程序定义比热容。在每个增量步网格中的所

有单元均调该用户子程序被，从而允许用户指定非线性关系。

在淬火模拟的热传导分析中，对流或辐射边界条件计算必须包括非均匀膜系数和冷源温度。与表面温度有关的对流热传导系数和冷源温度可通过 FILM 子程序进行设置。每个时间步对 LILMS 模型定义集内每个表面单元内的每个积分点调用子程序。可将传热系数拟合成光滑曲线，并将传热系数对温度求导，以提高精确性和收敛性。因此，最好避免使用分段线性近似函数 $H(T)$。

6.7.2.2　微观组织演变分析

通过 MSC. MARC 可以很容易地在热分析和力学分析之间进行相变计算。因此，热过程中计算得到的温度历史可用在微观组织演变计算中。微观组织本构可用于后续传热和力学过程中计算耦合项及更新材料性能。

MSC. MARC 中存在许多伪子程序允许在热-力学分析过程前后

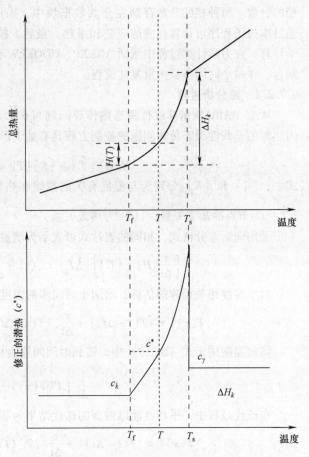

图 6-15　采用修正后的比热容导出的相变潜热曲线图

运行特定的代码，例如 UBGITR、UBGINC、UEDINC 和 UBGPASS 子程序。这些子程序称为伪子程序是因为对它们的编译没有条件限制，运行不需要用户修改。可将它们用于修改公共数据块中存储的数据。为了运行这些子程序，需要将 MSC. MARC 子程序文件夹中的源子程序文件替换为修改的子程序。应该注意的是，这些程序的运行通常没有提示，因此在替换之前最关键的是要对源文件进行备份。在此例中，我们采用 UBGINC 子程序，该子程序可用于任何耦合分析之前。经过稍微地修改 UEDINC、UBGPASS 和 UB-GITR 子程序也可使用。

图 6-16 所示为 UBGINC 中微观组织演变计算的基本流程图。首先，在每个增量步将节点温度与马氏体相变温度进行比较，以判断是否发生马氏体相变。如果发生马氏体相变，则采用 Koistinen-Marburger 方程计算马氏体分数；如果没有发生马氏体相变，则采用 Scheil 求和检测是否发生扩散型相变。如果保温期结束（$S = 1$），那么采用 JMAK 方程和叠加原理计算相变量。计算得到的相变分数存储在公共数据块中，并写入到后处理文件中。

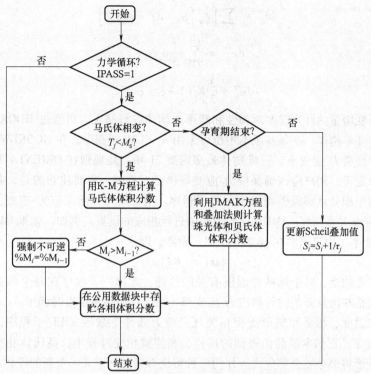

图 6-16　MSC. MARC 中微观组织演变计算的基本流程

6.7.2.3　力学分析过程

在微观组织分析之后立即进行力学分析。根据热分析和微组织分析的结果创建耦合项。

MSC. MARC 中进行有限元热-力学分析的一般控制方程可写成如下形式：

$$[M]\{\ddot{u}\} + [D]\{\dot{u}\} + [K]\{u\} = \{F\} \tag{6-236}$$

$$[H]\{\dot{T}\} + [C]\{T\} = \{Q\} + \{Q^{\mathrm{I}}\} + \{Q^{\mathrm{F}}\} \tag{6-237}$$

式中，$\{Q^{\mathrm{I}}\}$ 为变形导致的热发生矢量；$\{Q^{\mathrm{F}}\}$ 为摩擦形成的热，在模拟淬火过程中可忽略。除 $[M]$ 以外，所有矩阵均与温度有关。

在钢淬火过程中，应变增量分解采用的本构模型为

$$\mathrm{d}\varepsilon_{ij} = \mathrm{d}\varepsilon_{ij}^{\mathrm{e}} + \mathrm{d}\varepsilon_{ij}^{\mathrm{p}} + \mathrm{d}\varepsilon_{ij}^{\mathrm{th}} + \mathrm{d}\varepsilon_{ij}^{\mathrm{pt}} + \mathrm{d}\varepsilon_{ij}^{\mathrm{tp}} = \mathrm{d}\varepsilon_{ij}^{\text{热}} + \mathrm{d}\varepsilon_{ij}^{\text{力学}}$$

其中总应变增量分解为热应变增量和力学应变增量。热应变增量由热应变和相变应变增量组成，采用 ANEXP 子程序定义。另一方面，力学应变增量由弹性和塑形应变增量组成，可分别采用 HOOKLW 和 YIEL 子程序。

ANEXP 用户子程序用于指定各向异性热应变增量。如果所有材料模型的温度不为零，所有单元中的积分点都需要调用 ANEXP 用户子程序。在淬火模拟中，所用的虚拟热应变增量包含热应变和相变应变：

$$\mathrm{d}\varepsilon_{ij}^{\text{热}} = \mathrm{d}\varepsilon_{ij}^{\mathrm{th}} + \mathrm{d}\varepsilon_{ij}^{\mathrm{pt}} + \mathrm{d}\varepsilon_{ij}^{\mathrm{tp}} \tag{6-238}$$

$$d\varepsilon_{ij}^{th} = \sum_{k=1}^{p} \left[\dot{\xi}_k \int \alpha_k \cdot dT + \xi_k \alpha_k \dot{T} \right] \tag{6-239}$$

$$d\varepsilon_{ij}^{pt} = \sum_{k=1}^{p-1} \frac{1}{3} \delta_{ij} \Delta_k \dot{\xi}_k \tag{6-240}$$

$$d\varepsilon_{ij}^{tp} = \frac{3}{2} K_k (1 - \xi_k) \dot{\xi}_k S_{ij} \tag{6-241}$$

力学应变增量的计算需要对弹性和塑形本构律进行修正。可通过 HOOKLW 子程序定义弹性应变本构律,在某些版本中也可采用 ANELAS 子程序。在 HOOKLW 子程序中,用户提供弹性应力-应变率,三维物体最多需要 21 项。此规则在 ORIENTATION 选项中根据坐标系定义,用户应该确保应力-应变规律是对称的。需要注意的是,各向异性的单元中的每个积分点都需要调用该用户子程序。用户既可以定义应力-应变关系,也可定义应力-应变关系顺序。IMOD 返回值必须进行相应的设置。例如,如果 IMOD = 1,给出应力-应变率,用户返回 6×6 阶的 $[B]$ 矩阵,即

$$\{\sigma\} = [B]\{\varepsilon\} \tag{6-242}$$

应该注意的是,对于那些与温度有关的性能,此用户子程序在每个积分点调用两次。第一次是在增量开始时计算应力-应变率,第二次在增量结束时调用。

在特定温度、相变和塑形历程相关流变应力条件下激活 YIEL 子程序,也可选择 WKSIP 子程序。正如本章前面提到的那样,在连续相变过程中,奥氏体相变过程中累积的塑形变形将部分或全部失去。作为一种解决方案,可定义一个新的硬化参数 κ 替代有效塑形应变 $(\overline{\varepsilon}^p)$,以确定真实应变硬化量:

$$\dot{\kappa}_k \approx \left(\dot{\overline{\varepsilon}}^p - \frac{1}{\xi_k} \dot{\xi}_k \kappa_k \right) dt \tag{6-243}$$

$$\dot{\kappa}_{k_{(t+\Delta t)}} = \int_{tsk}^{t} \left(\dot{\overline{\varepsilon}}^p - \frac{1}{\xi_k} \dot{\xi}_k \kappa_{k_{(t)}} \right) dt \tag{6-244}$$

采用新的状态变量,流动应力的定义变为

$$\sigma_f = \sum_{k=1}^{p} \xi_k \sigma_o^k + \sum_{k=1}^{p} \xi_k \kappa_k H_k = \sigma_o + \sum_{k=1}^{p} \xi_k \kappa_k H_k \tag{6-245}$$

对于热-力计算,可用 HYPOELA2 子程序替代 HOOKLW 和 YIEL 子程序。该程序允许定义与式(6-84)相似的超弹性关系。MSC. MARC 为用户提供总位移、增量位移、总力学应变(总力学应变 = 总应变 - 热应变)、力学应变的增量及其他信息。在增量开始时将应力、总应变和状态变量数组传递给 HYPELA2。用户期望计算应力、切向刚度及状态变量与增量结束时的当前应变相对应。可以看出,由于用户必须在子程序中进行多个计算,因此这种类型实现起来非常复杂。为了实现这一目的,在 ABAQUS 中给出的过程在 MSC. MARC 中也适用。

6.8 总结与建议

在可靠服役性能的钢铁部件的生产中,淬火硬化是一个常用的制造工艺。尽管淬火

硬化是钢铁生产中的一个关键部分，但同时也是导致废品、产量下降和部件再加工的主要影响因素。变形、开裂、达到期望的微观组织分布和残余应力是钢在淬火过程中最重要的问题。必须清晰地认识最终产品质量与加工制造过程中各物理过程之间的关系，在设计过程中可采用分析或实验的方法优化预定生产率条件下的产品质量。在淬火系统的设计和优化过程中，模拟是最关键的组成元素。

在淬火过程中，部件常常经受连续加热和冷却循环，其间微观组织和力学性能同时在不同长度和时间尺度上发生变化。模拟这些过程必须解决其固有的复杂性，例如，大量的材料属性变量、复杂耦合和分区、热量和质量传递机制的组合、相变和复杂的边界条件。本章的目的是给对淬火模拟感兴趣的科技工作者提供一个综合的参考，包括从物理到模拟的淬火过程的许多方面。这些方面中的某些部分可归纳为涉及的物理过程、模拟方法的综述、针对问题进行的详细数学处理、模型在商业 FEA 软件中的实现指南以及淬火模拟状态。本章对于其他对材料热处理过程方法感兴趣的科技工作者也有参考价值。可将本章介绍的原理和模拟方法拓展到各种热处理过程中，范围从传统热处理到最新水平的材料加工技术。

在结束本章之前，必须强调的是，尽管钢的淬火模拟过程已经取得巨大的进展，但仍有许多问题期待解决，这为来自不同学科的科技工作者提供了广阔的舞台，例如，结构力学、材料科学、物理和数学。尽管本章主要关注于过程的建模和模拟，但在淬火模拟的工业实现中还存在其他待补充的步骤。实现成功模拟的关键在于获取准确的过程参数和材料数据，然而这两者在工业过程中均不能成功获取。解决问题的重要部分是"淬火的控制"。淬火控制要求工程系统的发展，以控制淬火过程中的传热和其他热物理事件。应该注意的是，没有淬火控制，淬火模拟仅仅是"科学的好奇心"罢了。

从工业和科学的角度看，材料热处理过程模拟和控制是一个具有广阔前景的研究领域。自从 20 世纪 70 年代的早期以来，该领域的研究工作取得了长足的发展。然而，最终胜利还需要不懈的努力、团结合作和发展新方法。作者希望本章能给该领域的"初学者"们提供一些帮助。

术语

指数

eq	平均值
max	最大值
0	初始值
k, m	与第 k 种，第 m 种微观结构成分有关的性能，没有下标 k 的表示混合相的总体性能

算符

标量乘法

时间微分

	二次时间微分
Δ	增量算符
∇	梯度算符
$\nabla \cdot$	散度算符

矢量和张量

α_{ij}	由于随动硬化导致的背应力张量
δ_{ij}	Kronecker 函数
D_{ijkl}^{m}	混合相的弹塑性本构张量
D_{ijkl}^{m}	第 m 种微观组织成分的弹塑性本构张量
S_{ijkl}	第 m 种微观组织本构的弹塑性本构张量
S_{ijkl}^{m}	第 m 种微观组织组成的弹塑性柔度张量
S_{ijkl}	弹塑性柔度张量
ε_{ij}	总应变张量
$\dot{\varepsilon}_{ij}$	总应变率张量
$\dot{\varepsilon}_{ij}^{e}$	弹性应变率张量
$\dot{\varepsilon}_{ij}^{p}$	塑性应变率张量
$\dot{\varepsilon}_{ij}^{th}$	热应变率张量
$\dot{\varepsilon}_{ij}^{pt}$	相变膨胀应变率张量
$\dot{\varepsilon}_{ij}^{tp}$	相变塑性率张量
σ_{ij}	应力张量
S_{ij}	偏应力

矩阵和矢量

$[B]$	形函数空间微分矩阵
$[C]$	热导率矩阵
$[D]$	阻尼矩阵
$[D_{e}]$	弹性本构矩阵
$[D_{ep}]$	弹塑性本构矩阵
$[H]$	热容矩阵
$[K]$	刚度矩阵
$[M]$	质量矩阵
$[N]$	形函数矩阵
$[Q]$	径向回归映射的相容性切向模量矩阵
$\{F\}$	力矢量
$\{Q\}$	节点热流矢量
$\{Q^{1}\}$	由于变形引起的节点热流矢量

$\{Q^{\mathrm{F}}\}$	由于摩擦引起的节点热流矢量
$\{R\}$	修正的载荷率矢量
$\{T\}$	节点温度矢量
$\{\dot{T}\}$	节点冷却率矢量
$\{T^*\}$	根据前面迭代得到的合成温度矢量
$\{u\}$	节点位移矢量
$\{\dot{u}\}$	节点速度矢量
$\{\ddot{u}\}$	节点加速度矢量
$\{\omega\}$	应力更新算法中的校正矢量

拉丁字母

b	JMAK 方程中时间系数
c	比热容
c^*	虚拟比热容
$\mathrm{d}\varepsilon_{ij}^{\mathrm{T}}$	由于材料性能随温度变化导致的应变增量
$\mathrm{d}\lambda$	塑性因子
$\mathrm{d}\sigma_{ij}^{\mathrm{T}}$	由于材料性能随温度变化导致的应力增量
e^*	误差范数
h	对流传热系数
k_{B}	Stephan-Boltzmann 常数
n	JMAK 方程的时间指数
r	饱和参数
t	时间
t_{s}	相变开始时间
t_{f}	相变结束时间
A_{e3}	铁素体转变开始温度
A_{e1}	共析温度
$A_{\mathrm{Fe_3C}}$	渗碳体转变开始温度
A_{p1}	采用准平衡方法计算得到的共析温度
A_{o1}	采用正平衡方法计算得到的共析温度
B_{s}	贝氏体转变开始温度
C	随动强化模量
C^{tr}	由于 TRIP 引起的背应力系数
D	应力引起 IT 曲线偏移参数
E	弹性模量
H	塑性强化模量
J_2	偏应力的第二不变量

K	TRIP 常量
L	相变潜热
M_s	马氏体转变开始温度
N	微结构组分数
Q	内热源/冷源项
$\overline{Q}$	Q 的积分平均值
S	Scheil 求和
T	温度或表面牵引力
T_{pl}	采用正平衡或准平衡方法计算得到的共析温度
T_s	表面温度
T_∞	室温
V^e	单元体积
W	权重函数

希腊字母

α	线性热膨胀系数
$\overline{\varepsilon}^p$	平衡塑性应变
κ	硬化参数
λ	热导率
ν	Poisson 比
ρ	密度
σ_o	屈服强度
σ_f	流动应力
σ_m	平均应力
τ	虚拟等温时间
τ_s	相变开始时间
τ_σ^{IT}	应力影响下的等温保温周期
ζ	放射率
ξ	微结构组成分数
ξ^f	相变结束时的微结构成分分数
ξ^s	相变开始时的微结构成分分数
Δ	相变引起的结构膨胀
Φ	屈服函数
Ω	Koistinen-Marburger 常量
Ψ	热通量

参 考 文 献

1. Ziegler, H., *An Introduction to Thermomechanics*, North-Holland Publishing Company, Amsterdam, New York, Oxford, 1983.

2. Denis, S., Farias, D., and Simon, A., Mathematical-model coupling phase-transformations and temperature evolutions in steels, *ISIJ International* 32(3), 316–325, 1992.

3. Bhadeshia, H. and Christian, J.W., Bainite in steels, *Metallurgical Transactions A, Physical Metallurgy and Materials Science* 21(4), 767–797, 1990.

4. Gur, C.H. and Tekkaya, A.E., Numerical investigation of non-homogeneous plastic deformation in quenching process, *Materials Science and Engineering A, Structural Materials Properties Microstructure and Processing* 319, 164–169, 2001.

5. Mackerle, J., Finite element analysis and simulation of quenching and other heat treatment processes—a bibliography (1976–2001), *Computational Materials Science* 27(3), 313–332, 2003.

6. Inoue, T. and Tanaka, K., Elastic–plastic stress analysis of quenching when considering a transformation, *International Journal of Mechanical Sciences* 17(5), 361–367, 1975.

7. Kobasko, N.I., Methods of overcoming self-deformation and cracking during quenching of metal parts, *Metal Science and Heat Treatment* 17(3–4), 287–290, 1975.

8. Kobasko, N.I., Computer-analysis of thermal processes during quenching of steel, *Metal Science and Heat Treatment* 18(9–10), 846–852, 1976.

9. Kobasko, N.I., Thermal processes during quenching of steel—reply, *Metal Science and Heat Treatment* 18(7–8), 602–607, 1976.

10. Liscic, B., Influence of some cooling parameters on depth of hardening and possibility of measuring quenching intensity during steel hardening, *Strojarstvo* 19(4), 189–201, 1977.

11. Inoue, T., Haraguchi, K., and Kimura, S., Analysis of stresses due to quenching and tempering of steel, *Transactions of the Iron and Steel Institute of Japan* 18(1), 11–15, 1978.

12. Inoue, T. and Raniecki, B., Determination of thermal-hardening stress in steels by use of thermoplasticity theory, *Journal of the Mechanics and Physics of Solids* 26(3), 187–212, 1978.

13. Kobasko, N.I., Effect of pressure on quenching of steel, *Metal Science and Heat Treatment* 20(1–2), 31–35, 1978.

14. Denis, S., Chevrier, J.C., and Beck, G., Study of residual-stresses introduced by quenching in Ta6ZrD (685) cylinders, *Journal of the Less-Common Metals* 69(1), 265–276, 1980.

15. Inoue, T., Nagaki, S., and Kawate, T., Successive deformation of a viscoelastic–plastic tube subjected to internal-pressure under temperature cycling, *Journal of Thermal Stresses* 3(2), 185–198, 1980.

16. Giusti, J., Contraintes et de formations re siduelles d'origine thermique. Application au soudage et a la trempe des aciers, *Contraintes et déformations résiduelles d'origine thermique, application au soudage et à la trempe des aciers*, 1981.

17. Inoue, T., Nagaki, S., Kishino, T., and Monkawa, M., Description of transformation kinetics, heat-conduction and elastic–plastic stress in the course of quenching and tempering of some steels, *Ingenieur Archiv* 50(5), 315–327, 1981.

18. Sjöström, S., *Calculation of Quench Stresses in Steel*, University of Linköping, Linköping, Sweden, 1982.

19. Gergely, M., Tardy, P., Buza, G., and Reti, T., Prediction of transformation characteristics and microstructure of case-hardened components, *Heat Treatment of Metals* 11(3), 67–67, 1984.

20. Josefson, B.L., Effects of transformation plasticity on welding residual-stress fields in thin-walled pipes and thin plates, *Materials Science and Technology* 1(10), 904–908, 1984.

21. Fernandes, F.B.M., Denis, S., and Simon, A., Mathematical model coupling phase transformation and temperature evolution during quenching of steels, *Materials Science and Technology* 10, 838–844, 1985.

22. Inoue, T. and Wang, Z.G., Coupling between stress, temperature, and metallic structures during processes involving phase-transformations, *Materials Science and Technology* 1(10), 845–850, 1985.

23. Leblond, J.B., Mottet, G., Devaux, J., and Devaux, J.C., Mathematical-models of anisothermal phase-transformations in steels, and predicted plastic behavior, *Materials Science and Technology* 1(10), 815–822, 1985.

24. Sjostrom, S., Interactions and constitutive models for calculating quench stresses in steel, *Materials Science and Technology* 1(10), 823–829, 1984.

25. Leblond, J.B., Mottet, G., and Devaux, J.C., A theoretical and numerical approach to the plastic behavior of steels during phase-transformations.1. Derivation of general relations, *Journal of the Mechanics and*

Physics of Solids 34(4), 395–409, 1986.

26. Denis, S., Gautier, E., Sjostrom, S., and Simon, A., Influence of stresses on the kinetics of pearlitic transformation during continuous cooling, *Acta Metallurgica* 35(7), 1621–1632, 1987.

27. Denis, S., Sjostrom, S., and Simon, A., Coupled temperature, stress, phase-transformation calculation model numerical illustration of the internal-stresses evolution during cooling of a eutectoid carbon-steel cylinder, *Metallurgical Transactions A, Physical Metallurgy and Materials Science* 18(7), 1203–1212, 1987.

28. Gautier, E., Simon, A., and Beck, G., Transformation plasticity during the pearlitic transformation of a eutectoid steel, *Plasticite de Transformation Durant la Transformation Perlitique d'un Acier Eutectoide.* 35(6), 1367–1375, 1987.

29. Liscic, B. and Filetin, T., Computer-aided determination of the process data for hardening and tempering of structural-steels, *Neue Hutte* 33(7), 257–262, 1988.

30. Miller, A.K., *The MATMOD Equations in Unified Constitutive Equations for Creep and Plasticity*, Elsevier Applied Science Publishers, Amsterdam, 1987.

31. Mitter, W., Umwandlungsplastizitat und ihre berucksichtigung bei der berechnung von eigenspannungen, *Materialkundlich-Technische* 7, 1987.

32. Reti, T., Gergely, M., and Tardy, P., Mathematical treatment of nonisothermal transformations, *Materials Science and Technology* 3(5), 365–371, 1987.

33. Gautier, E. and Simon, A., Transformation plasticity mechanisms for martensitic transformation of ferrous alloys, *Phase Transformation* 87, 285–287, 1988.

34. Assaker, D., Golinval, J.C., Hogge, M., and Geradin, M., Thermo-plasticity versus thermo-viscoplasticity for residual stresses, in *Computational Plasticity*, Owen, D.R.J., Hinton, E., and Onate, E. (Eds.) Pineridge Press, UK, 1989, pp. 501–514.

35. Leblond, J.B., Mathematical modeling of transformation plasticity in steels. 2. Coupling with strain-hardening phenomena, *International Journal of Plasticity* 5(6), 573–591, 1989.

36. Leblond, J.B., Devaux, J., and Devaux, J.C., Mathematical-modeling of transformation plasticity in steels.1. Case of ideal-plastic phases, *International Journal of Plasticity* 5(6), 551–572, 1989.

37. Inoue, T., Yamaguchi, T., and Wang, Z.G., Stresses and phase-transformations occurring in quenching of carburized steel gear wheel, *Materials Science and Technology* 1(10), 872–876, 1985.

38. Tensi, H.M. and Kunzel, T., Importance of the different boiling phases for the cooling of parts by immersion—numerical-simulation and experimental revision, *Neue Hutte* 32(9), 354–359, 1987.

39. Bates, C.E. and Totten, G.E., Procedure for quenching media selection to maximize tensile properties and minimize distortion in aluminum-alloy parts, *Heat Treatment of Metals* 15(4), 89–97, 1988.

40. Kobasko, N.I., Increasing the service life and reliability of components through the use of new steel quenching technology, *Metal Science and Heat Treatment* 31(9–10), 645–653, 1989.

41. Reti, T. and Gergely, M., Computerized process planning in heat-treatment practice using personal computers, *Heat Treatment of Metals* 18(4), 117–121, 1991.

42. Stringfellow, R.G. and Parks, D.M., A self-consistent model of isotropic viscoplastic behavior in multiphase materials, *International Journal of Plasticity* 7(6), 529–547, 1991.

43. Saunders, N., Computer modeling of phase-diagrams, *Materials Science and Technology* 8(2), 112–113, 1992.

44. Stringfellow, R.G., Parks, D.M., and Olson, G.B., A constitutive model for transformation plasticity accompanying strain-induced martensitic transformations in metastable austenitic steels, *Acta Metallurgica et Materialia* 40(7), 1703–1716, 1992.

45. Umemoto, M., Hiramatsu, A., Moriya, A., Watanabe, T., Nanba, S., Nakajima, N., Anan, G., and Higo, Y., Computer modelling of phase transformation from work-hardened austenite, *ISIJ International* 32(3), 306–315, 1992.

46. Mujahid, S.A. and Bhadeshia, H., Coupled diffusional displacive transformations—effect of carbon concentration, *Acta Metallurgica Et Materialia* 41(3), 967–973, 1993.

47. Besserdich, G., Scholtes, B., Muller, H., and Macherauch, E., Consequences of transformation plasticity on the development of residual-stresses and distortions during martensitic hardening of sae-4140 steel cylinders, *Steel Research* 65(1), 41–46, 1994.

48. Luiggi, N.J. and Betancourt, A.E., Multiphase precipitation of carbides in fe-c systems.1. Model based upon simple kinetic reactions, *Metallurgical and Materials Transactions B, Process Metallurgy and Materials Processing Science* 25(6), 917–925, 1994.

49. Luiggi, N.J. and Betancourt, A.E., Multiphase precipitation of carbides in fe-c system.2. Model based on kinetics of complex-reactions, *Metallurgical and Materials Transactions B, Process Metallurgy and Materials Processing Science* 25(6), 927–935, 1994.

50. Sjostrom, S., Ganghoffer, J.F., Denis, S., Gautier, E., and Simon, A., Finite-element calculation of the micromechanics of a diffusional transformation. 2. Influence of stress level, stress history and stress multiaxiality, *European Journal of Mechanics A-Solids* 13(6), 803–817, 1994.

51. Fischer, F.D., Oberaigner, E.R., Tanaka, K., and Nishimura, F., Transformation induced plasticity revised and updated formulation, *International Journal of Solids and Structures* 35(18), 2209–2227, 1998.

52. Marketz, F. and Fischer, F.D., A mesoscale study on the thermodynamic effect of stress on martensitic-transformation, *Metallurgical and Materials Transactions A, Physical Metallurgy and Materials Science* 26(2), 267–278, 1995.

53. Shipway, P.H. and Bhadeshia, H., Mechanical stabilisation of bainite, *Materials Science and Technology* 11(11), 1116–1128, 1995.

54. Chang, L.C. and Bhadeshia, H., Stress-affected transformation to lower bainite, *Journal of Materials Science* 31(8), 2145–2148, 1996.

55. Fischer, F.D., Sun, Q.P., and Tanaka, K., Transformation-induced plasticity (trip), *Applied Mechanics Reviews* 49(6), 317–364, 1996.

56. Marketz, F., Fischer, F.D., and Tanaka, K., Micromechanics of transformation-induced plasticity and variant coalescence, *Journal De Physique IV* 6(C1), 445–454, 1996.

57. Tanaka, K., Nishimura, F., Fischer, F.D., and Oberaigner, E.R., Transformation thermomechanics of alloy materials in the process of martensitic transformation: A unified theory, *Journal De Physique IV* 6(C1), 455–463, 1996.

58. Todinov, M.T., A new approach to the kinetics of a phase transformation with constant radial growth rate, *Acta Materialia* 44(12), 4697–4703, 1996.

59. Todinov, M.T., Knott, J.F., and Strangwood, M., An assessment of the influence of complex stress states on martensite start temperature, *Acta Materialia* 44(12), 4909–4915, 1996.

60. Bhadeshia, H., Martensite and bainite in steels: Transformation mechanism and mechanical properties, *Journal De Physique IV* 7(C5), 367–376, 1997.

61. Chen, J.R., Tao, Y.Q., and Wang, H.G., A study on heat conduction with variable phase transformation composition during quench hardening, *Journal of Materials Processing Technology* 63(1–3), 554–558, 1997.

62. Denis, S., Considering stress-phase transformation interactions in the calculation of heat treatment residual stresses, CISM Courses and Lectures No 368, Mechanics of Solids with Phase Changes, Fischer, Springer, Wien, 1997.

63. Jones, S.J. and Bhadeshia, H., Kinetics of the simultaneous decomposition of austenite into several transformation products, *Acta Materialia* 45(7), 2911–2920, 1997.

64. Lusk, M. and Jou, H.J., On the rule of additivity in phase transformation kinetics, *Metallurgical and Materials Transactions A, Physical Metallurgy and Materials Science* 28(2), 287–291, 1997.

65. Reti, T., Horvath, L., and Felde, I., A comparative study of methods used for the prediction of nonisothermal austenite decomposition, *Journal of Materials Engineering and Performance* 6(4), 433–442, 1997.

66. Reisner, G., Werner, E.A., Kerschbaummayr, P., Papst, I., and Fischer, F.D., The modeling of retained austenite in low-alloyed TRIP steels, *JOM—Journal of the Minerals Metals and Materials Society* 49(9), 62–65, 83, 1997.

67. Starink, M.J., Kinetic equations for diffusion-controlled precipitation reactions, *Journal of Materials Science* 32(15), 4061–4070, 1997.

68. Brachet, J.C., Gavard, L., Boussidan, C., Lepoittevin, C., Denis, S., and Servant, C., Modelling of phase transformations occurring in low activation martensitic steels, *Journal of Nuclear Materials* 263, 1307–1311, 1998.

69. Cherkaoui, M., Berveiller, M., and Sabar, H., Micromechanical modeling of martensitic transformation induced plasticity (trip) in austenitic single crystals, *International Journal of Plasticity* 14(7), 597–626, 1998.

70. Liu, C.C., Liu, Z., Xu, X.J., Chen, G.X., and Wu, J.Z., Effect of stress on transformation and prediction of residual stresses, *Materials Science and Technology* 14(8), 747–750, 1998.

71. Reisner, G., Werner, E.A., and Fischer, F.D., Micromechanical modeling of martensitic transformation in random microstructures, *International Journal of Solids and Structures* 35(19), 2457–2473, 1998.

72. Todinov, M.T., Alternative approach to the problem of additivity, *Metallurgical and Materials Transactions B, Process Metallurgy and Materials Processing Science* 29(1), 269–273, 1998.

73. Lee, Y.K. and Lusk, M.T., Thermodynamic prediction of the eutectoid transformation temperatures of low-alloy steels, *Metallurgical and Materials Transactions A, Physical Metallurgy and Materials Science* 30(9), 2325–2330, 1999.

74. Lusk, M.T., A phase-field paradigm for grain growth and recrystallization, *Proceedings of the Royal Society of London Series A, Mathematical Physical and Engineering Sciences* 455(1982), 677–700, 1999.

75. Lusk, M.T. and Lee, Y.-K., A global material model for simulating the transformation kinetics of low alloy steels, in *Proceedings of the 7th International Seminar of the International IFHT*, Budapest, Hungary, 1999, pp. 273–282.

76. Reti, T. and Felde, I., A non-linear extension of the additivity rule, *Computational Materials Science* 15(4), 466–482, 1999.

77. Todinov, M.T., Influence of some parameters on the residual stresses from quenching, *Modelling and Simulation in Materials Science and Engineering* 7(1), 25–41, 1999.

78. Yang, Y.S. and Na, S.J., Effect of transformation plasticity on residual stress fields in laser surface hardening treatment, *Journal of Heat Treating* 9(1), 49–56, 1991.

79. Besserdich, G., Scholtes, B., Muller, H., and Macherauch, E., Development of residual stresses and distortion during hardening of SAE 4140 cylinders taking into account transformation plasticity, *Residual Stresses* DGM; Oberursel, 1993, pp. 975–984.

80. Zandona, M., Mey, A., Boufoussi, M., Denis, S., and Simon, A., Calculation of internal stresses during surface heat treatment of steels, *European Conference on Residual Stresses*, pp. 1011–1020, 1993.

81. Jahanian, S., Residual and thermoelastoplastic stress distributions in a heat treated solid cylinder, *Materials at High Temperatures* 13(2), 103–110, 1995.

82. Jahanian, S., Thermoelastoplastic and residual stress analysis during induction hardening of steel, *Journal of Materials Engineering and Performance* 4(6), 737–744, 1995.

83. Gur, C.H. and Tekkaya, A.E., Finite element simulation of quench hardening, *Steel Research* 67(7), 298–306, 1996.

84. Gur, C.H., Tekkaya, A.E., and Schuler, W., Effect of boundary conditions and workpiece geometry on residual stresses and microstructure in quenching process, *Steel Research* 67(11), 501–506, 1996.

85. Jahanian, S., Numerical study of quenching of an aluminum solid cylinder, *Journal of Thermal Stresses* 19(6), 513–529, 1996.

86. Denis, S., Prediction of the residual stresses induced by heat treatments and thermochemical surface treatments, *Revue De Metallurgie* 94(2), 157–172, 1997.

87. Hunkel, M. and Bergner, D., Simulation of multi-phase-diffusion, *Defect and Diffusion Forum* 143, 655–660, 1997.

88. Inoue, T. and Arimoto, K., Development and implementation of CAE system 'hearths' for heat treatment simulation based on metallo-thermo-mechanics, *Journal of Materials Engineering and Performance* 6(1), 51–60, 1997.

89. Reti, T., Bagyinszki, G., Felde, I., Vero, B., and Bell, T., Prediction of as-quenched hardness after rapid austenitization and cooling of surface hardened steels, *Computational Materials Science* 15(1), 101–112, 1999.

90. Bates, C.E. and Totten, G.E., Quantifying quench-oil cooling characteristics, *Advanced Materials and Processes* 139(3), 25–28, 1991.

91. Kobasko, N.I., Technological aspects of quenching (review), *Metal Science and Heat Treatment* 33(3–4), 253–263, 1991.

92. Bates, C.E. and Totten, G.E., Quench severity effects on the as-quenched hardness of selected alloy-steels, *Heat Treatment of Metals* 19(2), 45–48, 1992.

93. Han, S.W., Kang, S.H., Totten, G.E., and Webster, G.M., Immersion time quenching, *Advanced Materials processes* 148(3), 42AA–42DD, 1995.

94. Kobasko, N.I., Basics of Intensive Quenching, *Advanced Materials and Processes* 148(3), 42W–42Y, 1995.

95. Reti, T., Felde, I., Horvath, L., Kohlheb, R., and Bell, T., Quenchant performance analysis using computer simulation, *Heat Treatment of Metals* 23(1), 11–14, 1996.

96. Sverdlin, A.V., Blackwood, R., and Totten, G.E., Thermal method for cleaning polymer quenching media, *Metal Science and Heat Treatment* 38(5–6), 255–256, 1996.

97. Sverdlin, A.V., Totten, G.E., Bates, C., and Jarvis, L.M., Use of the quenching factor for predicting the properties of polymer quenching media, *Metal Science and Heat Treatment* 38(5–6), 248–251, 1996.

98. Sverdlin, A.V., Totten, G.E., and Webster, G.M., Quenching media based on polyalkylene glycol for heat treatment of aluminum alloys, *Metal Science and Heat Treatment* 38(5–6), 252–254, 1996.

99. Sverdlin, A.V., Totten, G.E., and Webster, G.M., Analysis of polymer-based quenching media, *Metal Science and Heat Treatment* 38(1–2), 56–59, 1996.

100. Totten, G.E. and Webster, G.M., Quenching fundamentals: Maintaining polymer quenchants, *Advanced Materials and Processes* 149(6), 64AA–64DD, 1996.

101. Totten, G.E., Webster, G.M., Blackwood, R.R., Jarvis, L.M., and Narumi, T., Chute quench recommendations for continuous furnace applications with aqueous polymer quenchants, *Heat Treatment of Metals* 23(2), 36–39, 1996.

102. Totten, G.E., Webster, G.M., and Gopinath, N., Quenching fundamentals: Effect of agitation, *Advanced Materials and Processes* 149(2), 73–76, 1996.

103. Archambault, P., Denis, S., and Azim, A., Inverse resolution of the heat-transfer equation with internal heat source: Application to the quenching of steels with phase transformations, *Journal of Materials Engineering and Performance* 6(2), 240–246, 1997.

104. Liscic, B. and Totten, G.E., Benefits of delayed quenching, *Advanced Materials and Processes* 152(3), 180–184, 1997.

105. Totten, G.E., Webster, G.M., Tensi, H.M., and Liscic, B., Standards for cooling curve analysis, *Advanced Materials and Processes* 151(6), 68LL–68OO, 1997.

106. Totten, G.E., Clinton, N.A., and Matlock, P.L., Poly(ethylene glycol) and derivatives as phase transfer catalysts, *Journal of Macromolecular Science-Reviews in Macromolecular Chemistry and Physics* C38(1), 77–142, 1998.

107. Kobasko, N.I., Basics of intensive quenching, *Advanced Materials and Processes* 156(6), H31–H33, 1999.

108. Tensi, H.M., Stitzelberger-Jakob, P., and Totten, G.E., Surface rewetting of aluminum, *Advanced Materials and Processes* 156(6), H15–H20, 1999.

109. Totten, G.E., Tensi, H.M., and Lainer, K., Performance of vegetable oils as a cooling medium in comparison to a standard mineral oil, *Journal of Materials Engineering and Performance* 8(4), 409–416, 1999.

110. Totten, G.E. and Webster, G.M., Stability and drag-out of polymers, *Advanced Materials and Processes* 155(6), H63–H66, 1999.

111. Liu, C.C., Xu, X.J., and Liu, Z., A fem modeling of quenching and tempering and its application in industrial engineering, *Finite Elements in Analysis and Design* 39(11), 1053–1070, 2003.

112. Prantil, V.C., Callabresi, M.L., Lathrop, J.F., Ramaswamy, G.S., and Lusk, M.T., Simulating distortion and residual stresses in carburized thin strips, *Journal of Engineering Materials and Technology—Transactions of the ASME* 125(2), 116–124, 2003.

113. Shi, W., Zhang, X., and Liu, Z., Model of stress-induced phase transformation and prediction of internal stresses of large steel workpieces during quenching, *Journal of Physics IV* 120, 473–479, 2004.

114. Franz, C., Besserdich, G., Schulze, V., Muller, H., and Lohe, D., Influence of transformation plasticity on residual stresses and distortions due to the heat treatment of steels with different carbon content, In: *International Conference on Residual Stresses VII*, Trans Tech Publications Ltd., Zurich-Uetikon, 2005, pp. 47–52.

115. Przylecka, M., Gestwal, W., and Totten, G.E., Modelling of phase transformations and hardening of carbonitrided steels, *Journal De Physique IV* 120, 129–136, 2004.

116. Reti, T., Residual stresses in carburised, carbonitrided and case-hardened components (Part 2), *Heat Treatment of Metals* 31(1), 4–10, 2004.

117. Shi, W., Zhang, X., and Liu, Z., Model of stress-induced phase transformation and prediction of internal stresses of large steel workpieces during quenching, *Journal De Physique IV* 120, 473–479, 2004.

118. Wei, J., Kessler, O., Hunkel, M., Hoffmann, F., and Mayr, P., Anisotropic phase transformation strain in forged d2 tool steel, *Materials Science and Technology* 20(7), 909–914, 2004.

119. Wei, J.F., Kessler, O., Hunkel, M., Hoffmann, F., and Mayr, P., Anisotropic distortion of tool steels d2 and m3 during gas quenching and tempering, *Steel Research International* 75(11), 759–765, 2004.

120. Zhang, Z., Delagnes, D., and Bernhart, G., Microstructure evolution of hot-work tool steels during tempering and definition of a kinetic law based on hardness measurements, *Materials Science and Engineering A, Structural Materials Properties Microstructure and Processing* 380(1–2), 222–230, 2004.

121. Costa, L., Vilar, R., Reti, T., Colaco, R., Deus, A.M., and Felde, I., Simulation of phase transformations in steel parts produced by laser powder deposition, in *Materials Science, Testing and Informatics II*. Trans Tech Publications, Zurich-Uetikon, 2005, pp. 315–320.

122. Costa, L., Vilar, R., Reti, T., and Deus, A.M., Rapid tooling by laser powder deposition: Process simulation using finite element analysis, *Acta Materialia* 53(14), 3987–3999, 2005.

123. Huin, D., Flauder, P., and Leblond, J.B., Numerical simulation of internal oxidation of steels during annealing treatments, *Oxidation of Metals* 64(1–2), 131–167, 2005.

124. Shi, W., Liu, Z.A., and Yao, K.F., Prediction of internal stresses in large-size work pieces during intensive quenching based on temperature–microstructure–stress coupled model, *International Journal of Materials and Product Technology* 24(1–4), 385–396, 2005.

125. Wolff, M., Böhm, M., Löwisch, G., and Schmidt, A., Modelling and testing of transformation-induced plasticity and stress-dependent phase transformations in steel via simple experiments, *Computational Materials Science* 32(3–4), 604–610, 2005.

126. Wolff, M. and Bohm, M., On the singularity of the leblond model for trip and its influence on numerical calculations, *Journal of Materials Engineering and Performance* 14(1), 119–122, 2005.

127. Yang, Q.X., Ren, X.J., Gao, Y.K., Li, Y.L., Zhao, Y.H., and Yao, M., Effect of carburization on residual stress field of 20crmnti specimen and its numerical simulation, *Materials Science and Engineering A, Structural Materials Properties Microstructure and Processing* 392(1–2), 240–247, 2005.

128. Ferro, P., Porzner, H., Tiziani, A., and Bonollo, F., The influence of phase transformations on residual stresses induced by the welding process—3d and 2d numerical models, *Modelling and Simulation in Materials Science and Engineering* 14(2), 117–136, 2006.

129. Liu, L.G., Li, Q., Liao, B., Ren, X.J., and Yang, Q., Stress field simulation of the specimen with multi-layer phase structure, *Materials Science and Engineering A, Structural Materials Properties Microstructure and Processing* 435, 484–490, 2006.

130. Magnabosco, I., Ferro, P., Tiziani, A., and Bonollo, F., Induction heat treatment of a isoc45 steel bar: Experimental and numerical analysis, *Computational Materials Science* 35(2), 98–106, 2006.

131. Kang, S.H. and Im, Y.T., Three-dimensional thermo-elastic–plastic finite element modeling of quenching process of plain-carbon steel in couple with phase transformation, *International Journal of Mechanical Sciences* 49(4), 423–439, 2007.

132. Kang, S.H. and Im, Y.T., Finite element investigation of multi-phase transformation within carburized carbon steel, *Journal of Materials Processing Technology* 183(2–3), 241–248, 2007.

133. Totten, G.E. and Mackenzie, D.S., Aluminum quenching technology: A review, In: *Aluminium Alloys: Their Physical and Mechanical Properties, Pts 1–3*. Trans Tech Publications, Zurich-Uetikon, 2000, pp. 589–594.

134. Totten, G.E., Webster, G.M., and Jarvis, L.M., Quenching fundamentals: Cooling curve analysis, *Advanced Materials and Processes* H44–H47, 2000.

135. Ahrens, U., Besserdich, G., and Maier, H.J., Modelling phase transformations in steels—have complex experiments become obsolete? *Sind aufwandige experimente zur beschreibung der phasenumwandlung von stahlen noch zeitgemaß* 57(2), 99–105, 2002.

136. Denis, S., Archambault, P., Gautier, E., Simon, A., and Beck, G., Prediction of residual stress and distortion of ferrous and non-ferrous metals: Current status and future developments, *Journal of Materials Engineering and Performance* 11(1), 92–102, 2002.

137. Rometsch, P.A., Wang, S.C., Harriss, A., Gregson, P.J., and Starink, M.J., The effect of homogenizing on the quench sensitivity of 6082, In: *Aluminum Alloys 2002: Their Physical and Mechanical Properties, Pts 1–3*. Trans Tech Publications, Zurich-Uetikon, 2002, pp. 655–660.

138. Totten, G.E., Webster, G.M., and Tensi, H.M., Fluid flow sensors for industrial quench baths: A literature review, *Heat Treatment of Metals* 29(1), 6–10, 2002.

139. Funatani, K., Canale, L.C.F., and Totten, G.E., Chemistry of quenching: Part III—energy conservation by utilization of the thermal content of steel for surface modification, in *Proceedings of the 22nd Heat Treating Society Conference and the 2nd International Surface Engineering Congress ASM International*, Indianapolis, IN, 2003, pp. 156–160.

140. Rometsch, P.A., Starink, M.J., and Gregson, P.J., Improvements in quench factor modelling, *Materials Science and Engineering A, Structural Materials Properties Microstructure and Processing* 339(1–2), 255–264, 2003.

141. Kobasko, N.I., Aronov, M.A., Powell, J.A., Canale, L.C.F., and Totten, G.E., Intensive quenching process classification and applications, *Heat Treatment of Metals* 31(3), 51–58, 2004.

142. Canale, L.D. and Totten, G.E., Overview of distortion and residual stress due to quench processing part 1: Factors affecting quench distortion, *International Journal of Materials and Product Technology* 24(1–4), 4–52, 2005.

143. Liscic, B., Controllable heat extraction technology—what it is and what it does, *International Journal of Materials and Product Technology* 24(1–4), 170–183, 2005.

144. Pietzsch, R., Brzoza, M., Kaymak, Y., Specht, E., and Bertram, A., Minimizing the distortion of steel profiles by controlled cooling, *Steel Research International* 76(5), 399–407, 2005.

145. Stratton, P.F. and Ho, D., Individual component gas quenching, *Heat Treatment of Metals* 27(3), 65–68, 2000.

146. Stratton, P.F., Modelling gas quenching of a carburised gear, *Heat Treatment of Metals* 29(2), 29–32, 2002.

147. Stratton, P.F. and Richardson, A., Validation of a single component gas quenching model, *Journal De Physique IV* 120, 537–543, 2004.

148. Brzoza, M., Specht, E., Ohland, J., Belkessam, O., Lubben, T., and Fritsching, U., Minimizing stress and distortion for shafts and discs by controlled quenching in a field of nozzles, *Materialwissenschaft Und Werkstofftechnik* 37(1), 97–102, 2006.

149. Taleb, L., Cavallo, N., and Waeckel, F., Experimental analysis of transformation plasticity, *International Journal of Plasticity* 17(1), 1–20, 2001.

150. Luiggi, N.J., Comments on the analysis of experimental data in nonisothermal kinetics, *Metallurgical and Materials Transactions A, Physical Metallurgy and Materials Science* 34A(11), 2679–2681, 2003.

151. Serajzadeh, S., Modelling of temperature history and phase transformations during cooling of steel, *Journal of Materials Processing Technology* 146(3), 311–317, 2004.

152. Tszeng, T.C. and Shi, G., A global optimization technique to identify overall transformation kinetics using dilatometry data—applications to austenitization of steels, *Materials Science and Engineering A, Structural Materials Properties Microstructure and Processing* 380(1–2), 123–136, 2004.

153. Wolff, M., Bohm, M., Dalgic, M., Lowisch, G., Lysenko, N., and Rath, J., Parameter identification for a trip model with backstress, *Computational Materials Science* 37(1–2), 37–41, 2006.

154. Wolff, M., Bohm, M., Dalgic, M., and Lowisch, G., Validation of a tp model with backstress for the pearlitic transformation of the steel 100Cr6 under step-wise loads, *Computational Materials Science* 39(1), 49–54, 2007.

155. Cherkaoui, M., Transformation induced plasticity: Mechanisms and modeling, *Journal of Engineering Materials and Technology—Transactions of the ASME* 124(1), 55–61, 2002.

156. Cherkaoui, M. and Berveiller, M., Micromechanical modeling of the martensitic transformation induced plasticity in steels, *Smart Materials and Structures* 9(5), 592–603, 2000.

157. Cherkaoui, M. and Berveiller, M., Mechanics of materials undergoing martensitic phase change: A micro–macro approach for transformation induced plasticity, *Zeitschrift Fur Angewandte Mathematik Und Mechanik* 80(4), 219–232, 2000.

158. Cherkaoui, M. and Berveiller, M., Moving inelastic discontinuities and applications to martensitic phase transition, *Archive of Applied Mechanics* 70(1–3), 159–181, 2000.

159. Cherkaoui, M., Berveiller, M., and Lemoine, X., Couplings between plasticity and martensitic phase transformation: Overall behavior of polycrystalline trip steels, *International Journal of Plasticity* 16(10–11), 1215–1241, 2000.

160. Denis, S., Archambault, P., Gautier, E., Simon, A., and Beck, G., Phase transformations and generation of heat treatment residual stresses in metallic alloys, In: *Ecrs 5: Proceedings of the Fifth European Conference on Residual Stresses* Trans Tech Publications, Zurich-Uetikon, 2000, pp. 184–198.

161. Fischer, F.D., Reisner, G., Werner, E., Tanaka, K., Cailletaud, G., and Antretter, T., A new view on transformation induced plasticity (Trip), *International Journal of Plasticity* 16(7–8), 723–748, 2000.

162. Oberste-Brandenburg, C. and Bruhns, O.T., Tensorial description of the transformation kinetics during phase transitions, *Zeitschrift Fur Angewandte Mathematik Und Mechanik* 80, S197-S200, 2000.

163. Ronda, J. and Oliver, G.J., Consistent thermo-mechano-metallurgical model of welded steel with unified approach to derivation of phase evolution laws and transformation-induced plasticity, *Computer Methods in Applied Mechanics and Engineering* 189(2), 361–417, 2000.

164. Grostabussiat, S., Taleb, L., Jullien, J.F., and Sidoroff, F., Transformation induced plasticity in martensitic transformation of ferrous alloys, *Journal De Physique IV* 11(PR4), 173–180, 2001.

165. Antretter, T., Fischer, F.D., Tanaka, K., and Cailletaud, G., Theory, experiments and numerical modelling of phase transformations with emphasis on trip (Vol. 73, pp. 225, 2002), *Steel Research* 73(8), 366–366, 2002.

166. Levitas, V.I. and Cherkaoui, M., Special issue on micromechanics of martensitic phase transformations, *International Journal of Plasticity* 18(11), 1425–1425, 2002.

167. Taleb, L. and Sidoroff, F., A micromechanical modeling of the Greenwood–Johnson mechanism in transformation induced plasticity, *International Journal of Plasticity* 19(10), 1821–1842, 2003.

168. Antretter, T., Fischer, F.D., and Cailletaud, G., A numerical model for transformation induced plasticity (trip), *Journal De Physique IV* 115, 233–241, 2004.

169. Oberste-Brandenburg, C. and Bruhns, O.T., A tensorial description of the transformation kinetics of the martensitic phase transformation, *International Journal of Plasticity* 20(12), 2083–2109, 2004.

170. Tszeng, T.C. and Zhou, G.F., A dual-scale computational method for correcting surface temperature measurement errors, *Journal of Heat Transfer-Transactions of the ASME* 126(4), 535–539, 2004.

171. Turteltaub, S. and Suiker, A.S.J., Transformation-induced plasticity in ferrous alloys, *Journal of the Mechanics and Physics of Solids* 53(8), 1747–1788, 2005.

172. Taleb, L. and Petit, S., New investigations on transformation induced plasticity and its interaction with classical plasticity, *International Journal of Plasticity* 22(1), 110–130, 2006.

173. Tjahjanto, D.D., Turteltaub, S., Suiker, A.S.J., and van der Zwaag, S., Modelling of the effects of grain orientation on transformation-induced plasticity in multiphase carbon steels, *Modelling and Simulation in Materials Science and Engineering* 14(4), 617–636, 2006.

174. Turteltaub, S. and Suiker, A.S.J., Grain size effects in multiphase steels assisted by transformation-induced plasticity, *International Journal of Solids and Structures* 43(24), 7322–7336, 2006.

175. Turteltaub, S. and Suiker, A.S.J., A multiscale thermomechanical model for cubic to tetragonal martensitic phase transformations, *International Journal of Solids and Structures* 43(14–15), 4509–4545, 2006.

176. Wolff, M., Bohm, M., and Schmidt, A., Modelling of steel phenomena and their interactions—an internal variable approach, *Materialwissenschaft Und Werkstofftechnik* 37(1), 147–151, 2006.

177. Meftah, S., Barbe, F., Taleb, L., and Sidoroff, F., Parametric numerical simulations of trip and its interaction with classical plasticity in martensitic transformation, *European Journal of Mechanics A—Solids* 26(4), 688–700, 2007.

178. Nedjar, B., An enthalpy-based finite element method for nonlinear heat problems involving phase change, *Computers and Structures* 80(1), 9–21, 2002.

179. Majorek, A., Scholtes, B., Muller, H., and Macherauch, E., Influence of heat-transfer on the development of residual-stresses in quenched steel cylinders, *Steel Research* 65(4), 146–151, 1994.

180. Totten, G.E., Tensi, H.M., and Canal, L.C.F., Chemistry of quenching: Part II—fundamental thermophysical processes involved in quenching, In: *Proceedings of the 22nd Heat Treating Society Conference and the 2nd International Surface Engineering Congress* ASM International, Indianapolis, IN, 2003, pp. 148–154.

181. Totten, G.E., Tensi, H.M., and Canale, L.C.F., Chemistry of quenching: Part I—fundamental interfacial chemical processes involved in quenching, In: *Proceedings of the 22nd Heat Treating Society Conference and the 2nd International Surface Engineering Congress* ASM International, Indianapolis, IN, 2003, pp. 141–147.

182. Allen, F.S., Fletcher, A.J., and Mills, A., The characteristics of certain experimental quenching oils, *Steel Research* 60(11), 522–530, 1989.

183. Fernandes, P. and Prabhu, K.N., Effect of section size and agitation on heat transfer during quenching of aisi 1040 steel, *Journal of Materials Processing Technology* 183(1), 1–5, 2007.

184. Dakins, M.E., Bates, C.E., and Totten, G.E., Calculation of the Grossman hardenability factor from quenchant cooling curves, *Metallurgia* 56(12), 7–9, 1989.

185. Felde, I., Reti, T., Segerberg, S., Bodin, J., and Sarmiento, S., Numerical methods for safeguarding the performance of the quenching process, In: *Materials Science, Testing and Informatics II*. Trans Tech Publications, Zurich-Uetikon, 2005, pp. 335–339.

186. Tensi, H.M. and Stitzelbergerjakob, P., Evaluation of apparatus for assessing effect of forced-convection on quenching characteristics, *Materials Science and Technology* 5(7), 718–724, 1989.

187. Felde, I., Reti, T., Segerberg, S., Bodin, J., and Totten, G.E., Characterization of quenching performance by using computerized procedures and data base of heat treatment processes, in *ASM Proceedings: Heat Treating*, 2001, pp. 93–96.

188. Segerberg, S., Cooling curve analysis—focus on additives, *Metallurgia* 69(2), 6, 2002.

189. Bodin, J. and Segerberg, S., Measurement and evaluation of the power of quenching media for hardening, *Heat Treatment of Metals* 20(1), 15–23, 1993.

190. Segerberg, S., Bodin, J., and Felde, I., A new advanced system for safeguarding the performance of the quenching process, *Heat Treatment of Metals* 30(2), 49–51, 2003.

191. Felde, I., Réti, T., Segerberg, S., Bodin, J., and Sarmiente, S., Numerical methods for safeguarding the performance of the quenching process, in *Materials Science Forum*, 2005, pp. 335–340.

192. Felde, I., Reti, T., Segerberg, S., Bodin, J., Sarmiento, G.S., Totten, G.E., and Gu, J., Numerical methods for safeguarding the performance of the quenching process, *Cailiao Rechuli Xuebao/Transactions of Materials and Heat Treatment* 25(5), 519–521, 2004.

193. Troell, E., Kristoffersen, H., Bodin, J., Segerberg, S., and Felde, I., Unique software bridges the gap between cooling curves and the result of hardening, *HTM—Haerterei-Technische Mitteilungen* 62(3), 110–115, 2007.

194. Liscic, B., Possibilities for the calculation, the measurement and the control of the temperature development during quenching, *Neue Hutte* 28(11), 405–412, 1983.

195. Liscic, B., Critical heat-flux densities, quenching intensity and heat-extraction dynamics during quenching in vapourisable liquids, *Heat Treatment of Metals* 31(2), 42–46, 2004.

196. Zienkiewicz, O.C., *Numerical Methods in Heat Transfer*. Wiley & Sons Ltd., New York, 1981.

197. Hughes, T.J.R. and Liu, W.K., Implicit-explicit finite-elements in transient analysis—stability theory, *Journal of Applied Mechanics—Transactions of the ASME* 45(2), 371–374, 1978.

198. Hughes, T.J.R. and Liu, W.K., Implicit-explicit finite-elements in transient analysis—implementation and numerical examples, *Journal of Applied Mechanics—Transactions of the ASME* 45(2), 375–378, 1978.

199. Hughes, T.J.R., Pister, K.S., and Taylor, R.L., Implicit-explicit finite-elements in non-linear transient analysis, *Computer Methods in Applied Mechanics and Engineering* 17–8 (Jan), 159–182, 1979.

200. Donea, J. and Giuliani, S., Finite-element analysis of steady-state nonlinear heat-transfer problems, *Nuclear Engineering and Design* 30(2), 205–213, 1974.

201. Wood, W.L. and Lewis, R.W., A comparison of time marching schemes for the transient heat conduction equation, *International Journal for Numerical Methods in Engineering* 9(3), 679–689, 1975.

202. Christian, J.W., *The Theory of Transformations in Metals and Alloys*. Pergamon Press, Oxford, 1975.

203. Cahn, J.W., Transformation kinetics during continuous cooling, *Acta Metallurgica* 4(6), 572–575, 1956.

204. Scheil, E., Anlaufzeit Der Austenitumwandlung, *Archives Eisenhuttenwes* 8(12), 565–567, 1935.

205. Hashiguchi, K., Kirkaldy, J.S., Fukuzumi, T., and Pavaskar, V., Prediction of the equilibrium, para-equilibrium and no-partition local equilibrium phase-diagrams for multicomponent Fe-C base alloys, *Calphad-Computer Coupling of Phase Diagrams and Thermochemistry* 8(2), 173–186, 1984.

206. Kirkaldy, J.S. and Baganis, E.A., Thermodynamic prediction of Ae3 temperature of steels with additions of Mn, Si, Ni, Cr, Mo, Cu, *Metallurgical Transactions A, Physical Metallurgy and Materials Science* 9(4), 495–501, 1978.

207. Kirkaldy, J.S. and Venugopalan, D., Phase transformations in ferrous alloys, Marder, A.R. and Goldstein, J.I. The Metallurgical Society of AIME, New York, 1984, pp. 125–148.

208. Steven, W. and Haynes, A.G., The temperature formation of martensite and bainite in low-alloy steels: Some effects of chemical composition, *Journal of the Iron and Steel Institute* (183), 349–359, 1956.

209. Andrews, K.W., Empirical formulae for the calculation of some transformation temperatures, *Journal of the Iron and Steel Institute* (203), 721–727, 1965.

210. Avrami, M., Kinetics of phase change. I. General theory, *Journal Of Chemistry And Physics* 7, 1103–1112, 1939.

211. Avrami, M., Kinetics of phase change. II. Transformation-time relations for random distribution of nuclei, *Journal of Chemistry Physics* 8, 212–224, 1940.

212. Avrami, M., Kinetics of phase change III. Granulation, phase change, and microstructure, *Journal of Chemistry Physics* 9, 177–184, 1941.

213. Johnson, W.A. and Mehl, R.F., Reaction kinetics in processes of nucleation and growth, *Transactions of AIME* 135, 416–458, 1939.

214. Kolmogorov, A.N., On the statistical theory of the crystallization of metals, *Izv. Akad. Nauk SSSR, Ser. Mat.* (3), 355–359, 1937.

215. Mittemeijer, E.J., Analysis of the kinetics of phase-transformations, *Journal of Materials Science* 27(15), 3977–3987, 1992.

216. Hsu, T.Y., Additivity hypothesis and effects of stress on phase transformations in steel, *Current Opinion in Solid State and Materials Science* 9(6), 256–268, 2005.

217. Jahanian, S. and Mosleh, M., The mathematical modeling of phase transformation of steel during quenching, *Journal of Materials Engineering and Performance* 8(1), 75–82, 1999.

218. Kamat, R.G., Hawbolt, E.B., and Brimacombe, J.K., Diffusion modeling of pro-eutectoid ferrite growth to examine the principle of additivity, *Journal of Metals* 40(7), A52-A52, 1988.

219. Kang, S.H. and Im, Y.T., Three-dimensional finite-element analysis of the quenching process of plain-carbon steel with phase transformation, *Metallurgical and Materials Transactions A—Physical Metallurgy and Materials Science* 36A(9), 2315–2325, 2005.

220. Kuban, M.B., Jayaraman, R., Hawbolt, E.B., and Brimacombe, J.K., An assessment of the additivity principle in predicting continuous-cooling austenite-to-pearlite transformation kinetics using isothermal transformation data, *Metallurgical Transactions A, Physical Metallurgy and Materials Science* 17(9), 1493–1503, 1986.

221. Nordbakke, M.W., Ryum, N., and Hunderi, O., Non-isothermal precipitate growth and the principle of additivity, *Philosophical Magazine A—Physics of Condensed Matter Structure Defects and Mechanical Properties* 82(14), 2695–2708, 2002.

222. Reti, T., On the physical and mathematical interpretation of the isokinetic hypothesis, *Journal De Physique IV* 120, 85–91, 2004.

223. Serajzadeh, S., A mathematical model for prediction of austenite phase transformation, *Materials Letters* 58(10), 1597–1601, 2004.

224. Scheil, E., Anlaufzeit der austenitumwandlung, *Arch. Eisenhuttenwes* 8, 565–567, 935.

225. Koistinen, D.P. and Marburger, R.E., A general equation prescribing the extent of the austenite–martensite transformation in pure iron-carbon alloys and plain carbon steels, *Acta Metallurgica* 7(1), 59–60, 1959.

226. Tzitzelk, I., Hougardy, H.P., and Rose, A., Mathematical-description of TTT diagram for isothermal transformation and continuous cooling, *Archiv Fur Das Eisenhuttenwesen* 45(8), 525–532, 1974.

227. Watt, D.F., Coon, L., Bibby, M., Goldak, J., and Henwood, C., An algorithm for modeling microstructural development in weld heat-affected zones. A. Reaction-kinetics, *Acta Metallurgica* 36(11), 3029–3035, 1988.

228. Geijselaers, H.J.M., *Numerical Simulation of Stresses due to Solid State Transformations*, University of Twente, Enschede, 140–142, 2003.

229. Embury, J.D., Deschamps, A., and Brechet, Y., The interaction of plasticity and diffusion controlled precipitation reactions, *Scripta Materialia* 49(10), 927–932, 2003.

230. Heckel, R.W. and Balasubramanium, M., Effects of heat treatment and deformation on homogenization of compacts of blended powders, *Metallurgical Transactions* 2(2), 379–391, 1971.

231. Stouvenot, F., Denis, S., Simon, A., Denis, J.P., and Ducamp, C., Experimental-study and prediction of structural transformations and cracking in a solidified thin-walled low-carbon steel, *Memoires et Etudes Scientifiques de la Revue de Metallurgie* 85(9), 508–508, 1988.

232. Denis, S., Gautier, E., Simon, A., and Beck, G., Stress–phase-transformation interactions—basic principles, modelling, and calculation of internal stresses, *Materials Science and Technology* 1(10), 805–814, 1984.

233. Denis, S., Sjostrom, S., and Simon, A., Coupled temperature, stress, phase transformation calculation; model numerical illustration of the internal stresses evolution during cooling of a eutectoid carbon steel cylinder, *Metallurgical Transactions A, Physical Metallurgy and Materials Science* 18A(7), 1203–1212, 1987.

234. Ahrens, U., Maier, H.J., and Maksoud, A.E.M., Stress affected transformation in low alloy steels—factors limiting prediction of plastic strains, *Journal de Physique IV* 120, 615–623, 2004.

235. Antretter, T., Fischer, F.D., Cailletaud, G., and Ortner, B., On the algorithmic implementation of a material model accounting for the effects of martensitic transformation, *Steel Research International* 77(9–10), 733–740, 2006.

236. Liu, C.C., Ju, D.Y., and Inoue, T., A numerical modeling of metallo-thermo-mechanical behavior in both carburized and carbonitrided quenching processes, *ISIJ International* 42(10), 1125–1134, 2002.

237. Liu, C.C., Yao, K.F., Lu, Z., and Gao, G.F., Study of the effects of stress and strain on martensite transformation: Kinetics and transformation plasticity, *Journal of Computer-Aided Materials Design* 7(1), 63–69, 2000.

238. Liu, C.C., Yao, K.F., Xu, X.J., and Liu, Z., Models for transformation plasticity in loaded steels subjected to bainitic and martensitic transformation, *Materials Science and Technology* 17(8), 983–988, 2001.

239. Maalekian, M., Kozeschnik, E., Chatterjee, S., and Bhadeshia, H., Mechanical stabilisation of eutectoid steel, *Materials Science and Technology* 23(5), 610–612, 2007.

240. Todinov, M.T., Mechanism for formation of the residual stresses from quenching, *Modelling and Simulation in Materials Science and Engineering* 6(3), 273–291, 1998.

241. Bhadeshia, H., Thermodynamic analysis of isothermal transformation diagrams, *Metal Science* 16(3), 159–165, 1982.

242. Babu, S.S. and Bhadeshia, H., Mechanism of the transition from bainite to acicular ferrite, *Materials Transactions Jim* 32(8), 679–688, 1991.

243. Babu, S.S. and Bhadeshia, H., Stress and the acicular ferrite transformation, *Materials Science and Engineering A, Structural Materials Properties Microstructure and Processing* 156(1), 1–9, 1992.

244. Bhadeshia, H., David, S.A., Vitek, J.M., and Reed, R.W., Stress-induced transformation to bainite in fe-cr-mo-c pressure-vessel steel, *Materials Science and Technology* 7(8), 686–698, 1991.

245. Matsuzaki, A., Bhadeshia, H., and Harada, H., Stress affected bainitic transformation in a fe-c-si-mn alloy, *Acta Metallurgica Et Materialia* 42(4), 1081–1090, 1994.

246. Liu, C.C., Ju, D.Y., Yao, K.F., Liu, Z., and Xu, X.J., Bainitic transformation kinetics and stress assisted transformation, *Materials Science and Technology* 17(10), 1229–1237, 2001.

247. Maier, H.J. and Ahrens, U., Isothermal bainitic transformation in low alloy steels: Factors limiting prediction of the resulting material's properties, *Zeitschrift Fur Metallkunde* 93(7), 712–718, 2002.

248. Meng, Q.P., Rong, Y.H., and Hsu, T.Y., Effect of internal stress on autocatalytic nucleation of martensitic transformation, *Metallurgical and Materials Transactions A—Physical Metallurgy and Materials Science* 37A(5), 1405–1411, 2006.

249. Veaux, M., Denis, S., and Archambault, P., Modelling and experimental study of the bainitic transformation, residual stresses and deformations in the quenching process of middle alloyed steel parts, *Journal de Physique IV* 120, 719–726, 2004.

250. Veaux, M., Louin, J.C., Houin, J.P., Denis, S., Archambault, P., and Aeby-Gautier, E., Bainitic transformation under stress in medium alloyed steels, *Journal De Physique IV* 11(PR4), 181–188, 2001.

251. Tszeng, T.C., Autocatalysis in bainite transformations, *Materials Science and Engineering A, Structural Materials Properties Microstructure and Processing* 293(1–2), 185–190, 2000.

252. Inoue, T. and Wang, Z.G., Finite element analysis of coupled thermoinelastic problem with phase transformation, In: *International Conference on Numerical Methods in Industrial Forming Processes*, Pitmann, J.F.T. (ed.) Pineride Press, Swrsea, 1982.

253. Loshkarev, V.E., Mathematical modeling of the hardening process with allowance for the effect of stresses on structural transformations in steel, *Metal Science and Heat Treatment* 28(1), 3–9, 1986.

254. Fujita, M. and Suzuki, M., Effect of high-pressure on isothermal transformation in high-purity FE-C alloys and commercial steels, *Transactions of the Iron and Steel Institute of Japan* 14(1), 44–53, 1974.

255. Fujita, T., Yamaoka, S., and Fukunaga, O., Pressure-induced phase-transformation in bawo4, *Materials Research Bulletin* 9(2), 141–146, 1974.

256. Jepson, M.D. and Thompson, F.C., The acceleration of the rate of isothermal transformation of austenite, *Journal of the Iron and Steel Institute* 162(1), 49–56, 1949.

257. Nilan, T.G., Morphology and kinetics of austenite decomposition at high pressure, *Transactions of the Metallurgical Society of AIME* 239(6), 898–909, 1967.

258. Radcliffe, S.V. and Warlimont, H., Dislocation generation in iron-carbon alloys by hydrostatic pressure, *Physica Status Solidi* 7(2), K67—K69, 1964.

259. Schmidtmann, E. and Grave, H., Effect of different chromium contents and an all-round pressure of 25-kbar on transformation behavior of steels with 0.45 percent, *Archiv Fur Das Eisenhuttenwesen* 48(8), 431–435, 1977.

260. Inoue, T. and Wang, Z., Coupling between stress, temperature, and metallic structures during processes involving phase transformations, *Materials Science and Technology* 1(10), 845–850, 1984.

261. Chen, G.A., Yang, W.Y., Guo, S.Z., and Sun, Z.Q., Strain-induced precipitation of Nb(Cn) during deformation of undercooled austenite in Nb-Microalloyed Hsla steels, In: *Pricm 5: The Fifth Pacific*

Rim International Conference on Advanced Materials and Processing, Pts 1–5. Trans Tech Publications, Zurich-Uetikon, 2005, pp. 105–108.

262. Gao, M., Gu, H.X., Xiao, F.R., Liao, B., Qiao, G.Y., Yang, K., and Shan, Y.Y., Effect of hot deformation on pearlite transformation of 86CrMoV7 steel, *Journal of Materials Science and Technology* 20(1), 89–91, 2004.

263. Goodenow, R.H. and Hehemann, R.F., Transformations in iron and Fe-9 % Ni alloys, *Transactions of the Metallurgical Society of AIME* 233(9), 1777–1786, 1965.

264. Hanlon, D.N., Sietsma, J., and van der Zwaag, S., The effect of plastic deformation of austenite on the kinetics of subsequent ferrite formation, *ISIJ International* 41(9), 1028–1036, 2001.

265. Khlestov, V.M., Konopleva, E.V., and McQueen, H.J., Effects of deformation and heating temperature on the austenite transformation to pearlite in high alloy tool steels, *Materials Science and Technology* 18(1), 54–60, 2002.

266. Lee, J.W. and Liu, T.F., Phase transformations in an Fe-8Al-30mn-1.5Si-1.5C alloy, *Materials Chemistry and Physics* 69(1–3), 192–198, 2001.

267. Qi, J.J., Yang, W.Y., Sun, Z.Q., Zhang, X.Z., and Dong, Z.F., Kinetics of structure evolution during deformation enhanced transformation in a low carbon steel ss400, *Acta Metallurgica Sinica* 41(6), 605–610, 2005.

268. Saito, Y. and Shiga, C., Computer-simulation of microstructural evolution in thermomechanical processing of steel plates, *ISIJ International* 32(3), 414–422, 1992.

269. Sim, H.S., Lee, K.B., Yang, H.R., and Kwon, H., Influence of severe accumulative rolling in a low carbon microalloyed steel, In: *Microalloying for New Steel Processes and Applications* Trans Tech Publications, Zurich-Uetikon, 2005, pp. 581–587.

270. Sim, H.S., Lee, K.S., Lee, K.B., Yang, H.R., and Kwon, H., Influences of severe deformation and alloy modification on secondary hardening and fracture behavior, In: *Pricm 5: The Fifth Pacific Rim International Conference on Advanced Materials and Processing, Pts 1–5*. Trans Tech Publications, Zurich-Uetikon, 2005, pp. 183–186.

271. Sun, Z.P., Yang, W.Y., and Qi, J.J., Characteristics of deformation-enhanced transformation in plain low carbon steel, In: *Pricm 5: The Fifth Pacific Rim International Conference on Advanced Materials and Processing, Pts 1–5*. Trans Tech Publications, Zurich-Uetikon, 2005, pp. 49–54.

272. Umemoto, M., Hiramatsu, A., Moriya, A., Watanabe, T., Nanba, S., Nakajima, N., Anan, G., and Higo, Y., Computer modeling of phase-transformation from work-hardened austenite, *ISIJ International* 32(3), 306–315, 1992.

273. Yoshie, A., Fujioka, M., Watanabe, Y., Nishioka, K., and Morikawa, H., Modeling of microstructural evolution and mechanical-properties of steel plates produced by thermomechanical control process, *ISIJ International* 32(3), 395–404, 1992.

274. Zhou, R.F., Yang, W.Y., Zhou, R., and Sun, Z.Q., Effects of C and Mn elements on deformation-enhanced ferrite transformation in low carbon (Mn) steels, *Journal of University of Science and Technology Beijing* 12(6), 507–511, 2005.

275. Bhadeshia, H.K.D.H., The bainite transformation: Unresolved issues, *Materials Science and Engineering A* 273–275, 58–66, 1999.

276. Hase, K., Garcia-Mateo, C., and Bhadeshia, H.K.D.H., Bainite formation influenced by large stress, *Materials Science and Technology* 20(12), 1499–1505, 2004.

277. Jin, X.J., Min, N., Zheng, K.Y., and Hsu, T.Y., The effect of austenite deformation on bainite formation in an alloyed eutectoid steel, *Materials Science and Engineering A, Structural Materials Properties Microstructure and Processing* 438, 170–172, 2006.

278. Lee, C.H., Bhadeshia, H., and Lee, H.C., Effect of plastic deformation on the formation of acicular ferrite, *Materials Science and Engineering A, Structural Materials Properties Microstructure and Processing* 360(1–2), 249–257, 2003.

279. Liu, C.C., Yao, K.F., and Liu, Z., Quantitative research on effects of stresses and strains on bainitic transformation kinetics and transformation plasticity, *Materials Science and Technology* 16(6), 643–647, 2000.

280. Singh, S.B. and Bhadeshia, H., Quantitative evidence for mechanical stabilisation of bainite, *Materials Science and Technology* 12(7), 610–612, 1996.

281. Su, T.J., Veaux, M., Aeby-Gautier, E., Denis, S., Brien, V., and Archambault, P., Effect of tensile stresses on bainitic isothermal transformation, *Journal De Physique IV* 112, 293–296, 2003.

282. Abbasi, F. and Fletcher, A.J., *Materials Science and Technology* 1, 10, 1985.

283. Donghui, X., Zhonghua, L., and Jingxie, L., *Modelling Simulation Material Science Engineering* 4, 111–122, 1996.

284. Fletcher, A.J. and Soomro, A.B., Effect of transformation temperature range on generation of thermal stress and strain during quenching, *Materials Science and Technology* 2(7), 714–719, 1986.

285. Iyer, J., Brimacombe, J.K., and Hawbolt, E.B., Development of a mathematical-model to predict the structure and mechanical-properties of control-cooled eutectoid steel rods, *Journal of Metals* 35(12), 87–87, 1983.

286. Reed-Hill, R.E. and Abbaschian, R., *Physical Metallurgy Principles*, 3rd ed., PWS Engineering Press, Baston, 1991, pp. 288–289.

287. Belytscko, T., Liu, W.K., and Moran, B., *Nonlinear Finite Elements for Continua and Structures* John Wiley & Sons, Chicester, 2000.

288. Simo, J.C. and Hughes, T.J.R., *Computational Inelasticity*. Springer-Verlag, New York, 1997.

289. Denis, S., *Modélisation des Interactions Contrainte-transformation de Phases et Calcul par éléments Finis de la Genere des Contraintes Internes au Cours de la Trempe des Aciers*, Inst. Nat. Polytechnique de Lorraine, 1987.

290. Denis, S., Boufoussi, M., Chevrier, J.C., and Simon, A., *Analysis of the Development of Residual Stresses for Surface Hardening of Steels by Numerical Simulation: Effect of Process Parameters. International Conference on "Residual Stresses" (ICRS4)*, 1994, pp. 513–519.

291. Fortunier, R., Michaud, H., and Doucet, J.P., Élaboration d'un code de calcul en fatigue des caisses de véhicules blindés—Lot 1: Simulation des procédés de découpage et de soudage laser, *IRSID RC 93/626*, Unieux, 1993.

292. Rammerstorfer, F.G., Fischer, D.F., Mitter, W., Bathe, K.J., and Snyder, M.D., On thermo-elastic–plastic analysis of heat-treatment processes including creep and phase changes, *Computers and Structures* 13(5–6), 771–779, 1981.

293. Zandona, M., Mey, A., Boufoussi, M., Denis, S., and Simon, A., Calculation of internal stresses during surface heat treatment of steels. *Residual Stresses*, 1011–1020, 1993.

294. Magnee, A., *Le Défi de Contraintes Internes Générées Par Le Traitement Thermique*, 37–46, 1993.

295. Massicart, L., *Contraintes Résiduelles et Transformation Perlitique: Prévision Par Calcul et Approche Expérimentale*, 1991.

296. Rammerstorfer, F.G., Fischer, F.D., Till, E.T., Mitter, W., and Grundler, O., The influence of creep and transformation plasticity in the analysis of stresses due to heat treatment. *Numerical Methods in Heat Transfer*, 447–460, 1983.

297. Colonna, F., Massoni, E., Denis, S., Chenot, J.L., Wendenbaum, J., and Gauthier, E., On thermo-elastic-viscoplastic analysis of cooling processes including phases changes, *Journal of Materials Processing Technology* 34(1–4), 525–532, 1992.

298. Chaboche, J.-L., Viscoplastic constitutive equation for the description of cyclic and anisotropic behavior of metals, In: *17th Polish Conference on Mechanics of Solids*, Szczyrk, 1975, pp. 33.

299. Reuss, A., Berechnung der fliessgrenze von mischkristallen auf grund der plastizitatsbeding fur einkristalle, *Zeitschrift Fur Angewandte Mathematik Und Mechanik* 2, 49–58, 1929.

300. Voigt, W., *Lehrbuch der Kristallphysik*, 1928.

301. Ortiz, M. and Popov, E.P., Accuracy and stability of integration algorithms for elastoplastic constitutive relations, *International Journal for Numerical Methods in Engineering* 21(9), 1561–1576, 1985.

302. Simo, J.C. and Taylor, R.L., Consistent tangent operators for rate-independent elastoplasticity, *Computer Methods in Applied Mechanics and Engineering* 48(1), 101–118, 1985.

303. Matthies, H.G., A decomposition method for the integration of the elastic plastic rate problem, *International Journal for Numerical Methods in Engineering* 28(1), 1–11, 1989.

304. Ortiz, M. and Simo, J.C., An analysis of a new class of integration algorithms for elastoplastic constitutive relations, *International Journal for Numerical Methods in Engineering* 23(3), 353–366, 1986.

305. Owen, D.R.J. and Hinton, E., *Finite Elements in Plasticity*. Redwood Burn Ltd., Swansea, 1980.

306. Greenwood, G.W. and Johnson, R.H., The deformation of metals under small stresses during phase transformations, *Proceedings of the Royal Society*. 283, 403–422, 1965.

307. Abrassart, F., Stress-induced gamma-'alpha' martensitic transformation in 2 carbon stainless-steels—application to trip steels, *Metallurgical Transactions* 4(9), 2205–2216, 1973.

308. Patel, J.R. and Cohen, M., Criterion for the action of applied stress in the martensitic transformation, *Acta Metallurgica* 1(5), 531–538, 1953.

309. Magee, C.L., *Transformation Kinetics, Micro-Plasticity and Ageing of Martensite in Fe-31ni*, Carnegie Institute of Technology. Pittsburgh. PA, 1966.

310. Cherkaoui, M. and Berveiller, M., Special issue: Mechanics of martensitic phase transformation in sma and trip steels, *International Journal of Plasticity* 16(10–11), 1133–1134, 2000.

311. Fischer, F.D. and Schlogl, S.M., The influence of material anisotropy on transformation-induced plasticity in steel subject to martensitic-transformation, *Mechanics of Materials* 21(1), 1–23, 1995.

312. Jacques, P., Furnemont, Q., Mertens, A., and Delannay, F., On the sources of work hardening in multiphase steels assisted by transformation-induced plasticity, *Philosophical Magazine A—Physics of Condensed Matter Structure Defects and Mechanical Properties* 81(7), 1789–1812, 2001.

313. Jacques, P., Furnemont, Q., Pardoen, T., and Delannay, F., On the role of martensitic transformation on damage and cracking resistance in trip-assisted multiphase steels, *Acta Materialia* 49(1), 139–152, 2001.

314. Suiker, A.S.J. and Turteltaub, S., Computational modelling of plasticity induced by martensitic phase transformations, *International Journal for Numerical Methods in Engineering* 63(12), 1655–1693, 2005.

315. Taleb, L., Cavallo, N., and Waeckel, F., Experimental analysis of transformation plasticity (Vol. 17, Pg 1, 2001), *International Journal of Plasticity* 17(7), 1029–1029, 2001.

316. Taleb, L. and Petit-Grostabussiat, S., Elastoplasticity and phase transformations in ferrous alloys: Some discrepancies between experiments and modeling, *Journal De Physique IV* 12 (PR11), 187–194, 2002.

317. De Jong, M. and Rathenau, G.W., Mechanical properties of iron and some iron alloys while undergoing allotropic transformation, *Acta Metallurgica*. 7, 246–253, 1959.

318. Pont, D., Bergheau, J.M., and Leblond, J.B., Three-dimensional simulation of a laser surface treatment through steady state computation in the heat source's comoving frame, *Proceedings of IUTAM Symposium Mechanical Effects of Welding*, 85–92, 1992.

319. Franitza, S., *Zur Berechnung der Warme- und Umwandlungsspannungen in Langen Kreiszylindern*, Dissertation TU Braunschweig, 1972.

320. Johnson, R.H. and Greenwood, G.W., *Nature* 195, 138–139, 1962.

321. Leblond, J.B., Devaux, J., and Devaux, J.C., Mathematical modelling of transformation plasticity in steels: I. case of ideal-plastic phases, *International Journal of Plasticity* 5(6), 551–572, 1989.

322. Ahrens, U., *Beanspruchungsabhangiges Umwandlungsverhalten und Umwandlungsplastizitat Niedrig Legierter Stahle mit Unterschiedlich Hohen Kohlenstoffgehalten*, 2003.

323. Dalgic, M. and Löwisch, G., Einfluss Einer AufgepräGten Spannung Auf Die Isotherme, Perlitische Und Bainitische Umwandlung Des WäLzlagerstahls 100cr6, *HTM* 59(1), 28–34, 2004.

324. Lemaitre, J., *Handbook of Materials Behavior Models: Failures of Materials*, Vol. 2, Academic Press, San Diego, CA, 2001.

325. Tanaka, K., Terasaki, T., Goto, S., Antretter, T., Fischer, F.D., and Cailletaud, G., Effect of back stress evolution due to martensitic transformation on iso-volume fraction lines in a Cr-Ni-Mo-Al-Ti maraging steel, *Materials Science and Engineering A* 341(1–2), 189–196, 2003.

326. Funatani, K., Modelling and simulation technology to reduce distortion for advancement of materials processing technology, In: *1st International Conference on Distortion Engineering*, Zoch, H. W. and Luebben, T., (eds.), Bremen, Germany, 2005, pp. 125–132.

327. Inoue, T. and Okamura, K., Material database for simulation of metallo-thermo-mechanical field, In: *ASM Heat Treating Conference on Quenching and Distortion Control*, ASM International, St. Louis, MO, United States, 2000, pp. 753–760.

328. Desalos, Y., Report No. RE902, IRSID, 1982.

第 7 章　感应硬化过程模拟

7.1　引言

自 20 个世纪 20 年代开始，就有人使用解析和半经验数值方法模拟感应加热的过程，主要应用领域为无芯感应熔炼炉。1933 年，Reche 发表了一篇论文详细介绍了新的解析方法以及相应的验证试验，他设计了周期性排列的感应炉作为系统的一部分，即无限多等距间隔的感应炉，相邻感应器中的电流方向相反。工件中磁场和电流密度的解是一个带复杂参数的 Bessel 和 Hankel 函数的无穷级数形式。对一系列等距线圈组成的感应炉进行试验，得到的结果与计算结果较为符合。这是当时最先进的二维感应炉模拟技术。

当 20 世纪 30 年代早期出现表面感应硬化技术时，就有人试图发展计算表面硬化的解析方法。G. Razorenov 和 V. P. Vologdin，以及随后的 F. W. Curtis、N. R. Stansel 和 N. M. Rodigin 等人提出了第一批一维甚至二维的感应硬化电磁场和热场的解析方法。这些解析解是基于级数展开、变量分离、Bessel 和其他特殊函数、Fourier 变换等概念。

这些方法可应用于简单几何形状的工件和线性性质为主的材料。即使在这些限制下，上述计算过程也是漫长和繁重的，直到计算机出现后才有改善，这时模拟计算的时代才真正开始。现在，我们可以使用数值方法计算线性或非线性材料组成的任意复杂几何形状的电磁场、温度场和其他场的耦合问题。

G. Holmdahl 和 Y. Sundberg 的论文被认为是第一篇完整的一维非线性耦合感应加热解法。他们的模型为一维（平板或圆柱）感应加热体，并考虑了铁磁性材料的磁导率随磁场变化。通过定义等效磁导率、磁场和感应电流即可表示为正弦函数关系。计算体被划分为指定数目的薄层（平板时）或圆管（圆柱时），每层各自有与温度相关的性质。应用有限差分近似（Finite Difference，FD），Maxwell 方程在这一维模型上被转化为一系列线性方程然后解出。类似的方法可以用于处理圆柱的热学性质。感应加热问题解法采用循序渐进式，首先解出电流分布和感应能量，然后用感应能量作为热学模型中的热源。一旦求得温度分布，材料中随温度变化的性能即可得到更新，然后重复以上过程。计算机模拟的第一步成就是巨大的。

第二篇论文是由 F. Hegewald 在同一个会议上发表的。文中介绍了有限差分法计算一维平板或圆柱体中的电磁场过程，以及被加热体和感应器中电流和功率分布的多个结果。文中指出，对径向（或厚度方向）上的材料性质有变化的情况也可进行计算。与上篇引用文章类似，对于铁磁性材料，需要定义等效磁导率来使用正弦关系磁场量。

1963 年 E. Kolbe 和 W. Reiss 提出了一种不同的计算二维无磁性圆柱电磁系统的方

法。此方法基于"感应耦合电路",现在被认为是一种简化版的"积分方程"方法。

1966 年,M. Kogan 提出了第一个基于非线性微分方程的数值方法,用来解决钢棒硬化过程中电磁和热的耦合问题。实际上它是第一次在时间域上利用计算机模拟感应加热过程,即计算了电磁场的波形式。在这本书里作者还介绍了一种耦合电路的方法,以及介绍了另一种解决感应加热中微分方程的变分方法,这也就是后来的有限单元(Finite Element,FE)法。此后又出现了一系列的数值模拟工作。

尽管解析和数值方法模拟感应系统有很长的历史,但直到 20 世纪 80 年代末数值模拟(计算机模拟)才成为广泛应用于二维感应加热研究和设计的工具。人们也深入地研究了三维模拟这一新兴的技术,许多研究小组和个人都在研究感应加热模拟的方法和工具。其中来自工业界的研究者倾向于使用最简单和有效的方法得到结果,他们开发了很多"内部"程序来解决特定的问题,但这些程序通常有精度不确定、界面不友好和应用领域有限的缺点。其他来自学院或研究中心的研究组(数学家或物理学家),他们有非常好的数学和物理基础,但缺乏感应加热的实际经验。有时他们的方法显得过于复杂,程序也难以应用在实践中。

商业计算机模拟软件越来越流行,但是主流软件并没有针对感应加热模拟做改进,因为感应加热市场相对于电子电力、电机和制动器等较小。但模拟不同层次不同问题的出版物数量增长迅速。本章包含了感应加热模拟总体形势介绍,其中特别强调了钢的感应热处理,以及模拟目标和方法说明、计算辅助设计和优化感应系统的方法,并列举了几个计算机模拟的实例。本章更关注于模拟的构建过程而不是数学方法,因为后者是不可能在本章有限的篇幅里详细讲解的。希望这样的处理能够同时满足感应加热模拟的初学者和专家的需求。

感应加热在工业上的应用领域不论是传统的(表面硬化、加热成形和钎焊等)还是新兴的(等离子体耦合感应加热、磁性材料加工和封装等)都在快速增长。《电磁感应和电传导》(Electromagnetic Induction and Electric Conduction)一书介绍了许多感应加热应用例子。在相关文献中可以获得大量关于感应加热的理论和实践(特别是钢的硬化)信息。

感应加热可应用于生产钢铁制品的全过程,包括在坩埚炉中对钢和合金进行感应熔炼、在电弧炉和浇包里搅拌金属、在连续铸造器里控制金属液流、在轧制、锻造、挤压或其他热成形操作前加热厚板和坯料、焊管等。但是对成品和半成品的热处理还是感应加热最重要的应用领域。

感应加热有以下特点优于其他方法:

1)高加热速率,且高功率密度的内部热源避免了表面过热。
2)生产率高,且由于加热时间短,装置损耗细微。
3)没有表面损伤的无接触能量传递方法。
4)可在任意气氛或真空中加热。
5)可选择性地加热表面且深度可控。
6)良好的加热可控性和重复性。

7）精确地过程实时监控和控制。

8）更好的产品质量（表面氧化或脱碳情况没有或很少、更强的力学性能、良好的残余应力分布、小变形）。

9）需要时可使用电能。

10）按钮启动和停机功耗低。

11）过程清洁——少（无）污染物；良好的工作环境。

物理法则和技术瓶颈也同时对加热模式有一定的限制。感应过程和线圈的设计相对于其他加热技术更为复杂，也需要更多的知识基础。感应加热应用的缺点和困难有：

1）相对于化石燃料（油、气）需要更多的电能。

2）对于几何形状复杂的零件需要设计复杂的加热系统。

3）对不同的零件需要使用独特的工序、工具和其他设备。

当前以下几点因素促进感应加热应用范围更广：

1）天然气和石油价格增长较电力更快。

2）产品质量和重复性需求持续增长。

3）新一代更高效和更智能的电源、感应器和控制系统的出现。

4）更迫切的环境保护需求。

5）技术在空间上转移简单。

计算机模拟工具和技术的进步可以使设计者更快更有效地发展和优化新的感应过程和装备。在传统和新兴领域，计算机模拟对于扩展感应加热技术起着越来越重要的影响。

7.2　感应热处理概述

7.2.1　感应热处理的发展

第一次感应热处理几乎是同时于 20 世纪 30 年代早期在美国（TOCCO）和苏联出现的，用于硬化曲轴销和曲轴颈。这次非常成功的尝试促使感应加热的新时代出现，也在全球带来了大量加热和热处理的新应用。尽管感应加热过程需要复杂的数学描述，人们的大量工作推动了感应加热设备的计算理论和分析方法的发展。第一本卓越的关于感应热处理的技术书籍是《表面感应硬化》，出版于 1939 年。随后一系列其他关于感应加热理论和应用的书籍也相继出版。

以上出版物描述了感应系统中的物理过程，提供了感应线圈类型、加热时间、典型应用［包含块体加热或熔化、简单（轴、插销等）或复杂（凸轮轴、齿轮等）几何形状零件硬化］功率和频率选择。它们为感应加热技术扩展到其他如汽车、军事、铁路运输、冶金等领域打下了良好基础。

20 世纪 50 年代出现了包括感应焊管和带材横向加热等几项创新技术。随后是长时间的技术创新时期。在大量电磁和热学理论和试验研究以及材料对快速感应加热的响应等研究的支持下，新技术和新设备不断出现。但由于解析方法在精确计算复杂体系时存在局限性，导致很难精确预测结果，所以发展新工艺和设备需要大量试验工作。虽然第一批关于计算机模拟的工作于 20 世纪 60 年代中期出现，但由于计算机性能不足和没有高效的模拟工具，直到 20 世纪 80 年代末期这项技术都没有广泛应用于实践。在同一时期，计算机模拟在发展感应加热的理论基础中起了关键作用。

在 20 世纪末，由于业界需要高度自动化、可控性良好和环境友好的生产工艺，感应加热出现了新的快速增长时期。随着强大和高效的电源、智能控制系统和计算机模拟工具的出现，新感应加热系统可以满足上述需求。使用 IGBT 和 MOSFET 技术的新固体电源将可用频率提升到超过 1 MHz。现代电源单元尺寸更小、适用性更广、效率更高。其中某些频率变化比率可达 3∶1，这使得新型电源更加通用。新型同步双频装置（SDF）加热功率可高达 3 MW，极大地提高了感应加热的灵活性，特别是在处理复杂几何零件方面。更详尽的关于新型感应设备和工艺的信息可以在相关互联网网站、期刊（如《工业加热》，《热处理工艺》）等处获得。

在计算机模拟的帮助下，设计过程变得更快更精确，也使得更多人参与进来。除了系统设计和优化，计算机模拟还在教育、技术推广和商业决策中起着更重要的作用。

7.2.2　涡旋电流的产生

基础知识对于高效发展和运用感应工艺和设备、正确制定模拟任务和结果的分析是必不可少的。

感应加热是基于从感应器（称为感应线圈或线圈）产生的交变磁场中吸收能量的电磁加热方式。感应加热过程中有两种电磁能吸收机制，即涡流损耗和磁滞损耗。磁滞损耗在所有铁磁性材料中出现，不论是否具有导电性。而涡旋电流只能加热导体。磁滞损耗在加热密实材料时的贡献比例较小，在低频时不到 5% ~ 10% 且随着频率升高而降低。在某些特殊案例中，磁滞损失可能占相当大的比例，如铁磁颗粒材料的感应加热。涡旋电流则是由于交变磁场穿过导体横截面而在导体内部产生。

根据物理定律，涡旋电流必然是闭合的，所以电流在导体内沿着某条环路流动。如果不存在导体回路（如薄片开口环），则没有涡旋电流，也就没有热量，如果是闭合环则会被加热。感应加热用户和设计者必须对何处可能有涡旋电流回路和磁通回路有清晰的认识，因为后者也必须是闭合的。因此任何感应系统至少有三个闭合回路，分别是线圈电流回路 I_1、零件中的涡旋电流回路 I_2 和磁通回路（见图 7-1）。

当计算机模拟操作者忽略所有回路

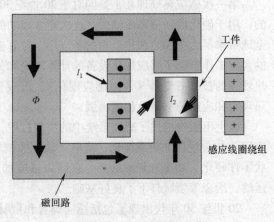

图 7-1　变压器型感应器

共同耦合关系而只考虑整个系统中的一部分时，可能会导致严重错误。解读三维计算机模拟结果时也必须包含对电流和磁通路径的分析。总的来说，任何时候对于现象的理解都比数值描述更重要，因为计算机仅能在恰当描述问题后给出正确解。

　　理解感应加热过程需要一组相互耦合过程的知识，包括供电电路流程、线圈中的电磁过程、工件中的电热过程和相变过程还有可能的力学现象（应力和变形）。

7. 2. 3　感应加热装置

　　任何感应加热装置都包含交流电源（射频管、晶体管或晶闸管）、感应加热线圈和加热位（见图 7-2）。电源将线频率（50 Hz 或 60 Hz）的电能转化为精确控制的"高频"电能。发电机产生的电流将能量从电源传输到由电容器和匹配变压器组成的加热位。加热位的作用是使得感应线圈和电源匹配。当负载线圈阻抗接近于发电机的额定电压除以额定电流的值时，电源可以给负载线圈提供额定功率的能量。

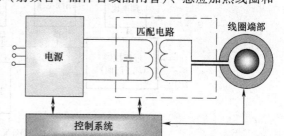

图 7-2　感应器安装示意图

当线圈阻抗与这个值差异较大时，则需要提高电源功率，并仔细调整以使其匹配。

　　匹配变压器改变负载阻抗大约正比于变压比的平方。对于多匝线圈或大型单匝射频线圈，负载阻抗可能已足够高，所以线圈可以不需匹配变压器直接连在电源上。而对于表面热处理，变压器几乎是必需的。

　　电容器是用来抵消线圈的无功功率。感应线圈不可能将所有加热位提供的电能转化为热能。总功率（视在功率，kVA）的相当一部分被感应线圈"反射"回供电电路，这就是无功功率。这部分无功功率不断在线圈和电容器之间振荡（见图 7-3）。理论上，电源只提供有功功率给共振电路，但是某些固态电源需要一定容性无功功率才能运转。这种电源必须在内部或加热位提供额外的电容器。

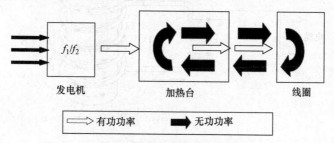

图 7-3　感应加热器的能量转换

　　电容器一般相对于线圈串联或并联地安装在变压器的一次绕组侧。当感应线圈电压和频率足够高时，电容器也可安装在二次绕组侧。当电容器安装于变压器的一次绕组侧时，变压器须为整个线圈的视在功率设计（大变压比）；当电容器安装在二次绕组侧时，变压比较小但电容器要更大，因为提供了较小的电压。

感应加热的控制方法是独特的。感应器的反射功率受加热工件影响，也影响整个系统的电磁参数（见图 7-4）。感应线圈电流可产生磁场 B_c，后者在工件中感生出电势。涡旋电流 I_w 导致工件发热并产生磁场 B_r 抵抗 B_c，且在线圈里感生出附加电势，后者又导致线圈阻抗改变。线圈和电流的这种变化可在加热不同零件时进行测量，并用来过程监测和过程控制。

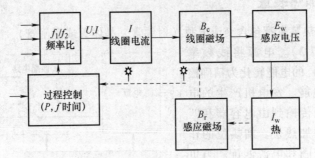

图 7-4　感应器中的电磁过程

7.2.4　工件的能量吸收

当导体被置于或靠近感应器时，线圈产生的部分磁通量穿透工件，感生出涡旋电流。金属管能很好地说明感应加热的过程（见图 7-5）。磁通量穿过管和线圈内径（Internal Diameter，ID）的间隙、管壁和管内部。对于薄壁管和足够低的电流频率，磁感应强度在管外表面和内表面相同。那么管内的感应电势与频率 f 和管的横截面积 S 成正比，即 $U = IR = kfBS$，其中 k 是与单位制有关的系数。电势由于涡旋电流的流动而降低。

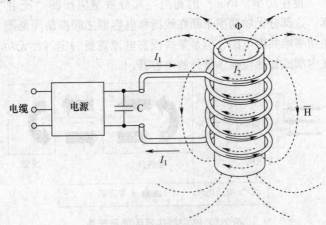

图 7-5　圆柱形多匝线圈加热管材

根据焦耳定律（Joule's law），涡旋电流产生的热功率 P_w 类似于普通的电阻热：$P_w = I^2 R = (kfBS)^2/R$，其中 R 为管壁对于环向电流的电阻。以上描述了"低频"时的感应加热过程。这种情况下吸收功率正比于频率的平方、反比于工件电阻（材料电阻）。对工业应用来说，由于其效率低，这种加热模式并不有利。我们可以认为工件对于磁场是透明的、吸收功率很低。这种情况适用于设备工装或结构件，它们在线圈磁场中不允许被加热。

当频率增加后，吸收功率应快速增加。但是另一个现象同时产生，涡旋电流产生（抵抗）磁场，在空间内部是和线圈磁场相反的方向。抵抗磁场降低工件内部的磁通量，从而降低涡旋电流和吸收功率。同时进行的两种现象使吸收功率与频率的关系变得复杂。但是，如果表面的磁场强度保持恒定，吸收功率总是随频率增加而增加，即低频时增速很快，高频时则慢得多。

当频率足够高时，磁场在管壁内衰减，管内的磁通密度趋近于零。这时所有电磁过程均在零件表面一薄层发生。当趋肤效应显著时，频率与磁场强度、感应电流和吸收功率存在简单关系。由于电磁过程集中于导体的表面，可以方便地定义比表面积和体积值以取代总电流和总功率的值。表面磁感应强度 B_0 感生出表层电流 I_0（单位长度）。

$$I_0 = B_0 / \mu_0 = H_0$$

式中，μ_0 是真空磁导率（磁场常数）；H_0 是磁场强度。

表面功率密度计算公式为

$$P_0 = I_0^2 \rho / \delta = H_0^2 \rho / \delta$$

式中，ρ 是材料的电阻率；δ 是参考（穿透）深度，由频率和材料性质决定，不依赖于导体形状。

$$\delta = \sqrt{\frac{2\rho}{\omega \mu \mu_0}} \tag{7-1}$$

式中，μ 是材料的相对磁导率。

透入深度随材料和频率的不同而不同，从非磁性材料（奥氏体不锈钢、石墨等）在低频时的几厘米，到高导电性和磁性材料在高频时的不到 1mm。透入深度在感应加热理论中起基础作用，即使得在感应系统里计算趋肤效应变得简单、为加热和其他过程可选择到合适的频率、可预测工件横截面的功率密度分布和加热过程的功率变化。如果特征尺度（圆柱直径或平板厚度）小于透入深度，则属于低频领域。如果特征尺度大于 4δ，则属于高频领域。对于管状工件，可能出现管直径大于 δ 但壁厚小于 δ。这种情况需使用更复杂的判据。如壁厚和直径的乘积小于 δ^2 则为低频；如果乘积大于 $4\delta^2$ 则为高频。

在工业上广泛应用的计算高频吸收功率的公式与在 δ 厚层里均匀电流产热公式是相同的。这个公式由于其简便性而广泛应用于分析计算和计算机模拟。但是事实上电流和功率在薄层 δ 里并不是均匀分布的。电流密度 S 和功率密度 P_v 随着到表面距离 x 成指数分布。

$$S(x) = S_0 \exp(-x/\delta)$$

$$P_v = P_{v0} \exp(-2x/\delta)$$

式中，S_0 和 P_{v0} 是表面的电流密度和功率密度。

只有63%的电流和86%的功率是在层δ内的。指数分布性质严格上只对均匀性质（ρ和μ均匀）的厚平板成立。对于均匀的圆柱体，需要使用Bessel函数描述电磁现象。对于多层材料或铁磁性材料，电流和功率分布十分复杂，只能通过计算机模拟获得（见图7-6）。

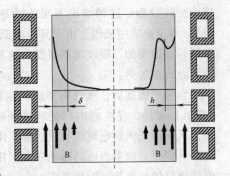

图7-6 恒定材料属性（左边）和感应加热结束瞬时（右）的电流分布

工件在高频时的总吸收功率可用比功率P_0和暴露在磁场下的表面积S_w的乘积确定。若要使用此方法计算任意频率的功率则需要加上功率吸收系数（功率传递因数）K

$$P_w = H_0^2 S_w K \rho / \delta \qquad (7\text{-}2)$$

如前所述，低频时吸收功率正比于频率的平方。由于透入深度反比于频率的平方根，在低频时系数K正比于频率的1.5次方。对于趋肤效应显著的均匀性质材料，系数K始终为1。这意味着高频时吸收功率正比于频率的平方根。

为了使感应线圈导体内电力损耗尽量低，其厚度应大于透入深度。感应线圈内的电力损耗大致正比于频率的平方根。这意味着高频时线圈效率将达到其阈值，不会再随着频率增加而变化。这是一般规律，在特定情况需考虑末端效应和其他现象来修正。

功率传递系数由工件形状和工件横截面的特征尺度与透入深度之比决定。对于实心或中空的圆柱、平板、正方或长方横截面这样的简单形状，系数K可绘制成了表格。直径为d的实心非磁性圆柱的传递因数与比例d/δ（常常称为"电直径"）的关系如图7-7所示。

电直径与频率的平方根成正比。圆柱的传递因数随频率增长而增长，逐渐接近于1。

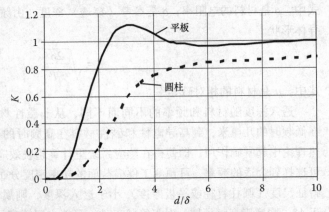

图7-7 圆柱和平板的功率传递因数关系

厚度为d的平板的传递因数在$d/\delta = 3.14$时有最大值$K = 1.12$，随着频率增加而趋向于1。对于管状工件是一系列有最大值的曲线。管状工件越薄，K的最大值越大，出现最大值时的d/δ越低。对于铁磁体，趋肤效应几乎总是显著的，故计算功率时可使用高趋肤效应的公式。考虑到功率由于磁导率从表面到心部增加而增加，系数K_f可取1.30 ~ 1.37。对于铁磁体功率的正确计算方法将在稍后讨论。

7.2.5 感应系统中的电磁效应

感应系统中磁场、电流和功率的复杂分布可用不同效应之间的相互作用来解释。除了已讨论的**趋肤效应**，还有**临近效应**、**线圈效应**、**聚磁效应**、线圈和工件的**边缘和末端效应**。

1. 临近效应

临近效应是指感应电流趋向于尽可能靠近诱导电流。当线圈放在平板工件上方时，感应电流倾向于沿着线圈形状流动。频率越高、间隙越小，临近效应越明显。

2. 线圈效应

高频电流仅当流动在直圆柱或圆管里且周围没有导体或磁体时才是均匀分布的。在圆柱线圈里，电流主要在内表面流动。这个现象就是线圈效应。事实上线圈效应是邻近效应在线圈中的体现。内表面相邻的反方向的电流互相吸引，同方向的相互排斥。即使导体弯曲，电流倾向于在曲率半径较小侧流动。"电流走捷径"这一说法与线圈效应密切相关。外部感应线圈的临近效应和线圈效应作用方向相同；而内部线圈的方向相反。

对于内部感应线圈，线圈效应使电流在内表面流动而临近效应使电流趋向于外表面以靠近工件表面。最终分布结果取决于系统尺寸、材料性质和频率的综合作用。使用磁通集中器（磁心）可以"消除"线圈效应，所以推荐在所有内部感应线圈中使用。

3. 聚磁效应

聚磁效应对于感应技术十分重要。由铁磁材料（软磁复合材料，铁片或钢片）制成的 C 形聚磁器附于导线上，使得线圈电流集中于 C 形开口处（见图 7-8）。它增强零件中的磁场强度，使线圈功率集中。磁导体也可用作磁场屏蔽和其他磁通修正。磁导体的作用包括加热模式控制、在局部加热过程中更好集中功率、减少相同加热强度的电流需求、消除逸散磁场等。同时，当加入控制器时线圈阻抗通常比裸线圈时更高，这是由于线圈电流集中在其横截面更小的部分里，计算机模拟可以精确预测有磁导体时的结果。

4. 末端和边缘效应

末端效应由磁场在工件或线圈末端变形造成。图 7-9

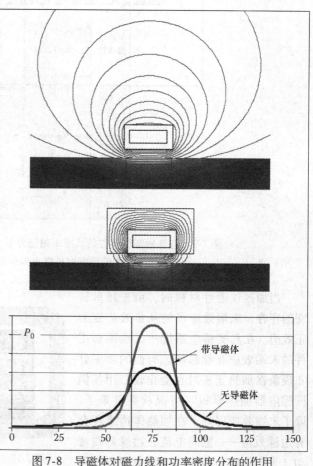

图 7-8 导磁体对磁力线和功率密度分布的作用

所示的磁性圆柱工件在较长的线圈中同时展示了这两种效应。磁场在右端由于线圈的末端效应而较弱，造成功率密度沿工件光滑降低。工件左端磁场线倾向于在到达它末端之前就离开，减少了此端金属里的耦合通量、感应电流和吸收功率。此现象当频率降低时更明显。对于非磁性材料，磁力线在角落更倾向于更深地"刺入"金属工件，所以末端效应总是正效应（末端功率增加）。对于磁性材料，末端效应可能是正效应也可能是负效应（功率降低），该效应由频率、圆柱直径和材料性质决定。

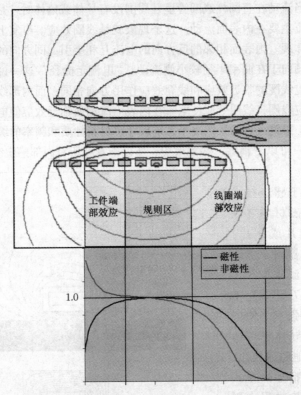

图7-9　有铁磁零件存在的线圈中磁场分布（上图），铁磁零件
和非铁磁零件的功率在长度方向的分布（下图）

当加热铁磁性材料时，由于居里转变的存在，末端效应可能从负效应变为正效应。在真实感应系统中，线圈和工件的末端效应互相影响。类似的功率分布现象在加热宽板时也会出现。用长椭圆感应器加热厚板时情况就更复杂了。除了末端效应以外，在加热体边缘还会有边缘效应——感应电流在边缘弯曲流动（见图7-10）。如果频率足够高（板厚

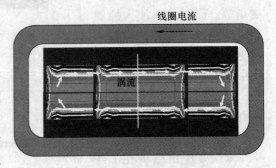

图7-10　非铁磁平板截面上电流密度分布

大于四倍透入深度），涡旋电流在表面流动，边缘部分受到三个方向加热，而正常（中心）区域只有两个，所以边缘区域会出现过热现象。

在低频时（板厚小于两倍透入深度），电流在相对边缘较远处转弯，整个边缘区域处于加热不足状态。相关文献证明当板厚为透入深度的 3.14 倍时，宽度方向的整体功率密度分布最均匀。对于高温加热，需要更高的频率来补偿边缘区域的热损失以达到均匀加热。如果板不够宽，两边的边缘效应会相互影响以至于没有正常区域。

正方形横截面可替代相同面积的圆柱形横截面来计算吸收功率和温度分布。对于矩形横截面有一点区别，即由于更大的热损失和热源减少（电流倾向于走捷径），拐角处常常加热不足。提高频率可以更好地加热拐角，但此处始终是局部区域的温度最低点。对于非磁性工件，频率增加时板和圆柱的末端功率增加效应基本相同；对于磁性工件，在频率不够高时末端功率可能减少。区别在于平板的末端效应比圆柱体系更显著。

三维拐角由于末端效应和边缘效应共存而变得特殊。由于三维特性，这个区域的电磁场性质十分复杂而难以分析。近来计算机模拟获得了一些成果，这些三维效应可能影响拐角区域的温度分布，特别是当热传导不充分时。

末端效应和边缘效应对于理解感应加热系统的行为、模拟和优化设计十分重要。选择合适的频率、线圈位置和长度可以获得零件所需要的温度分布。

7.2.6　温度分布

感应加热在钢铁工业中包括以下几种应用领域：熔炼、热处理、焊接、表面改性和为热成形工序而进行整体加热。对于表面硬化，其目的是在淬火前将表面层加热到奥氏体化温度以上。工件中心部分保持相对低温。整体加热需要使横截面内均匀加热或者加热到指定的温度梯度。对于火焰加热，能量由表面进入工件内部，造成表面附近的巨大温度梯度，从而限制了能量密度和加热速度，最高温度总出现在表面。而感应加热是由内部热源加热。因此工件表面由于热损失，热流方向总是朝外，最高温度总是出现在内部（虽然十分靠近表面）。

图 7-11 所示为钢件在感应加热和均化过程中沿径向（R =

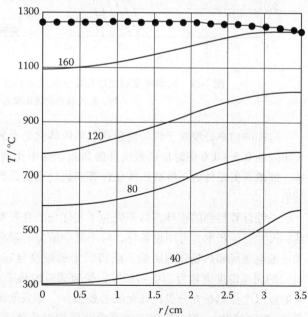

图 7-11　钢件在感应加热和均化过程中沿径向的温度分布

注：曲线上数字表示加热时间，单位 s；最上面的曲线表示经均化结束后的温度分布。

3.5 cm）的温度分布，频率为 1000 Hz。由于良好的绝热条件，最高温度靠近表面，但不十分明显。在高温计监测下控制表面温度恒定，最高温度出现在核心，最低温度在表面。热损失越多，温度差越大。设计者的目标是提供优化的功率、频率和时间的组合以获得当加热（可能包含热传导）结束需要的温度分布。

表面硬化加热过程中材料性质也随着温度和热源分布变化而变化。在加热开始阶段，钢为铁磁性且电阻率较低。透入深度很小，能量密度从表面到内部下降得很快（见图 7-12）。随着温度上升，能量逐渐进入材料内部。当表面温度达到居里温度时，钢件外层变为无磁性。由于电磁场从磁性心部"反射"导致功率分布的巨大变化。在合适的频率下，非磁性层功率沿径向稍有下降，在非磁和铁磁的交界处为功率最大值，随后在磁性材料中中迅速下降。这是外部加热圆柱形工件的典型分布。当加热平板或内部加热时，功率最大值没有这么明显。

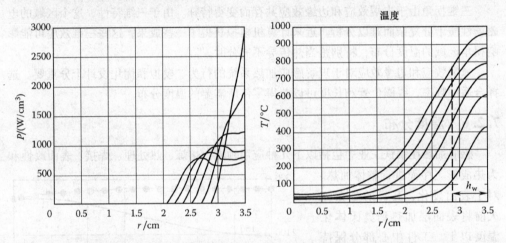

图 7-12 功率密度和温度在淬火前的加热过程中在径向上的分布

注：h_w 为预期的硬化深度

这样的功率分度对于钢件快速高效奥氏体化是十分有利的。当非磁性层的深度为透入深度的 0.3 ~ 0.6 倍时加热最快且最高效。这个比例通常用来选择感应加热的最佳频率。简单几何工件的一维奥氏体化计算和热处理实践显示，可通过不同频率得到良好的结果。

一维计算得到的指导方针不失为工艺优化的良好基础，但是还需要考虑零件几何形状、尺寸、生产率、可用设备等。对于复杂情况的频率选择，需要特别注意如何在二维和三维电磁场和热场强烈影响下获得指定的硬度分布。碳钢（感应淬火硬化的典型材料）的居里温度通常为 710 ~ 780℃，快速感应加热工艺的奥氏体化温度为 820 ~ 900℃。居里点以上加热是充分奥氏体化的必要条件，即表面温度在居里点以上的时间占加热时间的 30% ~ 50%。钢材居里点以上的性质相对简单（相对磁导率为 1 且电阻率在不同钢种之间相差不大），大大减少了模拟的误差。

感应过程的奥氏体化温度总是比用热处理炉的高，而且对同一种钢也可能有很大差异。优化组合奥氏体化温度和时间目前由试验完成，同时计算机模拟也很有前途。感应过程中，材料在 Ac_3 温度（奥氏体化温度）以上的时间很短，一般为几秒或几分之一秒。这样短的时间是不足以完成扩散过程的，特别是当晶粒不足够细时。可通过提高温度增强扩散能力来补偿短加热时间。另一方面，由于感应加热的最高温度比热处理炉高，抑制了晶粒长大。也同时抑制了表面脱碳和氧化。

感应加热的奥氏体化温度至少比热处理炉高 50℃。最高温度由处于高温的时间、钢的成分和组织决定，最高可达 1100℃。实践中，淬火冷却介质通常在感应加热停止片刻后即使用。这片刻延迟既可能是由于移动工件从加热位置到淬火位置或线圈到喷水口的距离等非计划原因，也可能是有意使温度平均分配。片刻延缓有益于防止工件开裂。

7.2.7　感应线圈参数变化

材料的电磁和热性质在感应加热过程中并不恒定。磁导率由磁场强度和温度决定，工件表面磁场强高，相对磁导率较低：通常是表面相对磁导率为 6 ~ 25，心部为 30 ~ 60。磁场强度随距表面的距离增大而减小，磁导率则随距离增大而升高，达到最大值（对于碳钢是 600 ~ 1000）后降到初始值。加热时材料的热属性也会变化。所有金属的电阻率随温度升高而增加，导致更大的透入深度和更高的吸收功率（见图 7-13）。

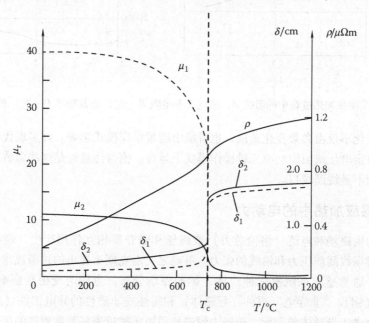

图 7-13　碳钢在低功率（下标 1）和高功率（下标 2）下
加热时的电阻率、磁导率和参照深度的变化

对于碳钢来说，900℃的电阻率是室温时的 6 ~ 8 倍。对于奥氏体不锈钢，电阻率随温度的变化较小——不到两倍。接近居里点时磁导率大幅下降，超过居里点后材料完全变为非磁性。电阻率和磁导率随温度的变化会影响加热中线圈参数和热源分布。材料的热性能也依赖于温度，特别是在组织或相转变点附近（奥氏体点、熔点等）。

　　在加热过程中，线圈参数（电流、电压、阻抗和功率系数）可能随着工件材料性质变化而显著变化。由于其与工件间隙很小，线圈阻抗变化很大。图 7-14 所示为线圈在加热过程中的阻抗 Z、感抗 X 和电阻 R 以及功率 P 在 10 kHz 感应加热直径 50 mm 碳钢棒时的变化情况。线圈直径 28 mm，加热时间 3.6 s，硬化深度 2.5 mm。在加热之初，线圈阻抗随着电阻增加而增加，但是随着磁导率下降占优势而产生了双层材料，阻抗也开始下降。线圈损耗 ΔP_{i}、工件功率 P_{w} 和总功率 P_{i} 也随之变化。该模拟在 Elta 软件上进行，线圈上电压设置为定值。

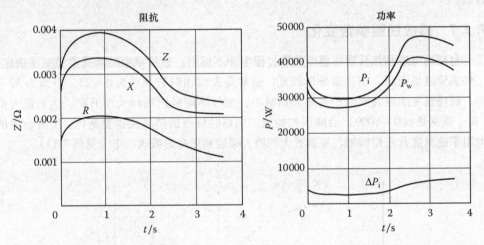

图 7-14　线圈在加热过程中的阻抗 Z、感抗 X 和电阻 R（左）以及功率 P（右）的变化情况

　　上述变化不仅由参数变化造成，也可能由能量供应模式影响。许多现代电源可在恒定电流、恒定电压或恒定功率三种操作模式下运行。值得注意的是这些参数通常在电源端测得，而不是线圈端口。

7.2.8　感应加热中的电动力

　　电动力由磁场和电流（洛伦兹力）或磁场和磁介质相互作用产生，两种力都可都可描述为磁场线间侧压力和沿线的张力。电磁之父麦克斯韦提出的这条规律非常简单且有说服力。通常感应系统有三种"体"影响磁场分布，也同时受磁场影响，分别为：感应线圈（铜）、"非导电"磁件（导磁体）和磁性或非磁性的导电工件（见图 7-15）。磁力线垂直进入导磁体的表面，磁场力倾向使两极更靠近磁场强度更高的区域，如工件表面和线圈之间的气隙。

　　相反地，在线圈表面，磁力线几乎与工件表面平行，零件和铜的表面之间存在一定的压力。其结果是作用在工件上的力将其推离线圈表面，而作用在导磁体上的力将其拉近线圈，任何时刻作用在整个系统上的合力为零。

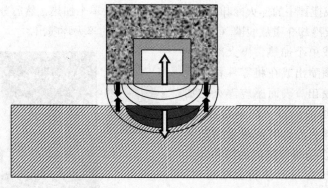

图 7-15　电磁系统中的磁力线

感应加热系统用户和设计者通常并不注意电磁力，因为它们对加热过程和感应系统的性能没有重要影响。在绝大多数的小功率高频感应加热装置的情况中这都是对的，但在有些过程里电磁力必须考虑。电磁力与磁场强度平方成正比，因此可分解为一个恒（静）力 F_c 和一个幅值为 F_a 的交变力（见图 7-16），其中交变力在时间上随线圈电流频率变化。

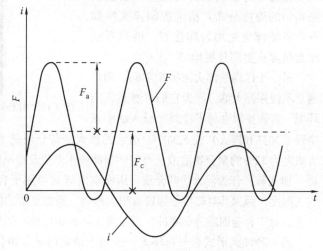

图 7-16　电磁力随时间变化

$$F = F_a \sin 2\omega t + F_c \quad (7\text{-}3)$$

如果趋肤效应显著，恒力 F_c 和交变力 F_a 不依赖于频率。这意味着随着频率增加，吸收功率对电磁力的比例减小，在射频时电磁力均很小。电磁力在感应系统中可造成几种效应：

1）电磁力中的静力部分会造成感应线圈形变。

2）加热工件出现附加变形。

3）线圈振动，可能破坏绝缘且使焊缝开裂。

4）系统有强烈振动和噪声。

5）将小磁片吸附到线圈上，造成短路。

6）液态金属搅拌和形变。

这些现象对于热处理过程和线圈是有害的。但在感应熔炼炉中被广泛应用于液态金属搅拌。

7.2.9　淬火和冷却

感应系统中的淬火在几个方面上与传统热处理淬火不同。通常不会将一批加热后的工件浸入静止或搅拌中的淬火冷却介质中。通常是工件单个加热，然后分别淬火。在移动过程中，淬火冷却介质从线圈（见图7-17）或单独的淬火环喷出。

对于静态或单个加热，淬火冷却介质可直接从线圈喷出或在将零件移动到另一个位置时喷出。表面感应淬火的加热时间比整体加热的淬火时间短很多，感应加热后的淬火冷却时间通常为加热时间的 2～4 倍。精确控制的加热和淬火可以使得表面层在马氏体转变结束时，心部仍有热量。残余热量用于在线回火，将硬化层迅速加热至回火温度以及达到更均匀的温度分布。精确控制淬火冷却介质可使淬火更均匀和强烈，换热系数比批量淬火更高且更均匀。

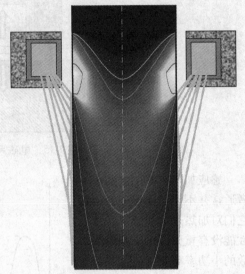

图 7-17　用 Elta 模拟软件所做的扫描感应硬化过程

另一个区别是淬火液类型不同。用户通常不使用淬火油，因为它们可燃且污染环境。若需要时会将零件整个浸入油中或全程（加热和淬火）浸入油中。通常的淬火冷却介质是不同喷射强度或温度的纯水或最大浓度为12%的聚合物溶液。当零件很薄或不希望获得马氏体时可使用水和压缩气体混合物（即气雾）作为淬火冷却介质。压缩空气淬火可用于合金钢，但这种方法要精确控制空气湿度，因为其对热传导强度有很大影响。换热系数的数值将在后面介绍热边界条件时讨论。对于合金钢或薄壁零件，可在奥氏体区相反侧冷却来获得足够冷却速度。

另一种淬火形式——自淬火一般用于特定情况，如合金钢、浅硬化深度或非常快的感应或激光加热。这些情况下热量从奥氏体层传向体心部分的速率足够大，可以发生马氏体相变。选择合适的淬火冷却介质和淬火方法需要特别的讨论和模拟，因此难以在本章内详述。通过淬火处理虽然得到了所需的微观组织硬化层，但也会在零件里产生残余应力且导致变形。这种应力由热和组织共同作用，所以模拟过程需整体考虑加热和淬火冷却过程。淬火是影响应力分布和零件变形的最重要因素。优化加热和淬火过程可在表面产生所需的可增加耐磨性的压应力。

7.3　热处理线圈的建模

7.3.1　感应线圈的要求

许多应用实例里，感应线圈是最重要的部分。它决定了整个装置的参数和性能（输入功率、效率、产品质量、设备寿命等）。理想的感应线圈需提供特定的加热模式，具有高效率、足够长的使用寿命，并且满足淬火冷却介质、气氛、机械结构等特殊要求。各个要求的重要性取决于特定应用。对于热处理销或小型轴，效率并不特别重要。对于单轴硬化这类需要高功率的大型热处理应用，效率和与之相适应的电源的重要性是仅次于处理质量的。感应加热装置里，感应线圈的成本只占一小部分。提高线圈设计的投入几乎都可以改进感性设备的性能或寿命。

感应加热线圈根据磁场方向和零件表面可分为纵向感应器和横向感应器两类。纵向感应器的磁场主要平行于零件主轴或表面；横向感应器的磁场主要垂直于零件主轴或表面。这两大类里都有许多形状各异的感应线圈，但只有少数部分常用于在金属加工工业。即使最复杂的感应线圈也可分解为几个标准类型。通常来说，任何线圈都是三维器件，但是绝大部分被当作二维甚至一维系统或它们的组合考虑时，误差都较小，这样有助于简化模型。

7.3.2　圆柱形线圈

圆柱形线圈亦称外直径线圈（OD），是最为广泛应用的感应器。它们被用来动态或静止热处理杆、轴、销、管、棒、线等。横截面为方形或不规则的长零件也常用圆柱形线圈处理。这类线圈具有电效率高、功率因数高、可靠性和磁场分布均匀性均较好等特点。可使用二维或一维（相对长线圈）轴对称模型来描述圆柱形线圈。多匝螺旋形线圈可能会产生三维效应（见图 7-18）。

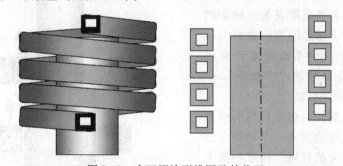

图 7-18　多匝螺旋形线圈及其截面

螺线圈效应可通过旋转零件使温度场轴对称来消除，但并不能消除功率分布的三维效应。更接近二维情况的是具有"平面"转角的圆柱形线圈（见图 7-19）。这种情况下磁场在转弯处的变形很小，特别是当使用了导磁体后，建模时使用二维线圈是恰当的。

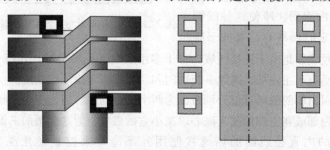

图 7-19　具有平面转角的多匝感应线圈及其截面

单圈外直径线圈主要产生二维磁场，但连接处有三维磁场。可通过布置均匀分布的导磁体来减小三维效应。图 7-20 所示为带有 Flux-trol 软磁复合磁导体的综合淬火（MIQ）扫描线圈。磁导体改善了线圈参数，补偿了连接处的三维效应。它能提高加热效果，延长线圈寿命并且免除零件旋转。

图 7-20　带有 Fluxtrol 软磁复合磁导体的综合淬火扫描线圈

蛤壳式感应器适用于线圈"敞开"安装于零件上，如机轴销或轴颈。零件可以是旋转或静止的。对于非旋转系统，线圈相对面应为侧面或安装局部磁导体以使硬化均匀。蛤壳式感应器有些像单圈感应器，但由于几何形状沿圆周变化影响电磁场和温度场，需用三维或一系列二维截面的组合进行模拟。

为了可靠地操作这些感应器，需要特别注意电接触部分的设计和维护。为避免接触问题，有人设计了特殊的静止非接触感应系统。这套系统感应线圈含上下两部分。每个部分由两个半圆形线圈串联而成。其中一组连接到电源，另一部分通过磁耦合吸收能量。当线圈安装在轴颈两侧时，它们对于邻近的销组成两个单圈圆柱形线圈。这种方法起源于 20 世纪 70 年代硬化凸轮轴，后被 Inducto-heat 成功用于硬化机轴。

圆柱形线圈扫描感应加热的模拟可能也需考虑运动方式。当遇到零件直径变化比较大的区域，简单扫描不能给根部提供足够硬化深度而不使转角过热。轴向偏移可以解决这个问题（见图 7-21），但模型就变为三维了。

内直径线圈（ID）用于静止或扫描圆管内衬等内表面。即使这种线圈是圆柱形的，它们仍具有显著的三维效应。对于单匝线圈是由于连接区域。对于多匝线圈（见图 7-22）还有引脚处的影响，其产生的磁场垂直于主磁场。因此系统轴向和径向都需考虑三维效应。

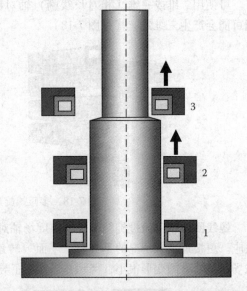

图 7-21　带二维运动感应器模型的轴的扫描硬化模拟

主线圈和引出脚的磁场可以分别考虑为两个二维问题。但是相关文献指出可以将引出脚放在线圈内部或在空隙内放入磁心以减小它的磁场，但这会增加三维效应。在温度方面，薄壁件的内直径线圈加热通常使用外部冷却来控制硬化深度或淬火（见图 7-23）。

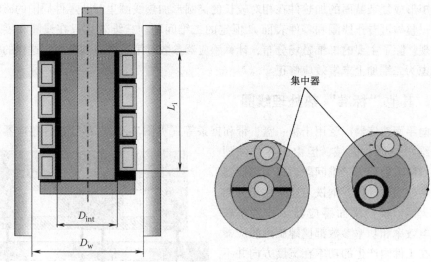

图 7-22　带磁心的多匝一维线圈

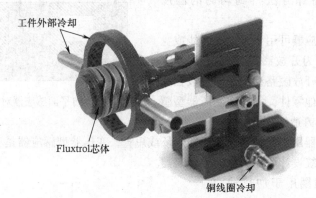

图 7-23　带磁心和外部冷却环的多匝一维线圈

椭圆形线圈常用于整体加热棒、板或热处理矩形截面的零件。这种情况毫无疑问是三维的。棒既可平行也可垂直于线圈内的磁场（见图 7-24）。因此椭圆形线圈既可能是纵向的也可能是横向的。

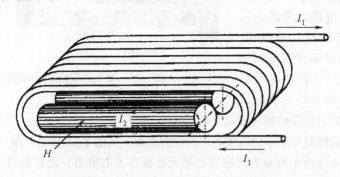

图 7-24　圆棒在椭圆感应器中的横向加热

当矩形或复杂截面的加热件在相对较长的椭圆形加热线圈里时，零件周围的磁场是均匀的，整体可看作线圈和零件表面 H 恒定的二维问题。三维效应只在线圈和零件的末端出现。除了主要的二维磁场分布，计算感应器参数时第三维必须考虑。这样的系统可以考虑为二维加上末端效应修正。

7.3.3　其他"标准"热处理线圈

横向平面感应器广泛用于板、盘、带和锯条等（见图 7-25）。尽管这种感应器有明显的二维"矩形"区域，但由于零件强烈的边缘效应需处理为三维问题。这类感应器基本都会使用磁导体。钢铁工业中用于例如镀锌退火线。横向平面感应器工作频率较低，且电效率和功率参数都比螺旋形感应器高。但在工件内产生的功率在宽度方向并不均匀，需要用特殊方法得到均匀的温度分布。

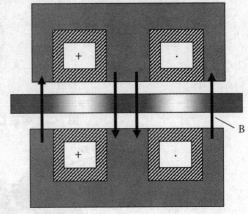

图 7-25　横向平面感应器对带材的连续加热

变压器型感应器可用于环、板、线或盘的整体加热，分为开放磁路型（见图 7-1）和闭合磁路型。开放磁路型用于加热放在其间隙里的盘或其他零件，大功率变压器型感应器可用于连续铸造线附加加热平板边缘。闭合磁路型感应器用于低频甚至工频加热环或短管，变压器型感应器是三维问题，取决于零件形状和系统设计可能为纵向或横向类。

单发感应线圈用于加热轴和其他零件（见图 7-26）。单发感应器主要加热大表面积的旋轴圆柱形工件，如轴等。导磁体可用在关键部位以控制局部温度和增加线圈电效率和功率因数。**单发**感应器需考虑为三维或一组带旋转的二维截面。零件必须转的足够快来得到均匀的表面温度。这种情况下可以在程序里设置材料为各向异

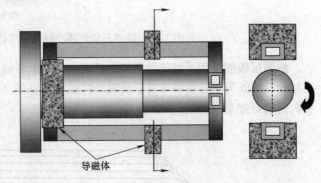

导磁体

图 7-26　单发感应线圈加热旋转轴

性——角度方向有很高的热导率以避免模拟转动热传导。

发夹式感应线圈可用于局部加热平面或内表面（见图 7-27 和图 7-28）。类似于单发感应器，使用了导磁体的发夹式感应器极大地提高了电效率。设计旋转圆柱零件加热时，发夹式感应器和单发感应器类似。扫描应用时可描述为二维甚至一维零件运动模

型。三维效应在线圈末端出现。

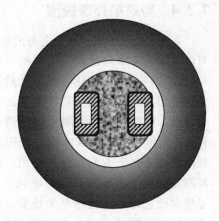

图 7-27　带 Fluxtrol 导磁体的发夹式感应器加热弯曲表面　　　图 7-28　发夹式感应器加热一维表面

　　其他可用于加热平面的感应器包括薄饼式、垂直线圈式和分离多转感应器（见图 7-29）。这些感应器都是准二维模型，使用导磁体都有很大好处。轨道线圈类似于发夹式感应器，但有多样的零件可放入线圈导轨（见图 7-30）。这种线圈用于加热线材、紧固件、棒材尾端等产品。当加热线材时，其模型为带三维末端的二维模型；其他情况下是三维模型。

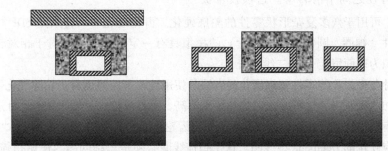

图 7-29　垂直线圈（左）和分离回转感应器（右）加热平板表面

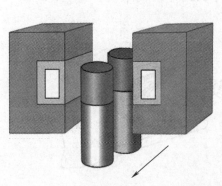
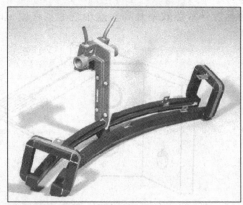

图 7-30　轨道线圈加热零件端部（左），钎焊感应器

7.3.4 特殊热处理线圈

有很多特殊线圈不属于上面的分类，如用于旋转硬化机轴的 C 形线圈。这些线圈可以考虑为三维问题或一系列的二维区域（见图 7-31）。齿轮硬化是感应加热的一个特殊应用，由于其有一套特殊方法和感应器外形。简单的圆柱线圈可用于硬化小直径和中尺寸齿轮。特殊匹配齿轮形状的铜线圈感应器在工业上并没有应用，因为其线圈复杂且不能旋转。齿轮硬化——特别是轮廓硬化时频率选择至关重要。常用两步工艺来对中小尺寸齿轮进行轮廓硬化。第一步是低频长时间加热；第二步是高频短时间（脉冲）加热。这两步可以由用同一感应器或不同感应器执行。

现在最先进的是双频加热技术（SDF）。特殊电源可给线圈同时提供两个频率的，并且能量可在之间平滑转移。这项技术极

导磁体

图 7-31 用于曲轴硬化的 C 形感应器

具灵活性，可用于众多复杂形状零件的轮廓硬化。齿轮硬化——特别是 SDF 技术和特殊类型零件（螺圈、圆锥、螺线齿轮）的模拟具有一定的挑战性。对于相对较长的齿轮可以模拟为表面恒定 H 的二维系统。

另一种获得齿轮等零件轮廓硬化的方法是使用淬硬可控的钢材。轮廓硬化可以通过齿轮整体加热来获得。这种方法对加热要求不高，但要求淬火速度很快。此外逐齿加热技术或逐齿扫描技术可用于高于 5 mm 的硬化齿轮单元。图 7-32 所示为用于大中模量齿轮扫描感应硬化的 Delapena 型线圈。这个扫描线圈必须是三维问题。使用扫描线圈时，齿轮表面常有一层水、油或聚合物溶液。如果线圈和零件的空隙很小，空隙中的液体媒介会蒸发导致热效率升高。这个现象需在模拟时考虑。

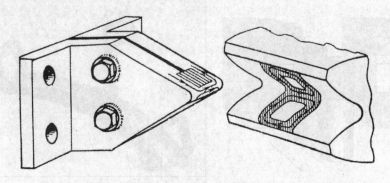

图 7-32 用于大中模量齿轮扫描感应硬化的 Delapena 型线圈

　　许多"现实世界"的热处理感应器为以上所述不同类型感应器的组合。各类线圈会出现连接到电源或加热站的不同设计（汇流排，柔性线缆）。真实的线圈组件还包括固定件、淬火冷却介质的输送、过程监控和控制传感器、护罩、隔热层等，这些在模拟时也需考虑。

7.4　感应硬化系统模拟

7.4.1　感应系统的物理过程

　　由于加热过程和装置的复杂性特点，通常情况模拟需要考虑以下方面：

　　1）电力装置（电源、配套装置和控制设备）。

　　2）电磁场和温度场。

　　3）淬火过程和组织转变。

　　4）由电动力、热应力和组织转变造成的力学现象（感应应力、振动、变形）。

　　以上大部分过程都是互相影响的（见图 7-33）。

　　控制系统监控整个热处理机器的运行，它决定了机械操作模式和电源电路供给线圈的电参数。控制系统的信息来自于预先设定的程序和电磁或温度传感器的反馈信号。机械操作包括旋转、停留时间、扫描速度、感应器偏移等（见图 7-21）。这些操作可改变系统参数和几何形状，且与供给线圈的电源有关。

　　电磁过程导致零件和感应器部件（铜管、导磁体和固定件）升温，并产生可能引起应力和变形的电磁力。由于材料性质非线性，零件和线圈的电磁和热力学过程是紧密耦合在一起的。淬火

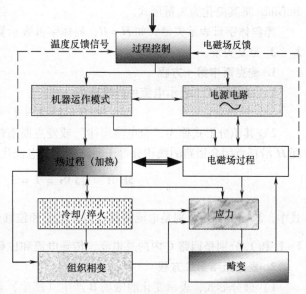

图 7-33　感应加热系统流程图

过程中的温度变化和相变导致较大的应力和变形。而加热和淬火后的相变通常不会对应力和变形产生直接影响。因此相变、感应应力和变形可在加热和淬火后的后处理阶段模拟。其他情况下，例如单面扫描平面零件（钢轨、导轨等）的硬化时，热变形和相变变形可能改变系统几何形状以及影响电磁过程。

　　电磁和热力学过程是互相相关（耦合）的，因此需紧耦合模拟。本章只模拟到线圈端口，其到控制系统和电源的连接作为逻辑和边界条件。

目前并不存在高效解决所有感应系统的计算机模拟软件，用户应选择适合特定的应用领域和模拟目标的方法和工具。感应技术的知识对于成功使用（和发展）计算机模拟工具来讲是至关重要的。计算机模拟是商业、教育和科研活动的有力工具。针对不同应用场合，建模目标和模拟工具可能相差甚大。

1）**初始设计**感应加热系统指选择加热类型（扫描式、同时加热式等）、计算随时间变化所需的功率、优化频率等。相对简单的电磁加热和淬火程序加上经验评估可用于这类装置的设计和参数校正。

2）**优化设计**指设计一种新工艺或改进现存工艺的线圈几何参数和操作条件以满足特定加热要求。

3）**先进计算机模拟**是进行二维或三维电磁、热、力学和相变耦合的全流程模拟，最终获得热处理后所需的性能（力学性能、应力和变形）。

7.4.2　电磁场

7.4.2.1　麦克斯韦方程组

1864 年麦克斯韦（J. Maxwell）用一组方程描述了电磁场规律。1884 年 Heaviside 和 Gibbs 将其简化为矢量形式。

黑斜体字母表示矢量，如 $H = \overline{H}$；斜体字母表示复数，如 $J = J_r + jJ_x$ 是复标量，$\mathbf{J} = \mathbf{J}_r + j\mathbf{J}_x$ 是复矢量。

1. 麦克斯韦第一方程

1）微分形式，表示电流可产生磁场。

$$\mathrm{rot}H = \mathbf{J} = \mathbf{J}_c + \mathbf{J}_d \qquad (7\text{-}4)$$

2）其积分形式称为"全电流定律"或麦克斯韦修正的安培定律。它描述了磁场强度 H 沿任意闭合回路的线积分等于回路包围的电流代数和。

$$\oint_C \mathbf{H}\mathrm{d}\mathbf{l} = \int_S \mathbf{J}\mathrm{d}\mathbf{S} = \mathbf{I} = \mathbf{I}_c + \mathbf{I}_d \qquad (7\text{-}5)$$

式中，$\mathbf{J}$、$\mathbf{J}_c$ 和 $\mathbf{J}_d$ 分别是电流密度、传导电流和位移电流。$\mathbf{J}_d = \dfrac{\mathrm{d}\mathbf{D}}{\mathrm{d}t}$，$\mathbf{D}$ 是电位移矢量。$\mathbf{I}$、$\mathbf{I}_c$ 和 $\mathbf{I}_d$ 分别是回路 C 内的总电流、传导电流和位移电流。

2. 麦克斯韦第二方程

1）微分形式，表示变化的磁场 $\mathbf{B}$ 产生（感生）环形电场。

$$\mathrm{rot}\mathbf{E} = -\frac{\mathrm{d}\mathbf{B}}{\mathrm{d}t} \qquad (7\text{-}6)$$

2）其积分形式也称为法拉第感应定律。它指出电场强度 $\mathbf{E}$ 沿环线 C 的线积分等于环线内磁通 Φ_s 的变化率。

$$\oint_C \mathbf{E}\mathrm{d}\mathbf{l} = -\frac{\mathrm{d}}{\mathrm{d}t}\int_S \mathbf{B}\mathrm{d}\mathbf{S} - \oint_C \mathbf{B} \times v\mathrm{d}\mathbf{l} = -\frac{\mathrm{d}\Phi_s}{\mathrm{d}t} \qquad (7\text{-}7)$$

磁通量的变化既可能由 $\mathbf{B}$ 随时间变化引起，也可以由环路在磁场中以速度 v 运动而引起。

3. 麦克斯韦第三方程也称为电场的高斯定律

1）微分形式表示电荷密度是电场源（由磁场感生的涡流部分除外）。

$$\mathrm{div}\mathbf{D} = \mathrm{div}\,(\varepsilon_a\mathbf{E}) = \rho \tag{7-8}$$

2）积分形式表示通过闭合曲面 S 的电通量 **D** 等于此曲面包围的总电荷量。

$$\oint_S \mathbf{D}\mathrm{d}\mathbf{S} = \int_V \rho\mathrm{d}V = Q \tag{7-9}$$

4. 麦克斯韦第四方程也称为磁场的高斯定律

1）微分形式表示不存在磁荷（磁单极子）。

$$\mathrm{div}\mathbf{B} = \mathrm{div}(\mu_a\mathbf{H}) = 0 \tag{7-10}$$

2）积分形式表示磁通量是连续的且磁场线是封闭的。

$$\oint_S \mathbf{B}\mathrm{d}\mathbf{S} = 0 \tag{7-11}$$

式中，ε_a 和 μ_a 分别是材料介电常数和磁导率的绝对值，等于真空介电常数（磁导率）和材料的相对介电常数（磁导率）之积，即 $\varepsilon = \varepsilon_0\varepsilon_r$ 和 $\mu = \mu_0\mu_r$。

麦克斯韦上述方程描述了所有频率范围的电磁场在所有电磁现象里的规律。根据不同的应用领域、材料和模拟目标，可使用不同的微分和积分形式方程。

7.4.2.2　感应系统里的电磁场

感应系统中常做如下三条重要的简化：

1）位移电流（容性泄漏）非常小，不会影响感应系统中的电磁过程。但有高频时（高至 13.56 MHz）是一种特例，如等离子体耦合感应（ICP）或短脉冲加热。

2）运动产生的感应电场（$\mathbf{E} = \mathbf{B} \times \mathbf{v}$）在传统的感应加热操作时是很小的，所以许多应用中，零件旋转或线圈移动所产生的感应电场都可以忽略。这个假设在某些情况，如在镀锌线上快速移动的金属片不适用。另一个例子是铝棒在超导磁体产生的强磁场里高速旋转加热。这种模式并不用于钢的感应加热处理，所以本章并不讨论。

3）只有电场和磁场的正弦波形式在模拟中使用，虽然真正中波形会出现很大变形。这点需要进一步讨论。

有两种正弦电流或电压的电源，分别是：①高频变压器，主要是固体发电机；②铁磁部件的非线性磁性能（钢件和导磁体）。

虽然电源输出的电压和/或电流的简谐波有很多，但由于补偿电容的过滤效应，使感应器自身只有一个简谐波占主要部分。例如并联电容组在功率因数低时可以非常有效地滤除高频电流。当某一个主要参数（电流或电压）是正弦波时，使用第一谐波可以准确计算功率的平均值。

由非线性磁性能造成的变形更重要，因为磁导率在加热的前后过程变化非常大。一般来说，这种条件下用复数值进行电磁场计算是不正确的。应该使用时域（TD）来描述电磁场的周期瞬态过程，用瞬时值描述所有电磁量。M. Kogan 早在 1966 年的第一本关于感应系统的出版物就是使用时域法。他通过计算瞬态电场分布，模拟了一维钢棒的感应淬火全过程，最终获得了钢棒中的热源分布。计算温度场几步后，再计算电磁场过程以得到新的温度分布，以此类推。他计算了正弦波、平波和三角波这三种感应电流波形。

尽管计算能力和编程方法都得到了很大进步，这种方法在二维和三维中的应用仍然非常困难，所以在实际感应模拟中很少应用。广泛使用的谐波近似（也称作频域方法）是建立在试验基础上。实践证明使用谐波近似和等效磁导率可以得到正确的热源分布。不同学者使用磁场强度或磁通密度的振幅或有效值并采用不同方法来计算等效磁导率，但基本都会假设等效磁导率在一个周期内是恒定的。交变磁场在磁介质里衰减很快，所以材料中不同点的等效磁导率是不同的。以上说明**磁性非线性材料可以用准线性非均匀材料近似**。

最简单有效的计算等效磁导率的方法是取标准磁化曲线中基波的 B 和 H 有效值之比。试验和计算显示这种方法具有良好精度。

上述的准线性近似对于模拟磁性材料的感应加热非常重要。一方面，它极大地简化了计算；另一方面它也产生了以下一些不便和缺陷：①涡旋电流源可能存在误差；②不能计算零件和线圈中的磁场波形；③难以模拟磁滞损失。

到目前为止谐波近似对于热源分布的影响并没有充分研究。这种影响，特别是高频条件下，对于温度分布并不重要。测定感应线圈中的电流或电压谐波是硬化工艺实施控制的有效方法。当非磁性层出现在零件表面，谐波含量减少，非磁性层厚度即可确定。这一方法可以用来预测硬化层厚度。

7.4.3 材料的电磁性质

磁导率通常定义为一定条件下（频率、磁场强度、基波等）B 与 H 之比。材料的磁性质通常可用一系列低频或直流磁化曲线描述（见图7-34）。连接局部磁滞回线的顶点可得到磁化曲线。忽略磁滞现象，我们可以很容易得到任何磁场强度下的磁导率。磁导率先随着磁场强度 H 增大而增大，达到极大值后在磁饱和区下降（见图7-35）。

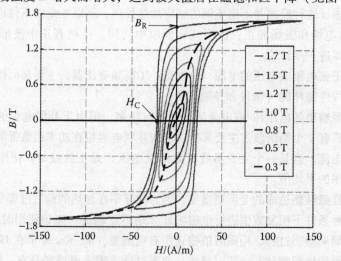

图 7-34 全局磁化曲线和局部磁滞回线

感应硬化中，表面的磁场强度很高，磁导率在磁化曲线的下降部分。在材料内部，磁场强度减弱，磁导率要用整条曲线描述。对于电磁密集的磁性体，磁场强度随到表面的距离近似线性下降到磁化曲线上升区域的一个很小值。磁导率随深度增加而增大，达到最大值后下降到初始值（见图 7-36）。用等效磁导率计算得到的磁场强度和磁通密度的有效值或极值与这种分布一致。对于时域模拟，磁导率在半周期内变化，在深度方向分布十分复杂。

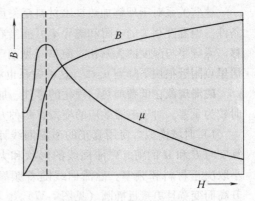

图 7-35　磁通密度和磁导率随磁场强度的变化

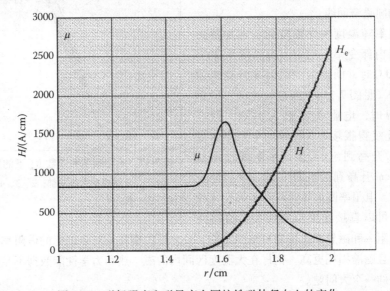

图 7-36　磁场强度和磁导率在圆柱铁磁体径向上的变化

对于感应热处理实际需要，只有表面层的磁场分布是重要的。因为几乎所有热源都分布在这里。对于表面硬化这点更为明显，因为在加热后期磁心被外部非磁性表面屏蔽了。等效磁导率或磁通密度 B 与 H 的关系可用表格形式或解析式近似表示。这种解析让人感兴趣，因为可以较精确的解析计算磁介质内的磁场、涡旋电流和功率分布。对于大部分碳钢，磁化曲线下降部分可近似为抛物线 $\mu = CH^{\alpha}$，其中 $C = 8130$，$\alpha = -0.894$，H 单位为 A/cm（参数值参考相关文献）。

对于典型碳钢，这个公式在较大磁场强度范围（$H = 40 \sim 4000$ A/cm）内的误差小于 5%。对应的磁导率值为 $4 \sim 300$。在显著的趋肤效应下，电流密度随着深度呈线性下降，在 $x = 1.5\delta_e$ 处降为 0，其中 δ_e 为计算表面磁导率所用到的参考深度。产热密度随距表面的距离呈抛物线形下降。表面阻抗可以表示为

$$Z_0 = \rho/\delta\ (G + jQ) = \rho/\delta\ (1.32 + j0.98) \tag{7-12}$$

　　这些关系对于理解加热铁磁材料至关重要，也可用于模拟电磁模块时定义阻抗边界条件。但温度相关的电阻和磁导率可能会在低频解析方法时造成磁场和热源分布的偏移。磁导率与温度的关系相对简单（见图 7-13）。磁导率在到居里点之前下降很慢，在居里点附近很快下降到 $\mu = 1$。这种关系也可以用表格、曲线或解析近似描述。

　　磁滞现象在低频加热已硬化的零件、加热粉末冶金零件或评估导磁体里的功率损失时较为重要。对于磁滞效应的模拟有两种方法：

　　1）时域模拟。使用真正的磁滞回线计算实时 B 和 H 的值。磁滞回线的形状和大小取决于材料和频率。磁滞回线随着频率升高而变宽且更接近椭圆（见图 7-37）。

　　2）频域模拟。使用复数值磁导率，这对应于椭圆磁滞回线。

　　电阻率随温度变化而变化，在加热过程中材料内部变得不均匀。当温度从 20℃ 升到 1000℃ 时，低碳钢的电阻率升高为原先的 5 倍（见图 7-13）。感应硬化的不同钢材在低温时，电阻率有很大区别，但在 800℃ 以上变得很接近。纯铜的电阻率当温度从 20℃ 升高到 400℃ 时，基本线性地从 $1.7\mu\Omega \cdot cm$ 升高到 $4.8\mu\Omega \cdot cm$，变为原先的 2.8 倍。电阻率随加热时间和坐标变化相对光滑，可以直接在模拟中使用。值得注

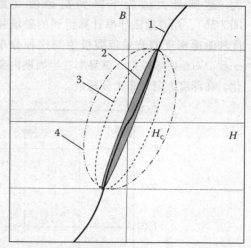

图 7-37　不同频率和常数 B_m 下的磁滞回线

注：1. 全局磁化曲线局部；2、3、4. 低、中、高频局部磁滞回线

意的是电阻率和磁导率也由钢材组织影响，硬化后的钢材相对未硬化的电阻率更高、磁导率更低且磁滞损耗更高。钢材在大温度区间内的磁、热和力学性能数据不足是感应热处理模拟的一个大问题。

7.4.4　感应硬化系统中的热力学过程

　　钢件的感应热处理过程有四类（步）：

1）奥氏体化加热、退火和其他高温操作。

2）预冷淬火之前、回火或其他操作之后的冷却。

3）淬火。

4）低温加热操作，如回火、应力释放等。

　　奥氏体化过程是用内部热源快速加热，通常不考虑与环境的热交换，即过程是绝热的。类似但包含热损失的过程是**回火**。此过程时间更长，通常需要控制功率输出，但是温度范围比硬化低得多，所以回火过程热损失不多。

　　在（自然或控制）**冷却**阶段，工件没有内部热源；额外热损耗可能起到一定的作用，特别是管材、棒材和线材的整体淬火中。

淬火的模拟难点在于正确描述淬火冷却介质的冷却能力和开发高效的模拟技术。

固体内的热传递方程：

$$\text{div}(\lambda\ \text{grad}\,T) - c\gamma\frac{\text{d}T}{\text{d}t} + w = 0 \tag{7-13}$$

式中，λ 为材料热导率；c 为材料比热容；γ 为材料密度；T 为温度；w 为热源密度。

金属的热导率和比热容随温度变化非常大，但密度变化很小，通常当作常数。某些材料的热导率与方向有关（各向异性）。各向异性的热、磁性能在用于磁通控制的叠层材料中很明显，在磁性电介质中存在但小很多。

二阶标量微分方程式（10-13）需提供初始条件和边界条件才能进行求解。

初始条件通常是 T 在整个材料内为常数。但是在某些热处理线上零件是被几个感应器或感应器组加热的。这种情况下，第 k 个加热位时的初始温度分布对应于第 $k-1$ 个加热位的结束温度再加上运输时间的影响。类似的还有淬火后零件进行回火处理。

边界条件由特定的操作和零件几何决定。对于零件的对称面或对称轴上的边界条件为诺埃曼边界条件$\frac{\text{d}T}{\text{d}n} = 0$。

在材料 1 和 2 的边界需使用第四类边界条件：

$$T_1 = T_2 \text{且} \lambda_1\frac{\text{d}T_1}{\text{d}n_1} = -\lambda_2\frac{\text{d}T_2}{\text{d}n_2} \tag{7-14}$$

通常，零件表面的边界条件可表示为

$$\lambda\frac{\text{d}T_w}{\text{d}n} = \alpha(T_w - T_{\text{med}}) + C_s\varepsilon\left[(T_w + 273)^4 - (T_{\text{med}} + 273)^4\right] \tag{7-15}$$

式中，α 为换热系数；T_w 和 T_{med} 为工件表面和媒介的温度；C_s 为玻耳兹曼常数；ε 为辐射系数。

换热系数对于强制冷却（如淬火和感应器水冷）而言至关重要。对于水冷感应器的热模拟过程，假设铜线圈的内壁温度等于水温 $T = T_0$。要得到精确结果，需使用牛顿换热条件。

$$\lambda\frac{\text{d}T_{\text{Cu}}}{\text{d}n} = \alpha(T_{\text{Cu}} - T_0)$$

换热系数取决于铜管表面情况和温度、水温和水流模式（湍流、层流或中间态，取决于水管尺寸、形状和流速）。系数 α 可从经典热交换理论得出。

$$\alpha = \frac{\lambda_w Nu}{D_H}$$

式中，λ_w 为水的热导率；Nu 为努塞尔特数；D_H 为管道的水压直径。

Nu、冷却液性质和热力学条件存在很多关系。对于感应线圈的强制水冷，水流是湍流（雷诺数大于 10000），可以使用 Dittus-Boelter 准则。

$$Nu = 0.024\,Re^{0.8}Pr^{0.4}; Pr = \frac{c_p\mu}{\lambda_w}\text{和}\,Re = \frac{mD_H}{\mu S}$$

式中，c_p 为水的定压比热容；μ 为水流速，m 为流量，S 为管道截面积。

解析计算和计算机模拟显示，铜管与水之间换热系数的大小对铜管温度有很大影响，因此也影响着线圈寿命。换热系数受水流影响，即也受线圈水压参数和水压影响。这就是感应设备常用升压泵提高水压的原因。

7.4.5　淬火过程的换热

不同淬火冷却介质和淬火方法的热交换已经进行了持续广泛的研究。这些研究集中于加热炉加热后淬火。感应加热后淬火有些特别之处。将零件浸入静止或搅拌的淬火液在感应加热中并不常见。常用的是喷射淬火冷却介质到工件表面。主要淬火冷却介质包括：①不同温度的水；② 聚合物溶液；③淬火油；④空气、气雾或高压气体。

强制气体或气雾冷却只在特殊案例使用。对淬火冷却介质到零件表面的精确控制可以得到稳定的热交换，进一步获得可靠性较高的热处理结果和很少的变形。某些感应淬火技术，如淬透性可控钢件的淬火，需要有很高的淬冷烈度。有人设计了在零件和感应器之间的特殊轴向喷射器。

换热系数与淬火冷却介质成分、零件表面温度、淬火冷却介质流速和喷射方法（径向或轴向）有关。除了成分，工件表面温度对换热系数影响最大。图 7-38 所示为喷水、喷油和搅拌油槽的换热系数随温度的变化曲线。喷水方式的换热系数在 150 ～ 250℃比其他温度区间大得多。在高温区域由于"蒸汽层"的原因使得换热系数较低，但也足以进行快速热交换。

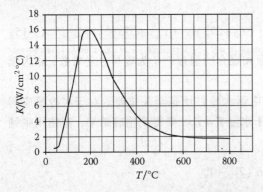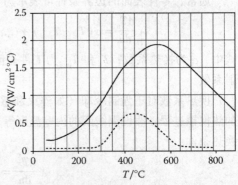

图 7-38　喷水（左）、喷油和搅拌油槽（右）的热交换系数随温度的变化

搅拌油槽换热系数的最大区间在 350～600℃。喷射油的换热系数比搅拌油高得多，特别是高温段。此外，喷射油的最大换热系数点的温度高于搅拌油槽，而且随着温度上升下降较缓。这是由于喷油不会形成蒸汽层所致。

7.4.6　物理建模

不同的建模方式都可以用于学习、设计和优化感应加热系统。这些方式都属于两类：物理和数学建模。

物理建模基于相似理论，即有相同本质的物理现象重现于不同大小的物体上。例如

大型装置可用小 k 倍的模型代替。选择适当的尺寸、频率和操作条件，系统所有参数值和分布都可以在模型上测算，然后推算得到真实系统。这种方法在某些特殊场合仍然在用，它可以让研究者用合适的模型大小来模拟非常大或非常小的系统，并得到可靠结果。为了正确模拟电磁和热过程需要满足三组条件：

　　1）模型几何特征和材料性能分布符合实际。

　　2）热源在零件内部的相对分布符合实际。

　　3）相同温度分布的 Fourier、Kirpichev 和 Biot 数字一致。

式中，无量纲时间 $Fo = at/L^2$；功率 $Ki = P_0 L/\lambda T_0$；换热系数 $Bi = \alpha L/\lambda$；L 为特征尺寸（如零件直径）；T_0 为参考温度。

　　根据上述第二个条件，系统尺寸变化 k 倍，频率要变为 $1/k^2$ 倍。如果零件是磁性的，还需要设置相同的表面磁场强度以得到相同的磁导率。这意味着模型表面功率密度为 k^2 倍，而总功率是 k 倍。线圈电流变为 k 倍而电压保持不变。模型的时间尺度是真实时间的 k^2 倍。物理模型的主要问题是如何提供需要的热损失。如果材料相同，模型的换热系数将是真实的 $1/k$。有以下提供需要的换热系数 α 的方法。例如对于小的模型，α 需要更高，可以通过强制对流冷却来替代自然对流。对于模拟钢硬化过程，热损失很小，Biot 数可设为 0。

　　物理模型可以得到精确的温度场变化，所以也可以模拟硬化深度。但是，材料对于新条件（例如大型模型缓慢加热和更深的奥氏体层）也要考虑，如钢的淬硬性不足限制硬化深度。

　　数学模型可分为解析型和数值型两类。解析型在感应加热历史上占主要地位。这类方法主要用于简单的几何外形和线性或准线性系统。应用于感应系统计算的大量法则、表格和图表都是基于解析方法。

7.5　数值方法

7.5.1　概述

　　目前有许多数值方法和程序模拟感应加热过程。最常用于模拟变压器和匹配电路的程序是 PSPICE。本章只讨论负载感应线圈（感应系统）的电磁和热过程。商业软件中用于或可能用于模拟的有 Cedrat 的 Flux 2D 和 3D，Ansoft 的 Maxwell，Infolytica 的 Ansys Multiphysics、ThermNet 和 Magnet，ESI 集团的 Sysweld，VectorField 的 Opera 和 Electra，Integrated Engineering 的 Inducto，Cosmos 的 QuickField 等。感应加热市场相对于电动机、执行器等要小一些。这些软件主要是为了通用电磁过程而设计的。

　　这些软件针对感应系统模拟的主要特点包括：

　　1）一维、二维或三维求解器。

　　2）可求解非线性参数（磁体等）。

　　3）与瞬态热计算耦合（内部或外部）。

4）可以模拟零件运动（扫描，旋转）。

5）可以模拟电源电路。

6）材料和冷却介质（如淬火冷却介质）的性质数据库。

7）可考虑材料的各向异性。

8）对硬件和操作者技术有一定要求。

9）可以计算时谐或瞬态（时域）电磁场。

10）连接到其他程序包（相变和力学）。

以上特点中1）~8）对于使用软件是最重要的。瞬态电磁场计算对于当下的研究十分重要。

上述软件基于不同计算方法有不同的特点。某些可以计算瞬态和时谐电磁和温度场，某些没有内部耦合等。对不同软件之间进行详尽的比较是十分困难的——需要一批专家亲自操作的经验，并不在此处讨论。笔者有开发和使用基于有限差分加上解析方法的1D + 程序Elta的经验，使用过有限元（FE）软件Flux2D/3D和某些特殊的基于积分和微分公式组合的二维、三维非商业软件。这些软件的优点是专为感应加热设计。实际参考和模拟例子主要使用Elta和Flux 2D/3D程序。

所有的数值方法都基于将感应系统的全部或部分区域离散为小单元。单元可能是不同形状的线、面、体（直线、长方形、四面体或棱柱等）。连续或局部连续的电磁、温度和力学（应力和应变）场被替换为每个单元内预设的分布形式。

最简单的分布是每个单元内的参数为常数。更复杂的线性（一阶）、抛物线形（二阶）或其他多项式分布更有效，但也需要更复杂的算法。计算的目标是得到每个单元的参数分布。其他参数可在后处理通过计算这些数据得出。所有计算电磁场的数值方法可分为积分型和微分型两类。在一个程序中使用两种方法的组合会非常高效。

积分方法基于磁场源和电场源相互作用的观点。这些来源，即磁场的传导和磁化电流，在一定距离相互作用，因此积分方法也被称为二次源法。两种方法从感应技术出现之时就共同发展。积分和微分方法都可用于电磁场的计算，但现在只有微分方法用于计算感应加热系统内的温度场。所有计算方法都有以下模拟步骤：

1）几何域的描述。

2）系统子域材料性质的指定。

3）区域离散（划分网格）。

4）组合代数方程并求解。

5）求解系统的分布和离散参数，根据用户需要将其可视化（后处理）。

几何建模可通过用户用不同方法手动建立或从外部导入CAD。材料属性赋值常用方法是材料标签。标签代表了在数据库里的所有所需的复杂材料性质。对于非线性材料，相应的关系可以用公式、表格、曲线或子程序描述。如果材料是各向异性，那么需使用数据库里的张量来描述和计算。

离散是数值方法里最重要的一步，特别是三维情况下。离散、联立方程组和求解取决于所选择的方法，这将在后续介绍。所有现代软件都有高级的后处理功能，包括计算离散变量、图表、云图和动画等。

7.5.2　微分模型

用于感应系统的电磁场二阶微分方程可从麦克斯韦方程式（7-4）和式（7-6）导出：

$$\text{rot}\left(\frac{1}{\gamma}\text{rot}\mathbf{H}\right) = -\mu\mu_0\frac{d\mathbf{H}}{dt} \tag{7-16}$$

$$\text{rot}\left(\frac{1}{\mu}\text{rot}\mathbf{E}\right) = -\gamma\mu_0\frac{d\mathbf{E}}{dt} \tag{7-17}$$

式（7-16）和式（7-17）属于抛物线型。

对于一维感应系统，$\mathbf{H}$ 和 $\mathbf{E}$ 都只有一个分量，上面任意一个方程都可用于电磁场计算。对于面平行二维系统，如图7-10，磁场强度只有一个分量（$\mathbf{H} = H$）且边界条件简单，$\mathbf{E}$ 有两个分量故使用式（7-16）更方便。这样的感应系统可认为是电动力学问题。

如果系统如图7-17所示是轴对称的，$\mathbf{H}$ 有两个分量而 $\mathbf{E}$ 只有一个被磁场感生出来的分量。则使用式（7-17）更简单。另一个称为磁矢势 $\mathbf{A}$ 的量通常用于计算轴对称或面平行系统，这被称为磁动力学问题。使用磁矢势是因为电场强度 $\mathbf{E}$ 有两个来源：变化的磁场和电源提供的电流或系统内的涡旋电流。磁矢势通过定义 $\text{rot}\mathbf{A} = \mathbf{B}$ 和准则 $\text{div}\mathbf{A} = 0$ 描述磁场。E 的感生部分可通过公式得到 $\mathbf{E} = -d\mathbf{A}/dt$。

$\mathbf{A}$ 的微分方程与式（7-17）类似

$$\text{rot}\left(\frac{1}{\mu}\text{rot}\mathbf{A}\right) = -\gamma\mu_0\frac{d\mathbf{A}}{dt} \tag{7-18}$$

对于三维系统，电场和磁场需同时计算，这使问题大为复杂。一般 H 和 E 都有三个分量（如直角坐标系中 $\mathbf{H} = \mathbf{i}H_x + \mathbf{j}H_y + \mathbf{k}H_z$）。可以通过使用标量势（磁势 Ω 和电势 U_e）来减少未知变量。但是磁标量势只能在没有电流的区域引入。某些情况下电矢势 $\mathbf{T}$ 可以取代 U_e（$\mathbf{T} - \Omega$ 法），但需要特别注意导电区和非导电区的边界条件。同一软件可以对感应系统采用几种不同公式进行模拟，同一软件也可提供给用户几种描述。

如前所述，实际计算中主要使用时谐法的 jw 算子替代瞬态法的微分算子 d/dt。式（7-16）和式（7-18）变为

$$\text{rot}\left(\frac{1}{\gamma}\text{rot}H\right) = -j\omega\,\mu\mu_0 H \tag{7-19}$$

$$\text{rot}\left(\frac{1}{\mu}\text{rot}A\right) = -j\omega\,\gamma\mu_0 A \tag{7-20}$$

在这些公式和后文中，黑斜体字符 H、A 和 E 表示时谐里复矢量的有效值，黑体字符 $\mathbf{H}$、$\mathbf{A}$ 和 $\mathbf{E}$ 表示矢量的瞬态值。H、A 和 E 表示有效复数值，H、A 和 E 表示有效标量值。式（7-19）和式（7-20）比式（7-16）和式（7-17）更复杂，因为它包含复数。它们既可用复数求解，也可分离复数的实部和虚部后求解。后一种方法会产生多两倍的未知数。

时谐法的一个优点是只计算电磁波半个周期内的场参数即可。它显著地减少了整个加热过程的模拟时间。另一个优势是使用等效磁导率，因而不需考虑随时间和空间变化的瞬时磁导率。

如果材料局部均匀（γ 和 μ 为常数），方程可简化为

$$\nabla^2 H = jw\gamma\mu\mu_0 H \quad 和 \quad \nabla^2 A = jw\gamma\mu\mu_0 A \tag{7-21}$$

式中，$\nabla^2 = \nabla \times \nabla = \text{rot}$，rot 为拉普拉斯矢量算子。

式（7-21）为 Helmholz 方程；它属于椭圆形。如果未知数只有一个分量，式（7-21）可变为标量式：

$$\Delta H - jw\mu\mu_0 H = 0 \quad 或 \quad \Delta A - jw\mu\mu_0 A = 0 \tag{7-22}$$

式中，$\Delta = \text{grad div}$ 为拉普拉斯标量算子。例如对于在矩形非磁性域内的二维磁场可用式（7-23）描述以得到解析解

$$\frac{\partial^2 H}{\partial x^2} + \frac{\partial^2 H}{\partial y^2} = j\gamma\omega\mu_0 H \tag{7-23}$$

对于非线性材料和复杂几何形状，解析法变得低效且难以实现，这时需用数值解法。磁场和温度场在尺寸为 $a \times b$ 的厚板内的方程为

$$\frac{\partial}{\partial x}\left(\rho\,\frac{\partial H}{\partial x}\right) + \frac{\partial}{\partial y}\left(\rho\,\frac{\partial H}{\partial y}\right) = j\omega\mu\mu_0 H \tag{7-24}$$

$$c_v\frac{\partial T}{\partial t} = \frac{\partial}{\partial x}\left(\lambda\,\frac{\partial T}{\partial x}\right) + \frac{\partial}{\partial y}\left(\lambda\,\frac{\partial T}{\partial y}\right) + w \tag{7-25}$$

式中，w 是内热源密度。

$$w = \rho\left(\left|\frac{\partial H}{\partial x}\right|^2 + \left|\frac{\partial H}{\partial y}\right|^2\right)$$

根据镜像对称性，可以只考虑截面的四分之一。边界条件为：

$H = H_e$ 当 $x = a/2$ 或 $b/2$ 时；$\dfrac{\partial H}{\partial x} = 0$ 当 $x = 0$ 时，和 $\dfrac{\partial H}{\partial y} = 0$ 当 $y = 0$ 时。

$\dfrac{\partial T}{\partial x} = 0$ 当 $x = 0$ 时，和 $\dfrac{\partial T}{\partial x} = 0$ 当 $y = 0$ 时；$\lambda\,\dfrac{\partial T}{\partial x} = -\dfrac{\Delta P_0(T)}{\lambda}$ 当 $x = b/2$ 时和 $\lambda\,\dfrac{\partial T}{\partial y} = -\dfrac{\Delta P_0(T)}{\lambda}$ 当 $y = a/2$ 时。

式中，$\Delta P_0(T)$ 为厚板表面的温度相关热损失。

记 $\kappa = j\omega\gamma\mu\mu_0$，磁场强度（$H = u + jv$）的实部和虚部可分别表示为

$$\left.\begin{aligned}\frac{\partial}{\partial x}\left(\rho\,\frac{\partial u}{\partial x}\right) + \frac{\partial}{\partial y}\left(\rho\,\frac{\partial u}{\partial y}\right) = -\kappa v\\[2mm]\frac{\partial}{\partial y}\left(\rho\,\frac{\partial v}{\partial x}\right) + \frac{\partial}{\partial y}\left(\rho\,\frac{\partial v}{\partial y}\right) = -\kappa u\end{aligned}\right\} \tag{7-26}$$

式（7-25）和式（7-26）加上边界条件组成二维感应加热厚板的全部数学模型。厚板表面磁场强度 H_e 和频率 f 是功率控制参数。值得注意的是长螺旋线圈中调节厚板截面热源分布的唯一方法是改变频率，因为 H_e 等于线圈单位长度的安匝，与间隙宽度无

关。对于任意长度线圈，感应线圈安匝和 H_e 的关系可通过求解外部三维电磁问题得到。

7.5.3 有限差分法

对于有限单元法，未知量的分布是由计算域网格节点处的值描述的。网格通常是正交的，但是可能分布不均匀以减少节点数（见图 7-39a）。微分方程需用特定点及其周围节点值的关系来做近似。这些关系在每一点都成立，除了有确定值的边界点。这样形成了一系列的代数方程组。瞬态场模拟见式（7-25），对时间进行求导也需要进行相同的过程。图 7-39b 表示矩形区域的三个时间点二维网格。

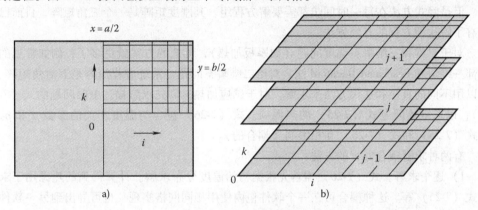

图 7-39 四分之一矩形有限差分离散
a）静态电磁过程 b）瞬态过程

近似微分操作有向前、向后和中心差分几种方法。众多方案推导出许多有限差分方程。每个版本都有精确性、稳定性（收敛性）和计算时间方面的优点和缺点。特别要注意网格大小和时间步长，因为其强烈影响精确性和计算时间。另外，有限差分法限定了计算时间和时间步长的关系。当步长很长，计算可能不收敛；很小的步长可能需要很长的计算时间。现在主要的模拟软件可以自动划分网格。用户可接收它或根据程序算法手动校正。

下面以一维瞬态温度场为例介绍有限差分公式。如果我们使用向后差分计算温度，点 i 在时间步 j 有如下方程式：

$$T_i^{j+1} = \sigma T_{i-1}^j + (1+2\sigma) T_i^j + \sigma T_{i+1}^j + \tau_i w_i^j \tag{7-27}$$

式中，τ_i 为时间步 i；$\sigma = \tau_i \dfrac{a}{h_i^2}$，其中 a 为材料热导率，h_i 为空间步长，w_i^j 为点 i 在 j 时的差分热源密度。

式（7-27）建立了某一点在时间步 $j+1$ 时的未知温度 T_i^{j+1} 与三个点在时间步 j 时的已知温度之间的关系，这是**显式**方案。其中 σ 是局部等价傅里叶数。式（7-27）只有代数操作，故计算简单，但只在 $\sigma < 0.5$ 时收敛。在温度或材料属性梯度过高时（如淬火过程）需要采用小步长 h 以得到更好的近似。有限差分模拟经验表明透入深度至少需要有五层网格才能得到较好的近似。时间步长与空间步长平方成正比，因此也必须很

小。这是显式方法的一个缺点，但使用更快的计算机可以克服。

向前差分的隐式方法为

$$T_{i-1}^{j+1} - (2+\nu) T_i^{j+1} + T_{i+1}^{j+1} = -\nu T_i^j - \frac{\tau}{\nu} w_i^{j+1} \tag{7-28}$$

式中，$\nu = 1/\sigma$。

式（7-28）建立了三个点 i，$i+1$ 和 $i-1$ 在时间步 $j+1$ 时的未知温度与在时间步 j 时的已知温度 T_i^j 之间的关系（见图 7-39b）。式（7-28）对于任何时间步长和 σ 都是稳定的，相比显式方法可以增加步长 τ。更大的 τ 会增大误差，这确定了时间步长的上界。但是隐式方法在每一时间步都需要解方程组。其刚度矩阵是一个三角矩阵，目前已经有了解这种方程的有效方法。

对于二维和三维瞬态温度问题（如厚板加热），可选的方案就更多了，例如常见的局部一维法和 Peaceman-Rachford 法。对于二维瞬态问题，系统方程矩阵是五对角矩阵。可以用不同的直接和迭代方法来求解。对于感应加热，需先求解描述电磁问题的式（7-26），以求得热问题式（7-25）的热源项。式（7-26）包含与温度相关的参数 μ 和 ρ，故式（7-25）和式（7-26）互相影响（耦合的）。

有两种求解耦合方程的方法：

1）逐个求解。式（7-26）需首先根据初始温度分布求解。计算得到的热源用于求解式（7-25）等。这种耦合可在一个软件包内使用相同网格实现，也可导出到另一软件（外部耦合）。后者可能使用不同模型几何和网格。

2）在一个电热模型内同时求解两个方程。

数值试验显示更复杂的第 2 种方法有更好的精度且可使用更大的时间步长。

有限差分法仍然在感应加热模拟中起重要作用。它用来研究末端和边缘效应，设计和优化平行面和圆柱感应系统，研究电感耦合等离子体等。使用有限差分法可以方便地满足能量、磁通和电流守恒。有限差分法在很多电磁-流体问题中得到应用。

7.5.4　有限单元法

现在有一大批求解微分方程的有限元方法。有限元概念是由 R. Courant 于 1942 年提出，并基于变分法求解力学问题。在 1968 年发现有限元解可通过加权余量法如伽辽金法求解，使得有限元法得到了进一步发展。有限元在电磁场应用最广泛的方法是基于最小能量法的变分原理。其他关于不同版本的有限元及与其他方法组合求解涡旋电流问题可参考相关文献。

基于有限元法，求解域被划分为很多称为单元的子域，用形函数将未知量近似分布到每个单元上。形函数是根据单元角上（节点）的未知变量来定义。其结果是使节点值变成了自由变量，即自由度。然后关于这些节点的代数方程可根据选择的方法从本构方程中导出。对于含时问题，如瞬态温度和电磁时域，应用有限元将关于时间的偏微分方程转为常微分方程后，可以用有限差分法求解。当求得节点值后，其他系统参数都可以计算出。

区域边界的选择及离散对于有限元方法至关重要。对于二维问题最流行的离散方法是三角形划分。这种方法将所有区域划分为不重叠、无间隙的三角形。好的网格应尽量接近于等边三角形。有很多自动生成网格和网格质量校正的算法。其中较好的是 Delaunay 三角形划分法。最简单的形函数为一阶线性，是节点坐标和适当系数的组合。一个圆柱截面的三角形划分的例子如图 7-40 所示。这是一个预热零件的表面均匀冷却到已知温度的例子。真实光滑连续的温度分布在这里被表示为每个单元上的线性分布。

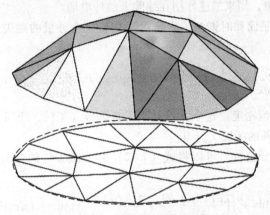

图 7-40　二维网格和函数曲面

三维离散是个困难得多的问题。一般来说区域内包含不同的多面体，如四面体、棱柱、立方体等。也有一些划分网格的方法。对于齿轮这样相对简单的几何，三维网格可通过将二维网格拉拔获得。对于四面体（见图 7-41），线性型函数为

$$T(x,y,z) = a_1 + a_2x + a_3y + a_4z \quad (7\text{-}29)$$

式（7-29）的系数取决于节点变量（如温度）的值 T_1、T_i、T_j、和 T_k。

$$
\begin{bmatrix} T_1 \\ T_i \\ T_j \\ T_k \end{bmatrix} =
\begin{bmatrix}
1 & X_1 & Y_1 & Z_1 \\
1 & X_i & Y_i & Z_i \\
1 & X_j & Y_j & Z_j \\
1 & X_k & Y_k & Z_k
\end{bmatrix} \cdot
\begin{bmatrix} a_1 \\ a_2 \\ a_3 \\ a_4 \end{bmatrix} \quad (7\text{-}30)
$$

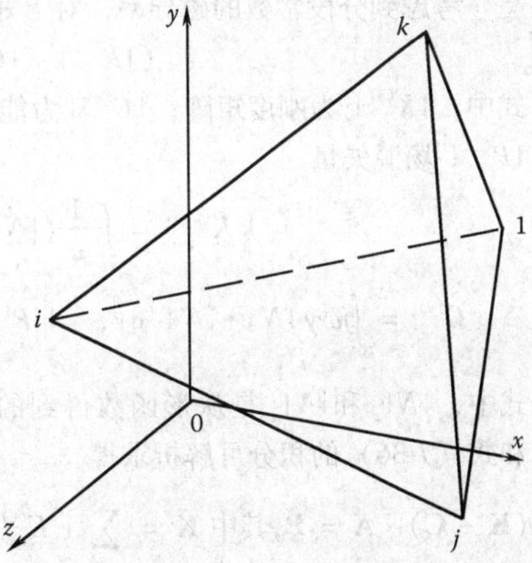

图 7-41　三维四面体单元

温度在单元内的值可通过式 $T = |N||T^{(e)}|$ 得到。

将这种操作扩展到所有单元上，我们可以对整个计算域上的未知方程做节点值方程的分段线性近似。计算固体内的温度场相对简单，因为可以用温度表征，温度为一个标量，且无需考虑计算域外的过程。

电磁问题，特别是三维问题，则要困难得多。值得注意的是磁矢势的线性近似相当

于磁通密度为分段常数以及每个单元内磁导率为常数。高阶形函数如抛物线形由于线性分布的磁通密度会使磁导率在单元内变化，因此有更好地近似效果。使用高阶单元可能减少单元数量，但算法变得更复杂。

根据麦克斯韦方程

$$\mathrm{rot}\left[\,1/\mu(\,\mathrm{rot}\mathbf{A})\,\right] = -\gamma\left(\frac{\partial \mathbf{A}}{\partial t} - \mathrm{grad}u\right) \tag{7-31}$$

式中，u 是标量电势，用来描述作用在线圈上的外电场。

例如对于二维平面和时谐法，磁场可用只有一个分量的磁矢势描述 $A_z = A(x,y)$，式（7-31）变为

$$\frac{1}{\mu}\left(\frac{\partial^2 A}{\partial x^2} + \frac{\partial^2 A}{\partial y^2}\right) + \left(\frac{\partial(1/\mu)}{\partial x}\frac{\partial A}{\partial x} + \frac{\partial(1/\mu)}{\partial y}\frac{\partial A}{\partial y}\right) - j\gamma\omega A + J_{\mathrm{ext}} = 0 \tag{7-32}$$

式中，J_{ext} 是外部电流密度。这个方程对于所有区域（工件、线圈、导磁体和空气）都成立，但在线圈以外的区域 $J_{\mathrm{ext}} = 0$。

使用伽辽金变分公式，可以将式（7-32）乘上磁矢势的变分 δA 后在整个区域上积分。

$$\int_{\mathrm{V}} 1/\mu\left(\frac{\partial^2 A}{\partial x^2} + \frac{\partial^2 A}{\partial y^2}\right)\delta A\mathrm{d}v + \int_{\mathrm{V}}\left(\frac{\partial(1/\mu)}{\partial x}\frac{\partial A}{\partial x} + \frac{\partial(1/\mu)}{\partial y}\frac{\partial A}{\partial y}\right)\delta A\mathrm{d}v - \int_{\mathrm{V}} j\gamma\omega A\delta A\mathrm{d}v + \int_{\mathrm{V}} J_{\mathrm{ext}}\delta A\mathrm{d}v = 0 \tag{7-33}$$

考虑到分段常数的磁导率，对上式进行运算后，可得在每个单元上满足

$$(\,|K^{(e)}| + |C^{(e)}|\,) \cdot |A^{(e)}| = |P^{(e)}| \tag{7-34}$$

式中，$|K^{(e)}|$ 为刚度矩阵；$|C^{(e)}|$ 为能量损耗或阻尼矩阵；$|A^{(e)}|$ 为节点磁矢势矩阵；$|P^{(e)}|$ 场源矢量。

$$|K^{(e)}| = \int_{\mathrm{Ve}}\frac{1}{\mu}(\,|N|_x \cdot |N|_x^{\mathrm{T}} + |N|_y \cdot |N|_y^{\mathrm{T}})\mathrm{d}V \tag{7-35}$$

$$C^{(e)} = \int_{\mathrm{Ve}} j\omega\gamma\,|N| \cdot |N|^{\mathrm{T}}\mathrm{d}V, \quad |P^{(e)}| = \int_{\mathrm{Ve}} J_{\mathrm{ext}}\,|N|\,\mathrm{d}V + \int_{S}\frac{1}{\mu}\frac{\partial A}{\partial n}|N|\,\mathrm{d}s_\circ \tag{7-36}$$

式中，$|N|_x$ 和 $|N|_y$ 是从形函数得到的矩阵；S 为有二阶边界条件的表面。式（7-35）和式（7-36）的积分可解析求得。

$$(\mathbf{K} + \mathbf{C}) \cdot \mathbf{A} = \mathbf{P}, \text{其中}\ \mathbf{K} = \sum_e |K^{(e)}|, \mathbf{C} = \sum_e |C^{(e)}|, \mathbf{P} = \sum_e |P^{(e)}|\,. \tag{7-37}$$

总矩阵可通过不同的直接法或迭代法求解。

类似于有限差分法，由于单元仅局部相互连接，故有限元矩阵是带状的。通常矩阵计算所需的内存与矩阵大小呈线性关系。当网格所有节点的磁矢势求出后，就可以很方便地求得其他分散的系统参数。为计算磁通密度 B 需对磁矢势求微分，这样可能导致磁场线不光滑，特别是在三维情况下。可以使用更精细的网格或高阶单元来改善这一情况，但会延长计算时间。

图 7-42 和图 7-43 所示为一个简单的感应系统，用来研究导磁体对线圈参数、功率

和温度在钢板中分布的影响。在零件截面的中心和边缘使用不同类型的单元以精确计算吸收功率。图中为更清楚的显示结构,其网格比真实网格更粗糙。冷却水通道内网格没有显示。图 7-43 所示显示出了无磁钢在相对低频 1kHz 时的磁力线。

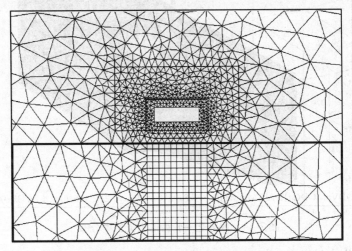

图 7-42   有限元模拟系统几何和网格

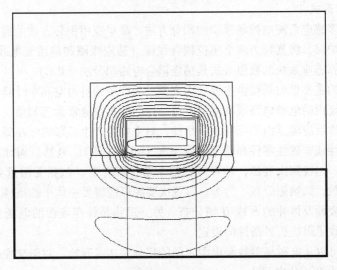

图 7-43   二维感应系统磁力线(Flux 2D 软件)

对于三位情况很难使场的分布可视化。轮齿表面的涡旋电流密度分布云图显示,根部的电流密度比中心高(见图 7-44)。该例由 Flux 3D 程序模拟。

另一个耦合了电磁场与温度场的车轴硬化有限元模拟将在后续进行介绍。由于高阶单元、自适应网格技术、多自由度(hp-FEM)和更有效求解非线性代数方程等技术深入展开,有限元法将得到进一步的发展。

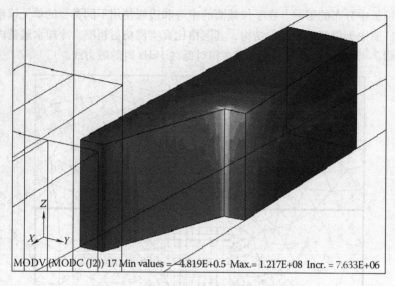

MODV (MODC (J2)) 17 Min values = −4.819E+0.5 Max.= 1.217E+08 Incr.= 7.633E+06

图 7-44   四分之一轮齿的电流密度分布

7.5.5   积分方法

7.5.5.1   积分形式

目前有很多感应系统电磁场模拟的积分方法。最早应用积分方法的简单例子，是在计算无芯感应炉时，将其视为两个感应耦合线圈（感应线圈和单匝充电线圈）的系统。第一个用于计算感应系统的数值方法是感应耦合电路积分法（ICC）。

积分方法的主要思想是在由主要和次要激励源产生的自由空间中计算电磁场。主要源是指嵌入系统内的电源电路或其他外部源。这些源参数通常为已知量。

次要源或称反应源是由于存在系统组件，对主要源产生了影响。在感应系统中，这些组件包括磁性或非磁性零件和非导磁性物质（如导磁体）。显然只需计算这些组件所在的区域即可。当找到次要源，即可计算整个系统所有点（包括无限远处）的电磁场和其他所需参数，如热源分布、力等。寻找次要源可能需要一些平衡条件。可能需要保存整个区域或表面及体外的 B 或 H 场分布。另一思路是保存表面的电场分量和磁场分量之比，这导致了阻抗边界条件的设定。

积分方法可以从电磁场参数和电源之间的积分表达式开始。对于交变磁场，激励源只有传导电流 $\mathbf{J}_C$ 和磁化电流 $\mathbf{J}_M$。

$$\mathbf{H} = \frac{1}{4\pi}\int_V \frac{\mathbf{J} \times \mathbf{R}}{R^3} \mathrm{d}V, \mathbf{J} = \mathbf{J}_C + \mathbf{J}_M \tag{7-38}$$

式中，$\mathbf{R}$ 是从激励源到观测点的矢量；R 是 $\mathbf{R}$ 的模量。

磁矢势等于

$$\mathbf{A} = \frac{\mu\mu_0}{4\pi}\int_V \frac{\mathbf{J}\mathrm{d}V}{R} \tag{7-39}$$

在感应系统中电场 $\mathbf{E}$ 有两种来源，即变化的磁场和分布在导体表面的电荷密度 σ。

感应电场 E_i 产生涡旋电流。电荷产生场的电势分量。这些电荷由外部源（供应电路）导入系统或由涡旋电流在内部产生。

$$E = -\frac{\mu\mu_0}{4\pi}\int_V \frac{\partial J}{\partial t}\frac{\mathrm{d}V}{R} + \frac{1}{4\pi\varepsilon\varepsilon_0}\int_S \sigma\frac{\mathbf{R}}{R^3}\mathrm{d}S \qquad (7\text{-}40)$$

简谐电场有效 E 的复矢量表达式为

$$E_i = -\frac{j\omega\mu\mu_0}{4\pi}\int_V J\frac{\mathrm{d}V}{R} + E_{ext} \qquad (7\text{-}41)$$

将式（7-41）在任一点 Q 处乘以电导率，可以获得电流密度积分方程：

$$J_Q = -\frac{j\gamma\omega\mu\mu_0}{4\pi}\int_V J\frac{\mathrm{d}V}{R} + J_{ext} \qquad (7\text{-}42)$$

式（7-42）描述了无磁体时感应系统内的电流分布。如果有磁体则需包含表面和体积磁化电流。

7.5.5.2 感应耦合电路法

积分方程的数值实现——感应耦合电路法可以通过一个圆柱系统的例子清楚说明（见图7-45）。系统由非磁性截面 A 和一系列或窄或宽的感应圈（矩阵 B）组成。电流密度和电场强度都只有一个分量且为标量。

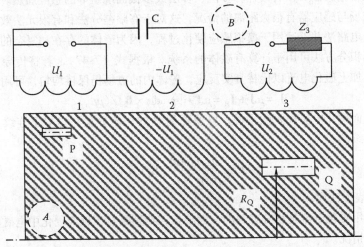

图 7-45 非铁磁元件的圆柱形感应系统

半径为 R_Q 的薄壁环中由其他所有单元 P（$P \in A$）中的电流产生的感生电磁力（电压）为

$$U_{QP} = 2\pi R_{QP}\rho_Q J_{QP} = -j\omega M_{QP}J_P\,\Delta S_P \qquad (7\text{-}43)$$

式中，M_{QP} 是环 Q 和 P 的互感系数；ΔS_P 为环 P 的截面积。

另一方面，在圆柱系统感生电压 U_Q 等于在环上的压降，因此

$$2\pi R_{QP}\rho_Q J_{QP} + j\omega\int_{SA} J_P M_{QP}\,\mathrm{d}S_P = -j\omega\int_{SB} M_{QT}J_T\,\mathrm{d}S_T \qquad (7\text{-}44)$$

式（7-44）是一个关于电流密度 J 的第二类 Fredholm 积分方程。线圈中的电流密度

是已知值。当 Q = P 时这个方程包含对数奇异性。从物理角度来看，这反映了截面面积趋向无穷小时自感趋向无穷大。这个问题可通过在截面单元 Q 和 P 进行积分来消除。由此产生的内核没有奇点。这相当于将两个巨大环或环和螺线管 Q 和 P 的互感系数。式（7-44）的右侧项描述了线圈电流在单元 Q 内的感生电压。

$$r_Q I_Q + j\omega \sum_{PA} M_{QP} I_P = -j\omega \sum_{TB} M_{QT} I_T \tag{7-45}$$

对于单匝线圈或已知电压的螺线管，这个等式有一个常见的感应耦合电路形式。

$$Z_Q I_Q + j \sum_{PAB} x_{QP} I_P = U_Q \tag{7-46}$$

如果 Q 属于矩阵 B，阻抗 Z_Q 可能包括电路 Q 的外部组件如电容或汇流排。

负载电流 I_A 和线圈电流 I_B 有如下形式

$$\begin{bmatrix} Z_{BB} Z_{BA} \\ Z_{AB} Z_{AA} \end{bmatrix} \cdot \begin{bmatrix} I_B \\ I_A \end{bmatrix} = \begin{bmatrix} U_B \\ 0 \end{bmatrix} \tag{7-47}$$

式（7-47）包含对称矩阵（$M_{QP} = M_{PQ}$），主对角线上只有实数 r_Q，这样减少了计算量。但是矩阵是完全充满的，因此存储需求和计算时间随模型尺寸的平方而增长。计算这个矩阵的元素也比有限差分或有限元法复杂。

感应耦合电路法可以有效计算多匝、多层或多截面绕组等的感应加热。它可用来计算外部电磁场与感应器有很大距离的情况，这对于有限差分法和有限元法效率较低。上述感应耦合电路法并不适用于模拟感应硬化过程，因为磁体的存在和复杂的几何形状。

次要源积分方法可用于计算有磁体的系统。根据式（7-47），若将传导电流乘上相对磁导率再加上磁化电流以代替真实反应，磁体内的磁场仍保持均匀，可用下式表示

$$\mathbf{J}_f = \mu \mathbf{J} + \mathbf{J}_M = \mu \mathbf{J} + [\operatorname{grad}\mu \times \mathbf{B}] / (\mu\mu_0) \tag{7-48}$$

需将表面磁化电流加入激励源，以使磁场 B 的切向分量在边界不连续，这里磁导率也是不连续的。

$$\mathbf{I}_M^s = \frac{2}{\mu_0} \frac{\mu_i - \mu_e}{\mu_i + \mu_e} [\mathbf{B}_t \times \mathbf{n}] \tag{7-49}$$

式中，$\mathbf{n}$ 是表面法向。

需要使用磁化电流是积分方法的一大缺点，特别是对于感应硬化中电磁场和磁导率梯度较大的情况。

7.5.5.3 阻抗边界条件

不同的积分方法可加上阻抗边界条件以使计算更高效。这个方法基于计算磁场和感生电场在表面的切向分量。E 和 H 的比值定义为表面局部阻抗。这个方法最初由 Leontovich 和 Rytov 于四十年代早期在计算广播沿地球表面传播时引入，从那时起该方法广泛用于高频电流不同的领域。

在简化的最初形式，Leontovich 的条件为

$$E_t / H_t = Z_0 = (1+j) \, \rho / \delta \tag{7-50}$$

相当于恒定性能平板的高趋肤效应。这些条件适用于感应加热系统中的高趋肤效应。如果是铁磁性物质可用式（7-12）。一般来说表面阻抗 Z_0 是未知的，但可通过计算

物体内的耦合电磁场和温度场得到（如果表面场强已知）。表面点 Q 由此产生的方程为

$$E_Q - Z_{0Q}H_{tQ} = 0 \tag{7-51}$$

这个方法导致了微分和积分方法的结合。有限差分或有限元与耦合电路积分方法适用于不同感应系统的模拟。

现在考虑一个圆柱感应系统（见图 7-46）。这个系统由多个串联或并联线圈（B）、导磁体（F）和恒磁导率和铁磁性的负载（N，性质在加热过程中变化）组成。F 和 N 的表面离散成相对小的环形单元。对于表面单元 Q 可以计算其他电流（I_P、I_B 和 I_F）产生的感生电压 U_Q 和表面磁动力 F_Q。

$$U_Q = j\sum_P x_{QP}I_P \quad \text{和} \quad F_{Qe} = H_{te}I_Q = \sum_P N_{QP}I_P W_P \tag{7-52}$$

式中，系数 N 是无单位的互感，对于圆柱系统而言可通过椭圆积分获得。

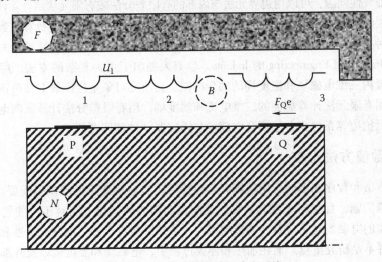

图 7-46　铁磁元件的圆柱感应系统

假设 Z_{0Q} 已知，我们可以得到 N 的所有的表面单元方程

$$\sum_P (jx_{QP} - Z_{SQ}N_{QP}W_P)I_P = 0 \tag{7-53}$$

式中，$Z_{SQ} = 2\pi R_Q Z_{0Q}/I_Q$，表面单元阻抗。

磁控器的表面的方程为

$$(\mu - 1)I_Q - \sum_P N_{QP}I_P W_P = 0 \tag{7-54}$$

将式（7-46）、式（7-53）和式（7-54）组合可以定义整个表面电流系统和系统参数。一维、二维或三维有限差分或有限元法可用于计算表面阻抗。计算从 F 和 N 的表面任意磁场分布开始。没有与负载作用的磁场是个好的起始点。解得耦合内部问题和计算 Z_Q 后，需求解外部问题以得到表面新的 H 值。实践经验显示在大多数案例中迭代过程很快结束。

7.5.5.4　边界元法

之前提到技术是边界元法（BEM）的一种，叫阻抗边界元法（Impedance Boundary

Element Method，IBEM）。

经典的边界元法是一种用于模拟恒定性质的物体的电磁、温度和其他场的积分方法。物体内部的磁场变化可被替换为其表面电流的变化。任意点 Q 的磁矢势为

$$\mathbf{A}_Q = \frac{\mu_0}{4\pi}\int_S \mathbf{J}_{SP} G_{QP}\,\mathrm{d}S + \frac{\mu_0}{4\pi}\int_{vB} \mathbf{J}_T G_{QT}\,\mathrm{d}V \tag{7-55}$$

式中，$\mathbf{J}_{SP}$是 P 点的表面电流密度；$\mathbf{J}_T$是感应线圈 B 的体电流密度；G_{QP}和 G_{QT}是电磁场影响函数（格林函数），对于三维场 $G_{QP} = 1/R_{QP}$，R_{QP}为 Q 和 P 的距离。

磁通密度为 rot**A**。表面磁场 B 的法向分量的连续性可以在这个模型中自动满足，同时 H 的切向分量的连续性可用来计算未知电流。这种方法可以有效模拟二维和三维的线性电磁线性系统，但不适合模拟感应加热过程。

对于非线性问题，可以用边界元法与内部的有限差分法或有限元法结合。计算内部区域得到单位体积电流，这可以作为边界元法的已知量。两种方法需重复计算直到收敛。

另一种方案是使用阻抗边界条件。一些商用软件使用了有限元和边界元的不同组合方程，如 Integrated Engineering 的 Inducto。也有人提出了更为复杂的方法，用于大型感应加热装置内三维电磁场和温度场的耦合模拟。其研究对象是生产线上加热钢板，所用方法包括用有限元法计算截面的二维电磁和温度场，用有限差分法计算纵向电磁场和温度场，用阻抗边界条件积分法耦合内部场与感应器（外部问题）。

7.5.6　数值方法比较

数值方法和程序在不同应用领域有其独特的优势。钢铁热处理模拟需要求解一维、二维或三维问题，且材料高度非线性，性能也会随时间变化，同时还可能包含运动问题。远距离的电磁场对感应器性能影响不大，虽然可能对于评估电磁安全性和兼容性很重要，但并不是研究重点。而在加热和淬火过程中，电磁场和温度场以及外部电源电路的耦合研究都是有很高价值的。

一般来说微分方法的优势是具有普遍性。如果方程和边界条件已知就可以求解任何问题。对于简单形状，有限差分法和有限元法都很高效。对于复杂形状，有限元法更具优势。有限元法的一大优势是对于电磁和热问题可以使用同一套网格，甚至可以同时求解。

边界元和其他积分方法单独使用时并不能很好地计算非线性系统。另一个缺点是还需要使用第二套方法（有限元或有限差分）计算热过程。边界元与有限元或有限差分结合计算虽然很高效的，但编程较复杂。

感应耦合电路法对于有多个或多区感应器的大型系统有效。将感应耦合电路法和有限元法、有限差分法以及阻抗边界条件法结合使用可以得到较好的结果。值得注意的是使用一维简单软件进行计算就可能得到足够信息，或者对于更复杂问题可以使用二维模拟。同样的，对复杂感应系统截面进行较为简单的二维电磁和温度场模拟可能非常有效，对于后续三维模拟也有帮助。使用 Fluxtrol 公司的软件解决各类热处理问题获得的实践经验也证实了这点。对于需要增加迭代次数才能优化系统设计和操作标准的问题，这样做的好处十分明显。

7.6　关于数值优化

7.6.1　感应加热的优化问题

一定水平的优化计算一直在设备和工艺设计中存在。在数值模拟之前的时代，较低的精确性和较长的计算时间使得人们不确定模拟结果是否接近优化目标。有了数值模拟工具之后，用户可以做大量计算进行结果分析，进而为问题改进做决策。这种计算机"人工"辅助优化设计方法现在很常用。许多商用软件可以根据用户指定的一组参数变量进行计算，大大节省了时间。当模拟程序可以进行整体优化，包括计算、分析结果和选择下一步方案，便可称为自动化优化。

解析方法和数值模拟用于优化感应加热装置的研究和生产已经有了很长时间。高性能计算机和新的计算方法的出现为优化带来了更多可能。

感应加热，特别是感应硬化，其建模和求解是十分困难的。不同的优化方法有不同的术语。"数学里，优化指在研究问题里通过可许集中系统选择变量的值寻找一个函数（目标函数或价值函数）的最大值或最小值"（维基百科）。从实践角度，优化是指一个已知问题在一定的限制下寻求最佳解的过程，通常没有单一的、显式的价值函数。显然实际意义里的优化与数学里不同。

硬化工艺优化的最终目标是在给定的生产率和零件质量（包括硬化程度、微观组织、残余应力和变形）条件下减小成本。质量要求需用温度场演变过程或温度限制形式描述以阐述优化问题。成本包括电能、处理时间、废品、耗材、停机时间和零件检验等。总的生产率取决于加热和淬火时间，也受停机时间（线圈寿命、长线圈配置时间）等因素影响。以上这些因素难以加入数学优化过程。

一种解决方案是将工艺参数减少到可能的几个变量（如零件尺寸、线圈精度等）。例如，计算机辅助优化设计线圈增加了几倍线圈寿命，将安装时间从几个小时减少到不足 1h。这个案例中"最优"设计基于最小目标函数而不是设计者的估计。优化的选择标准也依赖于给定的生产环境。如果感应硬化操作是生产线的"瓶颈"，则需把生产率作为主要目标，否则将其他目标如节能需放在首位。计算机模拟在自动优化过程中起重要作用，也为专家评估提供了信息。

历史上第一个案例是 E. Rapoport 发展的，此例中感应系统优化被认为是分布参数系统的空间-时间优化控制。操作条件和感应器的物理尺寸都作为**输入控制**，优化其组合以使**消耗标准**最少。温度分布是优化过程的**输出控制函数**。优化任务也包含输入控制和温度分布的极限。对温度分布造成有害效应的因素称为**干扰**。

使用复杂的解析和数值方法组合，作者发展出针对不同感应加热案例的时间优化控制普遍理论，可获得最大化的精度、最小的能量消耗和最快的加热速度等。结果显示，以所有以上案例的功率优化控制为例，功率变化为从零到最大值的阶梯形式，金属内最大许用热应力限制了功率平滑变化。这套理论成功用于优化钢坯和钢板整体加热的装置，以及铸造前的加热优化。这些应用中线圈几何简单，且可以用少量参数描述（直径、长度、匝数和隔热性）。这些参数的优化值可从优化过程得到，如锻造线圈匝数可根据可用电源输出功率调整。

对于感应表面硬化，情况不一样。零件和感应器的形状以及硬化模式都十分复杂，零件材料加热过程中非线性也很强。这时需要找到可在适当**操作条件**下能获得最好结果的感应器的最优**类型**和**形状**。匝数在很多情况（扫描、单发）下不大可能变化，而且通常被认为是整数（单匝或双匝线圈等）。本章作者倾向于用**最优设计**，包括**系统设计**（如感应器和电路设计）和**工艺设计**（如与功率传输有关的时间空间程序）来进行感应热处理装置优化。**控制**一词应用于已存在的装置的工艺优化以及干扰的优化处理（如连续过程状态变化导致零件尺寸和性质变化等）。这种描述对于感应硬化细节和通用操作更为合适。

工艺和系统设计均可通过数学建模来高效完成。最优工艺包含加热过程的最佳频率和功率的组合和淬火阶段的最佳冷却参数。**系统设计**需为最优工艺提供方法。显然很多情况下这两部分优化存在矛盾，需要共同考虑以达到合理要求。

一般来说工艺优化比系统优化简单，也可以使用一维或二维的自动或用户指定优化程序。系统设计可能包括选择感应线圈类型和结构（如系统**拓扑**和参数**几何优化**）。拓扑优化通常选择整数变量（单匝或双匝线圈、扫描或单发、是否选择磁导体及其材料等），这些必须由用户预先选择。几何优化可被视为找到连续实变量（主要尺寸）的最优组合以使选择函数最小化，这个过程可以自动完成或由用户引导完成，一般过程是从专家评估到用户引导，最后到自动优化。

7.6.2　数值优化

很多数值优化方法都属于两大类，即确定性方法和随机性方法。确定性方法如不同版本的梯度法，对于目标函数在整个允许的变量范围（**可解域**）内只有一个最小值的问题很有效。在问题描述中需要已知系统特点，如温度分布特征。

钢坯在感应器中加热这个简单案例可以解释前面所述。该问题的目标是在考虑运输等各个阶段的热损失的情况下，尽可能使最终温度均匀。这是一个二维感应加热控制问题。它的最优解服从一般感应加热控制理论，但是独特性在于功率是脉冲形式（开-关）的，故要选择合适的长度。可采用简单的两段过程进行分析，其变量为时间段 t_1 和 t_2。如果在加热过程中达到了最大温度值，则需逐渐减少功率（见图 7-47）。这同样符合对于这类控制的规律，即零件内部一定有三个点有最大的温度偏差 T_k。两个温度相等的最小值在表面（$r=R$）和轴上（$r=0$），一个温度最大值在零件体内。这三个点的位置和最小温度偏差 ε 可通过解析法（一维线性情况）、试错数值法或数值优化法求得。

这些信息可以让用户构建**不同**的价值函数，简化求解过程。图 7-48 所示为两个目标函数 J_1 和 J_0 的两段控制等值线图（没有最高温度限制）。第一个例子（图 7-48a）的价值函数 J_1 定义为

$$J_1 = \left[T_{max}(t_1, t_2) + T_{min}^0(t_1, t_2) - 2T_k \right]^2 + \left[T_{max}(t_1, t_2) + T_{min}^R(t_1, t_2) - 2T_k \right]^2 \quad (7\text{-}56)$$

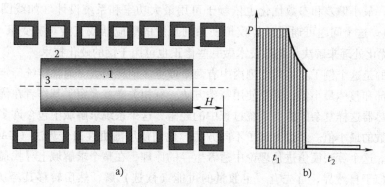

图 7-47 感应系统的两步优化控制

a）系统模型 b）线圈功率

图 7-48b 为价值函数 J_0，等于整体 V 内温度 T 与 T_k 之间的最大偏差值。

$$J_0 = \max |T(R, z, t_1, t_2) - T_k|, R, z \in V \tag{7-57}$$

图 7-48b 有三块区域 A、B 和 C，分别对应达到温度最大值或最小值的不同点。对于 t_1 和 t_2 组合区域 A，最大绝对偏差是在区域 $R = 0$（坯轴上，$T = T_{min}^0$）。对于区域 B 最大绝对偏差对应于钢坯表面的 T_{min}^R，而区域 C 是内部的最大温度。对于最优解（$t_1 = 910\,s$ 和 $t_2 = 130\,s$），温度与 T_k 的偏差 ε 三点相同，都是 T_{max} 与 T_{min} 之差。这个例子中，ε 约为 10℃。这个感应装置能达到最佳的温度均匀结果。计算显示消耗函数 J_1 和 J_2 得到相同的最优解。这个钢坯加热的简单例子显示了工艺优化的技术。

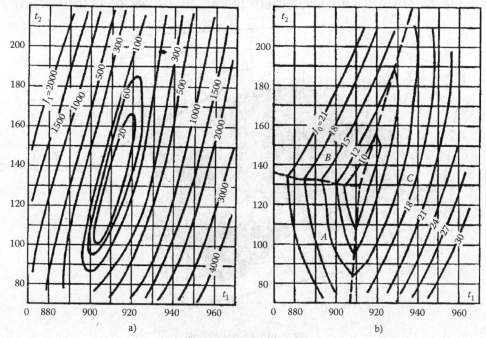

图 7-48 两类价值函数等值线

当然，最小偏差和参数优化也依赖于可用最大功率和系统设计（如线圈长度或伸出磁场 H）。这个问题可通过计算模拟一系列长度的感应器或直接对三变量（H、t_1 和 t_2）进行优化处理来解决。将该技术做一些修正也可用于钢的硬化技术。

不同的是这个例子在许用范围内中有两个或更多消耗函数。通常传统确定性方法不能识别局部和整体最小值，需要使用特殊方法。有相关文章介绍了其作者在优化例如横向磁通加热器这样复杂的感应系统过程中的经验，这个系统求解域中包含许多变量和几个价值函数的最小值。经过测试了不同方法，他们使用随机性遗传算法（GA）得到了最好结果。这个算法模仿进化理论中适者生存的原理，在整个求解域上寻找最佳解。遗传算法类似于自然界，首先有一定数量的可能（候选）解，然后转移其经历（信息）到下一代。初始种群是随机选择的。这个算法的行为可能被一些参数（如种群大小和基因操作参数）改变。除了计算时间比确定性算法长，由于其稳定性以及几乎100%能找到全局最小值，遗传算法对于复杂工程任务非常有效。

图 7-49 所示为遗传算法成功找到价值函数几个极小值的价值函数曲面。该方法以及类似方法都需要特殊的模拟技术。在简单案例中，价值函数数值计算可与搜索软件结合。对于复杂系统如 TFH，采用的是三维模拟器。这个问题十分庞大复杂，且需要和外部耦合。通过标准媒介文件可以将模拟和优化结合。图 7-50 所示为电热处理研究所（ETP）的 Hanover 所做的用于感应系统优化的复杂模拟结构。问题变量被分为两组，一组描述工艺参数和感应系统内零件位置，另一组描述感应系统设计（几何优化）。确定性方法可用于工艺设计（内部优化循环），遗传算法用于外部循环（几何优化）。

下面两个例子介绍了用户引导的数值优化过程。第一个是使用一维有限差分法程序

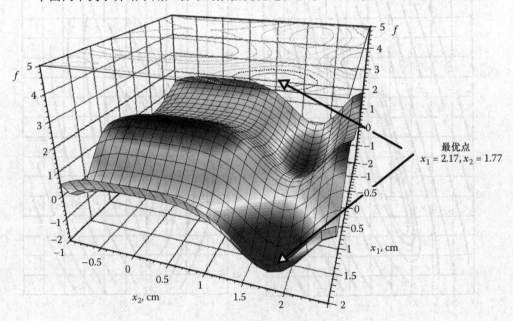

图 7-49　价值函数曲面

进行工艺优化；第二个更加复杂，是使用二维有限元程序 Flux 2D 对工艺、拓扑和形状进行优化。

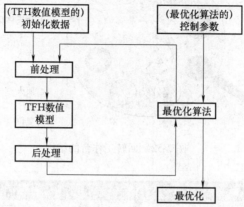

图 7-50　用于感应系统优化的复杂模拟结构

7.6.3　热处理工艺设计

这个模拟的目标是设计用于热处理（硬化和回火）销的末端的回转台（见图 7-51、图 7-52）。由于零件外形简单和工艺步骤多，因此采用一维软件 Elta 来进行工艺设计。Elta 是一个基于有限差分法且内置电磁与温度场耦合的软件。这个软件包含不同材料和淬火冷却介质（不同的水、聚合物溶液、油和气体，见图 7-53）的数据库，且可以考虑外电路——汇流排、变压器和电容。

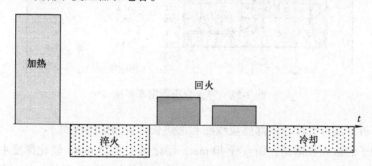

图 7-51　热处理工艺图

软件可设定不同加热方式：①电源功率；②指定表面功率；③线圈或电源电流；④线圈或电源电压。虽然计算是一维的，但软件仍可计算零件和感应线圈长度有限及磁导体是否存在等情况。半解析的总磁通法用于考虑长度有限的情况。该方法基于以下假设：

1）零件在线圈内的磁通分布与无限长系统相同。

2）线圈外部的磁通近似于没有线圈时。

在这些假设下可以构建磁路、计算系统各部分磁阻和参数。

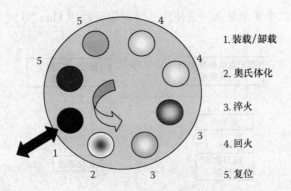

图 7-52 回转工作台的结构

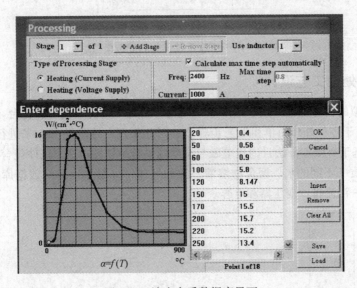

图 7-53 淬火介质数据库界面

特殊解析方法可以计算内部感应线圈和加热长方板的椭圆线圈。

这个例子的输入数据是：销直径 40 mm，硬化区长度 25 mm，硬化深度 4 mm，1040 钢。进行了几组计算以确定在 3 kHz 下达到所需奥氏体化层厚的最佳加热时间。

从一点到另一点的运输时间是 1 s，因此旋转台的周期是 5 s。后来决定在回火阶段利用销内余热来减少时间且增加温度均匀性。淬火过程中为完成马氏体转变，硬化层温度不能超过 100℃，据此条件计算得到淬火时间最少为 8 s（见图 7-54）。经两个淬火位之后，零件移到两个不同功率的回火位。

在第一个位置零件达到所需的 400℃。第二个回火位保持这个温度。由于淬火不完全，在回火开始阶段心部仍保持相对高的 200℃。硬化深度处在 5s 内达到 350℃。回火后零件进行最后冷却阶段。热处理过程中温度变化如图 7-55 和图 7-56 所示。

这个简单一维例子展示了计算机在模拟设计简单几何感应硬化系统时的高效性。更复杂的情况下 Elta 的结果可对所需功率、频率和加热时间进行初始评估。这些信息能大大减少使用更复杂程序（如 Flux 2D 和 Flux 3D）的设计迭代次数。

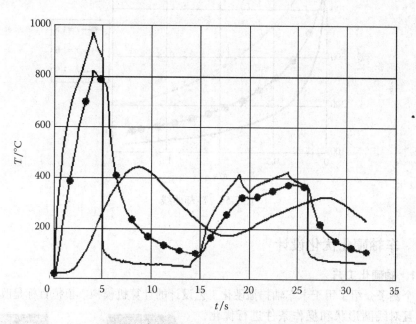

图 7-54　心部和表面的温度和硬化层深度变化曲线

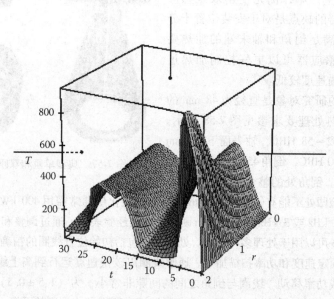

图 7-55　三维温度演变图

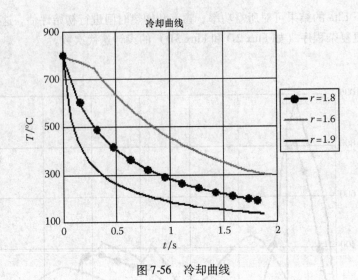

图 7-56　冷却曲线

7.6.4　车轴硬化优化设计

7.6.4.1　轴硬化工艺

　　这个例子介绍了用于卡车轴扫描硬化工艺设计的计算机模拟。模拟目标是改善加热模式，且对线圈形状和操作条件进行优化，提高生产率。感应轴扫描装置通常是根据经验设计的单匝或双匝线圈（见图 7-57）。考虑到节能性和生产率，优先使用双匝感应器。双匝感应器的缺点是对于安装位置十分敏感以及难以满足倒角和轴末端的加热要求。使用单匝感应器可以更好控制加热过程，但是其扫描速度较低。

　　这个案例的研究对象是直径为 48 mm 的全浮式车轴。热处理要求参见图 7-58 所示。表面硬度应为 52 ~ 58 HRC，轴表面下 7.5 mm 处硬度至少为 40 HRC，倒角 45°处硬化层深度至少为 4.6 mm。倒角处的整个半径区都需有

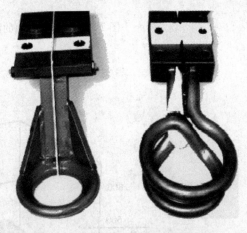

图 7-57　典型单匝和双匝扫描线圈

硬化层，但在碗凹处不能有硬化层。1 cm 深的车轴硬化层通常需用 400 kW 或 600 kW 的双匝感应器在 1 kHz 或 3 kHz 频率下进行硬化。实践经验表明，通过调整和精确设定线圈直径，同一设备可以用于处理多种车轴。处理工艺包括初始位置线圈的精确装配，静止加热时间 t_d，以预定速度和功率扫描加热。通常线圈以较快速度运行到离上缘 25 mm 处，后以预定的速度或功率移动。线圈与倒角之间的间隙非常小，为（1.5 ± 0.5）mm。扫描过程中的最高表面温度（最高达 1100℃）是扫描速度和所需硬化深度的平衡。

这个例子中的变量包括：

1）感应线圈形状和尺寸。

2）导磁体及其形状。

3）停止时间和功率。

4）扫描速度和功率随线圈位置的函数。

5）频率为 1 kHz 和 3 kHz。

限制条件包括：

1）倒角、普通和转移区的硬化模式。

2）最高表面温度 1100℃。

3）最小底部间隙 1 mm。

4）感应线圈的可制造性和可靠性（专家评估）。

5）线圈最大功率 100 kW。

功率相当于试验测定中汇流排和变压器的大量损耗。

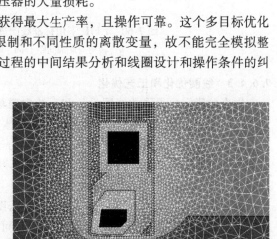

图 7-58 轴的结构和双匝线圈模型

优化的目标是在指定功率和频率下获得最大生产率，且操作可靠。这个多目标优化问题由 Flux 2D 软件完成。由于其众多限制和不同性质的离散变量，故不能完全模拟整个问题和自动优化。专家评估用在循环过程的中间结果分析和线圈设计和操作条件的纠正。这个案例没有模拟淬火。

7.6.4.2 标准双匝感应器的模拟

模拟初始阶段是重现现有系统和工艺，来确认模拟可靠性和寻找可改进之处。在 Flux 2D 里为了模拟扫描过程，需创建一个包围线圈的区域。如图 7-59 所示，线圈可在区域内滑动。对该线圈进行了多次循环模拟，通过尝试改变不同停留时间、扫描速度和对应功率等参数来获得最好的结果。图 7-60 所示为 1 kHz 下用标准线圈进行轴硬化的温度云图，其中最优加热模式，即初始静止 10s 阶段和扫描开始阶段（静止后 1 s）的温度分布。

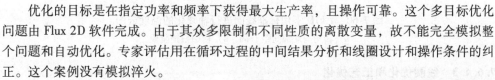

图 7-59 线圈优化后的局部网格划分

图 7-60a 显示了轴根部区域 A 存在过热倾向。减少停留功率或时间会导致倒角处加热不足。停留阶段的时间和功率的优化组合需使倒角区域足够受热且防止其上面区域过热（最大温度 1075℃）。图 7-60b 显示了以 20 mm 每秒快速低功率（避免区域 A 过热）扫描 1 s 后的温度分布。这时最高温度为 1090℃，非常接近最高可接受温度。然后扫描温度降为 9.5 mm/s（表面温度 1025℃）。更高的扫描速度受线圈的最大功率限制。模拟

结果（速度、功率等级和硬化深度）与实际值非常接近。下一步是设计感应线圈，在能达到所需硬化模式的前提下尽可能提高的生产速度。

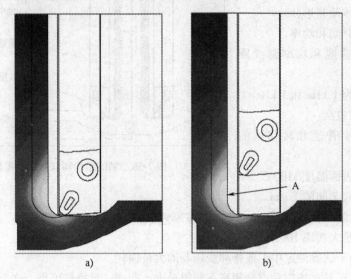

图 7-60　　1 kHz 下用标准线圈进行轴硬化的温度云图

a）转角与底部间距 1mm　b）初始扫描阶段

7.6.4.3　线圈优化和工艺优化

这个阶段需要很强的线圈设计和系统内磁场与温度场把握经验。决定使用双匝线圈，下匝处放置由 Fluxtrol A 材料制成的导磁体（见图 7-59）。这个导磁体可以将加热区转移到凸缘表面，减少区域 A 过热，同时由于改进了参数，因此可以减少线圈所需电流。线圈部件的尺寸和位置在设计过程中不断调整。主要标准是在区域 A 达到良好加热模式，同时在倒角处有合理的硬化层。

图 7-61 所示为优化后的双匝线圈及温度云图，优化后的与凸缘间距 1 mm 的双匝线圈静止加热 8 s 后的温度分布。由于这个设计可以更容易加热倒角，因此时间变短了。倒角区域加热充分且区域 A 没有显著过热（最高温度 1000℃）。而且加热后，表面和轴上的温度更均匀，为快速扫描和退出静止区打下基础。图 7-61b 显示扫描过程的温度分布，扫描速度为 11 mm/s（受限于线圈最大功率 100 kW），表面温度 1000℃。

在模拟中，1 mm 间隙是标准和优化的感应器间隙精度的下限。为了评估对位置的敏感性，将间隙增至 2 mm 的间隙（精度上限）进行模拟。根据生产操作程序，使用了相同的停留时间和功率等级。对于传统双匝感应器，这种加热模式没有全覆盖转角处。对于优化后的感应器，加热模式仍然覆盖倒角处且零件加热符合规范。两种情况下对扫描速度的主要限制因素是可用功率（1 kHz）。对于标准双匝感应器，也存在同样的问题。非常小的位置变动可能导致零件不合格。但对于含导磁体的优化感应器，可以容许大得多的位置变化，即工艺有更高稳定性。除了减少了位置敏感性，在同样的电源下，优化的双匝感应器可提高 15% 的扫描速度。

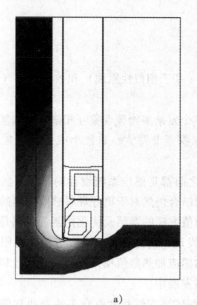
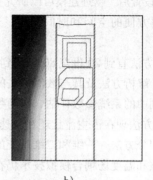

a)　　　　　　　　b)

图 7-61　优化后的双匝线圈及温度云图

a) 转角与底部间距 1 mm　b) 在一个规则区域内扫描

在 3 kHz 下对两种线圈和不同间隙（1~2mm）都进行了研究。对于标准感应器，需要更长停留时间（12 s），倒角处才能获得更好的加热效果。同时，对扫描速度的限制不是功率而是轴的表面温度。扫描速度需减少到 6.5 mm/s 以避免表面过热（1100℃）。对于优化的感应器情况类似，但扫描速度可以达到 9 mm/s。

7.6.4.4　结果讨论

1) 模拟显示现存的线圈在 1 kHz 下无法使工艺更高效或可靠，即当下工艺已经是经验优化过的。

2) 对线圈设计和操作条件进行优化，可以使扫描速度增加 15% 且提高了所有可能间隙宽度的可靠性。由于供电电路可以减少损耗以提高线圈功率，实践中还可以进一步提高速度。

3) 频率升高到 3 kHz 增强了倒角区域加热，但由于使用标准感应器时，表面温度受到限制，会导致扫描速度下降 32%。

4) 在 3kHz 下，优化感应器间隙达到 2.5 mm 时都可提供可靠的加热模式，即工艺对线圈位置敏感性减小。

5) 在 3kHz 下，优化线圈比标准线圈扫描速度快 35%。

6) 只针对了线圈优化，优化供电电路可挖掘更多潜力。

这个案例显示了数值模拟在解决复杂实践感应硬化任务的有效性。模拟过程包括指定频率下局部工艺参数的优化，感应线圈的设计，线圈配置最优的专家方案，线圈尺寸的优化，分析频率和间隙变化对结果的影响。值得注意的是由于网格区域非常大且滑动域里线圈有多个位置，计算每种参数配置的时间大约是一天，优化过程完全是用户引导。

7.7　结论

1）感应加热装置建模包括物理建模（基于相似性原理）和数学建模（基于解析和数值方法）。

2）正确设置后，物理建模可以研究整个复杂多物理现象互相耦合的真实情况。这种方法可以使用方便的空间和时间尺度，来探索非常大、非常小或变化非常快的感加热应用。

3）解析方法直到 20 世纪 80 年代到之前都是感应系统设计的主流方法，之后被数值方法取代。解析方法及其与数值方法的结合仍然对于更好理解感应加热的主要影响因素、简单案例中的系统参数评估、作为数值方法的参照及优化控制任务都是很重要的。

4）数值方法现在占主流且还在快速发展，具体有三大类，分别为有限差分法、有限单元法和积分方法。一维和二维系统的感应加热数值模拟在研究、设计和优化都很成熟。三维电磁和温度场耦合模拟技术仍在发展中。

5）目前为止由于对复杂几何体有较好的适应性且拥有众多的商业软件，有限元方法已经成为最主要的解决电磁场和温度场耦合问题的方法。对于时间相关（瞬态或时域）问题，常使用有限元法和有限差分法的组合。有限元法用来计算电磁场和温度场分布，有限差分法用来计算它们的时间变化。

6）有限差分法对于时域问题特别是系统几何形状简单的问题更有效。在高速计算机上，有限差分法计算二维或三维电磁场和温度场的稳态和瞬态问题可以和有限元法比拟。

7）单独使用边界单元法并不能很好地处理非线性感应硬化系统，但加上阻抗边界条件会变得十分有效。表面阻抗在高趋肤效应时可通过解析计算获得，或者一般情况下可通过有限元法或有限差分法计算得到。

8）时谐法可用于模拟实际感应加热应用。

9）由于缺乏钢铁性能随温度变化的数据以及磁性材料特征（考虑磁滞回线、时谐法里磁导率等）研究不足，准确模拟感应加热过程仍然存在问题。

10）可以成功的结合电磁场和温度场计算及后续的相变、应力和变形。

11）数值模拟是自动或用户引导优化感应系统设计的有力工具。

12）感应系统数值模拟可以高效的并入产品生产的全流程模拟和优化过程（包括初始热成形、机加工、热处理和终加工）。这是工业界的一大挑战。

参 考 文 献

1. Strutt, M.J.O., Zur Theorie der Induktiven Heizung, *Annalen der Physik*, IV, 82, 1927.
2. Burch, C. and Davies, R., *Theory of Eddy-Current Heating*, Benn, London, 1928.
3. Esmarch, W., Zur Theorie der kernlosen Induktionsofen, in *Wiss. Siemens-Konzern*, 1931.
4. Reche, K., Teoretische und experimentelle Untersuchungen uber den kernlosen Induktionsofen, in *Wiss. Veroff. Siemens-Werk*, Bd. XII, 1933.
5. Vologdin, V.P., *Surface Hardening by Induction Method*, Leningrad-Moscow, Gosmetallurgizdat, 1939; *Induction Surface Hardening*, Moscow, Oborongiz, 1947.

6. Curtis, F.W., *High Frequency Induction Heating*, McGraw-Hill, New York, 1944.

7. Stansel, N.R., *Induction Heating*, 1st ed., McGraw-Hill, New York, 1949.

8. Rodigin, N.M., *Induction Heating of Steel*, Sverdlovsk, Metallurgizdat,1950.

9. Slukhotskii, A.E. and Ryskin S.E., *Inductors for Induction Heating of Machinery Parts*, Leningrad, Russia, Mashgiz, 1954.

10. Brunst, W., *Induktive Warmebehandlung*, Berlin, Gottingen, Springer-V., 1957.

11. Simpson, P.G., *Induction Heating Coil and System Design*, McGraw-Hill, New York, 1960.

12. Holmsdahl, G. and Sundberg, Y., Berechnung von Inductionserwaermung mit Digitalrechner, *Proceedings of UIE Congress*, Wiesbaden, 1963.

13. Hegewaldt, F., Berechnung der Stromverdrangung nach einem Differenzenverfahren, *Proceedings of UIE Congress*, Wiesbaden, 1963.

14. Kolbe, E. and Reiss, W., Eine Methode zur Numerische Bestimmung der Stromdichteverteilung, *Wiss. Z. Hochsch. Elektrotechnik,* Ilmenau, 1963, Bd.9, no. 3.

15. Kogan, M.G., *Calculation of Inductors for Heating Rotational Bodies*, VNIIEM, Moscow, 1966.

16. Reichert, K., A numerical method to calculate induction heating installations, *J. Elektrowaerme Int.*, Bd.26, no. 4, 1968.

17. Lavers, J.D. and Biringer, P.P., An improved method of calculating the power generated in an inductively heated load, *IEEE Trans., Ind. Appl.*, IA-10(2), 1974.

18. Bialod, D. et al., *Electromagnetic Induction and Electric Conduction in Industry*, Electra, 1997.

19. Davis, E.J., *Conduction and Induction Heating*, Peter Peregrinus, London, 1990.

20. Lupi, S. et al., *Induction Heating. Industrial Applications*, UIE, France, 1992.

21. Rudnev, V., Loveless, D., Cook, R., and Black, M., *Handbook of Induction Heating*, New York, Marcel Dekker, 2003.

22. Hambough, R.E., *Practical Induction Heat Treating*, ASM publication, 2001.

23. Muelbauer, A., Short historical overview of induction heating and melting, in *Proceedings of HES-04, Heating by Electromagnetic Sources*, Padua, Italy, 2004.

24. Lozinskii, M.G., *Industrial Applications of Induction Heating*, Pergamon, London, 1969.

25. Golovin, G.F. and Zimin, N.V., *Technology of Metal Heat Treatment with Induction Heating*, Leningrad, Russia, Mashinostroyenie, 1990.

26. Lavers, D., Numerical solution methods for electroheat problems, *IEEE Trans. Magn.*, 19(6), 1983.

27. Lupi, S., The numerical calculation of forces in induction heating systems, in *IEEE-IAS Annual. Meeting. Conference Records*, Cleveland, OH, 1979.

28. Nemkov, V.S. and Demidovich, V.B., *Theory and Calculation of Induction Heating Devices*, Leningrad, Russia, Energoatomizdat.

29. Nemkov, V.S. et al., Electromagnetic end and edge effects in induction heating, in *Proceedings of UIE Congress*, Montreal, Canada, 1991.

30. Schwenk, W., Simultaneous dual frequency induction hardening, *J. Heat Treating Prog.*, 35, 2003.

31. Nemkov, V. and Goldstein, R., Optimal design of internal induction coils, in *Proceedings of HES-04, Heating by Electromagnetic Sources*, Padua, Italy, 2004.

32. Nemkov, V., *Resource Guide for Induction Heating*, CD-R, Fluxtrol Inc., 2006.

33. Nemkov, V. and Goldstein, R., Design principles for induction heating and hardening, chapter 15 in *Handbook of Metallurgical Process Design*, Totten, G., Funatani, K., and Xie, L., Eds., Marcel Dekker, New York, 2004.

34. Nemkov, V., Frequency selection for induction heat treating operations, *J. Ind. Heating*, May 2005.

35. Brooks, C., *Principles of Heat Treatment of Plain Carbon and Low Alloy Steels*, ASM International, Materials Park, OH, USA, 1996.

36. Demichev, A.D., *Induction Surface Hardening*, 2nd ed, Mashinostroyenie, Leningrad, 1979.

37. Nacke, B. and Wrona, E., New 3D simulation tools for the design of complex induction hardening problems, in *Proceedings of EPM International Conference*, Lyon 2003.

38. Shepelyakovsky, K., *Surface Hardening of Machinery Parts by Induction Method*, Mashinostroyeniye, Moscow, 1972.

39. Ruffini, R.S., Ruffini, R.T., and Nemkov V.S., Advanced design of induction heat treating coils, Parts I and II, *J. Ind. Heating*, 1998.

40. Totten, G., Howes, M. and Inoue, T., *Handbook of Residual Stress and Deformation of Steel*, ASM International, 2002.

41. Nemkov, V.S. and Goldstein, R.C., Computer simulation for fundamental study and practical solutions to induction heating problems, in *Proceedings of the International Seminar on Heating by Internal Sources*, Padua, Italy, 2001.

42. Neiman, L.R., *Skin effect in ferromagnetic bodies*, Moscow, Gosenergoizdat, 1949.

43. Welty, J., Wicks, C., and Wilson, R., *Fundamentals of Momentum, Heat and Mass Transfer*, Wiley & Sons, 1984.

44. Totten, G.E., *Quenching and Distortion Control*, ASM International, 1993.

45. Tir, L. and Chaikin, P., Physical modeling of high temperature induction heating of billets, in *Proceedings of VNIIETO, Research in Industrial Electroheat*, no. 4, Moscow, 1970.

46. Tozoni, O.V., *Calculation of the Electromagnetic Fields Using Computers*, Kiev, Ukraine, 1967.

47. Tosoni, O.V. and Mayergoiz, I.D., *Calculation of 3D Electromagnetic Fields*, Kiev, Technika, 1974.

48. Samarski, A., *Theory of Finite Difference Schemes*. Nauka. Moscow. 1977.

49. Nemkov, V., Polevodov, B., and Gurevich, S., *Mathematical Modeling of High Frequency Devices*, Polytechnica, Leningrad, 1991.

50. Peaceman, D. and Rachford, H., The numerical solution of parabolic and elliptic equations, *J. Soc. Ind. Appl. Math.*, 1955.

51. Silvester, P. and Ferrari, R., *Finite Elements for Electrical Engineers*, Cambridge University Press, New York, 1996.

52. Chari, M. and Salon, S., *Numerical Methods in Electromagnetism*, Academic Press, New York, 2000.

53. Brunotte, X., The future of flux: The Flux Project–2002, 2001, in *Proceedings of Magsoft Users Meeting*, Saratoga Springs, New York, May 2001.

54. Klimpke, B., A hybrid magnetic field solver using a combined finite element/boundary element field solver, in *Proceedings of UK Magnetic Society Conference, Advanced Electromagnetic Modeling &CAD for Industrial Application,* 2003.

55. Bossavit, A., Whitney forms: A class of finite elements for 3D computations in electromagnetism, in *IEEE Proc.*, 1998, 135, pt. A.

56. Demidovich, V., Tchmilenko, F., and Malyshev, A., Effective 3D model for the induction heating of flat products, in *Proceedings of HES-04, Heating by Electromagnetic Sources*, Padua, Italy, 2004.

57. Nemkov, V. and Semakhina, M., Finite Element Method for electromagnetic field calculation in induction heating systems, in *Research of Processes and Equipment of Electroheat*, Cheboksary, 1987.

58. Dolezel, I., et al., Overview of selected numerical methods for computation of electromagnetic and other physical fields in power applications, in *Proceedings of the International Conference. on Research in Electrotechnology and Applied Informatics*, Katowice, Poland, 2005.

59. Rapoport, E. and Pleshivtseva, Yu., *Optimal Control of Induction Heating Processes*, CRC Press, Boca Raton, FL, 2006.

60. Bay, F., Labbe, V., and Favennec, Y., Automatic optimization of induction heating processes, in *Proceedings of HES-04, Heating by Electromagnetic Sources*, Padua, Italy, 2004.

61. Nikanorov, A., Schulbe, H., and Galunin, S., From expert solution to optimal design of electrothermal installations, *J. Elektrowarme Int.*, Heft 4, 2004.

62. Nemkov, V., Goldstein, R., and Ruffini, R., Optimizing axle scan hardening inductors, in *Proceedings of HES-04, Heating by Electromagnetic Sources*, Padua, Italy, 2004.

63. Jun Cai, et al., Integration of induction heat treat simulation into manufacturing cycle, *J. Heat Treating Prog.*, 3, 2, 2003.

第8章 激光表面硬化模拟

8.1 激光材料加工进展

激光是 20 世纪最重要的发明之一。随着激光技术的发展，目前已经能够得到集中度高、单色性和相干性好、偏振度高的光波。1960 年加利福尼亚实验室采用人造红宝石谐振器制造出了第一台激光器。在此时期，激光也实现了第一次工业应用，即用激光对普通机器极难完成的金刚石材料打孔。由于激光光源在不同加工条件下的性能和稳定性较低，激光在金属加工中的首次应用并不是很成功。这些早期的运用，无论成功与否，都促进了一些新型激光源的发展。

激光器已逐渐成为切削、焊接及一定范围热处理的重要工具。激光加工技术采用一束能量密度非常高的光束作用于工件表面。通过对工件移动速度变化范围或激光源功率进行选择，可加热工具表层获得足够的热能。

1963 年首次采用脉冲式红宝石激光器实现了 0.25mm 不锈钢薄板的对接激光焊。其他关于金属热导焊的研究表明，当最大穿透深度不超过 0.5mm 时，激光焊接技术可以用于线材、板材和印制电路板的焊接。在 1965 年左右，采用脉冲式 Nd：YAG 激光器来修复集成电视显像管中损坏的连接器，首次实现了激光热导焊在工业生产中的运用。各类激光的热传导连接技术都获得一定程度的发展，其中包括锡焊和铜焊，在一定程度上满足了微电子产业的需求。

1967 年首次制造出气辅式二氧化碳激光束。采用一个氯化钾镜头、一个铝制的光束转镜和与氧枪喷头同轴的 300 W 激光束来切割 1 mm 厚的钢板，工艺参数非常接近现行的标准。

1967 年，首次实现了采用连续波二氧化碳激光器进行陶瓷划片的商业运用。采用激光器进行金属热处理首先出现在 20 世纪 60 年代的德国和苏联。1966 年获得的早期数据多数是关于脉冲红宝石激光器和钕玻璃激光器聚焦光束与材料相互作用。脉冲红宝石激光辐射与石墨包覆金属表面的相互作用的研究为研究金属硬化创造了条件。首个热流数学模型的建立（1968），为深入了解工艺参数对热循环和硬化区几何形状的影响创造了条件。

对决定热循环和硬化区几何形状对工艺参数的影响变量所起的作用，提供更深的认识。1963 年曾对激光表面熔化和表面合金化的可行性进行研究。1981 年到 1985 年的早期研究工作主要采用脉冲式固体激光器，实现了浅层表面的合金化。

同样在 1963 年初，对包括冲击硬化在内的激光蒸发机理进行了研究。在当时的条件下，激光器只能在纳秒级（10^{-9}s）范围内通过增加时间和时间间隔来产生脉冲，商业化运用受到限制。20世纪80年代飞秒级（10^{-15}s）脉冲长度超快激光的发展又引起了汽车和航天工业关注。

1970年发明了第一台受激准分子激光器，当液态氙受到电子束脉冲的激发后产生激光。不久后在高压氙气条件下产生出波长约为170 nm的激光。

20世纪80年代，包含激光源、光束控制光学系统和工件控制设备在内的集成激光系统得到了显著的发展。友好用户界面的开发为操作人员提供实时信息和实时控制。此外，研究人转向研究采用激光进行材料加工的新方法，而非直接取代传统工艺。

在20世纪80年代初，生产出一代具有较高能量，高可靠性以及设计简洁的工业二氧化碳激光器。

在20世纪80年代初，主流Nd：YAG激光器仍为脉冲单元。直到1988年，一家商业单位获得了最大平均功率为500 W和1 kW的Nd：YAG激光器。光纤的发展实现了在近红外光束提供千瓦级传输的能力，这就意味着与二氧化碳激光器激光束传递相关的笨重的镜面系统，现在可以被能够安装在工业机械机器人上的灵活光学系统所取代。可以采用Nd：YAG激光器对几何形状复杂的三维部件进行廉价的处理。这一时期的工业Nd：YAG激光器主要以由晶棒和灯泵浦组成的活性介质为基础，与气体激光器相比，其能量转换效率较低（小于5%）和光束质量较差。

激光焊接领域，在新型焊接设计、新材料结合和厚截面焊接方面已经取得一定的进展，产品质量、生产率和环境友好程度进一步提高。1985年基于对小孔形成和稳定性的物理学本质的认识，使激光焊接得到了发展，显著增强了人们对焊接工艺的信心。同时，可靠的高能工业激光器已经开始得到运用。

通过定向激光束与载有涂料颗粒的气流之间的相互作用，已经实现了采用金属喷涂法对金属基体进行喷涂的商业化运用，吹粉过程用来生产硬表面飞机发动机涡轮叶片。吹粉涂覆是现在最流行的激光表面处理技术，广泛用于航空航天、汽车制造、电力生产和机械零件制造业，同时已成为快速制造技术的重要组成部分。考虑激光加热产生变形的激光成形技术在20世纪80年代也开始了研究。

在20世纪90年代初，二氧化碳激光器技术发展的焦点主要集中于提高机器的功率、光束质量和可靠性，降低维护费用，简化激光器的设计提高其可操作性。激光技术的快速发展使其发光单元输出功率可达20 kW，激光器的标准设计使其发光单元输出功率可达60 kW。

汽车制造业将Nd：YAG激光器引入到生产线中，开始取代二氧化碳激光器进行复杂几何形状的切割和焊接操作。在2000年初开始实现了10 kW连续波Nd：YAG激光单元的商业化运用。由于二极管激光器构造简洁且材料对短波二极管激光束的吸收效率较高，在20世纪90年代对二极管激光器进行了积极的研究，以取代材料制备过程中所使用的二氧化碳激光源和Nd：YAG激光源。主要问题在于热加载及激光器加工要求在室温条件下进行，因此需要有效的冷却装置。

激光材料加工具有如下优点：

1）与传统的表面热处理焊接或切割过程相比节约能源。

2）过热表面层向内部冷基体的热传导引起自淬火进行表面硬化。

3）由于热处理过程中没有淬火冷却介质，生产过程清洁，工件热处理后无须进行清洗。

4）输入的能量可在很大范围内随激光源功率、聚光镜焦距、散焦角度（透镜焦距相对于工件表面的位置）、工件或激光束移动速度的变化而变化。

5）用计算机操控工件表面的激光束。

6）可以对带有小孔或复杂形状的小型工件进行热处理。

7）采用不同形状的透镜和反射镜可使光学系统适应工件的形状和复杂性。

8）工件热处理后型变量或尺寸变化较小。

9）硬化过程的可重复性和表面硬化层的质量稳定性。

10）无需或减少工件最后的磨削加工。

11）激光热处理对零部件进行个别或大规模的生产都比较方便。

12）适合自动化处理程序。

激光热处理伴随有如下困难：

1）激光束能量的不均匀分布。

2）较窄的温度场确保所需的微观组织变化。

3）调整工件或激光束的运动学条件以适应不同产品形貌。

4）金属材料表面激光吸收性能较差。

工程实践中已经发展了几种激光表面热处理工艺，包括：退火；相变硬化；冲击硬化；表面层重熔表面硬化；合金化；涂覆；表面织构；激光化学气相沉积（LCVD）或激光物理气相沉积（LPVD）法镀膜。为此，除了二氧化碳激光器外，具有较低功率及激光波长在 $0.2 \sim 1.06~\mu m$ 之间的 Nd：YAG 激光器和准分子激光器已经得到了成功的运用。与二氧化碳激光器相比，这些激光源具有波长短、焦斑直径小和吸收率高的特点。

图 8-1 所示为定义能量输入的对数图。机械工程中的各种处理过程，能量输入由激光束功率密度和相互作用时间的相互依赖关系所决定。

可通过改变功率密度和相互作用时间来进行相同的热处理过程（如相变硬化）。

要求输入的能量越低，所需功率密度和适当相互作用时间的选择就越严格。因此，在材料熔点以下加热、在熔点和沸点之间加热和在沸点以上加热，它们的热处理过程有所不同。由于激光束、相互作用时间以及激光束和工件相对移动等参数间的相互依赖关系，图 8-1 中直线将工件材料在各个状态下所进行的各加工流程分开。在选择加工参数时，通常推荐选用较长的相互作用时间和足够低的功率密度。在相反的情况下，提高功率密度和缩短相互作用时间可以获得较高的生产率。然而，提高生产率将使过程控制的难度增加，且产品质量的可重复性不如相互作用时间长的处理过程。

在激光热处理中，要求输入的热量满足要求，而这通常由硬化层深度所决定。

加热停止后的自冷却过程中常发生过热表面的冷却和淬火，向工件材料内的热传导如此强烈以至于达到临界冷却速率，从而得到所需的硬化显微组织。为了实现各种金属加工过程，图 8-2 所示为功率密度、比能量和相互作用时间的关系。

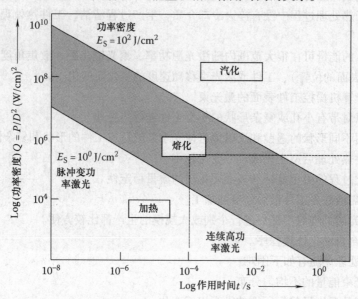

图 8-1　由功率密度、比能量和相互作用时间决定的激光加热、熔化和汽化范围

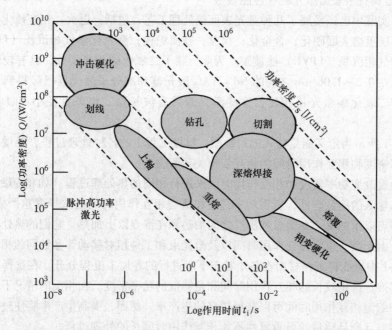

图 8-2　激光金属加工过程中功率密度、比能量和相互作用时间的关系

　　图 8-2 中对角处有两个过程，例如激光划线和激光硬化，必须确保其功率密度和相互作用时间的关系是完全相反的。激光划线物汽化必须达到几个微米的深度，以满足规

定的质量和特征分辨率。另一方面，采用非常低的功率密度对单位工件表面进行硬化直至满足要求，在所有涉及的金属加工过程中，相互作用时间最长。

因此，不同功率密度和相对较短的相互作用时间，比如在 $10^{-1} \sim 10^{-3}$ s 之间，与材料的重熔有关。包括母材或母材与填充材料均熔化的过程。在母材和填充材料都需要熔化的情况下，所需功率密度最高，例如激光焊接和合金化。由于材料是被涂覆在母材的表面且仅需将填充材料熔化，因此涂覆所需的功率密度最低。然而，在焊接和母材合金化过程中所需的功率密度与焊接材料或合金化的材料有关。如果激光表面硬化必须通过重熔实现，那么在选择功率密度时还需考虑重熔和改性层的深度。激光切割所需功率密度稍高于深熔焊。在切割领域，应将激光束聚焦于工件表面或略低于表面。这样才可得到足够大的功率密度使工件材料加热、熔化和汽化。激光切割所得到形貌与材料汽化紧密相连，特别是熔池溢出和氧助燃气吹出。

表 8-1 所列对不同激光热处理过程所涉及的加热温度、功率密度和相互作用时间进行总结和分类。相变硬化的相互作用时间最长 $t_i = 0.1$ s。然后是激光重熔、合金化、涂覆和焊接，相互作用时间为 $t_i = (1.0 \sim 10) \times 10^{-3}$ s。高于材料蒸发温度以上的加工过程相互作用时间最短 $t_i = (0.1 \sim 0.5) \times 10^{-3}$ s，例如激光切割、钻孔和划线。缩短各个过程的相互作用时间，包括材料的熔化和蒸发，所需较高的功率密度。通过比较相变硬化和激光切割的加工参数可看出，相变硬化的功率密度比激光切割低 10^3 倍，而相互作用时间却比激光切割长 10^3 倍。

表 8-1　三个温度范围内激光处理过程中所需的功率密度和相互作用时间

功率密度 Q（W/cm²）	作用时间 t/s	温度范围 T	激 光 加 工
10^5	0.1	$T < T_m$	相变硬化
10^6	$(1 \sim 10) \times 10^{-3}$		表面重熔，表面合金化，焊接，深熔焊接
10^7	$(1 \sim 10) \times 10^{-3}$	$T_m < T < T_v$	
10^8	$(0.1 \sim 0.5) \times 10^{-3}$	$T > T_v$	冲击硬化，划线，钻孔，切割

在实际运用中通常以激光器的类型及其最大输出功率为参考。在激光功率一定的情况下，主要关心的是可以对哪些材料采用什么处理方法进行处理。图 8-3 所示为一定功率条件下选材和相应处理过程，以供参考。

因此，塑料和橡胶钻孔所需的激光功率与陶瓷材料钻孔所需的激光功率是不同的。陶瓷钻孔所需功率是塑料钻孔的 1000 倍。

激光束模式结构

在与工件材料相互作用的过程中，激光束的横功率密度分布显得尤为重要。激光照射面积是聚光镜焦距及工件相对焦距位置的函数。激光束的横功率密度分布也称之为横电磁波模（TEM）。可以形成不同的激光束横功率密度分布或横电磁波模。

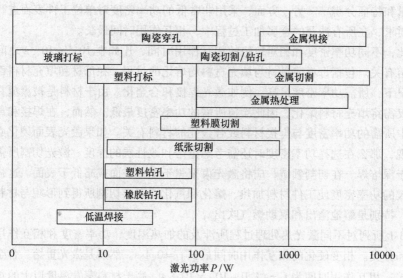

图 8-3 一定功率条件下选材和相应处理过程

　　每种横电磁波模可采用不同的数字下标标记。TEM 的下标越大意味着所组成的模式数越多，激光在工件表面聚焦成细小光斑的难度越大。也就是说，TEM 的下标越大，越难以确保高的功率密度和高的能量输入。例如在焊接过程中经常采用 TEM_{00}、TEM_{01}、TEM_{10}、TEM_{11}、TEM_{20} 横模结构及其组合。有些激光源可以产生多种模式结构，即多模结构。

　　通常情况下使用的激光器为具有横向功率密度分布的高斯型 TEM_{00} 连续发光激光器，具有 100% TEM_{00} 的激光源是切割和钻孔的理想激光源。经会聚透镜聚焦后 TEM_{00} 激光束可形成一个功率密度很高而面积很小的光斑。实际上，TEM_{01} 能量集中在沿光轴分布的激光束外围。这种模式主要用于材料的钻孔和热处理，这可以保证钻孔过程中材料的均匀汽化和材料热处理过程中的均匀加热。对于焊接和热处理，激光束能量分布通常为多模结构形成的近似矩形，即顶冒型。

　　图 8-4 分别为基本的激光束模式结构，例如 TEM_{00}（a 高斯光束）、多模结构 TEM_{01}（b）、TEM_{10}（c）、TEM_{11}（d）和 TEM_{20}（e）。

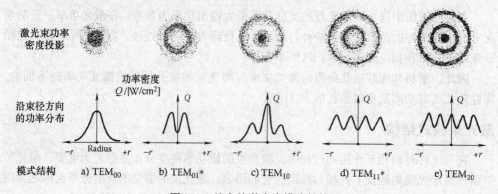

图 8-4 基本的激光束模式结构

可以通过调整激光束横功率密度分布确保热处理过程中工件表面有充足的激光能量分布。热处理所需功率密度可通过多模结构或内置一些特殊的光学元件来实现。

为满足后续热处理要求，需用一个理想功率密度分布的激光器对材料进行加热，以获得均匀的表面温度，改变材料的内部性能。

激光照射通常可用来对面积比热处理面积小的工件进行加热，为使温度分布更加均匀，需要用激光束对几个部分进行加热。因而必须考虑开始加热和冷却的激光路径边缘的热流与相应的工件冷区边缘热流的作用。

8.2　激光光学和光束特性

8.2.1　单透镜聚焦

从激光器发出的激光束很少直接用于材料加工，因为从激光器发出的激光未经过处理前很少能到达所需的尺寸和强度分布。因此，需要向光束传播系统引入适当的光学元件。

8.2.2　焦距

透镜的性能由其焦距（F）所决定，焦距是透镜中心到焦点的距离。有效焦距是设计者用来计算透镜曲率的距离。有效焦距是光束通过透镜主平面折射到焦点的距离。

8.2.3　焦数

焦数描述了光学器件聚焦的能力。其定义了光束的会聚角度：

$$f = \frac{F}{d_B} \tag{8-1}$$

式中，F 为光学器件的焦距；d_B 为光束直径。

8.2.4　焦点处的光束直径

一束初始直径为 d_B 的 TEM_{00} 横电磁波模激光束可聚焦的最小理论直径为 d_f：

$$d_f = \frac{4\lambda F}{\pi d_B} = \frac{4\lambda f}{\pi} \tag{8-2}$$

式中，λ 为波长；d_B 为光束横截面直径。

光束模式对最小焦斑直径的影响可用光束质量因子 K 来表示：

$$d_f = \frac{4\lambda}{\pi} \frac{f}{K} \tag{8-3}$$

K 因子描述光束聚光能力。一束模为 TEM_{00} 的激光束 K 为：

$$K = \frac{\lambda}{\pi} \cdot \frac{4}{d_B \theta} \tag{8-4}$$

焦点处衍射限制的焦斑尺寸 d_f 可由衍射理论计算得出：

$$d_{\mathrm{f}} = 2.44 \frac{\lambda F}{d_{\mathrm{B}}} (2M + 1)^{1/2} \tag{8-5}$$

式中，λ 为波长；F 为光学器件的焦距；d_{B} 为入射光束的直径；M 为振荡模式数。

8.2.5 焦深

焦深也称为场深。焦深 Z_{f} 用来估量焦平面另一侧束宽的变化。焦深通常定义为沿光轴方向焦斑尺寸增加5%处距焦点的距离，或焦斑强度超过焦点处强度一半时距焦点的距离。对于一束 TEM_{00} 光，焦深定义为：

$$Z_{\mathrm{f}} = \frac{8\lambda}{\pi} \left(\frac{F}{d_{\mathrm{B}}} \right)^2 = \frac{8\lambda f^2}{\pi} = 2f d_{\mathrm{f}} \tag{8-6}$$

对于质量因子为 K 的高阶光模，聚焦深度定义为距离束宽为 $\sqrt{2d_{\mathrm{f}}}$ 的距离：

$$Z_{\mathrm{f}} = \frac{4\lambda}{\pi K} \left(\frac{F}{d_{\mathrm{B}}} \right)^2 \tag{8-7}$$

聚焦深度与焦斑尺寸的平方成比例，即焦斑越小，焦深越短。在实际运用中常根据这两个特征采取折中的办法，焦斑越小，功率密度越高，而全厚度加工需要较大的焦深。

8.2.6 激光束表征

Knorovsky 对材料加工过程中的激光束进行表征。最近的技术已经可以快速和方便地表达出激光束的尺寸、形状、模式结构、光束质量（M^2）、强度与沿激光路径传输距离的函数关系。很容易得到需要的焦斑尺寸和位置。

最近，激光束 ISO 标准强调采用 M^2 参数来判定激光束的质量。虽然确定 M^2 参数的设备较复杂，但由此获得的信息较为全面。在大力推荐使用这种方法的同时，将 M^2 测定过程中所获得的信息进行绘图，可以对激光和材料之间的相互作用区有更深入的了解。

连续波 CW 情况下，定义 M^2 参数的依据为光束传播方程，即

$$\omega(z) = (\omega_0^2 + (M^2 \lambda (z - z_0) / \pi \omega_0)^2)^{0.5} \tag{8-8}$$

式中，$\omega(z)$ 为光束半径与沿传播方向传播距离的函数；λ 为激光波长。

光束的最小束宽及其位置用 $\omega_0(z_0)$ 表示，其中 z 轴原点位于透镜焦平面。因此，必须确定光束大小与光束传播距离之间的函数关系，对数据进行二次函数拟合，拟合参数为 M^2，z_0 和 ω_0。光束的大小由包含光束总能量或功率 $1 - (1/e^2)$ 的圆形半径确定。图8-5 所示为 Promtec 光束扫描表面光度仪所获得的数据分析结果，该表面光度仪用一个小光圈螺旋线进行取样以检测聚光束。图8-5 中曲线是用软件对四种不同激光束功率密度所得数据进行拟合而绘制。

图8-5 中四个表根据功率大小按从上到下的顺序排列：m1 = 最小光束半径；m2 = M^2；m3 = z_0；Chisq 和 R 为判定数据拟合优度的统计参数。

虽然这些曲线表明光束大小与传播方向的关系，表明了能量分布，但这是一种误

导，这些曲线其实是反映了强度是 z 的函数。

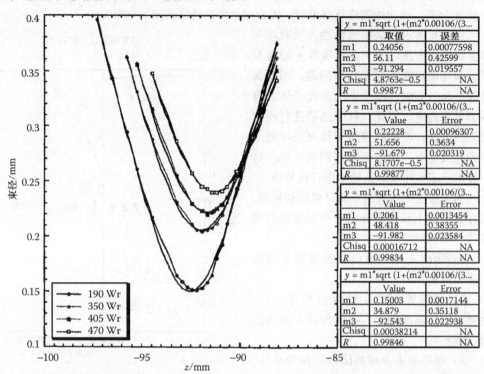

图 8-5　具有硬光纤光束传播系统的 500W Nd：YAG，CW 激光器功率和 M^2 参数和光束集散的关系

为了让这一技术得到运用，他们假设激光束功率和半径的关系具有指数函数形式，且峰强度与总能量有关。

$$I_0(z) = 2P/\pi\omega(z)^2 \tag{8-9}$$

光束大小 $\omega(z)$ 用光束传播方程来描述，其中 M^2 和 ω_0 可通过试验测出。它们同时计算出强度、半径 r 和 z 之间有如下关系：

$$I(r,z) = I_0(z)\exp - 2(r/\omega)^2 \tag{8-10}$$

8.3　激光吸收率

8.3.1　温度的影响

当激光照射到工件表面上并沿表面移动，金属工件会迅速受热，随后又快速冷却或淬火。传统概念是上的淬火硬化冷却速度必须保证发生马氏体相变。激光硬化过程中，马氏体相变通过工件自冷得到，这意味着在与激光相互作用后，工件表面的热量必须被工件内部的物质吸收。尽管通过自冷可以确保马氏体相变，但加热条件很难控制。激光束中可利用的能量与金属的吸收率有关。波长为 $0.6\mu m$ 的激光吸收为 2% ~ 5%，而其余损失的能量是由反射造成的。当金属材料加热到熔点时将获得很高的吸收率，吸收率达到55%，然而达到汽化温度时，吸收率达到总功率密度的90%。

图 8-6 所示为金属表面激光吸收率与温度或功率密度的关系。从吸收率的角度看，激光束切割不存在任何问题，当金属为液态和气态时，所产生的等离子体的吸收率显著提高。因此，对于需要进行硬化处理的表面，须加热到高于淬火温度或低于固相线温度，来达到较高的吸收率。这一技术已成功用来对凸轮轴进行热处理。

对于吸收率较低的金属材料的热处理，可在其表面上涂覆适合的吸收剂来提高吸收率。吸收剂需满足如下要求：

1）吸收剂必须廉价，容易制备和进行表面涂覆。

2）当激光与工件材料相互作用时，在奥氏体化温度附近，吸收剂具有较高的吸收率。

3）吸收剂不会与基体产生化学反应，在必要情况下吸收剂应容易从表面去除。

工件表面材料的激光加热过程十分迅速。加热条件随能量密度和激光束与工件相对移动的变化而变化。

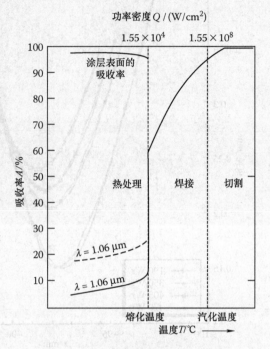

图 8-6　金属表面激光吸收率与温度或功率密度的关系

在表面硬化过程中不附加任何冷却程序的过程称为自淬火，激光表面硬化无需额外的淬火和清洗过程。因此，激光表面硬化工艺比传统的火焰或感应加热表面硬化简便。

Bramson 定义了激光垂直入射到材料表面时电阻和发射率 $\varepsilon_\lambda(T)$ 之间的关系：

$$\varepsilon_\lambda(T) = 0.365\left(\frac{\rho_r(T)}{\lambda}\right)^{1/2} + 0.0667\left(\frac{\rho_r(T)}{\lambda}\right) + 0.006\left(\frac{\rho_r(T)}{\lambda}\right)^{3/2} \tag{8-11}$$

式中，ρ_r 为温度为 T（℃）时的电阻（$\Omega\,cm$）；$\varepsilon_\lambda(T)$ 为温度为 T（℃）时的发射率；λ 为入射辐射波长（cm）。

反射率取决于激光束相对极化面和样品表面的入射角。图 8-7 所示为不同温度下二氧化碳激光器发出的激光以不同入射角照射到钢表面时的反射率。

图中给出反射率和吸收率的试验数据（图中点）和反射率理论计算值（图中连续曲线）。图中吸收率的变化表明，在高温情况下由于表面氧化和表面等离子体的吸收使吸收率显著增加。图 8-8 所示的二氧化碳激光器和 Nd：YAG 激光器所发出的激光与 Ck 45 钢样品相互作用时对吸收率的影响。

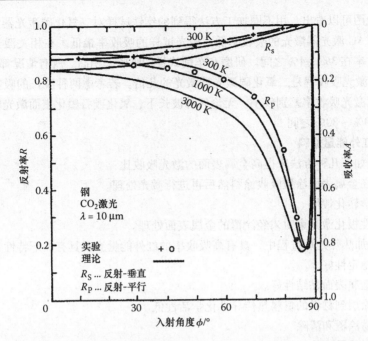

图 8-7　不同温度下二氧化碳激光器发出的激光以不同入射角照射到钢表面时的反射率

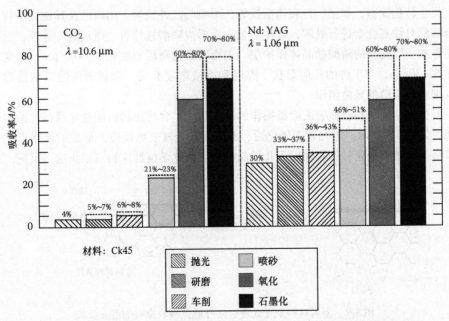

图 8-8　不同处理工艺后的 Ck 45 钢对 CO_2 和 Nd：YAG 激光吸收率的影响

　　分别对 Ck 45 热处理碳素钢进行抛光、研磨、车削和喷砂，通常采用各种方法进行表面硬化，特别是激光硬化。

　　从柱状图可以看出，用不同加工方法得到的钢铁试样对二氧化碳激光器激光的吸收率较 Nd：YAG 激光器激光的吸收率低。抛光试样的吸收率最低。在相关激光波段内抛光式样吸收率在 3%～4% 之间。研磨和车削式样的吸收率稍高。所有情况都证明 Nd：YAG 激光器激光吸收率是二氧化碳激光器激光的几倍。若考虑两种波长的吸收率就会发现喷砂表面激光吸收率差别较小。无论何种波长下，氧化或石墨化表面激光吸收率基本相同，在 60%～80% 之间。

8.3.1.1　红外能量涂料

　　可采用如下几种方法来提高金属表面的激光吸收比：

1）先在金属表面涂覆吸收涂料然后再进行激光处理。

2）化学转化镀层。

3）线性极化激光束对未经涂覆的金属表面处理。

　　在激光加热热处理过程中，具有高吸收率的红外能量涂料具有如下特性：

1）热稳定性好。

2）与金属表面黏结性好。

3）从涂层到材料的材料热传导性化学活性低。

4）容易涂覆和清除。

5）涂料尽量廉价。

8.3.1.2　化学转化涂料

　　化学转化涂料，如锰、锌和磷酸铁等，可吸收红外辐射。用磷酸及其他化学物质的混合溶液对铁基合金进行处理，可在合金表面形成磷酸盐涂料。通过这一处理，金属表面会形成一层完整的磷酸盐晶体保护层。表面磷酸盐覆层厚度在 2～100 μm。磷酸化时间在 5～30min，与工件的几何形状、温度和溶液浓度有关。金属表面的磷酸盐涂层可形成细小或粗糙的显微组织。

　　根据化学钝化和金属表面涂覆操作的难易程度，含炭黑的硅酸盐比磷酸盐涂料效率更高。如图 8-9 所示，激光表面硬化后，磷酸锰和金属表面反应，形成的低熔点化合物可以沿晶界渗入金属材料表面以下几层晶粒处。用化学惰性涂料可阻止这一反应。

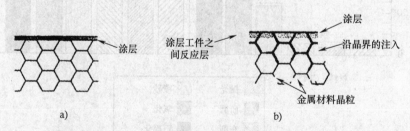

图 8-9　金属材料激光处理后红外能量吸收涂料的潜在反应

8.3.1.3　线性极化激光束

　　金属对线性偏振电磁辐射反射率较低。造成一光学现象的根源曾被用于未经包覆处理的铁及合金的二氧化碳激光器热处理。采用适当的反射光学元件，非偏振的激光束可以变成线性偏振光。图 8-10 所示为具有特定入射角的非偏振激光束经金属镜面反射后形成线性偏振光。该入射角称为起偏振角。

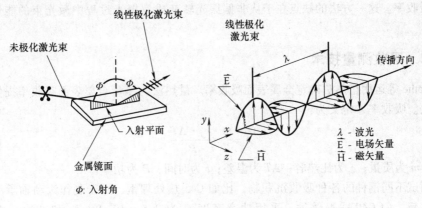

图 8-10 在某一特定角度反射后非偏振激光束转变成线性偏振光

当激光束为线性偏振光时，主振动方向垂直于入射面。入射面定义为包含入射光束和反射面法线在内的平面。

线性偏振光的电场矢量 $\overline{E}$ 由平行入射面分量 E_p 和垂直入射面分量 E_s 组成。图 8-11 所示为线性偏振激光入射角对铁基合金吸收率的影响。

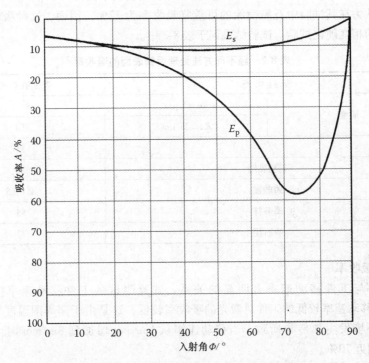

图 8-11 线性偏振激光入射角对铁基合金吸收率的影响

当入射角在 70° ~ 80°时，平行分量 E_p 的吸收率在 50% ~ 60% ，垂直分量 E_s 的吸收率在 5% ~ 10% 。因此，将一束线性偏振激光以大于 45°角入射时，铁基合金可获得较大的吸收率。这一方法的缺点在于从非偏振光转变成偏振光过程中激光束的能量会有损失。

8.3.2　吸收测量技术

Rothe 等运用量热法确定金属表面吸收率。量热法为测量金属表面吸收率提供了一种方法。吸收率 A 定义为：

$$A = \frac{m \cdot c_p \cdot \Delta T}{t \cdot P} \tag{8-12}$$

式中，m 为质量；c_p 为比热容；ΔT 为温差；t 为时间；P 为功率。

测试不同钢种的各种吸收沉积物，比如 C45 热处理钢，用于制作滚动轴承滚珠的 100Cr6 钢，GGG40 球墨铸铁。采用功率密度 Q 为 2.5×10^4 W/cm^2 和方形截面积为 (5×5) mm^2，(8×8) mm^2 及 (12×12) mm^2 的激光束来测定吸收率。吸收率与表面处理有很大关系（见表 8-2）。

从表 8-2 所列可知，经过机械加工，如研磨，表面粗糙度 Ra 为 1 μm，吸收率仅为 8.5% 。吸收率随粗糙度的增加而增加，表面粗糙度 Ra 为 25 μm 时，吸收率可达 18% 。

喷砂表面吸收率为 35% ，吸收率远高于研磨表面。涂覆磷酸锰表面吸收率在较大范围内（从 65% ~ 85% ）变化，而涂覆磷酸锌表面吸收率恒为 55% 。

作者认为在其试验中石墨喷涂的可重复吸收率为 77% ，因而，这种吸收剂进一步应用于钢的相变硬化试验。试验结果列于表 8-2 中。

表 8-2　经不同方法处理后钢表面的吸收率

表 面 状 态		吸收率 A [%]
研磨	$Ra = 1$ μm	8，5
	$Ra = 25$ μm	18
喷砂		35
钨粉黏结		37
磷酸锰		85…65
磷酸锌		55
喷石墨		77

8.3.2.1　吸收率

吸收率与工件移动速率有明显的关系。试验测试的工件移动速率范围为 1 ~ 8 m/min。移动速率较低的工件对激光的吸收率较低，这是由于向周围温度较低的工件物质和围环境发生热传导所致。当移动速率从 1m/min 增加到 8m/min 时，吸收率从 40% 增加到近 70% 。

Arata 等研究了光学条件对磷酸盐吸收率的影响。该研究的切入点是光斑沿 y 轴方向的尺寸 Dy。为了研究不同工件移动速率对吸收率的影响，光斑尺寸在 1 ~ 6 mm 范围内变化。结果表明，当光斑尺寸 Dy = 6 mm，工件移动速度为 1m/min 时，吸收率 $A = 65\%$；当移动速率为 8 m/min 时，吸收率 $A = 80\%$（见图 8-13）。

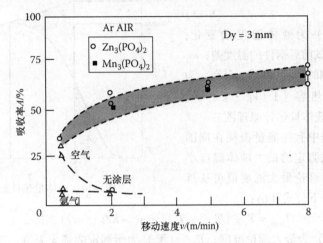

图 8-12　在空气和氩气气氛中经磷酸锌和磷酸锰涂覆式样的吸收率

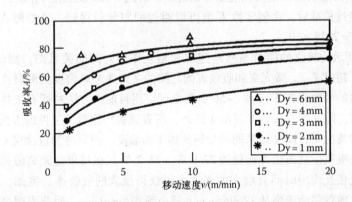

图 8-13　不同光斑尺寸及工件移动速率对吸收率的影响

8.3.2.2　吸收控制

Pantsar 和 Kujanpaa 对金属材料加热过程中的激光吸收进行了定义和控制。他们采用液体热量计对激光吸收率进行了测试，并使用双波长高温计测量表面温度。加工参数为激光束强度、相互作用时间和激光束与工件表面所成的角度。加热过程中工件表面温度从 T_{AC1} 温度增加到熔点 T_M。用一个带有 10mm × 5mm 硬化光学透镜的 3 kW 二极管激光器进行测试。

在表面硬化过程中最重要的加工参数是激光器的功率和移动速率。改变激光器的移动速率可使工件表面温度从 T_{AC1}（490℃）增加到熔点 T_M（1600℃）。可以在硬化带的中心线上安装高温计来测定任意点的加热和冷却曲线。激光器光轴和工件表面之间的夹角设定在 55°~85°之间以减少反射回谐振器的能量。

当将加热试样放入量热计时，吸收的能量 E_A(J)可由如下公式计算出

$$E_A = \Delta T_1 \cdot c_1(m_1 + w) + \Delta T_s \cdot c_s \cdot m_s$$

(8-13)

式中，ΔT_1（℃）为液体温度的变化；ΔT_s（℃）为测试前后钢件的温度差；m_1 和 m_s 为液体和钢的重量（kg），c_1 和 c_s 为液体和钢的比热容 $[J/(kg \cdot ℃)^{-1}]$。图 8-14 所示为液体量热计原理图。

在测试过程中有些能量损耗在周围的环境中。因此测定的最大液体温度小于理论温度值。理论最大温度值可从具有指数形式的如下公式算出：

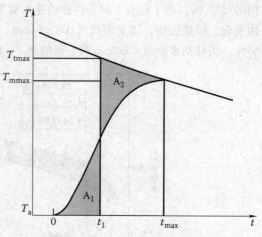

图 8-14　液体量热计原理图

$$T_{tmax} = T_a + (T_{mmax} - T_a)[\exp(-K/t_{max} - t_1)]^{-1}$$

(8-14)

式中，T_{tmax}（℃）为最大理论温度；T_{mmax}（℃）为所测定的最大温度；T_a 为室温；K 为速率常数；t_{max} 为达到测试最大温度所需的时间。时间 t_1 为 t 轴上使 T_{A1} 等于 T_{A2} 的点。

量热器经过校准后，比例常数 K 值可以通过回归分析得到：乙二醇为 $K = 2326 \times 10^{-5}$，水为 $K = 2028 \times 10^{-5}$。

图 8-15 所示为吸收的能量与移动速率和相互作用时间的关系图。测试结果表明，表面温度并未超过 T_{Ac1}。激光束和吸收表面之间的夹角并未对角度的测量产生明显的影响。这些试验的吸收率在 53.3 % ~ 56.3 % 之间。用目前的方法对所有工件的吸收率进行测试和计算。除涂覆有吸收涂层的工件外，所有试验均测量了工件的表面温度。在有涂覆层存在的情况下，高温计未能测量钢的加工面温度，而只能测量涂层的温度。

所测得的吸收能量占激光能量的 27.9 % ~ 68.2 %。在每单位距离激光能量相等的情况下，缩短相互作用时间且增大激光功率可获得最大的吸收率。例如，激光能量为 114J/mm 时，随着移动速率从 1260mm/min 减小到 414mm/min，吸收率减少了 40.5 %。

8.3.2.3　铁和钢的吸收率

Seibold 等研究了铁和钢对 Nd：YAG 激光辐射的吸收率。

过去对于接近和高于熔点时，温度与吸收率之间的关系知之甚少，而现在已经获得了大量的数据。这主要是由于激光辐射与金属的相互作用不仅与温度有关，还受到表面条件如表面粗糙度和氧化反应的极大影响。目前提出用反射计装置测量位于 Nd：YAG 波段激光的吸收率的方法，即将样品放在一个真空室中，压强低于 10^{-6}mbar 以保证清洁的样品表面不被氧化。

理想表面的温度与吸收率间相互联系的基础问题在于如何描述激光能量与金属内部自由电子的耦合。所谓的带内和带间吸收机制是相互联系的，带内吸收机制是由于电磁波向电子传递能量使电子加速并碰撞衰减，随着温度的升高两次相撞的时间间隔缩短，因此，随着温度的升高这种吸收机制也增加；带间吸收机制是由于电磁波能量使价带电

子激发到导带，随着温度的升高电子难以在导带中找到空的位置，所以这种带间机制随温度的增加而减少。

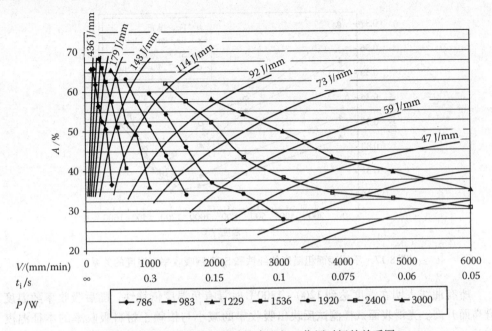

图 8-15　吸收的能量与移动速率和相互作用时间的关系图

由相关文献提供的数据和光学常数计算得出室温条件下，垂直入射时铁的吸收率 A 与波长的关系如图 8-16 所示。随着波长的增加，自由电子的碰撞频率几乎稳步下降，仅在波长约为 800 nm 时出现局部最大值，这是由带间吸收所引起的。

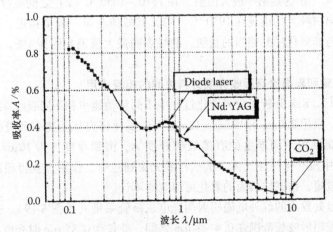

图 8-16　垂直入射时铁的吸收率 A 与波长的关系

8.3.2.4　表面粗糙度的影响

如图 8-17 所示，从室温加热到熔点以上时，纯铁和 St37 钢的吸收率与温度有关。

研究涉及光滑表面和粗糙表面，从峰值到谷底的平均 Ra 在 $0.32 \sim 0.35~\mu m$ 之间。用量热法对室温下表面吸收率进行研究。高温下的吸收率用反射计进行测量。

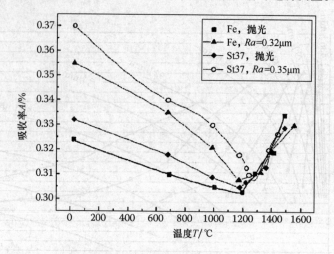

图 8-17　不同表面粗糙度的纯铁和 St37 钢吸收率与温度的关系

　　所有曲线表明在温度达到 $1200 \sim 1300 ℃$ 时具有负温度依赖性，随后吸收率随温度升高而升高。光滑表面试样测试反映出吸收率的减小与依赖于材料吸收率的本征温度有关。

8.3.2.5　氧化的影响

　　图 8-18 所示为氧化环境中材料为铁的毛坯试样的两个典型测试。光源能量为 560 W 的条件下进行吸收率测试。将试样加热到熔点。温度为 1375 ℃（1）时达到最大吸收率为 69% ~ 73%。在达到第一最大值后，在 1570 ~ 1650 ℃（2）之间吸收率显著减小到一个最小值，第二峰大约出现在 1920 ℃（3），其峰值与第一峰值相近。当温度较高时吸收率下降至与非氧化样品相当的量级。曲线表明最大值偏差约为 4%，最小值偏差约为 10%。

8.3.2.6　激光束和表面涂有吸收介质材料之间的相互作用

　　J. Grum 和 T. Kek 分析了激光硬化过程中不同移动速率和不同吸收涂层厚度的红外辐射电压信号。采用 200mm ×45mm ×12mm 大件试样研究移动速率和吸收层厚度的影响。在试样表面沉积不同厚度的石墨吸收介质 A，沉积厚度 δ 为 $10\mu m$，$40\mu m$ 和 70 μm。加工过程中没有保护性气体。虽然在激光束通过时，作用点获得很高的温度，但因为作用时间较短，钢试样表面的氧化可以忽略不计。

　　从作用斑点处发出的红外电磁辐射用光电二极管采集（见图 8-19）。光电二极管所能监测到的电磁辐射波长范围在 $0.4 \sim 1~\mu m$ 之间。波长为 $0.85~\mu m$ 时光电二极管响应性最高。光电二极管有效面积为 $1~mm^2$。红外辐射电压信号平均值 $\overline{U}_{IR}$ 可在 $0.3~s$ 内测定。

　　使用因素分析法对激光表面硬化测试数据进行分析。就受两个或多个变量影响的试验而言，因素分析法是最有效的分析方法。将一个因素的影响定义为为了响应某个因素的改变而产生的变化。

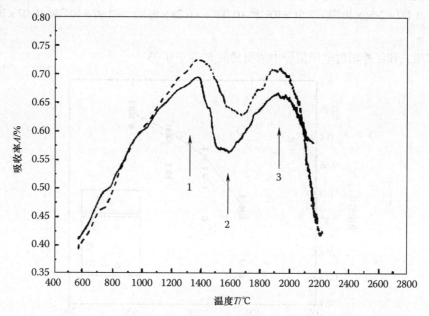

图 8-18　氧化对吸收的影响

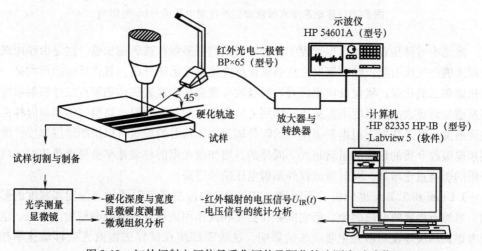

图 8-19　红外辐射电压信号采集评估及硬化轨迹测定试验装置

当因素间存在相互作用时，因素分析法占主要优势，因素分析法可用于评估特定因素对其他不同的因素所造成的影响。这确保激光硬化条件的选择在正确的范围内。

图 8-20 所示为移动速率和吸收涂层厚度对电压信号 $\overline{U}_{IR}$ 的影响。通过试验数据的因素分析结果可确定红外辐射对电压信号的显著影响。这些影响包括：线性项 D_L 和平方项 D_Q 为吸收涂层厚度产生的影响，线性项 V_L 和平方项 V_Q 为移动速率产生的影响，以及二者间的相互影响 DV_{LxL} 和 DV_{LxQ}。考虑到电压信号的显著影响，在加工过程中采用的正

交多项式方法，并展开为一个表示三维曲面的逼近多项式：

$$\overline{U}_{IR} = -0.122 + 2.51 \times 10^{-4}\delta - 2.51 \times 10^{-5}\delta^2 + 0.001\,v + 6.28 \times 10^{-7}v^2 + 2.97 \times 10^{-5}\delta v - 6.07 \times 10^{-8}\delta v^2$$

$$(8\text{-}15)$$

逼近多项式和红外辐射电压信号中的测量值 R^2 等于 0.98。

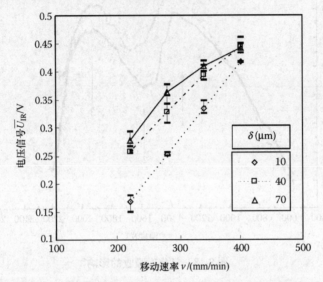

图 8-20 移动速率和吸收涂层厚度对电压信号 $\overline{U}_{IR}$ 的影响

激光束对样品表面的作用过程中，吸收层内的石墨颗粒被迅速加热。这是由作用斑点周围的空气所引起，碳和氧发生放热氧化反应使温度迅速升高。氧化反应的产物是一氧化碳和二氧化碳。氧化反应意味着石墨吸收介质烧尽，这表明作用斑点红外辐射强度不断增加而吸收涂层厚度不断减小。作用处的高温微观石墨颗粒、高温气体和高温样品表面散发出红外辐射，根据测量得到的红外辐射电压信号的量级可以推断涂层厚度，涂层越厚吸收介质的燃烧的量就越大。同样的，增加激光束的移动速率会导致单位时间内介质的燃烧量也增加，同时造成红外辐射电压信号增高。

J. Grum 和 T. Kek 也分析了不同移动速率和吸收涂层厚度对硬化带深度和宽度的影响。虽然石墨吸收介质燃烧，但它的存在会使相互作用斑点处的吸收率增加。当然，也应考虑到涂层厚度对激光束吸收率的影响。这表明即便在试样表面激光束移动速率相同，即相互作用光斑能量相同的情况下，硬化带的深度和宽度也会不同。

从描述硬化带深度响应曲面的多项式可推断，当石墨吸收介质涂层厚度达到 $\delta_{opt} = 32$ μm 时硬化带最厚。试验中称为石墨吸收介质 A 的最优厚度（见图 8-22）。

硬化带宽度的测量值也如同硬化带深度一样进行统计学分析。用来描述硬化带宽度的逼近多项式确定最优涂层厚度为 35 μm。

热量是从吸收介质传至样品表面。考虑到由于燃烧和蒸发导致介质的厚度变薄，最优吸收介质厚度应同时考虑对激光束的吸收和热传导的吸收。当吸收涂层厚度小于最优值，则激光束与吸收介质间的相互作用将会过早结束，这从图 8-23 中可以看出。因此，照射到样品表面的部分激光束没有吸收涂层，结果造成样品吸收激光能量的数量下降。

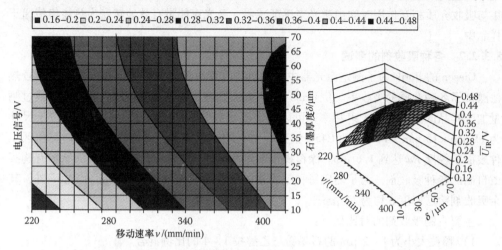

图 8-21　移动速率和吸收介质 A 涂层厚度与红外辐射电压信号的关系

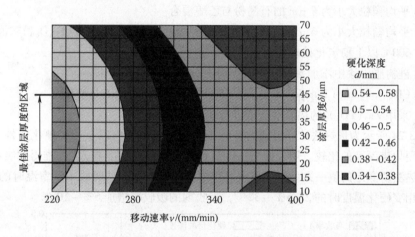

图 8-22　激光束移动速率和吸收介质 A 涂层厚度对硬化带深度变化的影响

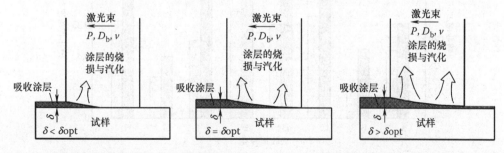

图 8-23　激光束和吸收涂层间相互作用的不同情况下，吸收介质的燃烧和蒸发以及最优涂层厚度

当涂层厚度大于最优厚度时，在激光束沿表面移动中仅有部分吸收介质燃烧。剩下的部分则阻碍了热能从介质到钢件表面的热传导。当具有最优吸收涂层厚度时，在激光束与吸收介质相互作用时间内激光束逐渐减弱，激光束能量有效地转变为热能集传递于样品中。

8.3.2.7 各种吸收剂的测试

Giesen 的 Borik 为了测定激光器中所使用的透镜对激光的吸收率，采用改进的量热法测试了各种介质的吸收率。J. Grum 和 T. Kek 则测试了各种介质的吸收类型。通过测量加工样品的温度和激光束功率，可以确定所用吸收剂的吸收率（A）。采用位于尺寸为 11 mm×15 mm×44 mm 的 C45E 钢试样中心的热电偶来测量温度。吸收剂沉积区工件表面粗糙度 Ra 达到 1.6 μm。涂覆操作前对表面进行脱脂处理。样品表面涂覆有购买或自制的各种吸收剂。为了测定每种吸收剂的吸收率，除磷酸锌涂层 δ 为 8 μm 外，其余吸收剂涂层厚度 δ 均为 15 μm。

主要自制吸收剂的对比如下：

1）颗粒大小为 1~2 μm 的石墨粉与乙醇按 1∶4 的比例混合。

2）平均颗粒大小为 1.4 μm 的石墨粉与平均颗粒大小为 1.9 μm 的 Fe_3O_4 粉末混合。

3）平均颗粒大小为 6 μm 的石墨粉与乙醇混合。

4）平均颗粒大小为 6 μm 的石墨粉与平均颗粒大小为 1.9 μm 的 Fe_3O_4 粉末混合。

5）600℃ 以上稳定化处理的硅树脂黑漆。

6）硅树脂彩漆中添加平均颗粒大小为 1.9 μm 的 Fe_3O_4 粉末。

7）CRC Industries Europe NV 生产的牌号为 Graphit 33 的工业喷雾。

8）采用 $Zn_3(PO_4)_2$ 的热磷酸盐浴进行磷酸锌涂覆。

图 8-24 所示为量热法计算得到的各种吸收剂吸收率的值以及相变硬化条件下测定的工件硬化带深度的比较。用外推法从冷却相温度循环的温度差 ΔT 外推得到吸附率的值与量热法所测定的值一致。相互作用过程中钢表面对激光的吸收率从室温时的 3.5% 增加到相变硬化温度时的 28.5%~32%，吸收剂的吸收率增加 6%~10%。

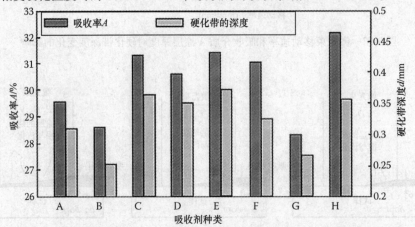

图 8-24　同等加热条件下 C45E 钢表面不同吸收剂吸收率和硬化带深度的比较

由于磷酸锌涂料具有较好的高温稳定性及工件表面黏性，其吸收率较高。作为工件表面吸收剂涂料的高温硅树脂黑漆同样具有较好的黏性。从加热过程中测定的红外辐射电压信号可推断，石墨颗粒较大（$6\mu m$）的 C 型石墨吸收剂的信号明显弱于石墨颗粒较小（$1.4\mu m$）的 A 型石墨吸收剂。所有测试表明，虽然在吸收剂中加入 Fe_3O_4 有利于提升高温稳定性，但吸收率会下降。

由于磷酸锌涂料的高温稳定性较好且工件表面具有黏性吸收率较高。作为工件表面吸收剂涂料的高温硅树脂黑漆同样具有较好的黏性。可注意到石墨吸收剂颗粒较大时测定的吸收率较高。根据加热过程中测定的红外辐射电压信号可推断，石墨颗粒较大（$6\mu m$）的 C 型石墨吸收剂的消耗明显少于石墨颗粒较小（$1.4\mu m$）的 A 型石墨吸收剂。所有测试表明，吸收剂中加入氧化铁 Fe_3O_4 有利于提高升高过程中的稳定性，但吸收率会下降。

8.4　激光表面硬化

8.4.1　激光加热和冷却

对材料进行高效热处理的前提条件是该材料可发生相变且适合进行硬化处理。在热处理方法中只有相变硬化被用于实际生产。由于大量能量进入工件表面，因此表面发生硬化，表面硬化层深度与激光束功率密度和受辐射材料对特定波长光的吸收能力有关。激光加热具有可局部加热和快速冷却的特点，但通常不适于析出硬化、球化、正火和其他热处理方法。

Kawasumi 采用二氧化碳激光器进行激光表面硬化处理并对材料的热导率进行讨论。他研究了各向同性三维模型的温度分布。在推导出热传导方程之后，他进行了大量的温度循环模拟并确定了工件表面的最大温度。

图 8-25 所示为工件表面及其内部的温度循环与相互作用时间之间的关系。通过安装在工件表面和工件内一定深度的热电偶记录温度。在这种情况下，激光束沿光轴直接穿过插入一定深度的热电偶中心。一个温度循环可分为加热循环和冷却循环。

特定深度的温度循环变化表明：

1）表面和特定深度处温度最高。

2）获得温度最高减小穿透深度。

3）在获得最高温度时或随后得到加热时间。

4）个性化深度处加热过程产生的温差较冷却过程大。

5）因此在个性化深度得到的冷却时间较加热时间长，如最大温度。

图 8-26 所示为在不同功率密度和移动速度的加热和冷却过程中激光相互作用时间对温度循环的影响。两种情况的表面最高温度均高于材料的熔点，因此将发生重熔。重熔过程包括材料的加热、熔化、快速冷却和材料凝固。表面最高温度超过材料的熔点，激光束周围的材料将会形成熔池。

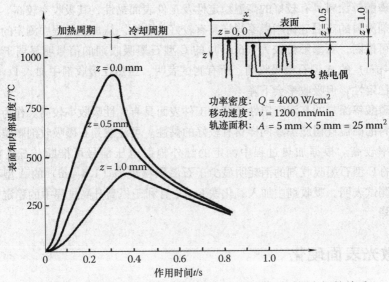

图 8-25　工件表面及其内部的温度循环与相互作用时间之间的关系

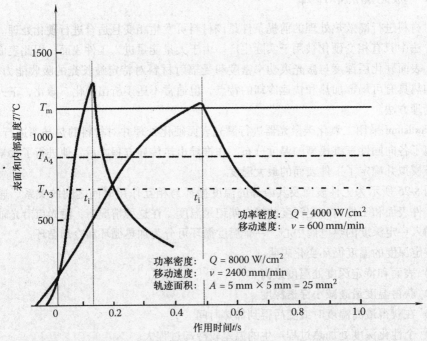

图 8-26　在不同功率密度和移动速度的加热和冷却过程中激光相互作用时间对温度循环的影响

　　由于激光束和工件发生相对移动，熔池也随之移动，随后熔融金属快速凝固。材料重熔的深度定义为达到熔点和凝固温度的材料深度。通过光学显微镜或测量横断面硬化深度，可确定重熔层深度。

8.4.2　激光硬化过程中的冶金学

相变硬化前，操作人员应当对激光系统的加工参数进行计算，过程如下。某些加工参数应通过选择确定，某些应当进行计算。选择通常由操作人员凭经验完成，操作人员应当选择具有适合焦距 f 和散焦 z_f 的会聚透镜，并分别考虑工件尺寸和硬化表面大小。然后通过选择激光束功率和移动速率来进一步优化。正确设置相变硬化加工参数可确保获得适合的加热速率，奥氏体化温度 T_{A3} 和充分奥氏体化时间 t_A。因此，对于一定的硬化层深度，需确保在这一深度内的温度高于转变温度。某些材料由于加热速率较高，平衡相图不再适用，例如钢。因此，需根据加热速率来修正现存的淬火温度。根据时间-温度-奥氏体化（TTA）图可知，加热速率较高时应提高奥氏体化温度。

图 8-27a 为 1053 钢淬火和回火态的 TTA 图，图 8-27b 为同种钢正常态 TTA 图。该钢的具有珠光体铁素体显微结构，足够的热处理时间可确保充分的奥氏体化。快速加热过程中，奥氏体化仅在加热表面和次表面完成。例如加热时间 t 为 1s，第一种情况

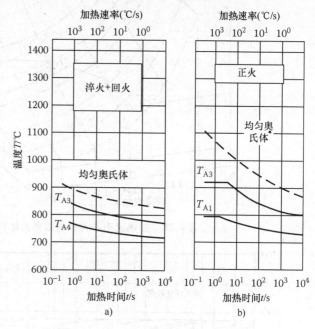

图 8-27　不同状态下 1053 钢的 TTA 图

a）淬火和回火　b）正火

（正常态）下要实现完全均质化应当确保表面最高温度 T_s 为 880℃；第二种情况（淬火回火态）下具有更高的表面温度 T_s 为 1050℃。这就意味着第二种情况表面温度要比第一种情况高 170℃。

图 8-28 所示给出了不同碳含量碳钢的空间 TTA 图。图 8-28 中特别标明几种比较典型钢种，如 1015 钢、1035 钢、1045 钢和 1070 钢，及其转变温度 T_{A3} 与加热速率和加热时间的关系。

当激光束停止加热表面和表层时，应获得奥氏体显微组织。随后开始奥氏体层的冷却过程。为了获得马氏体相变，需确保达到与材料成分有关的临界冷却速度。图 8-29 所示给出了包括冷却曲线在内的 EN19B 钢连续冷却转变图。

碳钢的含碳量不同，其显微组织中珠光体和铁素体的含量也不同。增加钢中的含碳量可使马氏体相变开始转变温度 T_{MS} 和终止温度 T_{MF} 降低。图 8-30 所示给出了碳含量和两个马氏体相变温度之间的关系。

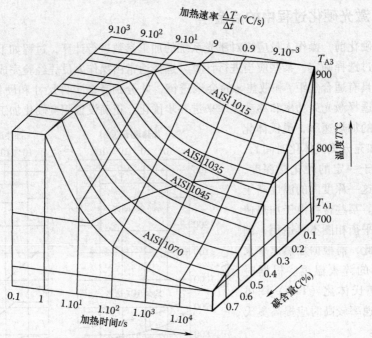

图 8-28　加热速率和含碳量对奥氏体转变温度的影响

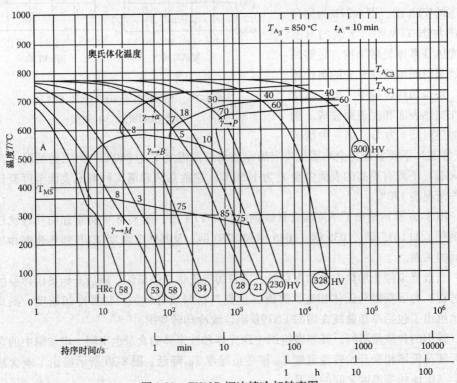

图 8-29　EN19B 钢连续冷却转变图

　　因此，碳含量增加，需要选择的临界冷却速率更低。通常情况下相变硬化所形成的表面层显微组织可以分为三个区域，即：

　　1）完全马氏体显微组织区。

　　2）半马氏体区和过渡显微组织。

　　3）与钢材初始状态有关的淬回火区或退火区。

　　由于极快的加热速率以及钢中合金元素的影响，在马氏体区或有残留奥氏体存在。

　　为了得到恒定的热特性，Com-Nougue 和 Kerrand 从理论方面对平衡态热传导方程的数值解进行扩展。

　　他们的研究目的是对随机能量分布的移动激光束的三维热传导方程进行数值分析。为了获得随机能量域，激光束被认为由多个 $N_1 \times N_2$ 的小区域组成，每个区的功率密度一定且与周围分区无关。

　　如果一个单元区域的中心坐标点为 X_i 和 Y_i，半长宽分别为 B_i 和 L_j，(x, y) 点处温度的增加取决于所有表面单元：

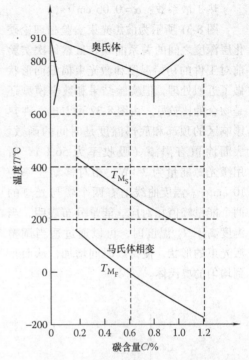

图 8-30　钢中含碳量对马氏体相变
开始和终止温度的影响

$$T = T_0 + \frac{1}{\lambda \sqrt{\pi}} \sum_{i,j} Q_{i,j} \int_0^\infty \left[\exp - \frac{z^2}{16\varepsilon^2} \right] \cdot \left\{ \mathrm{erf}\left(\frac{y - y_j + L_j}{4\varepsilon} \right) - \mathrm{erf}\left(\frac{y - y_j - L_j}{4\varepsilon} \right) \right\} \times$$

$$\left\{ \mathrm{erf}\left(\frac{x - x_i + B_i}{4\varepsilon} + \frac{V\varepsilon}{\alpha} \right) - \mathrm{erf}\left(\frac{x - x_i - B_i}{4\varepsilon} + \frac{V\varepsilon}{\alpha} \right) \right\} \mathrm{d}\varepsilon \tag{8-16}$$

式中，i，j 表示主轴方向的下标；$Q_{i,j}$ 为在 (i, j) 区域的实际吸收能量 $P_{i,j}/4 B_i L_j$；ε 为辐射系数；α 为热扩散率；λ 为热传导率；V 为工件移动速率；T_0 为加热前室温；(i, j) 分别从 1 变化到 N_1 和从 1 变化到 N_2。

　　对不同的方程组进行大量的积分计算以确定温度的分布。用二氧化碳激光器光束照射树脂玻璃上的燃烧图样的精确模型来确定随机能量分布，根据图样的相对深度来衡量入射能量在每个分区内的功率密度。

　　计算机模型能够预测加工过程中工件表面的最大温度及其与硬化层深度之间的关系。为了与实验数据进行比较，在一定的功率和速度条件下对横断面为 $B = 8.25$ mm 和 $L = 6$ mm 的散焦激光束的温度进行了计算。所选择的网格包括 9 个区域，在传播方向上激光束具有两个能量峰。分析对象为铬钢（S2），其具有如下热力学性能（300 K）：

　　热导率：$\lambda = 29$ W/m/℃

热扩散系数：$\alpha = 0.06 \ \text{cm}^2/\text{s}$

图 8-31 所示为散焦光束实验和理论硬化层深度之间的关系曲线。虽然每次实验前对工件的初始温度和激光束横截面形状做了近似处理，但实验结果和数学模型还是吻合的比较好。由图 8-32 可看出，在热影响区的顶部和底部温度是时间的函数。表面涂覆有黑漆（吸收率为 56%），所用激光源能量为 3 kW，相对移动速率为 10 mm/s。温度曲线上有两个峰与光斑的两个能量峰值相对应。能量分布表明，当温度高于 T_{A3} 温度时，可以通过适当调整激光束的形状，使持续时间增加，从而得到均匀的奥氏体。

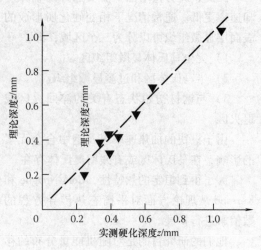

图 8-31 散焦光束实验和理论硬化层深度的关系

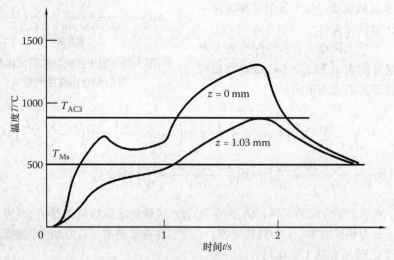

图 8-32 热影响区顶部和底部热循环的计算值（散焦光束，$P = 3$ kW，$v = 10$ mm/s，$T_0 = 20℃$，黑漆涂覆，S2 钢）

此外，计算机模型的计算结果表明，表面涂覆石墨或黑漆的工件在 3kW 和 10 mm/s 的情况下进行硬化处理，工件表面温度不可能超过材料的熔点。因此，在这些条件下，实际所观察到的轻微熔化可能是由于激光束照射而引起石墨的雾化。

确定随机强度分布激光束的三维热传导方程的数值解，实验值与理论值符合的较好。

图 8-33 所示为激光光斑处激光功率和移动速率对硬化层深度的影响。这些数据仅在给定的激光束模型结构（TEM），激光光斑面积（A）和一定的吸收

沉积物的情况下有效。在这种情况下，加工参数选择从激光束功率 P（W）和激光束移动速率 v（mm/s）中选择。功率上限为 8 kW，这是允许钢熔化的极限能量输入。虽然收集到的数据仅在有限的加工参数范围内有效，但可以快速确定不同深度或不同种类吸收剂所对应的相变硬化条件。更大的困难是激光硬化带的选择，可通过多种手段得到激光硬化带，但差异很大。如果光学条件的变化使激光光斑发生变化，则需要重新制作一幅新的相变硬化加工条件图。

图 8-34 为相变温度的变化图，可用于确定在一定相互作用时间内形成的非均匀或均匀奥氏体。

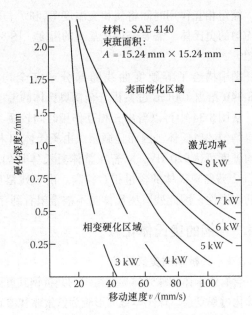

图 8-33　激光光斑处激光功率和移动速率对硬化层深度的影响

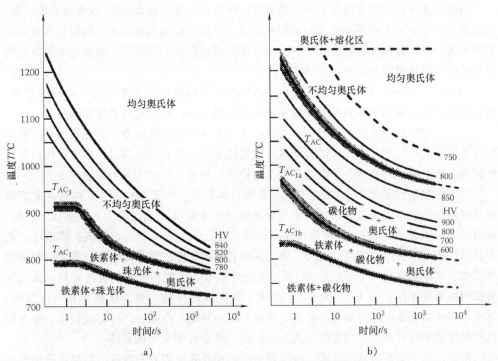

图 8-34　温度-时间-奥氏体图和各种钢的综合硬度线

a）材料 CK45　b）材料 100Cr6

缩短相互作用时间将使相变温度 T_{A1} 和 T_{A3} 升高。为确保在较短的相互作用时间内形成均匀的奥氏体，需要获得非常高的温度。图 8-34a 给出了 Ck 45 钢奥氏体化的温度-时间图。

图中描绘了等硬度曲线随部分或完全均匀奥氏体化温度和加热时间的变化。图 8-34b 给出 100Cr6 过共析合金钢奥氏体的温度-时间图。

从图 8-34 中可以看出，相互作用时间较短，激光硬化时间在 0.1~1.0s 之间，难以获得均匀的奥氏体。因而显微组织由奥氏体和未溶合金碳化物组成，使硬度相对较高，平均硬度可达 920 $HV_{0.2}$。若在整体奥氏体均匀化后，进行普通淬火，其硬度只有 750 $HV_{0.2}$，残留奥氏体的含量相对较高。由于残留奥氏体会产生有害的残余应力，减少材料的耐磨性，因此残留奥氏体是不被希望看到存在于材料中的。

8.4.3 钢的奥氏体化

8.4.3.1 共析钢的奥氏体化

含有铁素体和珠光体显微组织的共析钢其奥氏体化过程比共晶合金或过共晶合金的奥氏体化过程复杂。珠光体截面形貌为铁素体和渗碳体的交替层状排列。铁素体中碳的溶解度很低，高温转变成奥氏体。如果渗碳体分解产生的碳进入转变区，铁素体的奥氏体化温度则会降低。亚共析钢的奥氏体化首先发生在珠光体碳内，珠光体内碳的扩散距离较小。

当奥氏体开始向铁素体生长时，随着反应的进行，碳会在奥氏体/铁素体晶界迁移，因此奥氏体中碳的扩散速率成为制约因素之一。扩散过程的范围很大，同时相变速率与相的形态、分布和体积分数有关。热力学平衡相变过程的时间较长，相变速率由珠光体中奥氏体的形核过程和扩散过程决定。

Gaude – Fugarolas 和 Bhadeshia 提出了描述在珠光体晶界上发生奥氏体形核的模型。他们假定这些晶核会生长直至珠光体完全转变成奥氏体，然后进行铁素体转变。

淬火过程中的相变机制包括如下过程：①珠光体向奥氏体转变；②在热循环过程中奥氏体中碳的均匀化；③奥氏体分解成为铁素体和珠光体；④冷却过程中奥氏体向马氏体转变。其中前三种相变为扩散型相变，但最后一种是与扩散无关的切变相变。

当工件加热到温度 T_{Ac1} 时发生珠光体向奥氏体转变。珠光体中的渗碳体片晶先溶解然后碳向外扩散进入邻近铁素体。如果珠光体团中渗碳体片晶间距为 δ 且碳横向扩散，碳的扩散距离必须大于 δ，以使珠光体团转变为奥氏体。为了获得这种碳扩散范围，需要提高加热速率和保温温度。此外，最初在珠光体团周围的铁素体将部分或完全转变成奥氏体，这与温度相对 T_{Ac1} 的大小有关，此处的铁素体可能存在相当大的过热。珠光体转变为的奥氏体包含 w（C）为 0.8% 的碳，铁素体转变成的奥氏体碳含量可以忽略。其后，碳从高聚集区向低聚集区扩散，使碳分布均质化。在随后的冷却过程中，碳含量高于临界值的所有奥氏体切变转变成为马氏体，其余转变成铁素体。

然而，由于碳扩散速率有限，为实现奥氏体相变要求需要有较快的加热速率和较高的过热度。

假设轧制后具有化学偏析和带状显微结构的钢相分布较为集中。钢的显微结构可用

4 个独立参数来描述，可参考图 8-35 和图 8-36 所示。

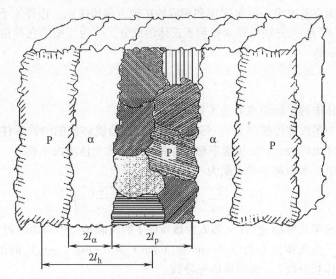

图 8-35　珠光体铁素体区微观组织参数的定义

其中 l_α 和 l_p 分别为铁素体和珠光体层厚度；l_h 为铁素体和珠光体层厚度之和。假设铁素体的碳含量为 0，珠光体碳含量为共析点碳含量 $w(\mathrm{C})$ 为 0.77，l_p 可定义为

$$l_p = \frac{(l_\alpha + l_p)w(\mathrm{C})}{0.77} = \frac{l_h w(\mathrm{C})}{0.77}$$

(8-17)

式中，w（C）为碳的质量分数。

珠光体团的大小可采用线性分割法形成的片晶中相邻珠光体和渗碳体之间的周期性距离来定义。最终形成的层片状近邻珠光体渗碳体的距离用 $2l_e$ 表示。

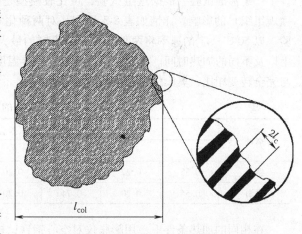

图 8-36　珠光体微观组织参数的定义

给定温度条件下，根据经典形核理论奥氏体在珠光体表面形核的形核率如下：

$$I = C_0 \cdot N_0 \frac{6}{l_{col}} \frac{k \cdot T}{h} \exp\left(-\frac{G^* + Q}{RT}\right)$$

(8-18)

式中，I 为单位时间内单位珠光体的形核率；N_0 为单位珠光体表面上形核位置数；T 为绝对温度；G^* 为形核激活自由能；C_0 为拟合参数；假定活跃的形核核心位于珠光体团表面；因子 $6/l_{col}$ 表示珠光体团表面与体积之比；k 为 Boltzmann 常数；R 为气体产量；h 为 Planck 常量；Q 为铁原子穿过界面所需的激活能。

新奥氏体晶粒形核后，达到平衡态前，其生长速率取决于渗碳体的分解和奥氏体中碳的扩散。界面移动速率由质量守恒和相应的扩散方程所决定。边界原子由 $(c^{\gamma\alpha} - c^{\alpha\gamma})$ dr 确定，其中 $c^{\gamma\alpha}$ 和 $c^{\alpha\gamma}$ 分别为铁素体和奥氏体的成分，r^{int} 为界面所在的位置。界面移动速率最终可表示为

$$v^{int} \approx \frac{D}{r} \left(\frac{c^{\gamma\theta} - c^{\gamma\alpha}}{c^{\gamma\alpha} - c^{\alpha\gamma}} \right) \tag{8-19}$$

其中碳在奥氏体中的扩散距离尤为重要。

珠光体团中奥氏体形核率为 I。每个活跃核心在渗碳体包围的铁素体层中形成，新的形核颗粒尺寸大约为 t_e，生长速率稳定，并开始向珠光体团内生长。

珠光体团生长平均速率可表示为

$$\bar{v}^{int} = \frac{1}{r_f - r_0} (\ln r_f - \ln r_0) D \left(\frac{c^{\gamma\alpha} - c^{\gamma\alpha}}{c^{\gamma\alpha} - c^{\alpha\gamma}} \right) \tag{8-20}$$

式中，$\bar{v}^{int}$ 为界面平均移动速率；r_f 和 r_0 为该条件下距渗碳体层中心的距离。

多数情况下奥氏体核心会以 Avrami 和 Cahn $v_\gamma = 1 - \exp(-v_e)$ 的形式开始生长，其中 v_γ 为真实体积分数，v_e 为扩展体积分数。

为了将模型的预测结果与钢的相变行为进行比较，Grande-Fugarolos 和 Bhadeshia 设计了一组标准试验。根据这组试验，可比较模型是否能准确预测其他参数（如组分和微观组织）的影响。详情如表 8-3 所列，对两种化学成分不同的钢 A 和 B 进行 6 组试验。以 $50\,^\circ\mathrm{C} \cdot \mathrm{s}^{-1}$ 的速率将两种钢加热到不同的最大温度、以不同的时间加热到 T_{AC1} 以上以及不同的加热时间。将所有温度控制在临界温度范围内，以得到所需的相变，尽管与完全转变相比，奥氏体量的变化非常小。

表 8-3　试验所用钢的成分

钢种	化学成分（%，质量分数）						
	C	Si	Mn	Cr	Ni	Mo	V
钢 A	0.55	0.22	0.77	0.20	0.15	0.05	0.001
钢 B	0.54	0.20	0.74	0.20	0.17	0.05	0.001

在相同的加热条件下，用膨胀仪对空心钢铁试样进行测试，收集实验数据。表 8-4 为不同成分的钢在相同加热条件下得到的微观结构特征。

表 8-4　不同成分的钢在相同加热条件下得到的微观结构特征

钢　种	微观组织参数			
	$2I_\alpha \pm \sigma/\mathrm{m}$	$2I_p/\mathrm{m}$	$I_e \pm \sigma/\mathrm{m}$	$I_{col} \pm \sigma/\mathrm{m}$
钢 A	$[2.55 \pm 1.36] \times 10^{-6}$	6.38×10^{-6}	$[0.51 \pm 0.05] \times 10^{-6}$	$[19.73 \pm 0.95] \times 10^{-6}$
钢 B	$[1.85 \pm 0.97] \times 10^{-6}$	4.34×10^{-6}	$[0.25 \pm 0.05] \times 10^{-6}$	$[18.46 \pm 0.95] \times 10^{-6}$

8.4.3.2　测定共析温度

Chen 等提出一个新模型，用来确定激光硬化过程中碳钢的共析温度 T_{AC1}。他们根

据物理性质随温度变化的三维热流动模型，通过有限元法（FEM）求解温度的分布。

激光表面硬化过程有两个显著的特征：

1）加热和冷却速率高达 $10^4℃/s$。

2）钢加热到临界温度以上的时间非常短，通常约为 0.1 s 甚至更短，导致在奥氏体化过程中发生非平衡转变。

将实验硬化区和熔化区的剖面图与有限元方法数值计算得到的等温线的深度相匹配，确定非平衡相变中的共析温度。采用校准器测量熔化区剖面图，通过参数估算的方法对表面吸收率进行调整，直到与计算等温熔化深度相符。把等温线的深度与硬化区实验剖面呈现出最佳匹配时的温度作为共析温度。

此外，通过数值模型可预测不同激光相变硬化条件下的硬化深度。

图 8-37 所示为 Gaussian 激光束（TEM_{00}）照射工件时的热传导模型。激光束保持静止，工件以恒定速率沿 x 负方向移动。x-y-z 坐标系原点固定在激光束中心。当激光束照射到工件表面时，部分激光被吸收，其余的被表面反射。我们对以上过程做如下近似：

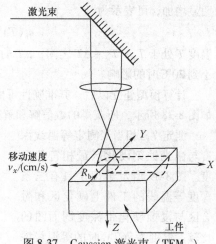

图 8-37　Gaussian 激光束（TEM_{00}）
照射工件时的热传导模型

1）由于对流和辐射，从表面进入环境的能量损失与进入工件内部的能量相比可以忽略不计。

2）假定激光扫描过程为准静态过程。

3）工件质量足够大，除了受到激光束照射的表面以外，工件温度保持室温。

4）熔化区能量传递受传导控制，忽略由于浮力和热毛细对流力造成的流体运动。体系中热传导能量方程简化为

$$\frac{\partial}{\partial x}\left(\lambda\,\frac{\partial T}{\partial x}\right)+\frac{\partial}{\partial y}\left(\lambda\,\frac{\partial T}{\partial y}\right)+\frac{\partial}{\partial z}\left(\lambda\,\frac{\partial T}{\partial z}\right)=-\rho c_p v_x\,\frac{\partial T}{\partial x} \tag{8-21}$$

式中，λ 为热传导率；ρ 为密度；c_p 为比热容；v_x 为移动速率。

边界条件为

$$\lambda\,\frac{\partial T}{\partial x}=\frac{\alpha(x,y)P}{\pi R_b^2}\exp\left(-\frac{x^2+y^2}{R_b^2}\right),\quad 当\ z=0, \tag{8-22}$$

式中，$\alpha(x,y)$ 为工件表面激光束吸收率；P 为激光功率；R_b 为激光束横截面半径。

由于移动速率高且相互作用时间短，输入的热通量没有深入到工件内部，横向传播也不明显。因此，在数值计算中，远离激光束中心的地方温度保持初始温度；在解析解情况下，工件内部热传导看成半无限大热传导。即便是试样的厚度和宽度不大的条件下，工件内部热传导也可看成半无限大热传导。

1. 解析解

对一个具有恒定物理性质的半无限大体系，Gaussian 型激光束照射到工件表面上

时，工件表面的吸收率恒定，Cline 和 Anthony 得到一个关于温度分布的表达式，即

$$T = T_0 + T_1 \int_0^\infty \frac{\exp - \left[\dfrac{(x/R_b + T_2\mu^2/4)^2 + (y/R_b)^2}{1 + \mu^2} + \dfrac{(z/R_b)^2}{\mu^2} \right]}{\pi^{3/2}(1 + \mu^2)} d\mu \qquad (8\text{-}23)$$

其中，

$$\mu^2 = \frac{4\lambda t}{\rho c_p R_b^2}, T_1 = \frac{\alpha P}{\lambda R_b}, T_2 = \frac{\rho c_p R_b v_x}{k} \qquad (8\text{-}24)$$

2. 数值解

用有限元方法求解工件表面的温度分布。在计算过程中使用 AISI 1042 钢的热物理性质。通过比热容法将熔化/凝固潜热包含进来，即，在高于熔化/凝固范围时，比热容明显增加，可表示为

$$c_p(T) = c_{ps}(T_m) + Hf/\Delta T \qquad (8\text{-}25)$$

温度 T 处于 $T_m \sim T_m + \Delta T$ 之间，ΔT 的选择对温度的分布有影响，但忽略 ΔT 从 60℃ 减小到 30℃ 时的影响。

计算模型建立以后，其准确性可由物理性质和吸收率不变条件下的解析解来检验。如图 8-38 所示，所获得的数值解和解析解相吻合，说明计算模型的有效性。

测定 T_{Ac1} 相当于测定等温线深度与激光蚀刻硬化区最相符的温度。图 8-39 所示给出了具有三条深度等温线的工件上硬化区和融合区与浸蚀硬化带深度剖面图的比较。温度为 767℃ 时的等温线深度与中部硬化区剖面图相符，然而在温度为 723℃ 时等温深度不符，因此，奥氏体相变温度为 767℃ 而非 $T_{Ac1} = 723$℃。

图 8-40 中的数值解表明，硬化深度等温线的最大深度和宽度随吸收功率单调增加。然而，如果 α 位置的变化小于 ±15 % 时，可忽略最大深度的变化（<1%）。因此，当吸收率不随位置强烈变化时，可采用熔化区最大深度作为 T_{Ac1} 校准仪，对以熔化区剖面作为 T_{Ac1} 校准仪的方法进行了简化。

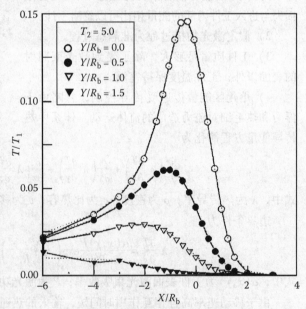

图 8-38　物理性质和吸收率为常量时数值解和解析解的比较

为了得到更好的近似，可采用熔化区剖面的中心部分，这将显著减少估算 $\alpha(x,y)$ 参数的工作量。

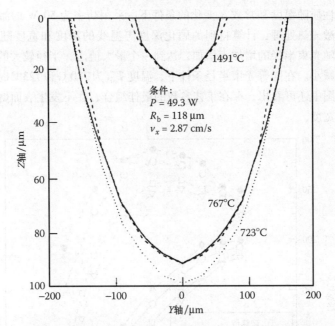

图 8-39　温度分别为 1491℃、767℃和 723℃时深度等温线与
工件宏观浸蚀硬化带硬化区深度和熔化区横截面的比较

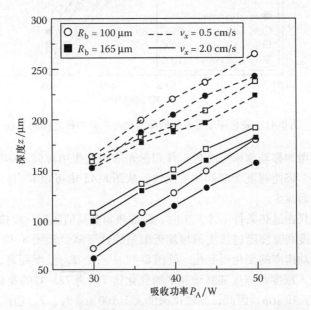

图 8-40　硬化深度曲线的预测深度和宽度随吸收功率的变化

注：假设共析温度为 770℃，且物理性质与温度有关和常数 α，其中深度用实线表示，宽度用虚线表示。

　　随着激光束尺寸的增大，激光束照射的工件表面增加，但功率密度降低，进而使深度变浅，这已被模拟结果所证实。模拟结果表明，温度的变化具有不同的模式。图 8-41

所示为在物理性质随温度和常数 α 变化的条件下，采用功率为 50 W 的激光束以不同的移动速率进行激光热处理，计算得到的硬化深度等温线的深度和宽度随光束半径的变化。最大宽度随光束半径的增加而增加，达到一个最大值后，半径较大的宽度锐减，而最大深度单调减小。在同等光束半径条件下，温度 T_{Acl} 为 770℃ 和 723℃ 时的最大深度和宽度相近。从图中还可看出，存在工艺参数的最佳组合，在不发生表面熔化时形成一个较大的硬化区宽度。

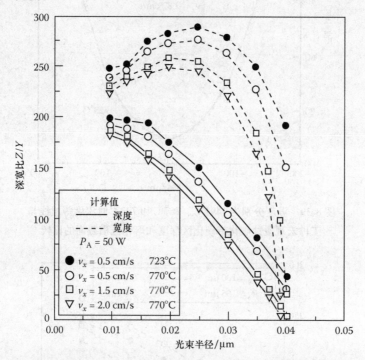

图 8-41　硬化深度等温线的深宽比与光束半径之间的关系

另一方面，增加移动速率可缩短工件和激光的相互作用时间。如图 8-42 所示，如果吸收功率较小，将使宽度变窄和深度变浅。从图 8-42 中可以看出，最大深度和宽度随移动速率增加而减少。

当相变过程只在过热条件下才发生时，需加热到更高的温度。模拟结果表明，硬化深度等温线的深度和宽度随过热度的增加近似呈线性下降。从图 8-42 还可看出，最大深度和宽度随移动速率的变化而变化，就图 8-42 中三个 T_{Acl} 温度而言，当 T_{Acl} 为 830℃和 770 ℃ 时，最大深度和宽度随移动速率的变化比 T_{Acl} 为 723 ℃ 的变化小。T_{Acl} 温度为 770 ℃ 的变化小于 10 μm。因此，当硬化深度大于 100 μm 时，T_{Acl} 温度为 723 ℃ 时硬化深度预测值的误差小于 10 %。

3. 马氏体体积分数

Ashby 和 Easterling 根据钢的碳含量提出马氏体体积分数与激光温度循环关系的表达式。他们假设所有温度循中形成的奥氏体以及碳含量高于 C_e 的奥氏体在随后的冷却过程中转变为马氏体。他们同时假设最高碳含量 $w(C)_{max}$ 不超过 0.8%。在 Ashby-Easter-ling 模型中，奥氏体体积分数的计算，考虑了温度循环对珠光体-铁素体钢转变的影响以及奥氏体生长过程中碳的重新分布。奥氏体体积分数与钢所经历温度循环有关，尤其是表面上体积分数的变化非常大。如果知道表面下方每个点处，温度循环的严重程度，根据热流理论可计算具有平均含碳量的奥氏体体积分数以及随后形成的马氏体体积分数。在此基础上，马氏体体积分数 f 的完整表达式为

$$f = f_m - (f_m - f_i)\exp\{-12(f_i^{2/3}/\pi^{1/2}g) \times \ln(C_e/2C_c)[D_0\alpha\tau\exp(-Q/RT_p)]^{1/2}\} \quad (8\text{-}26)$$

式中，f_m 为 Fe-C 相图所允许的最大奥氏体体积分数；f_i 为初始马氏体体积分数，f_i 认为在亚共析钢中等于钢中初始珠光体体积分数，在共析温度，珠光体区首先转变为奥氏体。因此

$$f_i = (C - C_f)/(0.8 - C_f) \approx C/0.8 \quad (8\text{-}27)$$

式中，C 为钢的碳含量；C_f 为铁素体的碳含量。

式（8-26）中大括号内含有 f_i 和 g（珠光体岛间的距离）的第一个指数项，涉及其

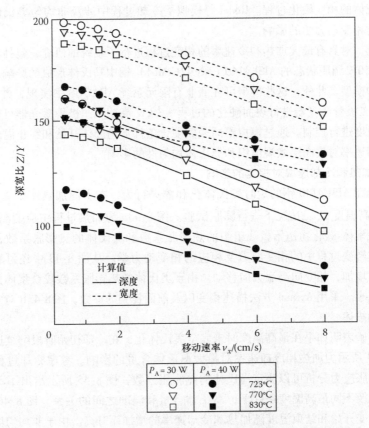

图 8-42　在两种不同吸收功率条件下，计算得到的硬化深度等温线
的深度和宽度随激光束移动速率的变化

注：激光束半径为 0.1mm；假定共析温度不同，物理性质和常数 α 随温度的变化而变化。

　　式（8-26）中大括号内含有 f_i 和 g（珠光体岛间的距离）的第一个指数项，涉及具有初始共析碳含量 C_e 和较低临界碳含量（$C_e = 0.05\%$）的共析奥氏体区的生长，低于临界碳含量时认为奥氏体仅转变为等轴铁素体。第二个指数项与奥氏体中碳的扩散有关（温度与扩散系数 D_0 无关），其中，Q 为激活能；R 为气体常量；T_p 为温度循环过程中的峰值温度；α 和 τ 为温度循环的动力学常数。

8.4.3.3　不同加热和冷却速率条件下的相变。

　　Miokovi ć 等使用有限元程序 ABAQUS 的用户自定义材料本构律来实现，并允许对加热和冷却过程中温度和相演变进行耦合计算。在受影响区研究了加热和冷却速率对随时间变化的温度场和相变的影响。模拟得到的硬化截面和微观组织的均匀性与试验相符。

　　由于热影响区奥氏体化和淬火条件不同，相变硬化的数学描述对研究激光表面硬化具有重要意义。通过模拟激光硬化过程可以确定随时间变化的温度场和热影响引发的相变，并有助于深化对硬化过程的认识。奥氏体的初始状态对最终形成的微观组织及其力学性能有着重要的影响。相关学者对钢表面硬化过程进行了许多模拟研究，且考虑了形成均匀奥氏体的相变硬化过程。Rödel 等模拟了冷却过程中涉及非均匀奥氏体形成的奥氏体状态对相变动力学的影响。

　　实验上，对具有最大加热和冷速率的相变过程进行了系统的研究，包括非均匀奥氏体形成对 450℃ 调质状态的 AISI 4140（EN 42CrMo4）钢中马氏体形成的影响。推导描述这些影响的模型。此外，这些模型可在商业有限元系统 ABAQUS 中实现，并用于模拟 3 kW 高功率二极管激光器进行表面硬化的过程。3 kW 高功率二极管激光器可以在毫秒量级对表面温度进行控制。通过模拟不同表面硬化条件下马氏体开始和终止温度，分析了加热和冷却速率对表面层微观组织和奥氏体均匀性的影响。

8.4.3.4　加热和冷却速率对相变的影响

　　为了研究 AISI 4140 钢的短时奥氏体化和淬火行为，在不同加热速率 ν_{heat}、冷却速率 ν_{cool} 和最高温度 $T_{A,max}$ 情况下进行膨胀试验。图 8-43a 为加热过程中应变测试的例子，可以确定铁素体-碳化物初始微观组织的热膨胀系数和奥氏体的热膨胀系数，以及铁素体向奥氏体转变过程中的相变应力及相应的相变动力学。从图 8-43 中还可看出，随着加热速率的增加，相变向高温方向移动。由于奥氏体的热膨胀系数较铁素体大，相变过程中应力减小。采用 Avrami 方法描述相变以及前面提到的参数，图 8-43b 对实验数据进行了很好的描述。

　　膨胀实验表明如果在最高温度时未完全奥氏体化，在冷却初始阶段继续进行奥氏体化。图 8-44 所示为加热和冷却速率对最大奥氏体含量的影响。考虑冷却过程中形成的奥氏体，膨胀应力分析可以测定马氏体的热膨胀系数，图 8-45 所示给出了不同加热和冷却速率以及不同最高温度条件下，马氏体含量和温度之间的关系。图 8-46 所示表明了马氏体相变开始和结束温度随加热和冷却速率的增加而升高。由于非均匀奥氏体的形成和溶解碳化物含量的增加使溶解于奥氏体中的平均碳含量增加，因此，马氏体相变开始和终止温度与奥氏体化和淬火条件有关，比如加热速率、冷却速率和最高奥氏体化温度，都必须用数学的方法进行描述。这可以运用下式表示

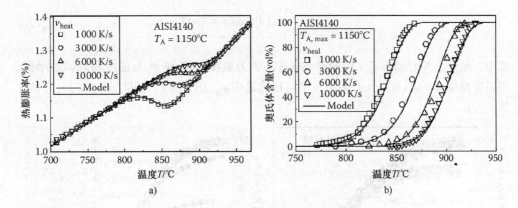

图 8-43　加热过程中应变测试举例

a）热膨胀与温度的关系　b）不同加热速率对奥氏体体积分数的影响

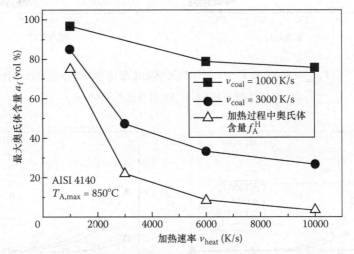

图 8-44　加热和冷却速率对最大奥氏体含量的影响 $f_A^H(\nu_{heat})$ 和 $f_{Amax}(\nu_{heat})$

$$\overline{T}_{M_{s/f}}(T_{A,max}, \nu_{heat}, \nu_{cool}) = \overline{T}_{M_{s/f}}(\overline{C}_{st})\exp \qquad (8-28)$$

$$x\left[\exp\left(\exp\frac{-(T_{A,max} - T_{A1,hom})k}{(a_{0,s/f} + a_{1,s/f}\nu_{cool})\ln(\nu_{heat}/\nu_0 + 1)}\right)\right] \qquad (8-29)$$

式中，参数 $T_{A1,hom} = 730℃$ 为初始奥氏体形成平衡温度；$\overline{T}_{M_s}(\overline{C}_{st}) = 340℃$ 和 $\overline{T}_{M_f}(\overline{C}_{st}) = 140℃$ 分别为碳含量为 $\overline{C}_{st} = 0.42\%$（质量分数）的钢中均匀奥氏体化后马氏体形成过程中的马氏体转变开始和终止温度；k 为 Boltzmann 常数；$\nu_0 = 1\ K/s$ 为正火标准加热速率；a_0 和 a_1 为拟合参数。

结合 Koistinen-Marburger 方法，采用该模型描述奥氏体向马氏体的转变。根据式（8-29）来确定马氏体转变的开始和结束温度，要求可以得到钢件上研究部位的平均加热和冷却速率。在时间步长为 $i+1$ 步内，$\nu_{heat/cool, i+1}$ 值的增量可根据温度-时间-过程，运用下列式子确定：

$$\bar{\nu}_{\text{heat/cool},i+1} = \left| \frac{\bar{\nu}_i(T - dT) + \dfrac{dT}{dt}dt}{T} \right| \tag{8-30}$$

式中，$\nu_{\text{heat/cool},i}$ 为时间步长 i 内的平均速率；T 为温度；dT 和 dt 为温度和时间的增量。当温度梯度 $dT/dt > 0$ 时，开始进行平均加热速率 ν_{heat} 的计算；当 $dT/dt < 0$ 时，开始计算 ν_{cool} 值。

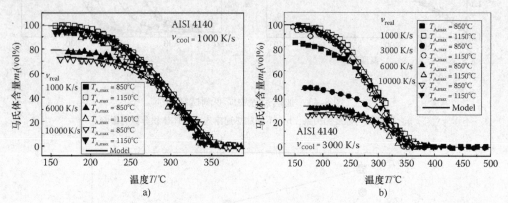

图 8-45　在 $T_{\text{A,max}} = 850℃$ 和 $1150℃$ 及不同加热和冷却速率条件下的马氏体体积分数

a）冷却速率 1000K/s　b）冷却速率 3000K/s

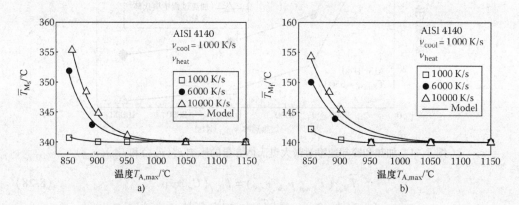

图 8-46　马氏体相变开始和结束温度随加热和冷却速率的关系

a）$\bar{T}_{\text{M}_s}$　b）$\bar{T}_{\text{M}_f}$

8.4.3.5　硬度分布的测定

由于激光冲击表面上区域内过程中局部奥氏体化和淬火的条件不同，在表层得到完全马氏体组织，称为硬化区（HZ）；过渡区（TZ）由部分奥氏体化和最终硬化微观组织以及激光冲击过程中未发生相变的残留基体组成。考虑到马氏体相变主要发生在冷却阶段，并假设碳的扩散占优势，由于快速加热和冷却，由淬火过程完成后形成的马氏体基体中的碳含量，可确定激光影响区内微结构的最终硬度。将硬度计算与相变计算相结

合，并将冷却过程中各组分对硬度贡献进行累加可得到最终硬度 H，可用简单的混合定律进行估算：

$$H = \left[f_M H_M + f_\alpha H_\alpha + H_{(Fe,M)-carbides} + H_{undissol. carbides} \right] \tag{8-31}$$

式中，f_M 和 f_α 分别为马氏体和铁素体的体积分数；H_M 和 H_F 分别为马氏体和铁素体基体硬度。局部形成的马氏体基体的硬度与平均碳含量 $\overline{C}_M$ 有关，平均碳含量由局部马氏体相变的开始温度决定，存在以下函数关系：

$$T_{\overline{M}s(\overline{C}_w)} = T_{Ms(\overline{c}_{st})} + 350 \text{℃}/\% \left(\overline{C}_{st} - \overline{C}_M \right) \tag{8-32}$$

因此，马氏体的硬度由下列多项式给出：

$$H_M(HV) = \left[150 + 1667 \left(\overline{C}_M\% \right) - 926 \left(\overline{C}_M\% \right)^2 \right] \tag{8-33}$$

未溶解特殊碳化物的碳含量很少，可以不予考虑。根据下列对数函数确定奥氏体化过程中碳化物溶解所引起的硬度值下降 $H_{(Fe,M)-carbides}$：

$$H_{(Fe,M)-carbides}(HV) = \left[-183.6 \cdot \ln\left[1 - \left\{ \left[\overline{C}_{st}\% \right] - \left[\overline{C}_M\% \right] \right\} \right] \right] \tag{8-34}$$

图 8-47 和图 8-48 所示给出了加热和冷却速率为 $\nu_{heat} = \nu_{cool} = 1000 \text{ K/s}$ 时，试样表面加热和淬火的激光硬化过程的模拟结果。图 8-47a 给出了距离表面不同位置 x 处，温度 $T(t)$ 随时间变化。从中可以看出，随表面距离的增加，温度循环峰下降且沿时间轴正向移动。当温度下降到 600℃ 左右以后，不同深度处的冷却过程非常相似。如图 8-47b 所示，最大温度 $T_{A,max}$ 与表面的距离成反比。不出所料，随着深度的增加，表面下方热影响变低，从而使 $T_{A,max}$ 减小。$T_{A,max}(x)$ 与奥氏体体积分数和奥氏体均匀度有关。表面下方较深处的基体并未受激光冲击的影响。

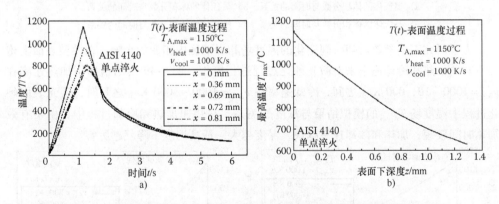

图 8-47　加热和冷却速率为 1000 K/s 时，激光表面硬化过程中的模拟结果

a）表面下方不同深度处的温度循环　b）表面下最大温度处的深度

图 8-48 所示给出了加热过程中不同深度处马氏体含量的变化 $f_A(t)$，以及冷却过程中表面和表面下方过渡区内同等深度处贝氏体含量 $f_B(t)$、马氏体含量 $f_M(t)$ 和铁素体/珠光体 $f_F(t)$ 含量的变化。最高温度随深度的增加而下降，扩散过程受到抑制，仅有部分基体转变成奥氏体，随后转变为马氏体。当 $x = 0.72 \text{ mm}$ 时，材料含有由 $f_M = 40\%$ 的马氏体和 $f_F = 50\%$ 未发生相变的基体。

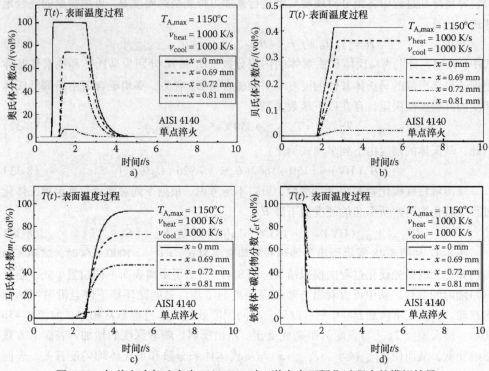

图 8-48　加热和冷却速率为 1000 K/s 时，激光表面硬化过程中的模拟结果
a）奥氏体的体积分数与时间的关系　b）贝氏体的体积分数与时间的关系
c）马氏体的体积分数与时间的关系　d）铁素体的体积分数与时间的关系

为了研究工艺参数对随时间变化的温度场和影响区内相变的影响，在模型表面上施加不同的加热和冷却速率来对激光硬化过程进行模拟。图 8-49 所示给出了加热速率在 $\nu_{heat} = 1000 \sim 10,000$ K/s 之间，冷却速率在 $\nu_{cool} = 1000 \sim 3000$ K/s 之间时，激光表面硬化过程中温度场 $T_{A,max}$ 的模拟结果与深度的关系。在快速加热和冷却过程中，由于有效加热时间较短，加热和冷却速率越快，深度越大，最高温度下降就越厉害。

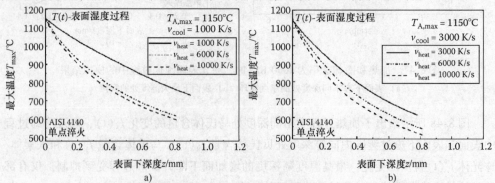

图 8-49　不同加热和冷却速率条件下，激光表面硬化过程中最高温度和深度的关系
a）$\nu_{cool} = 1000$ K/s　b）$\nu_{cool} = 3000$ K/s

在奥氏体化过程中，由于未溶解碳化物的形成，生成的奥氏体碳浓度较低。与平衡态相比，奥氏体基体的碳含量较低，使马氏体相变温度升高。根据表面下方的 $\overline{T}_{M_s}$ 和 X_{hom}，可对表面尺寸进行估计。如果忽略表面区域内少量的残留碳化物的碳含量，奥氏体中的平均碳含量为 $C_M = 0.42$ %，在加热阶段形成均匀的奥氏体。可以预料，在随后的淬火过程中，均匀马氏体组织内将出现特殊的碳化物。图 8-50 所示为深度随表面加热速率的变化，激光表面硬化与加热和冷却速率，深度达 0.42 mm。随着加热速率的增加，奥氏体化的起始和终止转变温度升高。加热和冷却速率越高，均匀奥氏体和马氏体区的深度越低。在极端加热和冷却速率 $\nu_{heat} = 10,000$ K/s 和 $\nu_{cool} = 3000$ K/s 条件下，激光表面硬化中仅当深度低于 0.05 mm 时形成均匀马氏体。根据 T_{M_f} 对深度 $X_{hom}(\nu_{heat})$ 进行估算才具有可比性。

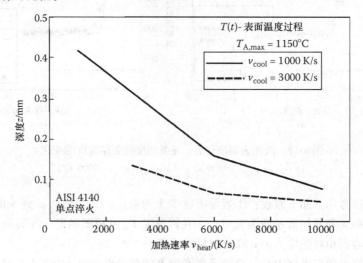

图 8-50　深度随加热速率的变化

从模拟结果估算深度 X_{hom} 与研究的微观组织相符，模型的有效性得到验证。

考虑到冷却过程中主要发生马氏体相变，我们假设在图 8-51 中由碳扩散主导。图 8-51 所示给出了用给定方程计算得到的硬度值 H 及其不同组分。对不同加热和冷却速率而言，显微硬度的分布非常相似。正如所预料的那样，马氏体基体硬度 H_M 对最终硬度的影响最大。H_M 随深度的增加而增大。当马氏体碳含量达到钢的碳含量 $\overline{C}_{st} = 0.42$%（质量分数）时，硬度 H_M 最高。另一方面，由于奥氏体化过程中的碳化物溶解，越靠近表面，混合碳化物的硬度 $H_{(Fe,M)\text{-carbides}}$ 越低。

从图 8-51 中可以看出，对所有加热和冷却速率，从试验和模拟所得到的微硬度分布彼此相符。

8.4.4　硬化深度的数学预测

模拟分布式热源从半无限大固体表面上移过所引起的热流的经典方法，从点热源的求解开始，对整个激光束的面积进行积分。需采用数值分析方法对这些模型进行评估。

求解过程非常严格，从而使计算过程变得相当复杂，计算结果也难以运用。Bass 提出了另一种方法，即给出不同结构激光模的温度场方程，该方法的解析解对各种材料都能得到良好的响应。Ashby 等和 Li 等进一步对解析法进行改进，给出了整个温度场的近似解，比较解析结果和数值计算的结果表明，该方法能够合理描述激光相变硬化过程。激光相变硬化参数的变化和材料性能随温度的变化造成一定的分散。采用无量纲参数可简化计算，得到适用于所有材料的一般性结果。可以列出多例子，比如焊接分析和激光表面处理。

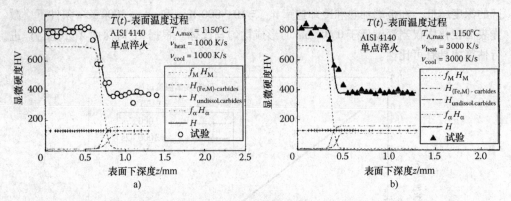

图 8-51　激光表面硬化后，显微硬度随表层深度的变化

a) $v_{heat} = v_{cool} = 1000$ K/s　b) $v_{heat} = v_{cool} = 3000$ K/s

数学建模考虑了如下假设：①表面吸收率 A 为常量；②忽略从 α 到 γ 的相变潜热；③钢的热导率 λ 和热扩散系数为常量；④共析温度 T_{A1} 由相图确定；⑤高斯光束半径 r_B 为从光束中心到相对强度为 1/e 峰值位置的距离。

坐标系原点选在光束中心。总功率密度为 P 的激光以速率 v 沿 x 方向移动，沿 y 方向穿过轨道，在 z 方向沿表面向下。

Ashby 和 Easterling 的温度场方程能有效描述高斯线光源：

$$T - T_0 = \frac{Aq}{2\pi\lambda \, v \, [\, t(t+t_0)\,]^{1/2}} \cdot \exp-\frac{1}{4\alpha}\left[\frac{(z+z_0)^2}{t} + \frac{y^2}{(t+t_0)}\right] \tag{8-35}$$

式中，q 为光束功率；v 为移动速率；t 为时间；t_0 为热流时间常数；λ 为钢的热导率；α 为热扩散系数。

该方程是一个表面温度受到限制的函数，包含有两个引用参数，$t_0 = r_B^2/4a$ 和特征长度 z_0。

Shercliff 等定义下列无量纲参数：

$T^* = (T - T_0)/(TA_1 - T_0)$ 为无量纲升温；

$q^* = Aq/r_B\lambda \, (TA_1 - T_0)$ 为无量纲光束功率；

$v^* = vr_B/a$ 为无量纲移动速率；

$t^* = t/t_0$ 为无量纲时间；

$(x^*, y^*, z^*) = (x/r_B, y/r_B, z/r_B)$ 为无量纲 x，y，z 坐标。

以上式中，T^* 为标准化温度；T_{A1} 为钢的共析温度；T 为温度；r_B 为高斯光束半径；A 为表面吸收率；x^*，y^*，z^* 为标准化 x，y，z 坐标。

距离 z_0 标准化如下：

$$z_0^* = z_0/r_B$$

以及，无量纲温度参数为

$$T^* = \frac{(2/\pi)(q^*/v^*)}{[t^*(t^*+1)]^{1/2}} \exp - \left[\frac{(z^*+z_0^*)^2}{t^*} + \frac{y^{*2}}{(t^*+1)} \right] \tag{8-36}$$

在 (x^*, y^*, z^*) 位置处达到峰值温度 t_p^* 的时间为

$$t_p^* = \frac{1}{4} \{ 2(z^*+z_0^*)^2 - 1 + [4(z^*+z_0^*)^4 + 12(z^*+z_0^*)^2 + 1]^{1/2} \} \tag{8-37}$$

Bass 给出了强度 Q 相同的固定激光束所造成的峰值表面温度为

$$T_p - T_0 = \frac{2A Q}{\pi^{1/2} \lambda} (a\tau)^{1/2} \tag{8-38}$$

式中，τ 为相互作用时间；Q 为激光束平均强度。

高斯光束的平均强度为 $Q = q/\pi r_B^2$，因此上述方程可写成：

$$T_p - T_0 = \frac{2Aq}{\pi^{3/2} r_B^2 \lambda} (a\tau)^{1/2} \tag{8-39}$$

或用无量纲形式 τ、$2r_B/v$ 来表示

$$(T_p^*)_{z^*} = 0 = (2/\pi)^{3/2} q^*/(v^*)^{1/2} \tag{8-40}$$

首次硬化条件 $T_p = T_{A1}^*$ 或开始融化条件 $T_p = T_m$，可用过程变量的常数值表示：

$$q^*/T_p^* (v^*)^{1/2} = (\pi/2)^{3/2} = 常数 \tag{8-41}$$

用 T_p^* 作为 TA_1 或 T_m 峰值温度的近似值。

Bass 给出固定高斯光束峰值表面温度无量纲形成的一般解：

$$(T_p^*)_{z^*} = 0 = (1/\pi)^{3/2} q \tan^{-1} (8/v^*)^{1/2} \tag{8-42}$$

对于所有的 v，用单个无量纲常量来定义首次硬化和初始熔化：

$$(q^*/T_p^*) \tan^{-1} (8/v^*)^{1/2} = \pi^{3/2} = 常数 \tag{8-43}$$

用四个无量纲参数来定义高斯型激光束的激光硬化。目的是得到可以有选择性地读出工艺参数的图。图 8-52 所示描绘了与变量 z_c^*、v^*、q^* 和 $T_p^* = 1$（$T_p = T_{A1}$）有关的曲线。

通常不希望出现表面熔化，如果出现表面熔化，云图用虚线表示。

$$T_p^* = (T_m - T_0)/(T_{A1} - T_0) \quad 当 z^* = 0 \tag{8-44}$$

图 8-52 所示表明在 $T_p^* \approx 2.12$ 时 0.4% 碳钢表面开始熔化的深度。

可将几个高斯光源进行叠加来模拟非高斯型光源。将总功率分配给不同的高斯源，使其与实际的能量分布实现最佳匹配。对于特殊位置和给定时间，由于每个光源对加热过程的贡献使温度升高。如果材料的热学性能与温度无关，那么这种处理方式是有效的，也就是说，与方程有关的差分热流是线性的。作者将此方法运用于垂直光源激光束加热过程，并定义激光束斑比。

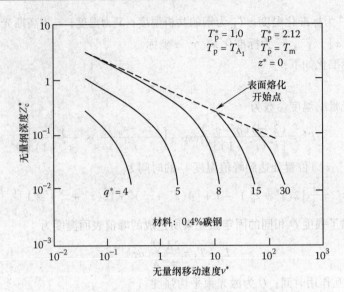

图 8-52　高斯功率密度横截面在不同激光束功率常量 q^* 条件下，

无量纲硬化深度 Z_c^* 与激光束移动速率 v^* 的关系曲线

　　光速比例 R（$R = l/w$）由 x 方向的长度 l 和交叉的，y 方向上的宽度 w 来定义。实际上通常令宽度固定，以长度作为变量，因此可采用光束宽度对过程变量进行如下标准化：

$$q_R^* = Aq/w\lambda \, (T_{A1} - T_0) \tag{8-45}$$

$$v_R^* = vw/\alpha \tag{8-46}$$

$$z_R^* = z/w \tag{8-47}$$

式中，下标 R 表示垂直于激光束。

　　图 8-53 所示给出了各种功率与轨道宽度之比 q/w［W/mm］和激光束比例 $R = l/w$（无量纲）条件下中碳钢无量纲图。

　　图 8-53 中给出硬化层深度和矩形激光束光斑宽度的无量纲比随移动速率和激光轨迹长度乘积的变化。选择单位激光光斑宽度的三种特征激光功率密度，即对于 $q/w = 50$、200 和 800 W/mm 的激光束，其比例为 1∶4∶16。

　　图 8-53 中给出了单独功率密度 q/w 曲线，对矩形激光束光斑的特定比例（如 $l/w = 0.2$、1.0 和 2.0）仍

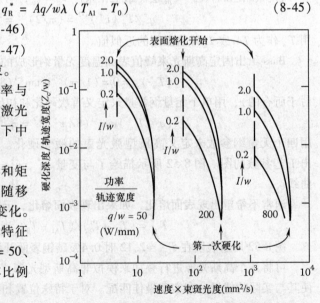

图 8-53　无量纲硬化深度 Z_c/w 和激光束

移动速率参数 vl 在 q/w = 常量条件下的曲线

注：垂直功率密度和束斑比为 l/w = 常量

然有效。在单独情况下，已知激光硬化条件和激光硬化边界条件，例如，激光重熔。图中单独曲线表明，每单位激光光斑宽度内激光束功率密度的增加使硬化层深度变浅。图 8-53 中根据单位激光光斑宽度和移动速率的变化来预测硬化层深度，具有一般有效性和可确定性。

综上所述，Ashby 和 Easterling 提出了描述激光相变硬化的近似热流模型，以描述具有广泛工艺参数的高斯型和非高斯型光源。

其优点如下：

1）选用无量纲参数简化模型。

2）表面温度校准，将高斯型解扩展到所有激光束移动速率。

3）发现矩形均匀激光源高移动速率解是可以接受的。

4）一般高斯解及可将模型扩展到非高斯型光源。

5）对无量纲常量的识别过程包含两种激光源的所有工艺参数，可确定首次硬化的位置或初始熔化的位置。

6）矩形光源的过程图允许选择过程变量，例如：激光束功率、轨迹宽度、移动速率和光斑尺寸。

Ashby 等用激光加工图展示了他们的研究成果，并表明微观组织和硬度与加工变量有关。他们通过改变激光功率 P，束斑半径 r_B 和激光束移动速率 v 对 Nb 微合金钢和中碳钢这两种钢进行试验。

他们采用功率为 0.5 kW 和 2.5 kW 的具有高斯型和礼帽型能线的连续波二氧化碳激光器进行激光表面热处理。

根据下述的简单混合规则，能较好地预测低碳钢中独立马氏体和铁素体区微硬度

$$\text{HV (mean)} = f_m H_m + (1 - f_m) H_f \tag{8-48}$$

式中，H_m 为马氏体平均微硬度值；H_f 为在该深度处的铁素体平均微硬度值。

图 8-54 所示给出了在不同能量密度 q/vr_B 和相互作用时间 r_B/v 下两种钢的硬度分布。从中可知，碳含量较低的钢，其硬度也较差。

在高碳钢奥氏体化过程中碳完全重新分配以得到均一的高硬度。关于珠光体分解、奥氏体均匀化和马氏体形成过程，相关学者提出了一些简单的模型。如果温度足够高，热循环

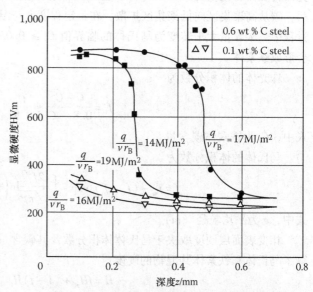

图 8-54　不同能量密度 q/vr_B 和相互作用时间 r_B/v 下两种钢的硬度分布

$T(t)$将使微观组织发生变化。某些微观组织变化受扩散控制，例如珠光体转变成奥氏体以及奥氏体中碳的均匀化。

微观组织变化与温度循环过程中发生的扩散跃迁总数有关。可用温度循环过程中的动力学强度I来衡量：

$$I = \int_0^\infty \exp - \frac{Q_A}{RT(t)} dt \qquad (8-49)$$

式中，Q_A为典型微观组织转变的激活能；R为气体常量。上式更简洁的表达式为

$$I = \alpha \tau \exp - \frac{Q_A}{RT_p} \qquad (8-50)$$

式中，T_p为最大温度；τ为热常量。常量α可由下式近似获得

$$\alpha = \sqrt[3]{\frac{RT_p}{Q_A}} \qquad (8-51)$$

快速加热过程中，珠光体首先转变为奥氏体，随后碳元素向外扩散，高碳奥氏体的体积分数增加。如果渗碳体和铁素体层间距为λ，可认为碳元素向奥氏体径向扩散。在等温热处理过程中，径向扩散所需的时间t由$\lambda^2 = 2Dt$确定

$$\lambda^2 = 2D_0 \alpha \tau \exp - \frac{Q_A}{RT_p} \qquad (8-52)$$

式中，D为碳的扩散系数。在温度循环$T(t)$时，Dt值为相变所需最大温度T处的值。

模拟奥氏体中碳元素的重新分配对理解激光相变硬化过程来说非常最重要。当将一种碳含量为C的亚共析普通碳钢加热到高于T_{A1}温度时，珠光体立即转变为奥氏体。珠光体转变为含碳量为$C_e = 0.8\%$的奥氏体，忽略铁素体转变为奥氏体的含碳量C_f。随后，碳从高聚集区向低聚集区扩散，在一定程度上与温度和时间有关。钢在后续的冷却过程中，碳含量大于转变为马氏体的临界值$C_c \geqslant 0.05\%$（质量分数），剩下的碳元素会形成铁素体。

珠光体的体积分数为

$$f_i = \frac{C - C_f}{0.8 - C_f} \approx \frac{C}{0.8} \qquad (8-53)$$

式中，C_f为铁素体碳含量。

马氏体的体积分数为

$$f = f_m - (f_m - f_i) \exp - \left[\frac{12 f_i^{2/3}}{\sqrt{\pi} g} \ln \left(\frac{C_e}{2C_c} \right) \sqrt{Dt} \right] \qquad (8-54)$$

式中，g为平均粒径（m）。

相变表面层硬度取决于马氏体体积分数及其碳含量。相关研究人员采用混合定律计算了马氏体和铁素体共混物的硬度：

$$H = f H_m + (1 - f) H_f \qquad (8-55)$$

并建议采用如下公式计算硬度值

$$H = 1667\ C - 926\ C^2/f + 150 \qquad (8-56)$$

图 8-55 所示给出了不同能量参数的三种实验硬度分布曲线（实线）和计算硬度分布曲线（虚线）。

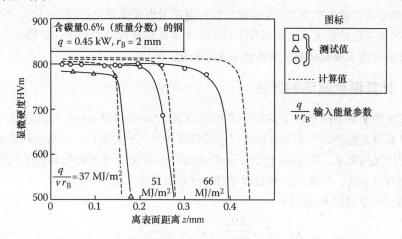

图 8-55　碳钢实验硬度分布和计算硬度分布与预测的比较

图 8-56 所示为 w（C）为 0.6% 的碳素钢激光加工过程图。水平轴表示能量密度 q/vr_B 和束斑半径 r_B。这些变量决定相变层中的温度循环。垂直轴为表面下方的深度。

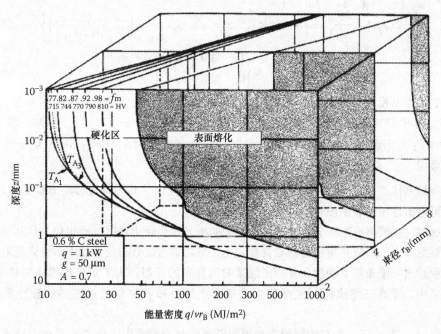

图 8-56　碳钢激光加工过程图

图中的阴影区，发生熔化，外发生相变硬化过程。图 8-56 中同时描绘了马氏体体积分数轮廓。

根据马氏体的体积分素和碳含量计算激光表面相变硬化后的硬度值 *HV*。

研究表明：

1）钢中碳含量低于 0.1%（质量分数）时不考虑相变硬化。

2）过程变量的最优组合可以使工件不发生表面熔化以获得最大表面硬度。

此方法可用于激光非晶化和激光表面合金化。

8.4.5　计算温度循环的方法

存在多种求解不同条件下热传导方程的方法。Carslaw 和 Jaeger 对其进行了有趣的描述。计算温度循环的大部分方法常以不同情况中的一种为基础，然后进行修改以使其适应特定情况的需求。Gregson 讨论了一个不随时间变化的理想均匀热源半无限平板的一维模型计算方法。加热和冷却过程中温度分布的表达式如下。

加热过程中温度-时间分布：

$$T(z,t) = \frac{\varepsilon z Q_{AV}}{\lambda} \sqrt{\alpha t} \cdot \text{ierfc} \left\{ \frac{z}{2\sqrt{xt}} \right\} \tag{8-57}$$

$$Q(t) = \left\{ \begin{matrix} Q & \text{当 } t > 0 \\ 0 & \text{当 } t < 0 \end{matrix} \right\} \tag{8-58}$$

冷却过程中温度-时间分布：

$$T(z,t) = \frac{2 Q_{AV} \sqrt{\alpha}}{\lambda} \left\{ \sqrt{t} \cdot \text{ierfc} \frac{z}{2\sqrt{\alpha t}} - \sqrt{t - t_L} \cdot \text{ierfc} \left(\frac{z}{2\sqrt{\alpha(t - t_L)}} \right) \right\} \tag{8-59}$$

$$f(t) = \left\{ \begin{matrix} Q & \text{当 } 0 < t < t_L \\ 0 & \text{当 } 0 > t > t_L \end{matrix} \right\} \tag{8-60}$$

式中，*T* 为温度（℃）；*z* 为表面下深度（cm）；*t* 为时间（s），*ε* 为辐射系数，$\varepsilon \approx 1$；Q_{AV} 为平均功率密度（W/cm²）；*λ* 为热导率（W/cm℃）；*α* 为热扩散系数（cm²/s）；t_0 为启动电源初始时间（s）；t_L 为关闭电源时间（s）；ierfc 为余误差函数的积分。

如果基体的厚度大于 $t \geqslant \sqrt{4\alpha t}$，且用来描述激光加热和冷却过程的方程是有效的，它们可近似地用来表示硬化层。

这些一维模型可用来分析理想均匀热源的激光相变硬化过程。理想均匀热源可通过光学系统产生，如激光束整合器或具有大礼帽型功率密度分布的高功率多模激光束。这些方程给出一维条件下的解，并给出温度时间分布的近似。为了更好地描述加热条件，需要采用二维或三维模型对实际输入功率密度的分布和材料的可变热物理性质进行描述。

Sandven 提出了一个预测圆形激光光斑沿圆筒外表面或内表面移动过程中温度随时间变化的分布的模型。该模型可用于模拟环曲面镜面的相变硬化过程。

在平板式求解的基础上，Sandven 对该模型进行改进，假定圆筒形物体的温度分布可近似为

$$T = \theta I \tag{8-61}$$

式中，θ 与工件的几何形貌有关；I 为平板的解析解。

据此可得出圆筒形工件的最终表达式为

$$T \approx (1 \pm 0.43 \sqrt{\phi}) \frac{2 Q_0 \alpha}{\pi \cdot \lambda \cdot v} \int_{x-B}^{x+B} e^{u} \cdot K_0 (z^2 + u^2)^{1/2} du \tag{8-62}$$

式中，$+$ 表示热流传入圆筒，$-$ 表示热流流出圆筒；Q_0 为功率密度；v 为 x 方向激光束移动速率；K_0 为 0 阶第二类修正贝塞尔函数；u 为积分变量；$2b$ 为移动方向的热源宽度；z 为径向深度。

$$B = \frac{v_b}{2\alpha}, Z = \frac{v_z}{2\alpha}, X = \frac{v_x}{2\alpha}$$

$$\phi = \alpha t / R^2 \tag{8-63}$$

式中，R 为圆筒半径。

Sandven 给出了 $Z = 0$ 和不同 B 值条件下的图解。为了估算硬化深度的近似值，仅考虑穿过表面层的最大温度分布。

Cline 和 Anthony 给出了激光加热过程最实际的热分析。他们用一个高斯型热分布，通过求解下列方程确定三维热分布：

$$\partial T / \partial t - \alpha \ \nabla^2 T = Q_{AV} / c_p \tag{8-64}$$

式中，Q_{AV} 为单位体积吸收的功率；c_p 为单位体积比热容。

他们采用一个固定在工件表面上的坐标系和对描述热分布的已知格林函数解进行叠加。温度分布如下：

$$T(x, y, z) = P(c_p \alpha r_B)^{-1} f(x, y, z, v) \tag{8-65}$$

式中 f 为分布函数

$$f = \int_0^\infty \frac{\exp(-H)}{(2\pi^3)^{1/2} (1 + \mu^2)} d\mu \ \text{以及} \tag{8-66}$$

$$H = \frac{\left(X + \frac{\tau \mu^2}{2} \right)^2 + Y^2}{2 (1 + \mu^2)} + \frac{Z^2}{2\mu^2}, \tag{8-67}$$

式中，$\mu^2 = 2\alpha t' / r_B$；$\tau = v r_B / \alpha$；$X = x / r_B$；$Y = y / r_B$，$Z = z / r_B$；P 为总功率；r_B 为激光束半径；t' 为激光束位于 (x', y') 时的初始时间；v 为移动速率。

冷却速率由下式计算：

$$\partial T / \partial t = -v [x / \gamma^2 + v / 2\alpha (1 + x / \gamma)] T \tag{8-68}$$

式中，$\gamma = \sqrt{x^2 + y^2 + z^2}$。只有在采用点热源的前提下，才计算给定的冷却速率。

由于材料热物理性质的数值解与温度有关，因此该三维模型比一维模型具有较大进步。Grum 等提出一个相对简单的数学模型，用来描述材料温度 $T(z, t)$ 随时间和位置的变化，加热循环和冷却循环有所区别。

为了简化数值计算，需进行适当的假设：

1）忽略材料熔化的潜热。

2）材料成分均匀且固相和液相物理性质恒定。所以我们假定材料的密度、热传导率和比热容与温度无关。

3）热能仅通过热传导进入材料，不考虑热辐射和传递到环境中的热能。

4）工件材料激光吸收吸收为常量。

5）依据相图假定极限温度和相变温度。

6）重熔表面保持平整，确保热量均匀输入。

因此得到一个相对简单的数学模型，表示材料温度 $T(z,t)$ 随时间和位置的变化，此处加热循环和冷却循环是相互独立的。

当 $0 < t < t_i$ 时，材料中加热循环条件可用下述方程描述

$$T(z,t) = T_0 + \frac{AP}{2\pi\lambda v_B \cdot \sqrt{t \cdot (t_i + t_0)}} \cdot [e^{-(\frac{(z+z_0)^2}{4\alpha t})} + e^{-(\frac{(z-z_0)^2}{4\alpha t})}] \cdot \mathrm{erfc}\left(\frac{z + z_0}{\sqrt{4\alpha t}}\right) \quad (8\text{-}69)$$

当 $t > t_i$ 时，材料中冷却循环条件可用下述方程描述

$$T(z,t) = T_0 + \frac{AP}{2\pi\lambda v_B \cdot \sqrt{t \cdot (t_i + t_0)}} \cdot [e^{-(\frac{(z+z_0)^2}{4\alpha t})} + e^{-(\frac{(z-z_0)^2}{4\alpha t})} - e^{-(\frac{(z-z_0)^2}{4\alpha(t-t_i)})}] \cdot \mathrm{erfc}\left(\frac{z + z_0}{\sqrt{4\alpha t}}\right)$$

$$(8\text{-}70)$$

上述式子中，变量 t_0 表示工件表面热扩散距离增加到激光束半径时所需的加热时间；变量 z_0 为在激光束相互作用期间热扩散所能达到的距离；C 为常数，这里定义 $C = 0.5$。

图 8-57a 所示为当激光束移动速率 $v_B = 12$ mm/s 时，400-12 球墨铸铁内材料的特定深处，根据方程计算得到的温度随时间的变化。图 8-58b 所示为重熔层和较深位置处材料激光重熔过程中加热和冷却速率的变化。

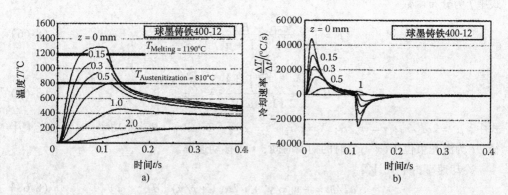

图 8-57 不同深度处温度循环和冷却速率与时间的关系
a）温度变化 b）冷却速率变化

在激光束与工件材料的相互作用初期，比如加热阶段，温度梯度非常高，表面温度梯度值高达 48000 ℃/s。结果表明，激光束穿过测试点处光束半径的一半时，冷却速率最大。

参考图 8-58 所示，已知熔化温度和奥氏体化温度，可准确预测重熔层和改性层的深度。在有限温度基础上，可以定义特定层深度，可对微观组织进行分析来进行验证。我们可以证明，提出的数学模型能够有效预测重熔条件。

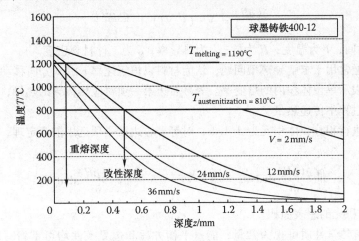

图 8-58　最大温度随 400-12 球墨铸铁深度下降

图 8-59 所示为对改性层特殊区域深度的试验结果和数学模型计算结果进行比较。

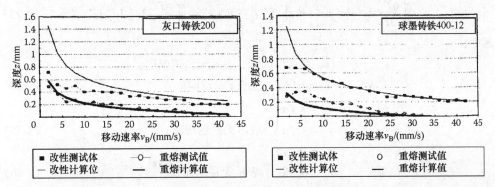

图 8-59　灰口铸铁 200 和 400-12 球墨铸铁重熔和硬化区深度试验结果和数学模型计算结果的比较

可以看出，重熔和硬化区深度的计算值与试验值大多数情形下相符较好。只有当工件移动速率较低时，发现灰口铸铁在改性层深度方面差异较大，这可能与工件表面褶皱的出现有关。

8.4.6　热流模型

Kou 等对 1018 钢激光表面硬化过程中的热流和固态相变进行了理论和实验研究。在理论研究部分，他们提出一个运用有限差分法求解的三维热流模型，并考虑了表面热损失、表面吸收率与温度的关系以及热学性质与温度的关系。该模型包含一般热流的信息，Jaeger 通过解析法对该热流模型进行验证。假设没有表面热损失，且表面吸收率和热学性质不变。借助该热流模型，可对三个假设的有效性进行评估。

热流模拟中使用的能量平衡方程、边界条件和有限差分法可表示为如下有限差分方程。假设激光束静止而工件以恒定速率 v 移动。静止坐标系（$x-y-z$）内的能量平衡方程为

$$\frac{\partial(\rho H)}{\partial t} = \nabla \cdot (k \ \nabla T) - v \frac{\partial(\rho H)}{\partial x} \tag{8-71}$$

式中，t 为时间；T 为温度；H 为焓；k 为热导率；ρ 为工件材料密度。

该方程通常用于求解导热型问题，认为材料以恒定速率 v 沿 x 方向移动。方程中等号左边的项表示单位体积内的焓变率。等号右边第一项对应热传导的热量，最后一项对应材料移动过程中传递热量。

对方程进行积分，体积元为 $dxdydz$，对等号右边第一项运用散度定理，可得到下列积分方程：

$$\iiint \frac{\partial(\rho H)}{\partial t} dxdydz = \oiint \lambda \ \nabla T \cdot d\vec{S} - \iiint v \frac{\partial(\rho H)}{\partial x} dxdydz \tag{8-72}$$

式中，$\vec{S}$ 为体积元的总表面积。

假如所有热学性质可视为常量，能量平衡方程和边界条件均可重新写成无量纲形式，这样热流计算结果可以推广到不同材料和不同加工条件。积分方程可写成如下无量纲形式：

$$\iiint \frac{\partial T^*}{\partial F_0} dx^* dy^* dz^* = \oiint \nabla^* T^* \cdot d\vec{S}* - \iiint \frac{\partial T^*}{\partial x^*} dx^* dy^* dz^* \tag{8-73}$$

其中：

$$T^* = k\alpha(T - T_0)/Qv \quad \text{表示无量纲温度；}$$

$$F_0 = tv^2/\alpha \quad \text{表示无量纲时间；} \tag{8-74}$$

$$\left.\begin{array}{l} x^* = xv/\alpha \\ y^* = yv/\alpha \\ z^* = zv/\alpha \end{array}\right\} \quad \text{表示无量纲距离；} \tag{8-75}$$

$$S^* = Sv^2/\alpha^2 \quad \text{表示无量纲面积；} \tag{8-76}$$

$$\nabla^* = (\alpha/v) \ \nabla \quad \text{表示无量纲梯度。} \tag{8-77}$$

式中，α 为热扩散率；Q 为工件实际吸收功率。

请注意，在方程求导中定义为 $dH = c_p dT$，其中 c_p 为材料比热容。

根据上述定义的无量纲变量，边界条件可重写为

$$\partial T^*/\partial y^* = 0 \quad \text{当} \quad y^* = 0 \tag{8-78}$$

$$T^* = 0\lambda_0 \ (x^{*2} + y^{*2} + z^{*2})^{1/2} \to \infty \tag{8-79}$$

$$-\partial T^*/\partial z^* = \eta*/4a^*b^*,$$

$$\text{若} \ z^* = 0, |x^*| \leqslant a^* \quad \text{且} |y^*| \leqslant b^* \tag{8-80}$$

$$-\partial T^*/\partial z^* = Bi(T^* - T_a^*)$$

$$\text{若} \ z^* = 0, |x^*| > a^* \quad \text{或} |y^*| > b^* \tag{8-81}$$

其中：

$$a^* = av/\alpha \quad 表示激光束无量纲长度;$$
$$b^* = bv/\alpha \quad 表示激光束无量纲宽度;$$
$$\eta^* = \eta/\eta_0 \quad 表示吸收比;$$
$$Bi = h_{\text{eff}}\alpha/kv \quad 表示 \text{ Biot } 数。$$
$$T_a^* = \lambda \cdot \alpha(T_a - T_o)/Q \cdot v \tag{8-82}$$

在上述方程中，总吸收率 η_0 定义根据 $Q = \eta_0 Q$。

图 8-60 给出了工件中心面上无量纲峰值温度的分布随深度的变化。可测定无量纲最大工件温度 $T_{\max}^*$（即 $y^* = z^* = 0$）和无量纲方型激光束尺寸 a^* 之间的关系。图 8-61a 所示为 $T_{\max}^*$ 与 $a^{*-1.5}$ 的关系曲线，可通过一维热流方程预测工件的最大温度。当 a^* 大于 20 时，最大工件温度采用三维热流方程模型进行预测。a^* 越小，$T_{\max}^*$ 越偏离 Greenwald 方程的预测值。

从图 8-61b 中可以看出，当对 $T_{\max}^*$ 与 $a^{*-1.4}$ 之间的关系进行重新绘图时，可得到如下简单的关系

$$T_{\max}^* = 0.293 a^{*-1.4} \tag{8-83}$$

当 a^* 在 $5 \sim 50$ 之间时，选用上式更为恰当。而当 a^* 非常高时，Greenwald 方程较好。在相变硬化过程中不希望发生熔化，$T_{\max}^*$ 可作为确保最大工件温度保持在熔点 T_m 以下的标准。即

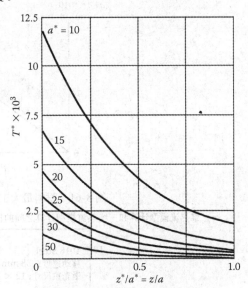

图 8-60　$y = 0$ 时峰值温度与深度和光束尺寸的函数关系

$$T_m^* = \frac{\lambda\alpha(T_m - T_0)}{Qv} = 0.293\left(\frac{av}{\alpha}\right)^{-1.4} \tag{8-84}$$

对上式变形可得到如下形式：

$$\frac{Q}{a^{1.4}v^{0.4}} = c_m \tag{8-85}$$

其中，

$$c_m = \frac{k(T_m - T_0)}{0.293\alpha^{0.4}} \tag{8-86}$$

图 8-61c 给出了 Q 和 $a^{1.4}v^{0.4}$ 之间的关系曲线。对于给定的材料，系数 c_m 为常数。图 8-61c 可作为选择合适操作条件的简单标准，以避免表面熔化。

图 8-62 所示为移动速率为 38 mm/s 的激光束对一组试样扫描后，热影响区的最大深度和激光功率密度的关系曲线。根据试样表面是否存在大量的熔化斑来判定试样是否开始熔化。由于熔化潜热需要额外的能量，熔化曲线的斜率大于相变硬化曲线。

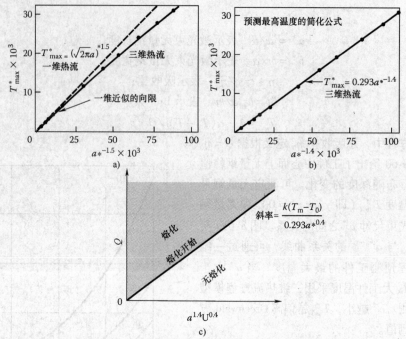

图 8-61 材料最大工件温度和表面开始熔化

a）维热流模型计算和三维热流模型计算之间的比较　b）预测 T_{max}^* 的简化方程　c）表面开始熔化

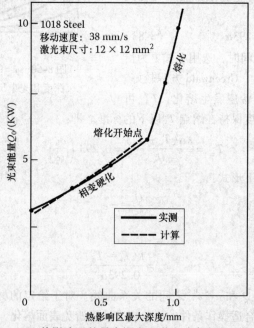

图 8-62　1018 热影响区的最大深度和激光功率密度的关系曲线

注：激光束尺寸及移动速率恒定。由于熔化时产生的热量使熔化曲线斜率高于相变硬化曲线。虚线为高温热学性质和吸收率为 84% 情况下的计算结果。

　　Kou 等对钢在激光表面硬化过程中产生的热流和固态相变进行理论和实验研究。对试样进行类似的计算，观察到表面熔化。发现吸收率为 88.6%，在热影响区深度和工件表面的最大温度（如熔点）方面都与实验相符，其结果如图 8-63 所示。热影响区底部的平均加热速率 2200 ℃/s 远大于 40 ℃/s，再次表明加热时的有效温度 A_1 为 780℃。如图 8-63 所示，硬化区底部温度在 0.41 s 的时间内从 780℃ 冷却到 500℃，这表明有马氏体的形成。热影响区微观硬度分布如图 8-64 所示。从图 8-64 中可以看出，靠近表面显微硬度连续增加。然而，由于表面熔化，表面附近显微硬度下降。最大显微硬度约为 435 daN/mm² （0.5 daN Knoop），稍低于碳含量为 0.18% 马氏体的硬度。靠近热影响区顶部处的微观组织如图 8-65 所示，本质上属于马氏体组织。由于碳向奥氏体中扩散的时间不是很充足，所以还存在少量铁素体。然而，由于 1018 钢中马氏体形成的临界冷却时间大于 0.44 s，因此该微观组织必定与图 8-63b 中计算的热循环有关。

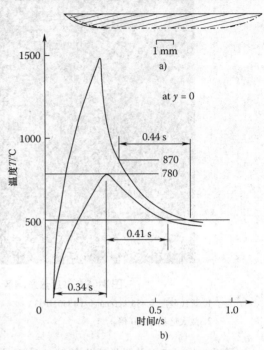

图 8-63　功率为 5.7 kW 的激光束以 38.1 mm/s 的速率移动时的计算结果

a）计算和实验所测得的硬化区尺寸

b）硬化区顶部和底部计算得到的热循环

注：相应连续冷却转变图奥氏体化温度为 870℃。

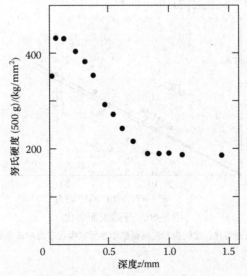

图 8-64　功率为 5.7 kW 的激光束以 38.1 mm/s 的速率移动条件下，热影响区的微观硬度

图 8-65 靠近热影响区顶部处的微观组织

注：1. 努氏硬度为 435 kgf/mm^2（4350MPa）。

2. 放大倍数为 370 倍。

最后，将以高温热学性质为基础的计算结果与实验结果相比较，其结果如图 8-62 和图 8-66 所示。计算中使用的吸收率为 84%。从这些图可以看出，在吸收率为常量及高温热学性质的基础上，实验结果和计算结果相吻合。

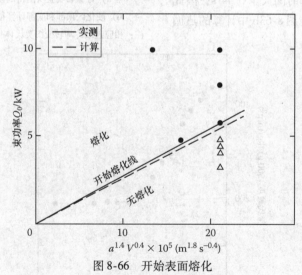

图 8-66 开始表面熔化

注：实线表示实验观测的表面熔化，虚线表示在高温热学性质和吸收率为 84% 条件下的计算结果。

8.4.7 材料激光硬化和熔化的热分析

HE Cline 和 TR Antony 提出了一个具有恒定移动速率的高斯型激光源进行激光硬化和材料重熔的热分析法。快速移动的高功率激光器的热流主要由固体中的热传导控制，热传导与热扩散率 D 和单位体积比热容 c_p 有关。如果激光束尺寸小于热处理对象，可将热加工对象近似看为半径无限大的几何体。实际上，通过喷砂和涂覆胶体石墨的方法可以使表面获得很高的激光辐射吸收率。我们将用表面吸收功率 p 对分析过程用公式表示。表面吸收功率与表面的吸收能力有关，且小于激光输出功率。

$$\frac{\partial T}{\partial t} - D \ \nabla^2 T = \frac{Q}{c_p} \tag{8-87}$$

总功率 P 光斑半径为 R 的移动高斯型激光束标准化为：

$$Q = P \frac{\exp\{-[(x-vt)^2 + y^2](2R^2)^{-1}\}}{2\pi R^2} \frac{h(z)}{\lambda} \tag{8-88}$$

式中，λ 为吸收深度，当 $0 < z < \lambda$ 时，$h(z) = 1$；当 $z > \lambda$ 时；$h(z) = 0$。

图 8-67 所示为在不同移动速率条件下，根据方程计算得到的温度沿 x 轴的分布。当移动速率增加时，最高温度降低且沿激光器中心后方移动，表面下方不同深度处的温度降低（见图 8-68）。由于材料加热有效时间减少，激光束下面的温度随着移动速率增加降低。

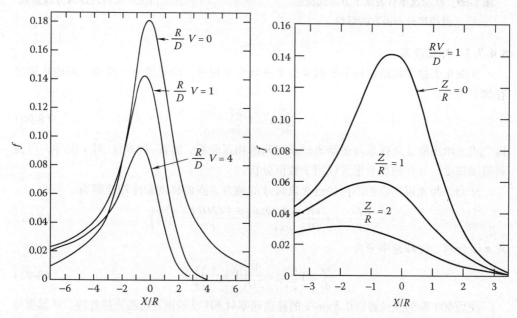

图 8-67　在不同移动速率条件下，计算
　　　得到的温度沿 x 轴的分布

图 8-68　移动速率恒定条件下，表面下方
　　　不同深度处的温度分布函数

通过曲线拟合，计算得到的渗透曲线（见图 8-70）近似存在如下关系

$$T = T_0 \exp(-z/z_0) \tag{8-89}$$

式中，T_0 为激光束以下表面的温度值；z_0 为深度参数，约为 10 R $(0,0,0,v)$。

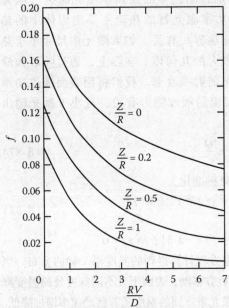

图 8-69　移动速率对表面下方不同深度
处温度分布函数的影响

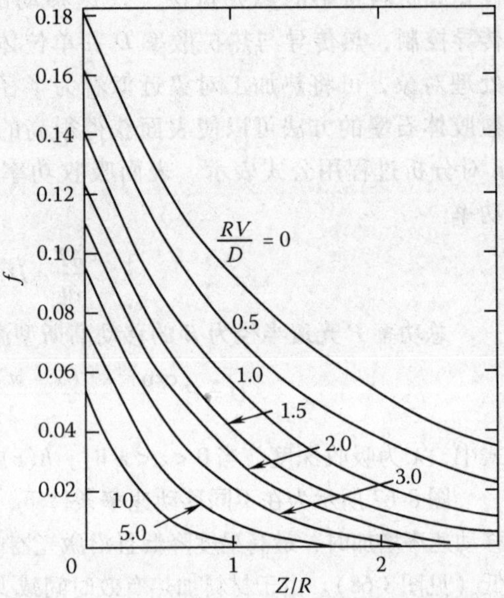

图 8-70　不同速率情况下材料内渗透分布函数

8.4.7.1　冷却速率

从激光束稳定移动过程中的温度分布推导冷却速率。冷却速率与移动方向的热梯度有如下关系：

$$\frac{\partial T}{\partial t} = -V \frac{\partial T}{\partial x} \tag{8-90}$$

这个式子给出静止坐标系与运动坐标系之间的相互联系。将式（8-90）对 x 求导，可得到温度梯度。方程的积分形式仅用于数值分析。

然而，与光束中心的距离接近光斑尺寸的地方，点源梯度和冷却速率为

$$\frac{\partial T}{\partial t} = -\frac{VP}{c_p D 2\pi} \frac{\partial}{\partial x}\left(\frac{\exp[-V/2D(r+x)]}{r}\right) \tag{8-91}$$

对 x 微分后，冷却速率变为

$$\frac{\partial T}{\partial t} = V\left[\frac{x}{r^2} + \frac{V}{2D}\left(1 + \frac{x}{r}\right)\right]T \tag{8-92}$$

使用 100 W 的点光源以 0.5 cm/s 的移动速率对 304 不锈钢进行激光热处理，从温度分布和冷却速率关系曲线可以看出，冷却速率分布与温度分布非常相似（见图 8-71）。最高温度处冷却速率为 0。

$$\partial T/\partial x = 0 \tag{8-93}$$

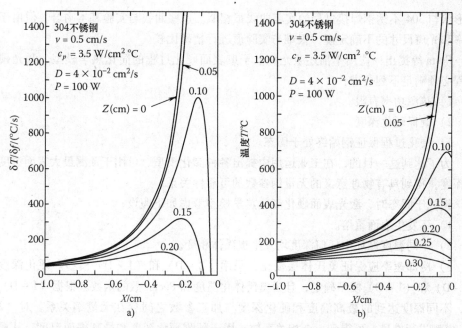

图 8-71　304 不锈钢不同深度处沿 x 轴方向的冷却速率和温度

8.4.7.2　激光熔化

　　在固体热处理过程中，最大温度 T_0 低于熔点 T_m。本节仅考虑最大温度高于熔点但不超过沸点的情况。激光器扫描过程中，材料表面附近形成一个随激光器移动的焊接熔化坑，随后发生凝固。凝固时界面上释放出熔化时界面吸收的潜热，一定程度使温度的分布发生改变，但对渗透深度的影响不是很明显。如果不考虑潜热带来的影响，也不考虑液态和固态之间的热导率差造成的影响，固液等温线由下式给出：

$$T_m = P\,(c_p DR)^{-1} f(s,y,z,v) \quad (8\text{-}94)$$

液体渗透深度为

$$Z_m = z_0 \ln(P/P_m) \quad (8\text{-}95)$$

式中，P_m 为发生熔化前吸收的功率；$z_0 = 10 f(0,0,0,v)R$。

　　可根据以上这些方程估算 304 不锈钢在不同渗透深度处，移动速率和吸收功率曲线之间的关系（见图 8-72）。这些曲线

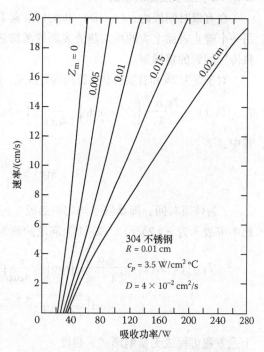

图 8-72　304 不锈钢液态区不同渗透深度处，移动速率和吸收功率之间的关系

的形状与 304 不锈钢焊接过程的实验曲线很相似。这些曲线与实验基本吻合，但由于反射率和光斑尺寸的不确定度，很难与实验值进行精确比较。

Festa 等提出一些用于描述激光和电子束表面硬化过程的简化热学模型。激光硬化过程必须满足下列要求：

1）热源功率有限。

2）确保硬化深度。

3）硬化过程保证钢始终处于固态。

为了达到这一目的，在工业运用中提出各种简化模型，可用于预测最大表面温度硬化深度，得到具有物理意义的无量纲参数的可靠性关系。

钢处于固态时，激光表面硬化简化热学模型考虑如下假设：

1）不发生表面重熔。

2）不同温度循环中任何深度均发生奥氏体相变。

3）冷却速率应保证奥氏体层硬化，采用 $(2-D)_v$ 和 $(1-D)_\tau$ 模型。硬化深度由 $(2-D)_v$ 和 $(1-D)_\tau$ 模型确定，且为奥氏体化温度和 Peclet 数的函数。根据 $(1-D)_\tau$ 模型，不同深度达到的最高温度和硬化深度与加工参数之间存在无量纲关系。对 $(2-D)_v$ 模型进行推导，可得到一个相关系数，用于预测硬化深度和最高表面温度。从模型可以看出，给定的加工参数与 Peclet 数存在简单的联系。

8.4.7.3 数学描述及求解

在有限时间段内，$(1-D)_\tau$ 和均匀带宽 2b，$(2-D)_v$，在均匀初始温度情况下，采用一个静止表面上方的均匀热流表面热源加热一个半无限各向同性均匀体。求解该线性热传导问题的精确解。

对于宽为 2b 和有限移动热源的均匀热流，假设热学性质与位置无关，$(1-D)_\tau$ 的解为

$$T_{1-D,\tau}(z,t) = \frac{2q_0\alpha^{1/2}}{\lambda}\left\{t^{1/2}\cdot\mathrm{ierfc}\left[\frac{z}{(4\alpha t)^{1/2}}\right] - \delta(t)\ (t-\tau)^{1/2}\mathrm{ierfc}\left[\frac{z}{(4\alpha\ (t-\tau)^{1/2})}\right]\right\} \quad (8\text{-}96)$$

其中：

$$\delta(t) = \begin{cases} 0 & \text{若} \leqslant \tau \\ 1 & \text{若} > \tau \end{cases} \quad (8\text{-}97)$$

τ 为停留时间，即暴露于均匀恒热流中的表面受到光斑照射的时间（在 $(2-D)_v$ 问题中可表示为 $\tau = 2b/v$）。$(2-D)_v$ 问题的解为

$$T_{2-D,v}(x,z,t) = \frac{q_0\alpha^{1/2}}{2\lambda\cdot\pi^{1/2}}\int_0^\infty \exp\left(-\frac{z^2}{4\alpha\mu}\right)\times\left\{\mathrm{erf}\left[\frac{v}{(2\alpha)^{1/2}}\cdot\frac{(x+b)/v-t+\mu}{(2\mu)^{1/2}}\right]\right.$$
$$\left. - \mathrm{erf}\left[\frac{v}{(2\alpha)^{1/2}}\cdot\frac{(x-b)/v-t+\mu}{(2\mu)^{1/2}}\right]\right\}\frac{\mathrm{d}\mu}{\mu^{1/2}} \quad (8\text{-}98)$$

上述方程可写成无量纲形式。假设

$$X = \frac{x}{(4\alpha\tau)^{1/2}}, \quad Z = \frac{z}{(4\alpha\tau)^{1/2}}, \quad \zeta = \frac{\mu}{\tau}, \xi = \frac{t}{\tau} \quad (8\text{-}99)$$

$$\mathrm{Pe} = \frac{vb}{2\alpha} = \left[\frac{2b}{(4\alpha\tau)^{1/2}}\right]^{2} \tag{8-100}$$

$$T^{+} = \frac{T}{2bq_{0}/\lambda} \tag{8-101}$$

该式为 $(2-\mathrm{D})_{v}$ 问题的解；此外，假设最高温度与 Peclet 数无关。

根据反函数可得到硬化深度：

$$T_{1,m}^{*}(Z) = \pi^{1/2}F(Z) \tag{8-102}$$

$$T_{2,m}^{*} = (Z,\mathrm{Pe}) = G(Z,\mathrm{Pe}). \tag{8-103}$$

当 $T_{1,m}^{*}$ 等于 T_{c}^{*} 时，相对于 $(1-\mathrm{D})_{\tau}$ 的硬化深度为：

$$Z_{\mathrm{h}} = F^{-1}(T_{1,m}^{*}) \tag{8-104}$$

当 $T_{2,m}^{*}$ 等于 T_{c}^{*} 时，相对于 $(2-\mathrm{D})_{v}$ 的硬化深度为：

$$Z_{\mathrm{h}} = G_{z}^{-1}(T_{2,m}^{*},\mathrm{Pe}) \tag{8-105}$$

由于反函数无法进行解析解，用选用经验公式。对于 $(1-\mathrm{D})_{\tau}$ 和 $(2-\mathrm{D})_{v}$ 来说，Z_{h} 值用迭代法求解，方程分别为 Pe、$T_{1,m}^{*}$ 和 $T_{2,m}^{*}$ 的函数。

根据计算结果绘制无量纲温度图，对 $(1-\mathrm{D})_{\tau}$ 和 $(2-\mathrm{D})_{v}$ 两个模型进行清晰的对比。图 8-73 和图 8-74 分别给出了 $(1-\mathrm{D})_{\tau}$ 和 $(2-\mathrm{D})_{v}$ 模型在不同奥氏体化温度条件下，硬化深度与 Peclet 数的函数关系。两个模型都表明，在给定硬化深度（Z_{h}）处，当 Peclet 数（Pe）较小时，得到的最大温度 T_{c} 较高。这意味着 $(2-\mathrm{D})_{v}$ 模型的最大温度，对于给定热扩散率的材料而言，热通量越低，移动速率越慢。从图中还可看出，温度 T_{c}^{+} 越低，曲线斜率越大。不出所料，从两种模型得出的硬化深度预测值，在高 Peclet 数（Pe > 10）情况下符合的较好，而当 Peclet 数较低时（Pe < 1），$(1-\mathrm{D})_{\tau}$ 模型预测的硬化深度值过高。

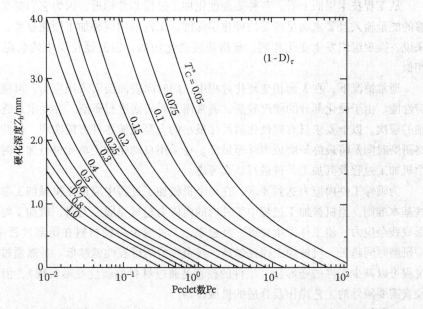

图 8-73　$(1-\mathrm{D})_{\tau}$ 模型在不同奥氏体化温度条件下，硬化深度与 Peclet 数的关系曲线

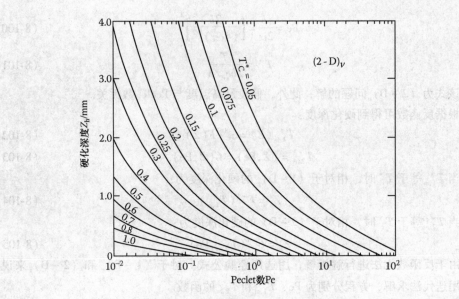

图 8-74　　(2 – D)$_v$模型在不同奥氏体化温度条件下，硬化深度与 Peclet 数的关系曲线

8.5　激光表面硬化后的残余应力

8.5.1　背景

　　从工程技术层面上看，各种表面硬化加工过程非常相近，因为它们都必须保证有足够的能量输入且要求满足所需的硬化层深度。无论采用何种加工硬化过程，对同一种钢来说，微观组织发生变化相同，显微硬度变化相似，表面硬化层中残余应力的变化也相似。

　　通常情况下，在表面相变硬化过程中，同时向表面层引入压应力，可提高工件的疲劳性能。由于硬化部分的硬度较高，通常需要对表面进行研磨，并要求最终研磨达到较细的层次。以上要求只有对硬化后尺寸最小的大型机械零件方能实现，因此需要缩短最终研磨时间及将最终研磨成本降至最低。在采用自动化加工单元进行加工时，需要对每个机加工过程及其加工条件进行认真考虑。

　　为确保工件内应力达到要求，在每个机械加工过程中应遵循机械加工参数选择的一些基本准则。当机械加工过程中工件内的内应力超过屈服应力时，机加工将导致工件内形成残余应力，使工件发生变形。反过来，工件变形将使材料在研磨过程中移动加剧。即研磨时间越长，机械加工损耗越高，残余应力的可控性就越低。虽然通过随后的校直过程可以减少工件的变形量（工件的校直是通过材料的塑性变形实现），但对工件进行校直需要额外的工艺操作及合适的机械设备。

　　这种解决方案仅适用于某些特殊情况，无论机械加工处于什么情况下，机械加工过程中均会使工件发生变形。当遇到这些情况时，唯一的解决办法是改变工件形状和产品尺寸，来避免在机械加工过程中发生材料增塑。

关于激光表面硬化，由于马氏体表面层密度较低，机械零件的表面残余压力相对较高。表层的压应力可作为一种预应力，来增加机械零件的负载能力，阻止表面裂纹的形成或扩展。采用这种方法处理后的机械零件，由于其对材料疲劳的敏感性非常低，适用于对热机械负载具有严格要求的情况。同时这些零件的使用寿命较长。

残余应力是指当材料不受外力或外力矩作用时材料或机械零件中存在的应力。只有在加工制造水平达到制造精度超过机械部件变形的尺寸时，金属机械零件中的残余应力才会引起技术员和工程师们的重视。

在18世纪50年代人类就已经知道机械加工后形成的内应力对机械零件的变形有影响。从那时起，专家们从各个维度对机械零件进行测试。对一个给定类型的机械加工过程，他们将机械加工条件的选择与尺寸差异的大小联系起来。根据尺寸差异的最小原则（即机械零件变形量最小）开始运用专业的方法选择和优化加工条件。至今，对机械零件不同维度的测试，仍然是非常实用、简便和可信的方法。

通过所谓的"表面完整性"手段可对大部分具有严格要求的机械零件的表层和次表层的条件加强控制。

19世纪60年代初，相关学者对表面和表层的完全评估进行了科学的描述和定义。高质量的机械零件和经受很重的热机械负载的产品，从不同层面上对表面完整性进行界定。表面完整性在基本层面，包括对给定机械加工条件下，由机械加工导致的表面粗糙度的测定和表面薄层中微观组织和显微硬度的分析。表面完整性描述的第二个层面，包括对表面层中残余应力的研究和给定材料力学性能的研究。表面完整性描述的第三个层面，包括对机械加工过程中给定部件力学行为的测试。表面完整性描述更详细的介绍详见相关资料。

8.5.2　热应力和相变应力的测定

Yang等提出中碳钢激光表面相变硬化后，测定热应力和相变残余应力的模型。热梯度产生热应力，马氏体相变主要引起残余应力。模拟试样的长度为6 mm，厚度为2 mm，切片宽度为0.2 mm。选择功率$P = 1.0$ kW的激光器进行热处理，移动速率$v = 25$ mm/s，吸收率$A = 0.15$，热流特征半径为$r = 1.0$ mm。快速加热奥氏体化转变的开始温度为830℃，终止温度为950℃。

材料的冷却速率足够高，在360～140℃温度范围内，奥氏体转变为马氏体。在模拟过程中，考虑加热过程中微观组织转变为奥氏体（$\alpha F + P \rightarrow A = 2.8 \times 10^{3}$）所造成的体积变化，以及冷却过程中，奥氏体转变为马氏体（$\alpha A \rightarrow M = 8.5 \times 10^{-3}$）所引起的体积变化。图8-75给出了表面和表面下方激光硬化带中部不同深度处的温度循环。

8.5.2.1　传热分析

当热源以恒定速率沿一个有规律的路径运动且热源开始或终止对结果造成的影响可以忽略时，计算达到准静态条件时的瞬态温度分布。

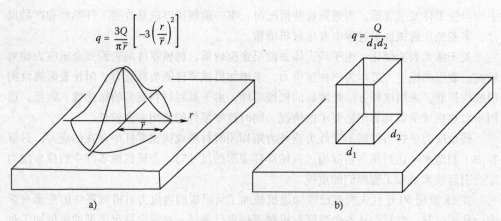

图 8-75　两种不同激光束形状的示意图

a) 高斯型激光模　b) 平方型激光模

根据热流模型模拟从激光束传入工件的能量。图 8-75 给出了两种常用而且知名的高斯型激光模型和方形激光模型的典型的热流分布。高斯型激光模型中工件表面顶部的热流 $q(r)$ 可用下式表示：

$$q(r) = \frac{3Q}{\pi r^{-2}} \exp\left\{ -3\left(\frac{r}{\bar{r}}\right)^2 \right\}$$ (8-106)

式中，r 为激光束中部的径向距离；$\bar{r}$ 为特征半径，定义为激光束强度下降至最大强度的 5% 时的半径；Q 为传入基体中的功率；A 为吸收率；P 为激光器功率。

方型激光束模型的热流可简单表示为

$$q(r) = \frac{Q}{d_1 d_2}$$ (8-107)

式中，d_1 和 d_2 分别为激光束的宽度和长度。

8.5.2.2　热应力和残余应力分析

如果材料在受到激光表面硬化热循环的影响时，材料的力学行为可看成是初始各向同性、弹塑性和连续应变强化，那么总应变可由下式给出：

$$\varepsilon_{ij} = \varepsilon_{ij}^{e} + \varepsilon_{ij}^{p} + \varepsilon_{ij}^{th}$$ (8-108)

式中，ε_{ij}^{e}、ε_{ij}^{p}、ε_{ij}^{th} 分别为弹性应变、塑性应变和热应变。

在著名的 Prandtl-Reuss 方程中添加一个附加项以考虑温度的影响。对于弹性部分，采用如下公式：

$$\varepsilon_{ij}^{e} = \frac{1+\nu}{E}\sigma_{ij} - \frac{\nu}{E}\sigma_{kk}\delta_{ij}$$ (8-109)

式中，δ_{ij} 为 Kronecker 符号；ν 为 Poisson 比；E 为杨氏模量。

热应变可表示为

$$\varepsilon_{ij}^{th} = \alpha(T - T_r)$$ (8-110)

式中，α 为线性热膨胀系数；T_r 为参照温度。

8.5.2.3　新的二维有限元模型

为了有效计算无约束工件的热应力和残余应力，本研究介绍一种新的二维有限元模型框架。

在该模型中，采用解空间中纵向总应变的分布 $\varepsilon_x(y,z)$ 作为边界条件。将纵向上的 $\varepsilon_x(y,z)$ 值看成边界值的精确集合。为了确定 $\varepsilon_x(y,z)$，满足该模型所有假设的应力相容性方程如下：

$$\frac{\partial^2 \varepsilon_x}{\partial y^2} = 0 \tag{8-111}$$

$$\frac{\partial^2 \varepsilon_x}{\partial z^2} = 0 \tag{8-112}$$

$$\frac{\partial^2 \varepsilon_x}{\partial y \partial z} = 0 \tag{8-113}$$

$$\sum M_z = 0 \tag{8-114}$$

纵向总应变分布 $\varepsilon_x(y,z)$ 必须关于 z 轴对称，这个要求在通常情况下都能够满足，且 $\varepsilon_x(y,z)$ 必须为 y 的偶函数。从上述关系可得到下列方程：

$$\varepsilon_x(z) = a + bz \tag{8-115}$$

根据上述方程和 Hooke 定律，常量 a 和 b 可由下列式子确定：

$$a = \frac{8AD - 12B}{WD^2} \tag{8-116}$$

$$b = \frac{24B - 12AD}{WD^3} \tag{8-117}$$

其中

$$A = \int_0^D \int_0^{W/2} \varepsilon_x^p + \varepsilon_x^{th} - \frac{\nu}{1-\nu}(\varepsilon_y^e + \varepsilon_z^e) \, dy dz \tag{8-118}$$

$$B = \int_0^D \int_0^{W/2} \left\{ \varepsilon_x^p + \varepsilon_x^{th} - \frac{\nu}{1-\nu}(\varepsilon_y^e + \varepsilon_z^e) \right\} z \, dy dz \tag{8-119}$$

式中，W 为工件宽度；D 为工件厚度。

热应变主要是由于温度分布不均匀所造成的，纵向总应变 $\varepsilon_x(y,z)$ 与工件内的温度分布有关。因而认为纵向总应变 $\varepsilon_x(y,z)$ 在 y 方向的梯度与 z 方向的梯度相同。由于纵向总应变分布 $\varepsilon_x(y,z)$ 必须关于 z 轴对称，因此 $\varepsilon_x(y,z)$ 可用下式表示：

$$\varepsilon_x(y,z) = a + b|y| + bz \tag{8-120}$$

根据上述关系，边界条件 $\varepsilon_x(y,z)$ 的精确值满足纵向平衡条件，即可进行计算。

8.5.2.4　模拟结果和讨论

在激光表面热处理过程中，由于加热速率很高，奥氏体转变温度会发生变化。奥氏体相变开始温度范围约为 830℃，奥氏体相变终止温度范围约为 950℃。对于会发生奥氏体向马氏体转变的所有材料而言，冷却速率同样非常高。在 140～360℃ 的温度范围内发生马氏体相变。马氏体相变会引起体积膨胀。在模拟中，通过引入热膨胀来考虑奥氏体和马氏体相变引起的体积变化，热膨胀设为 2.8×10^{-3}。

用有限元网格对弹塑性应变进行增量分析。有限元模拟使用的工件尺寸为 16 mm × 5 mm，切片厚度为 0.2 mm。在此研究中，所用的基本加工参数为：激光器功率 P = 1110 W；吸收率 A = 72.7 %；移动速率 v = 30 mm s^{-1}；激光束尺寸为 4.5mm × 4.5 mm（平方型激光束模）。然后改变激光束的类型（高斯型激光束模，方型激光束模），方型模的尺寸，移动速率和激光器功率，以观察不同加工参数条件下残余应力的分布。

图 8-76 给出了高斯型和方形激光束条件下，工件表面不同位置处温度随时间的变化。如图 8-76a 所示的高斯型激光束模型中，由于热流在切片区域内连续增加和减小，因此任意一点处的温度变化历史均可用一条连续光滑的曲线描述。相反，如图 8-76b 所示，方型激光束模型的温度历史曲线是不连续的，热流特性突然下降。

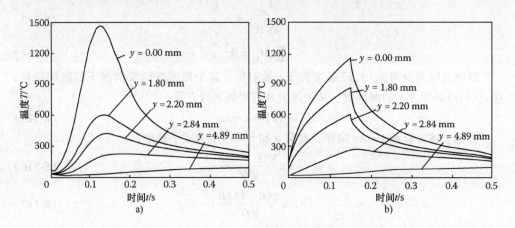

图 8-76　与表面中心线不同距离处温度随时间的变化

a) 高斯型激光束模（热流特征半径为 $\bar{r}$ = 3mm）　b) 方型激光束模（光束大小为 4.5mm × 4.5mm）

图 8-77 和图 8-78 给出加热和冷却过程中表面上纵向热应力分布。在加热初始阶段，局部温度梯度瞬时剧烈增加，激光束附近区域出现压缩屈服。但随着与中心线距离的增加，热应力状态变成拉应力。随着激光束能量的加强，温度上升，屈服强度迅速下降，因此激光束附近的压热应力变得越来越小。在冷却过程中，屈服强度增加，屈服表面卸载后发生弹性形变，直到拉力作用下的材料发生屈服。因此，在冷却过程中，工件纵向上受到拉力的部分稳定生长。激光表面硬化过程中形成的残余应力是由温度梯度和相变引起的。如果仅考虑温度梯度的影响，硬化区残余应力通常为拉力，但由奥氏体-马氏体相变引起的残余应力形成了表面压应力。因此，激光表面硬化过程硬化区的残余应力与这两个因素有关。如图 8-77 所示，硬化区中形成的残余压应力大约在与中心线相距 1.8 mm 的范围内。可认为，激光表面热处理过程中残余应力主要受马氏体相变的影响。

虽然激光硬化后工件表面上的残余压应力对力学性能会产生有利的影响，比如增强抗磨损能力、抗疲劳强度等，但应注意工件内部的残余拉应力可能使工件产生微裂纹。

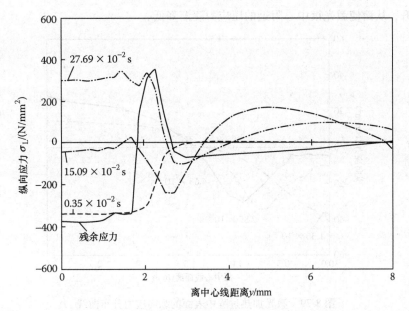

图 8-77　加热和冷却过程中上表面纵向应力分布曲线

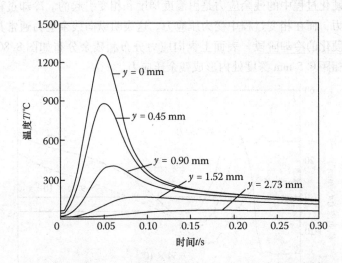

图 8-78　表面下方不同位置处激光表面硬化过程中的温度循环

与高斯型激光束相比，方型激光束模式使硬化区变宽，硬化深度较浅。计算结果还表明，如果单位长度工件输入的热量保持恒定，高移动速率的高功率激光束比低功率低移动速率的激光束更适合进行激光表面硬化。

图 8-79 所示为激光加热过程中表面的纵向应力分布曲线，$t_1 = 1.35 \cdot 10^{-2}$ s，$t_2 = 2.85 \cdot 10^{-2}$ s 及 $t_3 = 4.65 \cdot 10^2$ s。

从图中可以看出，在激光束附近立即形成压应力。然而，随着距激光束距离的增加，加热过程中形成的热应力变为拉应力。随着加热时间的增加，激光束的能量增多，温度上升，从而使激光束中心附近的压应力逐渐降低。

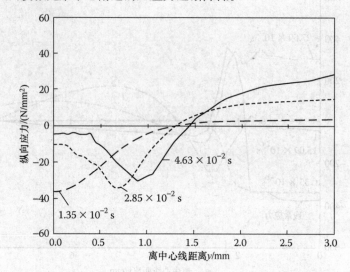

图 8-79　激光加热过程中表面的纵向应力分布曲线

　　激光表面硬化过程中的残余应力是由温度梯度和相变引起的。冷却过程中的纵向应力通常为拉应力，而在相变过程中变为压应力。这表明纵向残余应力通常具有压应力性质。激光表面硬化的冷却阶段，表面上纵向应力分布和残余分布如图 8-80 所示，在与激光束中心线相距 0.5 mm 深度处内形成残余压应力。

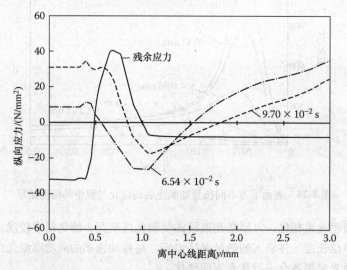

图 8-80　激光表面硬化的冷却阶段，表面上纵向应力分布和残余分布

8.5.3　计算残余应力的简单数学模型

　　Li 和 Easterling 提出了一个计算激光相变硬化过程中残余应力的简单数学模型。图

8-81 所示为激光加热过程中单一路径的热影响区。在激光束移动过程中的热循环之后，受到热影响的材料发生马氏体相变，从而引起体积膨胀。表面层中的残余应力所引起的马氏体微观组织的比体积大于基体微观组织的比体积。

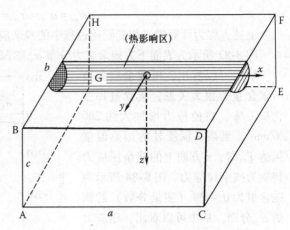

　　计算得到的残余应力的大小与激光输入功率和钢的碳含量有关。

　　为了简化计算，做如下假设：

　　1）忽略近表面由热膨胀引起的应力。

图 8-81　激光加热过程中单一路径的热影响区

　　2）忽略马氏体相变引起的塑性应变。

　　3）将激光相变硬化过程中热影响区（HAZ）膨胀完全限制在沿 x 和 y 方向上。

考虑热影响区内的一个体积单元 $\Delta V = \Delta x \Delta y \Delta z$（见图 8-81）。在激光表面硬化后，马氏体相变引起体积单元单道膨胀。

尽管已进行了简化，但还有一些影响残余应力的计算的因素和参数。这些因素包括：

　　1）样品的大小。

　　2）材料和成分的性质。

　　3）激光加工变量。

残余应力 σ_{xx} 应等于：

$$\sigma_{xx} = -\frac{\beta f E}{1-\nu} + \frac{1}{bc}\int_0^c \mathrm{d}z \int_{-b/2}^{+b/2} \frac{\beta f E}{1-\nu}\mathrm{d}y + \frac{12(0.5c-z)}{bc^3}\int_0^c \mathrm{d}z \int_{-b/2}^{+b/2} \frac{\beta f E}{1-\nu}(0.5c-z)\mathrm{d}y \qquad (8\text{-}121)$$

这个方程完整的描述了 x 方向上的残余应力，其中第一项是负的，随距表面深度的增加而减小，第二项和第三项都是正的。这些项表明，在表面上为压残余应力，在表面下方某一深度处变为残余拉应力。

残余应力 y 分量 σ_{yy} 可表示为

$$\sigma_{yy} = -\frac{\beta f E}{1-\nu} \qquad (8\text{-}122)$$

在 y 方向存在几个激光路径的叠加时，叠加区将释放一些应力。从方程得到的最大值 σ_{yy} 仍然有效。

假设 z 方向上自由膨胀，残余应力的 z 分量 σ_{zz} 为零。

$$\sigma_{zz} = 0 \qquad (8\text{-}123)$$

这在相变引起体积变化的情况下，是不可能存在的。因此，剪切应变不会发生，残余应力的剪切分量为零

$$\sigma_{xy} = \sigma_{yz} = \sigma_{zx} = 0. \tag{8-124}$$

上述方程为计算激光相变硬化过程中的残余应力提供一个的简化方法。

图 8-82 所示为表面下方残余应力分布 σ_{xx} 随深度和钢中碳含量的变化。

从中可以看出，压残余应力值与碳含量有很大关系，碳含量每变化 0.1%，将使应力增加大约 200 N/mm^2。当某一深度处的加热温度到达 T_{A1} 时，x 方向上的残余压应力转变为残余拉应力。图 8-84 所示为碳含量为 0.44%（质量分数）的钢的 σ_{yy} 分布。从中可以看出，压应力 σ_{yy} 高于 x 方向上的压应力分布。

图 8-83 所示为激光加工过程中，输入能量密度的变化对残余应力 σ_{xx} 分布的影响。从中可以看出，对于碳含量为 0.44%（质量分数）的钢，激光输入能量的变化并未对残余压应力的值产生相明显的影响，但对压应力层的深度 d_0 有影响。

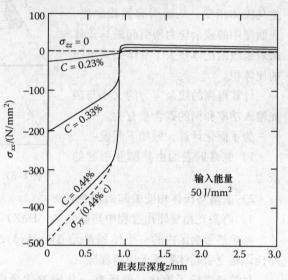

图 8-82　表面下方残余应力分布 σ_{xx}
随深度和钢中碳含量的变化

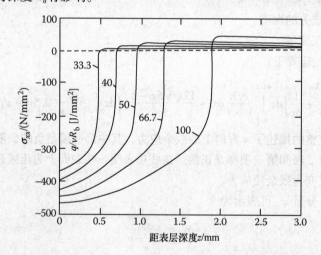

图 8-83　碳含量为 0.44%（质量分数）钢中残余应力 σ_{xx} 的预测值
随表面下方深度和激光输入能量密度（$q/v \cdot R_b$）的变化

图 8-84 给出了表面残余压应力 σ_{xx} 和压应力层深度 d_0 的变化随激光输入能量密度的变化。

在实际的激光相变硬化过程中，表面硬化不仅仅由单条激光轨迹造成，还与多条轨迹的叠加有关。在叠加区最明显的结果是 y 方向上存在局部应力松弛，但每个激光硬化带中心处残余应力的计算不受影响，仍然满足上述情况。如果叠加轨迹布满整个表面，正如前面讨论的那样，在计算 σ_{yy} 时，应全面考虑与 σ_{xx} 同时发生的边缘效应。

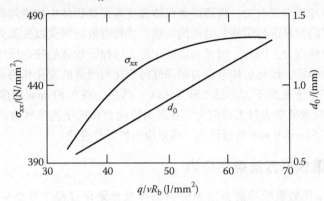

图 8-84　碳含量为 0.44%（质量分数）的钢中表面压残余应力 σ_{xx} 和深度 d_0 的预测值随激光输入能量密度的变化

ComNogue 等分析了 S2 铬钢中残余应力和激光硬化层显微硬度的变化。采用功率 P 为 2 kW 移动速率 v 为 7 mm/s 的激光束进行加热。选择具有半椭圆形功率密度分布的散焦激光束，以获得恒定深度 d 为 0.57 mm 宽度 W 为 10.8 mm 的硬化层。图 8-85 所示为硬化层中硬度和残余应力随穿透深度的变化。

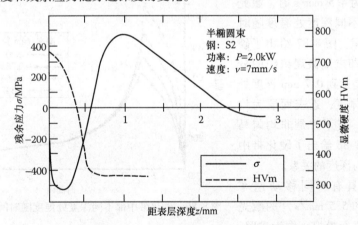

图 8-85　激光表面硬化层中硬度和残余应力随穿透深度的变化

表面硬化层中硬度和残余应力的变化与后续微观组织的变化有关。激光加热过程中微观组织的变化受加热条件的影响，与激光功率的选择、激光束斑面积和直径 d_B 或 A_B 以及光束模式有关。适度调整激光束的移动速率。平均表面硬度的测量值为 725 HV。平均硬度缓慢降至 300 HV，即深度 d 为 0.57 mm 时钢的硬度。根据显微硬度的变化可以对加热过程进行恰当的选择以获得最大表面硬度（混合硬度）和明显的微观组织转变区面积的宽度。

硬化层残余应力随深度的变化与加热前材料内产生的残余应力有关。进一步硬化的激光加热过程使已存在应力发生松弛。最终，激光加热后残余应力的变化同样与钢的初始微观组织和冷却速率的有关。较高的奥氏体温度确保奥氏体中的碳均匀分布，然后对给定硬化层深度的材料进行足够长时间的加热，进行有效的回火以去除先前的残余应力和引入新的低拉伸应力。因此，激光表面硬化后，可保证较高的残余压应力。

正如预期的那样，硬化层残余应力随深度的变化与硬度的变化相协调。重要的是最大残余应力刚好位于表面下方可达 530 N/mm^2。然后，在 0.57 mm 深度处符号发生改变，在 0.9 mm 深度处变为最大拉应力。在最大压应力和抗压抗拉残余应力区间，也就是说在深度为 0.57 ~ 0.9 mm 的范围内，残余应力按线性变化。

8.5.4　用数值模拟方法确定应力

Denis 等提出用数值模拟的方法来分析钢在激光硬化过程中残余应力的变化。将他们将提出的冶金学模型引入 SYSWELD 有限元代码中。采用 SYSWELD 对碳含量为 0.42% 的亚共析普通碳素钢平板的激光硬化过程进行二维模拟。需要输入已经确定的数据：一方面是激光处理参数，如总功率和激光束能量分布、移动速率；另一方面是钢的表面吸收率，热物理性质，冶金学性质和力学性能，这些数据从相关文献中得到。

图 8-86 所示为总功率为 960 W 移动速率为 4.5 mm/s 时，激光硬化带中部不同深度处温度随时间的变化过程。图 8-87 给出了硬化带中部冷却末期微观组织的分布，其特征是达到 0.7 mm 深度处都属于马氏体区，近表面层为均匀马氏体区，其下方是非均匀马氏体区。图 8-88 给出了硬化带中部硬度分布与深度的关系。

对两个具有不同移动速率 (3.5 mm/s 和 5.5 mm/s) 的激光热处理过程进行模拟。作为参照，

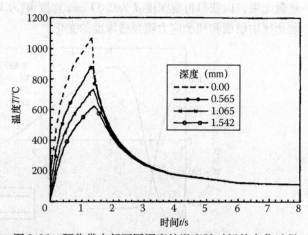

图 8-86　硬化带中部不同深度处温度随时间的变化过程

其他参数均不变。移动速率增加导致加热过程中的最大温度降低，硬化深度减小。图 8-89 所示为不同移动速率情况的残余应力分布曲线，当移动速率减小时，表面应力水平降低。此外，在移动速率最小的情况下，表面下方出现最大压应力。图 8-90 总结了不同移动速率情况下横向残余应力的结果。在激光硬化区，应避免熔化的发生，并保持所需的硬化深度。可以看出，移动速率增加所引起硬化区内残余压应力的增加微乎其微。

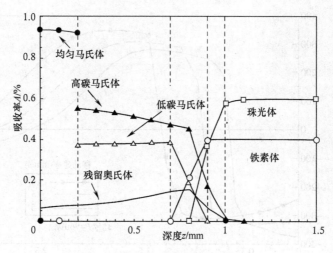

图 8-87　硬化带中部微观组织的最终分布

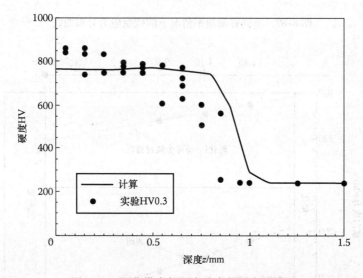

图 8-88　硬化带中部硬度分布与深度的关系

　　图 8-91 给出了不同总功率条件下横向残余应力的模拟值。在加热过程中，当达到最大温度时，总功率的增加使硬化深度变大。总功率的增加使残余压应力减小。结果表明，减少总功率可使应力达到最高水平，并将残余压应力的数值（-400 MPa）保持在相对较低的水平。

　　对结果进行分析，特别是对加工过程中产生的塑性应变和相变塑性应变进行分析。可得到以下结论，在向工件内部传热阶段发生的残余应力水平对加工参数的敏感性相对较小，本质上与热处理的冷却阶段相关。这种冷却方式限制了冷却过程中温度梯度的变化，从而限制了塑性应变和残余应力。如果想要提高硬化区的残余压应力，需要对表面进行额外的冷却以获得较高的冷却速率。

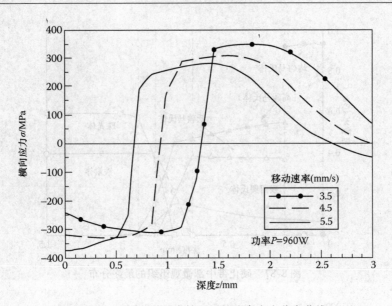

图 8-89 不同移动速率情况下的残余应力分布曲线

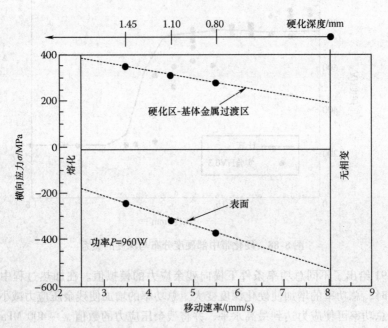

图 8-90 横向应力与移动速率的关系

为了对这一分析过程进行验证，采用数值方法对激光加热后伴随淬火的热处理过程进行模拟，在激光束后面施加一个恒定的高热传导系数（700 W/m²）。图 8-92 所示为硬化带中部表面及表面下 0.5 mm 深度处温度的变化情况。淬火过程的冷却速率很高。图 8-93 给出了激光表面硬化区残余应力的计算值，在马氏体区中伴随有淬火过程的压应力较高，相同硬化深度处的压应力值翻一倍。在冷却过程中，残余应力主要与奥氏体中塑性应变的增加有关。图 8-94 给出了表面下方永久横向应变的分布情况，与残余应力具有很好的相互关系。

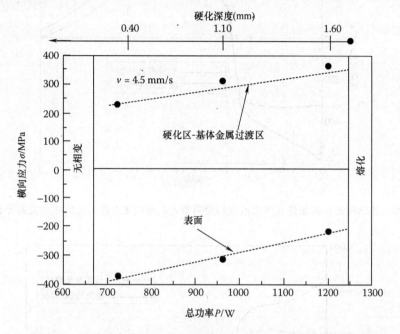

图 8-91　移动速率为 4.5 mm/s 时激光束总功率与横向应力的关系

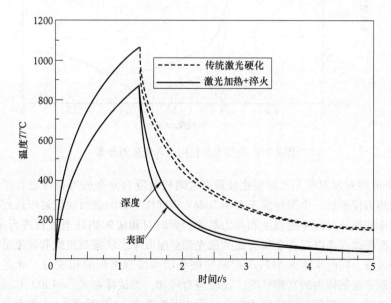

图 8-92　硬化带中部表面及表面下 0.5 mm 深度处温度的变化情况

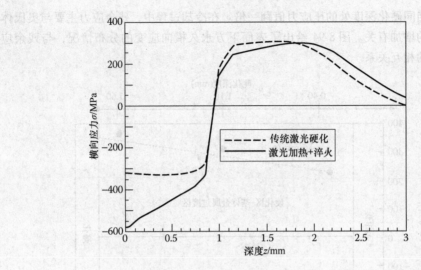

图 8-93　伴随激光表面加热和淬火过程的经典激光表面硬化过程引起的残余应力分布曲线

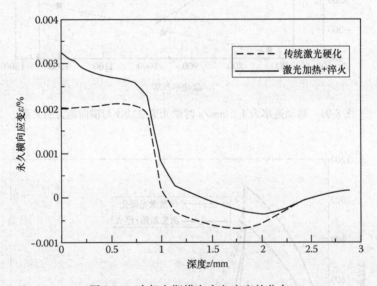

图 8-94　冷却末期横向永久应变的分布

Fattorini 等对预测激光表面硬化处理引起的残余应力分布的可行性进行了评估。采用有限元热力模型对一个圆柱形 3.5 NiCrMoV 钢试样平面的表面硬化过程进行模拟。研究加热和冷却循环过程中的温度和应力趋势。同时对相应的热处理过程进行实验研究，在表面涂覆胶体石墨以提高金属表面的激光辐射吸收率。从微观组织和硬度分布方面对试样进行表征。同时采用 X 射线衍射确定硬化层内微观组织的相成分，确定残余应力和碳间隙原子在试样内的富集情况。比较应力可知，当试样在 T_{sur} = 1300 ℃温度条件下进行热处理时，预测值与实验值相吻合；而当温度为 T_{sur} = 1000 ℃时，两者存在较大差异。预测值和实验值的差异源于涂层中的碳扩散进入基体材料的 γ 相，在冷却过程中由于产生过多的压应力，可能导致部分 γ 相转变为 α 相。

数学模型提供两个不同的阶段分别为：温度计算阶段，确定温度的空间和瞬时分布；力学计算阶段，将上一阶段的结果作为输入数据，检测瞬态热效应过程中弹塑性区应力和应变的变化。两个阶段均使用有限元方法，特别在实际情况中，用轴对称三角单元模拟一个激光辐射到圆柱体平面的过程，圆柱体直径为 10 mm 高为 10 mm。辐射条件包括 2 kW/cm^2 的输入，最大表面温度为 1000 ℃ 和 1300 ℃。为了对结果进行比较，须去除钢的表层以得到正常组织。采用石墨涂覆试样以提高激光辐射轰击金属的量。采用连续 CO_2 激光器进行表面处理，用一个积分器将光束聚焦以增强表面受到的辐射功率。根据数学模拟，激光束与材料相互作用时间为 0.36 s 和 0.6 s，最大表面温度分别达到 1000 ℃ 和 1300 ℃。对测试样品硬化层内的微观组织、硬度分布和基体材料进行表征。对样品同样进行 X 射线衍射分析，需要以下列分析和结构表征为基础：识别相的深度，确定 a(γ) 的晶格参数描绘残余应力，平均间隙碳原子 τ 的含量以及测定 $\sin^2\psi$ 以确定残余应力水平。

有限元数学模型对预测激光辐射样品硬化层深度非常有用。其重要性体现在可以合理预测涂层的吸收能力，当然，这取决于热处理过程所采用的方法。

数学模型可预测热处理后部件的内应力，倘若硬化层内的微观组织是均匀的，而且可以根据钢的化学成分进行预测，因此可对热力学性质进行合理准确的计算。

在 CO_2 激光器辐射中，当使用石墨作为涂料时，碳扩散进入 γ 相中，由于局部表面熔化和残留奥氏体的大量聚集，使组织发生变化。在这种情况下，只要受到这些非均匀性影响的厚度小于总的硬化层厚度，仍可对残余应力进行预测。图 8-95 所示为试样的硬度分布。

根据数学模拟的预测，当表面温度为 1000℃ 和 1300℃，硬化层深度为 0.4~0.5 mm 和 0.8~0.9 mm。

微观组织分析表明，组织极不均匀，特别是表面下方紧挨着表面的部分。样品在 1300℃ 热处理后，可观察到被粗糙针状马氏体组织包围的残留奥氏体（400 HV）。

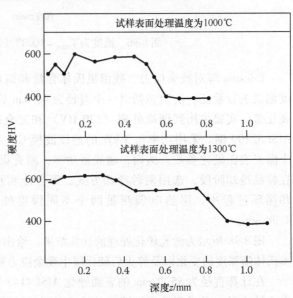

图 8-95　试样的硬度分布

图 8-96 所示为温度 T_{sur} = 1000℃ 热处理后试样的相分析。表面上的残留奥氏体含量约为 40 %，含量随着深度的增加逐渐减少，到深度约为 0.20 mm 处残留奥氏体全部消失。与此同时，表面上 Fe_3C 含量约为 12 %，深度达 0.03 mm 后消失。样品热处理温度为 T_{sur} = 1300℃ 时，残留奥氏体（约为 0.40 %）限于表层中，测试值约为 10 μm。奥氏

体相中晶格参数 a(γ) 的测定表面才表层内存在大量的间隙碳原子（1.4＋1.5％），因此进一步证实碳的扩散源自石墨涂料。图 8-97 给出了残余应力的测试结果。为了便于比较，图中同时给出数学模型模拟得到的值。当热处理温度 T_{sur}＝1300℃时，预测值和实验值符合的很好，而当 T_{sur}＝1000℃时，不一致性较明显。

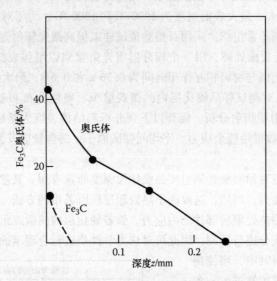

图 8-96　温度为 T_{sur}＝1000℃后试样的相分析

　　Ericsson 等对残余应力，残留奥氏体含量和微观组织进行了研究，并通过显微硬度测试进行验证。实验包括对一个直径为 40 mm 长度为 100 mm 的圆柱体上形成激光硬化带。实验中用到调质处理（320 HV）和完全退火（190 HV）后的 AISI 4142 和 AISI 52100 钢。采用功率为 3 kW 的连续波模 CO_2 激光器进行激光表面硬化，选择几个激光表面硬化参数。然而，激光器功率，激光束斑直径及工件移动速率发生变化。在样品冷却阶段，选用两种冷却方式，即自冷和水淬火。在硬化期间，即加热和冷却循环过程中，用热电偶测量两个不同深度处的温度，即 $z_1 \cong 0.82$ mm 和 $z_2 \cong$ 4.98 mm。

　　图 8-98 所示为激光硬化处理的计算结果。给出激光表面硬化处理 24 s 后加热层内奥氏体随深度的变化以及淬火后硬化层中残余应力和马氏体随深度的变化。

　　在计算直径为 55.2 mm 的表面硬化 AISI 4142 钢中，残余应力的变化及马氏体和奥氏体含量。考虑到功率密度 Q 为 6.6 MW/m^2，移动速率 v 为 0.152 m/min，硬化带宽度 W 为 8.175 mm。硬化处理后发现深度达 0.5 mm 的表面层中马氏体含量高达 35％。随后到 1.0 mm 深度处，马氏体含量线性减少。轴向和切向上最大值为 －150 MPa 附近的压残余应力随深度的变化与此类似。随后在非硬化层中残余压应力转变为残余拉应力，数值可达 ＋350 MPa。下一步，随后过渡到样品中部，具有约为 －200 MPa 的恒定应力。

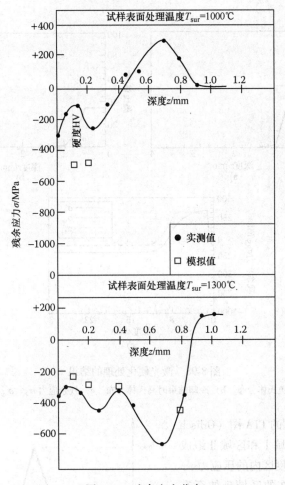

图 8-97　残余应力分布

径向残余应力几乎总是恒定的，即 $\sigma_r = 0$，从表面到 20 mm 深度处，然后在圆柱体中部增加到 -200 MPa 附近。残余应力变化的一个有效指标就是马氏体的含量，马氏体含量反映出轴向和切向所发生的残余应力的变化，也就是说马氏体相变在确定残余应力变化方面起着举足轻重的作用。

8.5.5　评估残余应力分布的简单方法

Grevey 等提出一种对激光硬化后表面层中残余应力等级进行评估的简单方法来。该方法基于对激光束和轰击材料间相互作用参数的认识，考虑了激光器功率和激光束移过工件的移动速率以及材料的热导率。该方法的作者主张，在估算低合金钢和中合金钢中的残余应力时，薄表面层内的残余应力的实际变化和计算变化的误差不得超过 20 %。

作者将工件的残余应力分布划分为三个区域，典型区域残余应力的分布如图 8-99所示。

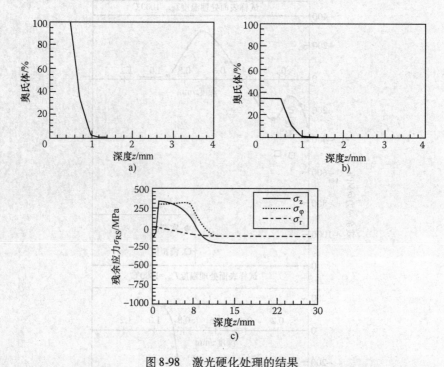

图 8-98　激光硬化处理的结果

a）24 s 后奥氏体分布　　b）冷却结束时马氏体分布　　c）残余应力 σ_z、σ_ϕ 和 σ_r 分布

1）根据给定钢的 TTA 图（Orlisch 图）确定一个由区域Ⅰ和区域Ⅱ组成的从表面到有限深度区内的压应力。

2）区域Ⅲ所在的区域延伸至有限深度处，近邻区域内微观组织的比体积小于表面微观组织的比体积，因此造成体积相对收缩，在该区域内形成拉应力。经 400 ℃ 或 600 ℃ 调质处理和激光表面硬化后的区域具有显著的残余拉应力。由于表面在加热和快速冷却过程中受到热应力影响，冷却后材料内仍有残余应力留存。热应力影响与激光表面硬化前材料的状态有关。

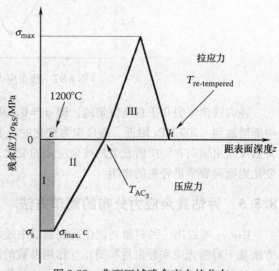

图 8-99　典型区域残余应力的分布

区域Ⅲ被认为是激光硬化表面层和基体间过渡区材料的再次回火区，材料基体为调质态。作者根据一个半无限固体平板试样在不同深度处温度的变化来计算激光加热过程中二次回火区发生的热效应：

$$T(z) = T_s \left[1 - \text{erf} \left(\frac{z}{2\sqrt{t_i}} \right) \right] \tag{8-125}$$

式中，$T(z)$ 为深度 z 处的温度（℃）；T_s 为表面温度（℃），$T_s = \rho P_o a^{1/2} t_i^{1/2} / S \lambda$，其中 ρ 为总能量效率（%），P_o 为必须的平均功率（W），S 为束斑面积（cm^2），a 为热扩散率（cm^2/s）；t_i 为相互作用时间（s）；v 为移动速率（cm/s）。

误差函数近似为 $1 - \exp(-\sqrt{\pi u})$，其中 $0.2 < u < 2.0$，理论结果和实验结果相符。发生残余压应力向残余拉应力转变的深度由下式计算：

$$z = -\frac{4}{\pi} \sqrt{\alpha t_i} \ln \frac{T(z) \cdot v^{1/2} \cdot \pi \cdot r_o^{3/2} \cdot \lambda}{\rho \alpha^{1/2} \cdot P_o} \tag{8-126}$$

根据热循环变化的数学描述可以预测温度达到奥氏体相变温度 T_{A3} 的深度以及发生二次回火的温度范围。

该理论方法的难点在于需要知道三个参数，分别为热导率 λ [Wcm^{-1}℃]，热扩散率 α [cm^2 s^{-1}] 及总能量效率 η [%]。前两个参数与所用材料的种类，材料的初始微观组织状况及温度有关。它们之间的联系如下：

$$\alpha = \lambda / \rho \cdot c_p \tag{8-127}$$

式中，$\rho = 7.8$ g cm^{-3} 为材料密度；c_p [J g^{-1}℃] 为与温度有关的比热容。

以上计算中仅考虑了有效能；还需考虑材料的加热效率和全局系数 ρ（%）、硬化带的光损失以及试样对激光束的反射。因而对显示功率 P_0 进行处理和计算，根据效率全局系数 ρ 可得出 $P_e = \rho \cdot P_0$。相关学者从实验上对有效功率进行验证，确认其具有如图 8-100a 和图 8-100b 所示的线性关系。

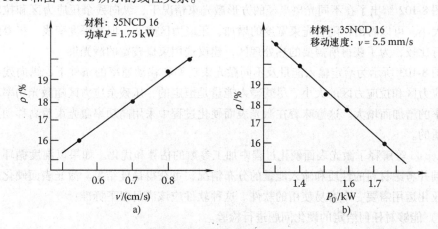

图 8-100　有效功率的变化

a）随移动速率的变化　b）随激光束功率的变化

图 8-101 为纵向残余应力的计算结果和实验结果。

可定义实验和模拟得到的压应力区向拉应力区转变时深度的偏差（$\Delta z = z_{EXP} - z_{EST}$），以及表面最大拉应力大小的偏差（$\Delta \sigma_{maxT} = \sigma_{maxEXP} - \sigma_{maxEST} < 4$ %）。

计算中考虑了功率的实验值和预测值之间的误差（$\Delta P = P_{EXP} - P_{EST} < 3$ %）。

相关学者提出了一个用于确定激光硬化带中纵向残余应力随深度变化的简单而实用的方法。其步骤为以表面纵向残余应力 σ_s 的测定为基础，根据金相照片或硬度随深度的变化确定各种特征深度，由 e, p 和 h 来定义（见图8-99），即

$$\sigma_m = -\frac{p+e}{h-p}\sigma_s \qquad (8\text{-}128)$$

Yang 等在一篇题名为"中碳钢激光表面硬化过程中残余应力的研究"的文章中用二维有限元模型进行一个有趣的研究。使用他们提出的模型，相继计算了激光表面硬化过程中的热应力和残余应力。相变对残余应力的影响大于温度梯度所造成的影响。模拟结果表明，残余压应力区位于靠近样品的硬化表面，拉残余应力区位于样品内部。最大拉残余应力发生在样品内部激光硬化带中部。

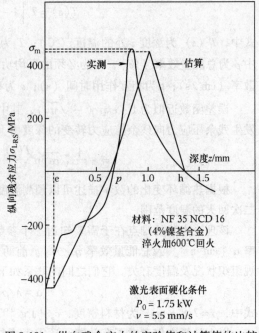

图 8-101　纵向残余应力的实验值和计算值的比较

激光硬化试样表面上的残余压应力对其力学性能有显著的影响，如耐磨性和疲劳强度。

图 8-102 给出了在不同光斑半径的方形激光束情况下，纵向残余压应力区和拉应力区的大小。可以看出，随着光束宽度的增加，压应力区变宽，但其深度变浅。将得到结果进行比较，为了获得所需要的热处理区，建议选用束斑较宽的激光束。

图 8-103 所示为给定输入能量及不同激光束功率和移动速率的条件下，纵向残余应力压应力区和拉应力区的大小。尽管输入能量是恒定的，压残余应力区随激光功率和移动速率的增加而增大。这意味着在激光表面硬化过程中采用高功率激光束及高移动速率是合适的。

Lepski 等解释了激光表面硬化过程中加工参数的估算和优化。如果以温度循环计算为基础并考虑材料的性质和输入能量的分布情况，可获得最佳结果。激光表面硬化过程的工业化运用需要一个容易使用的软件。这种软件应该满足以下标准：

1）能够对任何给定的硬化问题进行检验。

2）对未进行的实验进行预测，选择其激光器功率和光束形状或激光束扫描系统。

3）对给定应用程序情况下激光硬化的结果过程进行预测。

4）优化加工参数，在所需硬度和退火区大小的范围内使成本最低。

5）能够用图形表示出加工参数和硬化区特性之间的关系。

复杂的制造系统中激光硬化的集成要求硬化过程具有较高的移动速率。为了获得足够的硬化层深度，即便在移动速率较高的条件下，也必须保证表面最大温度和激光加热

时间不能低于某一界限。

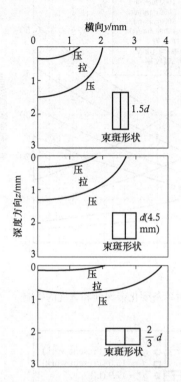

图 8-102　在激光器功率恒定的条件下，各种
方型激光束得到的纵向残余应力的
压应力区和拉应力区

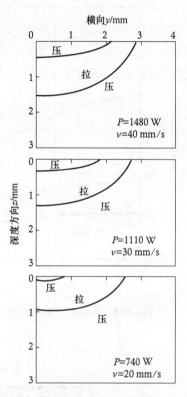

图 8-103　给定输入能量及不同激光功率
和移动速率条件下，纵向残余应力的
压应力区和拉应力区

将激光光斑沿横向延伸，在一定角度条件便可实现。图 8-104 给出功率为 10 kW 的激光器在不同移动速率（$v = 1 \sim 10$ m/min）条件下，C 45 钢硬化带深度和宽度随斑轴比 SAR（$SAR = \dfrac{y}{x} = 1, 2, \cdots, 10$）的变化。SAR 的测试值小于 1 意味着光斑沿横向延伸。

8.5.6　预测硬化轨迹和优化工艺

Marya 等报道了预测激光相变硬化的硬化深度和宽度及最优化过程。对于给定硬化层大小，他们针对高斯型和矩形激光源采用无量纲方法寻找激光加热参数。

对 $w(C)$ 为 0.45% 的碳钢进行激光相变硬化处理，碳钢表面涂覆碳以保证表面吸收率达到 70% 左右。Marya 等根据他们的模型预测了硬化层大小和最优化过程。

图 8-105 所示为高斯型激光束无量纲功率（q^*）和移动速率（v^*）对无量纲硬化深度（z_h^*）的影响。因此，任何有用的激光加工参数的组合都必须使热扩散最大化，以满足对硬化层深度的要求。必须达到表面熔化温度。

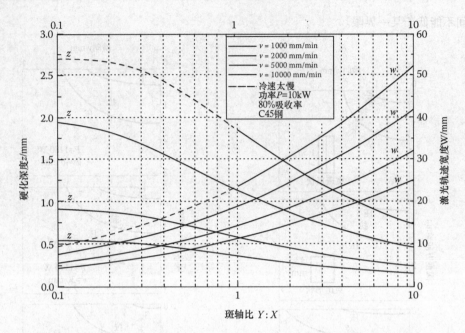

图 8-104　不同激光斑轴比和不同移动速率对单条硬化带深度和宽度的影响

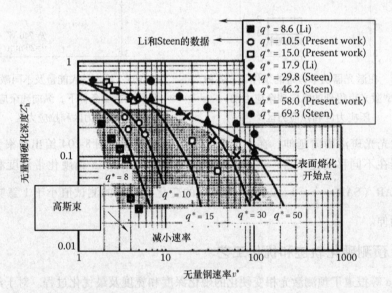

图 8-105　高斯型激光束无量纲功率（q^*）和移动速率（v^*）对无量纲硬化深度（z_h^*）的影响

图 8-105 和图 8-106 表明需要较低的无量纲移动速率以确保热量向深度传导，获得较大的无量纲深度（$Z_h^* = Z_h/R$）和无量纲宽度（$W_h^* = W_h/R$）。无量纲功率参数（q^*）的确定与设定达到熔点的无量纲移动速率（v^*）有关。

如果激光束移动较快，必须选择较大的 q^* 值以达到表面熔化。对平方型激光束功率密度进行了类似的计算。硬化宽度应该与束斑直径相当符合，因为光束边缘的步长能量梯度应当形成一个平滑陡降的温度梯度。

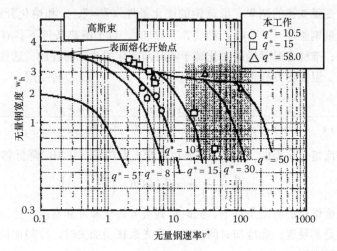

图 8-106　高斯型激光束无量纲功率（q^*）和移动速率（v^*）对硬化宽度（w^*）的影响

静止激光束硬化结果表明，当无量纲功率低于 7.6 时，表面熔化不会发生。高斯型光束已得出类似的结论。实际上，由于热量倾向于均匀耗散，当激光束移动速率接近零时，光束产生的影响减弱。

图 8-107 给出表面上的最佳束斑大小，理论分析可给出很好的预测。此外，结果表明硬化深度随着热输入能量的增加而增加，相关学者从实验上证实了熔化条件与束斑大小成比例。

虽然增加功率和束斑尺寸可产生较宽的硬化层，但冷却速率显著降低。

图 8-107 为表面硬度的变化与基体的硬度（HV = 205）有关。就一个优化工艺而言，必须找到高硬化深度和硬度显著提高之间的平衡点。

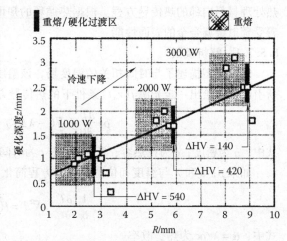

图 8-107　束斑半径和激光束功率对硬化深度的影响

与高斯型激光束一样，束斑半径定义为从束斑中心到光强度下降到峰值的（I/e）倍位置处的距离。强度定义如下：

$$q(x,y) = \frac{A \cdot n \cdot q}{\pi \cdot R^2} \cdot \exp\left[-n \frac{x^2 + y^2}{R^2} \right] \tag{8-129}$$

对矩形光束来说，束斑大小取决于两个变量，因此必须切换其他维度。为了方便起见，高斯型光束直径的 R 用（q^*）中的（$L_y/2$），（v^*），（x^*）和（z^*）中的（$L_x/2$）进行替代。

作为这些变量变换的结果，低碳钢的硬化条件（$T=T_{A1}$）和熔化开始点（$T=T_m$）分别定义为无量纲温度（$T^*=1$）和（$T^*=2.1$）。对于绝热条件下具有恒定热学性质的厚平板而言，准稳态温度场的变化源于随时间变化的热源的叠加，这些热源的覆盖区域均呈高斯型。温度场方程可以用无量纲形式 $T^*(x^*,y^*,z^*)$ 转变成

$$T^* = \frac{q^*}{2\pi\sqrt{\pi}} \int_0^\infty \frac{1}{(t^*+1/n)\sqrt{t^*}} \cdot \exp\left[-\frac{(x^*+v^*\cdot t^*/4)^2+(y^*)^2}{t^*+1/n}-\frac{(z^*)^2}{t^*}\right]\mathrm{d}t \quad (8\text{-}130)$$

为保持表面熔化所需的（q^*），需要提高激光束功率，并相应降低移动速率。

$$\frac{q}{R\lambda(T_m-T_\infty)} = \exp\left[14826\cdot\left(\frac{vR^{0.1709}}{a}\right)\right] \quad (8\text{-}131)$$

在这些表面熔化的特定条件下，同时得到最大转变深度和宽度。然而，转变区的力学性质，特别是其硬度，受冷却时间控制。当光束移动加快时，冷却加快，随后发生的淬火形成硬化转变区。

8.5.7　模型应用

为了实现精确可控的激光硬化过程，需要对材料的热学行为进行全面的研究。Yánez 等提出激光硬化过程的数值模拟，用解析解和有限元代码 ANSYS™ 两种方法求解热处理材料内部的热传导方程。根据热循环的知识来确定适合的加工参数，从而确保改善受辐射金属合金的表面性能。

8.5.7.1　解析模型

解析模型描述了与时间相关的温度场，该温度场是由激光束照射到工件表面和内部所引起的。给出一定光源 $f(r,t)$ 条件下的热传导方程：

$$\rho c \frac{\partial T}{\partial t} + \nabla(-\lambda\Delta T) = f(r,t) \quad (8\text{-}132)$$

式中，ρ 为密度；c 为比热容；T 为温度；t 为时间；λ 为热导率。

如果 ρ，c 和 λ 与温度和位置无关，方程简化为

$$\frac{1}{\alpha}\frac{\partial T}{\partial t} - \nabla^2 T = f(r,t) \quad (8\text{-}133)$$

式中，$\alpha=\lambda/\rho c$ 为热扩散率。

如果一个半无限长的平面工件，初始温度为室温 T_0，用一个随时间变化的激光热源照射到 $z=0$ 的平面上，温度场具有如下形式：

$$T(r,t) = \frac{2\alpha}{\lambda}\int_0^1\int_{-\infty}^\infty\int_{-\infty}^\infty f(x',y',t') \quad (8\text{-}134)$$

$$xG(\mid r=r'\mid,t-t')\mathrm{d}x'\mathrm{d}y'\mathrm{d}t \quad (8\text{-}135)$$

式中，G 为经 Fourier 变换所得的 Green 函数

$$G(|r-r'|,t-t') = e^{-|r-r'|/4\alpha(t-t')}(4\pi'\alpha(t-t'))^{-3/2} \tag{8-136}$$

解因式分解为

$$G_x(|x-x'|,t-t' = e^{-|x-x'|/4\alpha(t-t')}(4\pi\alpha(t-t'))^{-1/2} \tag{8-137}$$

$f(x',y',t')$ 为光束强度分布，在情况 TEM_{01} 下具有下列形式

$$f(x',y',t') = g(t')\frac{4[(x'-vt')^2+y'^2]}{\pi\omega^4}e^{-2[(x'-vt')^2+y'^2]/\omega^2} \tag{8-138}$$

　　如果处理的工件深度是有限的，可采用图像法获得一个新的边界条件。无穷大图像是必要的，但随表面深度的增加，其重要性随之降低，较小的数值便足以得到较好的近似解。考虑有限长度和宽度时也采用相同的手段。

　　Authors Yánez 等将上述方法拓展至圆柱形情况，并考虑如下变化：厚度为 $A(h)$，外半径为 (R) $(h \ll R)$，圆环被视为长度是 $(2\pi R)$ 的薄板，位于 $x = 0$ 和 $(2\pi R)$ 的非绝热边界，及范围为 $(2\pi R)$ 的周期性温度场

$$T(x,y,z,t) = T(x+2\pi R,y,z,t) \tag{8-139}$$

　　非绝热边界的连接方式是，$x = 0$ 处流出的热流变为 $x = 2\pi R$ 处进入的热流。通过在周期 $(2\pi R)$ x 方向上增加热源来实现它的影响。

8.5.7.2　圆柱形工件情况

　　当对一个圆环进行加工时，光束沿表面的移动方式必须保证其热处理的均匀性。一种合适的方法是螺旋式加热法，光束大小和强度恒定，光束和工件以一定的相对速率移动，唯一需要确定的参数是环绕一圈后 y 方向的位移。这一参数与两个连续轨迹间的叠加有关，这对满足所需要的均匀性来说是必不可少的。光束移过圆柱形表面使其发生硬化也使整体温度升高。

　　解析法和数值技术的联合仿真对确定提高不锈钢表面特性所需的加工参数表来说是一种有效的途径。从实验的方面看，对不同光束轨迹进行正确叠加是一件很困难的工作，在确定时间相关性的输入功率时也存在同样的困难，这对上一次扫描热量的变化需进行补偿。维持恒定的表面温度最高值以确保较好的均匀度。

　　这些结果均可采用有限元代码 $ANSYS^{TM}$ 得到，当计算较少节点时，分析模型的运算速率较快，但当节点数增加时运算速率变慢，因为计算时间与节点数成比例。采用恒定输入功率为 1900 W，网格节点数为 32 000，计算 4000 个时间步长的分析模型进行模拟，其结果接近热处理结果。在这些条件下，温度绝对误差小于 50 K。在图 8-108 中给出了具有相同 x 和 y 值及不同 z 值时节点温度的变化。从图中可清晰地看出，表面 1 mm 以下深度处，最大温度超过 T_{Ac1} 和 T_{Ac3} 值时发生硬化。选择热处理表面不同的两点测试其均匀性：

　　1）位于强度分布中心所描绘的轨迹上的点。

　　2）位于强度分布的边缘上的点。图 8-109 所示为硬度测试的结果（HRC），结果表明热处理有效且具有均匀的微观组织。

Capello 和 Previtali 用二极管激光器研究了不同表面处理对双相钢局部成形性质的影响。解析热模型与预测的温度和冷却速率曲线相符，并用于加工参数的选择。微观硬度

测试，微观组织观察，力学拉伸试验和 Erichsen 拉伸试验表明激光热处理对双相钢成形性有积极的影响，并对其进行量化。

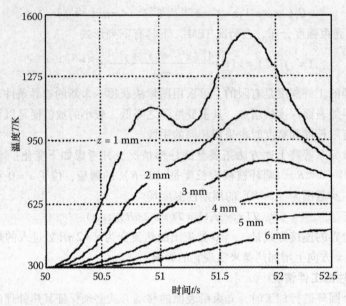

图 8-108　表面以下不同深度处温度的变化

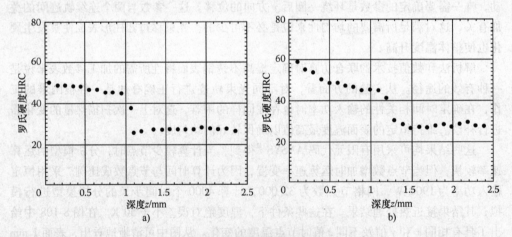

图 8-109　在选定两点处罗氏硬度随深度的变化

a）A 点　b）B 点

该研究目的在于研究二极管激光对双相钢薄片新的局部热处理方法。二极管激光器的优点主要在于其具有几乎均匀的功率分布，较高的可吸收率，可有效运用于各种热处理加工和激光硬化。

通过微观组织性能的局部变化可以提高其成形性。双相钢的微观组织结构主要由铁素体和马氏体相组成。

控制临界区的冷却过程可获得这种特殊的微观组织结构（图 8-110 中实线的 a – b 段），随后部分奥氏体转变为铁素体（b – c 段），快速冷却使残留奥氏体转变为马氏体（d – e 段）。

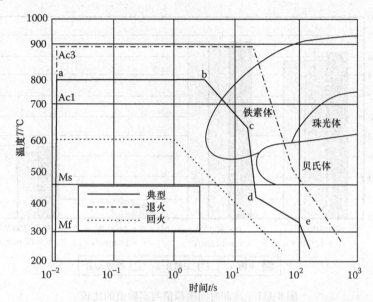

图 8-110　改良双相钢所用的典型热处理方法和提高双相钢成形性能的两种有潜力的热处理方法

图 8-110 中所示的加工示意图仅起到指示性的作用，因为根据退火和回火两者最高的温度和冷却速率，可能出现其他不同的加工路径。

因此，需要一个二极管激光热处理的热学模型（DLHT），目的是为了找到两个切实可行的热循环，其特征与理想情况下退火和回火热处理的要求相似。

8.5.7.3　通过解析热模型预测热处理循环

尽管数值分析对模拟真实温度场来说是一个强有力的工具，但其需要大量的计算时间。将解析方法运用于热模型存在诸多好处，因为其简便且耗时短。Rosenthal 在移动热源简化理论的基础上首先发展了运用于金属热处理的简化热力学模型。从那时起，出现了许多改进的热力学模型，融合了许多更接近现实的假设。

Woo 和 Cho 针对激光热处理过程推导出了一个相当精确的三维瞬态温度模型，是在二极管激光热处理 DLHT 过程中预测温度场的有力工具。

证实 ANOVA 分析符合图 8-111 所示的结果，由于在 δ_{Tmax}-T_{Ms} 方面模拟和测试温度分布之间不存在明显差异。如图所示，解析热模型也精确预测出所有加工参数的冷却时间。

在二极管激光器热处理（DLHT）过程中，假设工件上任意一点的温度变化是具有普遍意义的温度曲线，将其描绘在图 8-12 中的连续冷却转变图上，并着重指出两个注意事项。二极管激光器热处理（DLHT）过程中的加热和冷却循环不同于理想情况。特别是加热阶段和冷却阶段都非常快，不存在恒定温度的均热周期。此外，所达到最高温度以及快速冷却的时间随着方程求解中所有输入值的变化而变化，尤其是 T_{max} 和 $\delta_{Tmax-Ms}$

随点的位置以及加工参数 P 和 v 的变化而变化。因此，可在连续冷却转变图中画出不同的温度分布曲线，可通过退火处理给予证实。同样，不同的工艺条件对应不同的回火处理分布曲线。

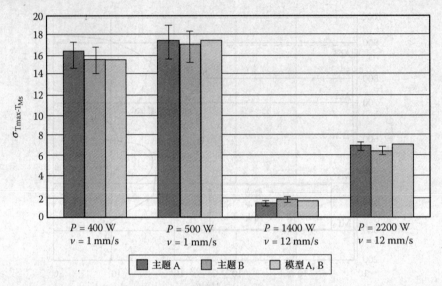

图 8-111　冷却时间模拟值与实验值的比较

　　图 8-112 描绘了由表 8-5 给出的工艺参数所得的两个温度分布曲线，这两条曲线分别表示 DLHT 过程中的退火（A）和回火（T）处理。图 8-110 中的实线为顶部表面光束中心的移动方向上的点所经历的温度分布曲线，虚线为底部表面中心线上的点的温度分布曲线。

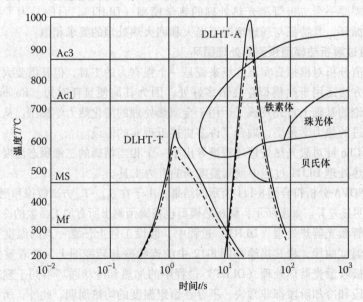

图 8-112　退火 DLHT-A 和回火 DLHT-T 过程的温度分布曲线

表8-5　二极管激光热处理（DLHT）实验条件和热属性（顶部和底部表面）

种　类	P/W	$v/$（mm/s）	E/kJ	$T_{max}/$℃	$\delta_{Tmax-Ms}$
DLHT-A	400	1	21.2	996~904	21~16
DLHT-T	1400	12	5.3	623~573	2.1~1.4

因而，DLHT 处理是一项着眼于未来成形和拉拔加工的有效技术，提高了 DP 800 钢的局部延展性。

Capello 等提出了新的解析模型，能够精确再现 DLHT 处理过程。据此可有效确定两种不同类型的材料热处理方法的加工条件。未来热力学模型的发展将有助于其他热处理工艺条件的选择和优化，如回火或退火。

8.5.8　经激光表面重熔处理的微观组织分析

球墨铸铁因其良好的可铸造性、良好的力学性能及低廉的价格在工业生产中得到广泛的运用。通过改变铸铁的微观组织和化学成分可以改变其力学性能，并使其适宜于机械加工。球墨铸铁具有良好的耐磨性，可通过表面热处理进一步提高其耐磨性。采用感应或火焰表面硬化可确保表面薄层内微观组织的均匀性，而这仅在铸铁基体为珠光体时才可能实现。如果是铁素体-珠光体基体，只能采用激光表面重熔才能在表面硬化层中获得均匀的微观组织。

激光束穿过平板样品后，得到使微观组织发生变化的轨迹，其形状类似于球形的一部分（见图8-113）。

为了使整个平板样品的重熔层厚度均匀（见图8-114），在激光束移动时使相邻的重熔轨迹有30%的叠加。

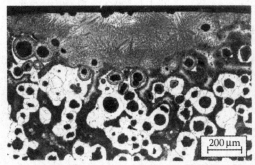

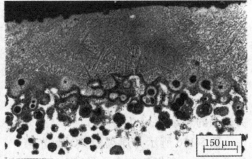

图8-113　激光改性轨迹的横截面
注：重熔条件为 $P=1.0$ kW，$Z_s=22$ mm 及 $v_b=21$ mm/s

图8-114　重熔轨迹宽度叠加率为30% 条件下的激光表面改性层
注：重熔条件为 $P=1.0$ kW，$z_s=22$ mm 及 $v_b=21$mm/s

球墨铸铁重熔层内微观组织的变化取决于加热和冷却过程中的温度条件。在所有激光表面重熔处理中，可获得两种典型的微观组织层，即，重熔层和硬化层。图8-114 给出了重熔表面层中的微观组织，其细小晶粒的微观组织是由奥氏体枝晶、细小弥散的渗碳体以及少量的粗大马氏体组成。

重熔层的 X 射线物相分析表明，各相的平均体积分数如下：奥氏体含量 24.0%，渗碳体含量 32.0%，马氏体含量 39.0%，石墨含量 5.0%。图 8-115 为主要由马氏体组成的硬化层的微观组织，其中包含了残留奥氏体、铁素体及石墨球，且石墨球被莱氏体或马氏体包围。

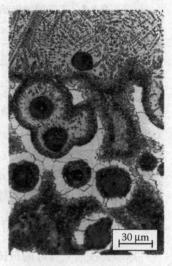

图 8-115 马氏体组成的硬化层的微观组织

8.5.8.1 石墨球周围局部熔化的数学模型

Roy 等在其论文中表述了等温淬火球墨铸铁的激光表面硬化过程中石墨球周围局部熔化的数学模型。虽然是在低功率光束 $P = 700$ W 和移动速率 $v = 60$ mm/s 的条件下，但 Grum 等在对过渡区进行激光表面重熔时也发现类似的情况，表面下深度为 $z = 100$ μm 处石墨球发生溶解。由于加热过程中达到奥氏体中的石墨熔化区内较低的熔化温度，从而导致局部熔化。

A. Roy 和 I. Manna 提出了等温淬火球墨铸铁的激光表面硬化过程中石墨球周围局部熔化的数学模型。为了将部分或全部石墨球附近局部熔化的微观组织特征与激光表面硬化 LSH 参数相联系，尝试用数值解方法求解热平衡方程，并预测激光辐射区内形成的热分布。模型和求解均以早期 Ashby 和 Easterling 报道的方法为基础。因此，用一个具有高斯型能量分布的连续波 CO_2 激光器对金属样品进行激光辐照，加热或冷却过程的热平衡方程为

$$\nabla^2 T - \frac{1}{\alpha}\frac{\partial T}{\partial t} + \frac{\rho_r}{\lambda} = 0, \quad (8\text{-}140)$$

式中，T 为温度；α 为热扩散率；ρ_r 为单位体积单位时间内注入样品的热能；λ 为样品的热导率；t 为时间。

图 8-116 所示为连续波 CO_2 激光束能量分布（高斯型）和 yz 平面上激光辐照区构型（半圆形）。其中，(y_m) 为石墨球周围环形熔化区的最大宽度。激光表面硬化过程中，样品以线性速率 (v) 在表面的圆环区域内沿 x 方向移动，并让激光辐照材料长达平均时间 $(t = 2r/v$ 其中，r 为激光束半径$)$。求解

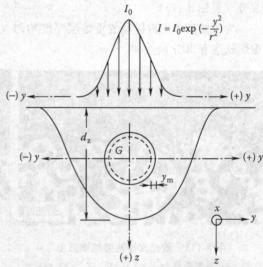

图 8-116 连续波 CO_2 激光束能量分布（高斯型）和 yz 平面上激光辐照区构型（半圆形）

注：G 表示直接位于激光束中心下最大宽度为 y_m 的环形熔化区内的熔化石墨球。d_z 为沿深度 z 方向的硬化层深度

方程还需进行如下假设：

1）忽略表面热辐射损失。

2）材料的热力学和光学性质不是温度的函数。

3）热流处于准稳态，这意味着定容加热区域将随热源以相同的速率移动。

4）一旦温度超过凝固温度 50℃ 便开始熔化，并释放潜热。

早期的研究工作表明，由激光辐射产生的峰值温度与固相线温度之间，至少有 50℃ 的过热温度差，这对激光表面硬化实验的初始熔化阶段来说是必不可少的。理想情况下，可通过热平衡方程的数值解准确估算激光诱发熔化阶段的热分布。

方程可根据如下边界条件进行解析：

$$\partial T/\partial z = 0 \ \text{当} \ z = 0, T = 0 \ \text{当} \ z = \infty \ , \text{以及} \ T = 0 \ \text{当} \ t = 0. \tag{8-141}$$

满足上述假设和边界条件的解析解方程为

$$T - T_0 = \frac{Aq/v}{2\pi r \left[t(t + t_0) \right]^{1/2}} \exp\left[-\frac{1}{4\alpha}\left(\frac{z^2}{t} + \frac{y^2}{(t + t_0)} \right) \right] \tag{8-142}$$

式中，T_0 为基体的初始温度；A 为样品材料表面的吸收率；q 为入射激光功率；α 为热扩散率，$\alpha = \lambda/\rho c$，其中 ρ 为密度，c 为比热容；r 为光束半径，$t = r^2/4\alpha$ 为热扩散距离为一半光束宽度所需的时间。

不同位置 (x, y) 处，温度分布是时间的函数，入射功率 (P) 在 $500 \sim 1000 \ \text{W}$ 之间，移动速率 (v) 从 $20 \ \text{mm/s}$ 增加到 $60 \ \text{mm/s}$

采用如下公式计算石墨球附近的碳浓度分布：

$$C(y, t) = \frac{C_f - C_e}{2}\left[1 - \text{erf}\frac{y}{2\sqrt{Dt}} \right] + C_e \tag{8-143}$$

式中，C_f 为石墨与基体界面处奥氏体的碳含量，并假设单位奥氏体中碳的最大溶解度为 2.2%（质量分数）。假设基体碳浓度 C_e 为 0.72%（质量分数）。由于激光表面硬化/激光表面重熔涉及瞬态或动态加热/冷却，给定相互作用时间内的热影响，将式中的 Dt 替换为 $D_0 \alpha i \left[\text{edp} - (Q/RT_p) \right]$，其中 α 为动力学强度，即激光束产生温度脉冲的特征时间常数，T_p 为最大（峰值）温度，D_0 为奥氏体中碳扩散的指数前的因子（取为 $10^{-5} \text{m}^2/\text{s}$）。

图 8-117a 和图 8-117b 给出了石墨球周围的同轴区域，即枝晶残留奥氏体界面区（RA + 马氏体）和硬化区（马氏体）。可以注意到，如果残留奥氏体体积分数较高，会对表面的抗磨损性能产生不利的影响。

图 8-118 给出激光功率为 $P = 700 \ \text{W}$ 和移动速率为 $v = 60 \ \text{mm/s}$ 的激光表面硬化过程中，表面下方不同深度处的温度循环曲线。

图 8-119 所示为基体碳浓度随石墨球基体界面距离的变化。从图中可以看出，基体表面的碳浓度较高，随着表面下方深度的增加碳浓度降低。虚线的碳浓度为 1.6%（质量分数），决定了最小碳浓度和石墨球周围局部重熔区的最大宽度 y_m。

图 8-120 给出基体碳含量和最大温度随石墨基体界面距离的变化。水平虚线表示奥氏体有效温度和最大碳溶解度 1.6%（质量分数），垂直虚线表示距离石墨表面的给定重熔宽度（y_m）。

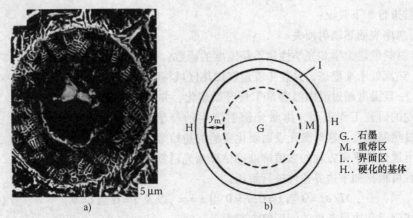

图 8-117 石墨球周围的同轴区域

a) 激光重熔引起石墨球的部分初始熔化 SEM 照片 b) 微观组织区域的示意图

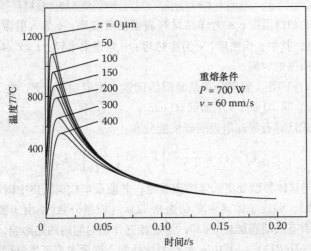

图 8-118 给定重熔条件下表面下方不同深度处的温度循环曲线

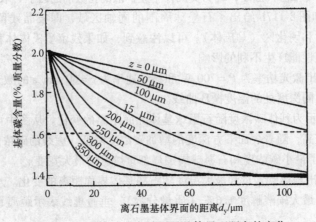

图 8-119 基体碳浓度随石墨基体界面距离的变化

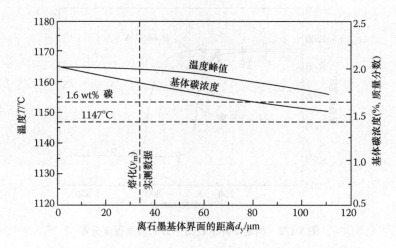

图 8-120　峰值温度和基体碳含量随石墨基体界面距离的变化

图 8-121 所示为给定激光表面硬化条件下，重熔宽度 y_m 随表面下方深度 z 的变化。图 8-121 中实心点表明，石墨球周围的最大熔化宽度 y_m 的理论预测值，是距表面深度的函数。空心点表示硬化条件和表面下方深度给定情况下的实验值。

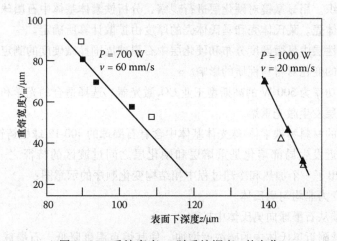

图 8-121　重熔宽度 y_m 随重熔深度 z 的变化

图 8-122 为给定激光表面硬化条件下表面下方的显微硬度分布。

在给定的等温淬火球墨铸铁（ADI）的激光表面硬化数据的基础上，可得出以下结论：

1）硬化层深度与激光束功率和相互作用时间成正比。

2）激光表面硬化主要是为了将马氏体微观组织的碳溶解限制在较低水平。

3）石墨球附近奥氏体中碳溶解度较高，在随后冷却过程中形成残留奥氏体。

4）数学方法测定的石墨球周围最大宽度与实验结果符合较好。

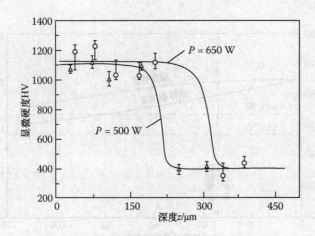

图 8-122　给定条件下表面下方的显微硬度分布

8.5.8.2　重层和熔硬化层之间的过渡

Grum 等研究了重熔层中快速凝固的微观组织和硬化层中微观组织的变化。

将激光表面重熔技术用于 400-12 球墨铸铁，材料微观组织发生变化。观察到重熔层中有新生成的含有石墨球的奥氏体-莱氏体微观组织和硬化层中含有石墨球的马氏体-铁素体微观组织。用显微镜对硬化层进行观察，分析铁素体基体中石墨球周围产生的莱氏体壳和马氏体壳。莱氏体壳和马氏体壳的厚度由扩散计算所确定。

通过对改性层中显微硬度分布和硬化层中石墨球周围显微硬度的测定，可进一步证实了微观组织的变化对材料性质的影响。

测试选用功率为 500 W 的高斯型工业 CO_2 激光器。选择适合的光学和运动学条件以使样品材料表层发生激光重熔。

制备样品的材料为铁素体-珠光体基体中含有石墨球的 400-12 球墨铸铁。

石墨球附近发生局部熔化是重熔层和硬化层之间过渡区的特征之一。Grum 等在图 8-123 中给出了一个加热和冷却过程中相结构变化顺序的示意图：

1）基体变为非均匀奥氏体。

2）随后碳从石墨球向奥氏体中扩散。

3）石墨球附近奥氏体中的碳浓度增加，使其熔点温度降低，石墨球周围的部分奥氏体壳局部熔化。

4）快速冷却后，局部形成莱氏体微观组织，随后又被马氏体壳包围。

从微观组织上看，过渡区非常窄且非常有趣。然而，对激光改性表面层的最终性质并不造成显著的影响。

图 8-124 为石墨球附近马氏体壳厚度的测量值和计算值随距重熔层距离的变化。

为了对石墨球附近的马氏体壳进行评估，同时测定了马氏体壳大小与石墨距熔化区距离的关系。一般情况下，随着深度的增加，马氏体壳厚度趋近于零，马氏体壳也可用来表示硬化区和基体材料之间的边界。激光热处理过程中，考虑熔点温度或奥氏体化温度，确定观察中特定位置处发生过程，由此可明确位于特定深度处时间-温度的变化具有简单的温度函数关系。

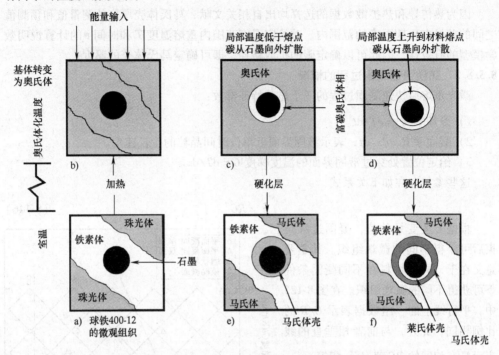

图 8-123 熔化区和硬化区之间过渡区内微观组织变化的示意图

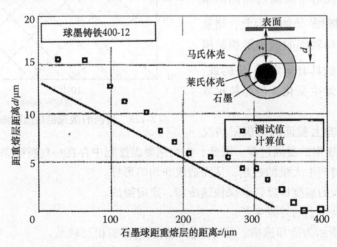

图 8-124 硬化区内马氏体壳厚度的测量值与计算值随距重熔层距离的变化

在时间 t 内碳的扩散距离 x 可由扩散方程算出：

$$x = \sqrt{(2D_t t)} \tag{8-144}$$

$$D_t = D_0 e^{-Q_v/RT} \tag{8-145}$$

式中，D_t 为扩散系数（m^2/s）；t 为时间（s）；T 为温度（K）；R 为摩尔气体常数，$R = 8.314J / (mol \cdot K)$。

因为热传导和热扩散数据的选择均出自相关文献，马氏体壳厚度的测量值和预测值之间的差异在预期限度的范围内。对给定温度范围内重熔温度 T 和时间 t 的计算说明数学模型的有效性，因此可以确定碳的扩散路径，即可确定马氏体壳的厚度。

8.5.8.3 铸铁快速凝固过程的情况

激光重熔后快速凝固过程的三个显著特征参数：

1）冷却率 $\dot{\varepsilon} = dT/dt$。

2）凝固率 $R = dx/dt$，表示液固界面上单位时间晶粒的生长速率。

3）给定位置处穿过液固界面的温度梯度 $G = dT/dx$。

这些参数存在如下关系式

$$\dot{\varepsilon} = RG \tag{8-146}$$

根据上述变量的值，凝固过程结束后可获得不同的微观组织。其重要意义在于，同种材料在不同凝固条件下可获得不同的微观组织。在图8-125中，平行线上的一组数据表示 G/R 的比例相同，此外，与前者相垂直的线表示具有相同的 RG 值（$\dot{\varepsilon}$ 相等）。

G/R 平行线给出凝固前相同的凝固条件，G/R 随 $\dot{\varepsilon}$ 增加。因此，增加形核频率可获得较细的同种形貌的微观组织。对一组具有恒定 $\dot{\varepsilon}$ 值的线，虽然凝固条件发生变化，但晶粒尺寸相同。

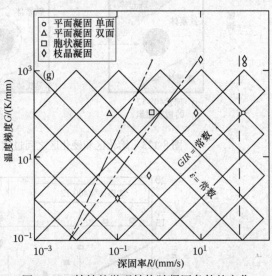

图 8-125　铸铁的微观结构随凝固条件的变化

很难从实验上验证两种极限情况下激光重熔过程中的凝固过程。因此，在快速凝固过程中存在一些特殊条件：

1）熔化时产生大量的过热，从而造成非均匀形核。

2）非常大的温度梯度以确保快速冷却，定向凝固。

3）基体晶体上的外延生长。

图8-126所示为冷却速率、重熔深度和枝晶间距的相互联系。

激光处理模型与光束特性、材料性质和加工参数有关。有效模型包括各种物理和化学过程的结合，能够深入了解材料的各种激光处理过程。根据模型可更好地了解加工过程和加工变量之间的相互作用。对加工过程进行模拟可以减少过程优化和程序论证过程中昂贵的实验测试。在设计阶段，特别在材料和加工参数的选择及连续生产的进度安排方面，模型也是一个非常有用的工具。

模型的求解可采用解析法和数值法。具有合理假设的解析模型，能够将过程变量的变化及其对产品特性的影响可视化。

数值方法要求的假设条件较少，如果已经知道精确的输入数据，可得到更精确的结果，但求解方法较复杂。模型的细节程度及公式求解的方法，应当与问题的复杂性、输入数据的可靠性和结果的准确性相对应。

主要采用的方法为解析法。解析法可用个人计算机求解，能较快获得所需数据。预期精度达可 ±5%，这反映了模型有效数据的准确性。

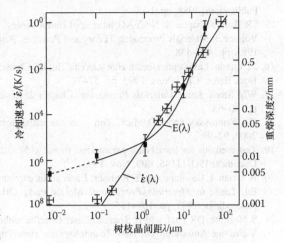

图 8-126　枝晶间距随凝固参数的变化

参 考 文 献

1. WW Daley. *Laser Processing and Analysis of Materials*. Chapter 1: Lasers and laser radiation. New York: Plenum Press, 1983, pp. 158–162.

2. H Koebner. Overview, Chapter 1. In: H. Koebner, Ed. *Industrial Applications of Lasers*. Chichester: John Wiley & Sons Ltd., 1984, pp. 1–68.

3. JC Ion. *Laser Processing of Engineering Materials: Principles, Procedure and Industrial Application*. Elsevier, Butterworth, Heinemann, Amsterdam, 2005.

4. VG Gregson. Chapter 4: Laser heat treatment. In: M Bass, Ed. *Laser Materials Processing*. Volume 3: Materials processing theory and practices. Amsterdam: North-Holland Publishing Company, 1983, pp. 201–234.

5. K Sridhar, AS Khanna. Laser surface heat treatment, Chapter 3. In: NB Dahotre, Ed. *Lasers in Surface Engineering. Surface Engineering Series*, Vol. 1. Materials Park, OH: ASM International, 1998, pp. 69–179.

6. N Rykalin, A Uglov, and A Kokora. *Laser Melting and Welding*. Chapter 3: Heat treatment and welding by laser radiation. Moscow: Mir Publisher, 1978, pp. 57–125.

7. WM Steen. *Laser Material Processing*. Chapter 6: Laser surface treatment. London: Springer-Verlag, 1996, pp. 172–219.

8. L Migliore. Considerations for real-world laser beams. In: L Migliore, Ed. *Laser Materials Processing*. New York: Marcel Dekker, 1996, pp. 49–64.

9. JT Luxon. Propagation of laser light. In: L Migliore, Ed. *Laser Materials Processing*. New York: Marcel Dekker, 1996, pp. 31–48.

10. M Bass. Chapter 1: Lasers for laser materials processing. In: M Bass, Ed. *Laser Materials Processing*. Volume 3: Materials processing theory and practices. Amsterdam: North-Holland Publishing Company, 1983, pp. 1–14.

11. C Dawes. *Laser Welding*. Cambridge: Ablington Publishing and Woodhead Publishing in Association with the Welding Institute, 1992, pp. 1–95.

12. D Schuöcker. *High Power Lasers in Production Engineering*. Chapter 4: Laser sources. London: Imperial College Press, and Singapore: World Scientific Publishing, 1999, pp. 73–150.

13. D Schuöcker. *High Power Lasers in Production Engineering*. Chapter 3: Beam and resonators. London: Imperial College Press, and Singapore: World Scientific Publishing, 1999, pp. 39–72.

14. CJ Nonhof. *Materials Processing with Nd-Lasers*. Chapter 1: Introduction. Ayr, Scotland: Electrochemical

Publications, 1988, pp. 1–40.

15. SR Bolin. Chapter 8: Nd-YAG laser application survey. In: M Bass, Ed. *Laser Materials Processing.* Volume 3: Materials Processing Theory and Practices. Amsterdam: North-Holland Publishing Company, 1983, pp. 407–438.

16. JT Luxon. Laser optics/beam characteristic. In: SS Charschan, Ed. *Guide to Laser Materials Processing.* Boca Raton: CRC Press, 1993, pp. 57–71.

17. WM Steen. *Laser Materials Processing.* Chapter 2: Basic laser optics. London: Springer-Verlag, 1996, pp. 40–68.

18. GA Knorovsky and DO MacCallum. An alternative form of laser beam characterization: E-ICALEO 2000, 92–98.

19. Test methods for laser beam parameters: Beam widths, divergence angle and beam propagation factor, Document ISO/11146, ISO, Nov. 1993.

20. A Tizian, L Giordano, and E Ramous. Laser surface treatment by rapid solidification. In: EA Metzbower, Ed. *Laser in Materials Processing.* Metals Park, OH: American Society for Metals, Conference Proceedings, 1983, pp. 108–115.

21. S Mordike, DR Puel, and H Szengel. Laser Oberflächenbehandlung–ein Productionsreifes Verfahren für Vielfältige Anwendungen, New Technology for Heat Treating of the Metals, Conference Proceedings, B Liščić, Ed. Zagreb, Croatia, 1990, pp. 1–12.

22. WM Steen. Laser cladding, alloying and melting. In: D Belforte and M Levitt, Eds. *The Industrial Laser Annual Handbook 1986.* Tulsa Oklahoma: Penn Well Books, Laser Focus, pp. 158–174.

23. K Wissenbach, A Gillner, and F Dausinger. Transformation hardening by CO_2 laser radiation. *Laser und Optoelektronic,* 3, 1985, 291–296.

24. MA Bramson. *Infrared Radiation. A Handbook for Applications.* New York: Plenum Press, 1968.

25. CJ Nonhof. *Materials Processing with Nd-Lasers.* Chapter 5: Absorption and reflection of materials. Ayr, Scotland: Electrochemical Publications, 1988, pp. 147–163.

26. N Rykalin, A Uglov, and A Kokora. *Laser Melting and Welding.* Chapter 2: Techniques for studying laser radiation effects on opaque materials. Moscow: Mir Publisher, 1978, pp. 41–56.

27. N Rykalin, A Uglov, and A Kokora. *Laser Melting and Welding.* Chapter 1: Basic physical effects of laser radiation on opaque mediums. Moscow: Mir Publisher, 1978, pp. 9–40.

28. JF Ready. Absorption of laser energy. In: SS Charschan, Ed. *Guide to Laser Materials Processing.* Boca Raton, FL: CRC Press, 1993, pp. 73–95.

29. N Rykalin, A Uglov, I Zuer, and A Kokora. *Laser and Electron Beam Material Processing Handbook.* Chapter 1: Lasers and laser radiation. Moscow: Mir Publisher, 1988, pp. 9–73.

30. L Migliore. Laser-material interactions. In: L Migliore, Ed. *Laser Materials Processing.* New York: Marcel Dekker, 1996, pp. 65–82.

31. M von Allmen and A Blatter. *Laser-Beam Interactions with Materials: Physical Principles and Applications.* Berlin: Springer-Verlag, 1987, pp. 6–48.

32. D Schuöcker. *High Power Lasers in Production Engineering.* London: Imperial College Press and World Scientific Publishing, 1999, pp. 1–448.

33. E Beyer and K Wissenbach. *Oberflächenbehandlung mit Laserstrahlung. Allgemaine Grundlagen.* Berlin: Springer-Verlag, 1998, pp. 19–83.

34. DS Guanamuthu and V Shankar. Laser heat treatment of iron-base alloys. In: CV Draper and P Mazzoldi, Eds. *Laser Surface Treatment of Metals.* NATO ASI Series–No. 115. Dordrecht: Martinus Nijhoff Publishers, 1986, pp. 413–433.

35. R Rothe, R Chatterjee-Fischer, and G Sepold. Hardening with laser beams. *Proceedings of the 3rd International Colloquium on Welding and Melting by Electrons and Laser beams.* Lyon, France, 1983, pp. 211–218.

36. Y Arata, K Inoue, H Maruo, and I Miyamoto. Application of laser for material processing—Heat flow in laser hardening In: Y Arata, Ed. *Plasma, Electron & Laser Beam Technology, Development and Use in Materials Processing.* Metals Park, OH: American Society for Metals, 1986, pp. 550–567.

37. H Pantsar, V Kujanpää. The absorption of a diode laser beam in laser surface hardening of a low alloy steel. In: *21 International Congress on Applications of Lasers & Electro-Optics, Congress Proceedings,* Vol. 94, LIA Pub #594, Scottsdale, AZ, 2002, 10 pp.

38. G Seibold, F Dausinger, and H Hügel. Absorptivity of Nd:YAG-laser radiation on iron and steel depending on temperature and surface conditions: E-ICALEO 2000, 125–132.

39. ED Palik. *Handbook of Optical Constants of Solids I*. New York: Academic Press, 1991.

40. J Grum and T Kek. The Influence of different conditions of laser-beam interaction in laser surface hardening of steels. *Thin Solid Films*, 453–454(1), 2004, 94–99.

41. T Kek. The influence of different conditions in laser-beam interaction in laser surface hardening of steels: (in Slovene) MSc thesis, University of Ljubljana, 2003, pp. 40–17.

42. DC Montgomery. *Design and Analysis of Experiments*. New York: John Wiley & Sons, 2000, pp. 126–289.

43. HG Woo and HS Cho. Estimation of hardened layer dimensions in laser surface hardening processes with variations of coating thickness. *Surface and Coatings Technology*, 102, 1998, 205–217.

44. J Grum. Laser surface hardening. In: GE Totten, K Funatani, L Xie, Eds. *Handbook of Metallurgical Process Design*. New York; Basel: Marcel Dekker, 2004, pp. 641–731.

45. J Grum. Laser surface hardening. In: GE Totten, Ed. *Steel Heat Treatment Equipment and Process Design*, 2nd ed. Boca Raton, FL: Taylor & Francis, 2007, pp. 435–566.

46. J Grum. Laser surface hardening. Volume 2: Materials science and technology Series, Ljubljana, Faculty of Mechanical Engineering, 2002.

47. J Grum. Comparison of different techniques of laser surface hardening. *Journal of Achievements in Materials and Manufacturing Engineering*, 24(1), 2007, 17–25.

48. S Borik and A Gieser. Finite element analysis of the transient behavior of optical components under irradiation. *Laser-Induced Damage in Optical Materials, SPIE*, 1441, 1990, 420–429.

49. SS Charschan and R Webb. Chapter 9: Considerations for lasers in manufacturing. In: M Bass, Ed. *Laser Materials Processing*. Volume 3: Materials processing theory and practices. Amsterdam: North-Holland Publishing Company, 1983, pp. 439–473.

50. H Kawasumi. Metal surface hardening CO_2 laser. In: EA Metzbower, Ed. *Source Book on Applications of the Laser in Metalworking*. Metals Park, OH: American Society for Metals, 1983, pp. 185–194.

51. W Amende. Chapter 3: Transformation hardening of steel and cast iron with high-power lasers. In H Koebner, Ed. *Industrial Applications of Lasers*. Chichester: John Wiley & Sons, 1984, pp. 79–99.

52. JC Nougue, E Kerrand. Laser surface treatment for electromechanical applications: NATO ASI Series. In: CW Draper, P Mazzoldi, Eds. *Laser Surface Treatment of Materials*. Dordrecht/Boston/Lancaster: Martinus Nijhoff Publishers, Published in Cooperation with NATO Scientific Affairs Division, 1986, pp. 497–511.

53. D Belforte and M Levitt, Eds. *The Industrial Laser Handbook*. Section 1, 1992–1993 ed. New York: Springer-Verlag, 1992, pp. 13–32.

54. J Meijer, RB Kuilboer, PK Kirner, and M Rund. Laser beam hardening: Transferability of machining parameters. *Proceedings of the 26th International CIRP Seminar on Manufacturing Systems–LANE'94*. In: M Geiger and F Vollertsen, Eds. *Laser Assisted Net Shape Engineering*. Erlangen, Bamberg: Meisenbach-Verlag, 1994, pp. 243–252.

55. DG Fugarolas and HKDH Bradeshia. A model for austenitization of hypoeutectoid steels. *Journal of Materials Science*, 38, 2003, 1195–1201.

56. MF Asby and KE Easterling. The transformation hardening of steel surface by laser beam – I: Hypoeutectoid Steels. *Acta Metall.*, 32, 1984, 1935–1948.

57. CC Chen, CJ Tao, and LT Shyu. Eutectoid temperature of carbon steel during laser surface hardening. *Journal of Material Research*, 11(2), 1996, 458–468.

58. HE Cline and TR Anthony. Heat treating and melting material with a scanning laser or electron beam. *Journal of Applied Physics*, 48, 1977, 3895–3900.

59. WM Steen. *Laser Material Processing*. Chapter 5: Heat flow theory. Springer-Verlag, 1996, pp. 145–171.

60. T Mioković, V Schulze, O Vohringer, and D Lohe. Prediction of phase transformations during laser surface hardening of AISI 4140 including the effects of inhomogeneous austenite formation. *Materials Science and Engineering A*, 435–436, 2006, 547–555.

61. WB Li and KE Easterling. Laser transformation hardening of steel–II: Hypereutectoid steels. *Acta Metallurgy*, 34, 1986, 1533–1543.

62. J Rödel and HJ Spies. *Surface Engineering*, 12, 1996, 313–318.

63. HC Carslaw and JC Jaeger. *Conduction of Heat in Solids*, 2nd ed. Oxford, Chapter 2: Linear flow of heat: The infinite and semi-infinite solid. Oxford University Press, 1986, pp. 50–91.

64. M Bass. Laser heating of solids. In: M Bertolotti, Ed. *Physical Processes in Laser–Materials Interactions*. New York: Plenum Press, 1983, pp. 77–116.

65. S Kou. Welding, glazing, and heat treating–A dimensional analysis of heat flow. *Metallurgical Transactions A*, 13A, 1982, 363–371.

66. S Kou and DK Sun. A fundamental study of laser transformation hardening. *Metallurgical Transactions A*, 14A, 1983, 643–653.

67. HR Shercliff and MF Asby. The prediction of case depth in laser transformation hardening. *Metallurgical Transactions A*, 22A, 1991, 2459–2466.

68. JC Ion, KE Easterling, MF Ashby. A second report on diagrams of microstructure and hardness for heat-affected zones in welds. *Acta Metallurgica*, 32(11), 1984, 1949–1962.

69. AM Prokhorov, VI Konov, I Ursu, and IN Mihäilescu. *Laser Heating of Metals*. Adam Higler, Bristol, 1990.

70. J Mazumder. Laser heat treatment: The state of the art. *Journal of Metals*, 1983, 18–26.

71. V Gregson. Laser heat treatment. Paper No. 12. In: *Proceedings of the 1st USA/Japan Laser Processing Conference* LIA Toledo, OH, 1981.

72. OA Sandven. Laser application in materials processing, SPIE, 198, Washington DC, 1978.

73. J Grum and R Šturm. Calculation of temperature cycles heating and quenching rates during laser melt-Hardening of cast iron. In: LAJL Sarton and HB Zeedijk, Eds. *Proceedings of the 5th European Conference on Advanced Materials and Processes and Applications, Materials, Functionality & Design*, Vol. 3. Surface engineering and functional materials. Maastricht, The Netherlands 1997, 3/155–3/159.

74. S Kou, DK Sun, and YP Le. A fundamental study of laser transformation hardening. *Metallurgical Transactions*, 14A, 1983, 643–653.

75. Y Arata, H Mauro, and I Mizamota. International Institute of Welding Document IV-241-78/212-436-78, 1978.

76. H Chung and S Das. Numerical modeling of scanning laeser-induced melting, vaporization and resolidification in metals subjected to step heat flux input. *International Journal of Heat and Mass Transfer*, 47, 2004, 4153–4164.

77. G Tani, L Tomesani, G Campana, and A Fortunato. Evaluation of molten pool geometry with induced plasma plume absorption in laser-material interaction zone. *International Journal of Machine Tools & Manufacture*, 47, 2007, 971–977.

78. M Alimardani, E Tayserkani, and JP Huissoon. Three-dimensional numerical approach for geometrical prediction of multilayer laser solid freeform fabrication process. *Journal of Laser Applications*, 19(1), 2007.

79. R Festa, O Manca, and V Naso. Simplified thermal models in laser and electron beam surface hardening. *International Journal of Heat and Mass Transfer*, 33(11), 1990, 2511–2518.

80. M Field and JF Kahles. Review of surface integrity of machined components. *Annals of the CIRP*, 20, 1970, 107–108.

81. M Field, JF Kahles, and JT Cammet. Review of measuring method for surface integrity. *Annals of the CIRP*, 21, 1971, 219–237.

82. YS Yang and SJ Na. A study on the thermal and residual stress by welding and laser surface hardening using a new two-dimensional finite element model. *Proceedings of the Institution of Mechanical Engineers*, 204, 1990, 167–173.

83. WB Li and KE Easterling. Residual stresses in laser transformation hardened steel. *Surface Engineering* 2, 1986, 43–48.

84. S Denis, M Boufoussi, J Ch Chevrier, and A Simon. Analysis of the development of residual stresses for/surface hardening of steel by numerical simulation. *Proceedings of the International Conference on Residual Stresses (ICRS4)*, Baltimore, MD, Society of Experimental Mechanics, 1994, 513–519.

85. F Colonna, F Massoni, S Denis, E Gautier, and J Wendenbaum. On thermoelasticviscoplastic analysis of cooling processes including phase changes. *Journal of Materials Processing*, 34, 1992, 525–532.

86. M Zandona, A Mey, M Boufoussi, S Denis, A Simon. Calculation of internal streses during surface heat treatment of steels. In: V Hauk, HP Hougardy, E Macherauch, HD Tietz, Eds. In: *Proceedings of the European Conference on Residual Stresses*, November 1992, Frankfurt AM, Germany. Oberursel, Germany: DGM Informations Gesellschaft mbH, 1993, pp. 1011–1020.

87. M Boufoussi, S Denis, JCh Chevrier, A Simon, A Bignonnet, J Merlin. Prediction of thermal, phase transformation and stress evolutions during laser hardening of steel pieces. In: VE Macherauch, V Hank, Eds. *Proceedings of the European Conference on Laser Treatment of Materials (ECLAT)*, Götingen. Oberursel, Germany: DGM, 1992, pp. 635–642.

88. S Denis, A Simon. Discussion on the role of transformation plasticity in the calculation of quench stresses in steels. In: E Macherauch, V Hauk, Eds. *Proceedings of the International Conference on Residual Stresses (ICRS9)*, Houston. Oberursel, Germany: DGM, 1987, pp. 565–573.

89. F Fattorini, FM Marchi Ricci, and A Senin. Internal stress distribution induced by laser surface treatment. In: BL Mordike, DGM, Ed. *Proceedings of the European Conference on Laser Treatment of Materials (ECLAT)*. 1992, pp. 235–242.

90. T Ericsson, YS Chang, M Melander. Residual stresses and microstructures in laser hardened medium and high carbon steels. In: *Proceedings of the 4th International Congress on Heat Treatment of Materials*, Vol. 2. Berlin: International Federation for the Heat Treatment of Metals (IFHT), 1985, pp. 702–733.

91. D Grevey, L Maiffredy, and AB Vannes. A simple way to estimate the level of the residual stresses after laser heating. *Journal of Mechanical Working Technology*, 16, 1988, 65–78.

92. YS Yang and SJ Na. A study on residual stresses in laser surface hardening of a medium carbon steel. *Surface and Coatings Technology*, 38, 1989, 311–324.

93. D Lepski, W Reitzenstein. Estimation and optimization of processing parameters in laser surface hardening. In: A Kaplan, D Schnöcker, Eds. *Proceedings of the 10th Meeting on Modeling of Laser Material Processing*, Igls/Innsbruck. Forschungsinstitut für Hochleistungsstrahltechnik der TüW Wien, 1995, 18 pp.

94. M Marya and SK Marya. Prediction & optimization of laser transformation hardening. In: M Geiger and F Vollersten, Eds. *Proceedings of the 2nd Conference "LANE'97": Laser Assisted Net Shape Engineering 2*. Erlangen, 1997, Bamberg: Meisenbach-Verlag GmbH., pp. 693–698.

95. A Yanez, JC Alvarez, AJ Lopez, G Nicolas, JA Perez, A Ramil, and E Saavedra. Modelling of temperature evolution on metals during laser hardening process. *Applied Surface Science*, 186, 2002, 611–616.

96. YH Guan, TL Chen, HG Wang, and JT Zhang. The prediction of the mechanical properties of metal during laser quenching. *Journal of Materials Processing Technology*, 63, 1997, 614–617.

97. H Chung and S Das. Numerical modeling of scanning laser-induced melting, vaporization and resolidification in metals subjected to step heat flux input. *International Journal of Heat and Mass Transfer*, 47, 2004, 4153–4164.

98. BS Yilbas, M Sami, and HI AbuAlHamayerl. 3-Dimensional modeling of laser repetitive pulse heating: A phase change and a moving heat source considerations. *Applied Surface Science*, 134, 1998, 159–178.

99. H Pantsar. Relationship between processing parameters, alloy atom diffusion distance and surface hardness in laser hardening of tool steel. *Journal of Materials Processing Technology*, 189, 2007, 435–440.

100. S Bontha, NW Klingbeil, PA Kobryn, and HL Fraser. Thermal process maps for predicting solidification microstructure in laser fabrication of thin-wall structures. *Journal of Materials Processing Technology*, 2006, 135–142.

101. E Capello and B Previtali. Enhancing dual phase steel formability by diode laser heat treatment. Paper 510, *Laser Materials Processing Conference, ICALEO*, Congress Proceedings, 2007.

102. D Rosenthal. The theory of moving sources of heat and its application to metal treatments. *American Society of Mechanical Engineers*, 68, 1946, 849–866.

103. MV Li, DV Niebuhr, LL Meekisho, and DG Atteridge. A computational model for the prediction of steel hardenability. *Metallurgical and Materials Transactions B*, 29(3), 1998, 661–672.

104. HG Woo and HS Cho. Three-dimensional temperature distribution in laser surface hardening process. *Journal of Engineering Manufacture*, 213(7), 1999, 695–607.

105. JE Gould, SP Khurana, and T Li. Predictions of microstructures when welding automotive advanced high-

strength steels. *Welding Journal*, 85(5), 2006, 111s–116s.

106. RO Rocha, TMF Melo, E Pereloma, and DB Santos. Microstructural evolution at the initial stages of continuous annealing of cold rolled dual-phase steel. *Materials Science and Engineering A*, 391(1–2), 2005, 296–304.

107. J Grum and R Šturm. Microstructure analysis of nodular iron 400-12 after laser surface melt hardening. *Materials Characterization*, 37, 1996, 81–88.

108. IC Hawkes, WM Steen, and DRF West. Laser surface melt hardening of S.G. irons. *Proceedings of the 1st International Conference on Laser in Manufacturing*, Brighton, 1983, 97–108.

109. HW Bergmann. Current status of laser surface melting of cast iron. *Surface Engineering*, 1, 1985, 137–155.

110. J Grum and R Šturm. Microstructure variations in the laser surface remelted layer of nodular iron. *International Journal of Microstructure and Materials Properties*,1(1), 2005, 11–23.

111. J Domes, D Müller, and HW Bergmann. Evaluation of residual stresses after laser remelting of cast iron. *Deutscher Verlag fuer Schweisstechnik, (DVS)*, 272–278.

112. HW Bermann. Laser surface melting of iron-base alloys. In: CW Draper and P Mazzoldi, Eds. *Laser Surface Treatment of Metals*. Series E: Applied Science–No 115, NATO ASI Series, Dordracht: Martinus Nijhoff Publishers, 1986, pp. 351–368.

113. J Grum and R Šturm. Residual stresses on flat specimens of different kinds of grey and nodular irons after laser surface remelting. *Materials Science and Technology*, 17, 2001, 419–424.

114. J Grum and R Šturm. Residual stresses in gray and nodular irons after laser surface melt-hardening. In: T Ericsson, M Odén, and A Andersson, Eds. *Proceedings of the 5th International Conference on Residual Stresses "ICRS-5"*, Volume 1. Linköping: Institute of Technology, Linköpings University 1997, pp. 256–261.

115. A Roy and I Manna. Mathematical modeling of localized melting around graphite nodules during laser surface hardening of austempered ductile iron. *Optics and Lasers in Engineering*, 34, 2000, 369–383.

116. J Grum and R Šturm. Residual stress state after the laser surface remelting process. *Journal of Materials Engineering and Performance*, 10, 2001, 270–281.

117. CJ Smithless, Ed. *Metals Reference Book*, 5th ed., London: Butter worths, 1976.

第 9 章　表面硬化数值模拟

9.1　引言

许多金属部件要求其近表面处具有与其他位置不同的特性。表面工程学的快速发展，实现了部件表面性能的定制化，且不破坏部件整体性能（通过材料改性技术或涂层技术）。

表面设计要求主要集中在四个方面：机械、电气、化学和物理/光学（美学）。因此，表面处理方式多种多样，新的处理方法仍在不断地发展。Shercliff 和 Beresford 提出了提高钢耐磨性和耐蚀性的表面处理方法的分类树，如图 9-1 所示。

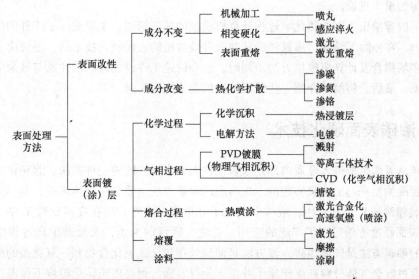

图 9-1　为钢材提供耐磨性和耐蚀性的表面处理方法的分类树

在这些表面处理方法中，本章主要探讨基于热化学扩散过程的表面处理方法，其特点是工件在热处理过程中，碳、氮、氧或硼通过扩散渗入工件表面形成硬化层。热化学过程包括渗碳、碳氮共渗、渗氮、铁素体氮碳共渗和渗硼。图 9-2 比较了几种方法的典型工艺条件。

本章主要关注钢中由碳或氮的高温扩散所引起的近表面硬度升高和产生的局部残余压应力。这两类热化学过程都延长了部件的使用寿命。

由于已经建立了比较完善的扩散控制方程，扩散建模就相对简单。然而，必须考虑扩散过程中可能发生的析出现象及该现象对扩散动力学的影响。例如，钢中碳或氮的扩散可能生成碳化物或氮化物。析出现象有助于改善部件的力学性能。

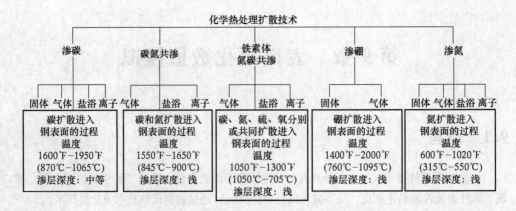

图 9-2　常用热力学扩散工艺方法的比较

　　T. Réti 概述了截止到 2002 年在渗碳、碳氮共渗和表面硬化后残余应力效应的测定方面取得的重大进展。

　　以下内容给出了钢的热化学过程计算机模拟的最新综述，主要关注了工件的变形与残余应力。在回顾了渗碳、渗氮和碳氮共渗等最常用的表面硬化技术后，还讨论了这些过程的多场耦合及计算机模拟方法。同时，也会讨论工件经处理后的性能与残余应力之间的关系。最后，将简单介绍一些最近发表的典型应用实例。

9.2　渗碳表面硬化技术

　　将碳从表面扩散进入金属内部是改善钢铁表面力学性能的一种方法。起初该方法是通过和含碳物质一起加热来实现的。现阶段的渗碳方法主要采用气体渗碳，但固体介质渗碳（装箱渗碳）仍有应用，液体渗碳也十分重要。这些方法在提高钢铁工件（如轮齿等）表面硬度方面得到了广泛的应用。总之，到目前为止，大批量生产过程中应用最广泛的渗碳方法是气体渗碳。该方法是使钢处在包含碳氢化合物和一氧化碳的载气气氛中，通过混合气体分解产生碳原子并渗入钢材表面。钢在奥氏体化温度下保温，同时碳通过扩散进入钢件内部。常用的渗碳温度范围为 850 ~ 950℃。铁的渗碳和渗氮也是基于这一目的。在随后的冷却过程中，相变导致了钢铁表面的硬化。

　　气体渗碳过程的不同阶段如下：

　　1）气相中的反应。

　　2）气相中的扩散。

　　3）钢表面的反应。

　　4）钢中的扩散。

　　阶段 1），在气体渗碳反应中主要涉及的气体有 CO、CO_2、H_2、H_2O、CH_4 和 NH_3。

　　阶段 2），对于渗碳炉中气氛的分析，不仅取决于化学反应，同时也或多或少受到各种各样不可预知因素的影响，如炉门打开时有空气进入等。因此，阶段 2 的分析与模拟是不可能的，或者说其模拟计算是很难实现的。Collin 选用气相色谱仪分析和红外线分析仪对炉内气氛进行了分析，并将其化学成分作为模型的输入数据。

阶段 3），钢铁表面的化学反应可由下述 3 个独立的化学反应式表示：

$$CH_4 \leftrightarrow [C] + 2H_2 \tag{9-1}$$

$$2CO \leftrightarrow [C] + CO_2 \tag{9-2}$$

$$CO + H_2 \leftrightarrow [C] + H_2O \tag{9-3}$$

尽管相关文献中出现了其他反应式，但 Collin 发现上述反应可以较好地描述整个渗碳过程，同时反应（9-3）的反应速率比其他两个反应的反应速率高一个数量级。

阶段 4），钢中碳的扩散对渗碳速率有很大影响。早期的计算中，通常假设钢件内部扩散是唯一的速控步骤因素。但这并不符合实际情况。

在美国，渗碳方面最好的参考书由 Geoffrey Parrish 所作。他认为，"经过自然演变，商业化及经济方面的影响，渗碳已经变成了一个参数数量极多的加工方法，任意两家公司的渗碳处理很难实现完全一致，他们在材料、设备或方法的选择上经常存在一些差异，因此产品质量也往往存在差别。甚至在判断渗碳方法的好与坏、试验是否有效以及是否具有意义等方面，观点都存在冲突。针对每种要处理的部件，往往存在着渗碳材料和工艺的最佳组合，但谁知道对于给定的部件这种组合是什么？大多数的冲突源于工艺变量和渗碳材料的选择性太多，以及要求渗碳表面硬化的部件太广泛。"

关于以上问题，Kaspersma 的相关专著给出了较好的论述。

1972 年，Collin 研究了在 CO-H_2-CO_2-H_2O-CH_4-N_2 混合气氛中反应速率对钢的气体渗碳的影响。他在文中讨论了边界层的扩散和表面的化学反应。通过试验，他发现了控制速度的反应并推导出了反应速率系数方程。Dawes 给出了可根据钢化学成分确定最佳表面碳含量的相关数据。他指出气体渗碳过程若低于 20h 则无法达到平衡，基于此原理，可以节省宝贵的热处理时间。McLellan 计算了奥氏体中碳扩散系数随碳浓度的变化情况。该计算过程中，他采用绝对速率理论对奥氏体晶格内位于不同原子组态的碳原子的固有跃变频率进行计算。

Rodionov 和 coauthors 介绍了活性气氛渗碳过程中碳浓度梯度曲线的计算。在两步法离子渗碳的数学建模过程中（见图 9-2），第一阶段得到的碳浓度梯度曲线将作为第二阶段的初始条件。

Raić研究了多种非均匀膜表面和非均匀化学反应对实际传质系数的影响。Raić提出以图表法控制渗碳过程，借此来研究相关参数（如碳势、碳传递系数和碳扩散系数等）的影响，从而可以得到所需的碳浓度分布。

相关文献介绍了一种针对连续式推杆渗碳炉的气氛控制系统。该系统主要采用氮或甲醇并辅以丙烷和水来控制碳势。Poor 和 Verhof 提出了一种新型真空渗碳技术，该技术采用高纯碳氢混合物，并结合精确可控的液态压注传输系统，可在广泛的工艺变量基础上实现可再现的、高质量的结果。

众所周知，脱碳现象对弹簧钢的强度有不利影响。Prawoto 等的研究提出了一种通过对脱碳层进行回复的方法来提高产品质量。

　　Schmidt 和合作者 Hydrocarb®提出了一种新型的渗碳工艺以减少金属的内部氧化。Gianotti 等尝试着探究吸热型气氛渗碳过程中伴随的有害晶界氧化物。

9.3　渗氮和碳氮共渗表面硬化技术

　　目前很多工艺是基于钢中氮或氮结合其他元素（包括碳、氧和硫）的扩散。这些"氮化过程"仍是最简单的表面硬化技术，并在许多工业应用中起着重要作用。随之发展而来的氮碳共渗工艺、渗氮工艺经常被用于制造飞机、轴承、汽车部件、纺织机械和涡轮发电系统。

　　正如相关文献提到的，渗氮过程的奥妙在于，它不需要铁素体转变成奥氏体，也不需要奥氏体进一步向马氏体转变。换句话说，在整个工艺过程中钢件只需维持铁素体相（或者渗碳体，取决于于合金成分）即可。这意味着铁素体的分子结构（体心立方）不变或者是不会转变为奥氏体的面心立方结构，而这些变化往往发生于更传统的诸如渗碳之类的工艺。此外，由于只有自然冷却发生，不同于快冷或水淬，工件不会进一步发生奥氏体向马氏体的转变。另外，分子大小没有改变，更重要的是没有尺寸变化，只有由氮扩散引起的钢表面体积变化所导致的轻微长大。渗氮过程中的加热释放了表面应力，从而导致了畸变的产生，同时也造成了钢的扭转和弯曲。

　　渗氮和渗碳的本质区别在于：在渗碳工艺中，扩散层内可控的高碳马氏体组织使硬化层出现了区别于心部的特性。表层和心部的本质结构没有差别，在考虑碳浓度变化的基础上，可以对表层特性的变化进行较好的预测（碳化物形成元素仅改变表层的淬硬性和稳定性）。图 9-3 所示为铁-氮平衡相图。图 9-4 所示为典型渗碳层结构示意图。

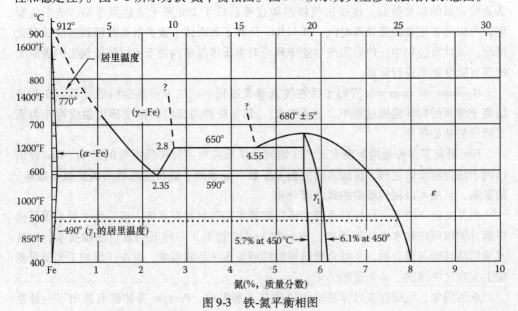

图 9-3　铁-氮平衡相图

注：该图中没有给出的 δ 相，该相在大约 500℃（930 ℉）以下，氮的质量分数为 11.0% ~ 11.35% 时存在。

Krukovich 给出了渗氮工艺和基于氮化的相关工艺的计算机模拟的最新完整综述。该作者第一次总结归纳了 Yu. M. Lakhtin 教授及他所在的学校自 1948 年以来以俄语出版的文献和书籍。Lakhtin 对这些工艺做出的分类很大程度上决定了这种形变热处理工艺方法（TCT）的发展方向。现如今，渗氮工艺已经发展到了一个新高度，即关注工艺模式及饱和度控制，渗氮工件的应用范围也拓展到更

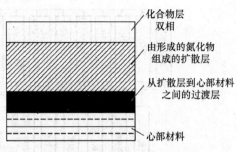

图 9-4　典型渗氮层结构示意图

广泛的领域。Krukovich 提出了如图 9-5 所示的分类方法，该方法基于四个标准，比如饱和原子的形成机制、工艺原理、相组分性能及工艺温度和材料。该方法对渗氮工艺和基于氮化的相关工艺进行了系统化分类，综合考虑了理论和工艺参数的变化，并为硬化层的结构和性能控制的发展提供了依据。

氮和碳的活度是控制渗氮、氮碳共渗、渗碳和碳氮共渗工艺的重要参数。Mittemeijer 和 Slycke 通过对比分析，为铁基体的渗氮和渗碳表层中的所谓的氮和碳活度的定义提供了充足的热力学背景知识。此外，Mittemeijer 和 Somers 指出渗氮动力学的特点是表面和界面处的局部平衡状态，也给出了不同相中氮扩散系数的新数据。

在 2000 年以来，出现了很多有关各种各样的渗氮和碳氮共渗工艺的其他重要研究。Edenhofer 对离子渗氮 Ionitriding® （Klökner Ionon 股份有限公司的商标）的原理和应用进行了研究，提出了氮原子从等离子体向金属表面转移的机制，并解释了与传统气体渗氮相比离子渗碳过程中发生氮原子加速渗透现象的原因。

Peartree 通过氮基气氛和吸热型气氛的对比进行了深入的能量研究。Wells 和 Bell 研究了在甲醇或氨气氛下，铁素体氮碳共渗时生成的化合物层的结构控制。

Slycke 给出了不同钢在不同气氛下进行氮碳共渗后的化合物层相成分、孔隙率和总厚度的研究结果。Grigor'ev 等进行了结构钢离子碳氮共渗直接淬火的动力学研究。在碳氮共渗过程中，氨气的分解提供了氮元素。碳氮共渗的温度较低，时间较短。渗碳层深度可以用渗碳时间的平方根的函数来表示（$d = \phi t^{1/2}$）。

可在渗氮、氮碳共渗、渗碳等的气氛监测系统中引入在线监测与控制功能以提高硬度、耐磨性、疲劳强度和耐蚀性。Darilion 等提出了一种新的检测系统，该系统通过 CCD 拍照系统对产品表面状况进行批处理分析，从而实现对工艺过程的监控。比如，相关文献描述了在典型热处理温度为 350～600℃ 的渗氮工艺实例。

Tong 等介绍了铁在 300℃ 下的低温渗氮过程。通过表面机械研磨处理，在纯铁片表层重复产生剧烈的塑性变形，使得表层组织细化到纳米尺寸。这种强化处理方法证明了纳米材料技术在改进传统工艺技术上的重要性，同时为固体中的选择性表面反应提供了新的手段。

Michalski 等近期研究了可控气氛渗氮过程中装料加热阶段对钢中氮化层形成的影响。

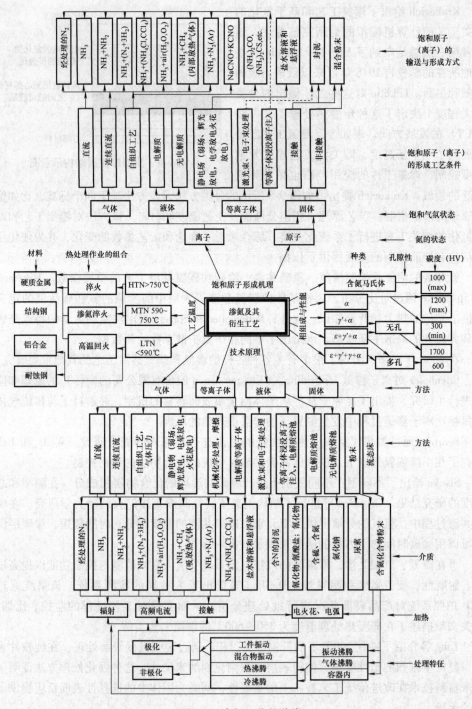

图 9-5   渗氮工艺的分类

Braam 提出了一种显微组织模型来描述含 Cr 原子分数为 1% 的合金和含 Cr 原子分

数为 2%的合金在气体渗氮过程中扩散区的演变动力学。该模型基于氮和铬两种元素同时扩散，并与氮化过程中的组织演变有直接联系。

脉冲等离子渗氮在过去的一段时间里发展迅速，现在已逐渐应用于实际生产中。Mufu Yan 等采用数值模拟方法模拟了纯铁在脉冲等离子渗氮过程中渗氮层的增厚以及氮在 ε-Fe2-3 N，γ'-Fe4N 和 α-Fe 中的浓度分布。相比于传统直流电离子氮化过程，脉冲等离子渗氮具有非常简单的离子渗氮控制系统。

基于在多种钢和合金离子渗氮的领域内长期系统的发展和研究成果，Arzamasov 和 Panayoti 提出了离子渗氮过程的工艺原理，并概述了离子渗氮方法的优点。

Lefevre 描述了铁薄片渗氮过程中的不同阶段。作者描述了铁基体表面氮原子损失率随温度变化的测定方法。

针对奥氏体和铁素体钢的离子渗氮过程，相关学者研发了一种新颖的高孔径霍尔电流加速装置。这种加速器拥有 1400mm 的大孔径和高达 10kW 的功率。高达 1 mA/cm^2 的高能离子电流可以同时进行基体的离子注入和离子净化。适用于多种气体，比如氩气、氮气、氧气等。

等离子氮碳共渗方法更加经济、对环境更友好，同时氮和碳的扩散更加迅速，相比较其他氮碳共渗方法气体的消耗量也更少。Alsaran 等发表了关于 AISI 5140 钢等离子氮碳共渗过程中化合物层形成的研究。

Kula 等提出了 FINECARB®技术，该技术认为在真空渗碳过程前进行渗氮预处理可以有效抑制晶粒的粗化。这种钢的真空碳氮共渗方法基于碳和氮的配比选择以及对氮和碳在非稳态并发扩散条件下的渗层增厚的计算机模拟。

Okumiya 在相关文献提出了名为"N-QUENCH"的新型热处理工艺，以减小淬火变形。在 N-QUENCH 工艺中，氮原子渗入奥氏体相钢中，工件随后淬火硬化。N-QUENCH工艺可应用于廉价的低碳钢生产领域如冷轧碳钢钢板。他探讨了 N-QUENCH 工艺对有耐磨性要求的工件的有效性。通过氮原子的渗入，工件的回火软化抗性也得到了改善。

过去几年，渗氮和碳氮共渗工艺也被应用到不锈钢生产中。Garzón 和 Tschiptschin 将 AISI 410S 铁素体-马氏体双相不锈钢置于高纯氮气气氛中并在 1373 到 1473 K 温度范围内进行了渗氮处理。经过该工艺处理，形成了一层无析出物的高氮马氏体层。采用 Thermocalc® 计算了该工艺的平衡条件，采用 Dictra 软件求解了扩散方程。Thermocalc 软件导出了包含了金属表面奥氏体、氮气和氮铬化合物的平衡相图。对于某些特定的高温渗氮条件，仅考虑奥氏体和氮气的平衡，Sievert's 定律极好地描述了氮原子的产生。当温度降低或者压力上升时，氮气、奥氏体和氮铬化合物将在表面达到平衡。钢表面生成的氮铬化合物改变了氮吸收的热力学和动力学条件。Pranevi čius 探讨了奥氏体不锈钢表面粗糙度对其离子渗氮机理的影响，并研究了中温区 270~500℃条件下，高密度低能氮离子束辐射的渗氮过程中奥氏体不锈钢（AISI 304）中氮原子的传输机制。

通过对低温等离子体合金 AISI 316 不锈钢中氮和碳 S 相性能进行对比研究，Thaiwatthana等提出了表面工程学。他们通过对 AISI 316 不锈钢进行低温等离子渗氮和等离子渗碳处理，来研究 S 相层的力学性能和化学特性。此外，Figueroa 等系统研究了氢和氧对低能离子氮化不锈钢的影响。结果显示，只有沉积室中氧分压相对较高时，氢元素才会有适量的混入。为了解渗氮过程中氢元素的作用，相关学者对样品用氢进行预渗处理随后进行渗氮处理，并分析了硬化层深度。这些结果为研究渗氮过程中氢和氧元素的实际作用提供了线索。

9.4　表面硬化模拟的多场耦合

现今，基于多场有限元分析的数值模拟技术在理解以耦合方式发生的相变、热传导、固态扩散和应力应变现象等复杂机制上已经成为一种非常有效的工具，因此可以用来优化工艺。

在热处理过程中（淬火，表面硬化，热化学处理），钢的温度和化学成分随着时间和位置发生变化，同时也伴随着相变。这些因素导致了工件密度的变化，同时引起了工件内应力的增大。此外，相变也影响了温度的变化过程（主要是通过相变焓和热物性参数的变化来体现），同时应力也影响了相变动力学。而且，相变引发了相变塑性和力学性能的变化，从而改变了材料的热力学行为。因此，如图 9-6 所示，在有限元公式中应该考虑温度、相变、力学行为和化学成分的多场耦合。

要成功预测表面硬化工件的残余应力场，需要考虑多种因素，包括：

1）来自于加热炉和淬火槽的工件边界条件的详细信息。

2）精确模拟工艺过程中材料的力学、热学和冶金反应的能力。

.3）可计算复杂形状工件的有效数值方法。

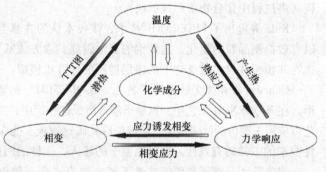

图 9-6　温度、相变、力学响应和化学成分的关系示意图

自 20 世纪 90 年代以来，许多研究者已经着手对这些现象进行建模并在数值模拟中考虑了上述因素。Ågren，Andersson 和 J. Ågren 等详细介绍了简单相中多元扩散的一般形式。Raić 关注的重点是非均匀表面以及非均匀相化学反应对实际传质系数的影响。Brünner 和 Weissohn 描述了渗碳和渗氮过程的计算机模拟和控制。Fortunier 总结了钢中同时发生的化学组分扩散和析出过程的数值模拟方面在 1995 年以前取得的进展。Manolov 等建立了单一金属颗粒中的传热过程和氮扩散过程的数学公式。Constantineau 提出了一种新的图表来描述气-固反应。这些图表统称为修正优势图，新的工具整合了热力学与动力学，其实用性已在许多冶金和化学体系中得到了证明。

Nakasaki 和 Inoue 介绍了一些钢的激光淬火工艺的金属热力学模拟。Somers 对比了 2000 年以前氮化和氮碳共渗的相关知识，以此研究了化合物层的热力学、动力学和显微组织演变过程。

Ferguson 等使用 DANTE 软件开发了一种预测渗碳斜齿轮热处理响应的有限元模拟方法并用于研究渗碳 5120 钢斜齿轮盐浴淬火的响应过程。该计算机模拟过程包括加热、渗碳、转移并浸入盐浴炉、淬火和空冷等过程。模拟结果包括整个过程中的碳分布、各相组分的百分含量和分布、尺寸变化、硬度和残余应力。5120 钢斜齿轮的渗碳淬火试验测量结果与模拟计算预测结果吻合得很好，为评定不同工艺参数和它们在描述这些热处理零件以及其他不同成分和尺寸零件的特征上各自起到的作用提供了基础。

Maksymovych 等建议将关于结构金属及合金与腐蚀性介质间相互作用后的高温强度的研究视为高温材料物理化学力学 （HTPCMM）。HTPCMM 最重要的特征是物理化学现象和变形过程的相关性原理，该原理可以较全面和正确地描述材料在使用过程中性能变化的特点和规律。

Sundelöf 提出了一种反应气体在多孔介质中传送的普遍微观模型，并将其应用到两种不同的粉末冶金工艺过程中，分别为：渗碳和减少表面氧化物。

Grabke 提出了一种基于动力学模型的渗碳模型，并将其应用于从图像中获得的二维多孔几何模型。通过模型问题和取平均值讨论了孔隙形状对于对流和扩散过程的影响。该试验也证明了 FEMLAB-environment 处理强非线性模型问题的能力。

Sugimoto 和 Watanabe 使用数值模拟方法评估了影响渗碳准双曲面齿轮轴的淬火畸变的重要因素。

Filetin 等使用神经网络与遗传算法分析了渗氮参数。渗氮工件表面硬度和表面硬度分布取决于钢本身的化学成分、渗氮温度、时间以及渗碳工艺类型（如渗氮气氛）。该方法中的一个问题是在钢本身化学成分、渗氮温度、要求的渗氮层厚度已知的条件下，探究如何使用统计分析、人工神经网络、基因算法和基因程序来确定渗氮时间和渗氮表面硬度。在对五种不同钢种进行渗氮后，基于试验结果的学习数据库即被应用于神经网络。收集了实验、实际工业生产以及文献资料中的关于时间、温度、表面硬度以及等离子和气体渗氮层厚度等参数的不同组合，进而提出了静态多层次前馈神经网络。

Inoue 介绍了金属相变热力学的宏观、介观、微观并行的工艺模拟方法。

所有预测模型的一个共同特征是他们都包括四个主要的计算模块，以提供以下计算：

1）碳和氮同时扩散和析出。

2）热传导。

3）多相相变。

4）应力应变分布。

四种模块的大致描述将在下文给出。

9.4.1　模块 1）碳和氮同时扩散和析出

9.4.1.1　扩散引起的质量传输——菲克第一定律

扩散是指一种物质从高浓度区向低浓度区移动，通常情况下，扩散速度与浓度梯度成正比。图9-7描绘了薄板固体B（比如纯铁）的一部分非稳态扩散。固体B的一面暴露在给定压力的气体A（如CO_2，N_2）中，这意味着达到平衡后，溶解入固体B的气体A的浓度是恒定的并在整个板上是相同的。在某一$t=0$的瞬间，气体压力变高，表面建立了新的氢浓度。气体A从高浓度的表面扩散进低浓度区域，在材料中逐渐富集。当在$x=0$处的气体A的质量流量保持恒定以维持整个板的浓度差的时候，材料中的浓度分布最终也保持稳定（见图9-8）。

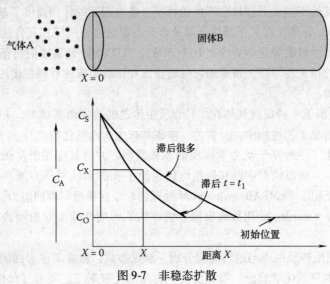

图9-7　非稳态扩散

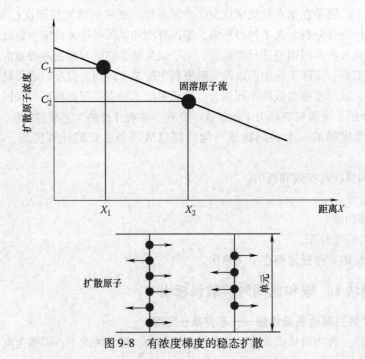

图9-8　有浓度梯度的稳态扩散

菲克第一定律定义了扩散现象的驱动力，该驱动力随原子流动的浓度和时间变化，是浓度梯度 $\nabla C(\boldsymbol{r}, t)$ 的函数，表示如下：

$$\boldsymbol{J} = -D\ \nabla C(\boldsymbol{r}, t) \tag{9-4}$$

式中，$\boldsymbol{J}$ 为原子流量（扩散速率）［原子数/（$m^2 \cdot s$）］；D 为扩散系数（或扩散率，m^2/s）；C 为浓度（原子数/m^3），是位置矢量 $\boldsymbol{r}$ 和时间 t 的函数。应该注意的是 D 和 $\boldsymbol{J}$ 均是温度的函数。

9.4.1.2　固体中的扩散——菲克第二定律

如果我们能够置身于固体的晶格点阵中，我们将看到原子在其正常晶格位置附近做连续的振动。此外，我们也将看到偶有未被占据的位置，即空位。如果我们将注意力集中于一个空位和其周围的原子，我们将最终看到该空位突然被占据而其附近区域出现另一个空位。原子可以通过此种方式缓慢地在晶格中移动。换一个角度看即是空位在晶格点阵中随机迁移。无论如何，实际结果就是原子自身的随机移动。

纯金属中原子在晶格点阵中的移动速度是自扩散速度。我们可以通过放射性原子（示踪原子）来进行测量，如图 9-9 所示，该图描述了固体中的自扩散现象。

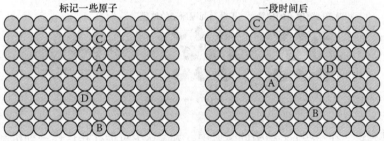

图 9-9　固体中的自扩散现象

在工业化生产过程中，发生扩散是由于出现了浓度梯度或驱动力，如图 9-10 中所示（相互扩散）。当存在驱动力时，除了一些特殊情况，用于计算 A 或 B 原子流量的扩散系数不是自扩散系数。

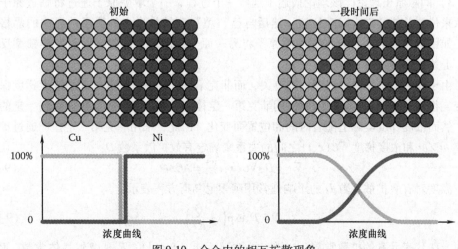

图 9-10　合金中的相互扩散现象

考虑间隙原子的扩散情况（原子通常在间隙位置），比如铁中碳的扩散。整个过程非常简单。在这种情况下，碳的浓度较低，我们可以假设碳原子在固定的铁原子晶格点阵中的扩散过程中，并没有置换在各自位置上的铁原子。

对置换型合金元素的不同扩散机制进行区分：

1）空位机制。如图9-11所示，空位机制是指空位附近的一个原子进入到该空位中，一个原子经过相邻原子需要晶格点阵发生畸变，伴随着畸变将不可避免地产生能量。该机制在许多金属和离子化合物中占有主要地位。

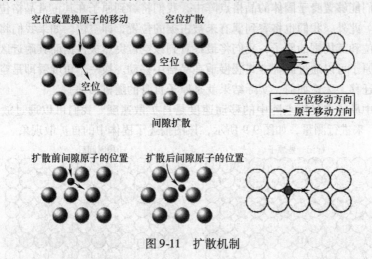

图 9-11　扩散机制

2）环理论。在一些 bcc 结构的金属中，大家认为可能存在这样一种机制：即因三个原子组成的环发生旋转而导致扩散。这种可能性看上去比两个原子的交换更加可信，因为相比两个原子的交换，它涉及的能量更低。然而，目前还无法在金属中找到该理论的直接证据。

3）间隙原子理论。该理论描述了这样一个过程，一个填隙原子通过将临近原子挤出原来位置并使其进入间隙位置，然后自己"填"到被推出去的原子的原来的晶格位置，如图9-11所示。当新的大间隙原子将另一原子挤出原来位置从而引发连锁型反应时，上述扩散方式将一直持续下去。

由于质量流 J 与固定浓度梯度有关，而菲克第一定律假设扩散过程中浓度梯度保持不变，很难对 J 进行量化，因此使用菲克第一定律来描述 J 的扩散系数会受到一定的限制。然而浓度梯度实际上随着时间和位置而变化。因此，采用菲克第二定律即通过扩散速率 $\partial C/\partial t$ 和浓度梯度 $\nabla C(\boldsymbol{r},t)$ 之间的关系来确定有效扩散系数 D：

$$\nabla \cdot [D \ \nabla C(\boldsymbol{r},t)] = \partial C/\partial t \tag{9-5}$$

温度对有效扩散系数 D 的影响通常用阿累尼乌斯方程表示：

$$D = D_0 \exp\left(-\frac{Q}{RT}\right) \tag{9-6}$$

式中，D_0 代表元素的扩散常数；Q 代表扩散激活能（J/mol）；R 是摩尔气体常数，$R =$

8. 314 J/（mol·K）；T 是热力学温度。

9.4.1.3 扩散和析出

在早期出版的文献中，Snyder 等介绍了渗碳脱碳过程的模拟。该文章对在高温钠流中的奥氏体不锈钢渗碳脱碳动力学进行了数学分析，包括：a）合金中碳的热力学和动力学信息；b）影响组织结构的材料形变热处理过程（相对冷加工的溶解-退火）；c）钠流中的碳浓度及钠流系统参数对碳浓度的影响。

其他研究者也各自建立了渗碳过程的数学模型。Goldstein 采用有限差分法模拟了渗碳过程。其中一种模型模拟了低合金钢的渗碳过程，该过程中温度、时间、表面碳含量和扩散系数均在变化，并且也考虑了处理过程中的两步真空渗碳。另一个模型模拟了渗碳过程中主要的三元合金添加剂如 Mn、Cr、Ni 和 Si 的影响。Buslovich 揭示了渗碳过程中金属表面与气体介质相互作用的规律。Thete 提出的计算机模型模拟了整个气体渗碳过程，该模型的研究主要关注了吸热气氛中气相的热力学和气固界面上的反应动力学。通过综合考虑气相动力学、钢和气体中的碳活度以及奥氏体中与合金相关的碳扩散系数，该模型可以精确预测分批式处理炉和连续处理炉中工件的碳分布。Jiang 和 Carter 采用密度泛函理论计算铁中碳的溶解和扩散（其中后者是间隙原子扩散的典型例子），以投影缓加平面波公式解决了带有周期性边界条件的 Kohn-Sham 方程，并对电子的交互作用采取了广义梯度近似。

Ochsner 分析了钢中碳浓度对奥氏体中碳扩散系数的影响。Yin 在文章中阐述了在 CH_4-H_2、CO-CO_2 及 CO-H_2O-H_2 等混合渗碳气氛下进行的渗碳和金属粉尘化过程中的金属元素（以 Fe，Ni，和 Cr 为代表）的热力学特性，以及这些金属元素在理解上述两个过程中的作用。Sobusiak 研究了热力学平衡气氛下渗碳过程的碳传递系数。

田口法是实验设计、工艺优化的强有力工具。Palaniradja 采用田口法对 SAE 8620 和 AISI 3310 两种钢的气体渗碳进行了实验研究，得到了优化的工艺条件以实现高硬度和高渗层深度。

渗氮和碳氮共渗过程也存在类似公式。基于原子渗氮实验结果，Bingzhong 和 Yingzhi 在不同的 N、NH_3 和 N-H 离子能量条件下分析了离子氮化的碰撞分离模型。Stickels 简要描述了分批处理炉和连续处理炉中气体渗碳的模型，为了解当工艺变量如载荷、气体流量等改变时该工艺过程如何响应提供了重要参考。

Sun 和 Bell1997 提出了一种用于模拟低合金钢离子渗氮过程的数学模型，该模型考虑了同时发生的氮在铁素体中的扩散、扩散区细小合金氮化物的析出以及表面 y'-Fe，N 铁氮层的演变。Du 和 Ågren 提出了适用于铁的渗氮过程和氮碳共渗过程的数学模型，该模型考虑了 N 和 C、N 元素在不同相中的扩散和 Fe-C-N 三元系统的热力学性质。Kroupa 试图模拟多元 Fe-Cr-Mo-V-C 系统热平衡过程中铁素体和碳化物两相共存现象。Sopousek 等在 PD-pp 软件包的辅助下完成了热力学平衡系统的相关计算。Hu 等学者通过数值分析推导出渗氮过程的物质传递模型，测定了 38CrMoAl 中氮的扩散系数和界面上的物质传递系数。Duh 和 Wang 描述了 1000℃ 条件下 Fe-Al-Mn-Cr-C 合金的渗氮动力学。

Tschiptschin 比较了气相平衡区中 Fe-Cr-N 系的热力学计算结果和 N_2 气氛下两种马氏体不锈钢（6mm 厚 AISI 410S 钢薄板和 AISI 434L 粉末压坯）渗氮过程中最大氮吸收量的实验数据。计算结果表明适当的热处理参数可以优化合金中的氮吸收量。由计算结果可以得到，增压可以稳定 CrN 但消耗了 Cr2N 型氮化物。Petrova 通过建模论证了含有铬和钛的 Ni 基、Fe-Ni 基、和 Co-Ni 基合金进行高温氮化（1000～1200℃）可以提高其高温强度，这主要是因为形成了含有弥散于基体中的氮化钛颗粒的扩展氮化层。

Ratajski 等介绍了渗氮过程中结构和材料特性的模型。Slycke 和 Mittemeijer 展示了不同气氛下多种钢经过氮碳共渗后化合物层体的相成分、孔隙率和总厚度的结果。Dupen 等使用有限元程序 COSMOS/M 预测了渗碳合金齿轮和轴承中碳浓度的分布。Engström 等针对多组分多相弥散体系中的扩散建立了一种常规模型并通过 DICTRA 软件加以实现。

Fortunier 等描述了几种化学元素同时扩散和析出的过程。同样，Brünner 和 Weissohn 介绍了软硬件技术，利用该技术控制氮碳共渗过程可以得到高质量的计算结果。来自于过饱和固溶体的热稳定状态元素如氮（气相）、氢（气相）和石墨等的形成可能引起缺陷甚至造成铁和钢的破坏。Grabke 描述了导致铁中氮、氢和碳过饱和的反应以及过饱和的一些后果。

Ju 等提出的模型考虑了碳和氮浓度梯度以及相变动力学的定量效应，并借助该模型来检验渗碳和渗氮淬火过程中的冶金热机械行为。扩散、相变和应力/应变耦合计算获得了碳浓度、氮浓度、残余应力以及畸变的最终分布。Gao 等研究了化学热处理流化床中，钢工件几何形状对传质系数的影响。

对 Fortunier，Leblond 和 Pont 提出的公式进行回顾分析。他们认为在化学热处理过程中，单一基体中存在 n 种化学元素的扩散。对于钢，基体中主要的化学元素是铁，而可以扩散的合金元素主要是碳、氮、钛和铝。这些元素相互结合或者与基体结合可以形成 m 种析出物。析出物的化学成分用化学计量系数 $s_{i\alpha}$ 表示，其代表了析出物 α 中的化学元素 i 的原子数。这里的拉丁字母下标指化学元素（$i=1, \cdots, n$），希腊字母下标表示析出物（$\alpha=1, \cdots, m$）。

所有形式（溶解在基体中或包含于析出物中）的元素 i 的总分数用 f_i^T 表示。如果 p_α 代表析出物 α 的分数，则任意元素 i 的原子数守恒可以表示为

$$f_i^T = f_i^D + \sum_{\alpha=1}^{M} s_{i\alpha} p_\alpha \tag{9-7}$$

元素 i 在基体中的活度 a_i 为该元素溶解分数 f_i^D 的函数，表示如下：

$$a_i = \gamma_i f_i^D \tag{9-8}$$

式中，γ_i 表示元素 i 的热力学系数。在稀溶液条件下，对于较小的 f_i^D，这些系数的一阶近似值可以表示为

$$\ln(\gamma_i) = \ln(\gamma_i^\circ) + \sum_{j=1}^{N} e_{ij} f_j^D \text{ 或 } \gamma_i = \gamma_i^\circ \exp\left(\sum_{j=1}^{N} e_{ij} f_j^D\right) \tag{9-9}$$

式中，γ_i° 为亨利系数；e_{ij} 为瓦格纳相互作用参数。由 Arrhenius 定律可知亨利系数是随

温度变化的。根据公式（9-9），在给定的活度条件下，热力学系数可以通过牛顿近似方法和活度及其偏导数计算出来。假设扩散仅发生在基体中（忽略析出物中的扩散）。根据菲克第一定律，元素 i 的流量密度 φ_i 与它的活度梯度成正比：

$$\varphi_i = \frac{D_i}{\gamma_i} \nabla a_i \tag{9-10}$$

式中，D_i 为元素 i 在基体中的扩散系数，根据阿累尼乌斯型函数可知它随温度变化。

应该注意的是式（9-10）并不意味着忽略交叉扩散。由于热力学系数 γ_i 随活度变化 [见式（9-9）]，流量密度 φ_i 可表示为溶解分数的函数：

$$\varphi_i = \sum_{j=1}^{N} D_{ij} \nabla f_j^{\mathrm{D}} \text{ 和 } D_{ij} = D_i(\delta_{ij} + f_i^{\mathrm{D}} e_{ij}) \tag{9-11}$$

将瓦格纳相互作用系数引入了式（9-9），从而考虑了交叉扩散的影响。

根据上述方程，菲克第二定律描述了每种元素 i 的总百分数的变化率与活度的关系，如下所示：

$$f_i^{\mathrm{T}} = \nabla \cdot \left[\frac{D_i}{\gamma_i} \nabla a_i \right] \tag{9-12}$$

为了在给定定义域 Ω 下积分公式（9-11），我们必须定义活度的边界条件（$\partial\Omega$ 上）。对于单一元素 i 的边界条件的一般表达式如下所示：

$$\frac{D_i}{\gamma_i} \nabla a_i \boldsymbol{n} = J_i + h_i(a_i^{\mathrm{e}} - a_j) \tag{9-13}$$

式中，$\boldsymbol{n}$ 为边界的外法线方向单位矢量；J_i 是给定的流量密度；a_i^{e} 是边界外活度；h_i 为表面传递系数。通过上述方程，我们可以得到下列边界条件：

1）令 $h_i = 0$，可以得到流量密度 J_i。

2）令 $J_i = 0$ 且 h_i 为一很大值时，可以得到活度 a_i^{e}。

3）令 $J_i = 0$ 可以得到表面交换系数。

当在定义域内考虑 n 种化学元素时，式（9-11）和式（9-12）组成了微分方程组，结合边界条件，可以使用不同方法对方程组进行求解。在这些方法中，有限元方法最适合解决复杂域 Ω 问题，而有限差分逼近法足以解决一维计算问题（比如假设扩散仅发生在一个方向时的情况）。Fortunier 等采用有限元方法对式（9-11）和式（9-12）进行了近似求解。

9.4.2　模块 2）传热

在试样加热和冷却过程中，对温度随时间和空间分布的数值模拟计算耦合了显微组织转变过程。钢自高于奥氏体化温度冷却下来时会发生固态相变。相的生成取决于于温度和冷却速度。如下未知函数必须通过耦合的方式确定：

$T(\boldsymbol{r},t)$：温度 $\boldsymbol{r} \in \Omega$；$t \in [0, t_f]$；

$X_a(\boldsymbol{r},t)$：奥氏体体积分数；

$X_i(\boldsymbol{r},t)$：奥氏体转变成铁素体（$i=f$）、珠光体（$i=p$）、贝氏体（$i=b$）和马氏体

$(i=m)$．的体积分数；

需要求解的热传导方程如下：

$$\nabla \cdot (k(\boldsymbol{r},T) \cdot \nabla T) + Q(T,\boldsymbol{r},t) = c(\boldsymbol{r},T)\rho(\boldsymbol{r},t) = \frac{\partial T}{\partial t}\boldsymbol{r} \in \Omega; \quad t \in [0,t] \quad (9\text{-}14)$$

式中，$k(\boldsymbol{r},T)$、$c(\boldsymbol{r},T)$ 和 $\rho(\boldsymbol{r},T)$ 分别代表材料的热导率、比热容和密度。

$T(\boldsymbol{r},t)$ 的初始条件如下：

$$T(\boldsymbol{r},t=0) = T(\boldsymbol{r}) \quad \boldsymbol{r} \in \Omega \quad (9\text{-}15)$$

边界条件如下：

$$-k\frac{\partial T}{\partial n} = q \quad \boldsymbol{r} \in \Gamma \quad (9\text{-}16)$$

Q 沿不同边界变化剧烈，采用何种表达式取决于决定能量流的换热机制（对流、辐射）。

$Q(\boldsymbol{r},T,t)$ 代表单位体积产生的热量，由两个分量表示：

$$Q(\boldsymbol{r},T,t) = Q_{PH}(\boldsymbol{r},T,t) + Q_o(\boldsymbol{r},T,t) \quad (9\text{-}17)$$

第一个分量为相变潜热，形式如下：

$$Q_{PH}(\boldsymbol{r},T,t) = \rho\left(H_f(T)\frac{dX_f}{dt} + H_p(T)\frac{dX_p}{dt} + H_b(T)\frac{dX_b}{dt} + H_m(T)\frac{dX_m}{dt}\right) \quad (9\text{-}18)$$

其中 $H_i(T)$ 为奥氏体转变成铁素体（$i=f$）、珠光体（$i=p$）、贝氏体（$i=b$）、马氏体（$i=m$）的相变热。

第二个分量代表其他热源的贡献。当考虑感应加热时，$Q_o(T,\mathbf{r},t)$ 代表单位时间和单位体积内涡流产生的热量。

9.4.3 模块3）相变

Kang 和 Im 总结了 2006 年以前渗碳钢淬火过程的相变数学模型。根据这些模型，Johnson、Mehl 和 Avrami 提出了早期的、适用于等温条件的扩散相变方程。伴随着这些方程的出现，Scheil 叠加原理在描述非等温冷却过程时被广泛使用。另一方面，Koistinen 和 Marburger 提出了可以预测马氏体体积分数的经验公式。

基于有限元方法的数值模拟作为理解相变机制的有效工具，许多研究者如 Agarwal 和 Brimacombe、Kamat et al.、Denis et al.、Lusk et al.、Bammann et al.、Ju et al.、Heming et al.、Pan et al.，和 Kang 和 Im 已经对相变场与温度场耦合的数学建模给予了高度重视。

基于前面引用的理论发展了多种有限元软件。图 9-12 给出了一种典型的有限元分析程序。这些程序中，HT-Mod（热处理模拟）可以被用来模拟多种热处理工艺，包括平面和轴对称工件的处理工艺。若给定工件不同位置的温度变化数据，它也可以利用反问题法确定换热系数。该模型主要是基于最优化数值算法，并包含一个模块来计算温度随时间和空间的分布以及显微组织演变。在现有的模型中，奥氏体转变为铁素体和珠光体的相变取决于相应的等温转变图和 Avrami 近似方程（见图 9-13）。采用有限元近似法来计算二维轴对称模型的温度分布。利用热电偶测量工件不同位置的温度变化情况，并将该数据输入到 HT-Mod 中。程序自动计算出随时间变化的传热系数以及整个工件中温度和各组织随时间变化的曲线。

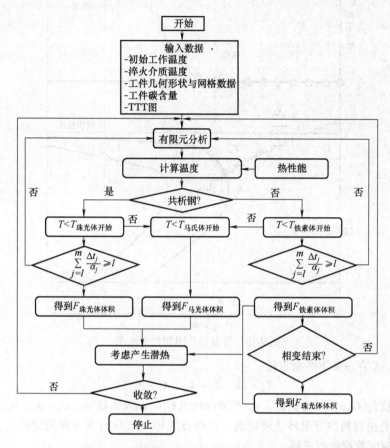

图 9-12　预测温度和相体积分数的有限元方法

最完备的公式需要考虑可能出现的所有相，即铁素体、珠光体、贝氏体和马氏体，各相体积百分数分别表示为 X_f，X_p，X_b 和 X_m，温度用 θ 表示，碳浓度用 C 表示。在一系列全局平衡假设和本构方程限制条件下，相变演变过程的方程组如下所示：

$$\frac{\mathrm{d}X_f}{\mathrm{d}t} = v_f(C,\theta)X_f^{\alpha_f}X_a^{\beta_f}\{X_{f,\text{final}}(C,\theta) - X_f\}, X_f(0) = 0.0001$$

$$\frac{\mathrm{d}X_p}{\mathrm{d}t} = v_p(C,\theta)X_p^{\alpha_p}X_a^{\beta_p}, X_p(0) = 0.0001$$

$$\frac{\mathrm{d}X_b}{\mathrm{d}t} = v_b(C,\theta)X_b^{\alpha_b}X_a^{\beta_b}, X_b(0) = 0.0001$$

$$\frac{\mathrm{d}X_m}{\mathrm{d}\theta} = \begin{cases} 0, & X_m(0) = 0.0001 \theta > M_1(C) \\ -V_m(C,\theta)X_m^{\alpha_m}X_a^{\beta_m}, & X_m(0) = 0.0001 \theta < M_1(C) \end{cases} \quad (9\text{-}19)$$

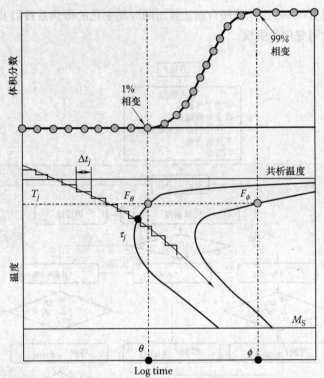

图 9-13　等温转变图和相生长图

其中，X_i 存在如下平衡方程：

$$X_a = (1 - X_f - X_p - X_b - X_m) \tag{9-20}$$

而函数 $\nu_f(C, \theta)$、$\nu_b(C, \theta)$、$\nu_p(C, \theta)$ 和 $\nu_m(C, \theta)$ 以及常数 α_f、α_p、α_b、α_m、β_f、β_p、β_b 和 β_m 等是由材料的等温转变确定的。这些方程可以与热力学方程完全耦合，并通过已得到的温度数据进行求解。

热应变建模如下。奥氏体的热应变 E_A 和任意产物相的热应变 E_p 分别是温度的线性函数和三次函数，而多项式中的系数则是关于碳浓度的二次函数。产物相的热应变 E_p^x 表示如下：

$$E_p^x = \frac{E_p E_A}{1 + E_A} \tag{9-21}$$

Padilha 等发表了关于铁素体奥氏体双相不锈钢在固溶渗氮过程中组织转变的研究成果。他研究了渗氮过程中显微组织和显微织构的变化以及固溶渗氮、晶粒长大和织构之间的相互作用。确定了三个显微组织区，分别为：铁素体-奥氏体双相区、过渡区和表面奥氏体区。

众所周知，碳渗入钢的过程中，富铬碳化物的生长会引起表面析出强化，而固溶体中的铬含量会下降。为维持碳化层的耐蚀性，需要优化不锈钢成分和渗碳工艺。Turpin 等提出了一种利用软件对热力学和动力学性质进行建模来模拟气体渗碳过程中碳扩散和相变的方法。

Lütjens 等研究了对由三种不同的相变诱导塑性钢（TRIP）制作而成的、与碰撞相关的汽车零件进行局部硬化处理的优化方法，此热处理过程可以用包含基于 JMA 动力学方程的相变过程和随各组成相比例变化的碳扩散过程的数学模型来描述。

9.4.4　模块 4）应力应变分布

Tamas Reti 最近对 2001 年前关于渗碳和碳氮共渗对残余应力分布的影响方面的研究做了完整并深入的总结回顾，并对应力应变分布情况的数学建模公式进行了处理。

如 Reti 所述，扩散层以及心部的残余应力变化、最终组织和力学性能会受到钢成分、工件尺寸和形状、渗碳和随后的奥氏体化过程参数、淬火过程的热交换以及回火过程的时间参数和温度参数之间的复杂交互作用的影响。下面给出了一些关于渗碳、碳氮共渗和渗氮如何影响渗碳工件和表面硬化工件最终残余应力分布的参考文献。

热处理引起的畸变对工件的最终成本有重要影响。大部分影响畸变的因素都产生在机加工和热处理过程中，与钢铁制造商无关。炼钢厂能够控制的一个重要因素是淬透性。稳定可靠的淬透性能显著减小畸变的变化。在许多生产实例中，钢材的宏观结构和铸型也能影响畸变。其他下游工艺如锻造的质量，也会产生影响。Cristinacce 举例说明了英国工程钢公司、客户和最终用户的一些实践经验，并引用了相关著作。

众所周知，脱碳对弹簧钢强度不利。Prawoto 等基于试验结果和 ABAQUS 有限元分析，提出可以通过对脱碳层进行回复来优化产品质量。

现已证明等离子氮化钢由于诱导残余压应力的存在而表现出上佳的疲劳强度。Loh 和 Siew 描述了如何对含有不同合金元素且合金元素成分各异的六种钢在 580℃ 的温度下进行 4 小时和 9 小时的离子渗氮，并分析了其显微组织特征、显微硬度分布和残余应力分布情况。

大多数表面喷涂都会出现残余应力。由于残余应力可能对涂层磨损抗性和疲劳裂纹扩展等特性均有影响，所以对它们的研究是十分有意义的。此外，残余应力的产生可能会导致涂层的剥离和散裂。Clyne 的文章介绍了表面涂层中的残余应力是如何产生的。

Tschiptschin 比较了气相平衡区中 Fe-Cr-N 系的热力学计算结果和 N_2 气氛下两种马氏体不锈钢（6mm 厚 AISI 410S 钢薄板和 AISI 434L 粉末压坯）渗氮过程中最大氮吸收量的实验数据。通过结合 SGTE 固溶体数据库中对 Fe-Cr-N 系的描述和 SGTE 材料数据库中对 N 系气相的描述完成了上述计算过程。Prantil 等人介绍了渗碳薄板中残余应力和畸变的模拟计算。Jur či 和 Stola ř等研究了渗碳和不同冷却介质淬火过程中，两种齿轮零件（车轮和小齿轮）的畸变行为。

检测渗碳过程畸变的最大影响因素往往要通过仿真工具实现，而引入实验设计（DoE）可以以一种结构合理、条理清晰的方式辅助完成必要的模拟计算。Acht 采用一种带有中心孔的 SAE 5120 圆盘进行渗碳过程的模拟计算，发现了影响畸变模拟结果的因素。因此，需要建立全因子实验设计进行分析。这种方法的优势在于不仅可以找出主要影响因素，同时也可以找出各主要因素在不同范围间的交互作用。

假设总应变速率 $\dot{\varepsilon}_{ij}$ 是弹性应变 $\dot{\varepsilon}_{ij}^{e}$，塑性应变 $\dot{\varepsilon}_{ij}^{p}$，热应变 $\dot{\varepsilon}_{ij}^{th}$，相变应变 $\dot{\varepsilon}_{ij}^{tr}$ 以及 D. -Y. Ju 等提出的碳氮扩散诱发应变 $\dot{\varepsilon}_{ij}^{df}$ 的总和。文献中给出的本构方程如下：

$$\dot{\varepsilon}_{ij} = \dot{\varepsilon}_{ij}^{e} + \dot{\varepsilon}_{ij}^{p} + \dot{\varepsilon}_{ij}^{th} + \dot{\varepsilon}_{ij}^{tr} + \dot{\varepsilon}_{ij}^{df} \tag{9-22}$$

其中等号右边前四项表示为

$$\varepsilon_{ij}^{e} = \frac{1+\nu}{E}\sigma_{ij} - \frac{\nu}{E}\sigma_{kk}\delta_{ij} \tag{9-23}$$

$$\dot{\varepsilon}_{ij}^{p} = \hat{G}\left\{ \frac{\partial F}{\partial \sigma_{kl}}\sigma_{kl} + \frac{\partial F}{\partial T}\dot{T} + \sum_{I=1}^{K}\frac{\partial F}{\partial \xi_{I}}\dot{\xi}_{I} \right\}\frac{\partial F}{\partial \sigma_{ij}} \tag{9-24}$$

其中屈服函数

$$F = F(\sigma_{ij}, \varepsilon_{ij}^{p}, \kappa, T, \xi_{I}), \tag{9-25}$$

$$\dot{\varepsilon}_{ij}^{th} = \sum_{I=1}^{K}\alpha_{I}\dot{T}\delta_{ij}, \tag{9-26}$$

$$\dot{\varepsilon}_{ij}^{tr} = \sum_{I=1}^{K}\beta_{J\to I}\dot{\xi}_{I}\delta_{ij} \tag{9-27}$$

式中，E 和 ν 分别代表杨氏模量和泊松比；T 代表温度；$\beta_{J\to I}$ 为膨胀率（因第 J 相向第 I 相转变时组织变化引起的膨胀），α_{I} 为第 I 相的热膨胀系数。

相关文献对式（9-22）中因碳或氮扩散产生的新分量 $\dot{\varepsilon}_{ij}^{df}$ 进行了介绍。当碳或氮作为间隙原子被吸收时，晶格常数的改变引发了体积膨胀。一些研究人员提出了晶格常数随碳、氮浓度变化的公式。由于碳和氮的扩散，假设在时间 t_0 到 t 时发生了相变（$\alpha\to\beta$），则应变 $\dot{\varepsilon}_{ij}^{df}$ 可以表示为

$$\dot{\varepsilon}_{ij}^{df} = \frac{1}{3}\left(\frac{\nu_{\beta}^{T}(C_{t_1},N_{t_1})/n_{\beta,Fe}}{\nu_{\alpha}^{T}(C_{t_0},N_{t_0})/n_{\alpha,Fe}} - 1 \right)\dot{\xi}_{\alpha\to\beta}\delta_{ij}, \tag{9-28}$$

式中，$n_{\alpha,Fe}$ 和 $n_{\beta,Fe}$ 代表某一特定显微组织的单胞中铁原子的数目；V_{α}^{T} 和 V_{β}^{T} 代表相变前后（$\alpha\to\beta$）a_{α}^{T} 和 a_{β}^{T} 的晶格常数；C_{t} 和 N_{t} 分别代表时间 t 时的碳浓度和氮浓度。

如果渗碳和渗氮过程中没有发生相变，组织中则只含有奥氏体。因此，应变 $\dot{\varepsilon}_{ij}^{df}$ 只随碳和氮的扩散速率变化，表示如下：

$$\dot{\varepsilon}_{ij}^{df} = \frac{1}{3}\left\{ \frac{a^{3}(C_{t_1},N_{t_1})}{a^{3}(C_{t_0},N_{t_0})} - 1 \right\}\left\{ \frac{1}{C_{t_1}-C_{t_0}}\dot{C} + \frac{1}{N_{t_1}-N_{t_0}}\dot{N} \right\}\delta_{ij} \tag{9-29}$$

式中，a 代表奥氏体晶格常数，是碳浓度和氮浓度的函数。

9.5 残余应力和工件性能的关系

如本章提到的热处理工艺，表面硬化处理引起的性能分布满足了冶金工业中大多数工件的需要。这些工件经常展现出更好的疲劳强度和滚动接触疲劳抗性，还有更高的耐磨性和表面硬度。为说明这一问题，Reti 在相关文献引用了多本刊物来论述这一问题。

正如 Reti 所述，当考虑了多种破坏过程如裂纹萌生和扩展、脆性断裂、高周和低周疲劳及接触疲劳等，残余应力在其中起到了决定性作用。必须注意的是，除了残余应力分布之外，大多数断裂过程的动力学也受几种其他重要因素的影响，包括外加载荷类

型、显微组织形貌、渗碳层性能、工件形状及表面条件等。通常假设残余压应力抵消了以上因素产生的负面影响，如淬火脆性和沿晶断裂现象，高碳组织对这些断裂现象尤为敏感，同时残余压应力提高了直接淬火工件的断裂和疲劳抗性从而使得工件展现出了良好的加工性能。

El-Shazly 等研究了摩擦载荷下表面硬化层性能对基体应力的影响。Babul 及其同事介绍了工具钢（热作钢 4H5W2FS，AMS 6437E 和冷作钢 ASTM A681，Ch12FS，都经过了渗碳和氮碳共渗工艺处理）的金相和磨损实验结果。

Karami 和 Ipek 研究了广泛应用于工业生产中的 AISI 1020 和 5115 钢经过渗碳和碳氮共渗后的磨损行为。经处理后的钢的表面性能、显微组织、硬度分布和磨损行为同经处理后的试样的磨损特性和质量损失一样是磨损试验持续时间和载荷的函数。结果显示，碳氮共渗钢的表面具有碳氮化合物层，扩散区含有铬铁碳化物、铬碳氮化物、铬氮化物和 Fe_2N 相。Selcuk 等研究了相同的材料，采用该试验材料制作试样，并对该试样进行液体和气体渗碳、气体碳氮共渗和固体渗硼介质处理，完成了硬度分布、显微组织和 X 射线衍射的相关研究。

众所周知，渗碳层深度和考虑工件尺寸的相对硬化层深度均是决定疲劳性能的重要因素。Genel 和 Demirko 通过对一系列直径为 10mm，渗碳层深度为 0.73 ~ 1.10mm 的 AISI8620 钢试样进行旋转挠曲疲劳试验，研究了相对硬化层深度对其疲劳性能的影响。

Specktor 等探究了减小重载减速机渗碳齿轮磨齿加工余量的相关问题。Izciler 和 Tabur 检验了不同硬化层深度的气体渗碳 AISI8620 钢的磨损性能。

Sundelöf 提出了一种关于多孔介质中反应气体运输的更普遍的微观模型，并将其应用于两种不同的粉末冶金工艺（渗碳和减少表面氧化物）中。Lawcock 更好地解释了粉末冶金工件疲劳因子。Höhn 等研究了渗碳齿轮的微点蚀抗性。Berns 和 Pyzalla 报道了渗氮不锈钢表层的显微组织和残余应力情况。Hirsch 等研究了工具钢离子渗氮过程中残余应力对扩散的影响。

9.6　文献典型实例

为说明渗碳、渗氮过程数值模拟的功能和优点，从相关文献中选取了四个例子并简要概括如下几个方面。

9.6.1　不同角度楔形板的渗碳工艺

机械零件表面分为尖角面和平面。工件经过渗碳处理后，尖角面的渗碳深度显然要大于平面的渗碳深度。为研究尖角角度对渗碳层深度的影响，Sambucaro 和 S. Sarmiento 使用通用有限元分析软件 ABAQUS Version 6.6 分析了四种不同的二维模型（1mm 厚薄板和三种尖角分别为 90°，60° 和 30° 的 1mm 厚楔形板，见图 9-14）。对接近渗碳表面的区域进行网格细分。假设试样的初始碳浓度和环境碳势分别为 0.00 和 1.00%。表 9-1 列出了试样 1 其他模拟数据。

表 9-1 试样 1 其他模拟数据

温度/K	碳 势	面心立方结构 Fe 的扩散系数/（cm²/s）	激活能 Q/（J/mol）	工艺时间/s
1273	1%	2.0×10^{-5}	142	3600

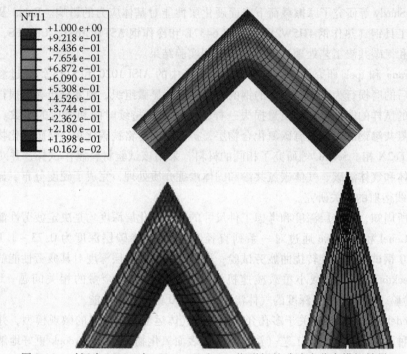

图 9-14 时间为 3600s 时，90°，60° 和 30° 楔形板的碳浓度分布模拟结果

图 9-14 给出了 $t = 3600s$ 时 90°，60° 和 30° 的楔形板中碳浓度分布模拟结果。对于平板试样，图 9-15 给出了其不同渗碳时间的碳浓度分布情况。作为对比，图 9-16 显示了三种楔形板不同渗碳时间边角之间的碳浓度分布的模拟结果。最后，图 9-17 比较了四种工件相同部位不同渗碳时间的碳浓度分布的模拟结果。

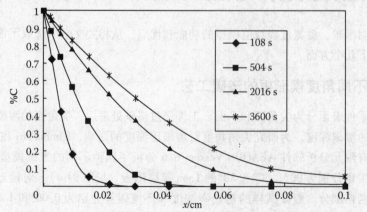

图 9-15 不同渗碳时间的平面板材中碳浓度计算分布图

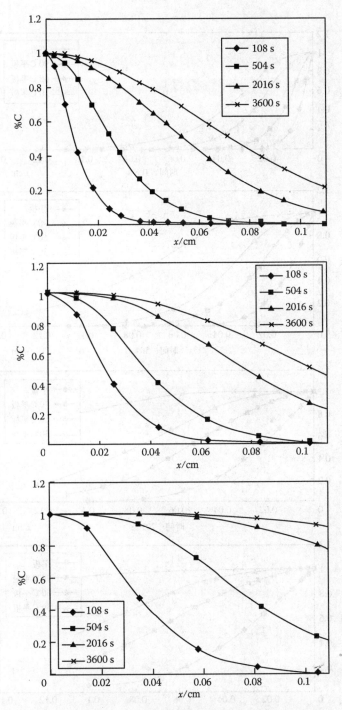

图 9-16　不同渗碳时间 90°（上部）、60°（中部）和 30°
（下部）楔形板角之间的碳浓度分布的模拟结果

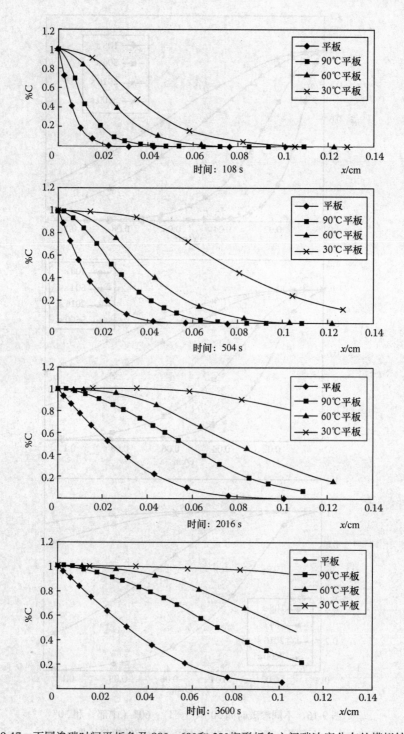

图 9-17　不同渗碳时间平板角及 90°、60° 和 30° 楔形板角之间碳浓度分布的模拟结果

9.6.2　纯铁脉冲离子渗氮过程中氮化层的生长及氮在 ε-Fe$_{2-3}$N、γ'-Fe$_4$N 和 α-Fe 中的分布

为实现计算机预测和智能控制并探索脉冲离子渗氮机制，M. Yan，J. Yan 和 T. Bell 研究了渗氮层的生长动力学机制和相应的数学模型，并推导出了渗氮层中氮浓度分布曲线的表达式。

试验用高纯铁的化学成分：w（C）为 0.0056 %，w（Si）为 0.032%，w（Mn）为 0.041%，w（P）为 0.006%，w（S）为 0.006%，w（Cr + Mo + W + Cu + Al）为 < 0.04%，剩余均为 Fe。图 9-18 和表 9-2 给出了试样在纯氨气气氛、压力为 400Pa、温度为 520 ℃的条件下经过不同时间脉冲离子渗氮处理后检测到的表面相组织以及表面平均氮浓度的计算结果。

表 9-2　压强为 400Pa，温度为 520 ℃时，不同时间下纯铁脉冲

离子渗氮处理后的表面各相和氮浓度

渗氮时间/h	1/3	1	2	5	10
表面相组成	ε + γ'	ε + γ'	ε + γ'	ε + γ'	ε + γ'
表面氮含量（%，质量分数）	7.67	7.68	7.68	7.69	7.68

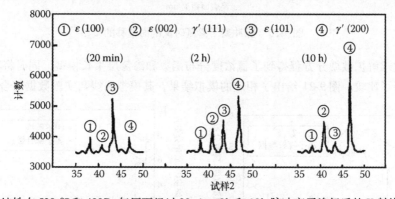

图 9-18　纯铁在 520 ℃和 400Pa 气压下经过 20min、2h 和 10h 脉冲离子渗氮后的 X 射线衍射花样

图 9-19 给出了由 ε 和 γ' 相组成的化合物层的厚度 $L_2(t)$ 以及以氮浓度降为 0.01 % 时所确定的扩散层厚度 $L_3(t)$ 随时间 t 的平方根的变化的曲线。结果显示，化合物层的生长方式为抛物线型，与扩散层的生长方式相似，但不同于传统 DC 渗氮硬化层的生长方式。

脉冲离子渗氮过程中工件表面氮浓度为常数。图 9-20 给出了氮扩散过程的物理模型，其中 $C_1(x, t)$，$C_2(x, t)$ 和 $C_3(x, t)$ 分别代表 ε，γ' 和 α 相中的氮浓

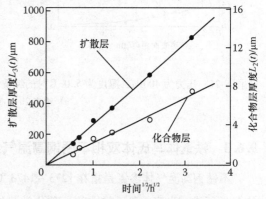

图 9-19　氮化层深度与时间函数关系

注：渗氮条件为温度 520℃，气压 400Pa。

度分布。C_S、C_1^{min}、C_2^{max}/C_2^{min} 和 C_3^{max}/C_3^{min} 分别代表表面氮浓度、ε 相中最小氮浓度、γ' 相中最大/最小氮浓度和 α 相中最大/最小氮浓度。为推导数学模型，相关学者假设渗氮过程为一维扩散并且扩散方向垂直于渗氮表面，脉冲离子渗氮过程中氮扩散系数不随氮浓度变化且试样温度是恒定的。

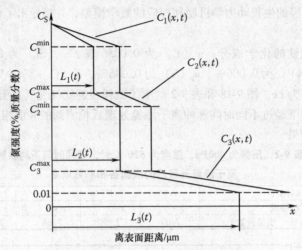

图 9-20 脉冲离子渗氮时氮剖面位移的模型

通过求解扩散微分方程得到了氮浓度分布函数和渗氮层生长模型，同时将其与实验数据进行了比较。图 9-21 给出了相应的模拟结果，其模拟曲线与实验数据符合得很好。

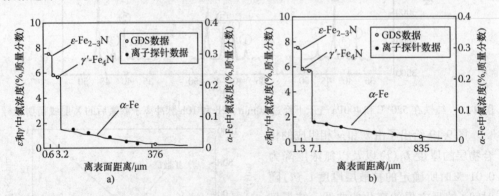

图 9-21 压力为 400Pa，温度为 520℃时的纯铁脉冲离子渗氮表面氮浓度分布的计算机模拟
a) 渗氮 2h b) 渗氮 10h

9.6.3 铁素体马氏体双相不锈钢高温气体渗氮过程中马氏体层的生长动力学

不锈钢高温气体渗氮是指在 1273～1473℃ 温度下，通过 N_2 气氛分解产生 N 原子并使 N 原子进一步溶入奥氏体中的一种化学热处理工艺。此工艺可以获得具有良好耐蚀性和摩擦学性能的高氮层。

　　Garzón 和 Tschiptschin 将双相铁素体-马氏体 410S 不锈钢方形试样（9mm 厚）置于氮气气氛中进行高温渗氮并在水中直接淬火。钢的化学成分如表 9-3 所列。将试样置于压强为 0.13Pa 的真空室中并加热到 1373 ~ 1473 ℃，随后通入高纯氮气，保持氮气分压在 0.05 ~ 0.25 MPa 之间，渗氮时间在 900 ~ 43200s 之间。渗氮参数如表 9-4 所列。

表 9-3　410S 马氏体-铁素体不锈钢的化学成分（%，质量分数）

C	N	Si	Cr	Mn	Ni	Fe
0.07	0.01	0.25	13.0	0.4	0.10	其余

表 9-4　410S 钢的渗氮参数

温度/K	N_2 偏压/MPa	渗氮时间（10^3s）
	0.25	0.9/1.8/3.6/6.3/10.8/21.6/43.2
1473	0.15	21.6
	0.10	21.6
	0.05	21.6
1423	0.25	21.6
1373	0.25	21.6

　　经上述处理，试样表面形成了无析出物的高氮马氏体层。为了预测随渗氮时间、温度和氮气分压变化的马氏体硬化层深度，相关学者研究了高温气体渗氮期间形成的全马氏体层的生长动力学。Engström 等借助 Dictra software，利用弥散系统扩散模型对渗氮层中的铁素体-马氏体双相区的原子扩散进行了模拟计算，该工作在假设奥氏体为基体、铁素体为弥散相的基础上完成的。双相基体中的氮扩散系数是奥氏体中氮扩散系数与所谓的迷宫因子的乘积，该因子和铁素体晶粒的体积分数、显微形貌和分布有关。

　　图 9-22 所示为 410S 钢在温度为 1473K、氮压为 0.25MPa 情况下渗氮 3600s 后横截面上的组织形貌。所有渗氮条件使样品得到了相似的组织。

　　图 9-23 为试样在温度为 1473K、氮分压为 0.25MPa 条件下渗氮 21600s 后从表面到心部马氏体相的氮和铬浓度分布测量曲线。图 9-23 中同样给出了由 Dictra 软件计算得到的浓度和活度分布曲线。经过对比发现计算值和实测值吻合得很好。马氏体中的氮浓度分布由表面到心部逐渐减少（见图 9-23a）而马氏体层中铬含量是不均匀的（见图 9-23b）。另外，马氏体层中铬的平均含量与钢中铬含量相同（没有发生长距离扩散）。全马氏体层区域内的马氏体中铬浓度高于双相区内马氏体中铬浓度，这是因为铬在双相区中的铁素体和奥氏体间发生了配分。HTGN 处理过程中发生了氮吸收现象，从而使奥氏体中出现了活度梯度，结果如图 9-23c 所示，这些活度梯度确定了所有元素的扩散趋势。相对于氮，铬的扩散系数较低，抑制了表面附近铬的扩散损失从而对抗腐蚀性起到了好的效果。

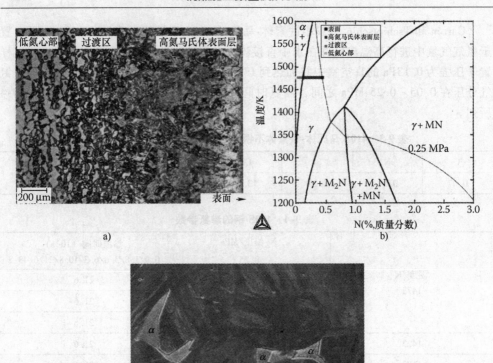

a)

b)

c)

图 9-22　410S 钢在温度为 1473K、氮压为 0.25MPa 情况下渗氮 3600s 后横截面上的组织形貌

a）金相照片显示了高氮马氏体表层，过渡层，低氮中心区　b）具有 0.25MPa 气相-金属
相平衡等压线的合金相图　c）扫描照片显示了过渡区中马氏体基体（α′）中的铁素体岛（α）

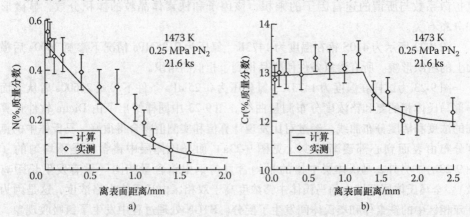

a)

b)

图 9-23　压强为 0.25 MPa，温度为 1473K，时间为 21600s 时，渗氮试样中的马氏体相原子浓度和活度分布

a）氮含量　b）铬含量

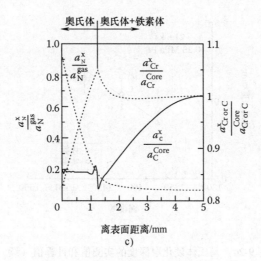

图 9-23 压强为 0.25 MPa，温度为 1473K，时间为 21600s 时，渗氮试样中的

马氏体相原子浓度和活度分布（续）

c）Dictra 计算的相对活度（a_N^x/a_N^{gas} 为 x 位置和气相中的 N 活度比；

a_C^x/a_C^{core} 为 x 位置和试样心部的 C 活度比；a_{Cr}^x/a_{Cr}^{core} 为 x 位置和试样心部的 Cr 活度比）

图 9-24 所示为马氏体层深度的实测值和计算值，马氏体层深度是渗氮工艺参数如时间，氮气分压和温度的函数。结果显示，在研究实验条件范围内，马氏体层深度与渗氮时间的平方根成正比（图 9-24a）；在压力大于 0.02MPa 时，马氏体层深度与氮气分压的对数近似成正比（图 9-24b）；马氏体层深度同时正比于温度（图 9-24c）。

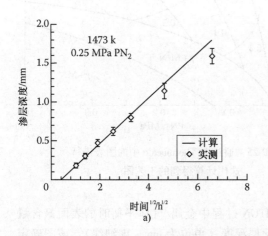

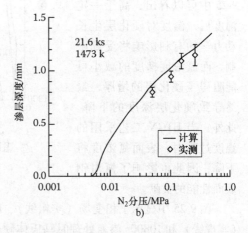

图 9-24 马氏体硬化层深度的实测值和计算值

a）时间 b）氮气分压

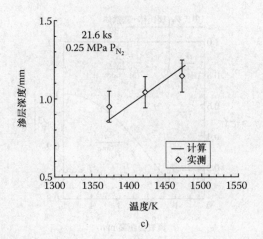

图 9-24　马氏体硬化层深度的实测值和计算值（续）

c）温度

图 9-25 所示为通过对 Thermocalc 中的图表进行迭代计算得到的工艺图，该工艺图包含相区域、氮等浓度线和经过 10800s HTGN 处理后的 Dictra 硬化层等深线。该工艺图为关于微观组织、氮浓度和硬化层深度的工艺参数优化提供了参考。从图 9-25 中可以看出，高于一定温度后，温度对硬化层生长动力学的有利影响将受到限制，而氮浓度梯度的减小可能阻碍了硬化层的增厚，最终导致硬化层深度的下降。此外，当 HTGN 工艺采用的温度过高时，表面氮浓度将下降，因此也影响了氮对钢表面性能的贡献。

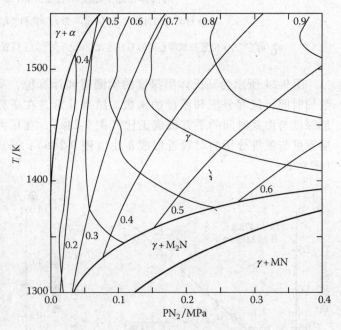

图 9-25　通过对 Thermocalc 中的图表进行迭代计算得到的工艺图

图 9-25 中显示了相变场（实粗线）、HTGN 过程中金属/气体平衡时的表面氮含量（实虚线）和 10800s 渗氮处理时马氏体硬化层深度（单位为 mm，虚细线），该图确定了组织、钢表层氮含量和马氏体硬化层深度。

9.6.4 渗碳钢中多相相变的有限元研究

Kang 和 Im 采用三维有限元模型研究了渗碳钢渗碳过程和淬火时的多相相变过程，他们采用菲克第二定律方程和碳扩散方程对渗碳过程进行模拟。为模拟非等温淬火过程发生的扩散型相变，需要结合碳钢的等温转变图，将冷却曲线细分成无数小的等温台阶。另外，需要求解 Scheil 叠加原理和 JMAK 方程。对于非扩散相变的模拟需要使用 KM 方程。

通过对渗碳和淬火过程进行数值分析，在考虑了相变潜热的基础上，预测了简单圆柱试样和复杂尺寸式样的温度和各组成相体积分数，计算结果与文献中的数据吻合很好。图 9-12 为有限元方法示意图。

9.6.4.1 圆柱形钢的渗碳工艺

图 9-26 描述了圆柱形碳钢的物理模型，相关学者将模型划分为 745 个节点和 492 个单元。假设试样的初始碳浓度和环境碳势分别为 0.2%（质量分数）和 0.75%（质量分数），碳传递系数通过试验数据计算得到。图 9-27 比较了不同渗碳时间钢表面碳浓度分布的计算结果和实验结果。通过有限元模拟得到的三个不同渗碳时间整体碳浓度分布与参考文献中的实验数据吻合得很好。

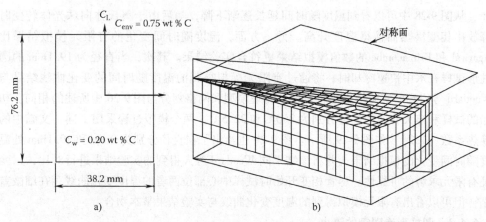

图 9-26 S.-H. Kang 和 Y.-T. Im 在渗碳过程的有限元模拟时使用的物理模型和网格划分

a）物理模型 b）网络划分

9.6.4.2 圆柱形共析钢的淬火

为验证淬火有限元模拟结果的准确性，相关学者选用了两种淬火条件，并将其计算结果与实验结果以及其他有限元模拟结果进行对比。首先，当直径为 8.5mm 和 13.5mm 的圆柱形钢缓冷时，将圆柱形心部的珠光体体积分数和温度场模拟结果与 Agarwal 和 Brimacombe 的模拟结果以及实验结果进行对比。试样初始温度 T_w 和淬火介质温度 T_e 分别为 900℃ 和 100℃，换热系数 h_A 为 0.25 kW/m²℃。物理模型的节点数和单元数与图 9-26 中相同。

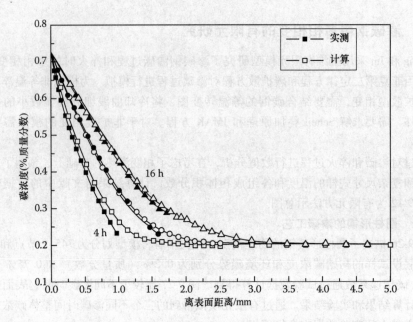

图 9-27　S. -H. Kang 和 Y. -T. Im 对于碳浓度分布的有限元模拟结果和实验数据的比较

　　从图 9-28 中可以看到温度随时间延长逐渐下降，随后由于奥氏体向珠光体转变时释放出相变潜热而使得温度升高。另一方面，温度随时间变化的有限元模拟结果比 Agarwal 和 Brimacombe 的数值模拟结果更符合实验结果。其次，当直径为 19.1mm 的圆柱形试样在水中快速冷却时，将通过有限元模拟得到的温度随时间的变化曲线结果与 Woodard 等得到的实验结果进行对比。物理模型和网格划分与图 9-26 中所述的相同。初始的试样和淬火介质的温度分别为 850℃ 和 22.5℃，两个模拟过程采用了同一文献中的换热系数 [132]，如图 9-29 所示。图 9-29 也给出了在直径分别为 0mm 和 19.1mm 处温度随时间变化的模拟结果，并将该结果同 Woodard 等人得到的实验结果进行对比，以验证有限元求解的可靠性。尽管相变开始时试样中心部位两者的温度变化曲线存在细微差别，但可以看出有限元模拟得到的温度变化曲线与实验结果基本吻合。

9.6.4.3　圆柱形渗碳钢的淬火

　　相对共析钢而言，渗碳钢会出现不同的相变。随温度变化的不同，初始奥氏体相可以分解为铁素体、珠光体和马氏体。模拟条件与 9.6.4.2 节中所提到的条件一致。图 9-30 为直径为 0mm 和 19.1mm 处温度随时间变化曲线的有限元模拟结果。对于直径为 19.1mm 处的表面，渗碳钢温度变化情况与共析钢近似，这是因为两种钢中大部分的奥氏体转变成了马氏体组织。然而，对于直径为 0mm 处的心部，渗碳钢中并未发生温度上升的现象。这是由于大部分的奥氏体转变为了铁素体而相应的相变潜热较小的缘故。这个原因导致渗碳钢心部的温度变化曲线低于共析钢心部的温度变化曲线。此外，图 9-31 显示了直径方向上的组织的分布。在 6s 内，马氏体相含量快速增长到 53% ～ 68.5%。铁素体和珠光体相分别在直径为 14.7mm 处和 16.3m 处同时生成。随着时间变

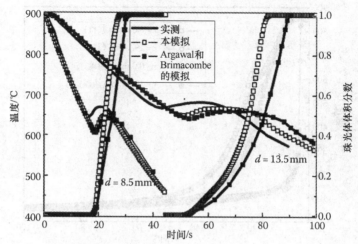

图 9-28　S. -H. Kang 和 Y. -T. Im 的有限元模拟结果和实验结果以及 Argawal 和 Brimacombe
的模拟结果对比了随时间变化时温度和珠光体体积分数的变化

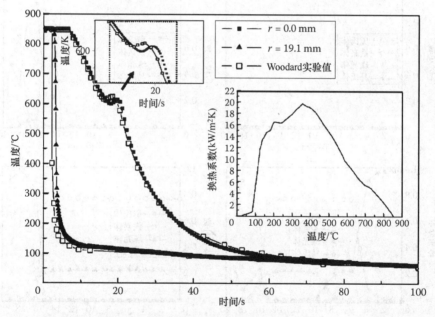

图 9-29　S. -H. Kang 和 Y. -T. Im 的有限元模拟结果和 Woodard 等的
实验数据比较了试样心部和表面的温度场变化

化，铁素体和珠光体相区域向着试样中心的方向扩展，其体积分数分别变为 77% 和
23%。100s 后，试样表面的最终组织是由大量的马氏体和少量的残留奥氏体组成。特
别指出的是，可以看到直径为 16mm 处的组织是由铁素体、珠光体、马氏体和残留奥氏
体组成。由于碳浓度存在差异，表面的马氏体体积分数要小于直径为 18mm 处的马氏体
体积分数。碳浓度越高，马氏体的体积分数越小。

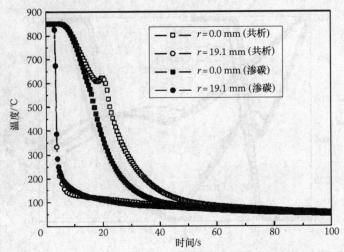

图 9-30　圆柱形共析钢和渗碳钢的中心和直径为 19.1mm 处温度场变化的数值计算结果的比较

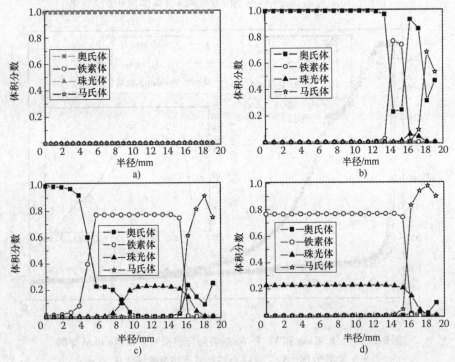

图 9-31　S.-H. Kang 和 Y.-T. Im 模拟计算的圆柱形渗碳钢淬火过程中沿直径方向各相体积分数的变化

a) 0.0s　b) 6.0s　c) 12.0s　d) 100.0s

9.6.4.4　渗碳机械零件的淬火

一般而言，机械零件如差速器锥齿轮和旋转斜盘是由低碳钢制造而成。这些机械零件通常用于传动系统，因此要求具有高强度、高硬度、高磨损/疲劳强度。鉴于此，在这些机械零件的制造过程中通常采用渗碳和淬火处理。为检查复杂形状零件处理工艺的有效性，相关学者使用有限元分析方法预测了差速器锥齿轮和旋转斜盘的碳浓度分布、温度分布和组成相分布。为减少有限元模拟的计算时间，两种零件均分别采用了 1/10 和 1/2 的零件模型。其他的模拟条件与 9.6.4.1 节和 9.6.4.2 节中提到的一致。

图 9-32 显示了差速器锥齿轮和旋转斜盘渗碳 4h 后碳浓度分布情况。图 9-33 显示了图 9-32a 中的渗碳差动齿轮零件淬火 8s 后的温度分布和相应的马氏体相的分布。4s 后，工件的边角区域迅速冷却，因此这些区域最先出现马氏体相。随着时间的推移，温度降低，马氏体相逐渐扩展到差动齿轮的内表面。然而，尽管 12s 后温度已经很低，但是马氏体相并没有沿中心线继续扩展，这是由于在差动齿轮内生成了铁素体和珠光体相。最后，图 9-34 给出了图 9-32b 中的渗碳旋转斜盘水淬 100s 后最终组织分布的模拟计算结果。与差速器锥齿轮的淬火类似，由于发生了奥氏体向铁素体和珠光体的转变，表面的马氏体相没有扩展到旋转斜盘的内部区域。

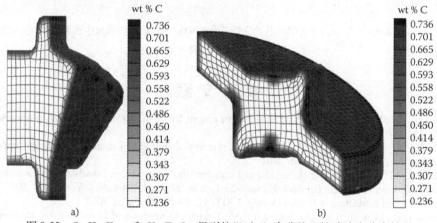

图 9-32 S. -H. Kang 和 Y. -T. Im 得到的经过 4h 渗碳处理的碳浓度分布情况

a）差速器锥齿轮 b）旋转斜盘的碳浓度分布

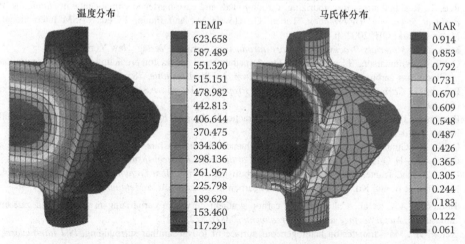

图 9-33 S. -H. Kang 和 Y. -T. Im 采用有限元分析了经过 8s 淬火后的
渗碳齿轮零件的温度和马氏体相的分布

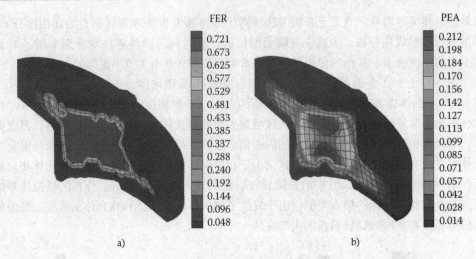

图 9-34　S. -H. Kang 和 Y. -T. Im 采用有限元分析了水淬 100s 后渗碳旋转斜盘中铁素体和珠光体的分布

a）铁素体　b）珠光体

参 考 文 献

1. Shercliff, R., Modelling and selection of surface treatments for steels, *Advanced Engineering Materials*, 4(6), 397, 2002.

2. Shercliff, R. and Beresford, F.C., Cambridge University Engineering Department Technical Report, CUED/C-MATS/TR254, December 2001.

3. Przyłęcka, M. et al., Design of carburizing and carbonitriding processes, in *Handbook of Metallurgical Process Design*, Totten, G., Funatani, K., and Xie, L., eds., Marcel Dekker, New York, 2004, 507.

4. Anon., Surface hardening, *Industrial Heating*, LXIX, 12, 50–56, December 2002.

5. Fortunier, R., Leblond, J.B., and Bergheau, J.M., Computer simulation of thermochemical treatments: Modelling diffusion and precipitation in metals, *Journal of Shanghai Jiaotong University (Science)*, 5(1), 303, 2000.

6. Réti, T., Residual stress in carburizing, carbonitrided, and case-hardened components, in *Handbook of Residual Stress and Deformation*, Totten, G., Howes M., and Inoue, T., eds., ASM International, Materials Park, OH, 2002, p. 189.

7. Minkoff, I., *Materials Processes—A Short Introduction*, Springer Verlag, New York, 1992,

8. Collin, R., Gunnarson, S., and Thulin, D., A mathematical model for predicting carbon concentration profiles of gas-carburized steel, *Journal of the Iron and Steel Institute*, 785, October 1972.

9. Parrish, G., *Carburizing: Microstructures and Properties*, 1st ed., ASM International, Materials Park, OH, 1999.

10. Kasperma, J.H., "Carburizing Theory and Practice". *Applied Research and Development*. Internal Report, April 1980.

11. Collin, R., Gunnarson, S., and Thulin, D., Influence of reaction rate on gas carburizing of steel in a $CO-H_2-CO_2-H_2O-CH_4-N_2$ atmosphere, *Journal of the Iron and Steel Institute*, 210(10), 777, 1972.

12. Dawes, C. and Tranter, D.F., Production gas carburising control, *Heat Treatment of Metals*, 4, 121, 1974.

13. McLellan, R.B. and Ko, C., The diffusion of carbon in austenite, *Acta Metallurgy*, 36(3), 531, 1988.

14. Rodionov, A.V. et al., Calculation of carbon gradient curves in carburizing in an activated gaseous atmosphere, *Metal Science and Heat Treatments*, 33(7), 522, 1991.

15. Raić, K.T., Mass transfer on heterogeneous surface of foil in laminar surrounding, *ISIJ International*, 33(12), 1281, 1993.

16. Raić, K.T., Control of gas carburizing by the diagram method, *Scandinavian Journal of Metallurgy*,

22, 50, 1993.

17. Holm, T., Arvidsson, L., and Thors, T., A concept for faster carburizing in continuous furnaces, presented at *11th Congress of the International Federation for Heat Treatment and Surface Engineering and the 4th ASM Heat Treatment and Surface Engineering Conference*, Europe, Florence, Italy, Oct. 19–21, 1998, p. 461.

18. Poor, R. and Verhoff, S., New technology is the next step in vacuum carburizing, *Industrial Heating*, October 2002.

19. Prawoto, Y. et al., Carbon restoration for decarburized layer in spring steel, *Journal of Materials Engineering and Performance*, 13(5), 627, 2004.

20. Schmidt, H.-P., Grohmann, P., and Wagendorfer, G., Hydrocarb—A new carburizing process to reduce internal oxidation of metals, presented at *3rd International Conference on Thermal Process Modelling and Simulation (IFHTSE)*, Budapest, 2006.

21. Gianotti, E. et al., Grain boundary oxidation in endothermic gas carburising process, in *Proceedings of 7th International Tooling Conference*, Torino, Italy, May 1–5, 2006, p. 481.

22. Koloszsváry, Z., Residual stresses in nitriding, in *Handbook of Residual Stress and Deformation of Steel*, Totten, G., Howes, M., and Inoue, T., eds., ASM International, Materials Park, OH, 2002, p. 209.

23. ASM International, Practical Nitriding and Ferritic Nitrocarburizing, ASM International, Materials Park, OH, Product Code 6950.

24. Krukovic, M.G., Simulation of the nitriding process, *Metal Science and Heat Treatment*, 46(1–2), 25, 2004.

25. Mittemeijer, E.J. and Slycke, J., Thermodynamic activities of nitrogen and carbon imposed by gaseous nitriding and carburising atmospheres, *Surface Engineering*, 12(2), 152, 1996.

26. Mittemeijer, E.J. and Somers, M.A.J., Thermodynamics, kinetics and process control of nitriding, *Surface Engineering*, 13(6), 483, 1997.

27. Edenhofer, B., Physical and metallurgical aspects of ionitriding, *Heat Treatment of Metals*, 1, 23, 1974.

28. Peartree, R.J., "Demonstration of Nitrogen-Based Carburizing Atmosphere". *Air Products and Chemical, Inc.* Allentown, Pensylvania, Work performed under DoE contract DE-AC07-79CS40234. September 1981.

29. Wells, A. and Bell, T., Structural control of the compound layers formed during ferritic nitrocarburising in methanol/ammonia atmospheres, *Heat Treatment of Metals*, 10(2), 39, 1983.

30. Slycke, J. and Mittemeijer, E.J., Kinetics of gaseous nitrocarburising process, *Surface Engineering*, 5(2), 125, 1989.

31. Grigor'ev, V.S., Solodkin, G.A., and Shevchuk, S.A., Kinetics of ion carbonitriding of constructional steels with direct hardening, *Metal Science and Heat Treatment*, 33(7), 528, 1991.

32. Darilion, G. et al., Online monitoring and control of thermo chemical heat treatment processes by near infrared technology, presented at *3rd International Conference on Thermal Process Modelling and Simulation (IFHTSE)*, Budapest, 2006.

33. Tong, W.P. et al., Nitriding iron at lower temperatures, *Science*, 299, 686, 2003.

34. Michalski, J. et al., Influence of heating stage charge on produce nitrides layer on steel during controlled gas nitriding process, presented at *3rd International Conference on Thermal Process Modelling and Simulation (IFHTSE)*, Budapest, 2006.

35. Braam, J.J. and Van Der Zwaag, S., A microstructural model for predicting hardness profiles of Fe-Cr alloys after nitriding, *Philosophical Magazine A*, 79(5), 1193, 1999.

36. Yan, M., Yan, J., and Bell, T., Numerical simulation of nitrided layer growth and nitrogen distribution in ε-Fe$_{2-3}$N, γ'-Fe$_4$N and α-Fe during pulse plasma nitriding of pure iron, *Modelling and Simulation in Material Science and Engineering*, 8, 491, 2000.

37. Arzamasov, B.N. and Panayoti, T.A., Ionic composition of the cathode area at ion nitriding, in *11th Congress of The International Federation for Heat Treatment and Surface Engineering; 4th ASM Heat Treatment and Surface Engineering Conference*, 1, 311, 1998.

38. Lefèvre, L. et al., Measurements of nitrogen atom loss probability versus temperature on iron surfaces, *Surface and Coatings Technology*, 116–119, 1244, 1999.

39. Straumal, B.B. et al., Ionic nitriding of austenitic and ferritic steel with the aid of a high aperture hall current accelerator, *Defect and Diffusion Forum*, 194–199, 1457, 2001.

40. Alsaran, A. et al., Study on compound layer formed during plasma nitrocarburizing of AISI 5140 steel,

Journal of Materials Science Letters, 22(4), 1759, 2003.

41. Kula, P. et al., Vacuum nitrocarburizing and efficient vacuum carburizing—the new options of FINE-CARB technology, presented at *3rd International Conference on Thermal Process Modelling and Simulation (IFHTSE)*, Budapest, 2006.

42. Okumiya, M., Inaba, K., and Fujita, M., Surface hardening of steel by novel heat treatment method "N-QUENCH", presented at IFHTSE 2006.

43. Garzón, C.M. and Tschiptschin, A.P., Growth kinetics of martensitic layers during high temperature gas nitriding of a ferritic–martensitic stainless steel, *Materials Science and Technology*, 20(1), 1, 2004.

44. Tschiptschin, A.P., Thermodynamics and kinetics of nitrogen absorption in low carbon martensitic stainless steels, THERMEC 2000.

45. Pranevičius, L. et al., The role of surface roughness on the mechanism of ion nitriding of an austenitic stainless steel, *Materials Science (Medžiagotyra)*, 6(3), 180, 2000.

46. Thaiwatthana, S. et al., Comparison studies on properties of nitrogen and carbon S phase on low temperature plasma alloyed AISI 316 stainless steel, *Surface Engineering*, 18(6), 433, 2002.

47. Figueroa, C.A., Wisnivesky, D., and Alvarez, F., Effect of hydrogen and oxygen on stainless steel nitriding, *Journal of Applied Physics*, 92(2), 764, 2002.

48. Kang, S.-H. and Im, Y.-T., Three-dimensional thermo-elastic-plastic finite element modeling of quenching process of plain-carbon steel in couple with phase transformation, *International Journal of Mechanical Sciences*, 49, 423–439, 2007.

49. Dowling, W. et al., Development of Carburizing and Quenching Simulation Tool: Program Overview, in *Proceedings of 2nd International Conference on Quenching and Control of Distortion*, ASM International, Materials Park, OH, 1996, p. 349.

50. Ågren, J., Numerical treatment of diffusional reactions in multicomponent alloys, *Journal of Physics and Chemistry of Solids*, 43(4), 385, 1982.

51. Andersson, J.O. and Ågren, J., Models for numerical treatment of multicomponent diffusion in simple phases, *Journal of Applied Physics*, 72(4), 1350, 1992.

52. Brünner, P. and Weissohn, K.H., Computer simulation and control of carburization and nitriding processes, *Material Science Forum*, 163–165, 699, 1994.

53. Fortunier, R., Leblond, J.B., and Pont, D., Recent advances in the numerical simulation of simultaneous diffusion and precipitation of chemical elements in steels, presented at *Phase Transformations During the Thermal/Mechanical Processing of Steel*, Vancouver, BC, Canada; August, 20–24, 1995, p. 357.

54. Manolov, V., Yotova, A., and Iliev, O., Applications of mathematical modeling in metal science, *Journal of Materials Science of Technology*, 7(1), 11, 1999.

55. Constantineau, J.P., Modified predominance diagrams for gas–solid reactions, *Metallurgical and Materials Transactions B*, 31B(6), 1429, 2000.

56. Nakasaki, K. and Inoue, T., Metallo-thermo-mechanical simulation of laser-quenching process of some steels, in *20th ASM Heat Treating Society Conference Proceedings*, St. Louis MO, 2000.

57. Somers, M.A.J., Thermodynamics, kinetics and microstructural evolution of the compound layer; a comparison of the state of knowledge of nitriding and nitrocarburising, *Heat Treatment of Metals*, 27, 92, 2000.

58. Ferguson, B.L. et al., Predicting the heat-treat response of a carburized helical gear, *Gear Technology*, 20, November/December, 2002.

59. Maksymovych, H.H., Fedirko, V.M., and Pavlyna, V.S., High temperature physicochemical mechanics of materials, *Materials Science*, 38(2), 161, 2002.

60. Sundelöf, E., Modelling of reactive gas transport, Licentiate thesis, Kungl Tekniska Högskolan, Institutionen För Numerisk Analys Och Datalogi, Universitet Stockholms, 2003.

61. Sugimoto, T. and Watanabe. Y., Evaluation of important factors affecting quench distortion of carburized hypoid gear with shaft by using computer simulation methods, *Transactions of Materials and Heat Treatment, Proceedings of the 14th IFHTSE Congress*, 25(5), 480, 2004.

62. Filetin, T., Žmak, I., and Novak, D., Nitriding parameters analyzed by neural network and genetic algorithm, *Journal de Physique IV France*, 120, 355, 2004.

63. Inoue, T., Macro-meso-and micro-scopic metallo-thermo-mechanics application to phase transformation

incorporating process simulation, *Inżynieria Powierzchni*, 1, 23, 2005.

64. Geiger, G.H. and Poirier, D.R., *Transport Phenomena in Metallurgy*, Addison-Wesley, Reading, MA, 1973.

65. Snyder, R.B., Natesan, K., and Kassner, T.F., Kinetics of the carburization-decarburization process of austenitic stainless steels in sodium, *Journal of Nuclear Materials*, 50, 259, 1974.

66. Goldstein, J.I. and Moren, A.E., Diffusion modeling of the carburization process, *Metallurgical Transactions A*, 9A, 1515, 1978.

67. Buslovich, N.M., Makhtinger, E.Ya., and Mikhailov, L.A., Laws governing the interaction of the gaseous medium with the surface of the metal in the process of carburizing, *Metal Science and Heat Treatment*, 21 (6), 442, 1979.

68. Thete, M.M., Simulation of gas carburizing: Development of computer program with systematic analysis of process variables involved, *Surface Engineering*, 19(3), 217, 2003.

69. Jiang, D.E. and Carter, E.A., Carbon dissolution and diffusion in ferrite and austenite from first principles, *Physical Review B*, 67, 214103, 2003.

70. Ochsner, A., Gegner, J., and Mishuris, G., Effect of diffusivity as a function of the method of computation of carbon concentration profiles in steel, *Metal Science and Heat Treatment*, 46(3–4), 148, 2004.

71. Yin, R., Thermodynamic roles of metallic elements in carburization and metal dusting, *Oxidation of Metals*, 61 (3/4), 323, 2004.

72. Sobusiak, T., Carbon transfer coefficient in carburizing processes at thermodynamic equilibrium atmospheres, *Inżynieria Powierzchni*, 1, 3, 2005.

73. Palaniradja, K., Alagumurthi, N., and Soundararajan, V., Optimization of process variables in gas carburizing process: A taguchi study with experimental investigation on SAE 8620 and AISI 3310 steels, *Turkish Journal of Engineering and Environmental Sciences*, 29, 279, 2005.

74. Bingzhong, X. and Yingzhi, Z., Collision dissociation model in ion nitriding, *Surface Engineering*, 3(3), 226, 1987.

75. Stickels, C.A., Computer models for gas carburizing, *Industrial Heating*, October 1988.

76. Sun, J. and Bell, T., A numerical model of plasma nitriding of low alloy steels, *Materials Science and Engineering A*, A224, 33, 1997.

77. Du, H. and Ågren, J., Theoretical treatment of nitriding and nitrocarburizing of iron, *Metallurgical and Materials Transactions A*, 27A, 1073, 1996.

78. Kroupa, A. et al., Carbide reactions and phase equilibria in low-alloy Cr-Mo-V steels tempered at 773–993 K Part II: Theoretical calculations, *Acta Materials*, 46(1), 39, 1998.

79. Sopousek, J., Kroupa, A., Vrest'al, J., and Dojiva, R., *CALPHAD*, 17, 229, 1993.

80. Hu, M.-J. et al., Mathematical modeling and computer simulation of nitriding, *Materials Science and Technology*, 16(5), 547, 2000.

81. Duh, J.-G. and Wang, Ch.-J., Nitriding kinetics of Fe-Al-Mn-Cr-C alloys at 1000°C, *Journal of Material Science*, 25(5), 2615, 2000.

82. Tschiptschin, A.P., Predicting microstructure development during high temperature nitriding of martensitic stainless steels using thermodynamic modeling, *Material Research*, 5(3), 257–262, 2002.

83. Petrova, L.G., Modeling the nitriding kinetics of multicomponent alloys, *Metal Science and Heat Treatment*, 44(9–10), 431, 2002.

84. Ratajski, J. et al., Modelling of structure and material properties in the nitriding process, *Inżynieria Powierzchni*, 1, 49, 2005.

85. Dupen, B.M., Morral, J.E., and Law, C.C., Finite element modeling of carburizing for alloy steels, *ASTM special technical publication*, n1195, 61, 1993.

86. Engström, A., Höglund, L., and Ågren, J., Computer simulation of carburization in multiphase systems, *Material Science Forum*, 163–165, 725, 1994.

87. Grabke, H.J., Supersaturation of iron with nitrogen, hydrogen or carbon and the consequences, *Materiali in Tehnologije*, 38(5), 211, 2004.

88. Ju, D.-Y., Ito, Y., and Inoue, T., Simulation and experimental verification of carburised and nitrided quenching process, in *3rd International Conference on Thermal Process Modelling and Simulation*, Budapest, 2006.

89. Gao, W., Long, J.M., Kong, L., and Hodgson, P.D., Influence of the geometry of an immersed steel workpiece on mass transfer coefficient in a chemical heat treatment fluidized bed, *ISIJ International*, 44, N° 5, 869–877, 2004.

90. Kang, S.-H. and Im, Y.-T., Finite element investigation of multi-phase transformation within carburized carbon steel, *Journal of Materials Processing Technology*, 183, 241–248, 2007.

91. Johnson, W.A. and Mehl, R.F., Reaction kinetics in processes of nucleation and growth, *Transactions AIME*, 135, 416–458, 1939.

92. Avrami, M., Kinetics of phase change I, *Journal of Chemical Physics*, 7, 1103–1112, 1939.

93. Scheil, E., Anlaufzeit der Austenitumwandlung, *Arch. Eisenhuttenwes.*, 12, 564–567, 1935.

94. Koistinen, D.P. and Marburger, R.E., A general equation prescribing the extent of the austenite-martensite transformation in pure iron-carbon alloys and carbon steels, *Acta Metallurgy*, 7, 59–60, 1959.

95. Agarwal, P.K. and Brimacombe, J.K., Mathematical model of heat flow and austenite-pearlite transformation in eutectoid carbon steel rods for wire, *Metallurgical Transactions*, 12B, 121–133, 1981.

96. Kamat, R.G., Hawbolt, E.B., Brown, L.C., and Brimacombe, J.K., The principle of additive and the proeutectoid ferrite transformation, *Metallurgical Transactions*, A, 23A, 2469–2480, 1992.

97. Denis, S., Farias, D., and Simon, A., Mathematical model coupling phase transformations and temperature evolution in steels, *ISIJ International*, 32, 316–325, 1992.

98. Lusk, M., Krauss, G., and Jou, H.-J., A balance principle approach for modeling phase transformation kinetics, *Journal de Physique IV*, C8, 179–284, 1995.

99. Bammann, D. et al., Development of a carburizing and quenching simulation tool: A material model for carburizing steels undergoing phase transformations, in *Proceedings of the 2nd International Conference on Quenching and the Control of Distortion*, Cleveland, OH, 1996, 367.

100. Ju, D.Y., Liu, C., and Inoue, T., Numerical modeling and simulation of carburized and nitrided quenching process, *Journal of Materials Processing Technology*, 143–144, 880–885, 2003.

101. Heming, C., Xieqing, H., and Jianbin, X., Comparison of surface heat transfer coefficients between various diameter cylinders during rapid cooling, *Journal of Materials Processing Technology*, 138, 399–402, 2003.

102. Pan, J., Li, Y., and Li, D., The application of computer simulation in the heat treatment process of a large-scale bearing roller, *Journal of Materials Processing Technology*, 122, 241–248, 2002.

103. Sarmiento, G.S., Gastón, A., and Vega, J., Inverse heat conduction coupled with phase transformation problems in heat treating process, *COMPUTATIONAL MECHANICS—New Trends and Applications*. E. Oñate and S.R. Idelsohn (Eds.), CD-Book. Part VI, Section 12.1, Paper 16, CIMNE, Barcelona, 1998.

104. Sarmiento, G.S., Castro, M., Totten, G.E., Webster, G.E., Cabré, M.F., and Jarvis, L., Modeling residual stresses in spring steel quenching, *ASM Heat Treat 2001*, Indianapolis, November 5–8, 2001.

105. Penha, R.N., Canale, L.C.F., Totten, G.E., and Sarmiento, G.S. and Ventura, J.M.: "Simulation of heat transfer and residual stresses from cooling curves obtained in quenching studies". *Journal of ASTM International*, 3(5), Paper ID JAI 13614 (2006).

106. Padilha, A.F., Randle, V., and Machado, I.F., Microstructure and microtexture changes during solution nitriding to produce austenitic case on ferritic-austenitic duplex stainless steel, *Materials Science and Technology*, 15(9), 1015, 1999.

107. Turpin, T., Dulcy, J., and Ganois, M., Carbon diffusion and phase transformations during gas-carburizing of high-alloyed stainless steels: Experimental study and theoretical modeling, *Metallurgical and Materials Transactions A*, 36A, 2751, 2005.

108. Lütjens, J. et al., FEM simulation of carbon diffusion and phase transformations in dual phase and trip steels, presented at *3rd International Conference on Thermal Process Modelling and Simulation (IFHTSE)*, Budapest, 2006.

109. Cristinacce, M., Heat treatment of metals: Distortion in case carburized components—the Steelmaker's view, Technical Paper Prod/A6, Corus Engineering Steels, 2001.

110. Loh, N.L. and Siew, L.W., Residual stress profiles of plasma nitrided steels, *Surface Engineering*, 15(2), 137, 1999.

111. Clyne, T.W., Residual stresses in thick and thin surface coatings, *Encyclopaedia of Materials: Science and Technology*, Section 4.1—Elasticity and Residual Stresses. P.J. Withers, (ed.), Elsevier, Oxford, UK, 2001.

112. Prantil, V.C. et al., Simulating distortion and residual stresses in carburized thin strips, *Transactions of the ASME*, 125, 116, 2003.

113. Jurči, P. and Stolař, P., Distortion behaviour of gear parts due to carburizing and quenching with different quenching media, presented at *3rd International Conference on Thermal Process Modelling and Simu-*

lation (IFHTSE), Budapest, 2006.

114. Acht, C. et al., Simulation of the influence of carbon profile and dimensions on distortion behaviour of SAE 5120 discs, presented at *3rd International Conference on Thermal Process Modelling and Simulation (IFHTSE)*, Budapest, 2006, Paper O-III/4.

115. El-Shazly, et al., The effect of hard coating properties on substrate stresses under tribological loads, *Materials and Manufacturing Processes*, 14(2), 243, 1999.

116. Babul, T., Kucharieva, N., Nakonieczny, A., and Senatorski, J., The mechanical properties of tool steels with diffusion carbon and nitrocarbon layers, in *1st International Conference on Heat Treatment and Surface Engineering of Tools and Dies*, Pula, Croatia, 2005.

117. Karami, M.B. and Ipek, R., An evaluation of the using possibilities of the carbonitrided simple steels instead of carburized low alloy steels (wear properties), *Applied Surface Science*, 119, 25, 1997.

118. Selçuk, B., Ipek, R., and Karamis, M.B., A study on friction and wear behavior of carburized, carbonitrided and borided AISI 1020 and 5115 steels, *Journal of Materials Processing Technology*, 141, 189, 2003.

119. Genel, K. and Demirkol, M., Effect of case depth on fatigue performance of AISI 8620 carburized steel, *International Journal of Fatigue*, 21, 207, 1999.

120. Spektor, B.A., Baldaev, V.A., and Simakov, Ao A., Decreasing the allowance in tooth grinding of carburized gears for heavily loaded reducers, *Khimicheskoe i Neftyanoe Mashinostroenie*, 6, 38, 1988.

121. Izciler, M. and Tabur, M., Abrasive wear behavior of different case depth gas carburized AISI 8620 gear steel, *Wear*, 260, 90, 2006.

122. Lawcock, R., A better understanding of fatigue factors in powder-metal parts-along with the tests used to determine them-will result in stronger, more dependable gears, *Gear Solutions*, October 2006.

123. Höhn, B.R., Oster, P., and Schrade, U., Studies on the micropitting resistance of case-carburized gears–Industrial application of the new calculation method, *International Conference on Gears*, VDI-Berichte 1904, Garching, Bavaria, Germany, 2005.

124. Berns, H. and Pyzalla, A., Microstructure and residual stresses of stainless steels case hardened with nitrogen, *Surface Engineering*, 20(6), 459, 2004.

125. Hirsch, K. et al., Residual stress-affected diffusion during plasma nitriding of tool steels, *Metallurgical and Material Transactions A*, 35A(11), 3523, 2004.

126. Sambucaro, G. and Sánchez Sarmiento, G., Computer modeling of carburization of wedge plates of steels, presented at *5th Latinamerican Conference of Abaqus Users*, Córdoba, Argentina, October 1–2, 2007.

127. Crank, J., *The Mathematics of Diffusion*, Oxford, Clarendon, 1975.

128. Lifang, X. and Yan, M., *Acta Metallurgica Sinica*, 2, 18, 1989.

129. Borgenstam, A., Engström, A., Höglund, L., and Ägren, J., *Journal of Phase Equilibrium*, 21, 269–280, 2000.

130. Engström, A., Höglund, L., and Ägren, J., *Metallurgical Materials Transactions, A.*, 25A, 1127–1134, 1994.

131. Cubberly, W.H., Masseria, V., Kirkpatrick, C.W., and Sanders, B., *Heat Treating*, 9th ed., Metals Handbook, ASM International, Materials Park, OH, 1986.

132. Woodard, P.R., Chandrasekar, S., and Yank, H.T.Y., Analysis of temperature and microstructure in the quenching of steel cylinders, *Metallurgical Materials Transactions*, B30, 815–822, 1999.

第 10 章 热处理和化学热处理计算机模拟的工业应用

10.1　阶梯轴的加热 CAE

某企业对 Φ380mm 的阶梯轴进行热处理，淬火加热用 3m×6m 台车式煤气炉，原工艺的总加热时间超过 20h。用数值模拟方法进行计算机辅助工程分析（CAE），以求优化加热规范，缩短加热时间，为此，首先对所采用的数学模型和计算机模拟软件进行实验验证。

10.1.1　三维温度场计算机模拟的实验验证

实验分别在盐浴炉、箱式炉和 3m×6m 台式煤气炉中进行，试样材料为 45 钢和 40Cr 钢，尺寸为 40mm×40mm×90mm 长方体和 Φ380mm×1750mm 阶梯轴。从试样表面钻孔至待测点位置，用电容放电法将热电偶电焊于孔底或将铠装热电偶顶端嵌入小铜套中与孔底紧配。先后在四种不同加热炉中进行过 20 炉次测定。升温曲线的计算值与实测值均吻合良好（见图 10-1 和图 10-2）。故可认为所采用的三维瞬态温度场与相变场耦合的数学模型是正确的，相应的软件已具有实用价值。

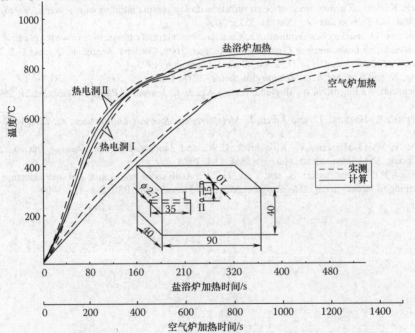

图 10-1　长方体工件在盐浴炉及箱式炉中加热升温曲线计算值与实测值比较

注：45 钢，加热温度 850℃。

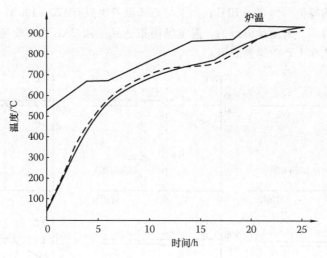

图 10-2　Φ380mm×1750mm 小阶梯轴在 3m×6m 煤气炉中加热时心部升温曲线与实测结果比较
注：40Cr 钢。

10.1.2　优化加热工艺的 CAD 技术

在三维瞬态温度场计算的基础上实现了优化加热工艺的计算机辅助设计。Φ380mm×1750mm 的 40Cr 钢阶梯轴在 3m×6m 煤气炉中加热，原工艺采用 550℃ 进炉，随炉升温至 650℃，均温 2h，然后以 25℃/h 的速率升温至 850℃，等工件表面到温后，均温 3.5h，总加热时间超过 20h。这种工件虽然对称，但实际生产条件下各处受热不均，处于不对称的加热状态，所以需进行三维温度场模拟计算。

计算结果表明，取消 650℃ 中间保温时工件中的最大温差仍然不太大，不会发生加热开裂等不良后果，总加热时间可缩短到 17h。计算结果由实验证实（见图 10-3），并预示有可能进一步提高加热速度。相关人员于是设计了六种工艺方案（见图 10-4）进行温度场的模拟计算，并对其中之一进行试验验证（见图 10-5）。六种工艺的加热时间如表 10-1 所列，其中工艺 6 加热时间最短（见图 10-6a），表

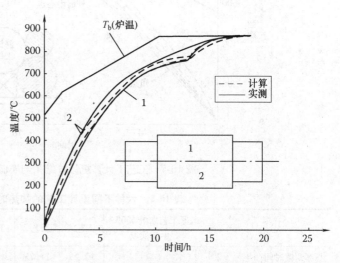

图 10-3　Φ380mm×1750mm 的 40Cr 钢阶梯轴取消 650℃ 中间保温后加热曲线的计算与实测结果

面和心部温差的峰值约为 60 ~ 70℃，角点与心部温差也只有 120 ~ 130℃（见图 10-6b），仍比允许值小得多，因而是可行的。温度场模拟达到了用 CAE 优化阶梯轴加热工艺的目的，优化工艺在生产中得到应用。

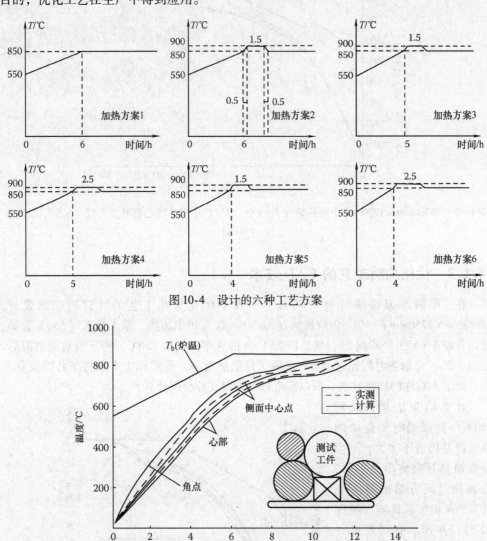

图 10-4　设计的六种工艺方案

图 10-5　工艺 1 计算机计算结果与实验结果

表 10-1　六种不同设计工艺的加热时间

工　　艺	原工艺	原工艺取消 650℃ 中间保温	工艺 1	工艺 2	工艺 3	工艺 4	工艺 5	工艺 6
心部到温时间/h	>20	17	12.25	11.75	11.67	11.25	11.25	11.00
工艺缩短效果/h	—	5	9.75	10.25	10.33	10.75	10.75	11.00

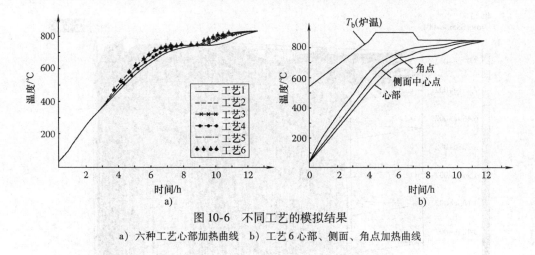

图 10-6　不同工艺的模拟结果

a）六种工艺心部加热曲线　b）工艺 6 心部、侧面、角点加热曲线

10. 2　复杂形状零件淬火工艺 CAE/CAPP

锚环的形状、尺寸如图 10-7 所示，用 45 钢制造，要求内孔有足够高的硬度，但两孔之间的距离很小，易淬裂。应用温度场与相变耦合的模型进行淬火过程的计算机模拟作为选用冷却介质和制订淬火操作规程的依据，从不同的方案中选出预冷→水淬→自回火的淬火工艺。

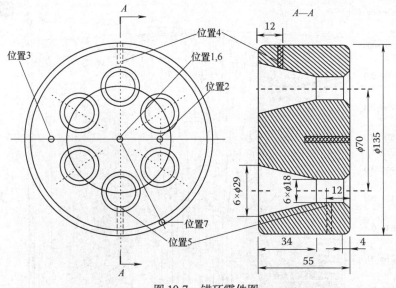

图 10-7　锚环零件图

图 10-8 是淬火过程中等温面推移的模拟结果，图 10-9 是淬火时马氏体转变过程的模拟结果。锚环预先冷→水淬→自回火过程中不同位置上冷却曲线的计算结果与实测结果基本相符（见图 10-10）。热处理后锚环内部组织分布的模拟结果也与解剖后金相分析的结果基本符合。

Inc: 700
Time: 3.063e+001

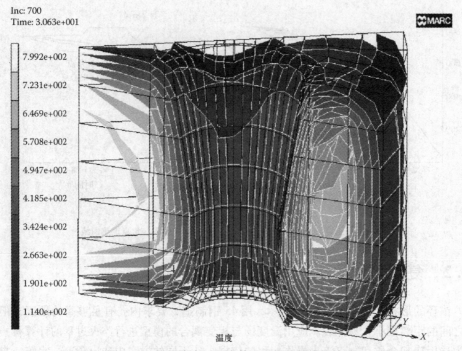

温度

图 10-8　锚环淬火过程中等温面推移的模拟结果

Inc: 700
Time: 3.063e+001

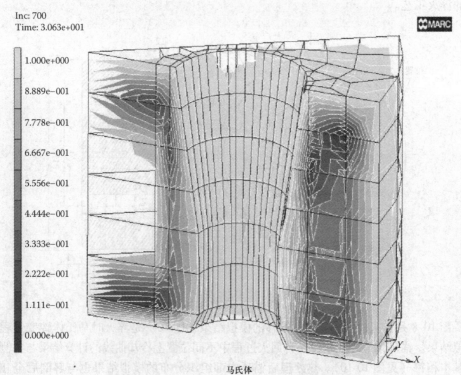

马氏体

图 10-9　锚环淬火过程中马氏体转变过程的模拟

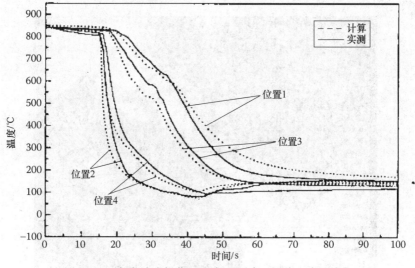

图 10-10　复杂淬火操作过程中（预冷→浸液→自回火）
锚环内不同位置的冷却曲线模拟结果与实测结果

　　由 CAE/CAPP 所制订的淬火操作规程已应用于生产，收到了保证锚环的使用性能、防止淬火开裂以及用空气和水取代淬火油实现清洁生产等综合效益。

10.3　曲轴渗氮畸变控制 CAE

　　用 35CrMo 钢制造的大马力高速柴油机曲轴，总长 2.4m，精加工后进行渗氮处理。造成渗氮畸变的主要原因是在渗氮温度下停留 50h 而产生蠕变。采用计算机模拟自重所造成的应力场及其与曲轴的装炉方式（垂直悬挂还是水平放置）及支承点位置之间的关系（见图 10-11），从而预测曲轴渗氮后的畸变（见图 10-12），为确定合理的装炉方

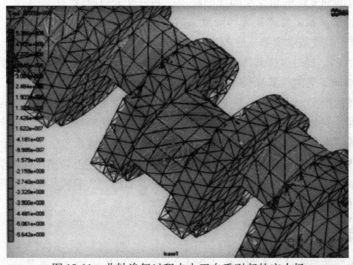

图 10-11　曲轴渗氮过程中由于自重引起的应力场

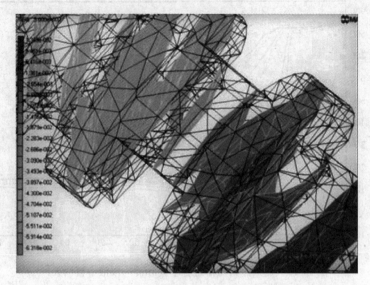

图 10-12　曲轴渗氮畸变的计算机模拟（等值面）

法提供了依据。研究结果已应用于生产，曲轴渗氮后的弯曲畸变控制在 0.08mm 之内，满足了相关技术指标的要求。

10.4　气体渗碳 CAE/CAPP/CAM

气体渗碳的计算机模拟已相当成熟，并大量应用于实际生产。主要应用的领域有：

1. 预测渗层浓度变化曲线

在已知钢中碳活度系数、扩散系数、表面反应物质传递系数的情况下，根据炉温和气相碳势随时间而变化的情况准确预测渗层中的浓度分布曲线。

2. 反求扩散系数、传递系数和活度系数

应用化学热处理数学模型，输入实测的渗层浓度分布曲线及其工艺参数（炉温与气相碳势的工艺曲线），经过试探和逐步逼近，求出与实测浓度分布曲线相符的参数值。

3. 气体渗碳工艺的计算机辅助设计

采用非线性模型，将炉温、碳势、传递系数、扩散系数都作为时间的函数，模拟真实的渗碳过程，例如计算机模拟可以对工件入炉后的初期阶段的炉温、碳势逐渐升高的过程，在渗碳后期由强渗阶段向扩散阶段过渡时碳势、传递系数逐步变化的过程，在降温阶段中扩散系数和传递系数逐步变化的过程等进行模拟，正确描述实际渗碳过程中各个阶段瞬态浓度场的变化规律，作为正确制订渗碳工艺的依据，实现气体渗碳工艺的计算机辅助设计（CAD）。

10.4.1　齿轮渗碳工艺 CAE

高速重载变速箱齿轮（4600kW, 6000r/min）采用传统的二段式渗碳工艺，凭经验决定开始降碳势的时间，很难保证获得理想的浓度分布，以致于多次发生齿面接触疲劳、断齿，甚至齿轮碎块砸破箱体飞出的严重事故（见图10-13）。

图10-14中的曲线1是齿轮获得最大承载能力的渗碳层浓度分布曲线。为了获得这种带有平台（或微凸型）的浓度分布曲线，必须准确掌握开始降碳势的时间。如果过早降低碳势（即扩散阶段时间过长）将得到下凹型的浓度分布，使次表层强度下降。反之如果过迟降低碳势则次表层的碳浓度偏高，使渗层脆性增大。这两种情况都会降低齿轮的承载能力。

图 10-13　用传统工艺处理的变速箱运行时损坏

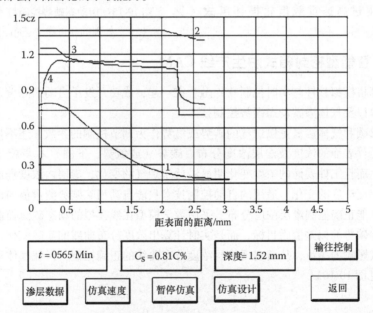

图 10-14　计算机控制系统自动进行渗碳过程模拟和优化

为了提高重载高速齿轮的可靠性，相关人员进行了渗碳过程计算机模拟。考虑到扩散阶段的碳势降低速度和降温速度都会影响渗碳层浓度分布的变化，因此采用非线性瞬态浓度场数学模型针对该厂所采用的渗碳设备的具体工况进行模拟。

用虚拟生产方法研究开始降碳势的时间对渗层浓度分布曲线的影响，从而确定恰好获得微凸型的渗碳层浓度分布的工艺，如图10-14所示。其中曲线2是温度变化曲线，曲线3是气相碳势分布曲线，曲线4是工件表面含碳量随时间变化曲线。

从图10-14所示的曲线可以看出，基于计算机模拟所确定于气体渗碳工艺与一般的强渗-扩散二段式工艺的另一个不同点在于，在渗碳的初期可以采用更高的碳势使表面碳浓度迅速提高，当表面碳浓度达到奥氏体饱和浓度 C_{Sat}^r 之后，气相碳势按式（10-1）逐步下降，使工件表面碳浓度保持不变，并等于奥氏体饱和碳浓度 C_{Sat}^r，从而使渗层中保持尽可能大的浓度梯度，加快了碳的向内扩散，缩短了渗碳时间，这就是所谓的气体渗碳动态碳势控制技术。

$$Cg = C_{Sat}^r + \frac{D}{\beta}\left(\frac{\partial C}{\partial n}\right) \qquad (10\text{-}1)$$

式中，C_{Sat}^r 为该温度下奥氏体饱和碳浓度。

在生产中将基于计算机模拟的气体渗碳 CAE 软件与工艺过程实时控制软件相结合。采用这种气体渗碳自动化智能控制技术之后，提高了齿轮的承载能力和可靠性，该技术工艺已大批量装机投放市场。从 1990 年以来再也没有发生过高速重载齿轮损坏事故（见图 10-15）。

图 10-15　用动态碳势控制技术进行渗碳处理的高可靠变速箱齿轮

10.4.2　智能型密封箱式炉生产线 CAM

将计算机模拟软件与实时控制软件融合在一起，成功开发了自动消除偏差影响的智能控制技术以及气体渗碳动态碳势控制技术。

气体渗碳和气体渗氮是以炉气的碳势或氮势作为调节控制的参数，还不可能实时测量和调节工件表面的浓度及渗层浓度分布。碳势（或氮势，下同）本身就带有较大滞后的特征，而且工件表面的浓度变化明显滞后于炉气的变化，渗层内浓度场的变化又明显滞后于表面浓度的变化。通用的自动控制技术只能自动消除碳势测量值与设定值的偏差，但不可能正确控制渗层浓度分布。采用数学模型在线模拟的动态碳势控制技术，并不是以消除碳势的偏差值为目标，而是实时计算出浓度分布曲线的实际变化，做出纠正偏差所造成影响的决策，从而实现渗层浓度分布曲线的正确控制，保证气体渗碳质量的重现性（见图 10-16）。

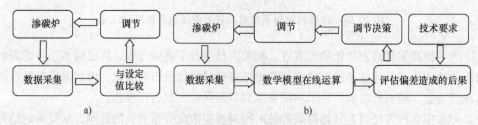

图 10-16　传统的碳势控制技术与动态碳势控制技术的比较
a）传统的碳势控制技术　b）动态碳势控制技术

图 10-17 所示为一个气体渗碳智能 CAM 系统自动消除偶然因素造成的后果的例子。在图 10-17a 时刻之前处于正常的控制状态，在图 10-17b、图 10-17c 和图 10-17d 时刻出

现渗碳剂供给中断的故障，炉气碳势缓慢下降，并使渗层表面发生脱碳。但在深度 >0.25mm 以上的渗层中，碳继续向内扩散（见图 10-17b 和图 10-17c）。当渗碳剂供给系统的故障消除之后碳势回升（见图 10-17e 和图 10-17f）。至图 10-17f 时刻，气相碳势已回复到原来的设定值。

　　按通常的自动控制理念，在图 10-17f 时刻之后应使气相碳势保持在原有水平上继续运行。然而此时偏差虽被消除，偏差所造成的浓度曲线形状的改变仍未完全消除。计算机系统根据实时在线模拟结果作出判断，此时表面含碳量只恢复到 0.98%，低于奥氏体饱和浓度。于是智能控制系统令气相碳势继续上升，使表面含碳量尽快提高。在图 10-17g 时刻表面碳含量恢复到奥氏体饱和浓度。此后在计算机调节控制下令气相碳势按式（10-1）逐步下降，使每一时刻工件表面吸收的碳流量恰好等于由工件表面向内扩散的碳流量。这就可以在控制表面含碳量不变（而不是气相碳势不变）的情况下使得碳以尽可能快的速度向内扩散（见图 10-17h）。

　　用这种方法，由计算机自动补偿偏差对渗碳后果的影响，也就是说，并非着眼于消除偏差，而是着重于消除偏差所引起的后果，使得随后的渗碳过程处于实际上的最优状态，保证渗碳质量。

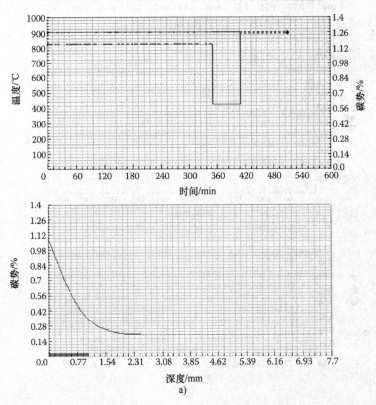

图 10-17　气体渗碳 CAM 系统自动消除偏差所引起后果的示意图

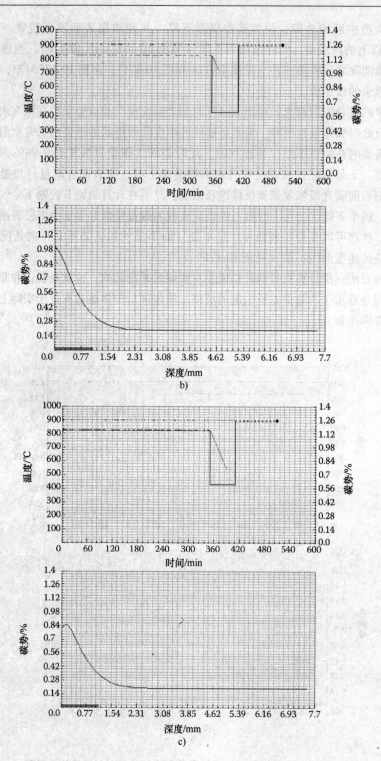

b)

c)

图 10-17　气体渗碳 CAM 系统自动

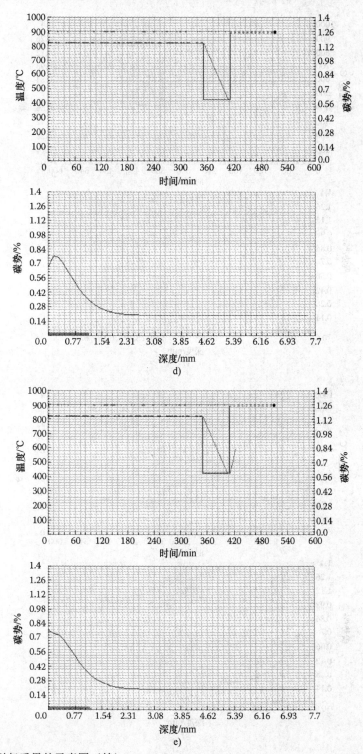

d)

e)

消除偏差所引起后果的示意图（续）

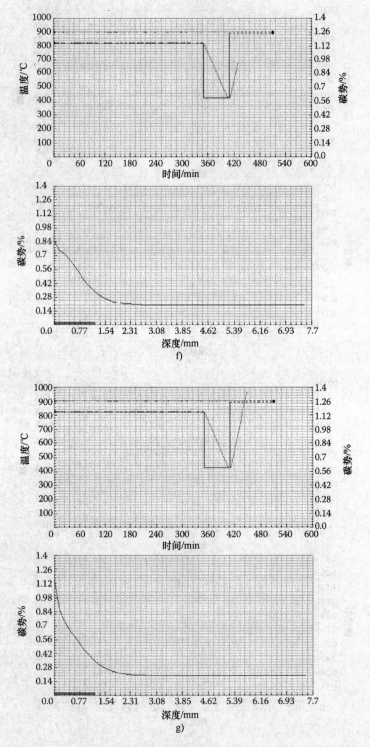

图 10-17　气体渗碳 CAM 系统自动消除偏差所引起后果的示意图（续）

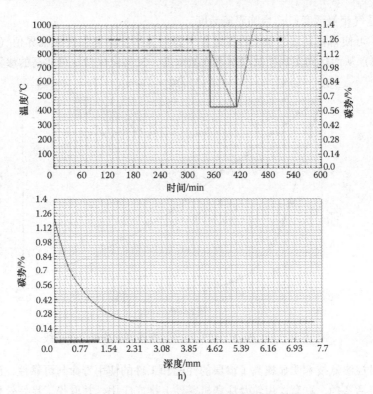

图 10-17　气体渗碳 CAM 系统自动消除偏差所引起后果的示意图（续）

应用上述成果开发成功智能型密封箱式炉生产线，具有自动设计优化工艺、自动完成过程控制、自动消除偏差的影响、确保渗碳质量和缩短工艺时间等功能。首条生产线安装于浙江汽车齿轮箱厂，正常运行五年内，处理齿轮约 8000 炉，质量全部合格，明显提高热处理质量，并且每炉渗碳时间由 6.5h 缩短到 5.75h。

10.5　基于计算机模拟的动态可控渗氮技术

气体渗氮是一种偏离平衡状态甚远的过程，表面反应速度是制约气体渗氮过程的主要因素。传统的以化学平衡概念为依据的氮势定值控制或分段定值控制的渗氮方法，很难准确控制渗氮层的浓度和性能。如果为了降低渗氮层脆性而降低氮势的设定值，将会明显降低渗氮速度和有效硬化深度；反之若采用较高的氮势设定值，则因渗氮层脆性过大而影响工件使用效果。

应用计算机模拟技术可以设计合理的动态可控渗氮工艺。在初期采用尽可能高的氮势，使表面氮浓度迅速提高到 α-Fe 的饱和浓度，即图 10-18 中的曲线 1，然后按式控制氮势由高到低连续变化。

$$a_{\mathrm{g}} = a_{\mathrm{s}}^{\mathrm{c}} + \frac{D}{\beta}\left(\frac{\partial C}{\partial n}\right) \tag{10-2}$$

式中，a_g 是气相氮活度；a_s^c 为临界氮活度。

这样，可使得在其后的整个渗氮过程中表面氮浓度始终保持在临界值（见图 10-18 中的曲线 2）从而达到正确控制渗层表面氮浓度，又可以保持尽可能高的渗氮速度。

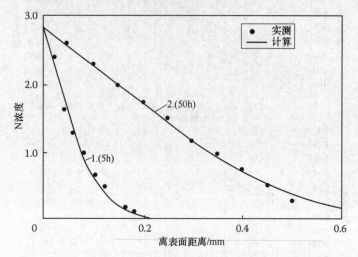

图 10-18 38CrMoAl 510℃动态可控渗氮的浓度分布曲线

动态可控渗氮技术明显提高了渗层的性能和工件的使用寿命与可靠性，已在舰用大马力柴油机活塞销、缸套、齿轮及注塑机零件上推广应用，并取得了良好效果，例如船用双圆弧齿轮（见图 10-19）的负荷系数 K 达到 735MPa，比普通渗氮高 25%。

图 10-19 采用动态可控渗氮处理的船用减速箱双圆弧齿轮

10.6 热处理设备的智能 CAD

以非稳态温度场和流体力学计算机模拟为基础，在虚拟现实的环境下进行热处理设备的计算机辅助设计，可以起到提高炉温均匀性、气氛均匀性和节能的效果。

图 10-20 所示为 20 世纪末亚洲最大、世界罕见的特大型气体渗碳炉，该炉设计制造的难点是如何保证炉内气体流动的合理性和炉温均匀性，借助于流体力学模拟（见图 10-21）和温度场模拟（见图 10-22）进行炉膛结构与炉衬的设计。该炉建成后经一次调试投产成功，实测炉温均匀性优于国标中最高级别的规定，该炉解决了大型水利枢纽升船机主变速箱齿轮和 300 吨拔管机变速箱齿轮制造等国家重点工程的急需。

 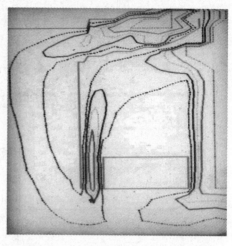

图 10-20　投入使用的洛阳矿山机器厂特大型渗碳炉　　图 10-21　特大型气体渗碳炉的流体力学模拟

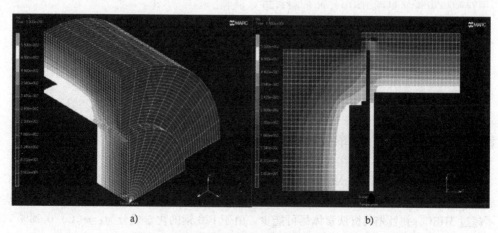

图 10-22　特大型气体渗碳炉炉衬内的温度分布

a）上区　b）下区

流体力学模拟在淬火槽的设计中应用已有成功例子，从模拟结果可以看出对槽搅拌系统和导流板进行正确淬火对于改进淬火介质流动的均匀性有重要作用。图 10-23a 是无导流板的状况，图 10-23b 表明设置导流板改善了流场的均匀性，图 10-23c 是经过改进的导流板设计使均匀性进一步改进。

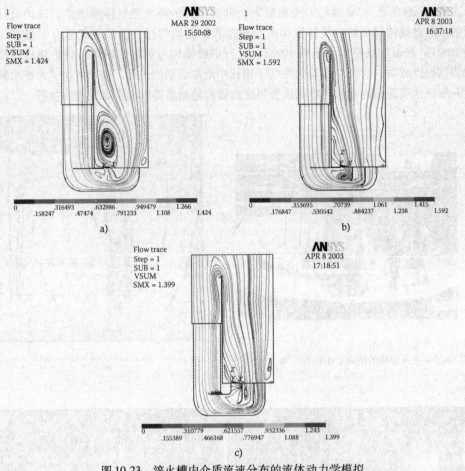

图 10-23 淬火槽内介质流速分布的流体动力学模拟

a) 无导流板 b) 设置导流板 c) 改进导流板

10.7 大型钢模块淬火冷却虚拟生产

预硬型塑料模具钢 35CrMnMo（简称 P20）通常经过淬火和回火预硬化至 30～36HRC 后出厂，由用户直接切削加工成形。P20 模块应该具有比较均匀的硬度，截面最大硬度差不超过 3HRC，并且先共析铁素体尽可能少。由于 P20 钢的化学成分为：$w(C)$ 0.28% ～ 0.40%，$w(Si)$ 0.20% ～ 0.80%，$w(Mn)$ 0.60% ～ 1.00%，$w(Cr)$ 1.40% ～ 2.0%，$w(Mo)$ 0.30% ～ 0.55%，$w(S)$ ≤0.03%，$w(P)$ ≤0.03%。其淬透性为中等，油淬时最大淬透厚度不超过 150mm。对于厚度超过 150mm 的大尺寸模块，合适的淬火工艺是获得较大淬硬层的关键，为此相关人员展开了大量的计算机模拟工作。

10.7.1 P20 塑料模具钢淬火工艺模拟与设计

通过计算机模拟对各种不同的淬火工艺进行了数值分析，包括油淬、直接水淬、预

冷 + 水淬、预冷 + 水淬 + 自回火等。需要指出,本文模拟的 P20 大模块尺寸达到 1700mm × 1000mm × 460mm,并且淬火时对淬火介质进行了强烈搅拌以提高冷却能力。

10.7.1.1　传统油淬火

为了避免淬火开裂,油是 P20 大模块淬火时通常使用的介质。大型模块通常 860℃ 奥氏体化后进行油淬,模拟计算获得的沿着中轴线的微观组织分布如图 10-24 所示。

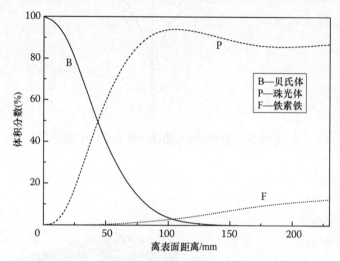

图 10-24　油淬后沿大模块中轴线的微观组织分布

由图 10-24 可知,试样没有马氏体生成,且贝氏体层很薄。珠光体在表面以下 10mm 处开始出现,表面以下 50mm 开始至心部的主要组织为珠光体,铁素体在心部达到最大值,体积分数约为 12.5%。显然,油淬无法得到需要的硬度,不适合 P20 大模块的预硬化。

10.7.1.2　直接水淬火

采用强烈搅拌的水代替油作为淬火介质可增加淬硬层深度。大模块经 860℃ 奥氏体化后立即淬入水中直至室温,模拟计算获得的沿大模块中轴线的微观组织分布见图 10-25。

由于强烈搅拌的水具有高的冷却能力,珠光体在表面以下 30mm 处开始出现,而铁素体在表面下 100mm 处开始出现,且心部铁素体的体积分数不超过 10%。因此,水淬能够得到更为合适的微观组织。然

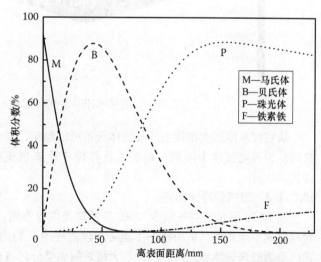

图 10-25　水淬后沿大模块中轴线的微观组织分布

而在实际水淬过程中经常出现沿着模块尖角部位萌生的淬火裂纹，如图 10-26 所示。

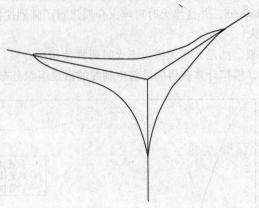

图 10-26　沿着模块尖角部位萌生的淬火裂纹

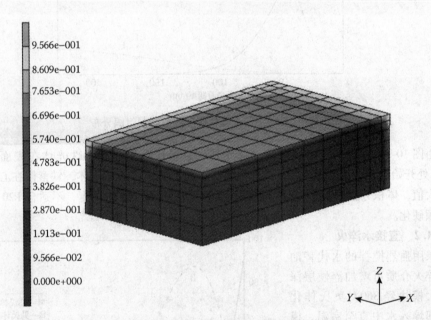

图 10-27　直接水淬后大模块上的马氏体分布

从直接水淬后大模块上的马氏体分布可以推断，淬火裂纹与尖角位置马氏体的形成有关。为了克服这个问题，相关人员借助于计算机模拟设计了空气预冷 + 水淬的新工艺。

10. 7. 1. 3　空气预冷 + 水淬

图 10-28 所示为空气预冷 1200s 后的珠光体分布图，显然，尖角位置的奥氏体经过预冷生成了珠光体，从而减小了随后水淬过程中开裂的倾向。图 10-28b 显示了除尖角部位很薄的珠光体层之外，预冷后大模块的大部分区域奥氏体仍未发生转变。在随后的水淬过程中，未转变奥氏体与直接水淬条件下一样，继续进行转变（见图 10-29）。

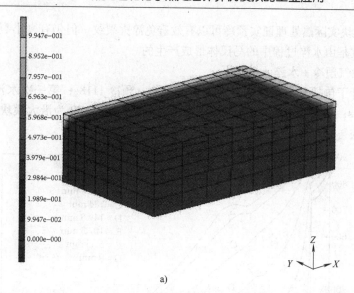

a)

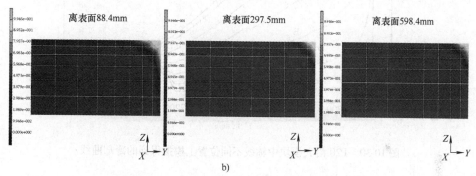

离表面88.4mm　　　　离表面297.5mm　　　　离表面598.4mm

b)

图 10-28　空气预冷 1200s 后珠光体分布图

a）整个模块中的珠光体分布　b）离表面不同位置截面上的珠光体分布

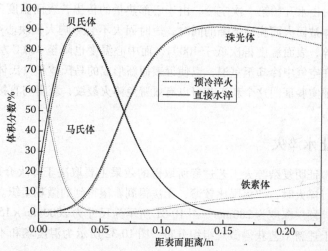

图 10-29　预冷 + 水淬和直接水淬条件下模拟得到的微观组织分布

P20 大模块实际热处理证实预冷可以有效避免淬火裂纹，但仍有微小裂纹出现。这些近表面裂纹是由水淬过程中的马氏体形成产生的。

10.7.1.4 空气预冷 + 水淬 + 自回火

再次设计了包括五个阶段的淬火工艺分别为：预冷 1118s；第一次水淬 3892s；第一次空冷 201s；第二次水淬 2380s；出水空冷至室温。图 10-30 为沿大模块中轴线不同位置上模拟获得的冷却曲线。

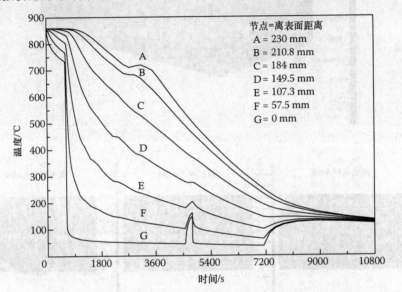

图 10-30　P20 沿大模块中轴线不同位置上模拟得到的冷却曲线

从图 10-30 的模拟结果可以发现，第一次水淬后表面温度接近 100℃，已经低于马氏体点，有马氏体开始形成。若继续在水中冷却，大模块有产生淬火裂纹的危险。因此，大模块此时出水开始第一次空冷，由于心部热量的传出，表面温度升至 200℃。表面形成的马氏体被回火而脆性下降的同时，短时回火不会影响大模块心部的冷却速率。经过第二次水淬，表面温度再次低于 100℃，而中心温度也降至 300℃左右。此时，将大模块取出水在空气中冷却至室温，以使近表面新形成的马氏体和贝氏体再次自回火。

开展的验证实验证明这个新工艺可以有效避免淬火裂纹，获得与直接水淬几乎相同的微观组织分布。

10.7.2 静止水淬火

大量的模拟证明复杂淬火工艺过程所取得的效果主要取决于淬火介质的冷却能力。使用静止水进行淬火时，硬化层比较薄，无法得到希望得到的微观组织。模拟结果显示静止水的最大淬硬层深度为 280mm。图 10-31 所示为尺寸为 2000mm × 1500mm × 250mm 的大模块采用上述新工艺获得微观组织分布，图 10-32 所示为温度场和不同位置的冷却曲线。

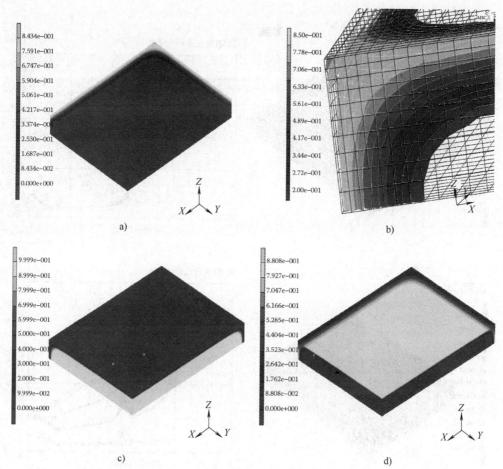

图 10-31　尺寸为 2000mm × 1500mm × 250mm 的 P20 大模块在预冷→水淬→自回火→水淬→空冷
工艺下从表面到心部的微观组织分布

a）珠光体云图　b）尖角处珠光体　c）贝氏体云图　d）马氏体云图

10.7.3　小结

利用基于温度和相变耦合数学模型的数值模拟可进行创新热处理工艺的设计。在这个案例中，我们利用水和油代替了传统的油作为淬火介质，避免了淬火裂纹的产生，保证了大模块从表面到心部的硬度均匀性。因此，热处理工艺模拟是一个强有力的工具，很容易根据实际生产条件改变不同参数，并获得相应的模拟结果，在计算机中实现工艺设计和优化，实现所谓的虚拟制造。

预冷 + 水淬 + 自回火的创新工艺是一个理想的热处理工艺。首先在尖角和棱边形成珠光体不仅避免淬火裂纹，而且由于这些部位不是模具的工作面，因而不会影响工件服役。其次，水淬后及时自回火可以有效降低刚刚形成的马氏体的脆性，进一步消除产生开裂的可能性。最后，大模块的工作面区域确保获得马氏体或者贝氏体组织。

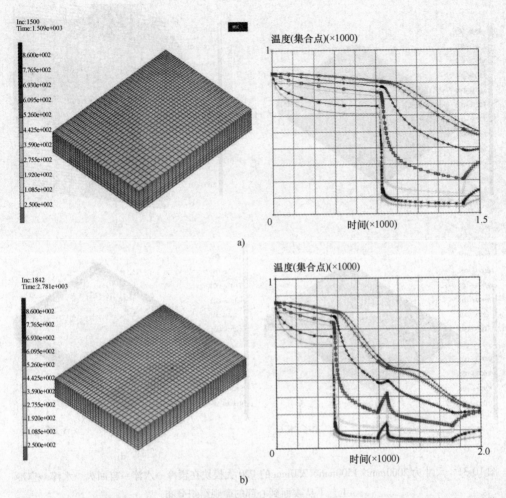

图 10-32　尺寸为 2000mm×1500mm×250mm 的 P20 大模块在预冷→水淬→自回火→水淬→空冷
工艺下不同时刻的温度场和不同位置的冷却曲线
a) 1509s　b) 2701s

　　上述创新热处理工艺在中国两家钢铁企业获得推广，并应用于实际生产，向用户提供了大量具有满意质量的大模块。对于钢厂而言，该工艺具有以下优点。

　　1）用水代替油、水溶性高分子溶液或者其他淬火介质减少了环境污染和火灾风险，同时避免了淬火裂纹的产生。

　　2）油、水溶性高分子溶液或者其他淬火介质价格昂贵，且由于容易老化而需要维护和更新，该工艺相当于减少了生产成本。

　　3）改善冷却能力使得淬硬层大大增加。淬火介质从油改为静止水何强烈搅拌的水，淬硬层相应从 150mm 增加到 280mm 和 450mm。因此，P20 塑料模具钢的应用范围大大增加，具有巨大经济效益。

参 考 文 献

1. Pan Jiansheng, Li Xiaoling, and Zhang Weimin. The current status and prospects of heat treatment and surface engineering in China, *Heat Treatment of Metals*, 2005, 30(1): 1–8 (in English).

2. Gu Jianfeng, Pan Jiansheng, Hu Mingjuan, and Shen Fufa. Numerical simulation on heating process of 9Cr2Mo cold roller, *Acta Metallurgica Sinica*, 1999, 35(12): 1266–1270 (in Chinese).

3. Ye Jiansong, Li Yongjun, Pan Jiansheng, and Hu Mingjuan. Numerical simulation of heat treatments for a large-scale bearing roller, *Materials for Mechanical Engineering*, 2002, 26(6):12–15 (in Chinese).

4. Li Yongjun, Pan Jiansheng, Gu Jianfeng, Hu Mingjuan, Zhang Xing, and Yu Wenping. Computer Simulation of 70Cr3Mo Steel Large-scale Bearing Roller's Heating Process for Hardening, *Heat Treatment of Metals*, 2000(9): 34–36 (in Chinese).

5. Pan Jiansheng, Gu Jianfeng, Tian Dong, and Ruan Dong. Computer aided design of complicated quenching process by means of numerical simulation method. *Proceedings of the 3rd International Conference on Quenching and Control of Distortion*, March 24–26, 1999, Prague, Czech Republic.

6. Gu Jianfeng, Pan Jiansheng, and Hu Mingjuan. Computer simulation of quenching process and its application, *Heat Treatment of Metals*, 2000(5): 35–37, 44 (in Chinese).

7. Pan Jiansheng, Gu Jianfeng, Hu Mingjuan, and Chen Xiao (Leo). Computer simulation of complex components during quenching process and its application in industry. *Proceedings of the 7th International Seminar—Heat Treatment and Surface Engineering of Light Alloys*, September 15–17, 1999, Budapest, Hungary.

8. Yao Xin, Gu Jianfeng, Li Yongjun, and Pan Jiansheng. FEM analysis of crankshaft distortion during nitriding in different supporting patterns, *Journal of Shanghai Jiaotong University*, 2003, 37(2): 194–197 (in Chinese).

9. Pan Jiansheng, Li Yongjun, Gu Jianfeng, and Hu Mingjuan. Research and application prospect of computer simulation on heat treatment process. *Journal of Shanghai Jiaotong University*, 2000, E-5 (1): 1–13.

10. Li Yu, Xu Zhou, Pan Jiansheng, and Hu Mingjuan. Quantitative expression of corner effect for carburizing parts and the study of its rule, *Hot Working Technology*, 2000, (2):16–18 (in Chinese).

11. Li Yongjun, Zhang Weimin, Li Yu, Pan Jiansheng, and Hu Mingjuan. Development of the computer simulating software on carburizing process of common shape parts, *Heat Treatment of Metals*, 2000, (3):36–38 (in Chinese).

12. Li Yu, Xu Zhou, Pan Jiansheng, and Hu Mingjuan. Computer simulation of low-temperature carburization concentration field by non-linear finite element method, *Shanghai Metals*, 2000, 22(4):34–39 (in Chinese).

13. Ruan Dong, Pan Jiansheng, Zhang Weimin, and Hu Mingjuan. Research of reasonable selection of carburizing stage and diffusion stage during gas carburizing process by using numerical simulation, *Heat Treatment of Metals*, 1999, (7):1–4 (in Chinese).

14. Li Yu, Pan Jiansheng, Xu Zhou, and Li Zhiqiang. Computer simulation of concentration field of over-carburizing, *Material Science and Technology*, 1999, 7(1):22–26 (in Chinese).

15. Li Yu, Xu Zhou, Pan Jiansheng, and Chang Yanwu. The study of over-carburizing on non-ledeburite steel, *Hot Working Technology*, 1999, (3):38–39 (in Chinese).

16. Li Yu, Pan Jiansheng, Xu Zhou, and Li Zhiqiang. Computer simulation of carburizing concentration field by finite element method, *Hot Working Technology*, 1999, (1):5–7 (in Chinese).

17. Li Yu, Xu Zhou, and Pan Jiansheng. The present research situation of computer simulation to the concentration field during super carburizing, *Shanghai Metals*, 1999, 21(4):25–29 (in Chinese).

18. Ruan Dong and Pan Jiansheng. Computer simulation of fluid flow in large sized gas carburizing furnace, *Heat Treatment of Metals*, 1999, (1):37–40 (in Chinese).

19. Hu Mingjuan, Pan Jiansheng, Zhu Zuchang, et al. A special phase transformation phenomenon in high-nitrogen austenite, *Materials Letters*, 2001, 50(4):225–229.

20. Hu Mingjuan, Pan Jiansheng, Li Yongjun, et al. Mathematical modelling and computer simulation of nitriding, *Materials Science and Technology*, 2000, 16(5):547–550.

21. Pan Jiansheng, Hu Mingjuan, Zhu Zuchang, Han Fumei, and Qiu Chuncheng. Initial observation of medium temperature special phase transformation phenomena in high nitrogen austenite, *Heat Treatment of Metals*, 2000, (2):19–22 (in Chinese).

22. Bei Duohui, Hu Mingjuan, Zhu Zuchang, and Pan Jiansheng. Studies on the sample preparation and mediate temperature isothermal tempering process for austenite with homogeneous nitrogen content, *Hot Working Technology*, 2003, (3):9–11 (in Chinese).

23. Bei Duohui, Pan Jiansheng, Hu Mingjuan, Zhu Zuchang, and Qiu Chuncheng. Mediate temperature transformation on grain boundaries of high nitrogen austenite, *Journal of Shanghai Jiaotong University*, 2003, 37(2):186–189 (in Chinese).

24. Bei Duohui, Hu Mingjuan, Zhu Zuchang, and Pan Jiansheng. Intermediate temperature transformation of the high-nitrogen austenite, *Heat Treatment of Metals*, 2003, 28(3):38–42 (in Chinese).

25. Bei Duohui, Hu Mingjuan, Zhu Zuchang, and Pan Jiansheng. Superhigh hardness of the mediate temperature transformed products of high-nitrogen austenite. *Heat Treatment of Metals*, 2002, 27(8):2–3 (in Chinese).

26. Kuang Qi, Pan Jiansheng, and Ye Jiansong. Investigations on applications of heat treatment furnace CAD by using 3D nonlinear FEM, *Heat Treatment of Metals*, 2001, (11):15–17 (in Chinese).

27. Kuang Qi, Pan Jiansheng, and Ye Jiansong. Three-dimensional numerical simulation of temperature field of heat treatment furnaces, *Industrial Heating*, 2001, (1):17–19 (in Chinese).

28. Pan Jiansheng, Zhang Weimin, Tian Dong, Gu Jianfeng, and Hu Mingjuan. Mathematical model of heat treatment and its computer simulation, *Engineering Sciences*, 2004, 2(2): 15–20.

29. Chen Nailu, Li Qing, Liao Bo, Wang Ge, and Pan Jiansheng. Flow rate measurement and computational fluid dynamic of quench tank. *Transactions of Metal Heat Treatment*, 2002, 23(2):33–36 (in Chinese).

30. Chen Nailu, Liao Bo, Pan Jiansheng, Gu Jianfeng, and Zhang Weimin. Measurement and calculation of the heat transfer coefficient of dynamic quenching oil. *The 4th International Conference on Quenching and Control of Distortion*, November 21–24, 2003. Beijing, China. pp. 111–114.

31. Chen, Nailu, Liao, Bo, Pan Jiansheng, et al. Improvement of the flow rate distribution in quench tank by measurement and computer simulation, *Materials Letters*, 2006, 60(13–14):1659–1664.

32. Chen Nailu, Gao Changyin, Shan Jin, Pan Jiansheng, Ye Jiansong, and Liao Bo. Research on the cooling characteristic and heat transfer coefficient of dynamic quenchant, *Transactions of Metal Heat Treatment*, 2001, 22(3):41–43 (in Chinese).

33. Song Dongli, Gu Jianfeng, and Hu Mingjuan. Measurement and analysis of TTT diagrams of pre-hardened plastic die steels P20 and 718, *Heat Treatment of Metals*, 2003, 28(12):27–29 (in Chinese).

34. Yao Xin, Gu Jianfeng, and Hu Mingjuan. 3D Temperature and microstructure modeling of large-scale P20 steel mould quenching in different processes, *Heat Treatment of Metals*, 2003, 28(7):33–37 (in Chinese).

35. Pan Jiansheng, Yao Xin, Gu Jianfeng, and Song Dongli. Computer simulation on quenching of large-sized steel mould blocks. *The 4th International Conference on Quenching and Control of Distortion*, November 21–24, 2003. Beijing, China, pp. 13–20.

36. Song Dongli, Gu Jianfeng, Pan Jiansheng, et al. Design of quenching process for large-sized AISI P20 steel block used as plastic die, *Journal of Materials Science and Technology*, 2006, 22(1):139–144.

37. Song Dongli, Gu Jianfeng, Zhang Weimin, Liu Yang, and Pan Jiansheng. Numerical simulation on temperature and microstructure during quenching process of large-sized AISI P20 steel die blocks. *The 14th Congress of IFHTSE (International Federation of Heat Treatment and Surface Engineering)*, October 26–28, 2004, Shanghai, China.

第 11 章　钢热加工过程建模的展望

11.1　热加工过程建模与计算机模拟存在的问题

20 世纪后期，材料制造过程建模和计算机模拟作为新兴的交叉学科，受到各国学者的高度重视，纷纷投入了大量研究，至今已成为材料及其加工工艺研究领域中除了实验和理论之外第三种重要的研究方法。1962 年丹麦学者首次进行了凝固过程温度场的有限差分计算。随后，美、日、德等国相继开展了铸造凝固过程的建模与数值模拟开发及应用的研究。

经过许多年的不断发展，铸造、锻造成形过程的计算机模拟已相当成熟，并广泛应用于工业生产。20 世纪 70 年代法国、日本、瑞典、中国、美国等各国学者对焊接及热处理过程的建模与计算机模拟开展大量的基础研究和应用研究，也取得了可喜的进展。

尽管在本领域中已经积累了大量的研究成果，不同学者提出了许多数学模型，并不断改进，多种商品化软件陆续投放市场，并在工业应用中取得显著的效果。但现有的模型和软件还不能满足现代制造业发展的要求，尚待解决的共性问题大致有：

1）现有模型都对实际工艺过程作了相当大程度的简化，限制了其适用范围和模拟精度。

2）工业生产条件下，模拟所需的边界条件很难精确确定。

3）计算机模拟所需的基础数据贫乏，急需扩展并标准化。

4）各种商用模拟软件各有优缺点，对于一个比较复杂的工程问题常常希望同时利用不同软件的功能，因此，急需建立商品化模拟软件之间的数据交换协议。

总体而言，热加工过程的数学模型有待改善，模拟精度有待提高，这是一个十分困难且需要长期努力的工作。

11.1.1　工程技术方面的问题

制造业已经发生并将继续发生巨大的变化，要求产品质量高、性能好、质量轻和精度高，并要求高效、低耗和节能。于是，材料热加工技术逐渐趋向精密化、综合化、多样化、柔性化和多学科化。材料制造技术的进步与变革，包括全新加工工艺的开发、传统加工方法的改进、不同加工工艺之间的工序配合等。现有的热加工数学模型还远远不能适应这种发展的需要。

11.1.1.1　工业生产对数学模型和模拟精度的要求

现代制造业对热加工工件的尺寸精度的要求愈来愈高，特别是精密成型工艺和微畸变热处理的尺寸控制精度要求达到几十微米甚至十几微米的数量级，这就要求在热加工模型的应力-应变本构关系中更精细地反映各种复杂条件。

在应力方面，需要考虑外界施加载荷所引起的应力和材料内部的热应力和组织应力，有些情况下还不能忽略重力、电磁力的作用。在应变方面，除了弹性应变和塑性应变之外，还要考虑相变应变、相变塑性，在有的情况下还需要考虑黏弹塑性和蠕变。

在两相区或多相区的温度范围内形变，不同相形变的阻力差异是一个相当复杂的问题，因为不同相之间变形的相互牵制作用与它们的体积百分数、晶粒大小、形状和分布等因素有关。目前沿用的按照各相性能的加权平均进行计算的方法过于简化，不能反映不同相之间的相互作用和晶界的作用。

在工件内部带有成分梯度的情况下，例如表面熔覆、离心浇注、化学热处理和表面改性等，应力-应变本构关系还必须考虑成分对力学性能的影响。

对于有明显铸造偏析的工件，例如大型铸件和大型铸锭中的区域偏析和枝晶偏析、莱氏体工具钢中的碳化物偏析等等都不能忽略成分、性能对应力/应变本构关系的影响。现有软件还难以适应以上种种复杂的情况，以至于计算机模拟的精度还难以满足工业生产的要求。

11.1.1.2 控形控性一体化技术发展的要求

现代制造业不但要求精确控制热加工工件的形状和尺寸，还要求精确控制其组织和性能。虽然铸造过程的流动、充型和凝固的模型及其应用于铸件的形状尺寸控制以及缩孔、热裂控制已相当成熟。近年来还发展了铸造凝固过程组织模拟，用相场模拟的方法预测和控制晶粒形状与尺寸也取得了可喜的进展。然而凝固结晶过程的模拟涉及凝固理论中热力学、动力学、晶体生长机理等基础理论，要考虑熔体的纯净度和过热度的影响，因而是一个十分复杂的过程，对于多元合金的凝固和明显偏离平衡态的凝固，例如焊接、表面熔覆等过程的快速凝固更是如此。

塑性变形与再结晶的本构关系包括形变对再结晶动力学的影响以及回复与再结晶对形变阻力的影响之间相互迭代的关系，已取得了重要成果。建立了热变形流变应力数学模型，用于同时描述结构钢热变形过程中发生的动态再结晶前的强化阶段和动态再结晶后软化阶段的流变应力/应变曲线。但这种模型尚需继续完善，例如需要在模型中引入温度和应变速率的函数，以便考虑变形温度和应变速率对流变应力的影响。此外，热塑性成型过程中缺陷的形成与修复模型涉及铸造缺陷的消除、空洞的变形和焊合、裂纹与晶界以及夹杂物之间的相互作用等，这些都是有待深入进行的基础研究。

11.1.1.3 材料加工新方法新技术发展的要求

目前材料加工新技术发展十分迅速，例如连铸连轧、半固态成型、挤压铸造、液态模锻、塑性成型与热处理一体化、激光焊接、激光成型、激光表面改性、喷射成形等过程的模拟不仅需要将原有不同热加工工艺的模型加以有机的集成，还需要深入研究许多新的现象及其定量规律，并建立新的模型。

11.1.2 基础理论方面的问题

11.1.2.1 本构关系的复杂性

热加工过程数学建模与计算机模拟的基本方法是推导并求解场变量的偏微分方程。

以能量守恒、质量守恒、动量守恒的经典科学原理为基础，经过严密的数学推导得出温度场、流场、应力场等偏微分方程。为了描述在宏观尺度的连续体内物理场的变化，偏微分方程的数值解法也已相当成熟，热加工过程的建模与计算机模拟具有深厚的科学基础，有助于人们更深刻更准确地了解过程中的各种变化规律，这一点是毋庸置疑的。

同时也应指出，热加工过程的数学建模和计算机模拟技术毕竟还是一个相当年轻的研究领域，尚存在的有待解决的问题主要是现有的数学模型不足以反映真实热加工过程的复杂性。虽然各国学者已进行了大量的研究，建立了许多数学模型，在一些相当复杂的数学模型中考虑了多场耦合和多种因素的相互作用。然而热加工过程是一个非常复杂的物理化学过程，现有的各种模型只能分别考虑其中一些因素的影响而忽略其他因素，只能对某些因素作非线性化处理而将其他的因素近似地作线性化处理。

所以尽管从纯数学角度来看其推导和演算无可非议，但模拟的结果和真实的物理过程难免存在较大的偏差。如果某一模型所考虑的影响因素在某些特定的情况下确实是主要因素，其他因素的影响相当小，则可能得到与实际过程偏差较小的模拟结果；反之，在被忽略的某一因素的影响比较显著的情况下，模拟结果与实际过程就有可能出现很大偏差。

现有模型还远远不足以反映热加工过程的复杂性是造成计算机模拟的准确性不能令人满意和不同模型适用范围局限性的重要原因之一。

本构关系是建立热加工过程模型的必要条件之一，而由于热加工过程中材料内部各种变化规律十分复杂，其中某些现象的微观机理至今尚未能得到透彻的研究，这些因素均影响了模型的准确性。例如，在温度-相变-应力/应变相互耦合的模型中，相变量的计算就是一个薄弱环节。

现有的相变量计算中，大都采用孕育期和相变量叠加法则，并根据等温转变动力学曲线计算连续冷却后的最终各相分数。虽然有文献报道用叠加法则计算共析碳钢连续冷却过程的相变可以获得满意的结果，但也有相关学者指出，用叠加法则计算孕育期会出现很大的偏差。

从理论上分析，连续冷却过程转变量的叠加法则的原理如下：将连续冷却过程中某一时间步的开始时刻已经产生的转变量作为虚拟转变量，应用对应温度的等温转变 Avrami 方程确定虚拟时间并计算在该时间步内的转变量。虽然 Avrami 方程是有理论推导和实验数据为依据，并且已有大量的文献资料证实用 Avrami 方程描述扩散型相变动力学曲线有足够的准确性。问题在于 Avrami 方程中的系数 n 和 b 与形核及生长方式密切相关。引入虚拟转变量和虚拟时间进行相变量计算必须假定相变的速率只和已发生转变的量有关，而与已发生转变产物的类型无关。事实上，相变速率取决于新相形核率和生长速率，这两个因素都受已转变产物的种类和形貌的影响。

对于共析钢而言，在珠光体转变的温度范围内，珠光体的形核率随着过冷度的增加而增加，所以珠光体领域的核心数量随着过冷度增大而增多，而珠光体的片间距，即珠光体长大时碳在生长前沿扩散的距离，则随着过冷度的增大而急剧减小，所以在不同温度下生成相等分数的珠光体，在继续转变时的动力学参数 n 和 b 应该是不相同的。在冷速比较慢的情况下，发生珠光体转变的温度区间比较小，已有珠光体核心的数量和片间距的差异也比较小，上述影响可以忽略，因为相变量叠加加法则能够与实际情况吻合较好。

但是在冷速比较大的情况下，珠光体转变的温度区间比较大，不同温度下形成的珠光体核心的数量以及片间距都相差很大，因此连续冷却时形成的珠光体与在等温下形成的同等数量的珠光体对后续转变的动力学参数 n 和 b 的不同影响就不容忽视了。例如，在图 11-1 中的 T_1 温度下，等温转变得到片间距较宽的珠光体，在 T_2 温度下转变得到细片状的珠光体。如果在 T_1 温度下等温一定时间 $t_1(V_i)$，奥氏体转变量为 V_i，然后立即转入到 T_2 温度等温停留，继续发生奥氏体分解转变。此时的细片状珠光体将在铁素体与奥氏体界面上或在粗片状珠光体的前沿形成细片状珠光体并长大。但是，如果直接冷却到 T_2 温度下等温停留，当转变量同样达到 V_i 时，随后的相变是在原先已转变细片状珠光体的基础上继续长大。没有理由认为这两种情况下相变的速率是相同的，即便它们的虚拟转变量相等。因为在计算时间之前已得到相变产物的类型和尺度的不同必然会对后续转变的形核与生长方式产生影响。

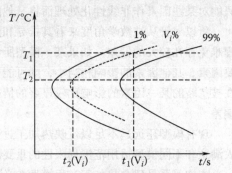

图 11-1　不同温度下等温转变曲线的示意图

在共析钢的过冷奥氏体转变过程中，无论冷却速度以及奥氏体分解的温度范围如何变化，共析碳钢中的奥氏体的成分都不发生变化，所以比较简单。但对于亚共析钢而言，只有 Fe-C 状态图中 ES 延长线以下的温度范围所发生的扩散型转变不改变母相奥氏体的成分，在 A1 点至 ES 延长线之间的温度范围内将因先形成铁素体而改变母相奥氏体的含碳量，见图 11-2。此外，在过冷的非平衡条件下，亚共析钢中的珠光体是伪共析组织，它的含碳量也因转变温度的不同而不同。可见，对于亚共析钢而言相变量计算叠加法则的前提是难以成立的。

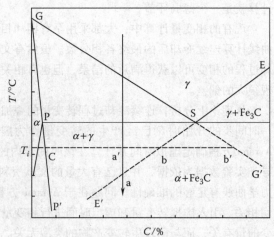

图 11-2　Fe-C 平衡相图

珠光体、上贝氏体和下贝氏体的形核与长大方式各不相同，因此，贝氏体转变和珠光体转变之间以及上贝氏体转变和下贝氏体转变之间是否符合孕育期和相变量叠加法则更值得商榷。如果直接冷却到贝氏体转变的温度范围，当转变量达到 V_i 时，相变的进一步进行在相当大的程度上取决于原有贝氏体的继续长大。但如果先前在较高温度下已

形成数量为 V_i 的珠光体然后快速冷却到贝氏体转变温度，此时转变量的增加只能有待于在未转变的奥氏体中形成贝氏体核心，两种方式的转变动力学特征应有明显的差别。

马氏体转变量的计算同样存在许多有待探讨的问题。当前的热处理模拟中沿用变温马氏体转变动力学模型，将马氏体量作为温度的函数。

$$f = 1 - \exp\left[-\alpha(M_s - T) \right] \tag{11-1}$$

式中，α 是取决于钢成分的常数；对于 w（C）低于 1.1% 的碳钢，一般取 0.011。

式（11-1）有试验数据为依据，并且 Magee 假定马氏体片平均体积在相变时为常数，从理论上推导出式（11-1），其中 α 值可以表示为

$$\alpha = \bar{V}\varphi \frac{\partial \Delta G_v^{\gamma \to M}}{dT} \tag{11-2}$$

式中，$\bar{V}$ 为马氏体片平均体积；φ 为单位体积奥氏体中形成新马氏体片的数目与相变驱动力之间的比例常数；$\Delta G_v^{\gamma \to M}$ 为两相的自由能之差。

在式（11-2）中假定 $\bar{V}$、φ、$\Delta G_v^{\gamma \to M}$ 都是与马氏体转变量 f 无关的常数，然而相关文献中引用的数据表明，在有些合金中（如 Fe-Ni-C）当 f 值不很大时，马氏体片的平均体积 $\bar{V}$ 可能与 f 无关；但在 Fe-C 合金中当 $f = 0.12 \sim 0.5$ 时，$\bar{V}$ 都随着 f 的增加而减小，这是因为随着马氏体转变的进行，奥氏体晶粒不断地被分割，使马氏体的平均体积很大程度上与 f 有关。另一方面，$\Delta G_v^{\gamma \to M}$ 随着温度的降低而增加，所以将式（11-1）中的 α 作为常数，尚未找到理论上的依据。

变温马氏体转变量的计算和 M_s 温度有关，而在连续冷却过程中在 M_s 以上所发生的转变，特别是贝氏体转变有可能会改变 M_s 温度，例如，图 11-3 就清晰地反映出在 35CrMo 钢的 M_s 随着在 M_s 以上贝氏体的转变量增多或冷却速度的减慢而下降。但是目前采用的按照等温转变图以及式（11-1）计算连续冷却相变量的方法无法反映这种现象，而从已能收集到的不同钢种的连续冷却转变图可以看出，这种现象不是个别现象。最近的测试结果（见表 11-1）表明，如果冷却过程中在 M_s 以上发生了贝氏体转变，将使 M_s 降低，这些都是相变量计算中有待解决的问题。

表 11-1　P20 钢（35Cr2MnMo）不同冷却速度下相变开始温度及结束温度

冷却速率/（℃/s）	贝氏体相变		马氏体相变
	开始温度/℃	结束温度/℃	开始温度/℃
10.0	—	—	321.4
5.0	—	—	314.5
0.7	414.0	262.5	236.3
0.5	407.8	271.4	233.1
0.3	440.2	298.0	215.0

从一些钢的连续冷却转变图中还可以看出，在马氏体转变的温度范围内马氏体转变量与温度的关系随着冷却速度而改变，如图 11-3，图 11-4 所示。这种现象目前尚未有经验公式来描述，这给马氏体转变量的计算造成很大困难。

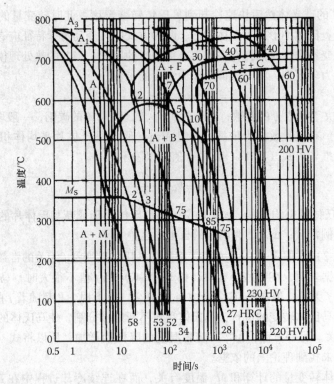

图 11-3　35CrMo 钢的连续冷却转变图

注：奥氏体化温度为 860℃，M_s 为 370℃。

应力对马氏体点的影响相当复杂，即便是弹性应力也会改变 M_s 温度，单向拉伸不论是分切应力还是分正应力都会帮助马氏体的形成，提高 M_s。单向压缩时，分切应力帮助马氏体形成，但正压分应力则阻碍马氏体的形成，二者共同作用的结果使 M_s 略有升高。三向压应力将使 M_s 下降。

生产实践经验和试验研究显示，快速冷却引起钢件较大的内应力有助于马氏体转变，淬火冷却速度增加使 M_s 上升，淬火试样的硬度增高。淬火过程中应力对 M_s 的影响不容忽视。目前在已有的热处理数学模型中还未能充分反映应力对马氏体相变动力学的复杂作用。现有的实验数据也远远不足以支持建立适用性较广的马氏体转变动力学数学模型。

马氏体转变量的计算应考虑奥氏体稳定化现象，特别是涉及等温淬火、分级淬火和淬火畸变控制的计算机模拟更应如此。图 11-5 所示为一般钢在 M_s 温度以下所呈现的奥氏体热稳定化现象，一般的钢在 M_s 以下某温度保温停留，在其后继续降温时，马氏体转变量在滞后一定温度 θ 之后才重新开始，以至于在某一观察温度下，马氏体的转变量与未经停留的转变量相比减少 δ。一般情况下，T_n 愈高，δ 愈大，当 T_R 低至一定温度以后几乎测不出 δ 量。滞后的温度间隔 θ 对应于一定 T_n 的值，又和保温停留的温度和停留时间有关。相关文献还给出，高碳钢和 9CrSi 钢在 M_s 以上分级停留也出现明显的奥氏体热稳定化现象，因此针对特定的钢种和工件，可采用 M_s 以上分级淬火或 M_s 以下分级淬火，并选择合适的分级淬火停留温度和停留时间，来调节残留奥氏体的数量，达到控制淬火畸变的目的。为了进一步改善热处理数学模型，有必要进一步研究奥氏体稳定化的本构关系。此外等温马氏体对奥氏体稳定性的影响也有必要在工具钢淬火的数学模型中加以考虑，否则将难以保证计算机模拟结果的准确性。

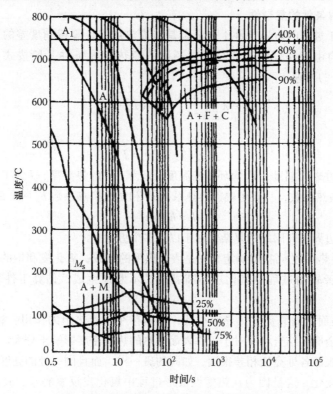

图 11-4　GCr15SiMn 钢的连续冷却转变图

注：w（C）为 0.99%，w（Si）为 0.55%，w（Mn）为 1.0%，w（Cr）为 1.45%；奥氏体化温度为 850℃。

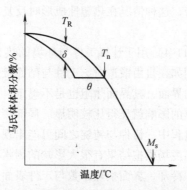

图 11-5　一般钢在 M_S 温度以下所呈现的奥氏体热稳定化现象

注：M_s—马氏体点，T_n—分级停留温度，θ—稳定化滞后温度，δ—稳定量。

应力和应变对相变对转变动力学有重要的影响。相关文献提出了考虑应力对相变的影响和相变超塑性模型的基本框架。近几十年来在钢铁相变研究领域积累了大量有关应力/应变对相变影响、相变超塑性、应力/应变诱发马氏体相变等方面的研究成果，有必要加以总结和集成，对热-冶金-力学模型或者称为温度-相变-应力/应变耦合模型加以改进，这对于提高塑性成形和计算机模拟热处理的精度提高都有重要意义。

11.1.2.2　边界条件的复杂性

实际热加工过程的边界条件十分复杂是造成热加工计算机精度差的另一个重要原因。例如，在自由锻过程中工件与周围环境的换热边界条件一般按式（11-3）或式（11-4）做简单的处理。

$$-\lambda \cdot \left(\frac{\partial T}{\partial n} \right) = h \cdot (T_a - T_s) \tag{11-3}$$

或

$$h \cdot (T_s - T_a) = J \tag{11-4}$$

式中，T_s 为工件表面温度；T_a 为环境的温度；λ 为工件的热导率；J 为工件表面热流密度；h 是综合换热系数，一般由辐射换热系数 h_r 和对流换热系数 h_c 两个部分组成，即

$$h = h_c + h_r \tag{11-5}$$

处理换热边界条件问题的复杂性在于以下多个方面。

1）辐射换热系数 h_r 很难确定，它是表面黑度的函数，氧化皮和钢的黑度不同，而在自由锻造或者轧制过程中氧化皮不断剥落又不断地生成，估算工件表面黑度十分困难。

2）工件表面上的氧化皮热导率很低，它的存在起着热阻的作用。氧化皮的厚度、氧化皮和基体金属的结合状况对于工件表面散热的热流密度影响十分大。在生产现场可以看到，工件表面各处亮度相差很远，如同豹斑一样，而且同一处的亮度也一会儿高一会儿低地反复变化，这是因为在热塑性成形过程中氧化皮反复剥落，其厚度在不断变化，氧化层与基体金属结合情况也在不断变化。当氧化皮与基体之间已出现空隙但仍依附于工件上的时候，热阻特别大，该处就显得特别暗，而在氧化皮刚刚掉落时，该处就特别明亮，随后又逐渐变暗，这种情况在热塑性成形时反复出现，使得表面热流密度的计算变得十分困难。

3）式（11-3）和式（11-4）用于计算工件与环境的热交换，然而在有些情况下环境的界定也会遇到困难。例如在自由锻造时，工件与砧面接触部分和工件与操作机接触部分，都是一种接触传热的界面，其界面热阻也是不确定，当这些接触部位的面积占到一定比例时，局部接触导热的影响就显得比较明显。局部接触导热的影响也是一个有待解决的难点。在铸造凝固过程中，铸件与铸锭之间可能出现的间隙及其界面热阻的变化也是一种不确定的、但对温度场模拟结果有很大影响的因素。

热的工件在液态介质中冷却，界面换热系数与工件表面温度、工件表面状态、工件的形状与位置、介质流动状况、介质温度等多种因素有关。相关文献报道了用高速摄影机测量界面热阻方法，揭示了一个 $\Phi 25\,\text{mm} \times 100\,\text{mm}$ 小型圆柱体在液体介质中淬火冷却

的复杂情况，即便是这样小型的、形状十分简单的物体在水中淬火冷却的过程也十分复杂。

在冷却的第一阶段，整个试样表面形成蒸汽膜，其稳定性随着温度降低而减小，在圆柱面的最下方蒸汽膜首先破裂，率先进入泡状沸腾状态，泡状沸腾与膜态沸腾的交界面称为浸润前沿，随后浸润前沿不断上升，对流区域与泡状沸腾区的界面也随着上移。在同一时刻圆柱面不同高度上换热系数相差可能达到几个数量级。

从同一文献中给出的高速摄影照片可以看出，棱柱在水中冷却的情况更为复杂，其浸润前沿也是由下向上推移，但是在棱边附近蒸汽膜很不稳定，浸润前沿上升很快，使得棱面上的浸润前沿呈复杂的曲线状。由此可以推论实际工件在沸点远低于工件初始温度的液态介质中冷却时，由于蒸汽沿工件表面由下而上上升，工件各处的蒸汽膜的厚度不同，稳定性也不相同，其复杂程度要比上述两种试样大得多。

目前尚未找到精确计算液体介质冷却的边界条件的方法。电弧焊、激光焊接、高能密度表面改性等工艺过程的热边界条件都是温度场模拟中的难点。在力学问题中，摩擦力边界也是十分复杂的问题，并且是进一步提高塑性成形、铸造或注塑的流动与充型过程模拟精度的关键之一。

11.2　热加工过程建模与计算机模拟的发展趋势

20世纪70年代以来，各国学者开展了大量的基础研究，建立了涉及不同热加工过程中各环节的本构关系和数值分析方法，为热加工过程的建模和计算机模拟打下了扎实的基础，并已经在初步的工程应用中展示了巨大的优越性，越来越受到工业界的高度重视，有着广阔的前景，其原因在于以下几个方面：

1）先进制造技术的发展迫切要求有能够反映热加工过程中工件成形和内部性能变化规律的虚拟生产技术。

2）作为热加工过程计算机辅助工程分析（CAE）的核心技术，热加工过程计算机模拟技术应用于实际生产已有不少成功的案例，使人们认识到它的巨大潜力，因而越来越受到工业界的重视，进一步开展热加工建模与计算机模拟的基础研究以及扩大其应用被认为是发展数字化智能化制造技术的关键，是使热加工技术适应现代先进技术发展的必由之路。

3）已有多种热加工模拟的商品化软件投放市场。

4）大量基础研究成果的积累为建立更复杂和更准确的数学模型打下基础，热加工计算机模拟的精度逐步提高，使得实现更为复杂过程的模拟和虚拟生产成为可能。

在上述背景下，可以预期热加工建模和计算机模拟技术将更迅速的发展。

11.2.1　材料加工成形的建模与模拟的发展趋势

11.2.1.1　塑性成形过程的建模与模拟

塑性成形过程，特别是高温热塑性成形过程的建模和模拟目前相对比较成熟，并已成功应用于塑性成形过程的 CAE 计算，获得了提高工件尺寸与形状控制的精度，提高生产率等显著效果。目前受到关注的发展方向大致有极端条件下塑性成形过程、控形控性一体化技术、高精度塑性成形、半固态成形等工艺过程的建模与计算机模拟，还包括塑性成形虚拟生产及工艺设备、模具虚拟设计的研究与应用等。

1. 极端制造条件下塑性成形过程的建模与计算机模拟

塑性成形的极端制造之一是特大型锻件的制造，诸如核电站防护壳、超大型船舶轴类零件、大功率汽轮发电机转子、飞机整体机身、大型直升机的机顶盖等，重要件需要万吨以上的压力机进行锻造。由于这类零件体积大、质量大（有的重达几百吨）、形状复杂、质量要求高，而且常常在没有现成案例的情况下必须一次投产成功，因此大锻件锻造工艺制订的难度很大，为此特大型锻件锻造成形的计算机模拟受到重型机械制造行业的高度重视，其目的在于通过虚拟生产，优化特大型锻件锻造工艺，保证质量，并尽可能提高材料利用率，降低制造成本。

特大型锻件的塑性成形工艺常常需要经历一系列的局部加载，锻件局部区域的塑性形变的显著不均匀性和不同步性造成各处所产生的形变热和加工硬化程度显著不同，以致后续成形过程是一种各向异性的形变过程。因此，需要研究特大型锻件的各向异性不均匀形变过程的本构关系。大锻件的另一特点是偏析严重，由于成分对钢的屈服强度、塑性变形、加工硬化、再结晶驱动力等一系列特征参数都有影响，因此偏析也是造成各向异性的重要因素。综上，研究在极端制造条件下由于局部形变和偏析等因素造成各向异性和不均匀形变的本构关系是一个值得关注的研究方向。

钢锭越大，夹杂、疏松、空洞、微裂纹等缺陷也越严重，建立描述锻造过程中缺陷附近区域的形变行为、夹杂形态与分布的变化、疏松与空洞的焊合、裂纹形成和焊合等的数学模型，有助于将极端条件下锻造过程的 CAE 技术提升到新的水平，在提高和控制特大型锻件的质量方面将能发挥重大作用。

大锻件制造流程中的各个环节是相互密切关联的，今后的发展趋势是建立功能更强的 CAE 平台，将钢锭浇注、凝固、热送、钢锭加热、锻造、锻后冷却、扩散退火和去氢处理等整个制造流程进行综合的分析，实现整体的优化。

极端制造的另一个相反方向是微小尺度上的塑性成形过程。随着电子信息产业等新技术的发展，元器件越来越小型化，结构越来越精细。如果采用精密模锻的方法进行制造，可以大幅度提高生产率和节约制造成本。但是，在模具中结构精密部位的金属流动和填充模面上细微空腔时，塑性变形规律与一般情况下的有所区别，特别是当结构尺寸细小到与被加工材料晶粒尺寸具有同样数量级时。因此，有待于开展这种极端条件下弹塑性变形的基础研究，发展超细结构零件的塑性成形计算机模拟以适应电子信息等新技术产业发展的需要。

2. 精密塑性成形的数值建模

精密模锻的计算机模拟已有成功的先例，而先进制造技术对近净成形和精密成形的要求越来越高，这就要求建立更加准确的精密塑性成形的数学模型。首先，现有模型对塑性变形的数学描述比较简单，有必要深入研究塑性变形过程中加工硬化的规律，建立更加精确的本构关系。其次，目前锻造成形计算机模拟技术广泛应用的刚塑性模型，不能满足高精度的精密模锻技术，有必要引于更为复杂的弹塑性模型，并考虑卸载过程中的形变。在特殊情况下，还要考虑模具本身的弹性变形。

应力-应变场与温度场的耦合是精密模锻中需要考虑的问题，这不仅涉及模锻时的成形过程的准确模拟，还涉及锻后冷却过程的形变模拟。锻后冷却过程的形变模拟应考虑冷却过程中的热应变和热应力、相变应变和组织应力等复杂情况。

利用相变超塑性进行塑性成形是精密成形的发展方向之一，需要深入研究不同材料相变超塑性的基本规律，完善模锻成形的数学模型。

3. 控形控性一体化的数学建模

热塑性成形过程除了使工件获得一定的形状和尺寸之外，还具有改变铸锭的组织，消除铸造的缺陷，提高材料的致密性等作用。建立描述热塑性成形过程材料微观组织与缺陷演化规律的数学模型，用虚拟生产的方法优化热塑性成形工艺，克服传统热加工技术依赖于经验的局限性，就能更好地改善材料的组织和提高生产率，具有巨大的发展潜力。令人感兴趣的问题大致有以下几点：

1）铸态组织例如枝晶、偏析等在热塑性成形及再结晶过程中演变的模型。

2）缩松、空洞、裂纹的压实和焊合的模型，特别是空洞或微裂纹周围局部区域内的应力/应变的模型，包括空洞的压扁、贴紧和焊合的模型、微裂纹的形成和焊合、夹杂物的形状和分布的变化及其与裂纹形成的关系等。

3）高合金莱氏体工具钢的共晶碳化物破碎以及碳化物偏析的数学模型，不仅涉及应力对碳化物破碎作用，而且碳化物偏析必然伴随着奥氏体基体微区内合金元素成分偏析所导致的力学性能不均匀，在外力作用下奥氏体的变形不仅与碳化物的刚性牵制作用有关，还与微区偏析所引起的形变抗力不均匀有关。再则，微区偏析又随着加热、扩散退火和塑性成形过程而不断改变。因此建立描述这样复杂过程的模型尚有许多难题需要解决。

控形控性一体化的另一发展方向是将塑性变形与热处理融合而成的短流程工艺，该工艺具有一系列的优点：

1）缩短工艺流程，提高生产率，降低生产成本。

2）节省锻后热处理重新加热的能量消耗。

3）形变强化与相变强化相叠加，提高材料的强韧性。

热塑性成形后直接热处理复合工艺的数学建模所需要解决的问题有：

1）确定高温塑性形变的应力、形变量、形变速率和温度等对被加工材料强度的影响，结合形变强化规律、组织遗传规律的定量描述。

2）确定晶粒度控制的模型，包括形变量、形变温度对动态再结晶与静态再结晶动力学影响的规律。

3）确定高温塑性应变及随后回复再结晶对冷却过程相变动力学的影响。

4）对于一些在相变温度区间内进行加载和形变的工艺过程，还需要考虑应力对相变动力学的影响，以及相变塑性对应力/应变的影响。应力对形变动力学的影响十分复杂，拉应力与压应力的作用不同，单向应力与多向应力的作用也不同，这不仅使模型变得十分复杂，而且使本构关系的实验测试也十分困难，因而是一个极具挑战性的研究方向。

4. 镁合金塑性成形的数值建模与计算机模拟

与铸造镁合金相比，镁合金塑性成形的零件的组织更细化，成分更均匀，内部更致密，因此具有更高的强度和伸长率，能满足更高的设计要求。但是，镁合金的塑性变形能力差，因此镁合金的固态成形已成为当今镁合金研发的重要方向之一。

镁合金塑性成形有以下特点：

1）对加工温度敏感，成形温度区间较窄。

2）塑性成形的能力与合金成分及显微组织有密切关系。

3）需要等待动态回复与动态再结晶提供继续变形的能力，加工速率低。

4）形变抗力大，在各自的锻造温度下比较，镁合金的锻造应力高于碳钢和合金钢，仅低于不锈钢。

5）流动性差，镁合金填充型腔的能力比铝合金差得多。

6）导热性好，加工过程中热量散失很快，而镁合金的加工过程很慢，这成为一个需要设法解决的矛盾。

7）容易出现织构，导致制品的各向异性。

针对镁合金塑性成形的特点，应用计算机模拟技术开展镁合金塑性成形虚拟生产的研究，将对镁合金固态成形技术的发展有重要推动的作用。在其数学建模的研究中则需要深入研究镁合金塑性成形的本构关系以及回复与再结晶的规律。

镁合金具有密排六方晶体结构，其高温塑性成形过程涉及位错运动、晶粒转动、晶界滑动、晶面滑移、孪晶与滑移的协调作用、动态回复和动态再结晶的形核、新晶粒长大等一系列过程，有必要系统地深入研究，建立精确定量的完整数学模型，才能适应镁合金塑性成形虚拟生产的需要。

11.2.1.2　铸造成形过程的建模与模拟

现有铸造成形过程的数值模拟主要包括充型过程模拟和凝固过程模拟。铸造充型过程的数学模型能反映充型过程中流场和温度场的变化规律。通过计算机模拟在虚拟现实的环境下研究充型的过程，显示充型不足、冷隔气泡的形成，对于提高铸模和工艺设计水平，保证铸件质量，提高生产率等都有重要的作用。

凝固过程的数值模拟可以预测缩孔和缩松的位置。以凝固理论为基础的相场模拟能反映铸件微观尺寸组织结构的形成过程，预测铸件的晶粒形貌和大小分布、枝晶偏析和缩松等微观结构和缺陷的状况，有助于优化浇注系统的设计和铸造工艺，对提高铸件的质量有重要作用。

迄今，各国学者对铸造成形的数学建模已经作了大量的研究，开发出了各种专用软件和商品化软件，并在生产应用中取得显著成效。当前的发展趋势是不断引入材料学（特别是凝固理论）、流体力学和传热学等学科的基础理论成果，充实和改进铸造成形的数学模型，以求更接近铸造成形过程的实际情况，提高计算机模拟的准确性。另一方面发展各种新型铸造成形方法的模型，以适应现代材料成形新技术发展的需要。

1. 铸造充型过程模型的精确化

铸造充型过程计算机模拟所采用的紊流模型只能反映大漩涡的流动状态，还不能描述其中小漩涡，这远远不足以反映精密铸造的型腔中精细的充型情况，因此不断吸取流体力学的研究成果，采用更精确的紊流模型，更好地反映液态金属在复杂型腔壁面的相互作用，始终是本研究领域中持续追求的目标。

目前计算液态金属自由表面推移时需要求出每一单元的体积函数，寻找出体积函数在 0 与 1 之间的单元才能确定自由表面的位置，计算工作量很大，特别是对于形状复杂的铸件，单元数量大幅度增加，计算的效率很低。改进自由液面计算的方法是铸造充型建模中一个值得重视的问题。

型腔内壁对液体金属流动的阻力与金属液体的成分、熔炼温度、浇注温度、流体瞬时温度、铸模的材料、模壁温度、表面状况等多种因素有关。对于实际生产中反复使用的模具，其表面状况和对于金属流动的阻力还会随着使用次数的增加而改变，进一步研究壁面阻力变化的定量规律是提高充型模拟精度的发展方向之一。

2. 凝固过程的数学模型

除了模拟缩孔和缩松的形成过程之外，应用凝固理论建立相场模拟的模型，描述介观尺度上液体中形核、晶核的成长，树枝晶、枝晶偏析与缩松的形成，共晶组织的形成等过程，并与宏观尺度模拟相结合实现铸造成形过程的多尺度模拟。有助于预测和控制铸锭或铸件的组织结构，将把铸造成形 CAE 的水平推向新的高度，是当前凝固过程数学建模的一个十分重要的发展方向。其中涉及结晶潜热的释放和结晶前热量的传递，液相的成分均匀化以及固相内的扩散，固相内扩散是一个明显的时间滞后过程，存在着非平衡条件下结晶动力学的复杂性。

树枝晶的生长涉及不同晶面和晶向的生长速度迥异等微观细节，因此凝固过程的相场模拟还需要做大量深入的研究。较为长远的目标则是建立宏观尺度、介观尺度和微观尺寸相结合的多尺度模拟的模型。

3. 铸造成形过程温度场的模拟

充型过程和凝固过程都和温度场密切相关。除了温度场与结晶过程的耦合、流场与温度场的耦合之外，已结晶部分固态中导热等需要妥善处理之外，还需要解决以下的难题。

1) 传热时材料非线性问题。液态金属和固态金属的热物性参数都是温度的函数，而且在结晶过程中液相的成分不断变化，热物性参数又和金属液的成分有关，因此求解铸造过程的温度场是一个复杂的非线性问题。

2) 铸件温度场与铸模温度场之间相互影响。铸件温度场与铸模温度场是相互影响的。铸模温度场的计算还要考虑其外壁与周围环境的热交换。铸模温度场还与生产的节拍、脱模操作、刷涂或喷涂润滑剂以及模具与压铸机之间的热交换有关，现有铸造成形过程的计算机模拟很少考虑这些复杂的因素。如果铸模温度场不能准确计算，则铸件充型与凝固过程温度场的计算就必然存在偏差。铸模与铸件之间的热交换和二者截面的接触状况及间隙的形成有很大的关系，具有一定的不确定性。为了改善铸造过程中温度场计算的准确性，上述一系列问题都是无法回避的。

4. 现代铸造成形新方法的数学建模和计算机模拟

现代铸造成形技术的发展相当迅速，连铸连轧、电磁搅拌、半固态成形、低压铸造、挤压铸造、真空浇注等都已在生产中应用。与传统充型与凝固过程有不同程度的差别，开展各种铸造成形新方法的数学建模和计算机模拟的研究已显得迫切，令人感兴趣的问题如下：

1）在电磁场作用下的金属流动模型。

2）在电磁搅拌下的结晶和净化过程建模。

3）在固液二相共存时流变阻力与组织的关系。

4）触变成形的加热过程非平衡融化动力学。

5）压力对结晶动力学的影响。

11.2.1.3　焊接成形技术的建模与模拟

作为涉及众多学科的复杂物理-化学过程，焊接过程中涉及的变量数目众多。随着计算机技术的发展，数值模拟的方法越来越成为深入定量化研究和控制焊接过程的强有力的手段，为焊接科学技术的发展创造了有利的条件。近年来，国内外在焊接数值模拟方面进行了大量的研究，并取得了长足的进展。现对几个焊接数值模拟的研究领域取得的进展进行简要介绍。

1. 焊接熔池

在焊接熔池研究中，涉及电场、热场、磁场和流场等的交互作用，从而使熔池受到电磁力、表面张力或界面张力、重力和机械力等各种力的作用。Wang 和 Tsai 等人分析了 GMAW 焊接过程中熔滴过渡、熔池表面变形等因素对熔池的影响。基于熔池表面变形较大时，电弧电流密度的双峰分布模型，有研究者建立了电磁力计算模型，进而对熔池中的流体力学行为进行研究。为了更准确地考察电弧和熔池的相互作用，有研究者将焊接电弧与熔池作为一个整体进行研究，建立了电弧/熔池系统的统一数值模型，并实现电弧/熔池系统双向耦合求解。而在对异种接头熔池的模拟中，V. K. Arghode 等人对不同材料的混合、层状偏析、两/三相或多相系统的复杂凝固等因素对熔池的影响进行了分析。John N. DUPONT 针对三相合金凝固过程中溶质的再分布过程改进了现有的模型，并应用到对 Ni 基合金的模拟计算中。

2. 焊接变形与残余应力

为了准确预测焊接变形和残余应力，必须在计算中考虑焊接过程中存在的温度场、相变场、应力/应变场三者之间的耦合效应（见图 11-6）。例如，Juwan Kim 等人对 A 308 钢焊接过程的数值模拟中，根据 Leblond 模型对该效应加以描述。Masao Toyoda 等人利用连续冷却转变图描述相变，

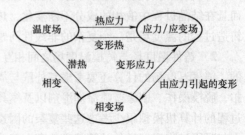

图 11-6　温度-应力-相变三者之间的耦合关系

通过温度、组织和宏观力学的耦合计算实现对结构钢焊缝的性能控制。

随着焊接结构越来越大型复杂化，三维焊接应力变形的模拟成为发展趋势。为了解决大型结构在计算中存在的自由度多、计算量大的问题，在数值模拟中采用了诸多方法，例如利用动态可逆自适应网格生成技术使用网格规模和计算量减小，采用并行计算技术提高计算速度，采用分段移动热源对焊接热源进行简化。同时，基于弹性有限元分析的固有应变法也得到了越来越广泛的应用，例如对汽车液力变矩器焊接精度的控制，对奥运场馆弯扭梁的焊接工艺的优化。

此外，近年来研究人员在对焊接变形的预测上加入了外部夹持条件因素的考虑。例如 E. JOSSERAND 等人在对变形的预测中加入了工业夹持条件的考虑，而 Sven Roeren 等人则提出了在焊接数值模拟中对夹持条件的不同模拟方法。

3. 特殊焊接方法和工艺

激光焊接作为一种高效精密的焊接方法，已经在众多领域得到了广泛的应用。近年来，对激光焊接热源模型的研究表明，在大功率激光焊接的光束横截面能量不再是高斯分布。Sudnik 等人提出在模拟深熔激光焊接焊缝形状时，应考虑熔池径向液体回流引起的热传输过程。Jeng J Y 等人提出的模型成功预测了激光焊焊缝上部的凸起。M. GöBEL 等人对石英玻璃的激光焊接进行了模拟。有国内研究者以伴随有小孔效应产生的高能量密度束焊接过程为研究对象，建立了运动热源下二维小孔焊接中流体流动及传热过程的数学模型。还有研究者提出采用位置预置-修正的方法对高能束流焊接熔池的固、液相界面进行准确捕捉。

近年来，对搅拌摩擦焊（FSW）的数值模拟也进行了大量的研究。基于流体力学理论，Seidel 等人建立起二维以及三维的 FSW 模型，预测了焊缝金属流动的趋势。基于固体力学理论，Xu 和 Deng 也建立了 FSW 过程的二维和三维模型，并研究了 FSW 过程中材料的流动以及焊缝金属的应变与组织之间的关系。此外，Colegrove 应用 Fluent 软件模拟了 FSW 过程中金属材料的塑性流动，并建立了 TrivexTM 搅拌头和 TrifluteTM 搅拌头的三维滑动模型。Bendzsak 则采用计算流体力学建立了 FSW 过程的三维模型。

对电阻电焊的数值模拟，已经从单物理场分析逐渐发展到力、热、电多物理场的耦合分析。在近年的研究中，Jamil A Khan 等人建立了铝合金点焊的三维热模型，研究焊接电流、工件接触电阻和电极与工件接触面热阻对点焊形核、液态熔核流动的影响。M. ASADI 等人通过数值模拟方法研究了电焊参数对汽车板拉伸-剪切性能的影响。A. Luo 等人对点焊过程中电极冷却过程进行了三维数值分析。又如，G. RANGGER 等人根据 Trefftz 模型对焊点中的塑性变形进行研究。P. SZABó 则对点焊接头疲劳寿命的预测进行了研究。国内相关学者建立了镀锌钢板电阻点焊的轴对称有限元热电分析模型，并对其进行了标定。另外有研究人员建立了轴对称模型并用于对轿车车身点焊装配过程进行分析。

11.2.2　热处理与表面改性的建模与模拟的发展趋势

11.2.2.1　热处理加热、冷却的建模与模拟

在热处理数学建模中，目前普遍采用温度-相变-应力/应变三者耦合的数学模型，

用以描述在热处理过程中不同因素的相互作用。采用三维有限元模型可以应用于形状复杂的零件热处理计算机模拟。采用非线性的算法可以较好地处理相变潜热、热物性参数和是温度的函数的力学性能参数等问题。

许多研究者给出了热处理过程应变处理方法，分别考虑了弹性应变、塑性应变、热应变、相变应变、相变塑性、蠕变等。尽管各国的研究者先后提出了许多不同的模型，其中一些看来已经相当复杂，热处理计算机模拟也开始逐渐在生产中得到应用。但是和其他材料成形技术相比，热处理数学模型的成熟程度还比较差，计算机模拟的精度还不是令人满意，其原因与热处理过程的以下一系列特点有关。

1）热处理工件的形状比铸件和锻件复杂，而尺寸控制的精度要求却要高出几个数量级，因此热处理变形的计算机模拟必须达到很高的精度才能满足工业生产的要求。

2）热处理借助加热和冷却过程的相变来改变和控制金属材料的性能，相变所引发的组织应力和相变塑性应变对于热处理过程中应力应变有十分重要的影响。因此，相变量计算是热处理数学建模中的一个关键的问题，目前相变动力学的计算还很不成熟，是改进热处理计算机模拟精度的瓶颈。

3）在热处理温度区间内材料的屈服强度比较高，容易引发很高的热应力和组织应力，相变塑性进一步增大了材料本构关系的复杂性。此外，有些热处理工艺时间比较长，材料往往已经处在蠕变初期的不稳定蠕变阶段，引入蠕变的力学模型将更为复杂。

4）在计算各项力学性能时，目前沿用按组成相的分数进行平均的方法，在很多情况下与实际不符，因此模型无法反映下面若干情况。具体情况包括：①淬火钢中出现少量的屈氏体或残留奥氏体，其强度和硬度并没有明显降低，这与硬相对软相复杂的牵制作用有关；②如果在马氏体转变之前形成少量的下贝氏体，马氏体的生长就将受到阻碍，使马氏体组织细化，提高了材料的强度和韧性；③亚共析钢经两相区加热后淬火，可获得高的强韧性，而且两相区加热时自由铁素体的形态对强度和韧性都有明显的影响，因此最终性能不仅仅与铁素体的数量有关，还与加热前的原始组织密切相关；④在有些情况下金属材料的晶粒度对其力学性能的影响十分敏感，弥散分布的组织使得材料的强度明显提高。

总之，有许多已为人们所熟知的事实不符合多相力学性能按分数加权平均的规律，沿用该方法可能造成对热处理后性能预测的偏差，也会影响应力/应变计算的准确性。

5）热处理的界面换热条件比铸造和塑性成形复杂得多，在热处理的温度范围，辐射换热和对流换热都不能忽略。在炉内加热的辐射换热包括工件与不同位置上的发热体之间的辐射换热、工件与工件之间的辐射换热、工件与其他炉内构件及工装夹具之间的辐射换热，而且热处理工件形状有时候相当复杂，在许多情况下是多个零件同时装炉，甚至是批量装在料盘/料筐中进行加热，此时热处理零件在炉内的辐射换热是十分复杂的。

同样，由于几何因素的复杂性会给炉内流场的模拟和流场与温度场的耦合计算造成很大的困难。在现有的大多数热处理数学模型中和一些商品化软件中，界面换热条件的处理比较简单，还远远不足以正确反映实际生产的真实情况，以至于影响温度场模拟结果的准确性。

工件淬火冷却过程常常遇到界面上沸腾换热的情况，目前现有的模型中只是考虑换热系数是温度的函数。事实上在同一工件的不同位置上的表面换热状况差别十分大，气泡或气膜的形成、积累和逸散都随着表面的形状、方向、位置、高度等因素而异，急需寻找一种更好的处理淬火液体介质界面换热条件的方法。

鉴于热处理工艺的上述特点，热处理的数学建模依然是一项十分艰巨、复杂且需要进行长期深入研究的工作。尽管现在各国学者已经提出了许多的模型，其中一些模型看来已经相当复杂，但是毕竟还远远不足够反映一个真实的热处理过程的复杂性。

当然，在解决工程问题时，对复杂过程做合理的简化常常是必要的，问题在于简化的合理性，以及所引起的误差是否能控制在可以接受的范围之内。所以热处理数学建模的研究必须十分小心，还必须用试验方法对模型进行修正。对于经过试验验证的模型都必须确定其适用范围，因为数学建模时所作种种简化的合理性都是相对的，而不是无条件的。在付诸应用时，对其局限性要有正确的认识。

需要经过持续的努力，不断改进热处理的数学模型，以求逐步接近于真实的物理过程，逐步提高计算结果的准确性。这是热处理计算机模拟技术在工业生产中得到更好应用的关键，也是本领域重要的发展方向。当前的一个重要发展趋势是与相关基础科学的研究相结合，提高热处理数学建模的水平。

1）相变量计算的改进。有必要将热处理计算机模拟研究与相变理论的基础研究相结合。相变原理是热处理计算机模拟的重要理论基础之一，而计算模拟则可作为相变基础研究的辅助工具，将理论研究、试验研究和计算机模拟三者结合，有望促使相变动力学定量计算取得突破性进展。

2）本构关系的研究。与固体力学的基础研究相结合，深入研究热处理过程中应力-应变的复杂本构关系，提高残余应力场和热处理畸变预测的精度。

3）界面换热的研究。结合传热学基础研究，特别是沸腾换热和复杂辐射换热传导基础研究，深入研究在热处理过程界面换热的规律，改进计算方法。

4）建立温度场-组织场-应力/应变场-流场的多场耦合模型。需要与流体力学的基础研究相结合，解决热处理过程中复杂的流体动力学模拟问题。

11.2.2.2　化学热处理的建模与模拟

气体渗碳渗层形成过程的模拟是一种比较成熟的技术，其中一维模型已比较广泛应用于预测渗层的碳浓度分布曲线和对强渗-扩散渗碳工艺的分析。已经开发成功的计算机模拟与碳势控制系统相结合技术，在渗碳过程根据气相碳势采样值实时计算每一时刻的碳浓度分布，并随时优化渗碳工艺参数的计算机控制系统，在生产应用中取得很好的效果。

目前，气体渗氮的数学建模和计算机模拟计算的发展缓慢，其难点在于缺乏合金钢氮活度系数等基础数据。其次，气体渗氮属于一种远离平衡状态的过程，不确定因素比较多。再则，渗氮过程中，氮与合金元素的相互作用十分复杂，是一种伴随着沉淀硬化的扩散过程，而且沉淀相的结构、尺寸、与基体的界面状况、强化效果等又与渗氮温度变化的历程有关，合金钢渗氮层的硬度不单单取决于氮的浓度。由于这些原因，渗氮过程的数学建模和计算机模拟还很不成熟。

化学热处理的建模与计算机模拟进一步发展的方向大致有以下几点。

1）气体渗碳二维和三维浓度场的计算机模拟，可以描述曲率半径、棱角、棱边、内角等形状因素对渗层浓度场的影响，用以预测和合理控制渗碳零件不同部位上的碳浓度分布。

2）建立合金钢渗碳时伴随碳化物析出过程的数学模型，用于过饱和渗碳的计算机模拟。

3）将渗碳扩散模型与淬火冷却的温度-相变-应力/应变耦合模型相结合，预测渗碳零件的组织场、性能场、残余应力场和热处理变形。

4）其他化学热处理过程的数学建模和计算机模拟技术的研究。

11.2.3　高集成度的产品 CAE 技术

随着各种单元技术的数学模型和计算机模拟技术趋于成熟，有可能将它们相互结合，逐步建立集成度较高的 CAE 技术，有利于揭示不同工艺之间相互关系，获得更准确的模拟结果和工艺方案，并有可能成为发展不同工艺相互融合的短流程工艺的数字化平台。

例如开发成形工艺、模具设计和模具改性相结合的 CAE 技术就是一个令人感兴趣的研究方向。如前所述，为了提高压铸或模锻过程中工件温度场模拟的精度，有必要考虑铸件或锻件的温度场与模具温度场之间的相互影响，它不是一个简单地将数学模型定义域扩大的问题，因为模具温度场与模具材料及热处理工艺有关。所以模锻和压铸CAE 水平的提升，将有赖于与模具热处理的计算机模拟技术的相互结合。

另一方面，目前在进行模具材料和热处理工艺研究时由于不掌握模具使用时温度场与应力场的变化，以致在材料的成分设计、模具热处理和表面处理的研究中均遇到难题。为了避免使用时压塌和提高热疲劳抗力，模具材料需要足够的热强度。但是如果模具材料的导热性不良，则使用时型腔壁面温度会显著提高，热循环的温度变化幅度增大，从而容易导致模具的损坏。实际情况中，提高材料热强度的措施通常伴随着导热性的下降。为了提高模具的寿命，在选择模具材料及热处理工艺时，应该解决好热强性和导热性的矛盾，如果措施不当，效果会适得其反。

压铸成模过程中，工件的温度场和成形阻力与模具中的温度场、应力场是相互影响的，而模具的温度场和应力场（包括交变的热应力场）又和模具材料的成分、热处理及表面处理的工艺有关。如果将成形过程的模拟、模具的温度场和应力场模拟、模具热处理及表面处理的模拟三者相互结合，就可能通过相互叠代实现成形工艺、模具设计和模具选材与改性处理的整体优化。

就长远的发展而论，应当将产品的 CAD 技术、材料成形制造和改性的模拟技术以及产品的使用与失效模拟技术相互结合而构成产品设计与工艺创新平台，它的基本组成和原理如图 11-7 所示。

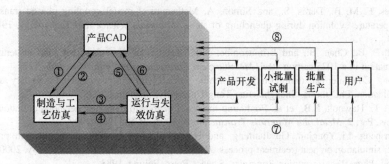

图 11-7　数字化的产品设计与工艺创新平台

图 11-7 中各信息流的含义如下：

① 零部件的形状、尺寸、使用条件、性能要求等信息。

② 选材与热加工工艺方案，性能冗余程度的评估。

③ 工件的组织场，性能场与残余应力场。

④ 工件使用时的应力场，可靠性分析和冗余度评估的结果。

⑤ 零部件设计、使用条件和受力情况。

⑥ 可靠性分析和冗余度评估结果。

⑦ 产品、零部件设计、制造与加工工艺。

⑧ 制造情况、各种试验与测试数据，产品使用情况，市场及反馈信息等。

借助于产品设计与工艺创新平台在数字化的虚拟环境下对产品设计、制造的全生命周期进行深入、高效的研究并实现整体优化，有助于制造出质量轻、体积小、功能强大、高度可靠和寿命长的产品，并能发挥缩短设计制造周期、降低研发和生产成本、节能和清洁生产的综合优势。该平台的作用覆盖产品的全生命周期。

目前，产品设计与工艺创新平台还只是一种设想，它的实现尚需要材料成形制造以及热处理数学模型的进一步完善，特别是有待于计算机模拟的精度提高到现代工业生产可以接受的程度，这显然是一个十分艰巨的任务也是一个长期的过程，但其巨大的潜力令人向往，因此是热加工数学建模与计算机模拟技术的长远目标和发展方向。

参 考 文 献

1. Xu Qingyan, Feng Weiming, Liu Baicheng, and Xiong Shoumei. Numerical simulation of dendrite growth of aluminum alloy. *Acta Metallurgica Sinica*, 2002, 38(8): 799–803.

2. Zhao Haidong, Liu Baicheng, Liu Weiyu, and Wang Dongtao. Numerical simulation of microstructure of spheroidal graphite iron castings. *Chinese Journal of Mechanical Engineering*, 2000, 2: 76–80.

3. Tong, X., Bechermann, C., Karma, A., et al. Phase field simulation of dendritic crystal growth in a forced flow. *Physical Review E*, 2001, 63: 1–16.

4. Wu Ruiheng. Mathematical model of hot deformation behavior and the ferrite precipitation kinetics in a structure steel. PhD thesis, Shanghai Jiao Tong University, Shanghai, 2006.

5. Wu Ruiheng, Zhu Hongtao, Zhang, Hong Bing, Liu Jiantao, Xu Zuyao, and Ruan Xueyu. Mathematical model for dynamic recrystallization of 0.95C-18W-4Cr-1V high-speed steel. *Journal of Shanghai Jiao Tong University*, 2001, 35(3): 339–342.

6. Fernandes, F. M. B., Denis, S., and Simon, A. Mathematical model coupling phased transformation and temperature evolution during quenching of steels. *Materials Science and Technology*, 1985, 1(10): 838–844.

7. Hawbolt, E. B., Chau, B., and Brimacombe, J. K. Kinetics of austenite-ferrite and austenite-pearlite transformation in a 1025 carbon steel. *Metallurgical Transactions A*, 1985, 16A: 565–577.

8. Tian Dong. Computer calculation on the quenching process with abruptly changed boundary and experiment validation. PhD thesis, Shanghai Jiao Tong University, Shanghai, 1998.

9. Pham, T. T., Hawbolt, E.B., et al. Predicting the onset of transformation under non-continuous cooling conditions: Part 2. *Metal and Materials Transaction A*, 1995, 26(8): 1993–1999.

10. Pan Jiansheng, Li Yongjun, Gu Jianfeng, and Hu Mingjuan. Research and application prospect of computer simulation on heat treatment process. *Journal of Shanghai Jiao Tong University*, 2000, 1: 1–13.

11. Xu Zuyao. *Phase Transformation Principles*. Science Press, Beijing, 1988.

12. Magee, C. L. The nucleation of martensite. *Phase Transformations*. American Society for Materials Eds., ASM Press, Metals Park, OH, 1970, pp. 115–156.

13. Xu Zuyao. *Martensitic Phase Transformation and Martensite*. Science Press, Beijing, 1981.

14. Edit committee of handbook of heat treatment. Quality control of heat treatment and test. *Handbook of Heat Treatment*, Vol. 4. China Machine Press, Beijing, 2001.

15. Song Yujiu and Xun Yumin. *Handbook of Heat Treatment*, Vol. 4. China Machine Press, Beijing, 2001, pp. 637–651.

16. Totten, G. E. and Howes, M. A. H. *Steel Heat Treatment Handbook*. Marcel Dekker, New York, 1997, pp. 163–185.

17. Liu Zhuang, Wu Zhaoji, Wu Jingzhi, and Zhang Yi. *Numerical Simulation on Heat Treatment Process*. Science and Technology Press, Beijing, 1996.

18. Denis, S., Sjöström, S., and Simon, A. Coupled temperature, stress, phase transformation calculation model numerical illustration of the internal stresses evolution during cooling of a eutectoid steel cylinder. *Metallurgical Transactions A.*, 1987, 18A: 1203–1212.

19. Fletcher, A. J. *Thermal Stress and Strain Generation in Heat Treatment*. Elsevier, New York, 1989, pp. 349–421.

20. Nagasaba, Y. et al. Mathematical model of phase transformation and elastoplastic stress in the water spray quenching of steel. *Metallurgical Transactions A.*, 1993, 4: 795–808.

21. Denis, S., Archambault, P., Aubry, C., et al. Modeling of phase transformation kinetics in steels and coupling with heat treatment residual stress prediction. *Journal de Physique IV*, 1999, 9: 323–332.

22. Wang, Y. and Tsai, H. L. Effects of surface active elements on weld pool fluid flow and weld penetration in gas metal arc welding. *Metallurgical and Materials Transactions B*, 2001, 32(3): 501–515.

23. Wang, Y. and Tsai, H. L. Impingement of filler droplets and weld pool dynamics during gas metal arc welding process. *International Journal of Heat and Mass Transfer*, 2001, 44(11): 2067–2080.

24. Sun Junsheng and Wu Chuansong. The electromagnetic force and its influence on the weld pool fluid flow in MIG welding. *Acta Physica Sinica*, 2001, 50(2): 209–216.

25. Lei Yongping, Gu Xianghua, Shi Yaowu, et al. The two-phase coupled numerical simulation of GTA welding arc and welding pool system. *The Proceedings of Technology Exchange on Computer Applications in Welding*, Shanghai, China, November 11–13, 2000, pp. 161–167.

26. Arghode, V. K., Kumar, A., Sundarraj, S., and Dutta, P., Computational modeling of GMAW process for joining dissimilar aluminum alloys. *Numerical Heat Transfer A.*, 2008, 53: 432–455.

27. Dupont, J. N. Mathematical modeling of solidification paths in ternary alloys: Limiting case of solute redistribution. *Metallurgical and Materials Transactions A.*, 2006, 37(6): 1937–1947.

28. Juwan Kim, Seyoung Im, and Hyun-Gyu Kim. Numerical implementation of a thermo-elastic–plastic constitutive equation in consideration of transformation plasticity in welding. *International Journal of Plasticity*, 2005, 21: 1383–1408.

29. Toyoda, M. and Mochizuki, M. Control of mechanical properties in structural steel welds by numerical simulation of coupling among temperature, microstructure, and macro-mechanics. *Science and Technology of Advanced Materials*, 2004, 5: 255–266.

30. Shi, Q. Y., Lu, A. L., Zhao, H. Y., et al. Development and application of adaptive mesh technique in three dimensional numerical simulation of welding process. *Acta Metallurgica Sinica (English Letter)*, 2000, 13(1): 33–39.

31. Lu Anli, Shi Qingyu, Zhao Haiyan, Wu Aiping, Cai Zhipeng, and Wang Peng. Key Techniques and some tentative research of welding process simulation. *China Mechanical Engineering*, 2000, 11(1,2): 201–206.

32. Cai Zhipeng, Zhao Haiyan, Lu Anli, Shi Qingyu. Establishment of Line-Gauss Heat Source Model and application in welding numerical simulation. *China Mechanical Engineering*, 2002, 13(3): 208–210.

33. Wei Liangwu, Lu Hao et al. Numerical value simulation and quality control for welding hydraulic torque converter. *Automobile Technology*, 2000, 292(1): 25–28.

34. Liu, J. Y., Lu, H., and Chen, J. M. Welding deformation prediction of complex structure with optimization of welding sequence. In *Proceedings of International Symposium on Computer-Aided Welding Engineering* (CAWE 2006), Jinan, China, October 19–22, 2006.

35. Josserand, E., Jullien, J. F., and Nellas, D. Numerical simulation of welding-induced distortions taking into account industrial clamping conditions. In *Eighth International Seminar on Numerical Analysis of Weldability*, Graz, Austria, September 25–27, 2006.

36. Roeren, S., Schwenk, C., and Rethmeier, M. Different approaches to model clamping conditions within a welding simulation. In *Eighth International Seminar on Numerical Analysis of Weldability*, Graz, Austria, September 25–27, 2006.

37. Wang Zhiyong, Chen Kai, and Zuo Tie-chuan. Influence of high-power CO_2 laser seams' transverse intensity distribution on laser welding. *Transactions of the China Welding Institution*, 2000, 21(3): 17–19.

38. Sudnik, W. and Radaj, D. Numerical simulation of weld pool geometry in laser beam welding. *Physics D: Applied Physics*, 2000, 33(6): 662–671.

39. Jeng, J. Y. and Mao, T. F. Predication of laser butt joint welding parameters using back propagation and learning vector quantization networks. *Journal of Materials Processing Technology*, 2000, (99): 207–218.

40. Göbel, M., Hildebrand, J., and Werner, F. Laser beam welding on quartz glass elements. *Eighth International Seminar on Numerical Analysis of Weldability*, Graz, Austria, September 25–27, 2006.

41. Xu Jiuhua, Luo Yumei, and Zhang Jingzhou. Numerical study for heat transfer in high power density keyhole welding process. *Chinese Journal of Lasers*, 2000, 27(2): 174–176.

42. Zou Dening, Lei Yongping, Huang Yanlu, and Su Junyi. Numerical analysis of fluid flow and heat transfer in melted pool with a moving heat source. *Acta Metallurgica Sinica*, 2000, 36(4): 382–390.

43. Seidel, T. U. and Reynolds, A. P. Two-dimensional friction stir welding process model based on fluid mechanics. *Science and Technology of Welding and Joining*, 2003, 8(3): 175–183.

44. Seidel, T. U. *The Development of a Friction Stir Welding Process Model Using Computational Fluid Dynamics*. The University of South Carolina, Columbia, 2002.

45. Xu, S. and Deng, X. Two and three dimensional finite element models for the friction stir welding process. In *Fourth International Symposium on Friction Stir Welding*, Park City, UT, 2003.

46. Colegrove, P. A., Shercliff, H. R., and Threadgill, P. L. Modeling and development of the TrivexTM friction stir welding tool. In *Fourth International Symposium on Friction Stir Welding*, Park City, UT, 2003.

47. Bendzsak, G. J., North, T. H., and Smith, C. B. An experimentally validated 3D model for friction stir welding. *Second International Symposium on Friction Stir Welding*, Sweden, 2000.

48. Khan, J. A., Broach, K., and Kabir, A. A. S. A. Numerical thermal model of resistance spot welding in aluminum. *Journal of Thermophysics and Heat Transfer*, 2000, 14(1): 88–95.

49. Asadi, M., and Kowkabi, A. H. Numerical modeling and studying the effects of resistance spot welding parameters on tensile-shear strength in automotive sheets. In *Eighth International Seminar on Numerical Analysis of Weldability*, Graz, Austria, September 25–27, 2006.

50. Luo, A., Zhang, Y., and Chen, G. Three dimensions numerical analysis for electrode cooling process in the spot welding. In *Eighth International Seminar on Numerical Analysis of Weldability*, Graz, Austria, September 25–27, 2006.

51. Rangger, G., and Heubrandtner, T. Modeling of plastic deformation of a spot weld based on the Trefftz-Method. In *Eighth International Seminar on Numerical Analysis of Weldability*, Graz, Austria, September 25–27, 2006.

52. Szabó, P. Possibilities of predicting the fatigue life of resistance spot welded joints. In *Eighth International Seminar on Numerical Analysis of Weldability*, Graz, Austria, September 25–27, 2006.

53. Long Xin, Wang Jianhua, Zhang Zengyan, Wei Liangwu, and Lu Hao. Numerical simulation on the temperature distribution in spot welding. *Journal of Shanghai Jiao Tong University*, 2001, 35(3): 416–419.

54. Lin Zhongqin, Hu Min, Lai Xinmin, and Chen Guanlong. FEM analysis on spot welding process in autobody manufacturing. *Transactions of the China Welding Institution*, 2001, 22(1): 36–40.

图书在版编目(CIP)数据

钢热加工数值模拟手册/(土)吉尔(Cur,C.H),潘健生编著;顾剑锋译. —北京:机械工业出版社,2016.3
(国际制造业先进技术译丛)
书名原文:Handbook of Thermal Process Modeling of Steels
ISBN 978-7-111-53177-7

Ⅰ.①钢… Ⅱ.①吉…②潘…③顾… Ⅲ.①钢-热加工-数值模拟-手册 Ⅳ.①TG161.62

中国版本图书馆 CIP 数据核字(2016)第 066726 号

机械工业出版社(北京市百万庄大街 22 号 邮政编码 100037)
策划编辑:陈保华 责任编辑:陈保华 臧弋心 崔滋恩
版式设计:霍永明 责任校对:陈延翔
封面设计:鞠 杨 责任印制:常天培
北京京丰印刷厂印刷
2016 年 6 月第 1 版第 1 次印刷
169mm×239mm·32.5 印张·728 千字
标准书号:ISBN 978-7-111-53177-7
定价:159.00 元

凡购本书,如有缺页、倒页、脱页,由本社发行部调换

电话服务   网络服务
服务咨询热线:010-88361066   机 工 官 网:www.cmpbook.com
读者购书热线:010-68326294   机 工 官 博:weibo.com/cmp1952
            010-88379203
策 划 编 辑:010-88379734   金 书 网:www.golden-book.com
封面无防伪标均为盗版   教育服务网:www.cmpedu.com